Kosmos Himmelsjahr 2014

Sonne, Mond und Sterne im Jahreslauf

Herausgegeben von Hans-Ulrich Keller
unter Mitarbeit von Erich Karkoschka

KOSMOS

Große Drehbare Sternkarten

Unsere Drehbaren Sternkarten (Tycho, Kepler und Giordano) gibt es mit 70, 100 und 140 cm Durchmesser. Farbiges Design mit Spektralklassen der Sterne, farbig dargestellten Deep Sky Objekten und Objekten von besonderem Interesse.

Didaktisch sehr wertvoll für Schulen und Planetarien, aber auch ein wunderschöner Blickfang für Sternwarten oder zuhause. Lieferbar in mehreren Sprachen und für mehrere Breiten,
unter anderem Deutschland, England, Frankreich, Kanaren, Mittelmeer, Florida, Japan, Namibia, Chile und Australien.

Extrem robustes Material. Schlagfest, wasserfest, UV-beständig. Ab € 335,-

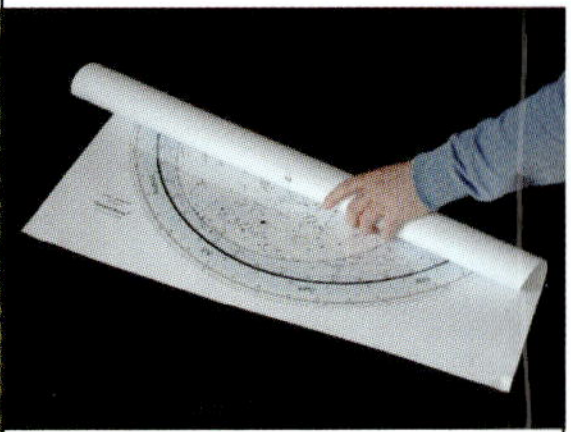

Die 70 cm Cassini-Karte ist rollbar wie eine Seekarte. € 99,-

Naturbeobachtung

Ferngläser und Spektive aller Marken

unser großes, naturbelassenes Gelände bietet einen angenehmen Rahmen zum Ausprobieren.

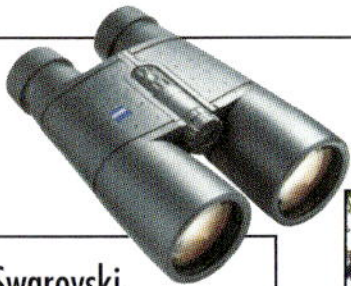

Leica, Zeiss, Swarovski, Meopta, Minox, Docter, Steiner, Nikon, Canon, Kowa, Fujinon u. v. m. stehen zum Test bereit.

Inhalt

Asteroiden – Gefahr aus dem All! 151

Die Monatsthemen Januar – Juni

Abbildungen zu den Planeten

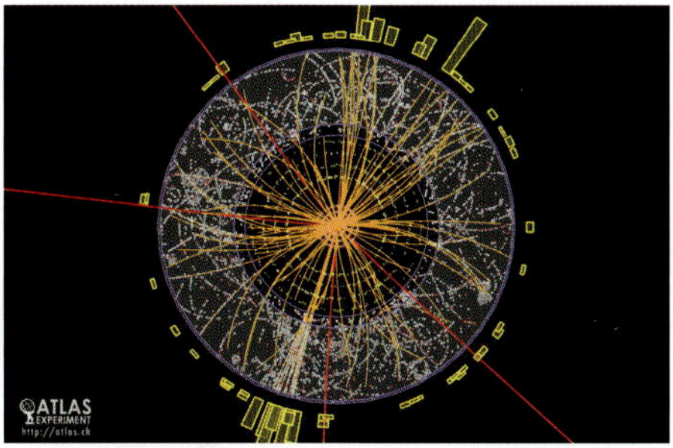

Die Monatsthemen Juli – Dezember

Wichtige Abbildungen und Tabellen

Das Kosmos Himmelsjahr – ein Führer durch die Welt der Sterne

Was ist Zeit?
Zeit ist, was ich an der Uhr ablese!

Albert Einstein

Über das Wesen der Zeit lässt sich philosophieren und endlos debattieren. Viele große Geister haben sich mit dem Thema Zeit beschäftigt und auch viele kluge Gedanken geäußert. Aber das Rätsel Zeit konnte bisher noch niemand restlos klären. Der bekannteste Physiker des 20. Jahrhunderts, Albert Einstein, sah das Phänomen Zeit ganz pragmatisch. Für ihn ist die Zeit schlicht eine Messgröße.

Um die Zeit zu bestimmen, verwendet man Uhren. Eine Uhr benötigt zwei Dinge: Einen möglichst konstanten periodischen Vorgang und ein Zählwerk. Ein solch periodischer Vorgang kann ein schwingendes Pendel, die Unruh einer Taschenuhr oder ein oszillierender Quarz sein.

Der größte Zeitmesser ist das Uhrwerk des Himmels. Die Rotation der Erde bestimmt die Länge des Tages, der Lauf des Mondes die Dauer eines Monats und eine volle Wanderung der Erde um die Sonne definiert die Jahreslänge. Noch viele weitere periodische Vorgänge bietet uns das Himmelsuhrwerk. So ändert sich das Aussehen des Sternenhimmels im Laufe der Zeit. Vielen Menschen bereitet es Freude und Genugtuung, den stets wechselnden Anblick des gestirnten Firmaments zu beobachten.

Hilfreich für Sternfreunde

Damit man sich am Sternenhimmel zurechtfindet und über die interessanten astronomischen Ereignisse im Laufe des Jahres informiert wird, dazu soll das *Kosmos Himmelsjahr* dienen.

Sowohl dem Einsteiger in die Himmelskunde als auch dem kundigen Amateurastronomen bietet das *Kosmos Himmelsjahr* die erforderlichen Hinweise und Daten für eigene astronomische Beobachtungen.

Der erfahrene Himmelsbeobachter findet auf der inneren Umschlagklappe Kurzhinweise zum Gebrauch dieses Jahrbuches. Ausführliche Erläuterungen zu den wichtigsten Grundtatsachen der Astronomie findet der Einsteiger in die Himmelskunde ab Seite 16.

Himmelsschauspiele im Jahreslauf

Eine kalendarische Übersicht enthält das Kapitel „Das Jahr 2014 auf einen Blick" ab Seite 14. Dem Hauptteil vorangestellt ist die Beschreibung der Sonnen- und Mondfinsternisse, die sich im Jahr 2014 ereignen (siehe Seite 30). Der Anhang enthält ein Verzeichnis von Planetarien und Sternwarten sowie eine Liste von amateurastronomischen Einrichtungen, die den Kontakt zu Gleichgesinnten erleichtern soll.

Um möglichst allen Benutzern – vom Einsteiger bis zum versierten Beobachter – zu dienen, wird in den Monatsübersichten eine einfache, beschreibende Darstellung aller interessanten Himmelsvorgänge gebracht, während im Tabellenteil am Schluss wichtige Beobachtungsdaten in Form von umfangreichen Zahlentafeln vermerkt sind.

Eine ausführliche Erläuterung zu den einzelnen Fachbegriffen findet man im *Wörterbuch der Astronomie*, in dem alle wichtigen Begriffe verständlich erklärt werden. Das *Wörterbuch der Astronomie* ist im Kosmos-Verlag erschienen (ISBN 978-3-440-09661-1) und überall im Buchhandel erhältlich.

Im Dezember 2011 bot der Komet C/2011 W3 (Lovejoy) nach seiner sehr engen Sonnenpassage einen spektakulären Anblick am Morgenhimmel – leider nur von der Südhalbkugel der Erde aus. Mit etwas Glück wird C/2012 S1 (ISON) Ende November 2013 für ein ähnliches Schauspiel sorgen. Mehr dazu lesen Sie auf den nachfolgenden Seiten.

Mit professionellen Daten

Die Daten für das vorliegende Jahrbuch stammen, soweit nicht nachstehend besonders vermerkt, vom Planetarium Stuttgart. Das Bureau des Longitudes, Paris, lieferte die Daten für die Jupitermonderscheinungen, die Angaben für die Sternbedeckungen die International Occultation Timing Association (IOTA), die Sonnenfleckenrelativzahlen das Observatoire Royal de Belgique, Brüssel, und die Daten für die Sternschnuppenströme die International Meteor Organization (IMO, Dr. Jürgen Rendtel).

Mein besonderer Dank gilt meinem Mitarbeiter, Herrn Dr. Erich Karkoschka (Lunar and Planetary Laboratory, University of Arizona, Tucson) für seine Ephemeridenberechnungen und Anfertigung vieler Skizzen.

Dank schulde ich auch Herrn Gerhard Weiland, der mit großer Sorgfalt und Umsicht die Reinzeichnungen der Grafiken angefertigt hat, sowie Herrn Wil Tirion für die Herstellung der Planetenlauf- und Monatssternkarten. Dankbar bin ich auch allen dienstbaren Geistern, die sorgfältig Korrektur gelesen haben.

Zu danken habe ich ferner den Mitgliedern der Beobachtergruppe des Planetariums Stuttgart, insbesondere Herrn Martin Gertz, für die hervorragenden Astroaufnahmen, die sie auf der Sternwarte Welzheim gewonnen haben. Dank gebührt auch Frau Claudia Dintner für die sorgfältige Reinschrift des Manuskripts sowie den Mitarbeiterinnen und Mitarbeitern des Verlages, namentlich den Herren Siegfried Fischer und Sven Melchert, für die hervorragende Zusammenarbeit, ohne die dieses Jahrbuch nicht pünktlich erscheinen könnte.

Stuttgart, im März 2013
Hans-Ulrich Keller

Komet ISON – ein himmlisches Spectaculum?

Jedes Jahr werden einige Dutzend neue Kometen entdeckt. Die meisten bleiben jedoch so lichtschwach, dass man sie nur in Teleskopen sehen kann. Helle Kometen sind hingegen ausgesprochen selten. Im November und Dezember 2013 wird jedoch ein Komet erwartet, dessen Helligkeit sogar die des Vollmondes noch übertreffen könnte.

Entdeckt wurde dieser Komet mit der Katalogbezeichnung C/2012 S1 am 21. September 2012 von den beiden russischen Amateurastronomen Vitali Nevski und Artyom Novichonok auf CCD-Aufnahmen, die mit einem relativ bescheidenen 40-cm-Spiegelteleskop des von der russischen Akademie der Wissenschaften betriebenen International Scientific Optical Network (ISON) gewonnen worden waren. Daher stammt auch der Name ISON für diesen Schweifstern.

Komet C/2012 S1 (ISON) in einer Aufnahme des Hubble-Teleskops vom 10. April 2013. Zu diesem Zeitpunkt war ISON noch 621 Mio. Kilometer von der Sonne entfernt.

Enge Passage an der Sonne

Zum Zeitpunkt seiner Entdeckung im Sternbild Krebs war ISON ein lichtschwaches Objekt von weniger als 16^m weit jenseits der Jupiterbahn. Erste Bahnbestimmungen zeigten, dass er sich auf einer parabelnahen Bahn ($e \approx 1$) bewegt und somit aus den fernen Bezirken des Sonnensystems, nämlich aus der Oortschen Wolke stammt. Daraus ist zu schließen, dass ISON sich zum ersten Mal in Sonnennähe begibt und somit genügend Gas und Staub mit sich führt, um zu einem spektakulären Schweifstern zu werden.

ISON zählt zur Gruppe der „Sonnenkratzer", denn er wird an der Sonnenoberfläche gewissermaßen vorbeischrammen. Wenn er am 28. November 2013 durch sein Perihel rast, wird er nur etwas mehr als eine Million Kilometer von der

Komet ISON in Zahlen

Bezeichnung:	C/2012 S1 ISON
Entdeckungsdatum:	21. September 2012
Entdeckt von:	Vitali Nevski, Artyom Novichonok am **I**nternational **S**cientific **O**ptical **N**etwork (ISON)

Bahnelemente

Perihelzeit:	T = 2013 November 28.
Periheldistanz:	q = 0,0125 (≙ 1,795 Mio. km)
Numerische Exzentrizität:	$e \approx 1{,}0$
Bahnneigung:	$i = 62{,}^\circ10759$
Argument des Perihels:	$\omega = 345{,}^\circ5357$
Länge des aufsteigenden Knotens:	$\Omega = 295{,}^\circ69562$
Perigäumsdistanz:	p = 0,401 AE (≙ 60 Mio. km)
Perigäumstermin:	t = 2013 Dezember 26

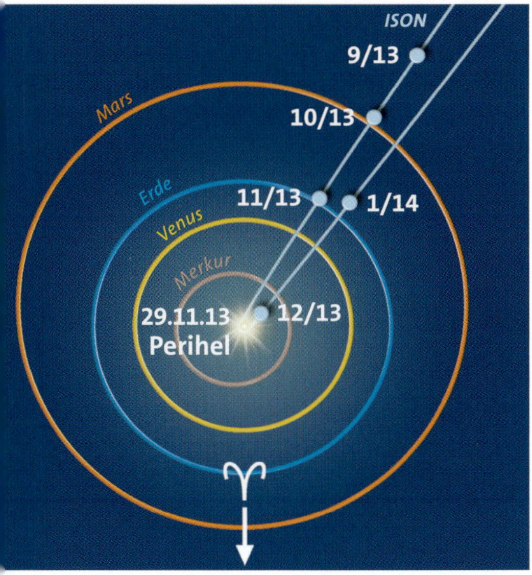

Die langgestreckte Bahn des Kometen ISON.

Komet ISON am 20. November 2013 am Morgenhimmel.

Sonnenoberfläche entfernt sein. Möglicherweise wird der Kometenkern von den Gezeitenkräften zerrissen bzw. in der gewaltigen Sonnenhitze verdampfen. Solche Ereignisse wurden schon öfters beobachtet. Zur Zeit seiner Perihelpassage erreicht ISON seine maximale Helligkeit. Optimistische Schätzungen liegen bei -16^{m}! Allerdings wird er sich dabei am Taghimmel knapp neben der Sonne aufhalten, weshalb man bei seiner Beobachtung besondere Vorsicht walten lassen muss. Denn er steht dann nur in ein Grad Distanz neben der Sonne.

Schauspiel im Herbst und Winter

Zu Jahresbeginn 2013 wanderte ISON als Objekt 15. Größe durch die Zwillinge. Am 3. Oktober passiert er in nur elf Millionen Kilometer (= 0,07 AE) Distanz den roten Planeten Mars. Um diese Zeit setzt die Entwicklung eines mehr oder minder großen Schweifes ein. Ende Oktober ist er als 7^{m} helles Objekt am Morgenhimmel mit einem Fernglas zu erkennen (Elongation von der Sonne: 53°). Anfang November sollte er dann als bereits auffällig heller Komet den Morgenhimmel schmücken. Nach seinem Periheldurchgang am 28. November taucht ISON auch am Abendhimmel auf, wobei er rasch nordwärts zieht. Allerdings nimmt er dabei schnell an Helligkeit ab. Noch bis Ende 2013 wird ISON mit bloßen Augen zu sehen sein.

Wie langjährige Erfahrungen zeigen, ist die Voraussage von Kometenhelligkeiten ein schwieriges Geschäft. Oftmals blieben die Kometenhelligkeiten weit hinter den optimistischen Erwartungen zurück. Denn niemand weiß bei der Entdeckung eines neuen Kometen, wie viel Material ein solcher „schmutziger Schneeball" mitbringt. Näheres zur Physik der Kometen und ihrer Erforschung findet man im *Kosmos Himmelsjahr 2013* auf Seite 107 im Monatsthema April: „Vagabunden des Sonnensystems".

Über die aktuelle Entwicklung des Kometen informieren wir ab Herbst 2013 im Internet unter www.kosmos-himmelsjahr.de.

Am 5. Dezember 2013 taucht ISON auch am westlichen Abendhimmel auf.

Der Anblick am Morgenhimmel (6. Dezember) zeigt den langen, steilen Kometenschweif.

Ephemeride des Kometen C/2012 S1 (ISON) 2013/2014

Datum		Rektas. h m	Deklin. °	Elong. °	Helligk. m
Okt	1.	09 35	+17,6	48	10,4
	3.	09 39	+17,2	49	10,3
	5.	09 43	+16,7	49	10,1
	7.	09 48	+16,3	50	10,0
	9.	09 53	+15,8	51	9,8
	11.	09 58	+15,3	51	9,6
	13.	10 03	+14,7	52	9,5
	15.	10 09	+14,1	53	9,3
	17.	10 15	+13,4	53	9,1
	19.	10 21	+12,7	53	8,9
	21.	10 27	+12,0	53	8,7
	23.	10 34	+11,1	54	8,5
	25.	10 42	+10,2	54	8,3
	27.	10 50	+09,3	53	8,1
	29.	10 58	+08,2	53	7,8
	31.	11 07	+07,0	52	7,6
Nov	2.	11 18	+05,7	52	7,3
	4.	11 29	+04,2	50	7,0
	6.	11 41	+02,6	49	6,7
	8.	11 54	+00,9	47	6,4
	10.	12 09	−01,1	45	6,1
	12.	12 25	−03,2	43	5,7
	14.	12 43	−05,6	40	5,3
	16.	13 03	−08,1	36	4,9
	18.	13 25	−10,8	32	4,5
	20.	13 50	−13,6	28	3,9
	22.	14 16	−16,3	23	3,3
	24.	14 46	−18,9	17	2,5
	26.	15 18	−21,2	11	1,3
	28.	15 57	−22,7	5	−1,8
	30.	16 21	−16,3	5	−0,7

Datum		Rektas. h m	Deklin. °	Elong. °	Helligk. m
Dez	2.	16 17	−11,9	11	1,5
	4.	16 15	−08,1	15	2,5
	6.	16 13	−04,5	20	3,1
	8.	16 11	−00,7	25	3,5
	10.	16 11	+03,3	30	3,8
	12.	16 10	+07,6	35	4,1
	14.	16 10	+12,2	40	4,3
	16.	16 11	+17,3	45	4,4
	18.	16 12	+22,8	51	4,6
	20.	16 13	+28,8	57	4,7
	22.	16 15	+35,3	64	4,8
	24.	16 17	+42,2	71	5,0
	26.	16 20	+49,4	77	5,1
	28.	16 25	+56,7	84	5,3
	30.	16 31	+63,8	90	5,5
Jan	1.	16 41	+70,7	96	5,7
	3.	16 58	+77,1	101	5,9
	5.	17 40	+82,8	106	6,1
	7.	20 31	+87,0	110	6,4
	9.	01 43	+85,5	113	6,6
	11.	02 59	+81,7	115	6,9
	13.	03 24	+78,0	117	7,1
	15.	03 37	+74,7	118	7,4
	17.	03 46	+71,7	118	7,6
	19.	03 52	+69,1	119	7,8
	21.	03 56	+66,7	119	8,1
	23.	04 00	+64,6	118	8,3
	25.	04 04	+62,6	118	8,5
	27.	04 07	+60,9	117	8,7
	29.	04 10	+59,4	116	8,9
	31.	04 13	+57,9	115	9,1

Das Jahr 2014 auf einen Blick

Das Jahr 2014 ist nach dem Gregorianischen Kalender ein Gemeinjahr mit **365** Tagen.

Beginn der Jahreszeiten:

Frühling (Tagundnachtgleiche) 20. März, 17^h57^m

Sommer (Sonnenwende): 21. Juni, 11^h51^m

Herbst (Tagundnachtgleiche): 23. September, 3^h29^m

Winter (Sonnenwende): 22. Dezember, 0^h03^m

Sommerzeit: Die Mitteleuropäische Sommerzeit (MESZ) geht gegenüber der Mitteleuropäischen Zeit (MEZ) um eine Stunde vor. Sie soll vom **30. März** bis **26. Oktober** 2014 gelten. Kurzfristige Änderungen sind möglich.

Fest- und Feiertage 2014

Neujahrstag:	**Mittwoch,**	1. Januar
Aschermittwoch:		5. März
Karfreitag:		18. April
Ostersonntag:		**20. April**
Ostermontag:		21. April
Maifeiertag	**Donnerstag,**	1. Mai
Christi Himmelfahrt:	Donnerstag,	29. Mai
Pfingstsonntag:		8. Juni
Pfingstmontag:		9. Juni
Fronleichnam:	Donnerstag,	19. Juni
Allerheiligen:	Samstag,	1. November
Buß- und Bettag:	Mittwoch,	19. November
Totensonntag:		23. November
1. Advent:	Sonntag,	30. November
Heiliger Abend:	Mittwoch,	24. Dezember
1. Weihnachtstag:	**Donnerstag,**	25. Dezember
2. Weihnachtstag:	Freitag,	26. Dezember
Silvester:	**Mittwoch,**	31. Dezember

Staatsfeiertage 2014

Tag der deutschen Einheit:	Freitag,	3. Oktober
Österreichischer Nationalfeiertag:	Sonntag,	26. Oktober
Schweizer Bundesfeier:	Freitag,	1. August
Liechtensteiner Staatsfeiertag:	Freitag,	15. August

Kalenderären

Das **jüdische Jahr** 5775 beginnt am 24. September mit Sonnenuntergang. Der jüdische Neujahrstag fällt daher auf den 25. September 2014.

Das **islamische Jahr** 1436 beginnt am 24. Oktober mit Sonnenuntergang. Der erste Tag des islamischen Jahrs 1436 korrespondiert mit dem 25. Okt. 2014.

Am 31. Januar 2014 beginnt das 31. Jahr im 79. Zyklus des traditionellen **chinesischen Kalenders**. Es ist das Jahr des Pferdes (jia-wu).

Am 14. September beginnt in der **byzantinischen Ära** das Jahr 7523.

Am 1. Januar beginnt das **japanische Jahr** 2674.

Am 11. September beginnt das Jahr 1731 der **Ära Diokletians**.

Am 14. September beginnt das Jahr 2326 der **Seleukidenära**.

Am 14. Januar beginnt das Jahr 2767 der **römischen Ära a.u.c.**

Der 14. Januar 2014 des **Gregorianischen** Kalenders korrespondiert mit dem 1. Januar 2014 des **Julianischen** Kalenders.

Das Jahr 2014 entspricht dem Jahr 6727 der **Julianischen Periode**.

Der 1. Januar 2014 (0^h Weltzeit = 1^h Mitteleuropäische Zeit) hat die **Julianische Tagesnummer** 2 456 658,5

Chronologie

Sonnenzirkel: 7
Goldene Zahl (Mondzirkel): I
Sonntagsbuchstabe: E
Indiktion (Römerzinszahl): 7
Epakte: 29
Jahresregent: Saturn

Finsternisse 2014

Im Jahr 2014 ereignen sich vier Finsternisse, eine ringförmige Sonnenfinsternis am 29. April und eine partielle Sonnenfinsternis am 23./24. Oktober sowie zwei totale Mondfinsternisse, jeweils am 15. April und am 8. Oktober. Alle vier Finsternisse bleiben von Mitteleuropa aus unbeobachtbar. Ausführliche Erläuterungen zu den Finsternissen findet man im Kapitel „Sonnen- und Mondfinsternisse 2014" auf Seite 30.

Planeten 2014

Merkur zeigt sich Ende Januar bis Anfang Februar sowie Mitte Mai bis Anfang Juni am Abendhimmel. Am Morgenhimmel bietet der flinke Planet von Mitte bis Ende Juli sowie von Ende Oktober bis Mitte November eine Morgensichtbarkeitschance.

Venus beginnt das Jahr als Abendstern. In der ersten Januarwoche zieht sie sich vom Abendhimmel zurück. Am 11. Januar steht sie in unterer Konjunktion mit der Sonne. Mitte Januar taucht sie am Morgenhimmel auf und bleibt bis September Morgenstern. Am **22. März** erreicht sie ihre **größte westliche Elongation** von der Sonne. In **größtem Glanz** strahlt sie am **15. Februar** am Morgenhimmel.

Mars kann zu Jahresanfang in der zweiten Nachthälfte gesehen werden. Am **8. April** kommt Mars im Sternbild Jungfrau in **Opposition** zur Sonne und ist die gesamte Nacht beobachtbar. Bis Jahresende bleibt der rote Planet am Abendhimmel vertreten.

Jupiter kommt am **5. Januar** im Sternbild Zwillinge in **Opposition** zur Sonne. Bis Anfang Juni kann der Riesenplanet am Abendhimmel gesehen werden. Am 24. Juli steht er in Konjunktion mit der Sonne. Gegen Ende August taucht Jupiter am Morgenhimmel auf und wird Ende des Jahres zum Planeten der gesamten Nacht.

Saturn steht am **10. Mai** im Sternbild Waage in **Opposition** zur Sonne. Bis Ende September ist der Ringplanet am Abendhimmel vertreten. Am 18. November wird er von der Sonne überholt und steht in Konjunktion mit ihr. Ende Dezember erscheint der Ringplanet wieder am Morgenhimmel.

Uranus kommt am **7. Oktober** im Sternbild Fische in **Opposition** zur Sonne und

Neptun bereits am **29. August** im Sternbild Wassermann. In Konjunktion mit der Sonne steht Uranus am 2. April und Neptun am 23. Februar.

Pluto, der prominenteste Zwergplanet unseres Sonnensystems, steht am **4. Juli 2014** im Sternbild Schütze in **Opposition** zur Sonne. Seine Konjunktion mit der Sonne erreicht Pluto schon am 1. Januar 2014.

Ausführliche Angaben über die Sichtbarkeit der Planeten entnehme man der Rubrik „Planetenlauf" in den Monatsübersichten.

Erläuterungen zum Gebrauch

Wer zum ersten Mal dieses Jahrbuch in Händen hält, dem bieten nachstehende Erläuterungen eine erste Einführung in seine Benutzung. Wer jedoch schon mit den Grundlagen der Himmelskunde vertraut ist, kann sofort die „Kurzhinweise zum Gebrauch" dieses Jahrbuches auf der vorderen Umschlagklappe aufschlagen.

Im *Kosmos Himmelsjahr* ist das Bild des abendlichen Fixsternhimmels für jeden Monat beschrieben. Eine Sternkarte erleichtert die Übersicht. Außerdem ist die Stellung des Großen Wagens und des Himmels-Ws um 22^h MEZ für jeden Monat aus einer Grafik ersichtlich. Der Große Wagen und das Himmels-W sind in jeder klaren Nacht zu beobachten, da sie bei uns zirkumpolar sind, also niemals untergehen.

Während die Fixsterne ihre Stellungen zueinander nicht ändern, sondern nur gemeinsam infolge der Erdrotation über das Firmament ziehen, gibt es Gestirne, die ihre Position im Laufe von Wochen und Monaten ändern. Man nennt sie Wandelsterne oder Planeten. Sie sind die Geschwister unserer Erde, die ebenfalls ein Planet ist. Mit freiem Auge sind fünf Planeten zu sehen: Merkur, Venus, Mars, Jupiter und Saturn.

Von der Erde aus gesehen wandert somit die Sonne in einem Jahr durch die bekannten Sternbilder des Tierkreises. Der Wanderweg der Sonne heißt Ekliptik. Mond und Planeten bewegen sich ebenfalls in der Nähe der Ekliptik. Sie sind daher stets in den Tierkreissternbildern zu finden.

Sterne, Sternbilder und Sternkarten

Je nach Fantasie und Kultur haben die einzelnen Völker Sterne und Sternbilder unterschiedlich benannt. Die Internationale Astronomische Union (IAU) hat für die gesamte Himmelskugel 88 Sternbilder festgelegt, die für alle Astronomen und Sternfreunde verbindlich sind. Diese 88 Sternbilder haben lateinische Namen und jeweils eine Abkürzung von drei Buchstaben; Beispiel: der Krebs, lat.: Cancer, Abkürzung: Cnc.

Speziell für die Benutzer des Himmelsjahres empfehlen sich zur ersten Orientierung die Sternkarten im *Atlas für Himmelsbeobachter* von Erich Karkoschka. Neben den klassischen Sternatlanten gibt es heute auch gute Computerprogramme, die einen gewünschten Himmelsausschnitt am Monitor erscheinen lassen.

Nur die hellsten oder auffällige Sterne, die beispielsweise periodisch ihre Helligkeit ändern, haben Eigennamen erhalten. So heißen die beiden hellsten Sterne im Wintersternbild Orion Beteigeuze und Rigel, der berühmte veränderliche Stern im Perseus Algol.

Etwas systematischer hat Johannes Bayer im Jahre 1603 die Sterne bezeichnet, nämlich mit griechischen Buchstaben und dem Genitiv des lateinischen

E.1 Der Große Wagen gilt als das bekannteste „Sternbild", ist aber nur ein Teil des Sternbildes Großer Bär.

Sternbildnamens. So bekam der hellste Stern in der Leier die Bezeichnung α Lyrae (oder kurz α Lyr), der zweithellste β Lyrae, der dritthellste γ Lyrae usw. Die Helligkeitsfolge ist aber nicht immer streng eingehalten, manchmal hat die Mythologie Vorrang; von den beiden hellen Zwillingssternen trägt der hellere Pollux die Bezeichnung β Geminorum, der etwas schwächere Kastor α Geminorum. Bei Doppelsternen wird gelegentlich noch ein Index an den griechischen Buchstaben angehängt. Beispiel: ε_1 und ε_2 Lyrae, der berühmte Vierfachstern in der Leier (jede Komponente ist ihrerseits ebenfalls ein Doppelstern). Die 24 griechischen Buchstaben (siehe Seite 26) pro Sternbild reichen natürlich nicht aus, um alle Sterne zu benennen.

Den ersten umfangreichen Sternkatalog nach Erfindung des Fernrohrs hat John Flamsteed (1646–1719) im Jahre 1712 herausgegeben. Flamsteed hat die Sterne in einem Sternbild durchnummeriert. So hat ω Aurigae beispielsweise bei Flamsteed die Bezeichnung 4 Aurigae. Viele Sterne, die keine Bayer-Bezeichnung haben, sind jedoch mit Flamsteed-Nummern gekennzeichnet.

Bei schwächeren Sternen gibt man die Katalognummer an, unter der sie verzeichnet sind, oder einfach die genauen Koordinaten. Beispiele für Katalognummern: BD +52°1312 bedeutet Stern Nummer 1312 in der Deklinationszone von +52° bis +53° der sogenannten Bonner Durchmusterung. HD 128974, Stern aus dem Henry-Draper-Katalog, SAO 146912, Stern aus dem Smithsonian Astrophysical Observatory Star Catalogue, FK5: 1051, Stern aus dem 5. Fundamental-Katalog.

Sterne, deren Helligkeit variiert, werden häufig mit großen lateinischen Buchstaben und ihren Sternbildnamen versehen: RR Lyrae, T Coronae Borealis. Man kann somit aus der Bezeichnung auf die Eigenart dieser Sterne schließen.

Sternhaufen und Nebel

Man unterscheidet offene und kugelförmige Sternhaufen. Offene Sternhaufen enthalten Dutzende bis einige hundert Sterne, die alle einzeln als Lichtpunkte erkennbar sind. Kugelhaufen haben Hunderttausende bis Millionen Mitgliedssterne und sind als verwaschene, kreisrunde Lichtfleckchen zu sehen. Nur die Randpartien sind in Einzelsterne auflösbar, im Zentrum stehen die Sterne zu dicht, um als einzelne Lichtpunkte erkannt zu werden.

Zwischen den punktförmigen Sternen zeigen sich auch nebelhafte Gebilde. Bei den „Nebeln" gilt es zwei Kategorien zu unterscheiden: Einmal beobachtet man tatsächlich Staub- und Gasmassen zwischen den Sternen unserer Milchstraße, wie zum Beispiel im Sternbild Orion den berühmten Orionnebel. Andere nebelhafte Lichtfleckchen lassen sich jedoch mit sehr großen Teleskopen in einzelne Sterne auflösen. Hier sieht man fremde, ferne Milchstraßensysteme. Das Licht von Milliarden Sternen wird von uns nur als schwaches Nebelfleckchen registriert, wie beispielsweise beim Andromedanebel. Wegen ihrer häufig spiraligen Gestalt spricht man auch von Spiralnebeln oder Galaxien.

Der französische Astronom Charles Messier (1730–1817) hat einen Katalog mit über hundert Sternhaufen und Nebeln zusammengestellt. Der Orionnebel wird z.B. mit M 42, der Andromedanebel mit M 31, der Kugelhaufen im Herkules mit M 13 bezeichnet. Wesentlich umfangreicher ist der Katalog von John L. E. Dreyer mit dem Namen *New General Catalogue of Nebulae and Clusters of Stars*, abgekürzt NGC. Später erschienen noch zwei Ergänzungen (*Index-Catalogue I and II*, kurz IC I und IC II) und schließlich der überarbeitete *Revised New General Catalogue* (RNGC). Daher trägt der Andromedanebel M 31 auch die Bezeichnung NGC 224.

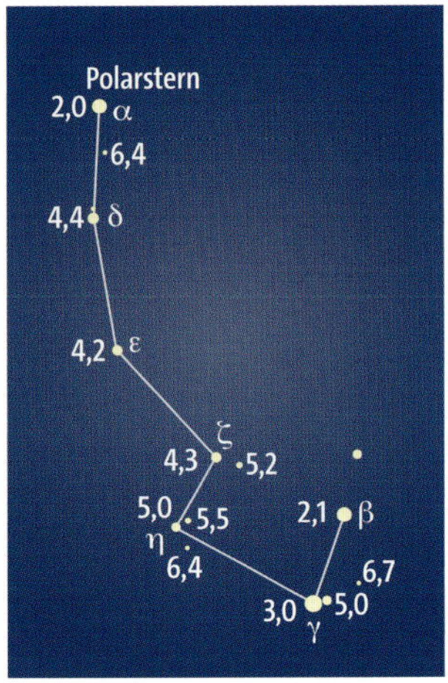

E.2 Sternbild Kleiner Wagen mit Helligkeitsangaben in Größenklassen für die einzelnen Sterne.

Die Helligkeit der Sterne

Man teilt die Sterne in Größenklassen ein. Diese Größenklassen geben nicht den Durchmesser oder die wahre Leuchtkraft der Sterne an, sondern ihre scheinbare Helligkeit am Himmel. Sterne erster Größe sind dabei heller als solche zweiter Größe. Ein schwaches Sternpünktchen sechster Größe ist eben noch mit bloßen Augen zu erkennen. Ein Stern erster Größe ist dabei hundertmal heller als ein Stern sechster Größe. Daraus folgt, dass ein Stern zweiter Größe 2,512-mal lichtschwächer ist als ein Stern erster Größe. Ein Stern dritter Größe wiederum ist 2,512-mal lichtschwächer als ein Stern zweiter Größe, denn $2{,}512^5 = 100$. Die Größenklassenskala ist somit ein logarithmisches Maß.

Als Abkürzung verwendet man ein kleines hochgestelltes ^{m} für magnitudo (lat.) = Größe. Sterne, die heller als 1^m sind, bezeichnet man mit 0^m, -1^m, -2^m usw. Die Venus kann -4^m hell sein. Das bedeutet, dass sie dann hundertmal heller strahlt als ein Stern erster Größe, also mit 1^m! In manchen Schriften findet man gelegentlich die Abkürzung „mag" für Größenklasse. In der Fachastronomie ist sie jedoch nicht in Gebrauch. Mit Teleskopen lassen sich auch Sterne beobachten, die schwächer sind als 6^m. In einem guten Fernglas sind Sterne bis 10^m erkennbar.

In großen Teleskopen werden Sterne bis 26^m beobachtet, also Objekte, die hundert Millionen Mal lichtschwächer sind als die schwächsten, dem menschlichen Auge zugänglichen Sterne mit 6^m. Die Helligkeiten der Sterne zu schätzen, sollte man üben. Abb. E.2 zeigt den Kleinen Wagen, wobei die Helligkeiten der einzelnen Sterne vermerkt sind. Da das Sternbild Kleiner Wagen zirkumpolar ist, kann es in jeder klaren Nacht zu jeder Uhrzeit gesehen werden.

Stünden alle Sterne gleich weit entfernt, sozusagen in einer Normentfernung, dann entspräche die beobachtete scheinbare Helligkeit auch ihrer wirklichen Leuchtkraft. Eine solche Normentfernung wurde mit 10 Parsec (knapp 33 Lichtjahre) festgelegt. Man rechnet nun die Helligkeit aus, die ein Stern in 10 Parsec Entfernung hätte, und bezeichnet diese Größe als „absolute Helligkeit" oder „wahre Leuchtkraft" eines Sterns.

Um die absolute nicht mit der scheinbaren Helligkeit zu verwechseln, wird sie mit einem großen M (Magnitudo) abgekürzt. Beispiel: Unsere Sonne hat die enorme scheinbare Helligkeit von -27^m am Firmament und eine absolute Helligkeit von $+4{,}8^M$. Das heißt, in 33 Lichtjahren Entfernung erschiene uns die Sonne nur noch als Sternchen 5. Größe. Anmerkung: Da ^{m} auch für Minute steht, ist aus dem Textzusammenhang zu entnehmen, ob Helligkeiten oder Zeiten beziehungsweise Koordinaten gemeint sind.

Entfernungsangaben

In der Astronomie verwendet man, um große Zahlenungetüme zu vermeiden, für die Distanzen im Sonnensystem als Längenmaß die Astronomische Einheit (AE). Eine Astronomische Einheit entspricht der mittleren Entfernung der Erde von der Sonne, das sind rund 150 Millionen Kilometer.

Es gilt: 1 AE = 149 597 870 km

Diese Strecke legt das Licht in 8^m20^s zurück. Man spricht von der Lichtlaufzeit der Astronomischen Einheit. Jupiter ist beispielsweise 5,2 AE von der Sonne und Neptun rund 30 AE von ihr entfernt. Die Lichtlaufzeiten der Planetendistanzen betragen Minuten bis wenige Stunden. Die Sterne sind jedoch so weit entfernt, dass ihr Licht Jahre, Jahrhunderte und Jahrmillionen zur Erde unterwegs ist. Man gibt daher ihre Distanzen in Lichtlaufzeiten an, wobei man ein Lichtjahr (LJ) als Einheit nimmt. In einem Jahr legt ein Lichtstrahl im Vakuum rund zehn Billionen Kilometer zurück.

Es gilt: $1\ \text{LJ} = 9{,}46 \times 10^{12}\ \text{km}$
$= 63\,240\ \text{AE}$

Ein Lichtjahr ist somit keine Zeit-, sondern eine Entfernungsangabe. In der Stellarastronomie wird ferner das Parsec (Parallaxensekunde) verwendet. Ein Parsec entspricht 3,26 Lichtjahren. Die Definition des Parsec findet man im Begleitbuch zum *Himmelsjahr*, dem *Kompendi-*

E.3 Im Orion-Nebel (M 42) entstehen neue Sterne, die das sie umgebende Gas zum Leuchten anregen.

Martin Gertz, Sternwarte Welzheim

um der Astronomie im Abschnitt „Entfernungseinheiten in der Astronomie".

Im *Himmelsjahr* werden die Entfernungen im Sonnensystem in AE und die Fixsterndistanzen in Lichtjahren angegeben. Parsec werden nicht verwendet.

Zeitangaben

Alle Uhrzeiten im *Himmelsjahr* sind grundsätzlich in Mitteleuropäischer Zeit (MEZ) angegeben. Die Mitteleuropäische Zeit ist die mittlere Sonnenzeit des Meridians 15° östlich von Greenwich (Nullmeridian der Erde). Sie geht gegenüber der Weltzeit (UT = Universal Time) um eine Stunde vor. Es gilt: Weltzeit plus eine Stunde = MEZ.

Wenn es in Greenwich Mitternacht (0^h) ist, dann haben wir schon 1^h (MEZ) morgens. Für ortsabhängige Angaben (z. B. Auf- und Untergänge) gelten alle Zeiten genau für den Ort 10° östlich von Greenwich und 50° nördlicher Breite. Dieser Punkt liegt für Mitteleuropa ziemlich zentral.

Die Sommerzeit ist eine willkürliche Verschiebung der Zonenzeit um eine Stunde, um die Tageshelligkeit besser auszunutzen und (angeblich) Energie einzusparen. Sie beruht nicht auf astronomischen Grundlagen und ist außerdem von Staat zu Staat verschieden. Um die Benutzer des Himmelsjahres nicht zu verwirren und die Daten konsistent zu halten, sind alle Angaben das ganze Jahr durchgehend in MEZ vermerkt. Es gilt: MEZ plus eine Stunde = MESZ (Mitteleuropäische Sommerzeit). Gilt in einem Land die Sommerzeit, so ist zu den Zeitangaben im *Himmelsjahr* einfach eine Stunde zu addieren.

Achtung: Fällt ein Ereignis in die letzte Stunde vor Mitternacht, so ändert sich auch das Datum um einen Tag.

Während der Dauer der Sommerzeit sind alle Zeitangaben in den Tabellen in einem dunkleren Farbton unterlegt.

Auf- und Untergangszeiten

Alle Auf- und Untergangszeiten (MEZ) gelten exakt für 10° östlicher Länge und 50° nördlicher Breite.

Für andere Orte in Mitteleuropa können diese Zeiten erheblich differieren (bis etwa eine halbe Stunde). Um schnell auch für andere Orte die Auf- und Untergänge ermitteln zu können, ist das Nomogramm auf Seite 292 gedacht.

Im Nomogramm sind die wichtigsten Städte in Mitteleuropa eingetragen. Man wähle eine Stadt, die dem eigenen Standpunkt am nächsten kommt. Dann lege man ein Lineal so auf das Nomogramm, dass es mit der Deklination des Gestirns beziehungsweise der Uhrzeit laut Tabelle „Sonnenlauf" am oberen Bogen übereinstimmt. Dabei gilt das obere Vorzeichen für den Aufgang, das untere für den Untergang. Die Verbindungslinie (Lineal) gibt dann am unteren Bogen die Korrektur für die Auf- bzw. Untergangszeit an. Positive Werte bedeuten eine Verspätung, ein negativer Wert deutet an: Der Auf- oder Untergang erfolgt entsprechend früher. Die Zahlen geben die Minuten an.

Beispiel: Wann geht in Wien am 31. März die Sonne auf? Man verbinde mit einem Lineal den Punkt „Wien" mit der 6-Uhr-Marke am oberen Bogen. Denn laut Tabelle „Sonnenlauf" auf Seite 82 erfolgt der Sonnenaufgang am 31. März um 5^h59^m. Die Verbindungslinie schneidet den unteren Bogen bei -24^m. Der Sonnenaufgang erfolgt in Wien somit 24 Minuten früher, also um 5^h35^m MEZ bzw. 6^h35^m Sommerzeit.

Wem die Verwendung des Nomogramms zu kompliziert erscheint, der kann auch die Tabelle zur Auf- und Untergangskorrektur auf Seite 293 benutzen. Man suche die seinem Wohnort nächstliegende Stadt und lese einfach die Korrekturzeit in Minuten ab, wobei für Mond, Planeten oder Sterne noch vorher die Deklination zu ermitteln ist. Bei der Sonne beachte man das Datum.

Die Sternzeit: Um mit einem Fernrohr ein bestimmtes Gestirn zu finden, muss man die Stellung des Beobachters auf der Erde zu einer bestimmten Uhrzeit des Tages relativ zur Fixsternwelt kennen. Man braucht dazu einen Referenzpunkt unter den Sternen. Dies ist der Frühlingspunkt. Er ist der Schnittpunkt der aufsteigenden Sonnenbahn mit dem Himmelsäquator. Im Frühlingspunkt steht die Sonne zu Frühlingsbeginn. Er ist auch der Nullpunkt der äquatorialen Himmelskoordinaten. Nimmt man statt der Sonne den unter den Fixsternen (fast) feststehenden Frühlingspunkt, erhält man statt der Sonnenzeit die Sternzeit.

Steht der Frühlingspunkt im Süden (Meridian), spricht man von 0^h Sternzeit, eine Stunde später von 1^h Sternzeit, usw. Es gilt: **Sternzeit = Stundenwinkel des Frühlingspunktes**.

Im *Himmelsjahr* ist die Sternzeit jeweils für 1^h MEZ (= 0^h Weltzeit) von zehn zu zehn Tagen für den Meridian von Greenwich (Nullmeridian) angegeben (siehe Tabelle auf Seite 286).

Die Tabelle auf Seite 290 erlaubt eine schnelle Bestimmung der Sternzeit zur abendlichen Beobachtungsstunde. Die Tabelle „Sternzeit" gibt die Sternzeit um 20^h MEZ (= 21^h MESZ) am Ortsmeridian 10° östlicher Länge für jeden Tag des Jahres an.
Um den Stundenwinkel eines Gestirns zu ermitteln, bilde man die Differenz: Sternzeit minus Rektaszension des Gestirns, dann hat man den Stundenwinkel zum Beobachtungszeitpunkt und kann das Teleskop entsprechend einstellen.

Für die Bestimmung des Stundenwinkels eines Planeten kann man auch seine Kulminationszeit (Zeit des Meridiandurchganges) benutzen, wenn man keine Sternzeituhr zur Verfügung hat und sich die Berechnung der Sternzeit zum Beobachtungszeitpunkt ersparen will. Die Kulminationszeiten der Planeten und Kleinplaneten sind auf den Seiten 280 bis 284 angegeben. Die Kulminationszeit gilt für 10° östlicher Länge. Zunächst ist die Korrektur für die Längendifferenz des Beobachtungsortes anzubringen (siehe Seite 291, Spalte Zeitkorrektur gegen 10° östlicher Länge). Um diese so erhaltene Zeit geht der Planet durch den Meridian des Beobachters und hat somit den Stundenwinkel Null. Man bilde nun die Zeitdifferenz zwischen der Beobachtungszeit und der Zeit des Meridiandurchganges. Sie entspricht direkt dem Stundenwinkel (im Zeitmaß).

Die Dynamische Zeit: In der Astronomie wird seit 1984 eine Dynamische Zeit verwendet, die die früher übliche Ephemeridenzeit abgelöst hat. Nähere Erläuterungen zu den Dynamischen Zeitskalen finden sich in

Sommerzeit (MESZ) in der Bundesrepublik Deutschland

	Beginn Sonntag	Ende Sonntag		Beginn Sonntag	Ende Sonntag
1980	06. April	28. September	2000	26. März	29. Oktober
1981	29. März	27. September	2001	25. März	28. Oktober
1982	28. März	26. September	2002	31. März	27. Oktober
1983	27. März	25. September	2003	30. März	26. Oktober
1984	25. März	30. September	2004	28. März	31. Oktober
1985	31. März	29. September	2005	27. März	30. Oktober
1986	30. März	28. September	2006	26. März	29. Oktober
1987	29. März	27. September	2007	25. März	28. Oktober
1988	27. März	25. September	2008	30. März	26. Oktober
1989	26. März	24. September	2009	29. März	25. Oktober
1990	25. März	30. September	2010	28. März	31. Oktober
1991	31. März	29. September	2011	27. März	30. Oktober
1992	29. März	27. September	2012	25. März	28. Oktober
1993	28. März	26. September	2013	31. März	27. Oktober
1994	27. März	25. September	2014	30. März	26. Oktober
1995	26. März	24. September	2015	29. März	25. Oktober
1996	31. März	27. Oktober	2016	27. März	30. Oktober
1997	30. März	26. Oktober	2017	26. März	29. Oktober
1998	29. März	25. Oktober	2018	25. März	28. Oktober
1999	28. März	31. Oktober	2019	31. März	27. Oktober

dem Buch *Kompendium der Astronomie*. Die genaue Differenz der Dynamischen Zeit (TT = Terrestrial Time) zur Weltzeit (UT = Universal Time) kann erst im Nachhinein aus Beobachtungen der Gestirnspositionen bestimmt werden. Der extrapolierte Wert für das Jahr 2014 lautet: $\Delta T = +67$ Sekunden, wobei $\Delta T = TT - UT$ gilt. Die Weltzeit (UT) hinkt somit der Dynamischen Zeit (TT) um mehr als eine Minute nach.

Der beobachtende Sternfreund kann die TT unberücksichtigt lassen, wenn er nicht hohe Genauigkeitsansprüche hat. Wer jedoch die Angaben im *Himmelsjahr* mit anderen Jahrbüchern vergleicht, muss beachten, dass alle Zeitangaben hier in MEZ = UT + 1^h und nicht in TT vermerkt sind.

Der Himmelskalender

Jede Monatsübersicht beginnt mit dem zweiseitigen Himmelskalender. Auf der ersten Seite wird in kurzen Stichworten auf aktuelle Ereignisse im betreffenden Monat hingewiesen. Eine kleine Grafik zeigt die Stellung von Großem Wagen und Himmels-W jeweils um 22 Uhr MEZ relativ zum Nordhorizont. Sie soll zum schnellen Auffinden des Polarsterns dienen. Außerdem ist ein Himmelsanblick mit einer interessanten Konstellation – meist Begegnungen von hellen Planeten mit dem Mond – dargestellt.

Die zweite Seite des Himmelskalenders enthält eine Tabelle mit den Wochentagen und für jeden Tag die entsprechende Mondphase in einer kleinen Grafik. Vermerkt sind in der Tabelle ferner Feiertage, die Hauptphasen des Mondes, sichtbare Konstellationen von Mond und Planeten sowie bei uns beobachtbare Finsternisse.

Der Sonnenlauf

Die Bewegung der Sonne durch den Tierkreis ist zu Beginn jeder Monatsübersicht aus einer kleinen Grafik zu entnehmen. Die Grenzen der Sternbilder sind eingetragen sowie die wichtigsten Bahnpunkte der Sonne.

Die Tages- und Nachtstunden sowie Dämmerungslängen werden durch eine dreiteilige Zeichnung (Uhrensymbole) veranschaulicht. Diese soll einen groben und schnellen Überblick über die Länge der Tages- und Nachtzeit geben. Für die Dämmerungszeiten wurde die nautische Dämmerung (Sonne 12° unter dem Horizont) eingesetzt.

Die Tabelle „Sonnenlauf" gibt die Auf- und Untergangszeiten, Meridiandurchgang (Kulmination), Zeitgleichung und die Mittagshöhe der Sonne an sowie die äquatorialen Koordinaten Rektaszension und Deklination für 1^h MEZ jeweils von fünf zu fünf Tagen.

Die Zeiten gelten exakt für einen zentralen Ort mit 10° östlicher Länge und 50° nördlicher Breite. Für diesen Ort gelten auch die Dämmerungszeiten. Angegeben ist jeweils der Beginn und das Ende der nautischen Dämmerung.

Die Sonnenhöhe zu Mittag: Sie ist in der Tabelle „Sonnenlauf" für 50° nördlicher Breite angegeben. Für andere Breiten ist sie einfach zu ermitteln: 90° minus geografische Breite des Beobachters plus Sonnendeklination. Beispiel: Wie hoch steht die Sonne am 10. Juni zu Mittag (Kulmination) in Düsseldorf (geografische Breite: +51°)? 90° – 51° + 23° = 62° (Im Winterhalbjahr die negativen Deklinationen der Sonne beachten!).

In der Grafik „Sonnenlauf" jeweils zu Monatsbeginn ist die scheinbare Sonnenbahn (Ekliptik) durch die Sternbilder des Tierkreises für den jeweiligen Monat eingezeichnet. Ferner sind die Eintritte der Sonne sowohl in die einzelnen Tierkreissternbilder als auch in die Tierkreiszeichen vermerkt sowie die Äquinoktien (Tagundnachtgleichen) und Solstitien (Sommer- und Winterbeginn).

Die Zeitgleichung: Die Sonnenzeit wird nach einer fiktiven „mittleren Sonne" gerechnet. Die wahre Sonne läuft nämlich ungleichförmig. So geht sie einmal vor, dann wieder nach. Die Differenz kann bis zu einer Viertelstunde plus oder minus betragen. Diese Differenz wird Zeitgleichung (ZGL) genannt. Sie ist definiert zu:

ZGL = Wahre Sonnenzeit minus Mittlere Sonnenzeit

Die Zeitgleichung und die Kulmination der wahren Sonne sind tabellarisch aufgeführt. Ein negativer Wert der Zeitgleichung bedeutet, die wahre Sonne geht nach der mittleren durch den Meridian.

Der Mondlauf

Auf- und Untergangszeiten (MEZ) gelten genau für 10° östlicher Länge und 50° nördlicher Breite (siehe Zeitangaben). Ferner sind die Kulminationszeiten (Meridiandurchgänge) für 10° östlicher Länge tabelliert.

Der Mond bewegt sich recht schnell durch den Tierkreis. Deshalb sind für jeden Tag des Jahres seine Koordinaten angegeben. Sie gelten jeweils für 1^h MEZ (= 0^h Weltzeit). Wem diese Zahlen nichts sagen, der findet in der Spalte „Sterne und Sternbilder" die Position des Mondes im Tierkreis vermerkt. Ein Sternchen (*) deutet auf eine Sternbedeckung hin.

Die Position des Mondes gilt wie erwähnt für 1^h MEZ. Wer also abends beobachtet, sollte die Stellung des Mondes im Tierkreis aus der Zeile des folgenden Tages entnehmen, denn der Mond läuft recht rasch. Nähere Angaben zu den Sternbedeckungen finden sich in der Tabelle „Sternbedeckungen durch den Mond" auf Seite 288. Die letzte Spalte enthält die Mondphasen sowie wichtige Punkte in der Bahn.

Die Mondbahn ist rund 5° gegen die Ekliptik (scheinbare Sonnenbahn) geneigt. Aufsteigender Knoten bedeutet, der Mond überschreitet die Ekliptik nach Norden; absteigender Knoten, er wechselt wieder nach Süden. Größte Nordbreite: Der Mond steht am weitesten in nördlicher Richtung von der Ekliptik entfernt; analog dazu heißt größte Südbreite: Der Mond hat maximalen südlichen Abstand von der Ekliptik.

Im Tabellenteil findet man auf Seite 278/279 die Mondbahn relativ zur Ekliptik eingetragen. Wegen der Rückläufigkeit der Mondbahnknoten verläuft die Mondbahn unter den Sternen in jedem Jahr anders.

Die Libration: Bei größter Südbreite ist die Nordhalbkugel des Mondes uns ein wenig mehr zugekehrt, man spricht von maximaler Libration Nord; entsprechend sieht man bei größter Nordbreite mehr vom Südpolgebiet des Mondes. Libration West: Westrand des Mondes, Libration Ost: Ostrand des Mondes ist uns zugekehrt (Astronomische Definition West/Ost siehe auch *Kompendium der Astronomie*, Kapitel „Der Mond der Erde").

„Libration West" bedeutet, das Mare Crisium zeigt sich randfern, das Mare Smythii wird sichtbar. „Libration Ost" heißt, das Mare Crisium rückt an den Westrand, im Osten zeigt sich der Ringwall Grimaldi randfern und das Mare Orientale wird gut sichtbar.

Bei Erdnähe und Erdferne ist die Distanz des Mondes jeweils in tausend Kilometer vermerkt. Außerdem ist der scheinbare Monddurchmesser in Bogenminuten angegeben. Neben der Phase „Neumond" steht die Brownsche Lunationsnummer. Eine Lunation ist die Zeitspanne, die der Mond benötigt, um einmal alle Phasen zu durchlaufen, also von einem Neumond bis zum nächstfolgenden. Diese Zeitspanne heißt „Synodischer Monat". Auf Vorschlag von Ernst William Brown werden die Lunationen seit dem Neumond vom 16. (17.) Januar 1923 fortlaufend nummeriert.

Der Planetenlauf

Planeten sind Geschwister der Erde. Sie laufen gemeinsam mit ihr um die Sonne. Je näher ein Planet der Sonne steht, desto schneller wandert er um sie. Wir beobachten die Planeten nicht von einem ruhenden Punkt aus, sondern vom Raumschiff Erde, das ständig in Bewegung ist. Deshalb erscheinen uns von der Erde aus (geozentrisch) die Bewegungen der Planeten vor dem Hintergrund der fernen Fixsterne – dem Muster der Sternbilder also – recht kompliziert. Überholt die Erde einen weiter außen laufenden Planeten, so scheint er einige Wochen lang zurückzubleiben, er ist „rückläufig", wie man zu sagen pflegen. Anschließend bewegt er sich wieder in der ursprünglichen Richtung wie die Sonne von West nach Ost, er ist wieder „rechtläufig". Durch diesen Bewegungswechsel bildet die Bahn des Planeten eine Schleife.

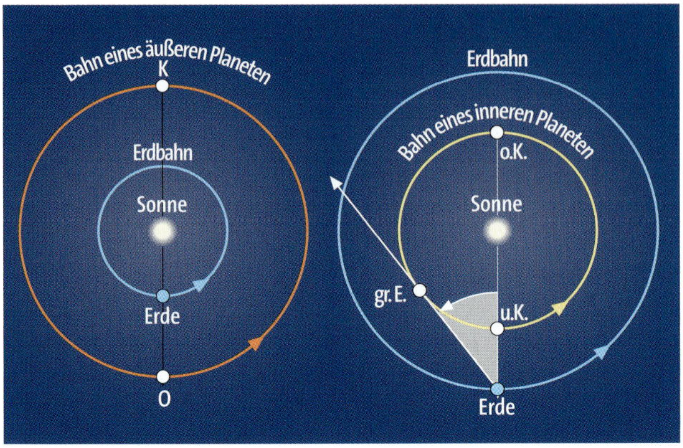

E.4 Die linke Zeichnung zeigt die Erdbahn und die Bahn eines äußeren Planeten. Bei O steht der Planet in Opposition, bei K in Konjunktion. Auf der rechten Seite der Abbildung sind die Erdbahn und die Bahn eines inneren Planeten dargestellt. Bei u.K. steht der Planet in unterer, bei o.K. in oberer Konjunktion mit der Sonne. Bei gr. E. steht er in größter Elongation (Winkel grau gerastert).

Ob ein Planet am Himmel zu sehen ist, hängt von der gegenseitigen Stellung von Sonne und Planet ab. Steht ein äußerer Planet von der Erde aus gesehen hinter der Sonne, Planet – Sonne – Erde bilden also eine Linie, so ist er nicht beobachtbar (Abb. E.4). Da er in Sonnenrichtung steht, geht er mit der Sonne auf und unter, bleibt somit nachts unter dem Horizont verborgen. Diese Konstellation heißt Konjunktion.

Steht der Planet von der Erde aus gesehen der Sonne gegenüber, also in der Reihenfolge Sonne – Erde – Planet (Abb. E.4), so spricht man von Opposition oder Gegenschein. Der Planet ist die ganze Nacht über zu sehen, da er mit Sonnenuntergang aufgeht und morgens mit Sonnenaufgang unter dem Westhorizont verschwindet. Bilden Sonne – Erde – Planet ein rechtwinkliges Dreieck, so spricht man von einer Quadratur.

Die inneren Planeten Merkur und Venus können niemals in Oppositionsstellung kommen. Dafür unterscheidet man bei ihnen zwischen oberer und unterer Konjunktion (Abb. E.4). In diesen beiden Stellungen bleibt der Planet unsichtbar. Nur wenn der Planet westlich oder östlich der Sonne „in Elongation" steht, kann er gesehen werden. Steht Venus in östlicher Elongation, so geht sie erst nach Sonnenuntergang unter, sie ist dann Abendstern. Steht sie in westlicher Elongation, so geht sie vor der Sonne auf und ist am Morgenhimmel zu sehen.

Ähnliches gilt für Merkur. Die größte Elongation (Winkelabstand von der Sonne) kann für die Venus 48° betragen, für den sonnennäheren Merkur aber nur 28°. Merkur ist daher schwierig zu beobachten – entweder abends kurz nach Sonnenuntergang tief im Westen oder kurz vor Sonnenaufgang tief am Osthimmel. Die Sichtbarkeiten der Planeten hängen nicht nur von den geometrischen Verhältnissen (Stellung des Planeten und der Sonne), sondern auch von meteorologischen Gegebenheiten ab. Eine starke Dunstglocke, hohe Luftfeuchtigkeit (Nebel) oder irdisches Streulicht (Neonreklame, Autoscheinwerfer, Lichtdom eines Stadions) beeinträchtigen die Beobachtung.

Eine Grafik vor der Rubrik „Planetenlauf" ermöglicht einen schnellen Überblick, welche Planeten am Abend, die ganze Nacht über, am Morgen oder gar nicht zu sehen sind. Eine grafische Jahresübersicht der Stellung, Größe, Helligkeit und Sichtbarkeit der Planeten findet sich auf den Seiten 276–277.

Die großen Planeten

Merkur: Sonnennächster Planet, zwischen $+3^m$ und $-1\overset{m}{.}5$ hell; schwer zu beobachten, da nur kurze Sichtbarkeitsperioden und stets horizontnahe Stellung; chromgelbes Licht.

Venus: Nach Sonne und Mond hellstes Gestirn, oft als Abend- bzw. Morgenstern bezeichnet. Helligkeiten von $-3\overset{m}{.}9$ bis $-4\overset{m}{.}9$; strahlend weißes Licht; entweder abends am Westhimmel

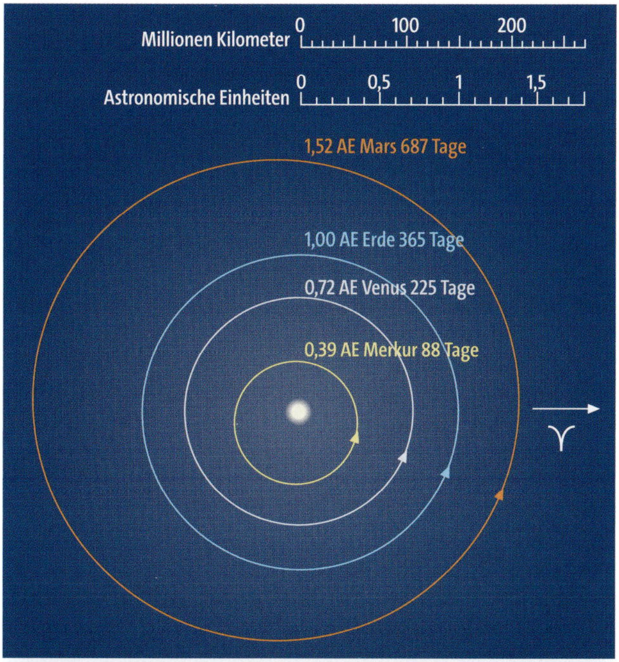

E.5 Die Bahnen der inneren Planeten um die Sonne (1 AE = 1 Astronomische Einheit = 149,6 Millionen Kilometer). Der Pfeil deutet die Richtung zum Frühlingspunkt an (Symbol: ♈).

oder morgens in der östlichen Himmelshemisphäre zu sehen.

Mars: Äußerer Nachbarplanet der Erde, auffallend seine rötliche Farbe (der „rote Planet"); sehr unterschiedliche Helligkeiten von $+1^{m},8$ bis $-2^{m},9$.

Jupiter: Der größte aller Planeten, ein auffallend heller Planet, daher kaum zu übersehen; Helligkeit von $-1^{m},7$ bis $-2^{m},9$, weißlichgelbes Licht.

Saturn: Der sonnenfernste mit freiem Auge noch sichtbare Planet strahlt in einem fahlen Licht zwischen $+1^{m},3$ und 0^{m}, in Ausnahmefällen bis $-0^{m},5$. Den berühmten Ring kann man mit einem Fernrohr ab etwa 30-facher Vergrößerung erkennen.

Uranus: Ist theoretisch mit bloßem Auge gerade noch erkennbar (Oppositionshelligkeit $5^{m},5$). Wohlgemerkt „theoretisch", es empfiehlt sich auf alle Fälle ein gutes Fernglas, um Uranus zu finden! Farbe: grünlich. Die im März 1977 entdeckten Ringe

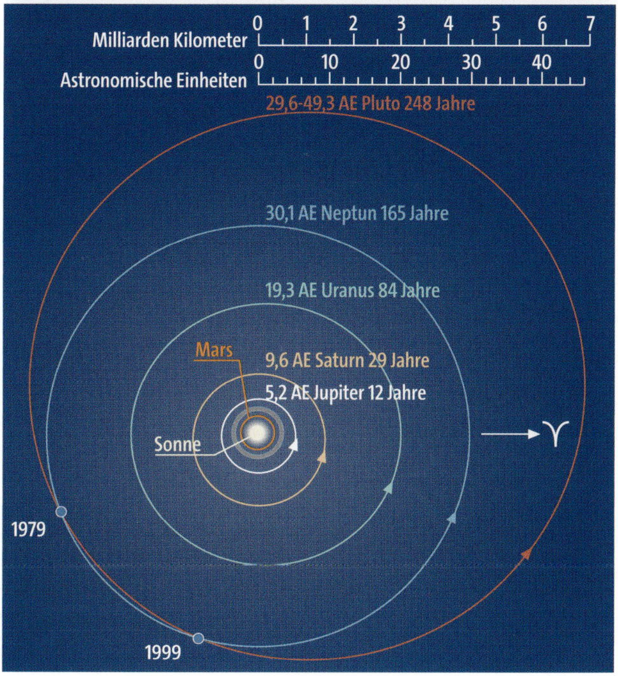

E.6 Die Bahnen der äußeren Planeten. Zwischen der Marsbahn und der Jupiterbahn laufen Abertausende Kleinplaneten (Planetoiden) um die Sonne. Wegen seiner stark exzentrischen Bahn war Pluto von 1979 bis Anfang Februar 1999 der Sonne näher als Neptun.

sind jedoch selbst in großen Fernrohren für Hobbyastronomen nicht zu sehen.

Neptun: sonnenfernster Planet, Helligkeit um $7\overset{m}{.}9$; zeigt im Fernrohr ein winziges, grünblaues Scheibchen.

Pluto: Seit IAU-Beschluss vom August 2006 als Zwergplanet eingestuft, ist sehr lichtschwach, Helligkeit 14^m. Nur gut ausgerüstete Amateurastronomen können ihn beobachten.

Die Angaben der scheinbaren Helligkeiten der Planeten sind – wie international üblich – V-Helligkeiten (nach dem UBV-System von Johnson). Die früher gebräuchlichen „visuellen" (m_{vis}) Helligkeiten sind um durchschnittlich $0\overset{m}{.}2$ geringer. Man beachte, dass manche Quellen noch die veralteten Werte bringen.

Kleinplaneten

Außer den acht großen Planeten schwirren noch Tausende kleiner und kleinster Planeten (Planetoiden oder Asteroiden) um die Sonne. Der erste wurde in der Neujahrsnacht des Jahres 1801 von Giuseppe Piazzi in Palermo entdeckt und auf den Namen Ceres getauft. Heute sind einige hunderttausend Planetoiden katalogisiert. Die meisten bewegen sich zwischen Mars und Jupiter um die Sonne. Einige haben jedoch sehr langgestreckte Bahnen, die die Bahnen anderer Planeten kreuzen. Sie können auch der Erde recht nahe kommen. Einige Planetoiden, die in diesem Jahr heller als 9^m werden, sind in der Rubrik „Planetenlauf" verzeichnet.

Die Monde der Planeten

Die beiden winzigen Marsmonde, die zahlreichen Uranusmonde, die Neptunmonde und die Plutomonde sind so lichtschwach, dass sie nicht mit den bescheidenen optischen Hilfsmitteln der Sternfreunde zu beobachten sind. Deshalb sind sie hier nicht aufgeführt.

Jupiter: Die vier hellsten Monde sind schon in kleinen Teleskopen leicht zu sehen: I Io, II Europa, III Ganymed und IV Kallisto. In den Monaten, in denen Jupiter zu beobachten ist, findet man jeweils eine Grafik, aus der die Positionen der Jupitermonde im umkehrenden Fernrohr ersichtlich sind. Sie lassen die gegenseitigen Stellungen und die Bewegungsabläufe der Jupitermonde erkennen.

Die waagerechten Linien in der Grafik beziehen sich auf 1^h MEZ des jeweiligen Datums, das links angegeben ist. Die Schnittpunkte der waagerechten Linien mit den Kurven der Jupitermonde geben somit deren Positionen jeweils um 1^h MEZ an.

Am unteren Rand jeder Grafik findet man eine Darstellung der Jupitermondbahnen relativ zum Beobachter.

Erscheinungen der Jupitermonde: Für den Fernrohrbesitzer ist es reizvoll, Bedeckungen, Verfinsterungen, Durchgänge und Schattenwürfe der Monde des Riesenplaneten auf Jupiter selbst zu beobachten.

Sofern diese Ereignisse von Mitteleuropa aus beobachtbar sind, findet man sie in der Rubrik „Jupitermonderscheinungen" verzeichnet. Es gelten folgende Abkürzungen:

Das griechische Alphabet

Α	α	Alpha	a	Η	η	Eta	e	Ν	ν	Nü	n	Τ	τ	Tau	t
Β	β	Beta	b	Θ	ϑ	Theta	th	Ξ	ξ	Xi	x	Υ	υ	Ypsilon	y
Γ	γ	Gamma	g	Ι	ι	Jota	i, j	Ο	ο	Omikron	o	Φ	φ	Phi	ph
Δ	δ	Delta	d	Κ	κ	Kappa	k	Π	π	Pi	p	Χ	χ	Chi	ch
Ε	ε	Epsilon	e	Λ	λ	Lambda	l	Ρ	ρ	Rho	r	Ψ	ψ	Psi	ps
Ζ	ζ	Zeta	z	Μ	μ	Mü	m	Σ	σ ς	Sigma	s	Ω	ω	Omega	o

E.7 Größenverhältnisse der Planeten und der Mondbahn im Vergleich zur Sonne. Darunter sind die astronomischen Symbole der Planeten vermerkt, die auch in den monatlichen Sternkarten des Himmelsjahres die Orte der betreffenden Planeten markieren.

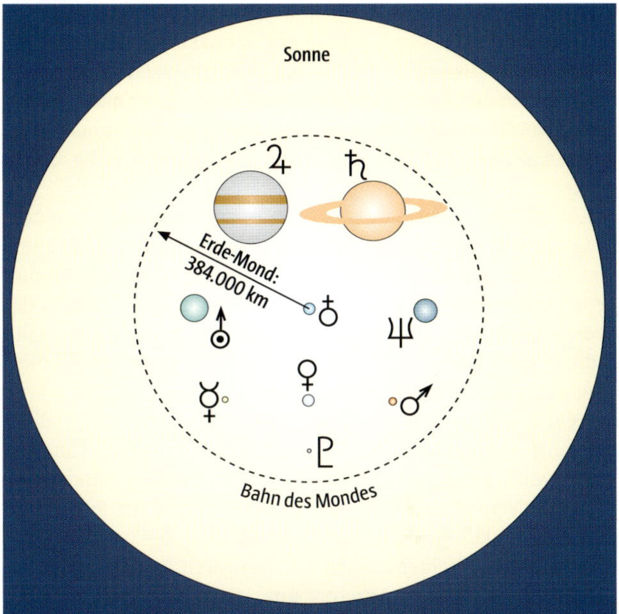

☉ Sonne	ø	1.392.000 km		♃ Jupiter	ø	142.796 km
☿ Merkur	ø	4.878 km		♄ Saturn	ø	120.536 km
♀ Venus	ø	12.104 km		⛢ Uranus	ø	51.118 km
♁ Erde	ø	12.756 km		♆ Neptun	ø	49.424 km
♂ Mars	ø	6.794 km		♇ Pluto	ø	2.300 km

B = Bedeckung, Mond verschwindet hinter der Jupiterscheibe
D = Durchgang, Mond geht vor der Planetenscheibe vorbei
S = Schattendurchgang, Mond wirft seinen Schatten auf Jupiter
V = Verfinsterung, Mond wird vom Jupiterschatten getroffen
A = Anfang der Erscheinung
E = Ende der Erscheinung
I: Io, II: Europa, III: Ganymed, IV: Kallisto.
Beispiel:

Januar: 9. 0 57 II SA

bedeutet: Am 9. Januar um 0^h57^m MEZ beginnt der Schatten von Mond II (Europa) über die Jupiterkugel zu wandern.

Saturn: Schon mit einem guten Fernglas ist der Riesenmond Titan zu erkennen. Im Fernrohr sind auch die Monde Rhea, Dione und Tethys sowie Japetus in westlicher Elongation (er ist dann rund 2^m heller) zugänglich. Für die Monate, in denen Saturn zu beobachten ist, findet man jeweils eine Grafik, aus der die Stellungen und die Bewegungsabläufe der Saturnmonde Tethys, Dione, Rhea, Titan und Japetus zu entnehmen sind. Die Bahnlagen der Saturnmonde relativ zum Beobachter sind jeweils darunter abgebildet.

Sternschnuppen

Sternschnuppen, die in Strömen periodisch auftreten, sind in den Monatsübersichten angegeben. Bei den verzeichneten Daten, vor allem, was die Häufigkeit betrifft, ist mit erheblichen Abweichungen zu rechnen. Die in vorliegendem Jahrbuch verwendeten Daten stammen von der International Meteor Organization (IMO) und werden jährlich aktualisiert.

Die Meteorrate bezieht sich auf den Idealfall, dass der Radiant im Zenit steht. Vor allem bei horizontnahen Radianten ist die pro Stunde zu beobachtende Sternschnuppenzahl erheblich geringer. Die systematische Beobachtung heller Meteore ist auch heute noch ein dankbares Aufgabengebiet für den Amateurastronomen.

Konstellationen und Ereignisse

Diese Übersicht weist auf Konjunktionen (Begegnungen) zwischen den großen Planeten, mit Sonne und Mond sowie auf alle Oppositionen zur Sonne und die größten Elongationen der inneren Planeten hin. Auch Perihel- (Sonnennähe) und Aphelstellungen (Sonnenferne) der Planeten sind angegeben.

Sind Begegnungen des Mondes mit Planeten prinzipiell beobachtbar, so sind die Winkeldistanzen topozentrisch (für +50° Breite) angegeben und durch **Fettdruck** hervorgehoben.

Für die übrigen Konjunktionen sind die Abstandsangaben geozentrische Werte (Normaldruck). Denn durch die relative Erdnähe des Mondes ergibt sich eine große Parallaxe, das heißt, der Winkelabstand des Mondes von einem Planeten kann bis etwa 1° differieren zwischen einem (fiktiven) Beobachter im Erdmittelpunkt (geozentrisch) und einem Beobachter auf der Erdoberfläche (topozentrisch). Ferner sind wichtige Ereignisse durch **Fettdruck** hervorgehoben.

Fixsternhimmel

Da die Sonne täglich um rund 1° unter den Sternen nach Osten vorrückt, ändert sich der Anblick des Himmels im Laufe eines Jahres. Genauer: Täglich durchschreiten die Fixsterne den Meridian vier Minuten früher als am Vortag. In 30 Tagen, also einem Monat, macht das schon zwei Stunden!

Mitte Dezember steht das Sternbild Orion gegen Mitternacht im Süden. Mitte Januar schon um 22 Uhr, und Mitte Februar geht Orion um 20 Uhr durch den Meridian. Dadurch ändert sich zur gleichen Beobachtungsstunde die Himmelsszene mit dem Datum. Nach einem Monat ist der Anblick noch nicht allzu verschieden vom Vormonat, aber nach einem Vierteljahr (sechs Stunden!) hat sich die Szenerie völlig umgestellt.

Man spricht daher von einem typischen Frühlings-, Sommer-, Herbst- und Wintersternhimmel. Gemeint ist der Anblick des Fixsternhimmels in den Abendstunden der jeweiligen Jahreszeit.

Die Monatssternkarte dient der schnellen Orientierung. Sie zeigt den beobachtbaren Himmelsausschnitt für 50° nördlicher Breite zur Standardbeobachtungszeit (am Monatsersten um 23^h MEZ, am 15. um 22^h MEZ).

Ebenfalls in die Monatssternkarten eingetragen sind die fünf hellen Planeten (Merkur bis Saturn), sofern sie zur Monatsmitte um 22^h MEZ über dem Horizont stehen.

Zum Rand hin erscheint die Sternkarte aufgehellt. Es werden damit die Extinktion und die durch künstliche Lichtquellen fast immer aufgehellten Horizonte nachempfunden.

Die monatlichen Sternkarten können auch zur Beobachtung am Morgenhimmel herangezogen werden. Unter jeder Sternkarte finden sich die entsprechenden Datums- und Uhrzeitangaben.

Man beachte noch, dass für andere Monate der Planetenstand nicht aktuell ist. Man entnehme ihn der Grafik „Planetenlauf" im aktuellen Monat.

Monatsthemen

Hier wird monatlich ein Kapitel aus der Himmelskunde kurz und bündig dargestellt, zum leichteren und allmählichen Eindringen in die Wissenschaft von den Sternen. Auch über neue Forschungsergebnisse aus der Astronomie wird berichtet.

Wer ältere Jahrgänge des Himmelsjahres besitzt, möchte gelegentlich in einem Monatsthema der letzten Jahre nachsehen. Im *Kosmos Himmelsjahr 2010* findet man auf Seite 273 ein Verzeichnis der Monatsthemen von 2001–2010. Ferner ist im *Kosmos Himmelsjahr 2001* auf Seite 249 ein Verzeichnis der Monatsthemen 1990–2000 und im *Himmelsjahr 1989* auf Seite 193 ein Verzeichnis der Monatsthemen 1982–1989 abgedruckt.

Tabellen und Ephemeriden

Für den fortgeschrittenen Amateurastronomen sind im Anhang wichtige Beobachtungsgrundlagen vermerkt. Der Anfänger kann diese Angaben unberücksichtigt lassen. Ab Seite 278 findet man die **ekliptikalen Koordinaten** des Mondes, der Sonne und der großen Planeten von Merkur bis Saturn.

Die **äquatorialen Koordinaten** der Planeten und Kleinplaneten sind für das Äquinoktium J2000.0 angegeben, damit man sie leichter in vorhandene Sternkarten einzeichnen kann. Die Aufsuchkärtchen gelten ebenfalls für J2000.0. Ferner sind Kulminationszeiten sowie die Auf- bzw. Untergangszeiten, Scheibchendurchmesser in Bogensekunden und beleuchteter Teil der Planetenscheibchen vermerkt. Bei Saturn ist noch die Ringöffnung zur Erde und zur Sonne sowie die scheinbare Ausdehnung der großen und der kleinen Ringachse angegeben.

Für Sonne, Mars und Jupiter (System I und II) sind die **Zentralmeridiane** (Meridiane durch den Scheibenmittelpunkt) jeweils für 1^h MEZ vermerkt. Ferner gibt die Sonnenephemeride die Entfernung der Sonne von der Erde in AE an sowie ihren scheinbaren Durchmesser, die Achsenlage und die Sternzeit an.

Sternbedeckungen durch den Mond sind für Berlin, Dresden, Hamburg, Hannover, Düsseldorf, Frankfurt (Main), Leipzig, München, Nürnberg, Stuttgart, Wien und Zürich angegeben. Aus Platzersparnisgründen ist jeweils nur ein Positionswinkel angegeben, der lediglich dem leichteren Aufsuchen des zu bedeckenden Sternes dienen soll. In den Monatsübersichten wird unter der Rubrik „Mondlauf" in der Spalte „Sterne und Sternbilder" durch ein Sternchen (*) auf eine Sternbedeckung hingewiesen.

Veränderliche Sterne sind im Anschluss an die Fixsternmonatsübersichten aufgeführt. Für Algol (β Persei) und β Lyrae findet der Sternfreund jeweils die Minima-Zeiten, für δ Cephei die Lichtmaxima und für den langperiodischen Veränderlichen Mira (o Ceti) den jeweiligen Helligkeitszustand. Die Aufsuchkärtchen findet man auf der hinteren Umschlagklappe. Bei den Minima-Angaben für Algol ist die Lichtzeitkorrektur (heliozentrisch auf geozentrisch) berücksichtigt.

Eine **Sternzeittafel** soll die rasche Bestimmung der Sternzeit zur abendlichen Beobachtungsstunde ermöglichen. Die Sternzeit für 1^h MEZ, bezogen auf den Meridian von Greenwich (Nullmeridian), findet man in der Tabelle „Ephemeride der Sonnenscheibe" (letzte Spalte).

Das **Julianische Datum** ist jeweils für den Monatsersten in der Rubrik „Sonnenlauf" angegeben. Das Julianische Datum stellt eine fortlaufende Tageszählung dar, die mit dem 1. Januar des Jahres –4712 (= 4713 v. Chr.) beginnt.

Im Anhang finden sich **zwei Verzeichnisse astronomischer Institutionen**. Im Verzeichnis „Astronomische Institute, Planetarien und Sternwarten" findet man die professionellen Einrichtungen im deutschen Sprachraum. Das Verzeichnis „Amateurastronomische Vereinigungen, Beobachtungsstationen und Privatsternwarten" enthält astronomische Vereine, Schulsternwarten sowie ehrenamtlich betriebene Sternwarten mit Publikumsverkehr. Dieses Verzeichnis soll dem Leser den Kontakt zu Gleichgesinnten erleichtern und die eigene Beobachtungstätigkeit fördern. Das Verzeichnis erhebt keinen Anspruch auf Vollständigkeit. Weitere Adressen nimmt der Herausgeber gerne auf (Anschrift: Planetarium Stuttgart, Mittlerer Schlossgarten, 70173 Stuttgart).

Literaturhinweise

Erklärung astronomischer Fachbegriffe:
H.-U. Keller,
Wörterbuch der Astronomie

Einführung in die Astronomie:
W. E. Celnik, H.-M. Hahn,
Astronomie für Einsteiger

H.-U. Keller,
Kompendium der Astronomie

Sternkarten für eigene Beobachtungen:
H.-M. Hahn, G. Weiland,
Drehbare Kosmos-Sternkarte

E. Karkoschka,
Atlas für Himmelsbeobachter

E. Karkoschka,
Drehbare Welt-Sternkarte

Software:
H.-U. Keller, E. Karkoschka,
Kosmos Himmelsjahr für PC und als App für iPhone/iPad

United Soft Media
Redshift für PC, MacOS und als App für iPhone/iPad

Astronomie im Internet:
www.kosmos-himmelsjahr.de
www.astronomie.de
www.sternwarte.de
www.sternfreunde.de

Sonnen- und Mondfinsternisse 2014

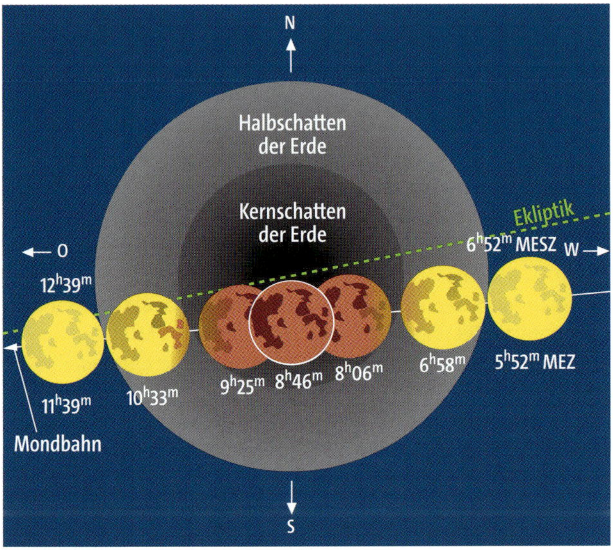

F.1 Verlauf der totalen Mondfinsternis vom 15. April 2014

Im Jahr 2014 ereignen sich eine ringförmige und eine partielle Sonnenfinsternis sowie zwei totale Mondfinsternisse. Alle vier Finsternisse bleiben von Mitteleuropa aus unbeobachtbar.

Totale Mondfinsternis am 15. April

Diese Finsternis findet in den frühen Morgen- und Vormittagsstunden am Dienstag, 15. April 2014 statt. Der Vollmond tritt um 6^h58^m MEZ in den Kernschatten der Erde. Sein Untergang erfolgt jedoch für den zentralen Ort in Deutschland 50° Nord und 10° Ost bereits um 5^h26^m, also gut eineinhalb Stunden vorher. Der Eintritt in den Halbschatten der Erde um 5^h54^m bleibt grundsätzlich unbeobachtbar. Somit entgeht uns diese Finsternis leider in Mitteleuropa.

Die Mondfinsternis nimmt folgenden Verlauf:

	MEZ
Eintritt des Mondes in den Halbschatten	5^h52^m
Eintritt des Mondes in den Kernschatten	6^h58^m
Beginn der Totalität	8^h06^m
Mitte der Finsternis	8^h46^m
Ende der Totalität	9^h25^m
Austritt des Mondes aus dem Kernschatten	10^h33^m
Austritt des Mondes aus dem Halbschatten	11^h39^m

Der Verlauf der Finsternis ist aus Abb. F.1 ersichtlich. Die Größe der Finsternis beträgt das 1,295-fache des scheinbaren Monddurchmessers.

Der Beginn der Finsternis ist von den westlichsten Gebieten Nordafrikas sowie vom Nord- und Südatlantik sichtbar. Der Verlauf der Finsternis kann von Nord- und Südamerika, der Antarktis und dem Pazifik verfolgt werden. Das Ende der Finsternis ist beobachtbar von Ozeanien, Neuseeland, östliches Australien und östliches Japan.

Diese Mondfinsternis ist die 56. Finsternis im Saros-Zyklus Nr. 122, der insgesamt 75 Mondfinsternisse umfasst.

Ringförmige Sonnenfinsternis am 29. April

Diese Finsternis findet in den frühen Morgenstunden am Dienstag, 29. April 2014 statt und bleibt von der gesamten Nordhalbkugel der Erde aus unbeobachtbar.

Sie ist in ihren partiellen Phasen nur von Australien, Teilen des südlichen Indischen Ozeans sowie einigen Gebieten der Antarktis (Wilkes-Land) aus sichtbar. Es handelt sich um einen Grenzfall einer ringförmigen Sonnenfinsternis.

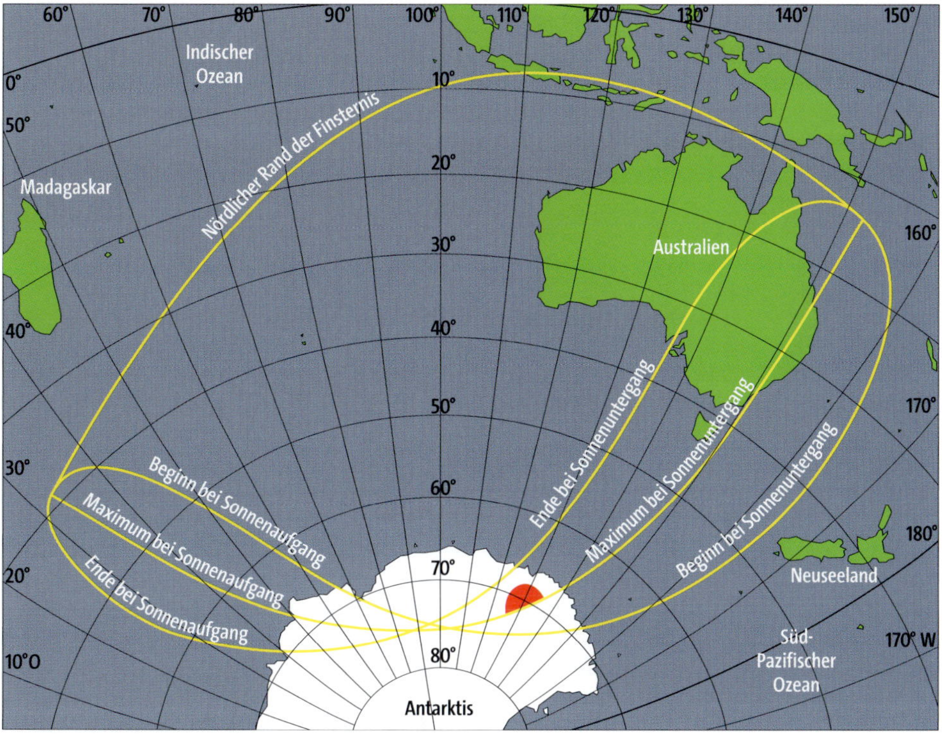

F.2 Globaler Verlauf der ringförmigen Sonnenfinsternis vom 29. April 2014

Die Finsternis ist nicht zentral, das heißt, die Achse des Kernschattenkegels trifft die Erdoberfläche nicht, sondern geht knapp südlich an unserem Planeten vorbei ($\gamma = 1{,}0001$).

Die ringförmige Phase tritt nur für maximal elf Minuten ein. Der Ort, an dem die maximale Phase „ringförmig“ eintritt, hat die geografischen Koordinaten 131°07′ östlicher Länge und 70°42′ südlicher Breite (rote Fläche). Dabei werden 0,985 des Sonnenscheibendurchmessers vom dunklen Neumond bedeckt. Die maximale Phase wird um 7^h03^m MEZ erreicht, wobei die Sonne nur 0,°5 Höhe über dem Nordwesthorizont hat (Azimut 139°, gezählt von Süd [0°], über West [90°] und Nord [180°]).

Die ringförmige Phase ist lediglich in einem kleinen Gebiet in der Antarktis bei Adelieland um den Ort maximaler Phase zu sehen (siehe Abb. F.2 oben). Die Finsternis beginnt am 29. April um 4^h53^m MEZ (1. Kontakt) am Ort 49°45′ östlicher Länge und 51°04′ südlicher Breite und endet um 9^h14^m MEZ am Ort 138°22′ östlicher Länge und 26°23′ südlicher Breite.

Diese Sonnenfinsternis ist die 21. Im Saros-Zyklus 148, der insgesamt 75 Sonnenfinsternisse umfasst.

Totale Mondfinsternis am 8. Oktober

Diese Finsternis findet in den Vormittagsstunden am Mittwoch, 8. Oktober statt. Da der Mond um diese Zeit bei uns schon untergegangen ist, bleibt sie von Mitteleuropa aus unbeobachtbar. Die Finsternis nimmt folgenden Verlauf:

	MEZ
Eintritt des Mondes in den Halbschatten	9^h14^m
Eintritt des Mondes in den Kernschatten	10^h14^m
Beginn der Totalität	11^h25^m
Mitte der Finsternis	11^h55^m
Ende der Totalität	12^h25^m
Austritt des Mondes aus dem Kernschatten	13^h35^m
Austritt des Mondes aus dem Halbschatten	14^h35^m

Der Verlauf der Finsternis ist in Abb. F.3 dargestellt. Die Größe der Finsternis beträgt das 1,171-fache des scheinbaren Monddurchmessers. Für 50° Nord und 10° Ost geht der Vollmond am 8. Oktober um 6^h19^m MEZ unter. Die Mondfinsternis ist sichtbar im gesamten pazifischen Raum, in der Arktis, Alaska und Nordostasien sowie in Neuseeland. Ihr Beginn kann in Nord- und Südamerika beobachtet werden, ihr Ende in Japan, Australien, Ozeanien und Ostasien. Diese Finsternis ist die Nummer 42 im Saros-Zyklus 127, der insgesamt 72 Mondfinsternisse umfasst.

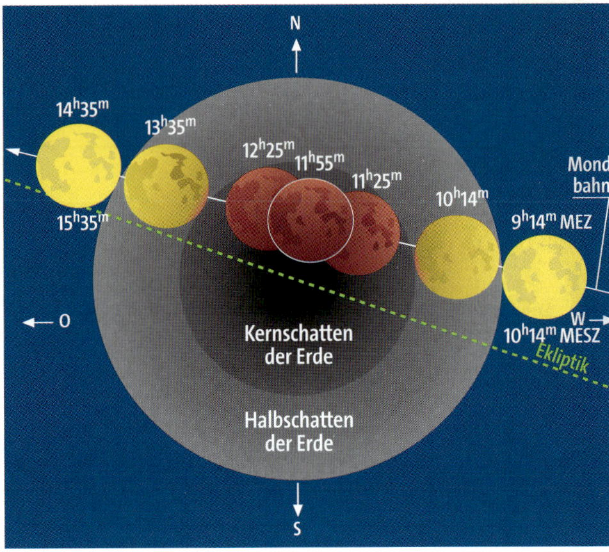

F.3 Verlauf der totalen Mondfinsternis vom 8. Oktober 2014

Partielle Sonnenfinsternis am 23./24. Oktober

Diese Finsternis ereignet sich in der Nacht vom Donnerstag, 23. auf Freitag, 24. Oktober. Bereits vor dem 1. Kontakt ist die Sonne und mit ihr der dunkle Neumond bei uns untergegangen. Diese Sonnenfinsternis bleibt von ganz Europa aus unbeobachtbar. Sie ist sichtbar von Nordamerika aus einschließlich Alaska, nordöstlichen Bereichen des Pazifik sowie dem Bering-Meer, nordöstlichsten Gebieten Asiens (Sibirien) einschließlich der Halbinsel Kamtschatka.

Die Sonnenfinsternis beginnt am 23. Oktober um 20^h37^m MEZ

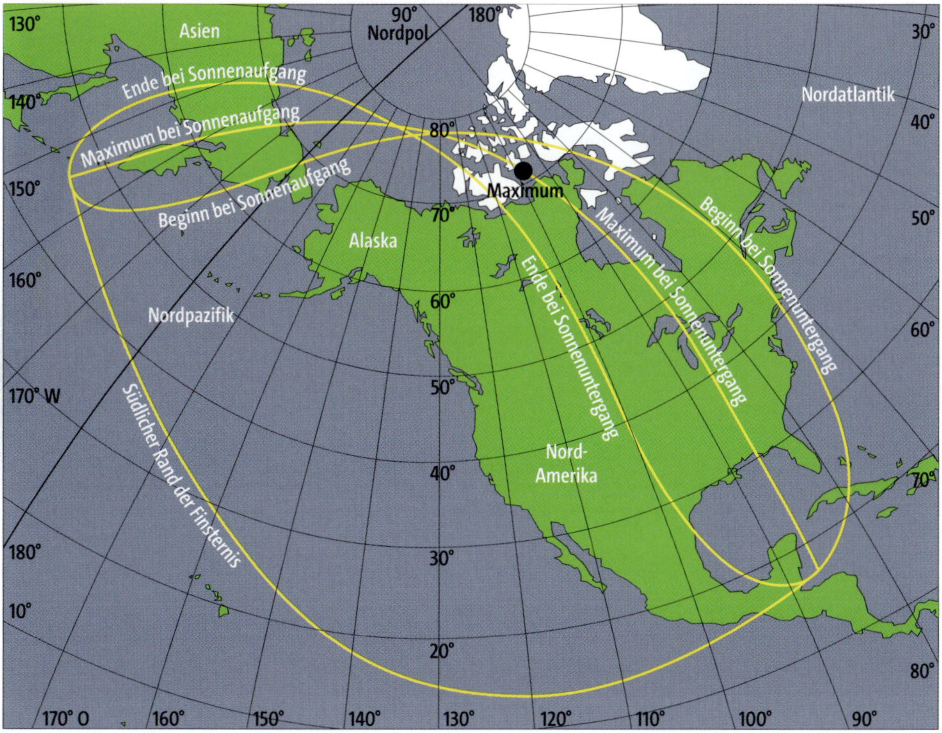

F.4 Globaler Verlauf der partiellen Sonnenfinsternis vom 23. Oktober 2014

am Ort 170°31′ östlicher Länge und 57°34′ nördlicher Breite. Dieser Punkt befindet sich östlich der Halbinsel Kamtschatka im Pazifischen Ozean. Die maximale Phase wird um 22^h44^m MEZ am Ort 97°18′ westlicher Länge und 71°14′ nördlicher Breite erreicht. Dieser Ort liegt weit im Norden Kanadas nördlich des Polarkreises (siehe Abb. F.4). In der maximalen Phase werden 81,1 Prozent des scheinbaren Sonnendurchmessers vom Neumond verdeckt. Die Finsternis endet am 24. Oktober um 0^h52^m am Ort 98°24′ westlicher Länge und 28°56′ nördlicher Breite. Diese Position befindet sich im Süden von Texas nahe dem Golf von Mexiko. Diese Finsternis ist die neunte im Saros-Zyklus Nr. 153, der insgesamt 70 Sonnenfinsternisse umfasst.

F.5 Verlauf der partiellen Mondfinsternis am 25. April 2013.

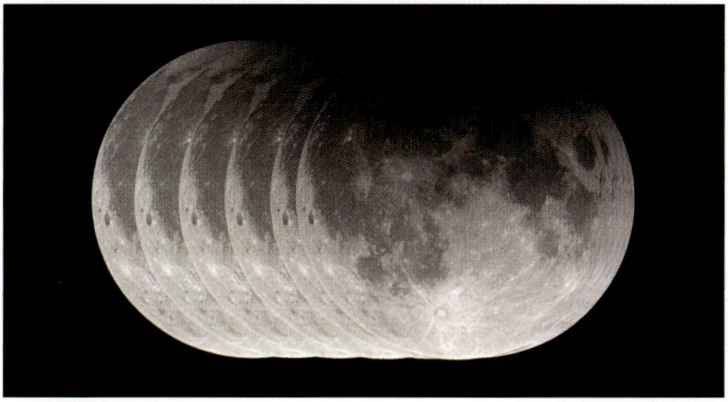

Sven Melchert

Januar 2014

- Die Erde passiert am 4. ihren sonnennächsten Bahnpunkt.
  Abstand Erde – Sonne: 147 Millionen Kilometer.
- Jupiter kommt am 5. im Sternbild Zwillinge in Opposition zur Sonne.
- Merkur zeigt sich Ende Januar am Abendhimmel.
- Venus wechselt vom Abend- an den Morgenhimmel.

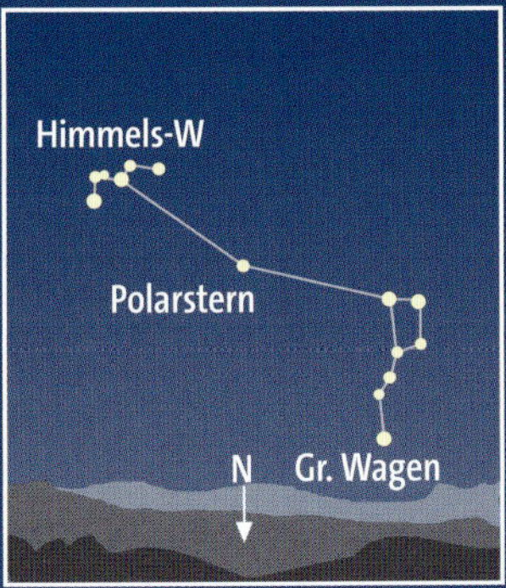

Großer Wagen und Himmels-W Anfang Januar um 22 Uhr

1.1 Anblick des abendlichen Osthimmels gegen 20^h MEZ am 14. Januar. Zu Jupiter gesellt sich der fast volle Mond im Sternbild Zwillinge.

1 Mi	Neujahr, **Neumond** Mond in Erdnähe
2 Do	Mond bei Venus (Abendhimmel)
3 Fr	
4 Sa	Erde in Sonnennähe
5 So	Jupiter in Opposition
6 Mo	Heilige drei Könige
7 Di	
8 Mi	Mond im ersten Viertel
9 Do	
10 Fr	
11 Sa	
12 So	
13 Mo	
14 Di	Mond bei Jupiter (ganze Nacht)
15 Mi	
16 Do	**Vollmond** Mond in Erdferne
17 Fr	
18 Sa	
19 So	
20 Mo	
21 Di	
22 Mi	
23 Do	Mond bei Mars (Morgenhimmel)
24 Fr	Mond im letzten Viertel
25 Sa	Mond bei Saturn (Morgenhimmel)
26 So	
27 Mo	
28 Di	
29 Mi	Mond bei Venus (Morgenhimmel)
30 Do	**Neumond** Mond in Erdnähe
31 Fr	Merkur in größter östlicher Elongation (Abendhimmel)

Sonne – Sternbilder

20. 1. 2ʰ:
Sonne tritt in das Sternbild Steinbock
20. 1. 5ʰ:
Sonne tritt in das Tierkreiszeichen Wassermann
Julianisches Datum am
1. Januar, 1ʰ MEZ: 2456658,5

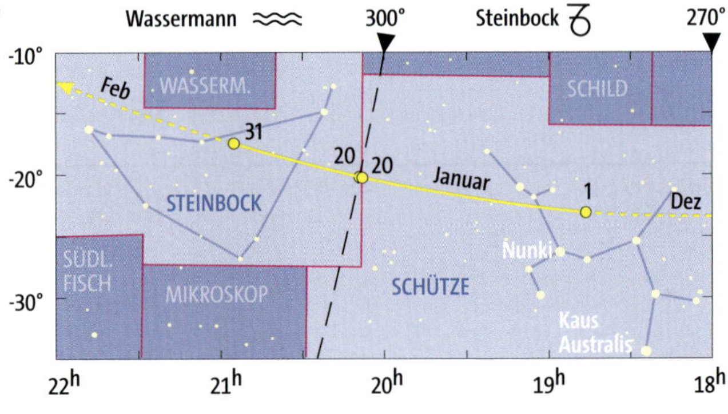

Tabelle Sonnenlauf

Tag	Dämmerg. Anfang	Aufgang MEZ	Kulmination	Untergang MEZ	Dämmerg. Ende	Mittagshöhe	Zeitgleichg.	Rektaszension	Deklination
	h m	h m	h m	h m	h m	°	m	h m	°
1.	6 59	8 19	12 24	16 29	17 48	17,0	– 4	18 45	–23,0
5.	6 59	8 18	12 25	16 33	17 52	17,4	– 5	19 02	–22,7
10.	6 58	8 16	12 28	16 39	17 58	18,1	– 8	19 24	–22,0
15.	6 56	8 13	12 29	16 46	18 04	18,9	– 9	19 46	–21,2
20.	6 52	8 08	12 31	16 54	18 10	19,9	–11	20 07	–20,2
25.	6 48	8 03	12 32	17 02	18 17	21,1	–12	20 28	–19,1
31.	6 41	7 55	12 33	17 12	18 26	22,7	–13	20 53	–17,5

Tages- und Nachtstunden

5. Januar

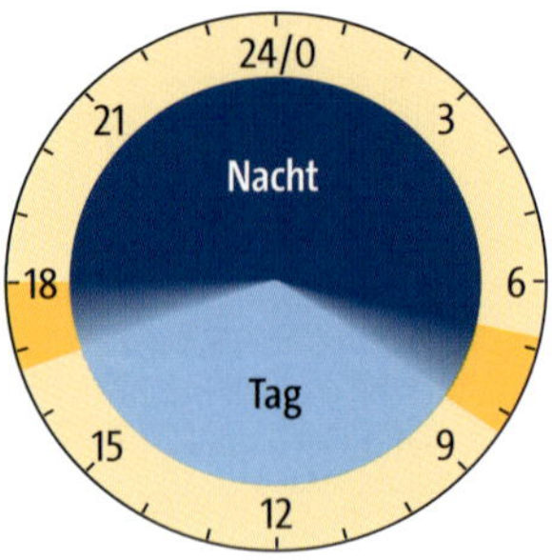

15. Januar

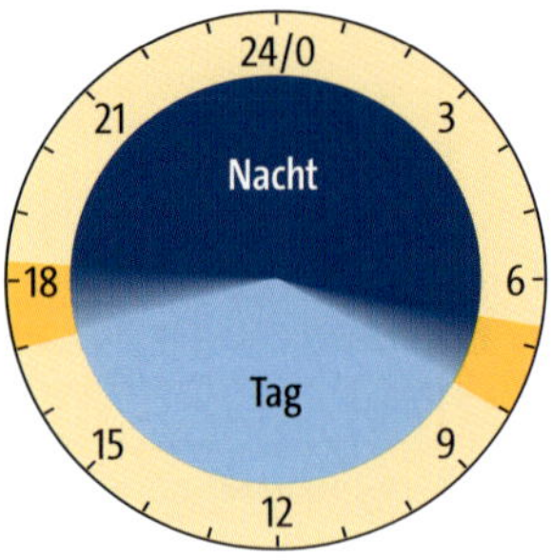

25. Januar

Tabelle Mondlauf

Datum	Aufg. MEZ	Kulmination	Unterg. MEZ	Rektaszension	Deklination	Sterne und Sternbilder	Phase	MEZ
	h m	h m	h m	h m	°			
Mi 1.	7 47	12 22	17 01	18 15	−19,1	Schütze	**Neumond Nr. 1126** Erdnähe 357/33,'5	**$12^h 14^m$** 22^h
Do 2.	8 36	13 24	18 19	19 19	−17,3	Schütze		
Fr 3.	9 16	14 23	19 39	20 21	−14,3	Steinbock	Größte Nordbreite	
Sa 4.	9 50	15 19	20 59	21 21	−10,4	Wassermann		
So 5.	10 20	16 12	22 16	22 17	− 5,9	* Wassermann		
Mo 6.	10 48	17 03	23 30	23 12	− 1,2	* Fische		
Di 7.	11 14	17 52	–	0 04	+ 3,4	* Fische	Libration West	
Mi 8.	11 41	18 40	0 41	0 55	+ 7,7	Fische	**Erstes Viertel**	**$4^h 39^m$**
Do 9.	12 10	19 28	1 50	1 45	+11,4	Fische	Absteigender Knoten	
Fr 10.	12 42	20 16	2 56	2 36	+14,6	Widder		
Sa 11.	13 19	21 04	3 58	3 26	+17,1	Stier		
So 12.	14 00	21 53	4 55	4 17	+18,7	Stier, Hyaden		
Mo 13.	14 47	22 41	5 47	5 08	+19,4	Stier		
Di 14.	15 39	23 29	6 34	5 58	+19,3	Orion		
Mi 15.	16 35	–	7 14	6 48	+18,3	Alhena		
Do 16.	17 34	0 15	7 48	7 37	+16,6	Zwillinge	**Vollmond** Erdferne 407/29,'4 Größte Südbreite	**$5^h 52^m$** 3^h
Fr 17.	18 35	1 01	8 18	8 25	+14,1	Krebs, Krippe		
Sa 18.	19 37	1 45	8 45	9 12	+11,1	Krebs		
So 19.	20 40	2 29	9 10	9 59	+ 7,6	Löwe, Regulus		
Mo 20.	21 44	3 12	9 33	10 44	+ 3,7	Sextant		
Di 21.	22 49	3 55	9 56	11 30	− 0,3	Löwe		
Mi 22.	23 55	4 39	10 20	12 17	− 4,3	Jungfrau		
Do 23.	–	5 25	10 47	13 05	− 8,3	Spica		
Fr 24.	1 03	6 14	11 17	13 55	−12,0	Spica	**Letztes Viertel** Aufsteigender Knoten Libration Ost	**$6^h 19^m$**
Sa 25.	2 12	7 05	11 52	14 48	−15,1	Waage		
So 26.	3 21	8 01	12 36	15 45	−17,6	Waage		
Mo 27.	4 28	8 59	13 30	16 44	−19,1	Antares		
Di 28.	5 28	10 00	14 34	17 46	−19,3	Schütze		
Mi 29.	6 22	11 02	15 47	18 49	−18,3	Schütze, Nunki		
Do 30.	7 07	12 03	17 06	19 52	−15,9	Schütze	**Neumond Nr. 1127** Erdnähe 357/33,'5 Größte Nordbreite	**$22^h 39^m$** 11^h
Fr 31.	7 45	13 01	18 28	20 53	−12,4	Wassermann		

Der Mond zieht an Alhena vorbei

14. Jan. 17^h MEZ

15. Jan. 7^h MEZ

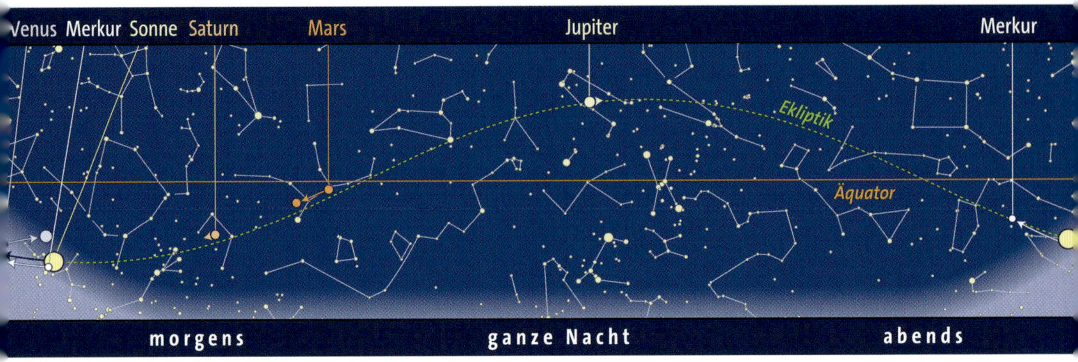

Merkur bietet Ende Januar eine passable Abendsichtbarkeit. Der flinke Planet eilt der Sonne voran und erreicht am Monatsletzten seine größte östliche Elongation von der Sonne. Mit einem Winkelabstand von nur 18°22′ fällt sie recht bescheiden aus. Dies erklärt sich, weil Merkur nahe seinem Perihel steht, das er am 3. Februar passiert.

Unter guten Sichtbedingungen sollte man den $-0\overset{m}{.}9$ hellen Merkur schon ab dem 21. in der Abenddämmerung knapp über dem Südwesthorizont erspähen können. Am 21. geht Merkur um 18^h09^m unter. Bis Monatsende verspäten sich die Merkuruntergänge auf 18^h55^m, die Merkurhelligkeit geht auf $-0\overset{m}{.}6$ merkbar zurück (siehe auch Abb. 1.5 und

1.2 Heliozentrischer Anblick des Planetensystems im ersten Jahresviertel 2014. Eingetragen sind links die Positionen der inneren Planeten für den 1. Januar (1), 1. Februar (2), 1. März (3) und 1. April (4). Der rechte Teil zeigt das äußere Planetensystem und einige Planetoiden zu Anfang und Ende des ersten Quartals. Die Pfeile deuten die Richtungen zu den ferneren Planeten und zum Frühlingspunkt an.

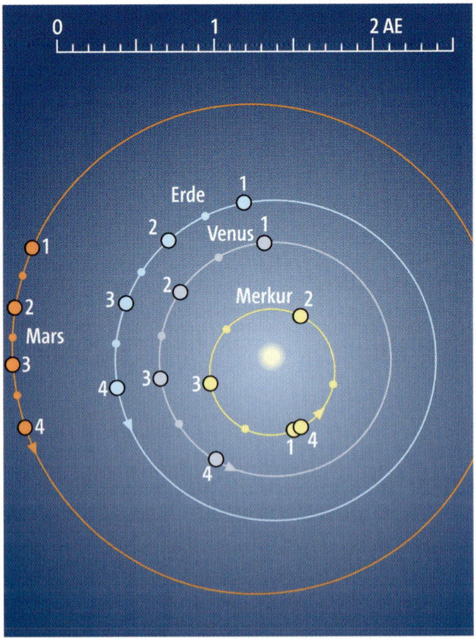

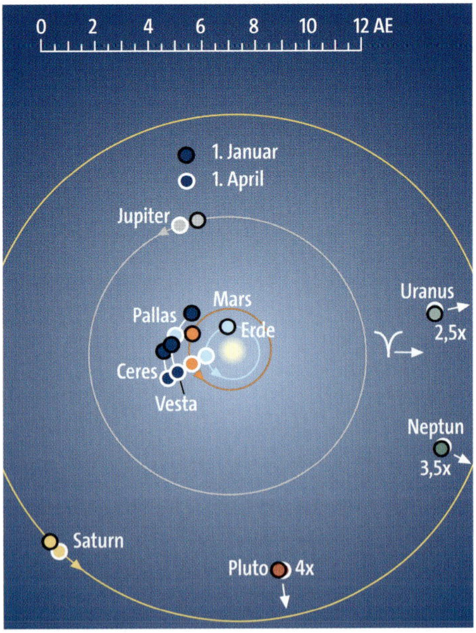

1.6 auf Seite 40). Im Teleskop erscheint das 7″ große Merkurscheibchen am 31. etwa zur Hälfte beleuchtet. Am Tag der größten Elongation trennen uns 144 Millionen Kilometer (= 0,963 AE) von Merkur.

Venus wechselt im Januar vom Abend- an den Morgenhimmel – sie tauscht ihre Rolle als Abendstern mit der des Morgensterns. In der ersten Januarwoche kann sie noch am Abendhimmel gesehen werden. Sie wandert rasch rückläufig durch das Gebiet der Sternbilder Schütze und Schild (siehe Abb. 3.2 auf Seite 84), wobei ihr die Sonne entgegen kommt. Am 11. erreicht sie ihre untere Konjunktion mit der Sonne, wobei sie 5°11″ nördlich an der Sonne vorbeizieht. Es ereignet sich somit kein Venustransit. In unterer Konjunktion nimmt die Venus ihre Minimalentfernung von der Erde ein. Sie ist dann 40 Millionen Kilometer (= 0,267 AE) von uns entfernt und zeigt die Phase Neuvenus. Am 1. geht die $-4^{m}\!,4$ helle Venus

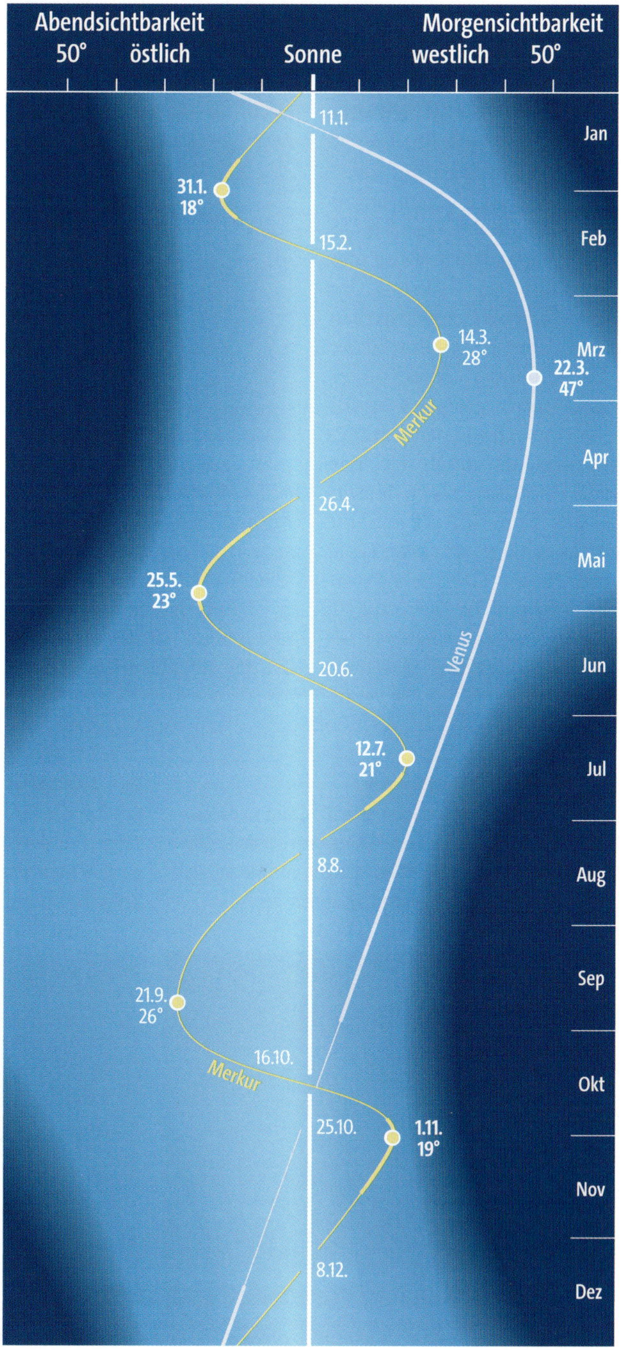

1.3 Winkelabstand zur Sonne von Merkur und Venus:
Elongationen und Konjunktionen der inneren Planeten Merkur und Venus von bzw. mit der Sonne im Jahre 2014. Die Datumsangaben beziehen sich jeweils auf die größten Elongationen sowie die Konjunktionen. Dickere Linie bedeutet: in Mitteleuropa mit freiem Auge sichtbar. Unterbrochener Sonnenbalken weist auf eine untere Konjunktion hin, unterbrochene Planetenlinie auf weine obere Konjunktion.

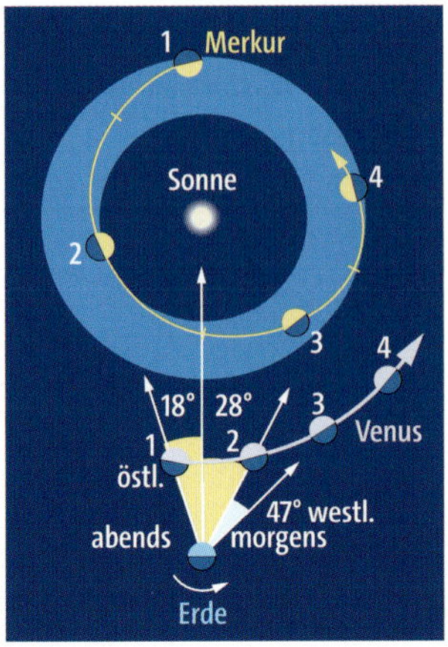

1.4 Bahnen von Merkur und Venus:
Heliozentrische Bewegungen von Merkur und Venus *relativ* zur Erde. In den dicker ausgezogenen Bahnteilen sind die Planeten beobachtbar. Die Zahlen markieren die Positionen jeweils zum Monatsersten. Östlicher Winkelabstand bedeutet Abendsichtbarkeit, westliche Elongation: Planet steht am Morgenhimmel.

um 18^h00^m unter. Im Fernrohr zeigt Venus eine extrem schmale Sichel, wobei das Venusscheibchen 60″ scheinbaren Durchmesser aufweist. Dies ist der fast maximale Wert. Bis 7. verfrühen sich die Venusuntergänge auf 17^h28^m. Schon in der zweiten Januarwoche wird man vergeblich nach Venus am Abendhimmel Ausschau halten. Bereits am 15. erscheint sie am Morgenhimmel, denn sie erreicht rasch größeren westlichen Abstand von der Sonne, da sie rückläufig durch den Tierkreis eilt, während sich die Sonne von ihr rechtläufig entfernt. Am 15. geht die $-4{,}^m3$ helle Venus um 7^h18^m auf. Eine knappe Stunde später geht die Sonne auf. Bis Monatsende verfrühen sich die Venusaufgänge auf 5^h50^m um mehr als eine Stunde, die Venushelligkeit nimmt um eine halbe Größenklasse auf $-4{,}^m8$ deutlich zu.

Zweimal kommt es im Januar zu einem interessanten Himmelsanblick, wenn der Mond erst den Abendstern und dann den Morgenstern passiert. Am 2. zieht die extrem schmale Sichel des zunehmenden Mondes am Abendhimmel an Venus vorbei (siehe Abb. 1.8 auf Seite 41) und am 29. sieht man die ebenfalls messerscharfe Sichel des abnehmenden Mondes neben Venus, diesmal am Morgenhimmel (Abb. 1.9 auf Seite 41).

Die Begegnung von Venus mit Merkur am 7. bleibt hingegen unbeobachtbar.

1.5 Merkur am Abendhimmel:
Stellung von Merkur über dem Westhorizont zu den angegebenen Daten jeweils eine Stunde nach Sonnenuntergang. Die Pfeile geben die Bewegungen von Merkur und Sonne während der letzten halben Stunde an.

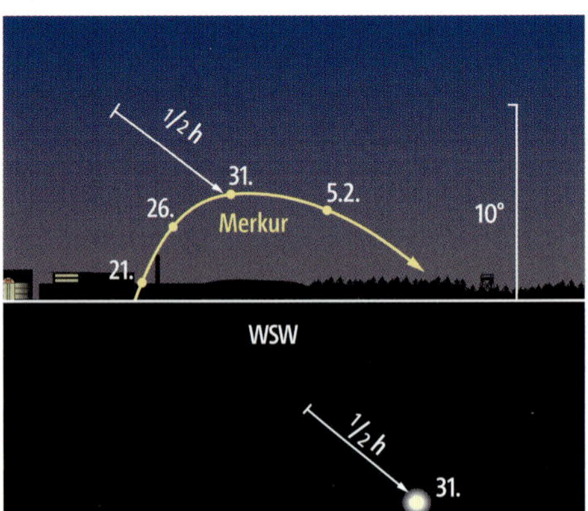

1.6 Sichtbarkeitsdiagramm für Merkur:
Es gilt genau für 50° nördlicher Breite und 10° östlicher Länge. Dunkelgelbe Fläche: Unter günstigen Sichtbedingungen kann man Merkur mit bloßen Augen erkennen, hellgelbe Fläche: Merkur ist leicht zu sehen.

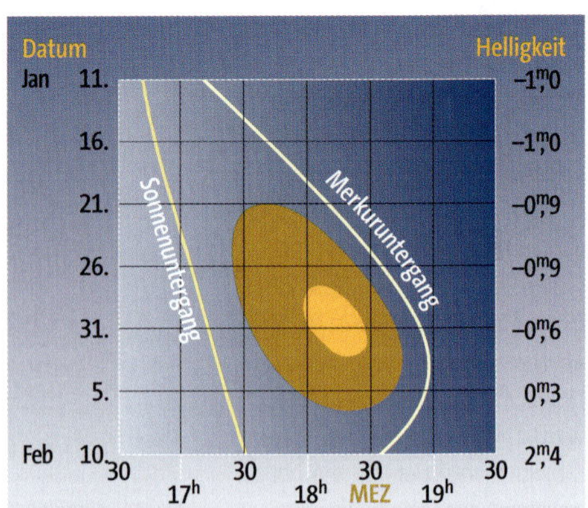

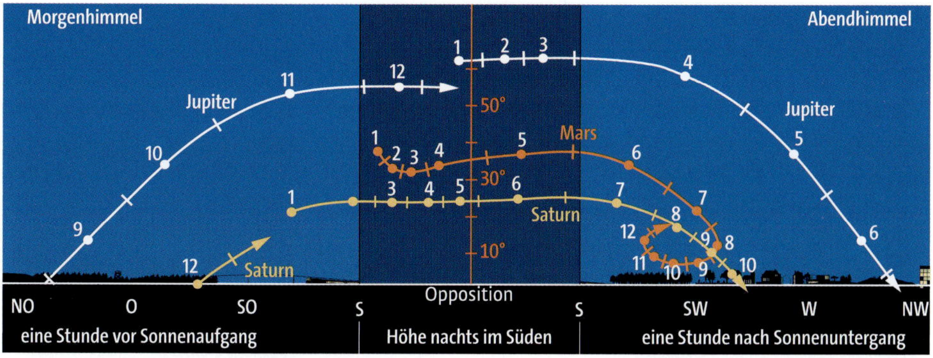

1.7 Mars, Jupiter und Saturn: Stellungen der Planeten Mars, Jupiter und Saturn im Jahr 2014. Im linken Teil sind die Positionen am Morgenhimmel jeweils eine Stunde vor Sonnenaufgang eingetragen, im rechten Teil die Positionen am Abendhimmel jeweils eine Stunde nach Sonnenuntergang. Im Mittelteil sind die Stellungen zur Kulminationszeit angegeben sowie die Kulminationshöhe.

Am 24. eilt Venus durch das Perihel, den sonnennächsten Punkt ihrer Bahn.

An diesem Tag trennen sie 107,5 Millionen Kilometer (= 0,718 AE) von der Sonne.

Am letzten Tag des Monats beendet Venus ihre rückläufige Bewegung und wird wieder rechtläufig.

1.8 Mond bei Venus am 2. Januar: Begegnung der extrem schmalen Sichel des zunehmenden Mondes mit Venus am 2. Januar gegen 17^h MEZ. Fernglasanblick bei 5° Gesichtsfelddurchmesser.

Mars ist Planet der zweiten Nachthälfte. Er wandert durch das Sternbild Jungfrau, wobei er sich von Porrima (γ Virginis) entfernt. Am Monatsende zieht er nördlich an Spica (α Virginis) vorbei. Am 28. befindet er sich 5° nördlich des Jungfrauhauptsterns (siehe auch Abb. 4.5 auf Seite 106).

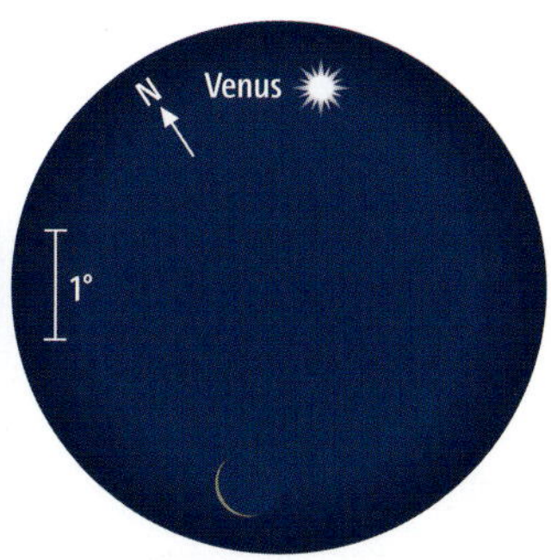

1.9 Mond bei Venus am 29. Januar: Begegnung der extrem schmalen Sichel des abnehmenden Mondes mit Venus am 29. Januar gegen 7^h MEZ. Fernglasanblick bei 5° Gesichtsfelddurchmesser.

Die Marshelligkeit nimmt deutlich von $0^m{,}8$ auf $0^m{,}2$ zu. Der erfahrene Beobachter weiß: der rote Planet strebt seiner Opposition entgegen, die er Anfang April erreicht. Mars verlagert seine Aufgänge in die Zeit vor Mitternacht. Geht er am 1. um 0^h33^m auf und am 15. um 0^h09^m, so steigt er am 31. bereits um 23^h33^m über die östliche Horizontlinie.

Am 23. erhält Mars Besuch vom abnehmenden Halbmond.

Seinen sonnenfernsten Bahnpunkt, das Aphel, passiert der äußere Nachbarplanet der Erde am 3., wobei ihn 249 Millionen Kilometer (= 1,666 AE) vom Zentralgestirn trennen.

Der scheinbare Durchmesser des Marsscheibchens wächst von $6''{,}9$ auf knapp $9''$ an.

Jupiter, rückläufig in den Zwillingen, kommt gleich zu Jahresanfang in **Opposition** zur Sonne. Am 5. steht er von der Erde

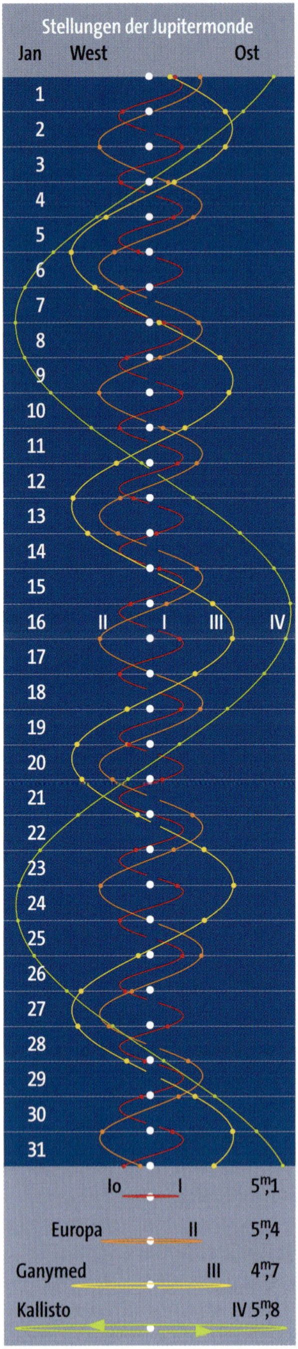

Jupitermonde

Tag	MEZ	Vorgang
	h m	
1.	17 31	I SE
	17 37	I DE
	22 21	II SA
	22 33	II DA
2.	1 02	II SE
	1 15	II DE
3.	19 20	II BE
	22 04	IV SA
	22 30	IV DA
4.	1 26	IV SE
	1 55	IV DE
	7 04	I VA
	7 12	III SA
	7 22	III DA
5.	4 12	I SA
	4 13	I DA
	6 28	I SE
	6 29	I DE
6.	1 32	I VA
	3 48	I VE
	22 39	I DA
	22 41	I SA
7.	0 54	I DE
	0 56	I SE
	5 46	II BA
	19 58	I BA
	20 57	III BA
	22 17	I VE
8.	0 21	III VE
	19 20	I DE
	19 25	I SE
9.	0 47	II DA
	0 57	II SA
	3 29	II DE
	3 39	II SE
10.	18 53	II BA
	21 49	II VE
12.	3 44	IV BA
	5 57	I DA
	6 07	I SA
13.	3 16	I BA
	5 43	I VE

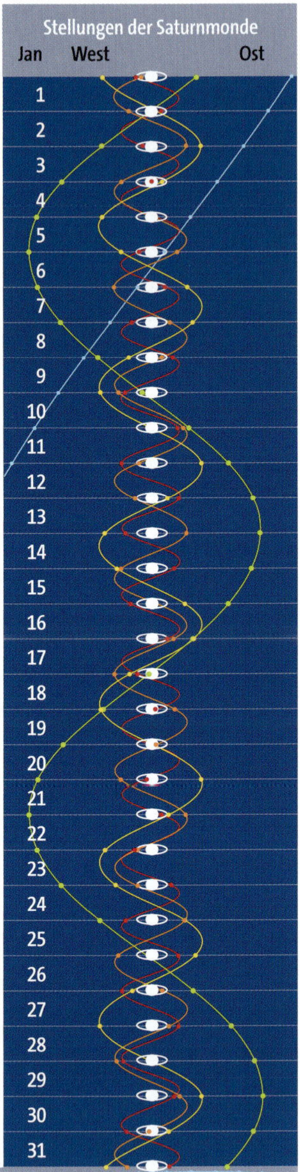

Japetus
5. $11^{\mathrm{m}}{,}4$
10. $11^{\mathrm{m}}{,}2$
15. $11^{\mathrm{m}}{,}0$
20. $10^{\mathrm{m}}{,}8$
25. $10^{\mathrm{m}}{,}8$
30. $10^{\mathrm{m}}{,}8$

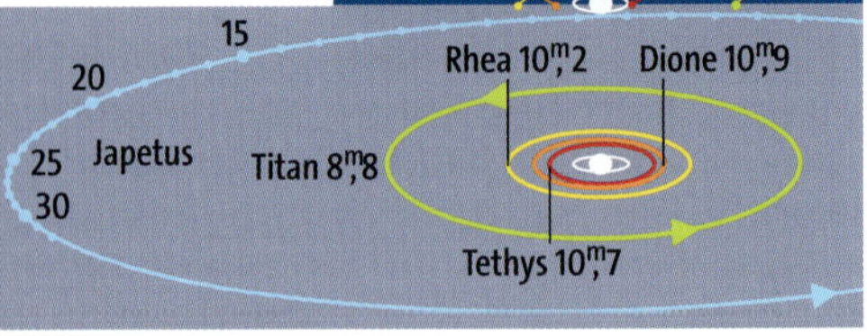

Tag	MEZ h m	Vorgang	
14.	0 23	I	DA
	0 35	I	SA
	2 38	I	DE
	2 51	I	SE
	21 42	I	BA
15.	0 12	I	VE
	0 13	III	BA
	4 21	III	VE
	18 49	I	DA
	19 04	I	SA
	21 04	I	DE
	21 19	I	SE
16.	3 02	II	DA
	3 34	II	SA
	5 43	II	DE
	6 16	II	SE
	18 40	I	VE
17.	21 07	II	BA
18.	0 25	II	VE
	18 21	III	SE
19.	18 51	II	DE
	19 34	II	SE
20.	5 00	I	BA
	19 36	IV	SE
21.	2 07	I	DA
	2 30	I	SA
	4 22	I	DE
	4 45	I	SE
	23 26	I	BA
22.	2 06	I	VE
	3 30	III	BA
	20 33	I	DA
	20 58	I	SA
	22 48	I	DE
	23 14	I	SE
23.	5 18	II	DA
	6 10	II	SA
	17 52	I	BA
	20 35	I	VE
24.	17 42	I	SE
	23 22	II	BA
25.	3 01	II	VE
	17 11	III	DA
	19 09	III	SA
	20 20	III	DE
	22 21	III	SE
26.	18 26	II	DA
	19 28	II	SA
	21 07	II	DE
	22 10	II	SE
28.	3 52	I	DA
	4 24	I	SA

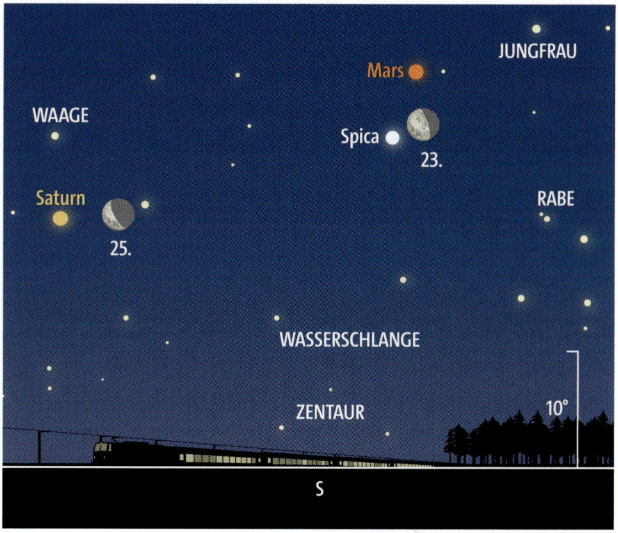

1.10 Mond bei Mars und Saturn: Himmelsanblick in Südrichtung am 23./25. Januar gegen 6ʰ MEZ. Der abnehmende Mond zieht nacheinander an Mars und Saturn vorbei.

aus betrachtet der Sonne genau gegenüber. Mit $-2\overset{m}{.}7$ Oppositionshelligkeit ist der Riesenplanet ein auffälliges helles Gestirn, das die Blicke auf sich zieht. Nur Venus übertrifft Jupiter an Strahlkraft. Zurzeit hält sich Jupiter in den nördlichsten Bezirken des Tierkreises auf (siehe Abb. 1.11 auf Seite 44).

Tag	MEZ h m	Vorgang	
28.	6 07	I	DE
	18 00	IV	BA
	21 26	IV	BE
	23 17	IV	VA
29.	1 11	I	BA
	2 54	IV	VE
	4 01	I	VE
	22 18	I	DA
	22 53	I	SA
30.	0 33	I	DE
	1 09	I	SE
	19 37	I	BA
	22 30	I	VE
31	17 22	I	SA
	18 59	I	DE
	19 37	I	SE

Am Tag der Opposition geht Jupiter um 16^h23^m im Nordosten auf. In der Oppositionsnacht kulminiert er um 0^h26^m hoch im Süden und geht morgens um 8^h28^m weit im Nordwesten unter. Seine geringste Distanz von der Erde erreicht er bereits am 4. um 19^h mit 630 Millionen Kilometer (= 4,21 AE). Von Jupiter zur Erde benötigt das reflektierte Sonnenlicht somit 35 Minuten. Bis Monatsende verfrühen sich die Jupiteruntergänge auf 6^h39^m. In der Nacht vom 14. auf 15. gesellt sich der fast volle Mond zum Riesenplaneten. Von der Sonne trennen Jupiter am 5. zur Opposition 777 Millionen Kilometer (= 5,19 AE).

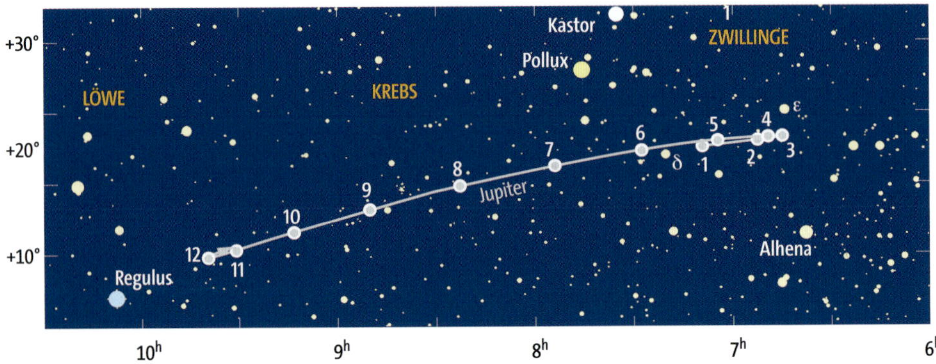

1.11 Bahn von Jupiter: **Scheinbare Bahn von Jupiter im Jahre 2014 in den Sternbildern Zwillinge, Krebs und Löwe. Die Zahlen geben die Positionen von Jupiter jeweils zum Monatsersten an (1 = 1. Januar).**

Im Teleskop zeigt sich ein ovales Planetenscheibchen. Deutlich ist zu erkennen, dass der Riesenplanet abgeplattet ist. Die schnelle Umdrehung hat ihn zu einem Rotationsellipsoid abgeplattet (siehe auch Monatsthema Januar auf Seite 50). Der scheinbare Äquatordurchmesser beträgt am Oppositionstag 46″,8, der Poldurchmesser hingegen 43″,8.

Schon in kleinen Fernrohren sieht man die zahlreichen Wolkenstreifen und -bänder in der dichten und turbulenten Atmosphäre von Jupiter sowie den GRF (Großer Roter Fleck), der eher blass-orange erscheint.

Gäbe es Jupiterbewohner, so könnten sie zur Opposition, in der von Jupiter aus gesehen die Erde in unterer Konjunktion steht, einen Erdtransit erleben: Erde und Erdmond ziehen vor der grellen Sonnenscheibe als dunkle Pünktchen vorbei.

Saturn kann am Morgenhimmel gesehen werden. Der Ringplanet wandert rechtläufig durch das Sternbild Waage, wobei er sich von Zubenelgenubi (α Librae) entfernt (siehe Abb. 5.7 auf Seite 128). Der 0ᵐ,6 helle Saturn geht immer früher auf. Am 1. erfolgt sein Aufgang um 4^h06^m, am 15. um 3^h17^m und am 31. bereits um 2^h19^m.

Am 25. sieht man in den Morgenstunden gegen 6^h neben Saturn den abnehmenden Mond, der noch fast Halbmondphase zeigt (siehe Abb. 1.10 auf Seite 43). Dabei kommt es zu einer Bedeckung, die allerdings in Mitteleuropa nicht stattfindet. Von uns aus betrachtet zieht der Mond südlich an Saturn vorbei. Die Saturnbedeckung ist beobachtbar von der Antarktis aus sowie von Polynesien, Neuseeland und dem Südzipfel von Südamerika. Insgesamt ereignen sich 2014 elf Saturnbedeckungen, von denen aber nur die vom 25. Oktober von Mitteleuropa aus sichtbar ist.

Im Fernrohr zeigt sich der ringgeschmückte Saturn zu Jahresbeginn mit einem scheinbaren Äquatordurchmesser von 15″,9 und einem Poldurchmesser von 14″,4. Das Ringsystem ist um 22° geöffnet (Winkel zur Sichtlinie des irdischen Beobachters). Gegenwärtig blickt man auf die Nordseite der Saturnringe. Der scheinbare Längsdurchmesser des sichtbaren Teils des Saturnringsystems beträgt 36″,0, der Querdurchmesser 13″,5. Diese Größen nehmen in den nächsten Monaten bis zur Opposition im Mai zu.

Am 1. trennen uns 1568 Millionen Kilometer (= 10,48 AE) vom Ringplaneten. Seine Sonnenentfernung beträgt 1478 Millionen Kilometer (= 9,88 AE).

Uranus, wieder rechtläufig in den Fischen, kann noch am Abendhimmel aufgefunden werden. Allerdings verkürzt sich seine Abendsichtbarkeitszeit deutlich.

Am Monatsanfang kulminiert Uranus um 18^h08^m und geht um 0^h28^m unter. Bis Ende Januar verfrüht sich seine Kulminationszeit auf 16^h13^m. Am 31. geht der nur $5^m{,}9$ lichtschwache Planet um 22^h30^m unter. Etwa eine Stunde vor seinem Untergang wird der grünliche Planet unbeobachtbar. Mitte des Monats erschwert helles Mondlicht das Auffinden dieses sonnenfernen Planeten. Die Uranushelligkeit geht geringfügig um $0^m{,}1$ auf $5^m{,}9$ zurück.

Um Uranus mit einem Fernglas oder Teleskop zu finden, dient die Aufsuchkarte Abb. 10.6 auf Seite 221.

Neptun, rechtläufig im Wassermann, verabschiedet sich vom Abendhimmel und wird unbeobachtbar. Im Februar kommt er dann in Konjunktion mit der Sonne. Erfahrene Beobachter mögen den sonnenfernsten der acht Planeten unseres Sonnensystems allenfalls noch in den ersten Januartagen mit lichtstarker Optik aufspüren. Das Aufsuchkärtchen Abb. 8.6 findet man auf Seite 182.

Am 1. geht der $7^m{,}9$ lichtschwache Neptun um 15^h57^m durch den Meridian und um 21^h07^m unter. Zwei Stunden vor seinem Untergang wird Neptun unbeobachtbar.

Pluto, Zwergplanet mit der Planetoiden-Nr. 134 340, steht am 1. im Sternbild Schütze in Konjunktion mit der Sonne. Von der Erde ist er an diesem Tag 5020 Millionen Kilometer (= 33,56 AE) entfernt. Seine Sonnendistanz beträgt 4873 (= 32,59 AE) Millionen Kilometer. Seine Opposition erreicht der sonnenferne Pluto am 4. Juli. In der Rubrik „Planetenlauf" wird Pluto in den Monaten April, Juli und September erwähnt.

Planetoiden

Ceres – Planetoid Nr. 1 – eilt rechtläufig durch das Sternbild Jungfrau. Ihre Helligkeit nimmt im Laufe des Monats von $8^m{,}6$ auf $8^m{,}2$ deutlich zu. Ihre Opposition zur Sonne erreicht sie am 15. April dieses Jahres. Zwei Tage zuvor kommt auch Vesta (4) in Gegenschein zur Sonne. Beide Kleinplaneten ziehen fast parallel ihre Oppositionsschleifen im Sternbild Jungfrau (siehe Abb. 4.6 auf Seite 108).

Da auch Mars kurz zuvor, nämlich am 8. April, in Oppositionsstellung ebenfalls im Sternbild Jungfrau kommt, sind von der Erde aus alle drei Wandelgestirne in etwa gleicher Richtung zu beobachten (siehe Abb. 4.5 auf Seite 106 und Abb. 4.7 auf Seite 109).

Zu Monatsbeginn sind Ceres und Vesta voneinander $5{,}^\circ2$ entfernt, Ende Januar nur mehr $4{,}^\circ2$.

Ceres kulminiert am 1. um 7^h14^m, nachdem sie um 1^h06^m aufgegangen ist. Bis Ende Januar

Konstellationen und Ereignisse

Datum	MEZ	Ereignis
1.	17^h	Mond bei Merkur, Mond $6{,}^\circ6$ nördlich
1.	20	Pluto in Konjunktion mit der Sonne
2.	13	**Mond bei Venus**, Mond $2{,}^\circ0$ nördlich, **Abstand $2{,}^\circ7$ um 17^h**
3.	1	Mars im Aphel
4.	13	Erde im Perihel (Sonnennähe), Abstand Erde – Sonne 147,105 Millionen Kilometer
5.	3	Mond bei Neptun, Mond $5{,}^\circ4$ nördlich
5.	22	**Jupiter in Opposition** zur Sonne
7.	11	Merkur bei Venus, Merkur $6{,}^\circ4$ südlich
7.	14	Mond bei Uranus, Mond $3{,}^\circ1$ nördlich
11.	13	Venus in unterer Konjunktion mit der Sonne
15.	7	**Mond bei Jupiter**, Mond $4{,}^\circ9$ südlich, **Abstand $5{,}^\circ6$ um 6^h**
23.	7	**Mond bei Mars**, Mond $3{,}^\circ7$ südlich, **Abstand $4{,}^\circ2$ um 3^h**
24.	3	Venus im Perihel
25.	15	**Mond bei Saturn**, Mond $0{,}^\circ6$ südlich (Bedeckung!), **Abstand $4{,}^\circ5$ um 7^h**
29.	4	**Mond bei Venus**, Mond $2{,}^\circ3$ südlich, **Abstand $3{,}^\circ9$ um 7^h**
31.	11	**Merkur in größter östlicher Elongation** (18°)
31.	20	Venus im Stillstand, anschließend rechtläufig

verfrüht sich ihr Meridiandurchgang auf 5^h45^m, ihr Aufgang erfolgt am 31. um 23^h39^m.

Pallas – Planetoid Nr. 2 – wird am 8. im Sternbild Wasserschlange (Hydra) stationär und leitet ihre Oppositionsperiode ein. Anschließend wandert sie langsam in Rektaszension rückläufig aber schnell in Deklination nordwärts durch das Sternengewimmel der Hydra (siehe Abb. 2.6 auf Seite 66). Ihre Opposition zur Sonne tritt im letzten Februardrittel ein. Zwar nimmt ihre Helligkeit bis Ende Januar von $8^m_,0$ auf $7^m_,3$ kräftig zu, allein ihre weit südliche Position macht ein Auffinden etwas schwierig. Am 1. kulminiert Pallas um 3^h47^m, am 15. um 2^h52^m und am 31. schon um 1^h43^m.

Vesta – Planetoid Nr. 4 – eilt rechtläufig durch das Sternbild Jungfrau. Wie bei Ceres bereits vermerkt, ziehen beide Kleinplaneten in diesem Jahr fast parallel ihre Oppositionsschleifen in der Jungfrau (siehe Abb. 4.6 auf Seite 108). Auch Mars ist mit von der Partie, dessen Oppositionsschleife diesmal ebenfalls in der Jungfrau liegt (siehe Abb. 4.5 auf Seite 106). Von der Erde aus betrachtet sind alle drei Wandelgestirne in derselben Gegend zu beobachten (siehe auch Abb. 4.7 auf Seite 109).

Vesta steigert ihre Helligkeit von $7^m_,7$ auf $7^m_,2$. Am 1. geht sie um 0^h55^m auf und kulminiert um 6^h55^m. Bis Monatsende verfrüht sich ihr Aufgang auf 23^h35^m und ihre Kulmination auf 5^h30^m.

Periodische Sternschnuppenströme

Die angegebenen Meteorhäufigkeiten beziehen sich auf die freisichtigen Sternschnuppen, wobei der Radiant im Zenit steht (ZHR). Bei tief stehendem Radianten sind entsprechend weniger Sternschnuppen zu sehen. Ebenso wird man bei hellem Mondlicht die lichtschwächeren Meteore übersehen.

Vom 1. bis 5. Januar tauchen die **Quadrantiden** (Ausstrahlungspunkt oder Radiant im Sternbild Bootes) in der zweiten Nachthälfte auf. In der Nacht vom 3. auf 4. Januar ist das spitze Maximum zu erwarten. Mit bis zu 120 Objekten pro Stunde ist dann zu rechnen. In manchen Jahren wurden sogar über 200 Meteore pro Stunde beobachtet. Helle Sternschnuppen kommen dabei nur selten vor. Ein Erzeugerkomet ist nicht bekannt. Die einzelnen Meteore haben mittlere Geschwindigkeiten um 40 Kilometer pro Sekunde. Da der Radiant im Sternbild Bootes liegt, wird dieser Strom auch **Bootiden** genannt. Die Position des Radianten liegt in der Ecke der Sternbilder Bootes, Herkules und Drache.

Die **Delta-Cancriden** tauchen zwischen dem 2. und 25. Januar auf. Das Maximum fällt auf den 18. Januar. Die Meteore entströmen dem Sternbild Krebs. Es handelt sich um langsame Sternschnuppen mit Geschwindigkeiten um 30 Kilometer pro Sekunde. Pro Stunde ist lediglich mit etwa vier bis sechs Meteoren zu rechnen.

Der Fixsternhimmel

Wer Sterne und Sternbilder finden will, muss zunächst die Himmelsrichtungen an seinem Standort kennen. Denn die beste Sternkarte nützt wenig, wenn man nicht weiß, wo Norden, Osten, Süden und Westen sind. In vertrauter Umgebung kennt man meist die Himmelsrichtungen: Man weiß, wo die Sonne mittags steht und wo sie untergeht. Am nächtlichen Sternenhimmel beginnt man seine Beobachtungen mit dem Aufsuchen des Polarsterns, denn er deutet uns die Nordrichtung an. Blickt man zum Polarstern, so ist rechter Hand Osten, linker Hand Westen und im Rücken hat man Süden.

Als Objekt zweiter Größenklasse ist der Polarstern nicht übermäßig auffällig. Sowohl der Große Wagen als auch das Himmels-W, das Sternbild Kassiopeia, helfen ihn zu finden. Ihre Stellungen relativ zum Nordhori-

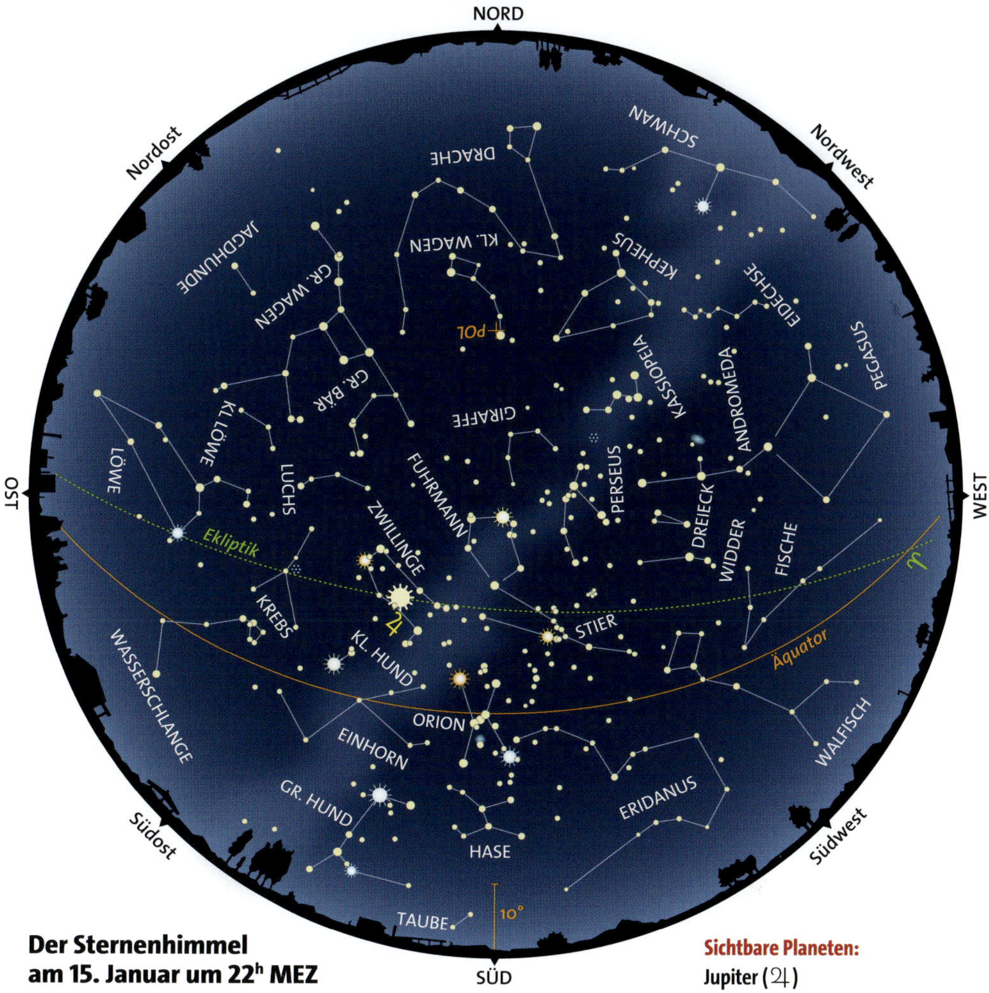

Der Sternenhimmel am 15. Januar um 22h MEZ

Sichtbare Planeten:
Jupiter (♃)

Die Sternkarte ist auch gültig für:		
	MEZ	MESZ
1.10.	5h	6h
15.10.	4	5
1.11.	3	
15.11.	2	
1.12.	1	
15.12.	0	
1. 1.	**23**	
15. 1.	**22**	
31. 1.	**21**	
15. 2.	20	

zont sind jeweils für den Monatsanfang, 22 Uhr MEZ, in einer kleinen Grafik auf der Startseite zur Monatsübersicht (Rubrik „Himmelskalender") festgehalten.

Die monatliche Beschreibung des abendlichen Fixsternhimmels gilt für die Standardbeobachtungszeit 22h MEZ (oder 23h MESZ – Mitteleuropäische Sommerzeit) zur Monatsmitte (15.) und für die geografische Breite 50° Nord. Diesen Anblick zeigt auch die monatliche Übersichtskarte, die das Auffinden von Sternen und Sternbildern erleichtern soll.

Andere Uhrzeit, anderer Himmelsanblick

Wer zu Monatsbeginn beobachtet, sollte die Sternkarte um 23h benutzen, also um 23h MEZ. Zu

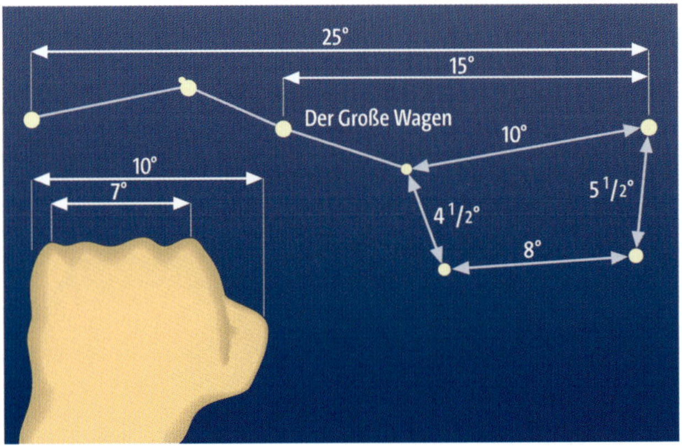

1.12 Den Himmel vermessen: **Der Große Wagen dient als universelle Himmelselle. Mit ihr lässt sich das Abschätzen von Sterndistanzen am Firmament leicht üben. Zum Vergleich ist eine ausgestreckte Durchschnittsfaust eingetragen.**

Monatsende zeigt die Sternkarte den sichtbaren Himmelsausschnitt bereits um 21^h MEZ, denn pro Stunde dreht sich der Himmel um 15° weiter (24^h = 360°!). Nach einem Monat gehen die Sterne und Sternbilder jeweils zwei Stunden früher auf, kulminieren zwei Stunden früher und gehen zwei Stunden früher unter wie am gleichen Tag des Vormonats. Auch für andere Nachtstunden sind die Sternkarten zu verwenden. So zeigt die Januar-Sternkarte auch den Himmelsanblick, wie er dem Betrachter am 1. November um 3^h MEZ erscheint.

Für welches Datum und welche Uhrzeit die jeweilige Monatssternkarte genützt werden kann, ist in der Bildlegende links unterhalb der Sternkarte vermerkt. Zu berücksichtigen ist, dass die eingetragenen Planetenpositionen nur für den aktuellen Monat gelten, in dem die Sternkarte platziert ist. Die jeweils gültigen Planetenpositionen entnehme man der monatlichen Grafik am Anfang der Rubrik „Planetenlauf".

In der Monatssternkarte markiert die ausgezogene rote Linie den Himmelsäquator, die gestrichelte grüne Linie die Ekliptik (scheinbare Sonnenbahn), die zum Himmelsäquator um 23,°4 geneigt ist. In der Nähe der Ekliptik sind die Planeten zu finden. Die hellen, mit bloßen Augen sichtbaren Planeten (Merkur, Venus, Mars, Jupiter und Saturn) sind mit ihren Symbolen in der Sternkarte eingetragen, wenn sie zur Standardbeobachtungszeit über dem Horizont stehen.

Die Planetensymbole sind in der Umschlagklappe und in Abb. E.7 auf Seite 27 zu ersehen. So kann der angehende Sternfreund schnell erkennen, ob in einem Tierkreissternbild eventuell ein heller Planet steht. Die eingetragenen Planetenpositionen gelten exakt jeweils für die Monatsmitte.

Prächtiger Winterhimmel

Der abendliche Winterhimmel ist besonders reich an hellen Sternen. Zu keiner anderen Jahreszeit bietet der abendliche Sternenhimmel auf der Nordhalbkugel der Erde einen so schönen Anblick.

Von allen Wintersternbildern ist wohl der Orion das prominenteste. Viele Völker sahen im Orion einen Jäger oder Krieger. Seine einprägsame Sternenfigur

Veränderliche Sterne im Januar

Algol-Minima	6. 2^h21^m	8. 23^h10^m	11. 19^h59^m	26. 4^h05^m	29. 0^h55^m	31. 21^h44^m
β-Lyrae-Minima	6. 23^hH	13. 10^hN	19. 22^hH	26. 9^hN		
δ-Cephei-Maxima	3. 5^h	8. 14^h	13. 23^h	19. 8^h	24. 16^h	30. 1^h
Mira-Helligkeit	1. 9^m	10. 9^m	20. 9^m	31. 10^m		

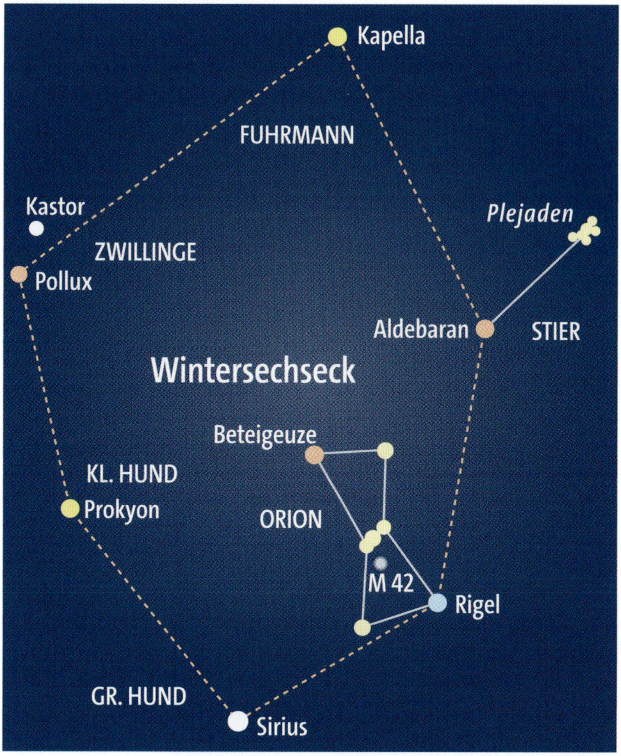

1.13 Das Wintersechseck:
Es setzt sich aus den Sternen Kapella im Fuhrmann, Aldebaran im Stier, Rigel im Orion, Sirius im Großen Hund, Prokyon im Kleinen Hund und Pollux in den Zwillingen zusammen.

steht im Januar zur Standardbeobachtungszeit halbhoch im Süden. Orion passiert gerade die Mittagslinie, den Meridian. Ein heller, rötlicher Stern deutet die östliche Schulter an. Er heißt Beteigeuze (α Orionis). Der zweite helle Stern erster Größe soll den westlichen Fuß des Jägers andeuten. Er funkelt in einem bläulich-weißen Licht und heißt Rigel (β Orionis). Beteigeuze und Rigel sind arabische Namen und bedeuten „Schulter“ beziehungsweise „Fuß“. Von Beteigeuze trennen uns 430 Lichtjahre und Rigel ist rund 800 Lichtjahre von uns entfernt. Da Rigel trotz seiner relativ großen Entfernung dennoch zu den hellsten Sternen am irdischen Firmament zählt, muss seine wahre Leuchtkraft enorm sein. Tatsächlich leuchtet er so hell wie 60 000 unserer Sonnen.

Zwischen Beteigeuze und Rigel stehen drei Sterne zweiter Größenklasse auffällig in einer Reihe. Sie sollen den Gürtel des Orion darstellen.

Tief im Südosten flackert unübersehbar der blauweiße Sirius. Er ist der Hauptstern des Sternbildes Großer Hund (α Canis Maioris). Mit –1,5 Größenklassen ist Sirius der hellste Fixstern am irdischen Himmel. Nur Venus und Jupiter sowie gelegentlich Mars übertreffen Sirius an Helligkeit.

Ein wenig höher als Sirius steht der gelbliche Stern Prokyon (α Canis Minoris) im Kleinen Hund. Prokyon bedeutet auf Griechisch soviel wie „Vorhund“, denn Prokyon geht in unseren Breiten vor Sirius auf; er kündigt mit seinem Auftauchen am Osthorizont den baldigen Aufgang des Sirius an. Ebenso wie Sirius besitzt Prokyon einen weißen Zwergstern als Begleiter. Prokyon ist elf Lichtjahre von uns entfernt und zählt damit zu den Nachbarsternen unserer Sonne. Aufgrund von Eigenbewegungsschwankungen hatte man schon länger einen Begleiter von Prokyon vermutet. Erstmals gesichtet wurde der weiße Zwerg α Canis Minoris B im Jahre 1896 von Johann Martin Schaeberle mit dem 36-Zoll-Refraktor des Lick-Observatoriums auf dem Mt. Hamilton in Kalifornien.

Die Sterne im Zenit

Blickt man senkrecht nach oben, so sieht man einen hellen, gelblichen Stern erster Größenklasse, die Kapella (α Aurigae), Hauptstern des Fuhrmanns. Der Sage nach ist der Fuhrmann (lat.: Auriga) der Erbauer des Himmelswagens. Knapp südwestlich vom Fuhrmann ist der Stier beheimatet mit seinem orange-gelben Hauptstern Aldebaran (α Tauri) und den beiden offenen Sternhaufen Hyaden und Plejaden.

Dem Stier folgen im Tierkreis die Zwillinge, die im Wesentlichen von zwei Sternenketten dargestellt werden. An den östlichen Enden beider Ketten stehen zwei helle Sterne: Kastor (α Geminorum) und Pollux (β Geminorum). In diesem Jahr strahlt der helle Planet Jupiter in den Zwillingen und wertet das Sternbild mit seinem Glanz auf. An die Zwillinge schließt sich im Osten der unscheinbare Krebs an, in dem der bekannte offene Sternhaufen Krippe (mit der Katalogbezeichnung M 44) zu finden ist.

Die hellen Sterne Kapella, Aldebaran, Rigel, Sirius, Prokyon und Pollux bilden das sogenannte Wintersechseck. Es ist gewissermaßen das Gegenstück zum Sommerdreieck (siehe Kapitel „Der Fixsternhimmel im Juli" auf Seite 167).

Tief am Osthimmel macht sich ein Vorbote des kommenden Frühlings bemerkbar: Der mächtige Löwe mit seinem Hauptstern Regulus ist gerade aufgegangen.

Die Milchstraße schmückt den Winterhimmel. Allerdings sieht man ihr zart schimmerndes Lichtband nur fernab irdischer Lichtquellen, die leider den Nachthimmel immer mehr aufhellen. Wer jedoch einen dunklen Beobachtungsplatz einnimmt, bemerkt, dass das Band der Milchstraße im Südosten emporsteigt, durch den Scheitelpunkt oder Zenit geht und zum Nordwesthorizont hinabsinkt.

Jupiter – Gigant des Sonnensystems

Ein auffallend helles Gestirn dominiert in diesem Winter den Sternenhimmel. Es ist fast die gesamte Nacht über zu sehen und steht in den Stunden um Mitternacht hoch im Süden. Es ist Jupiter, der größte Planet in unserem Sonnensystem. Am 5. Januar steht er im Sternbild Zwillinge in Opposition zur Sonne. Mit $-2^{m}\!.7$ scheinbarer Helligkeit wird er nur noch von Venus an Glanz übertroffen. In diesen Jahren ist er besonders gut zu beobachten, wandert er doch durch die nördlichsten Bezirke des Tierkreises. Zur Opposition hält er sich weit nördlich des Himmelsäquators auf (Deklination: $+22^{\circ}\!.7$), was ihm einen großen Tagbogen beschert und eine Kulminationshöhe von $62^{\circ}\!.7$ auf 50° nördlicher Breite. Für Amateurastronomen ist Jupiter ein dankbares Beobachtungsobjekt. Schon im Fernglas zeigt er ein kleines Scheibchen und erscheint nicht punktförmig wie die Sterne. Nahe dem hellen Planetenscheibchen sieht man im Feldstecher bis zu vier helle Lichtpunkte – die vier großen Monde

1.14 Aufnahme des Planeten Jupiter mit seinen Wolkenstreifen und -bändern (Foto: Raumsonde Cassini).

des Jupiter, die ihn auf seinem Weg um die Sonne begleiten. Elf Jahre und 315 Tage ist er unterwegs, um einmal die Sonne zu umrunden. Somit wechselt er im Mittel jedes Jahr in ein neues Tierkreissternbild.

Im Fernrohr zeigt sich eine Fülle von Details. Bei knapp 50″ scheinbarem Durchmesser des Jupiterscheibchens kann man schon in kleinen Teleskopen die Wolkenstreifen und -bänder auf seiner Oberfläche erkennen. Nur Venus erscheint nahe ihrer unteren Konjunktion noch etwas größer – ihr scheinbarer Durchmesser erreicht maximal 63″, also eine gute Bogenminute. Das Marsscheibchen wird im günstigsten Fall (Perihelopposition) 25″ groß. Die meiste Zeit erscheint der Marsglobus so klein, dass man kaum Einzelheiten auf seiner Oberfläche erkennen kann. Das Jupiterscheibchen dagegen wird nie kleiner als 30″, weshalb der Riesenplanet das ganze Jahr über ein lohnenswertes Beobachtungsobjekt bleibt, sieht man von den Wochen um die Konjunktion ab, wenn Jupiter mit der Sonne am Taghimmel steht und nachts unter dem Horizont bleibt.

Ein Riese

Die Bezeichnung „Riesenplanet" ist gerechtfertigt. Jupiter ist der größte und massereichste Planet unseres Sonnensystems. Mit 142 796 Kilometer Äquatordurchmesser übertrifft er den der Erde um das Elffache. Rund 1300 Erdkugeln hätten in seinem gewaltigen Gasleib bequem Platz. Mit 133 800 Kilometer ist der Poldurchmesser um ein Sechzehntel kürzer als der Äquatordurchmesser. Dies fällt auch dem Fernrohrbeobachter sofort auf: das Jupiterscheibchen erscheint oval. Der Jupiterglobus ist keine Kugel, sondern ein Rotationsellipsoid. Nur Saturn ist noch stärker abgeplattet. Die starke Abplattung ist eine Folge der schnellen Rotation der Riesenplaneten. Ein Jupitertag dauert nur knapp zehn Stunden. Jupiter ist somit nicht nur der größte Planet in unserem Sonnensystem, sondern auch der mit der kürzesten Tageslänge. Die Rotationsachse steht dabei fast senkrecht auf seiner Bahnebene; die Äquatorebene ist zur Jupiterbahn lediglich um drei Grad geneigt. Mit 318-facher Erdmasse ist Jupiter auch der massereichste Planet unseres Sonnensystems. Alle anderen Planeten mit Kleinplaneten und Kometen zusammen genommen kommen nur auf rund 30 Prozent der Gesamtmasse des Planetensystems (ohne Sonne!). Die Sonnenmasse selbst entspricht in etwa der tausendfachen Jupitermasse. Nach dem dritten Kepler-Gesetz der Planetenbewegung ergibt sich aus der knapp zwölfjährigen Umlaufperiode eine mittlere Entfernung von der Sonne, die fünfmal größer ist als die der Erde. Damit ist der Riesenplanet auch dreimal weiter als Mars von der Sonne entfernt. Dreizehn Kilometer legt Jupiter im Mittel pro Sekunde zurück bei seinem Weg um die Sonne. Mit gleicher Geschwindigkeit nimmt er seine mindestens 68 Trabanten mit – ein wahrlich großer Tross für den König der Planeten. Seine Bahn ist mit 1°18′ nur geringfügig zur Ekliptik (Erdbahnebene) geneigt. Nur noch die Neigung der Uranusbahn fällt kleiner aus. Mit einer geringen numerischen Exzentrizität von nur $e = 0{,}048$ zeigt sich die Jupiterbahn fast kreisförmig. Seine Sonnendistanz variiert damit nur zwischen 740 Millionen und 815 Millionen Kilometer. Überholt die Erde Jupiter im Perihel, so wird mit 588 Millionen Kilometer die geringste Entfernung des Riesenplaneten von uns erreicht. Bei einer Aphelopposition beträgt die Jupiterentfernung von der Erde immerhin 667 Millionen Kilometer.

Ein Hauch von Knoblauch

Seine mittlere Dichte von 1,3 Gramm pro Kubikzentimeter entspricht fast der der Sonne. Zum überwiegenden Teil (89 %) setzt sich die Jupiteratmosphäre aus molekularem Wasserstoff und zu knapp elf Prozent aus Helium zusammen. In geringen Mengen enthält die „Jupiterluft" auch Ammoniak (NH_3), Methan (CH_4), Azethylen (C_2H_2), Äthan (C_2H_6), Ammoniumhydrosulfid (NH_4SH), Germaniumwasserstoff (GeH_4) und Phosphin (PH_3). Phosphin verleiht der Jupiterluft den berühmten Knoblauchduft. Ferner kommen in Spuren auch Wasserdampf (H_2O) und Schwefelwasserstoff (H_2S) vor.

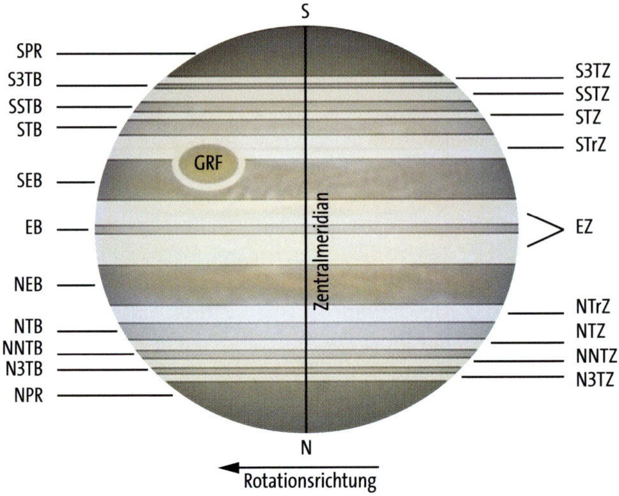

1.15 Die Bezeichnung der einzelnen Bänder und Zonen. Der Pfeil deutet die Rotationsrichtung an. Eingetragen ist ferner der Zentralmeridian (= Meridian durch die Scheibenmitte). Anblick im umkehrenden Fernrohr. Es bedeuten:
N = Nord, S = Süd, B = Band (dunkel), Z = Zone (hell), E = äquatorial, Tr = tropisch, T = gemäßigt (temperiert), P = polar, GRF = Großer Roter Fleck.
Beispiele: NEB = Nordäquatorialband / SPR = südliche Polarzone.

Für Amateurastronomen ist Jupiter ein ideales Beobachtungsobjekt. Während man bei Venus Phasen erkennt, aber keine Oberflächendetails, bei Mars nur in den Wochen um die Opposition Einzelheiten auf dem Planetenscheibchen auszumachen sind, Saturn zwar als Ringplanet beeindruckend wirkt, auf seiner Planetenkugel sich jedoch nur selten ein paar helle Flecken zeigen und sie sonst weitgehend strukturlos erscheint, so ist die Detailfülle auf Jupiter enorm. Selbst Laien fallen die hellen Zonen und dunklen Bänder parallel zum Jupiteräquator auf, die selbst in kleinen Teleskopen sichtbar werden. Hinzu kommt, dass der Riesenplanet mit Ausnahme der Wochen um seine Konjunktion mit der Sonne, bei der er sich am Taghimmel befindet, das ganze Jahr über ein lohnenswertes Beobachtungsobjekt ist. Man sieht übrigens das Planetenscheibchen fast immer voll beleuchtet. Denn wegen der großen Entfernung von Sonne und Erde erreicht der Phasenwinkel nur maximal 12°. Der Phasenwinkel gibt an, unter welchem Winkel vom Planeten aus betrachtet Erde und Sonne zu sehen sind. Phasenwinkel 0° bedeutet somit, von Jupiter aus gesehen stehen Sonne und Erde in gleicher Richtung. Dies ist der Fall, wenn Jupiter in Opposition zur Sonne kommt. Aufmerksame Sternfreunde registrieren durchaus den Beleuchtungsdefekt um die Zeiten der Quadraturen, wenn also Sonne, Erde und Jupiter einen rechten Winkel bilden. Dann erscheint der Ost- bzw. Westrand der Jupiterkugel dunkel.

Dichte Gashülle

Bei Jupiter sieht man nicht auf eine feste Oberfläche wie bei Mars, sondern man erblickt wolkenartige Strukturen in der Atmosphäre. Außer Streifen und Bänder, die parallel zum Äquator verlaufen, der wegen der geringen Achsenneigung stets durch den Mittelpunkt des Jupiterscheibchens geht, bemerkt man auf der südlichen Hemisphäre auf etwa −20° jovigrafischer Breite ein ovales Gebilde, das in größeren Teleskopen rötlich erscheint. Christian Huygens und Giovanni Domenico Cassini haben bereits um 1655 aus der Beobachtung dieses Großen Roten Flecks (GRF) die Rotationszeit des Jupiters abgeleitet. Dies kann man selbst durch eigene Beobachtungen nachvollziehen. Man misst einfach die Zeitspanne zwischen zwei Passagen des GRF durch den Zentralmeridian. Der Zentralmeridian geht durch die Scheibenmitte und steht senkrecht auf dem Jupiteräquator. Der GRF sieht nicht immer gleich aus, er wechselt seine Farbe. Manchmal sieht er rosafarben aus, dann wiederum erscheint er in hellem Lachsrot oder gelegentlich eher gelblich. In langen Winternächten kann man eine volle Jupiterrotation abwarten und sehen, wie zweimal in Folge der GRF am Ostrand des Planetenscheibchens auftaucht.

Lange rätselte man über die Natur dieses Gebildes. Inzwischen ist klar, dass der GRF der größte Wirbelsturm (Zyklon) auf Jupiter von vielen anderen ist. Er tobt bereits seit Jahrhunderten auf dem Riesenplaneten. Die Wolkentürme des GRF erheben sich etwa acht Kilometer über die oberste Schichten der übrigen Bewölkung.

Die einzelnen Wolkenstreifen und -bänder haben, da sie Jahrhunderte lang sichtbar sind, eigene Bezeichnungen erhalten. So gibt es ein Äquatorband, eine nördliche und eine südliche Tropenzone, je eine gemäßigte Zone im Norden und im Süden, eine Nord- und eine Südpolarzone, arktische Bänder etc. Die hellen Streifen werden dabei als Zonen, die dunklen als Bänder bezeichnet. Die Bezeichnungen der einzelnen Bänder und Zonen sind aus Abb. 1.15 zu ersehen.

Zahlreiche Details im Fernrohr

In größeren Teleskopen und bei stärkerer Vergrößerung erkennt man schnell, dass Bänder und Zonen keine glatte Ränder aufweisen, sondern es zeigen sich Ausbuchtungen, Einkerbungen, Ausfransungen, girlandenartige Strukturen, Verbindungslinien usw. Ferner sieht man Flecken, kleinere, rundliche, linsenförmige Gebilde, mehr weiß oder grau. Bei größeren Objektivöffnungen bemerkt man auch Farben – rötliche Bänder, bräunliche Tönungen, gelbe Schattierungen und bläuliche Gebilde. Verantwortlich für das Farbenspiel sind in erster Linie Phosphor- und Schwefelverbindungen. In den letzten Jahren wurden weitere, langlebige ovale Gebilde auf der südlichen Jupiterhemisphäre beobachtet. An den feinen Details lässt sich die Rotationsdauer von Jupiter noch viel genauer ableiten als aus Beobachtungen des GRF. Dabei entdeckte man die differentielle Rotation des Riesenplaneten: Die äquatornahen Bereiche laufen rascher in Rotationsrichtung als jene in höheren jovigrafischen Breiten. Eine volle Rotation in der Äquatorzone dauert $9^h50^m30^s$ (System I), in höheren Breiten jedoch $9^h55^m41^s$ (System II), also gut fünf Minuten länger. Die höhere Rotationsgeschwindigkeit in der Äquatorzone ist auf die gewaltige atmosphärische Strömung in Rotationsrichtung zurückzuführen. Will man Einzelheiten wie den GRF oder andere Details auf Jupiter beobachten und dabei Koordinaten bestimmen, so benutze man die Tabelle auf Seite 285, in der die Zentralmeridiane für beide Rotationsysteme verzeichnet sind. Im System I ändert sich der Zentralmeridian um 36°,6 in jovigrafischer Länge, im System II um 36°,3 pro Stunde. So kann man schnell selbst kalkulieren, welche jovigrafische Länge zum Beobachtungszeitpunkt durch die Scheibenmitte geht – also den Zentralmeridian bildet. Die Zusatztabelle (Korrektur für MEZ) soll dabei die Rechnung erleichtern. So kann man selbst errechnen, wann der GRF den Zentralmeridian passiert ($l_{GRF} = 186°$ im System II).

Reizvoll ist es auch, die schnelle Rotation des Riesenplaneten zu beobachten. Schon nach einer Stunde bemerkt man deutlich die Wanderung der Strukturen und Details in Richtung Westen. In nur vier Stunden wandert der GRF über die Planetenscheibe, bevor er wieder verschwindet.

Verwirbelte Atmosphäre

Doch nicht nur dieses interessiert die Jupiterbeobachter. Auch die einzelnen Strukturen weisen Veränderungen auf. So zeigte sich, dass die ovalen Gebilde, die gewaltige Wirbelstürme darstellen, sich relativ zu den anderen Strukturen verschieben. Zum Beispiel hatte der GRF Anfang 2013 eine jovigrafische Länge von $l_{II} = 170°$. Von 1998 bis 2000 konnte man verfolgen, wie drei kleine, weiße Wirbelstürme sich zu einem größeren vereinigten, der dann 2005 allmählich die rote Farbe annahm. Nun wird er der „Kleine Rote Fleck" (KRF) genannt. 2008 wurde kurzfristig ein dritter roter Fleck gesichtet. Auch die hellen Zonen und dunklen Bänder verändern sich im Laufe der Zeit. Sie variieren ihre Breite, driften nach Norden oder Süden, zeigen längliche Strukturen im Inneren, die kommen und gehen. Manchmal verschwinden Bänder völlig und tauchen später allmählich wieder auf. So verschwand 2011 das

1.16 Im Jahre 2011 verschwand das SEB auf Jupiter für einige Zeit (Foto: Mario Weigand).

dunkle SEB (siehe Abb. oben). Inzwischen ist es wieder zu sehen. In den letzten Jahren wurden auch langlebige, ovale Flecke auf der Südhälfte von Jupiter beobachtet. Vor Einführung der Himmelsfotografie zeichnete man die Strukturen auf der Jupiteroberfläche, um die Geschehnisse auf dem Riesenplaneten zu dokumentieren. Noch heute fertigen künstlerisch begabte Beobachter Jupiterzeichnungen an. Man sollte sich beim Anfertigen einer Jupiterzeichnung allerdings nicht zu viel Zeit lassen. Denn nach einer Stunde hat sich der Anblick des Planeten infolge seiner raschen Rotation bereits merkbar verändert. Inzwischen hat die Fotografie Einzug in die Jupiterbeobachtung gehalten. Videokameras haben Kameras mit chemischen Filmen weitgehend verdrängt. Waren früher Belichtungszeiten von einigen Sekunden üblich, so gewinnt man digitale Aufnahmen in Bruchteilen von Sekunden. Auf diese Weise bekommt man eine große Menge an Aufnahmen in verschiedenen Farbbereichen, die man mit Hilfe von Bildverarbeitungssoftware zu eindrucksvollen Jupiterbildern zusammenfügen kann.

In klaren Winternächten lässt sich Jupiter besonders gut beobachten. Wenn er in dieser Jahreszeit in Opposition steht, so hält er sich in den nördlichsten Regionen des Tierkreises auf und erreicht um die Kulmination große Höhen über dem Horizont. In den langen Winternächten gelingt es zudem, in einer einzigen Nacht eine volle Jupiterrotation zu erfassen. Bei stabilem Hochdruckwetter lässt es sich besonders gut beobachten, das Seeing ist exzellent, die Luftunruhe minimal, man kann bei hohen Vergrößerungen feinste Details erfassen.

Auch wenn inzwischen Raumsondern fantastische Nahaufnahmen von Jupiter und seinen Monden lieferten, so sind dennoch Amateurbeobachtungen erwünscht, um das Geschehen auf dem Riesenplaneten möglichst lückenlos zu dokumentieren. Denn die großen Teleskope der professionellen Astronomen sind stets überbucht und für Beobachtungen im visuellen Bereich steht kaum Beobachtungszeit zur Verfügung. Anders hingegen im Infrarotbereich. Mit dem japanischen Subaru-Teleskop und den beiden Keck-Teleskopen auf dem Mauna Kea (Hawaii) sowie dem fliegenden Observatorium SOFIA wird Jupiter im Bereich des nahen Infrarot bei Wellenlängen von 1,21 und 1,58 sowie 1,65 Mikrometer (1 Mikrometer = 1 Millionstel Meter) beobachtet, um seine Wärmestrahlung zu erfassen und auch tiefere Schichten unter der obersten Wolkendecke zu untersuchen. Dabei sind qualitativ hochwertige, zeitgleiche Parallelbeobachtungen im visuellen Spektralbereich von Amateuren sehr willkommen.

Kometensturz auf Jupiter

Manchmal gibt es auch auffallende, spektakuläre Veränderungen auf Jupiter zu beobachten. Im Juli 1994 stürzten rund zwei Dutzend Trümmerstücke des Kometen Shoemaker-Levy 9 in die Atmosphäre des Riesenplaneten. Wochenlang waren die Spuren dieser kosmischen Kollisionen als dunkle Flecke (dunkel im sichtbaren Licht – im Infraroten strahlten sie hell) zu sehen. Inzwischen wurden weitere Einschläge beobachtet, wenn auch nicht so spektakuläre. Übrigens: ein Menetekel für die Erde!

Die zahlreichen Muster und Strukturen in der Jupiteratmosphäre werden durch heftige Stürme sowohl in Ost- als auch in Westrichtung hervorgerufen. Diese Jetstreams erreichen Geschwindigkeiten von 500 bis 560 Kilometer pro Stunde, wobei die höchsten Geschwindigkeiten in der Äquatorzone zu registrieren sind. Dort bläst der Wind westwärts. Auch innerhalb der Bänder und Zonen variiert die Windgeschwindigkeit. An den äquatornahen Bändergrenzen sind die Geschwindigkeiten höher als an den äquatorfernen. Gewitterstürme begleiten das Wettergeschehen. Elektrische Entladungen in Form von gigantischen Blitzen werden im Radiofrequenzbereich beobachtet – sogenannte bursts (engl., Ausbrüche). Jupiter zählt zu den stärksten kosmischen Radioquellen.

1.17 Sturz der Trümmer des Kometen Shoemaker-Levy 9 in die Atmosphäre des Riesenplaneten im Juli 1994.

Anderes Wettergeschehen als auf der Erde

Infolge der differentiellen Geschwindigkeitsunterschiede und den durch die schnelle Jupiterdrehung hervorgerufenen Coriolis-Kräften bilden sich die beobachteten gewaltigen Wirbelstürme – Zyklone und Antizyklone. Anders als auf der Erde oder auch auf Mars wird das Wettergeschehen auf Jupiter nicht durch die Sonne bestimmt. Der Riesenplanet empfängt pro Flächeneinheit nur vier Prozent der Menge an Sonnenenergie, die auf der Erde eintrifft. Da die Rotationsachse fast senkrecht auf der Jupiterbahnebene steht, gibt es auch keine jahreszeitlichen Effekte. In diesem Punkt unterscheidet sich Jupiter vom Ringplaneten Saturn. In gleichen Höhenschichten gibt es auf Jupiter kaum Temperaturunterschiede zwischen den Äquatorregionen und den Polargebieten. Infolge der kurzen Tage und Nächte beträgt die Temperaturdifferenz zwischen Tag und Nacht lediglich 4 °C.

In tieferen Schichten dreht sich Jupiter einmal in $9^h55^m30^s$ (System III). Dies ist die eigentliche Rotationsdauer des Jupiterglobus. Die Dynamik des Wettergeschehens auf Jupiter wird durch die Tatsache bedingt, dass der Riesenplanet mehr Energie abstrahlt als er von der Sonne erhält. Der Riesenplanet verfügt über eine innere Wärmequelle. Einerseits kühlt er noch ab, andererseits kontrahiert er noch, was ebenfalls zur Freisetzung von Wärmeenergie führt. Insgesamt strahlt er etwa das 1,7-fache der von der Sonne empfangenen Energie ab, das meiste im Infraroten.

Das Innenleben von Jupiter

Da Jupiter und die anderen Gasplaneten keine feste Oberfläche oder eine beobachtbare Ozeanfläche besitzen, wird die Isobarenschicht, in der ein Druck von einer Atmosphäre herrscht, als Nullniveau definiert. Die oberste Wolkenschicht liegt bei einem Druckniveau von 0,1 Atmosphären und ist mit −145 °C am kältesten. Sie erscheint hell und weiß, was Ammoniakeisflocken und Ammoniumhydrosulfidkristallen zu verdanken ist. Oberhalb der Tropopause steigt die Temperatur bis zu einem Druckniveau von 0,03 Atmosphären auf −120 °C an.

Etwa 60 Kilometer unterhalb der obersten Wolkenschicht liegt die mittlere Wolkendecke. Sie enthält hauptsächlich Ammoniumhydrosulfidwolken bei einer Temperatur von −75 °C. 100 Kilometer tiefer stößt man auf die unterste Wolkenschicht, die sich aus Wassereiskristallen, Wasserdampf aber auch aus Kohlenwasserstoffen, Schwefel- und Phosphor-Verbindungen zusammensetzt. Letztere Bestandteile sorgen für

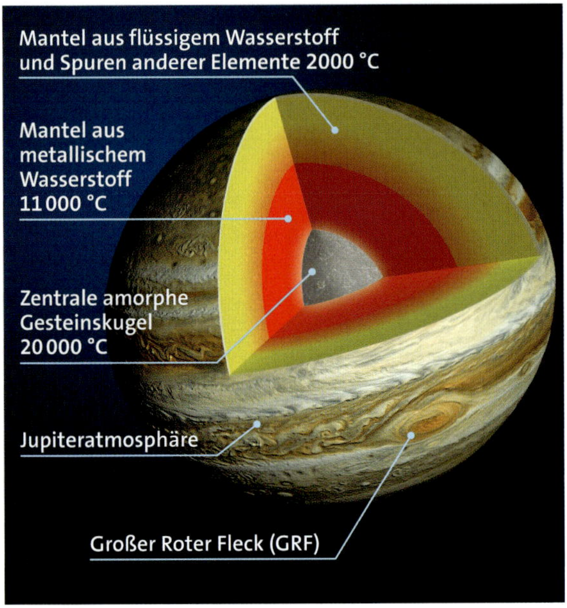

1.18 Blick in das Innere des Jupiterglobus.

die vielfältigen Farbschattierungen, von braun über rot, orange, gelb bis bläulich. Diese Schicht erscheint uns als dunkle Bänder auf dem Jupiterscheibchen. Die Temperaturen in der untersten Wolkenschicht betragen rund −50 °C bis +10 °C. Mit zunehmender Tiefe steigen Druck und Temperatur der Jupiteratmosphäre stetig. Pro Kilometer nimmt die Temperatur um etwa zwei Grad zu. Die vom Jupiterorbiter GALILEO abgesetzte Sonde, die in die Jupiteratmosphäre eindrang, stellte ihre Funksignale in 160 Kilometer Tiefe bei einem Druck von 22 Atmosphären und einer Temperatur von 152 °C ein. In 1000 Kilometer Tiefe geht bei einem Druck von 500 Atmosphären und einer Temperatur von 2000 °C die gasförmige Phase in eine flüssige über. Damit ist die Jupiteratmosphäre rund 1000 Kilometer dick – im Vergleich zum Durchmesser des Riesenplaneten eine schmale Zone. Wie die Grenzschicht vom gasförmigen zum flüssigen Bereich aussieht, ist noch weitgehend unbekannt. Einen echten Ozean mit scharf definierter Oberfläche gibt es sicher nicht. Vermutlich ist die konvektive Grenzschicht einige Dutzend Kilometer dick.

Metallischer Wasserstoff

Unterhalb der rund 1000 Kilometer dünnen Atmosphärenhülle befindet sich ein Mantel aus flüssigem Wasserstoff und Helium. In Schichten tiefer als 30 000 Kilometer steigt die Temperatur auf 11 000 °C an und der Druck nimmt auf drei Millionen Atmosphären zu. Dabei ändert sich die Materiestruktur signifikant. Moleküle und Atome werden zerquetscht, Elektronen und Atomkerne können sich relativ frei bewegen, Wasserstoff und Helium verhalten sich wie flüssiges Metall. Man spricht daher von „metallischem Wasserstoff". Er ist nicht nur ein guter Wärmeleiter, sondern besitzt auch eine hervorragende elektrische Leitfähigkeit. In Verbindung mit der hohen Rotationsgeschwindigkeit erhält Jupiter ein starkes Magnetfeld, dessen Feldstärke 20 000-mal stärker als die des Erdmagnetfeldes ist. Das enorme Magnetfeld erzeugt eine gewaltige Magnetosphäre um den Jupiterglobus, die durch den Sonnenwind zu einem riesigen „Magnetschweif" verformt wird, der weit ins Weltall hinaus reicht. Die beim Durchkreuzen der Magnetosphäre auftretenden elektrischen Spannungen sind einigen Raumsonden beinahe zum Verhängnis geworden.

Das Zentrum von Jupiter dürfte eine Gesteinskugel von rund 20 000 Kilometer Durchmesser sein mit einer Masse von neun Prozent der Gesamtmasse des Planeten; dies entspricht 28 Erdmassen. Die sich daraus ergebende hohe Dichte kann durch Wasserstoff und Helium allein nicht erreicht werden. Neben Silikaten enthält der Kern auch Eisen, Nickel und Kobalt. Bei einem Druck von mehr als 30 Millionen Atmosphären und einer Zentraltemperatur von über 20 000 °C verhält sich die Materie nicht wie irdisches Gestein mit seiner harten, kristallinen Struktur, sondern eher wie eine zähe, amorphe Masse, vergleichbar mit Teer. Der genaue Zustand der Materie bei solch enormen Drücken und Temperaturen ist noch weitgehend unbekannt.

Jupiter schrumpft

Die Aufheizung des Jupiterglobus geschah durch langsame Kontraktion. Nun kühlt der Riesenplanet allmählich aus. Er glimmt im Infraroten gewissermaßen vor sich hin. Als helles Gestirn am Nachthimmel sehen wir ihn jedoch, weil er von der Sonne beschienen wird und seine oberste Wolkenschicht 52 Prozent des einfallenden Sonnenlichtes reflektiert.

Sechsmal passierten Raumsonden den Riesenplaneten: Im Dezember 1973 und im Dezember 1974 rasten PIONEER 10 und PIONEER 11 an ihm vorbei, im März 1979 erhielt er Besuch von VOYAGER 1 und im Juli des gleichen Jahres von VOYAGER 2. Im Dezember 1995 schwenkte GALILEO in einen Jupiterorbit ein und wurde zum ersten künstlichen Jupitertrabanten. Auf dem Weg zu Saturn kam auch die Raumsonde CASSINI am Riesenplaneten vorbei und sandte im Dezember 2000 fantastische Aufnahmen mit enormer Detailfülle zur Erde. Auch die Plutosonde NEW HORIZONS passierte Jupiter Ende Februar 2007.

Zurzeit eilt die Raumsonde JUNO dem Riesenplaneten entgegen. Sie wurde nach der Gemahlin des Göttervaters Jupiter so getauft. JUNO wurde von der NASA am 5. August 2011 auf den Weg gebracht. Im Juli 2016 soll JUNO dann ihr Ziel erreichen. Am Missionsende wird die Sonde in die Jupiteratmosphäre eintauchen, um zu erforschen, welche Unterschiede zwischen Zonen und Bändern bestehen, woraus genau die Wolken sind, Windgeschwindigkeiten, Temperaturen und Drücke messen – kurz: die Meteorologie der Jupiteratmosphäre zu klären. Auf die Ergebnisse darf man gespannt sein.

Februar 2014

- Merkur kann Anfang Februar am Abendhimmel gesehen werden.
- Venus strahlt Mitte Februar in maximalem Glanz am Morgenhimmel.
- Mars im Sternbild Jungfrau wird zu einem auffälligen Objekt.
- Jupiter bleibt Glanzpunkt des Nachthimmels.

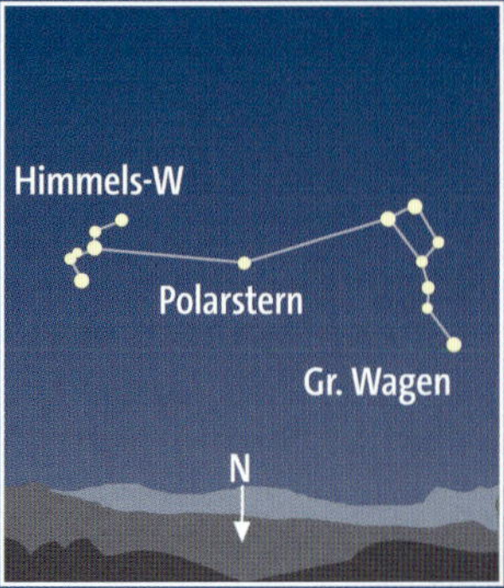

Großer Wagen und Himmels-W Anfang Februar um 22 Uhr

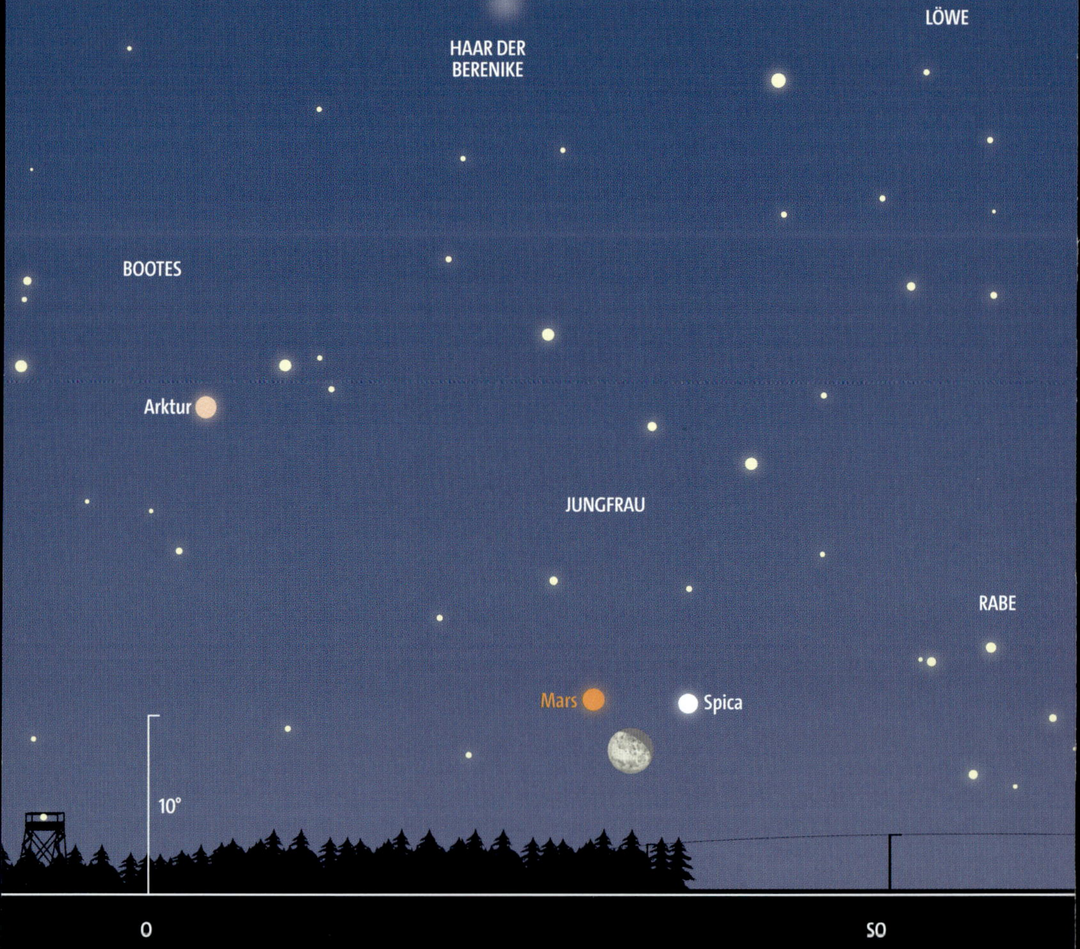

2.1 Himmelsanblick am 19. Februar gegen Mitternacht. Knapp über dem Osthorizont stehen Spica und Mars in der Jungfrau. Zu ihnen gesellt sich der abnehmende Mond.

1 Sa

2 So

3 Mo

4 Di

5 Mi

6 Do Mond im ersten Viertel

7 Fr

8 Sa

9 So

10 Mo

11 Di Mond bei Jupiter (Morgenhimmel)

12 Mi Mond in Erdferne

13 Do

14 Fr

15 Sa **Vollmond,** Venus in größtem Glanz (Morgenhimmel)

16 So

17 Mo

18 Di

19 Mi Mond bei Mars (Mitternacht)

20 Do

21 Fr

22 Sa Mond im letzten Viertel, Mond bei Saturn (Morgenhimmel)

23 So

24 Mo

25 Di

26 Mi Mond bei Venus (Morgenhimmel)

27 Do Mond in Erdnähe

28 Fr

Sonne – Sternbilder

16. 2. 12^h:
Sonne tritt in das Sternbild Wassermann
18. 2. 19^h:
Sonne tritt in das Tierkreiszeichen Fische
Julianisches Datum am
1. Februar, 1^h MEZ: 2456689,5

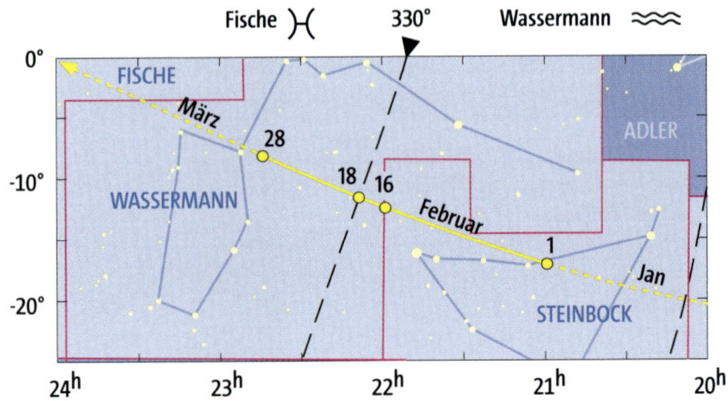

Tabelle Sonnenlauf

Tag	Dämmerg. Anfang	Aufgang MEZ	Kulmination	Untergang MEZ	Dämmerg. Ende	Mittagshöhe	Zeitgleichg.	Rektaszension	Deklination
	h m	h m	h m	h m	h m	°	m	h m	°
1.	6 40	7 54	12 34	17 14	18 28	23,0	–14	20 57	–17,2
5.	6 35	7 48	12 34	17 21	18 34	24,1	–14	21 13	–16,1
10.	6 28	7 40	12 34	17 30	18 42	25,7	–14	21 33	–14,5
15.	6 20	7 31	12 34	17 38	18 49	27,4	–14	21 53	–12,8
20.	6 11	7 22	12 34	17 47	18 57	29,2	–14	22 12	–11,1
25.	6 02	7 12	12 33	17 55	19 05	31,0	–13	22 32	– 9,3
28.	5 56	7 06	12 33	18 00	19 10	32,1	–13	22 43	– 8,1

Tages- und Nachtstunden

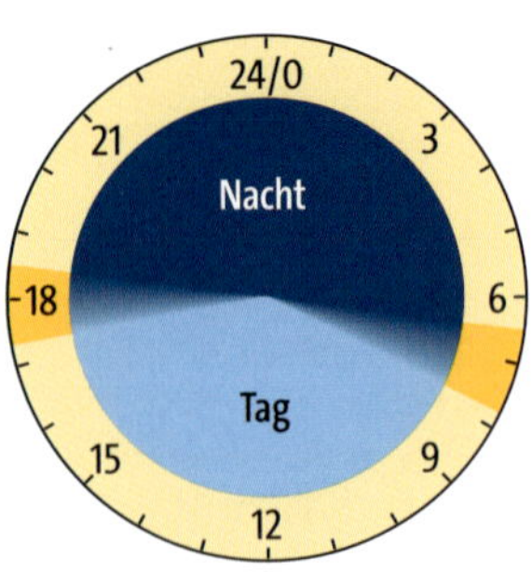

5. Februar

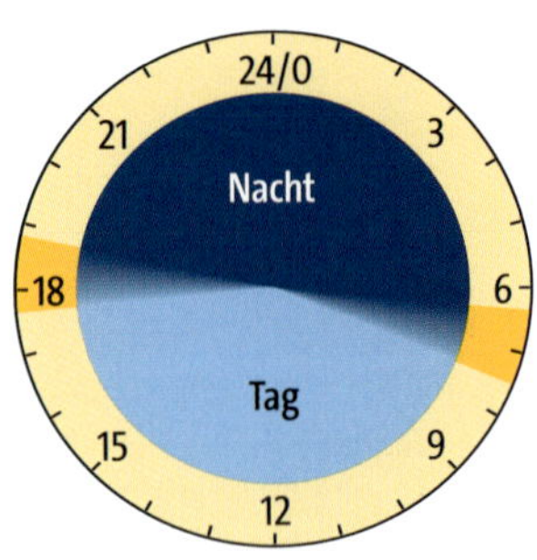

15. Februar

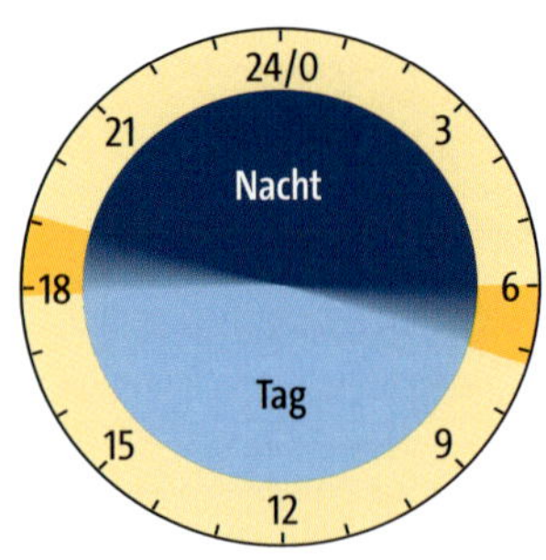

25. Februar

Tabelle Mondlauf

Datum		Aufg. MEZ	Kulmination	Unterg. MEZ	Rektaszension	Deklination	Sterne und Sternbilder	Phase	MEZ
		h m	h m	h m	h m	°			
Sa	1.	8 18	13 57	19 48	21 52	− 8,1	Wassermann		
So	2.	8 48	14 51	21 07	22 49	− 3,4	Wassermann		
Mo	3.	9 16	15 43	22 22	23 44	+ 1,4	Fische		
Di	4.	9 44	16 33	23 34	0 37	+ 5,9	Fische		
Mi	5.	10 13	17 23	–	1 30	+10,0	Fische	Absteigender Knoten Libration West	
Do	6.	10 45	18 12	0 43	2 21	+13,5	Widder	**Erstes Viertel**	**$20^h 22^m$**
Fr	7.	11 20	19 01	1 48	3 13	+16,2	* Widder		
Sa	8.	12 00	19 49	2 48	4 04	+18,1	* Stier, Hyaden		
So	9.	12 45	20 38	3 42	4 55	+19,1	* Aldebaran		
Mo	10.	13 34	21 26	4 30	5 45	+19,3	Stier		
Di	11.	14 29	22 12	5 13	6 35	+18,5	Alhena		
Mi	12.	15 27	22 58	5 49	7 25	+17,0	Zwillinge	Erdferne 406/29′,4 Größte Südbreite	6^h
Do	13.	16 27	23 43	6 21	8 13	+14,8	* Krebs		
Fr	14.	17 29	–	6 49	9 00	+11,9	Krebs		
Sa	15.	18 32	0 27	7 15	9 47	+ 8,6	Löwe, Regulus	**Vollmond**	**$0^h 53^m$**
So	16.	19 36	1 11	7 39	10 33	+ 4,8	Sextant		
Mo	17.	20 40	1 54	8 02	11 20	+ 0,8	Löwe		
Di	18.	21 46	2 38	8 27	12 06	− 3,2	Jungfrau		
Mi	19.	22 53	3 24	8 52	12 54	− 7,2	Jungfrau		
Do	20.	–	4 11	9 21	13 43	−10,9	Spica	Aufsteigender Knoten	
Fr	21.	0 01	5 01	9 54	14 35	−14,1	Waage	Libration Ost	
Sa	22.	1 08	5 53	10 33	15 29	−16,7	Waage	**Letztes Viertel**	**$18^h 15^m$**
So	23.	2 13	6 48	11 21	16 26	−18,5	Antares		
Mo	24.	3 14	7 46	12 18	17 24	−19,2	Schlangenträger		
Di	25.	4 09	8 45	13 25	18 25	−18,6	* Schütze		
Mi	26.	4 56	9 44	14 38	19 26	−16,9	Schütze	Größte Nordbreite	
Do	27.	5 37	10 42	15 57	20 26	−14,0	Steinbock	Erdnähe 360/33′,2	21^h
Fr	28.	6 12	11 39	17 17	21 25	−10,1	Wassermann		

Der Mond zieht zwischen Jupiter und Alhena hindurch

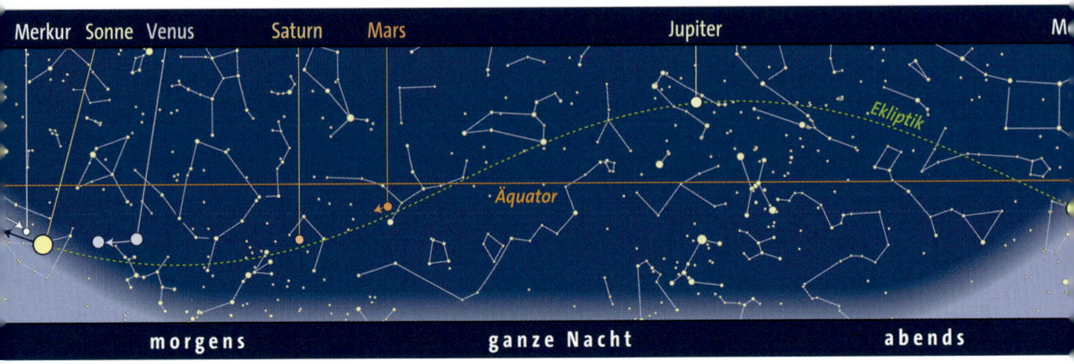

Merkur zeigt sich in den ersten Februartagen am Abendhimmel knapp über dem Westhorizont. Der sonnennächste Planet stand am letzten Tag des Vormonats in größter östlicher Elongation von der Sonne. Am 1. geht der –0ᵐ,5 helle Merkur um 18^h57^m unter. Erst gegen 18^h ist es dunkel genug, um den flinken Planeten mit bloßen Augen zu erkennen. Gegen 18^h30^m wird er in den horizontnahen Dunstschichten unsichtbar. Letztmals wird man Merkur am 6. aufsuchen können. Bis 6. sinkt seine Helligkeit rapide um mehr als eine Größenklasse auf nur mehr 0ᵐ,6 ab. Die Merkuruntergänge bleiben fast konstant. Am 6. erfolgt der Merkuruntergang um 18^h54^m (siehe auch Abb. 1.5 und 1.6 auf Seite 40).

Am 1. zeigt sich das nur 7″,2 große Merkurscheibchen halb beleuchtet, die Dichotomie (Halbphase) tritt ein. Danach wird das Planetenscheibchen größer, der Beleuchtungsgrad nimmt ab, Merkur zeigt eine Sichelgestalt.

Am 6. wird Merkur stationär und eilt anschließend auf die Sonne zu, die ihm im Tierkreis rechtläufig entgegenkommt. Am 15. trifft er mit ihr zusammen – Merkur steht in unterer Konjunktion mit der Sonne. In unterer Konjunktion überholt der flinke Planet die Erde auf der Innenbahn. Kurz darauf erreicht Merkur mit 96 Millionen Kilometer seine geringste Entfernung von der Erde, dies entspricht 64 Prozent der mittleren Distanz Erde – Sonne.

Sein Perihel (sonnennächster Bahnpunkt) durchläuft Merkur am 3., wobei ihn 46 Millionen Kilometer (= 0,307 AE) vom Zentralgestirn trennen.

Am Monatsende kommt Merkur abermals zum Stillstand. Er beendet damit seine Rückläufigkeit und wandert wieder prograd durch den Tierkreis.

2.2 Bahn von Merkur:
Scheinbare Merkurschleife im Gebiet der Sternbilder Steinbock und Wassermann. Die Zahlen geben die Merkurposition zum jeweiligen Monatsersten an (2 = 1. Februar).

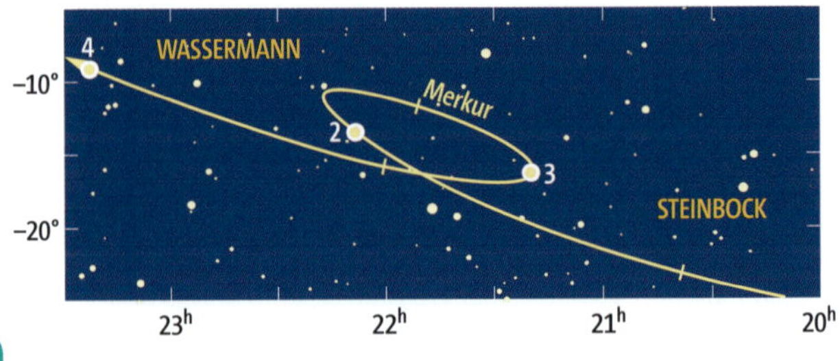

Venus ist Planet am Morgenhimmel. Zur Monatsmitte strahlt sie mit –4ᵐ,9 in größtem Glanz. Im Teleskop zeigt sich Venus am 15. als Sichel, wobei das 41″,0 große Planetenscheibchen zu 25 Prozent beleuchtet ist. Danach wird Venus immer kleiner und rundlicher. Ende Februar ist das Venusscheibchen nur noch 33″,0 groß, der beleuchtete Teil beträgt 36 Prozent.

Am 1. geht Venus um 5^h46^m auf, am 15. um 5^h10^m und am 28. bereits um 4^h54^m. Etwa eine Viertelstunde nach ihrem Aufgang

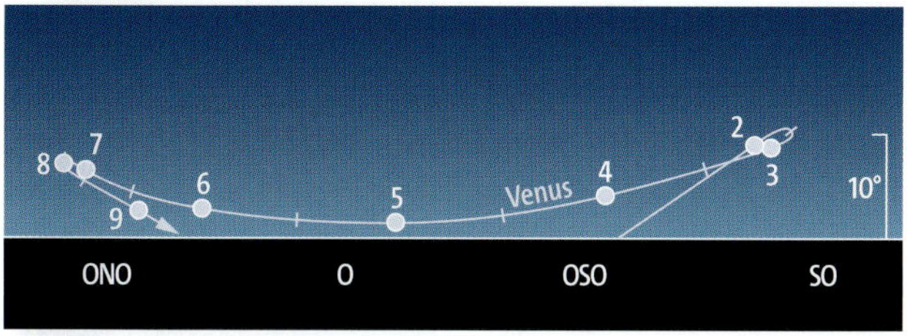

2.3 Venussichtbarkeiten:
Stellungen von Venus über dem Osthorizont jeweils eine Stunde vor Sonnenaufgang. Die Zahlen geben die Venusposition zum jeweiligen Monatsersten an (2 = 1. Februar).

kann man Venus am Südosthorizont erkennen (siehe auch Abb. 2.3 oben).

Am letzten Tag des Vormonats wurde Venus stationär und wandert nun wieder rechtläufig durch den Schützen.

Am 26. kommt es zu einer engen Begegnung der abnehmenden Mondsichel mit Venus. Gegen 6^h morgens sieht man die Mondsichel nur ein halbes Grad südlich von Venus (siehe Abb. 2.5 unten rechts).

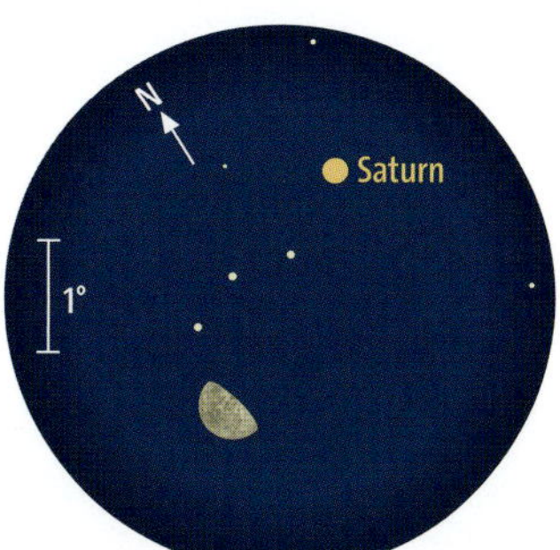

2.4 Mond bei Saturn:
Der abnehmende Mond begegnet am 22. Februar dem Ringplaneten. Fernglasanblick gegen 2^h MEZ bei 5° Gesichtsfelddurchmesser.

Die Bedeckung der Venus durch den Mond findet in Mitteleuropa nicht statt. Sie ist sichtbar in West- und Zentralafrika, Indien und Südostasien.

Mars bremst seine rechtläufige Bewegung im Sternbild Jungfrau stark ab und kommt zu Monatsende fast zum Stillstand, ein Hinweis auf die bevorstehende Opposition (siehe Abb. 4.5 auf Seite 106). Dies wird auch an der kräftigen Helligkeitssteigerung deutlich. Die Marshelligkeit nimmt im Laufe des Monats um $0^{m}{,}7$ zu und erreicht Ende Februar $-0^{m}{,}5$. Damit zählt der rote Planet zu den hellsten Gestirnen am Nachthimmel.

Mars erscheint nun immer früher am Osthimmel. Am 1. geht er um 23^h31^m auf, am 15. um 22^h52^m und am 28. schon um 22^h07^m.

Ein netter Himmelsanblick ergibt sich gegen Mitternacht am 19., wenn sich knapp über dem Osthorizont der abnehmende Mond zu Mars und Spica gesellt (siehe Abb. 2.1 auf Seite 58).

Der scheinbare Durchmesser des Marsglobus wächst auf $11''{,}6$ an. Bei entsprechender Vergrößerung (ab 150-fach) sollte man schon einige Oberflächenstrukturen erkennen.

Am 15. beginnt auf der Nordhalbkugel des Mars der Sommer.

Jupiter stand Anfang des Vormonats in Opposition zur Sonne. Der Riesenplanet ist nach wie vor Glanzpunkt des Nachthimmels. Er verzögert deutlich seine rückläufige Wanderung durch die Zwillinge und bleibt Ende Februar südlich von Mebsuta (ε Geminorum) fast ganz stehen (siehe Abb. 1.11 auf Seite 44).

Vom Morgenhimmel beginnt sich Jupiter allmählich zurückzuziehen.

Geht der Riesenplanet am 1. um 6^h34^m und am 15. um 5^h35^m unter, so erfolgt der Untergang des inzwischen $-2^{m}{,}4$ hellen Jupiter am 28. um 4^h42^m. Mit Einbruch der Dunkelheit sieht man den Riesenplaneten schon hoch im Osten leuchten.

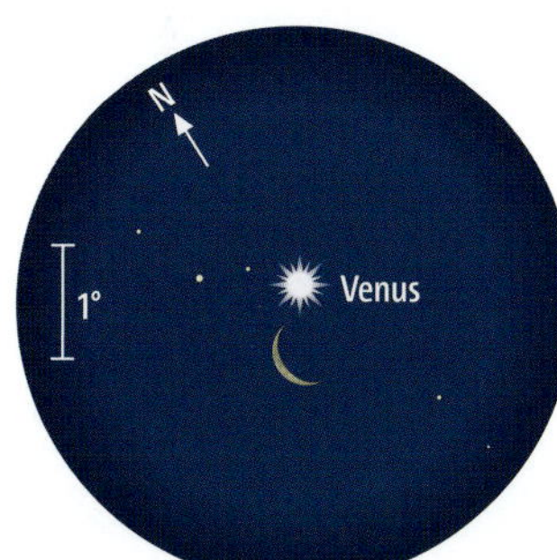

2.5 Mond bei Venus:
Enge Begegnung von Venus mit der abnehmenden Mondsichel am 26. Februar. Fernglasanblick gegen 6^h MEZ bei 5° Gesichtsfelddurchmesser.

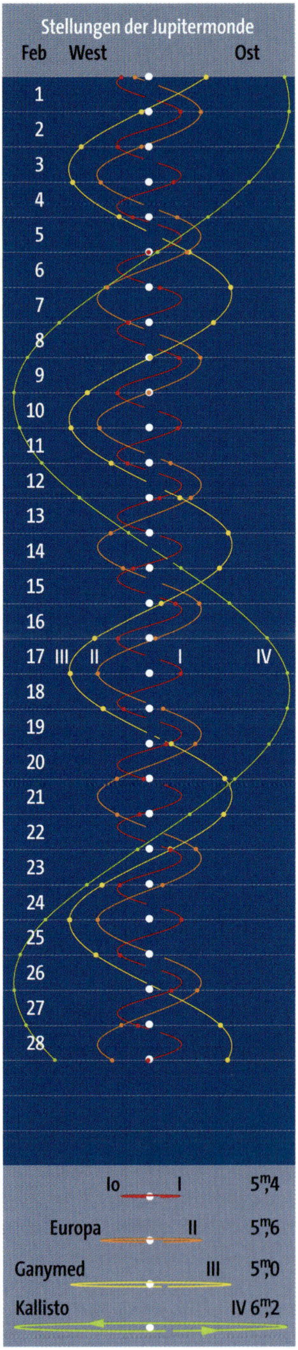

Jupitermonde

Tag	MEZ h m	Vorgang	
1.	1 38	II	BA
	5 37	II	VE
	20 33	III	DA
	23 10	III	SA
	23 42	III	DE
2.	2 22	III	SE
	20 44	II	DA
	22 04	II	SA
	23 24	II	DE
3.	0 46	II	SE
4.	5 37	I	DA
	18 55	II	VE
5.	2 57	I	BA
6.	0 04	I	DA
	0 48	I	SA
	2 19	I	DE
	3 03	I	SE
	3 12	IV	DA
	21 23	I	BA
7.	0 25	I	VE
	18 30	I	DA
	19 16	I	SA
	20 45	I	DE
	21 32	I	SE
8.	3 57	II	BA
	18 54	I	VE
	23 58	III	DA
9.	3 06	III	DE
	3 09	III	SA
	23 03	II	DA
10.	0 41	II	SA
	1 43	II	DE
	3 23	II	SE
11.	21 32	II	VE
12.	4 43	I	BA
	20 23	III	VE
13.	1 51	I	DA
	2 43	I	SA
	4 06	I	DE
	4 58	I	SE
	23 10	I	BA
14.	2 20	I	VE

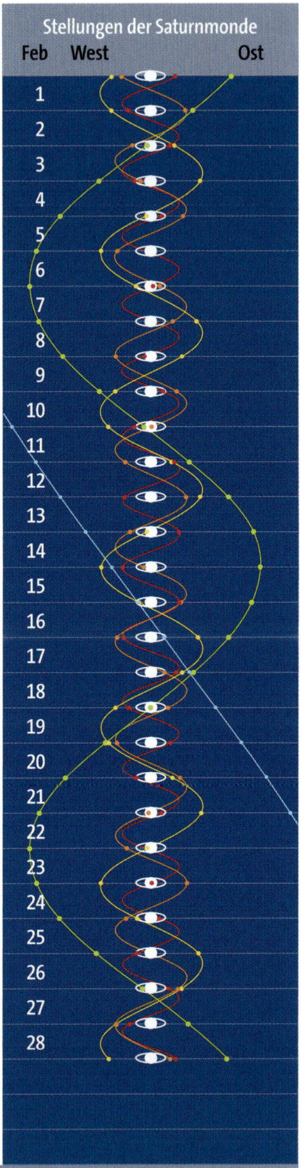

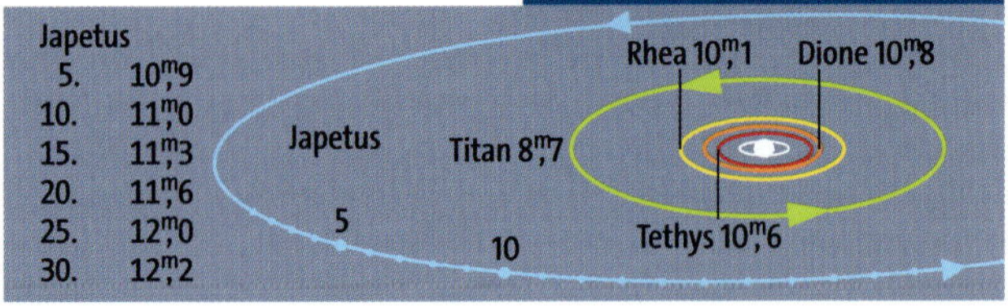

Tag	MEZ h	m	Vorgang	
14.	20	18	I	DA
	21	05	IV	VE
	21	11	I	SA
	22	33	I	DE
	23	27	I	SE
15.	20	49	I	VE
16.	3	27	III	DA
17.	1	25	II	DA
	3	17	II	SA
	4	05	II	DE
18.	19	28	II	BA
19.	0	09	II	VE
	20	19	III	BE
	21	07	III	VA
20.	0	23	III	VE
	3	39	I	DA
	4	38	I	SA
	19	17	II	SE
21.	0	58	I	BA
	4	15	I	VE
	22	06	I	DA
	23	06	I	SA
22.	0	21	I	DE
	1	22	I	SE
	18	34	IV	DA
	19	26	I	BA
	21	58	IV	DE
	22	44	I	VE
23.	4	09	IV	SA
	18	48	I	DE
	19	51	I	SE
24.	3	48	II	DA
25.	21	53	II	BA
26.	2	46	II	VE
	20	45	III	BA
	23	56	III	BE
27.	1	07	III	VA
	4	25	III	VE
	19	11	II	SA
	19	41	II	DE
	21	53	II	SE
28.	2	48	I	BA
	23	56	I	DA

Konstellationen und Ereignisse

Datum	MEZ	Ereignis
1.	8^h	Mond bei Merkur, Mond 4°,1 nördlich
1.	15	Mond bei Neptun, Mond 5°,2 nördlich
3.	0	Merkur im Perihel
4.	0	Mond bei Uranus, Mond 2°,7 nördlich
6.	8	Merkur im Stillstand, anschließend rückläufig
11.	7	**Mond bei Jupiter**, Mond 5°,0 südlich, **Abstand 5°,8 um 5^h**
15.	10	**Venus in größtem Glanz (–4^m,9)**
15.	21	Merkur in unterer Konjunktion mit der Sonne
20.	1	**Mond bei Mars**, Mond 3°,1 südlich, **Abstand 3°,6 um 23^h am 19.**
21.	23	**Mond bei Saturn**, Mond 0°,3 südlich (Bedeckung!), **Abstand 2°,4 um 2^h am 22.**
23.	19	Neptun in Konjunktion mit der Sonne
26.	6	**Mond bei Venus**, Mond 0°,4 nördlich (Bedeckung!), **topozentrischer Abstand 0°,6 um 6^h** – Mond südlich!
27.	22	Mond bei Merkur, Mond 2°,9 nördlich
28.	0	Merkur im Stillstand, anschließend rechtläufig

Saturn ist Planet der zweiten Nachthälfte. Er bremst seine rechtläufige Bewegung durch die Waage stark ab und kommt Ende Februar fast völlig zum Stillstand. Anfang März setzt er dann zu seiner Oppositionsschleife an (siehe Abb. 5.7 auf Seite 128).

Die Aufgänge des Ringplaneten verfrühen sich erheblich. Am 1. erfolgt der Saturnaufgang um 2^h16^m und am 15. um 1^h23^m. Am 28. geht der inzwischen 0^m,4 helle Ringplanet schon um 0^h33^m auf.

Der Mond begegnet Saturn in der Nacht vom 21. auf 22. Februar (siehe Abb. 2.4 auf Seite 63).

Uranus, rechtläufig im Sternbild Fische, kann noch am Abendhimmel aufgefunden werden. Bei guten Sichtbedingungen – wolkenlos klarer Himmel, ruhige Luft und kein irdisches Streulicht – kann der nur 5^m,9 helle Planet mit lichtstarker Optik am Westhimmel aufgespürt werden. Am Monatsanfang gegen 18^h, am Monatsende gegen 19^h ist es bereits dunkel genug, um Uranus mit Erfolg aufzusuchen. Am 1. kulminiert (kulminieren = höchste Stellung im Süden bei der Meridianpassage einnehmen) der grünliche Planet um 16^h09^m und geht um 22^h26^m unter. Ende Februar geht Uranus bereits um 20^h47^m unter. Da er aber erst um 19^h sichtbar wird und gegen 20^h vom Beobachtungsprogramm zu streichen ist, bleibt nur eine Stunde Beobachtungszeit. Die Bahn von Uranus im Sternbild Fische findet sich auf Seite 221, Abb. 10.6.

Neptun kommt am 23. in den Abendstunden in Konjunktion mit der Sonne und ist somit kein Beobachtungsobjekt. Am Tag der

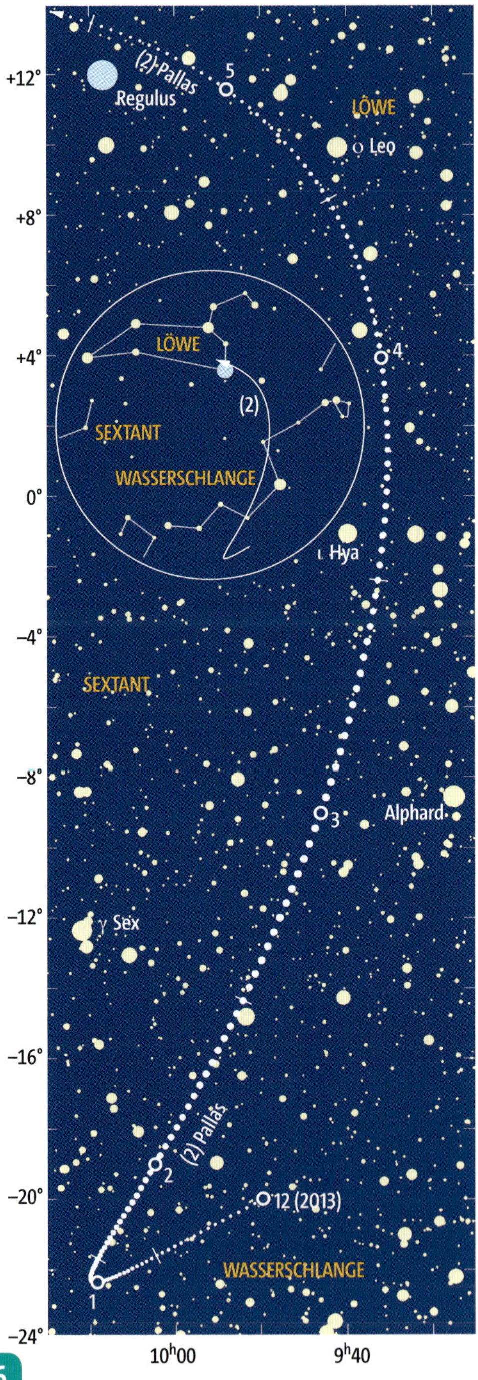

Konjunktion ist Neptun 4633 Millionen Kilometer (= 30,97 AE) von der Erde entfernt. Von der Sonne trennen ihn dabei 4485 Millionen Kilometer (= 29,98 AE), dies entspricht einer Lichtlaufzeit von vier Stunden und neun Minuten.

Planetoiden

Ceres (1) kann in der zweiten Nachthälfte aufgefunden werden. Sie bremst ihren Lauf durch die Jungfrau stark ab und kommt am Monatsende in Rektaszension fast zum Stillstand (siehe Abb. 4.6 auf Seite 108). Ihr Abstand von Vesta (4) verringert sich im Februar von 4°,2 auf 3°,3, da Vesta ihr nachläuft (siehe auch Abb. 2.7 auf Seite 67). Die Cereshelligkeit nimmt um eine halbe Größenklasse zu und erreicht Ende Februar $7^m,7$. Am 1. kulminiert Ceres um 5^h42^m, am 15. um 4^h54^m und am 28. schon um 4^h06^m.

Pallas (2), langsam rückläufig in der Wasserschlange, strebt schnell nach Norden. Am 22. kommt sie um 10^h in **Opposition** mit der Sonne. Zur Opposition beträgt ihre Deklination −12°. Mit $7^m,0$ Oppositionshelligkeit ist dies die günstigste Opposition im ersten Viertel des 21. Jahrhunderts. Zwar war sie zur Opposition am 27. Januar 2000 immerhin $7^m,4$ hell und wird zur Opposition am 9. Januar 2023 mit $7^m,7$ ähnlich hell werden, allein im ersten Fall betrug ihre Deklination −26° und wird im zweiten Fall noch niedriger ausfallen, nämlich nur −31° (siehe auch Tabelle „Opposition von Pallas 2000–2025“ auf Seite 67). Um Pallas zu finden, benutze man das Aufsuchkärtchen Abb. 2.6 links.

Zu Monatsbeginn passiert Pallas noch $7^m,3$ hell um 1^h38^m den Meridian, am Oppositionstag (22.) bereits um 0^h01^m. Ihr Aufgang erfolgt dabei um

2.6 Bahn von Pallas: Scheinbare Bahn des Kleinplaneten (2) Pallas im Gebiet der Sternbilder Löwe und Wasserschlange von Jahresbeginn bis Anfang Mai 2014. Die Zahlen geben die Position von Pallas zum jeweiligen Monatsersten an (2 = 1. Februar).

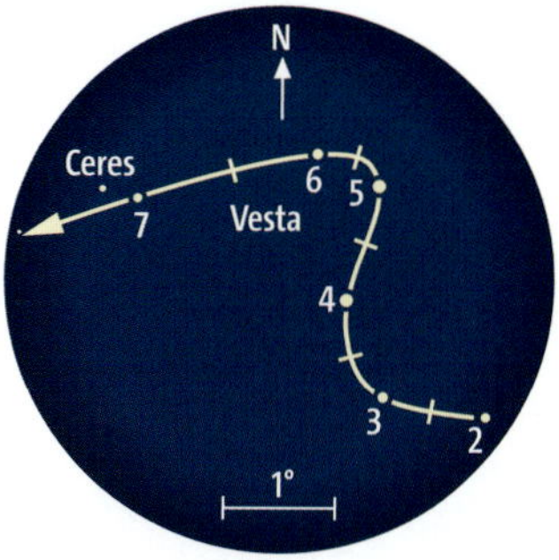

2.7 Ceres und Vesta:
Relative Positionen von Ceres (1) und Vesta (4) zueinander. Anblick im Fernglas bei 5° Gesichtsfelddurchmesser. Die Zahlen beziehen sich auf den jeweiligen Monatsbeginn (2 = 1. Februar).

18^h52^m, und der Untergang um 5^h05^m.

Zur Opposition erreicht Pallas auch ihre geringste Entfernung von der Erde, wegen ihrer Bahnneigung aber erst einen Tag später, nämlich am 23. um 18^h. Sie trennen dann 184 Millionen Kilometer (= 1,23 AE) von der Erde. Von der Sonne ist Pallas an diesem Termin 325 Millionen Kilometer (= 2,17 AE) entfernt.

Vesta (4) bremst ihre rechtläufige Bewegung in der Jungfrau stark ab und kommt Ende Februar fast ganz zum Stillstand, was ihre Bewegung in Rektaszension betrifft (siehe Abb. 4.6 auf Seite 108). Die Vestahelligkeit steigt kräftig um $0^m,6$ auf $6^m,6$ an, weshalb sie leicht mit einem Fernglas aufzuspüren ist.

Ihre Aufgänge verlagern sich von 23^h32^m am 1. auf 21^h55^m Ende Februar. Die Meridianpassagen verfrühen sich von 5^h27^m auf 3^h55^m.

Periodische Sternschnuppenströme

Zwischen 6. und 9. Februar sind die **Alpha-Aurigiden** zu erwarten. Ihr Maximum ist nicht sehr ausgeprägt. Der Ausstrahlungspunkt liegt in der Nähe von Kapella. Nur wenige, aber helle und langsame Meteore tauchen auf. Die beste Beobachtungszeit ist um Mitternacht. In den letzten Jahren scheint der Strom versiegt zu sein.

Die **Delta-Leoniden** erreichen ihr Maximum um den 25. Februar. Sie sind ein schwacher Strom, der sich zwischen dem 15. Februar und dem 10. März bemerkbar macht, wobei es sich um langsame Objekte handelt (um 25 Kilometer pro Sekunde).

Zum Monatsende tauchen die ersten **Virginiden** am Morgenhimmel auf. Sie scheinen dem Sternbild Jungfrau zu entströmen.

Oppositionen von (2) Pallas 2000 – 2025

Datum			Hell.	Dekl.
			m	o
2000	Jan	27.	7,4	–26
2001	Mai	27.	9,2	+26
2002	Aug	12.	9,4	+13
2003	Okt	13.	8,2	–17
2005	Mrz	23.	7,1	+ 9
2006	Jul	1.	9,5	+23
2007	Sep	3.	8,9	+ 4
2008	Dez	4.	8,0	–32
2010	Mai	4.	8,7	+24
2011	Jul	29.	9,5	+ 18
2012	Sep	25.	8,3	– 8
2014	**Feb**	**22.**	**7,0**	**–12**
2015	Jun	12.	9,4	+26
2016	Aug	20.	9,2	+10
2017	Okt	29.	8,2	–24
2019	Apr	10.	7,9	+18
2020	Jul	13.	9,6	+21
2021	Sep	11.	8,5	0
2023	Jan	9.	7,7	–31
2024	Mai	19.	9,0	+26
2025	Aug	8.	9,4	+15

Die Opposition im Jahr 2014 ist die günstigste.

Veränderliche Sterne im Februar

Algol-Minima	3. 18^h34^m	18. 2^h41^m	20. 23^h30^m	23. 20^h19^m	26. 17^h09^m
β-Lyrae-Minima	1. 20^hH	8. 8^hN	14. 19^hH	21. 6^hN	27. 18^hH
δ-Cephei-Maxima	4. 10^h	9. 19^h	15. 4^h	20. 12^h	25. 21^h
Mira-Helligkeit	1. 10^m	10. 10^m	20. 10^m	28. 10^m	

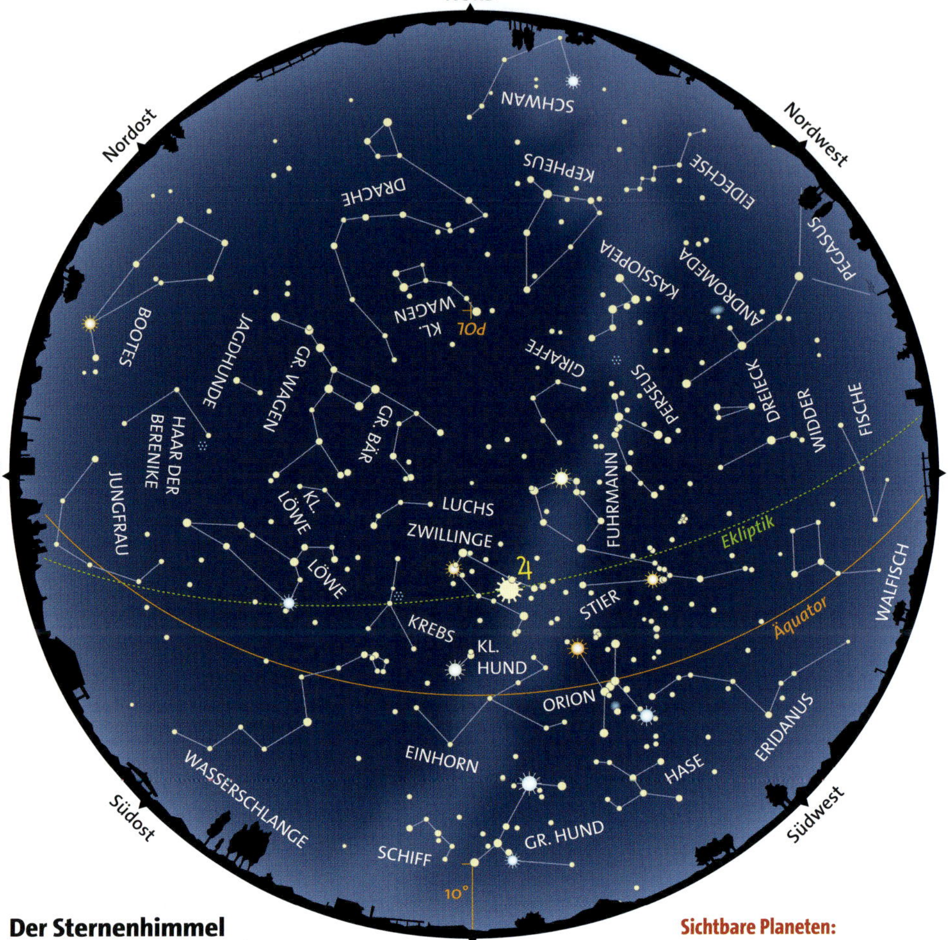

Der Sternenhimmel am 15. Februar um 22h MEZ

Sichtbare Planeten:
Jupiter (♃)

Die Sternkarte ist auch gültig für:

	MEZ	MESZ
1.11.	5h	
15.11.	4	
1.12.	3	
15.12.	2	
1. 1.	1	
15. 1.	0	
1. 2.	**23**	
15. 2.	**22**	
28. 2.	**21**	
15. 3.	20	

Noch hat sich der Anblick des abendlichen Sternenzeltes gegenüber dem Vormonat nicht wesentlich verändert. Denn die Himmelsbühne hat sich erst um 30° gedreht, wenn man zur gleichen Uhrzeit wie im Vormonat zum Sternenhimmel blickt. Da ein Sterntag 23^h56^m lang ist, kulminieren alle Sterne täglich vier Minuten früher als am Vortag. Nach einem Monat, also nach dreißig Tagen, passieren alle Sterne den Meridian zwei Stunden früher.

Orion hat um 22^h MEZ bereits den Himmelsmeridian überschritten. Sein rötlicher Schulterstern Beteigeuze und sein bläulicher Fußstern Rigel sind selbst am aufgehellten Stadthimmel gut zu erkennen, ebenso die drei in einer Linie stehenden Gürtelsterne. Nur unter

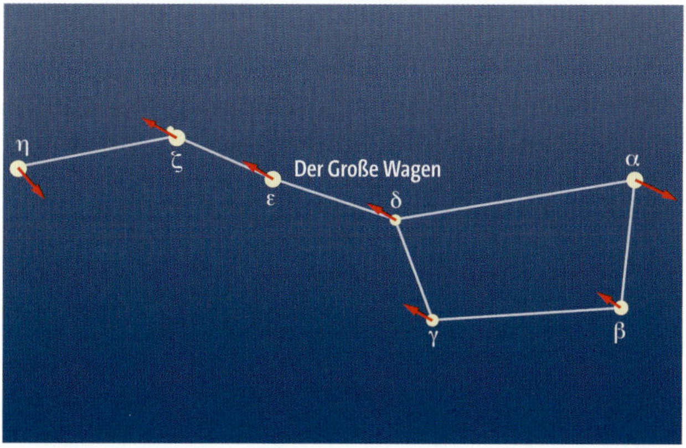

2.8 Teil des Bärenstroms:
Skelettkarte der Sternfigur Großer Wagen mit einigen Sternen des Bärenstromes.

guten Sichtbedingungen ist allerdings der Große Orionnebel (M 42) knapp südlich der drei Gürtelsterne auszumachen. Dieses Sternentstehungsnest ist ein attraktives Objekt für Fernglasbeobachter.

Dem Himmelsjäger Orion folgt der Große Hund, dessen intensiv bläulich strahlender Hauptstern Sirius soeben den Meridian passiert hat.

Am Osthimmel kündigt sich der kommende Frühling an: Der Löwe nimmt hier seinen Platz ein. Sein Hauptstern Regulus fällt als einziger Stern erster Größe in dieser Gegend sofort auf. Hoch über unseren Köpfen stehen die Zwillinge. Mitten in den Zwillingen strahlt hell der Riesenplanet Jupiter.

Der unscheinbare Krebs

Zwischen dem Löwen und den Zwillingen findet man den Krebs. Dem Namen nach kennt ihn fast jeder, da er zum Tierkreis gehört, dessen Bilder in Horoskopen regelmäßig erwähnt werden. Den Krebs aber am Sternenhimmel auszumachen, ist nicht einfach, da er nur aus lichtschwachen Sternen besteht.

Schon mit bloßen Augen kann man im Krebs den offenen Sternhaufen Praesepe (lat., Krippe) sehen, allerdings nur als schwaches Lichtfleckchen unter exzellenten Sichtbedingungen. In Sternkarten ist Praesepe häufig mit der Katalogbezeichnung M 44 eingetragen. Im Teleskop zeigt sich ein Gewimmel einzelner Sterne.

Einer Sage nach hielt der Krebs eine hübsche Nymphe solange mit seinen Scheren fest, bis sie der liebestolle Zeus (Jupiter) zu packen bekam. Der Göttervater dankte ihm für diese Tat, indem er ihn unter die Sterne versetzte und ihn damit unsterblich machte.

Das Wintersechseck mit Kapella im Fuhrmann, Aldebaran im Stier, Rigel im Orion, Sirius im Großen Hund, Prokyon im Kleinen Hund und Pollux in den Zwillingen hat sich deutlich nach Westen verschoben. Von den Herbstbildern sind nur noch Andromeda und Perseus erwähnenswert.

Im Nordosten steigt der Große Wagen langsam höher, während das Himmels-W, die Kassiopeia, zum Horizont herabsinkt – ihn aber als Zirkumpolarbild nicht erreicht. Die sieben Wagensterne sind kein eigenständiges Sternbild, sondern gehören zum Großen Bären (lat.: Ursa Maior). Von den sieben Sternen des Großen Wagens sind fünf Sterne etwa gleich weit entfernt, nämlich zwischen 78 und 84 Lichtjahren. Es sind dies Merak (β UMa), Phecda (γ UMa), Megrez (δ UMa), Alioth (ε UMa) und Mizar (ζ UMa). „UMa" steht für Ursae Maioris, der lateinische Genetiv von „Großer Bär". Außerdem zeigen diese fünf Wagensterne gleiche Eigenbewegungen (nach Betrag und Richtung). Sie gehören zum Bärenstrom, einem Bewegungshaufen, zu dem noch rund hundert über den gesamten Himmel verstreute Sterne zählen.

Objekte für Feldstecher und Fernrohr

Zu den traditionellen Himmelsobjekten, die im Fernglas einen grandiosen Eindruck hervorrufen, gehören die beiden offenen Sternhaufen Hyaden und Plejaden im Stier. Die Plejaden (M 45)

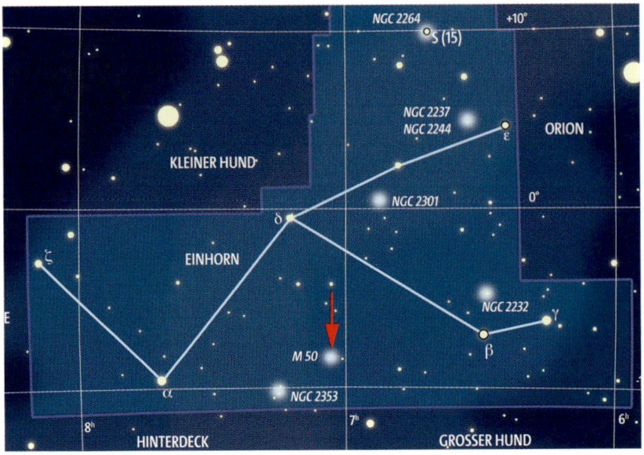

2.9 Sternhaufen im Einhorn: Sternbild Einhorn mit der Position des offenen Sternhaufens M 50.

erscheinen dichter gedrängt. Mit rund 400 Lichtjahren sind sie auch dreimal weiter entfernt als die Hyaden mit 140 Lichtjahren Distanz. Mitten in den Hyaden steht der orange Aldebaran (α Tauri). Er zählt aber nicht zu diesem Sternhaufen, sondern ist mit 66 Lichtjahren Entfernung ein Vordergrundstern. Schon ein Fernglas trennt den Doppelstern $\vartheta_{1,2}$ Tauri in den Hyaden. Im Teleskop löst man Alcyone, den Zentralstern der Plejaden, in vier einzelne Lichtpunkte auf.

Offene Sternhaufen

Wesentlich unscheinbarer und beim aufgehellten Himmel kaum mit bloßen Augen zu erkennen, ist der offene Sternhaufen M 44 im Sternbild Krebs. Im Fernrohr zeigt er bei geringer Vergrößerung (etwa 30-fach) ein prächtiges Sternengewimmel. Auch im Fernglas macht die Krippe, so der Eigenname von M 44, einen netten Eindruck.

Außer der Krippe ist auch der Sternhaufen M 67 im Krebs für das Publikum ein beeindruckendes Objekt bei Sternführungen. M 67 liegt knapp 2° westlich von Acubens (α Cancri). Im Fernglas hat man den Eindruck eines Nebelfleckchens von etwa 20′ Ausdehnung. In einem Teleskop ab 20 cm Öffnung sieht man mehr als 200 einzelne Sterne, die relativ dicht gedrängt stehen. Die Entfernung von M 67 wurde aus seinem Farben-Helligkeits-Diagramm (FHD) zu rund 2500 Lichtjahren bestimmt. Neuere, subtilere Distanzmessung lassen eher eine Entfernung von knapp 3000 Lichtjahren als zutreffend erscheinen. Mit einem Alter von rund vier Milliarden Jahren zählt M 67 zu den ältesten offenen Sternhaufen. Manche vermuten daher, er sei ein Übergangsstadium zu einem Mini-Kugelsternhaufen.

Ein weiterer offener Sternhaufen, der leicht im Fernglas zu entdecken ist, steht im Sternbild Einhorn (Monoceros) und trägt die Katalognummer M 50. Man findet diesen Sternhaufen etwa auf der Verbindungslinie zwischen Sirius und Prokyon in einer relativ sternarmen Gegend rund 10° nördlich von Sirius. Mit $6{,}^{m}3$ scheinbarer Helligkeit ist M 50 mit bloßen Augen allerdings nicht zu erkennen. Seine Entfernung misst 3500 Lichtjahre. Er zählt damit zu den ferneren offenen Sternhaufen, die wir in unserer Milchstraße im sichtbaren Licht beobachten. Der scheinbare Durchmesser von M 50 liegt bei einem Drittel Vollmonddurchmesser (10′).

Doppelsterne

Auch den Polarstern sollte man einmal ins Visier nehmen. Er ist bekanntlich in jeder klaren Nacht stets an derselben Stelle am Firmament zu sehen. Neben dem $2{,}^{m}0$ hellen Polaris, den man gut mit bloßen Augen selbst bei ungünstigen Sichtverhältnissen erkennt, bemerkt man in $18{,}''5$ Distanz einen schwachen Begleiter mit 9^{m} scheinbarer Helligkeit. Jeder Dreizöller (Objektiv mit 7,5 cm Durchmesser) schafft es gut, α UMi zu trennen.

Zwei weitere Doppelsterne im Sternbild Fuhrmann seien empfohlen: ω und 41 Aurigae. Bei ω Aur zeigt die $5{,}^{m}0$ helle Hauptkomponente in $4{,}''8$ Distanz einen $8{,}^{m}0$ hellen Begleiter. Beide Sterne leuchten weiß (Spektraltyp: A). Von diesem Sternenpaar trennen uns 160 Lichtjahre. Leichter zu trennen ist 14 Aur.

Die beiden $5\overset{\mathrm{m}}{,}0$ und $7\overset{\mathrm{m}}{,}9$ hellen, ebenfalls weißen Komponenten (A9 und F2) sind $14\overset{\prime\prime}{,}3$ voneinander entfernt. Das Licht ist 270 Jahre von 14 Aur zur Erde unterwegs.

Im Fuhrmann findet sich auch der kleine, lichtschwache offene Sternhaufen NGC 2281 mit halbem Monddurchmesser. Dieser offene Haufen ist nicht leicht auszumachen und besitzt relativ wenige Sterne (Trümpler-Klassifikation: p). Er liegt im Ostteil des Fuhrmanns nahe des Sternbildes Luchs (siehe Karte N6 im *Atlas für Himmelsbeobachter*). Mit 900 Millionen Jahren ist NGC 2281 vergleichsweise alt für einen offenen Sternhaufen. Seine Entfernung wurde zu 2000 Lichtjahren bestimmt.

Im Luchs findet sich der Dreifachstern 19 Lyncis, der an das System Mizar–Alkor erinnert. Mit $5\overset{\mathrm{m}}{,}4$ und $7\overset{\mathrm{m}}{,}6$ Helligkeit ist 19 Lyn deutlich lichtschwächer. Die beiden bläulich-weißen Komponenten (späte B-Typen) sind 214″ separiert, was jedes Fernglas spielend trennt. Die Hauptkomponente ($5\overset{\mathrm{m}}{,}8$) hat in $14\overset{\prime\prime}{,}8$ Distanz einen ebenfalls weißen (B8), $6\overset{\mathrm{m}}{,}8$ hellen Kompagnon. Rund 500 Lichtjahre sind diese drei Sonnen von uns entfernt.

Galaxien

Als Galaxie sei M 51 genannt, Paradebeispiel für einen Spiralnebel, auf den man fast senkrecht blickt. M 51 liegt in den Jagdhunden und gilt als einer der schönsten Spiralnebel, die häufig abgebildet und gerne bei Sternführungen gezeigt werden. Lord Rosse hat als Erster die Spiralform von M 51 erkannt. Wegen ihres Aussehens nennt man diese Galaxie auch „Strudelgalaxie" (engl.: Whirlpool Galaxy). Um die Spiralform deutlich zu erkennen, sollte man ein Teleskop mit mindestens 25 cm freier Öffnung (Zehnzöller) einsetzen. Am Ende eines Spiralarms zeigt sich eine Aufhellung, die von der Begleitgalaxie NGC 5195 stammt. Die mehr als 300 Milliarden Sterne von M 51 sind 27 Millionen Lichtjahre von uns entfernt.

Als letztes Objekt für Teleskopbeobachter sei die Galaxie NGC 3115 im Sternbild Sextant vorgeschlagen. Mit nur $9\overset{\mathrm{m}}{,}5$ Gesamthelligkeit ist sie kein leichtes Beobachtungsobjekt. Sie erscheint länglich mit linsenförmiger Gestalt (Ausdehnung: 5′), weshalb sie auch „Spindelgalaxie" genannt wird. NGC 3115 ist eine elliptische Galaxie in 25 Millionen Lichtjahren Entfernung, der wir auf die Kante sehen. Am ehesten ist noch der helle zentrale Kern zu erkennen, der ein supermassereiches Schwarzes Loch von rund einer Milliarde Sonnenmassen verbirgt. Um NGC 3115 einzustellen, benutze man die Koordinaten $\alpha = 10^{\mathrm{h}}\,05\overset{\mathrm{m}}{,}2$ und $\delta = -7°\,43'$.

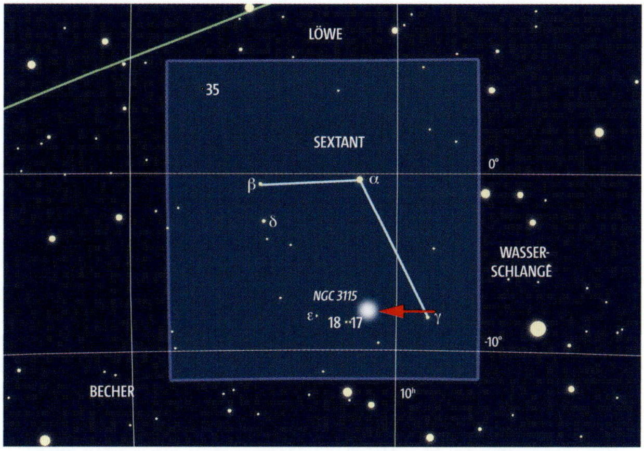

2.10 Galaxie im Sextant:
Sternbild Sextant mit der Position der elliptischen Galaxie NGC 3115.

Digitized Sky Survey

2.11 Galaxie NGC 3115:
Die „Spindelgalaxie" im Sextant ist 25 Millionen Lichtjahre entfernt.

Die größten Linsenteleskope der Erde

2.12 Das 80-cm-Linsenteleskop des Astrophysikalischen Observatoriums in Potsdam (Foto: Rainer Arlt).

Als vor rund 400 Jahren die ersten Fernrohrbeobachter zum Sternenhimmel blickten, tat sich ihnen eine völlig neue Welt auf. Sie stießen das Tor zu den Tiefen des Universums auf und entdeckten bis dahin Ungeahntes in der Welt der Sterne. Nach Erfindung des Teleskops im Jahre 1609 sahen Galileo Galilei, Simon Marius, Thomas Harriot, Johannes Kepler, Christoph Scheiner, David Fabricius und andere die Krater und Ringgebirge auf dem Mond, die vier hellen Monde des Jupiter, die Ringe des Saturn, Flecken auf der Sonne, die Sichelgestalt der Venus und die Abertausende Sternpünktchen, die das Lichtband der Milchstraße hervorrufen. Die ersten Teleskope waren Linsenfernrohre, sogenannte Refraktoren (von lat.: refrangere = brechen). Das einfallende Licht eines Objektes wird von einer Sammellinse gebrochen und damit fokussiert, wie Johannes Kepler sich auszudrücken beliebte. In der Brennebene entsteht ein reelles Bild des Objektes. Fallen die Lichtstrahlen parallel zur optischen Achse der Sammellinse, also des Objektives, ein, so treffen sich die Lichtstrahlen in einem Punkt, dem Fokus oder Brennpunkt. Der Abstand Objektiv – Fokus wird Brennweite oder Fokallänge genannt. Sie bestimmt den Abbildungsmaßstab eines Teleskops.

Die optische Leistung eines Fernrohres wird vom Durchmesser des Objektivs bestimmt. Je größer das Objektiv, desto höher die Auflösung und umso mehr Details werden erkennbar. Neben der höheren Auflösung gegenüber dem bloßen Auge sammelt ein Objektiv umso mehr Licht, je größer sein Durchmesser ist. Der Lichtgewinn steigt quadratisch mit dem Durchmesser an. Doppelter Linsendurchmesser ergibt vierfachen Helligkeitsgewinn, dreifacher Objektivdurchmesser sammelt neunmal mehr Licht ein. Damit werden auch Gestirne sichtbar, die so lichtschwach sind, dass sie dem bloßen Auge verborgen bleiben. So sind die fernen Planeten Uranus und Neptun sowie der Zwergplanet Pluto nur in Fernrohren zu sehen.

Spiegel als Antwort auf Farbfehler

Die ersten Fernrohre waren Linsenteleskope. Ein Linsenobjektiv hat aber einen gravierenden Nachteil: kurzwelliges Licht wird stärker gebrochen als langwelliges. Blaue Lichtstrahlen vereinigen sich früher zu einem Fokus als rotes Licht. Die Bilder erscheinen mit farbigen Säumen und außerdem unscharf. Diesen „Farbfehler" eines Linsenobjektivs nennt man chromatische Aberration. Um ihm zu entgehen, entwickelte Isaac Newton ein anderes Konzept. Er fertigte im Jahre 1668 als Erster ein Teleskop mit einem Hohlspiegel als Objektiv an. Sein Spiegel bestand aus einer Legierung von Kupfer und Zinn. Spiegelteleskope oder Reflektoren (von lat.: reflectere – zurückwerfen) zeigen keine chromatische Aberration, denn Lichtstrahlen aller Wellenlängen werden gleichermaßen, d. h. unter gleichen Winkeln reflektiert. Zur Zeit Newtons und noch lange danach konnte man nur sphärische Spiegel herstellen. Ihre konkave Form ist Teil einer Kugeloberfläche. Um den Strahlengang aus dem Tubus herauszuleiten, setzte Newton einen ebenen Fangspiegel unter 45° zur optischen Achse geneigt in das Teleskop (siehe Abb. rechts). Damit wird aber die Lichtverteilung in den Beugungsscheibchen etwas ungünstiger. Kurzum, Kontrast und Auflösung sind bei einem Spiegelteleskop weniger gut als bei einem Linsenteleskop gleicher Öffnung. Hinzu kommt die störende sphärische Aberration: Achsennahe Strahlen werden in einem längeren Abstand vom Spiegel zum Fokus gebündelt als achsenferne. Schon 1663 hat James Gregory eine Lösung dieses Problems beschrieben. Statt eines sphärischen Spiegels sollte der Objektivspiegel parabolisch geschliffen werden, der Gegen- oder Fangspiegel eine elliptische Form bekommen. Der elliptische Spiegel steht dabei senkrecht zur optischen Achse und wirft das Licht durch den durchbohrten Hauptspiegel. Einen ähnlichen Vorschlag hat 1672 Laurent Cassegrain gemacht, um die sphärische Aberration zu eliminieren. Der Primärspiegel sollte ebenfalls Teil einer Paraboloidoberfläche sein, der Fangspiegel jedoch konvex hyperbolisch. Die damalige Technologie war jedoch noch lange nicht imstande, solche Spiegelflächen mit der erforderlichen Genauigkeit zu produzieren.

Farbreine Objektive

Zwar zeigen auch Linsenteleskope eine sphärische Aberration. Aber wegen der besseren Bilddefinition und dem vergleichsweise unzureichenden Reflexionsgrad der Spiegelteleskope

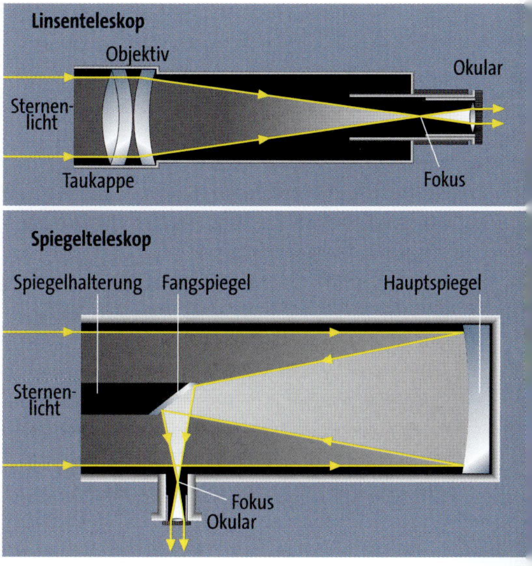

2.13 Strahlengang im Refraktor (Linsenteleskop) und im Reflektor (Spiegelteleskop, hier System Newton)

1. Yerkes (102 cm)
2. Lick (91 cm)
3. Potsdam (80 cm)
4. Wien (69 cm)
5. Hamburg (60 cm)

2.14 Objektivdurchmesser der großen Linsenteleskope im Vergleich.

bevorzugten die Astronomen des 18. und 19. Jahrhunderts Refraktoren. Vor allem als es gelang, die chromatische Aberration auch für Refraktoren weitgehend zu korrigieren. Chester Moor Hall hat 1729 den ersten Achromat (griech.; farbfrei) gefertigt, ein zweilinsiges Objektiv. Er verwendete zwei verschiedene Glassorten: Die konvexe Sammellinse war aus Kronglas, die zweite, konkave Linse aus Flintglas. Beide Linsen wiesen eine chromatische Aberration auf, allerdings mit entgegengesetzter Wirkung, so dass sich der Farbfehler weitgehend aufhob. Schließlich gelang es Peter Dollond 1765, ein dreilinsiges Objektiv herzustellen, das praktisch farbfehlerfrei war. Ein solches Objektiv nennt man Apochromat. Die Ära der großen Refraktoren erreichte schließlich im ausgehenden 19. Jahrhundert ihren beeindruckenden Höhepunkt, während der Siegeszug der großen Spiegelteleskope erst Anfang des 20. Jahrhunderts begann. Es ist verständlich, wenn die Astronomen sich immer größere Objektive für ihre Forschung wünschten. Als Haupthindernis zeigte sich die Beschaffung von blasen- und schlierenfreien Glasblöcken, aus denen die Linsen auszuschneiden, zu schleifen und zu polieren waren. Man war daher nicht in der Lage, größere Linsenobjektive als mit vier Zoll (zehn Zentimeter) Durchmesser herzustellen. Erst dem Schweizer Handwerker Pierre Louis Guinand gelang es 1785, optisch einwandfreie homogene Glasblöcke zu fertigen. Nach über 20 Jahren des Probierens fand er eine neue Methode bei der Produktion größerer Glasscheiben. Anstatt das geschmolzene Glas mit einem Holzknüppel umzurühren, benutzten Guinand und seine Mitarbeiter einen Rührlöffel aus porösem Ton. Durch längeres Rühren im flüssigen Glas stiegen die Blasen zur Oberfläche auf. Nach Erkalten der Glasschmelze erhielt man optisch homogenes Glas.

Das Ende des „Pröbelns"

Guinands Methode wurde auch seinem Mitarbeiter und späteren Partner Joseph von Fraunhofer (1787–1826) bekannt. Außerdem stellte Fraunhofer die Herstellung größerer achromatischer Objektive auf eine fundierte wissenschaftliche Basis. Statt wie bisher auszuprobieren (zu „pröbeln"), wie Linsen zu schleifen und zu kombinieren sind, berechnete Fraunhofer den Strahlengang und ermittelte die genauen Kurvenradien der konvexen und konkaven Linsenflächen. Es gelang ihm, eine Reihe hochwertiger Achromate zu produzieren. Sein Meisterstück lieferte er für die Sternwarte in Dorpat, die 1804 gegründet worden war. Dorpat gehörte damals zum russischen Zarenreich (heute Tartu in Estland).

In Dorpat befand sich damals die älteste russische Universität. Fraunhofer begann 1818 mit der Fertigung des Dorpater Refraktors, der das damals größte Linsenobjektiv mit einem Durchmesser von 24,4 cm und einer Brennweite von 434 cm (Öffnungsverhältnis 1:17) erhielt. 1824 war der Achromat fertiggestellt und nach Dorpat geliefert, wo der Direktor der Sternwarte am 24. Dezember 1824 „First Light" (engl., erstes Licht) sah – ein hübsches Weihnachtsgeschenk für

Friedrich Georg Wilhelm Struve, dem Leiter der Sternwarte, der das Prachtstück hauptsächlich zur Vermessung von Doppelsternen nützte. Allgemein sorgte der Dorpater Refraktor, der erste mit einer brauchbaren parallaktischen Montierung, für großes Aufsehen und verhalf Fraunhofer zu großem Ruhm und Ehre. Er erhielt den Auftrag, ein noch größeres Objektiv für die Münchner Sternwarte in Bogenhausen zu liefern, doch sein früher Tod entband ihn von dieser Aufgabe. Sein Nachfolger Georg Merz erfüllte den Auftrag und im Jahre 1835 erhielt die Sternwarte Bogenhausen einen achromatischen Refraktor mit 28,5 cm freier Öffnung und 490 cm Brennweite.

Amerikanischer Neid

Nur vier Jahre später fertigte Merz und sein Mechaniker Franz Joseph Mahler (1795–1845) für die russische Sternwarte Pulkowo bei St. Petersburg ein Linsenfernrohr mit 38 cm Objektivdurchmesser und einer Brennweite von 690 cm an, was ein Öffnungsverhältnis von 1:18 ergibt. Erstmals wurde das sieben Meter lange Teleskop 1838 gen Himmel gerichtet.

Dass Russland das größte Teleskop der Welt besaß, ließ die Amerikaner nicht kalt, zumal die Bevölkerung in den USA durch spektakuläre Himmelserscheinungen astronomisch äußerst interessiert war. So gab es den Leonidensturm in der Nacht vom 12. auf 13. November 1833, gefolgt von zwei hellen Kometen. Der große Komet von 1843, der sogar tagsüber ob seiner großen Helligkeit zu sehen war, sorgte für gewaltiges Publikumsinteresse. Cincinnatis Astronomen und der Eisenbahnvermesser Ormsby McKnight Mitchel wetterten: „Während die Russen mit ihren Horden von Barbaren mit dem besten Observatorium der Welt (nämlich Pulkowo) prahlen, besitzt unser Land mit all seinen Freiheiten und Fähigkeiten nicht ein einziges Observatorium dieser Größe!“ Sein Aufruf blieb nicht ungehört. Innerhalb von nur zwei Tagen spendeten die Bürger von Cincinnati mehr als 1000 Dollar (heutiger Wert etwa 20 000 Euro). Bereits 1845 war man in Cincinnatis Universität stolzer Besitzer eines 11-Zoll(= 28 cm)-Refraktors – geliefert von der Firma Merz & Mahler aus München.

2.15 Der Meisteroptiker Alvan Clark (1804 – 1887) fertigte die größten Linsenobjektive der Erde.

Nur zwei Jahre später (1847) erhielt das Observatorium des Harvard College in Cambridge (Massachusetts) einen 15-Zoll(= 38,1 cm)-Refraktor, ebenfalls von Merz & Söhne aus München. Mächtig stolz war man, dass das Harvard-Teleskop jenes von Pulkowo um einen Millimeter (!) an freier Öffnung übertraf. Damit hatte man in den USA das weltweit größte Linsenfernrohr.

Vorstoß zu neuen Dimensionen

Ein wirklich großer Sprung und Aufstieg in die 60-cm-Klasse der Großrefraktoren gelang erstmals 1852 mit der Aufstellung des Craig-Refraktors in Wandsworth bei London. Mit 61 cm Objektivdurchmesser und einer Baulänge von gigantischen 24 Metern (f = 2320 cm) war er unangefochten der Champion unter den Linsenteleskopen. Allein, der stolze Refraktor war weitgehend unbrauchbar. Das optisch mangelhafte Objektiv und die störanfällige Mechanik ließen einen Beobachtungsbetrieb praktisch nicht zu. Vergeblich waren die zahlreichen Verbesse-

2.16 Der 91-cm-Refraktor des Lick-Observatoriums ist der zweitgrößte Refraktor der Erde.

rungsversuche. Nach nur vier Jahren wurde der Betrieb eingestellt und das Gerät demontiert.

Der Harvard-Refraktor in Boston blieb fast zwei Jahrzehnte das größte Linsenfernrohr in den Vereinigten Staaten. Unter anderen hatte auch der Porträtmaler Alvan Clark (1804–1887) einen Blick durch dieses hervorragende Instrument geworfen. Er war nicht nur von dem, was er sah, begeistert, sondern er fasste auch den Entschluss, ein noch größeres Linsenobjektiv zu fertigen. Im Jahre 1862 war es soweit: Das Dearborn-Observatorium der Old University of Chicago (heute Northwest University of Chicago) erhielt einen Refraktor mit 47 cm freier Öffnung. Als Clark das Objektiv prüfte, erschrak er. Neben dem hellen Sirius sah er ein Lichtpünktchen – ein Reflex? Clark dachte zunächst an einen Fertigungsfehler. Doch das Objektiv war einwandfrei gelungen. Clark hatte den Begleiter von Sirius, den weißen Zwerg Sirius B entdeckt, nachdem schon vorher Friedrich W. Bessel aus Eigenbewegungsmessungen einen „dunklen" Begleiter von Sirius vermutet hatte.

Erfolgreiche Objektivschmiede

Clark gründete eine optische Firma, die nach seinem Tod sein Sohn Alvan Graham Clark (1832–1897) fortführte, wobei er noch bessere Resultate beim Bau von großen Objektiven erzielte als sein Vater. Die Clark-Linsenobjektive wurden weltberühmt und sind in den größten Refraktoren zu finden.

Der berühmte Astronom Simon Newcomb bestellte 1870 für 50 000 Dollar bei Clark einen Refraktor für das US-Marineobservatorium in Washington, D.C. Drei Jahre später sah der 26-Zoll-Clark-Refraktor „First Light". Mit 65,5 cm freier Öffnung und 990 cm Brennweite war das neue Linsenteleskop des US Naval Observatory das größte der Welt – ein neuer Rekord! Es ist ein hervorragender Refraktor. Mit ihm entdeckte Asaph Hall 1877 die beiden winzigen Marsmonde Phobos und Deimos.

Doch der Marine-Refraktor von Washington, D.C., blieb nicht lange Rekordhalter. Schon 1883 verfügte die Universitätssternwarte auf der Türkenschanze in Wien über einen Refraktor von 27 Zoll (= 68,6 cm) Objektivdurchmesser und 1054 cm Brennweite, hergestellt von der schottischen Firma Howard Grubb (Dublin).

Schon bald (1884) übertrumpfte die Sternwarte Pulkowo den Wiener Rekord. Wieder einmal bekam sie den weltgrößten Refraktor, diesmal mit 76 cm Öffnung und 1406 cm Brennweite. Das Objektiv lieferte Clark, die Mechanik kam von Repsold in Hamburg.

Rekord jagt Rekord

Auch dieser Rekord hielt nur zwei Jahre. Bereits 1887 wurde auf dem Mont Gros, einem 375 m hohen Hügel, ein Linsenteleskop von 77 cm Objektivdurchmesser und 17,9 Meter Brennweite für die Sternwarte Nizza aufgestellt – das sogenannte „Lunette Bischoffsheim" von den Herstellern Henry und Gautier. Der gewaltige Refraktor ist in einer 26 m großen Kuppel untergebracht, die Gustave Eiffel (1832–1923) entworfen hat, bekannt als Erbauer des nach ihm benannten Turmes in Paris.

Doch nur für ein Jahr konnte sich die Sternwarte Nizza rühmen, das größte Teleskop zu besitzen. Und dies kam so: Der schwerreiche Magnat James Lick aus San Francisco besuchte einst Ägypten – im 19. Jahrhundert eine lange Weltreise mit Bahn, Schiff und Kamelen. Von den Pyramiden war er sehr beeindruckt. Durch sie erinnerte man sich noch Tausende von Jahren später an die Pharaonen. „Doch wie lange wird man sich an James Lick nach dessen Tod erinnern?" grübelte Lick auf der Heimreise. Die Erben werden das Geld verprassen und der alte Lick wird bald vergessen sein. Der Gedanke schmerzte. Lick beschloss, eine noch größere als die Cheops-Pyramide als Mausoleum für seine Person zu errichten. Doch seine Freunde rieten ihm ab. Was in der Antike eine bewundernswerte Meisterleistung war, ist heute relativ leicht zu bauen. Reine Geldverschwendung und völlig nutzlos wäre eine solche Monsterpyramide. James Lick würde sich lächerlich machen und noch nach seinem Tod verspottet. Doch mit einer Spende für die Wissenschaft könne er sich ein Denkmal setzen und seinen Namen würde man weltweit mit Achtung und Respekt erwähnen. Nach einiger Überlegung und dem Rat von Freunden kam Lick auf die Idee, das größte Fernrohr der Welt zu stiften. Nur eine einzige Bedingung knüpfte er an diese großzügige Schenkung: Die zu errichtende Sternwarte sollte auch seine letzte Ruhestätte werden.

Der Stifter im Fundament

Mit seinem Geld wurde auf dem 1283 m hohen Mt. Hamilton bei San José etwa 80 Kilometer östlich von San Francisco das nach seinem Stifter benannte Lick-Observatorium errichtet. Der Glasblock für das Objektiv kam von Feil aus Paris, dessen Guss erst nach 19 Versuchen glückte. Clark begann im Jahre 1875, das 91,5 cm große Objektiv zu fertigen. Der Sternwartenbau war schon 1873 begonnen worden, was als Gründungsjahr des Lick-Observatoriums in die Annalen einging. 1888 schließlich wurde der große Refraktor mit fast 18 Meter Länge in Betrieb genommen – ein beeindruckendes Instrument. Der Wunsch von Lick, der schon 1876 verstorben war,

2.17 Der 69-cm-Refraktor der Universitäts-Sternwarte Wien

Franz Kerschbaum, Institut für Astronomie, Universität Wien

2.18 Der Yerkes-Refraktor ist mit 102 cm freier Öffnung das größte Linsenteleskop der Erde.

wurde erfüllt: Im Fundament des Teleskoppfeilers liegt der Leichnam des Mäzens. Eine kleine Tafel erinnert an diese Grabstätte. Auf ihr ist zu lesen: „Here lies the body of James Lick". Doch nicht nur der ungewöhnliche Bestattungsort hält die Erinnerung an diesen großzügigen Philanthrop wach. Auch ein lavaüberfluteter Mondkrater am Rande des Mare Crisium wurde ebenso nach Lick benannt wie der Planetoid Nr. 1951, der die Sonne in einem mittleren Abstand von 208 Millionen Kilometer in 1,64 Jahren umrundet. Mit dem Lick-Refraktor entdeckte Edward Emerson Barnard im Jahre 1892 den fünften Jupitermond, die Amalthea.

Der Riese von Yerkes

Neun Jahre lang führte der Lick-Refraktor den Titel „Größtes Linsenteleskop der Welt", bis das bis heute größte Linsenfernrohr erstmals Sternenlicht sah. Bald nach Inbetriebnahme des Lick-Refraktors bestellte die University of Southern California bei Clark einen 40-Zoll-Refraktor. Clark kaufte zwei entsprechend große Glasblöcke, einen aus Kron-, den anderen aus Flintglas. Doch die südkalifornische Universität ging Pleite und Clark saß auf seinen Gläsern. Da kam ein Auftrag aus Chicago.

Der Astronom George Ellery Hale überzeugte den Präsidenten der University of Chicago von der Notwendigkeit, ein leistungsfähiges Observatorium zu errichten. In dem reichen Eisenbahntycoon Charles Tyson Yerkes fand er den erforderlichen Spender, der nicht nur das Teleskop, sondern die gesamte Sternwarte finanzierte. Das Observatorium wurde in Williams Bay (Wisconsin) nahe dem See Geneva 40 Kilometer nördlich von Chicago und knapp nördlich an der Grenze zum Bundesstaat Illinois errichtet. Clark fertigte das Linsenobjektiv mit 102 cm freier Öffnung und 19,8 Meter Brennweite, das allein 227 kg Masse aufweist. Die Firma Warner & Swasey lieferte die Mechanik. Objektiv und Tubus wiegen sechs Tonnen.

Am 21. Oktober 1897 wurde das Yerkes-Observatorium mit dem weltgrößten Linsenteleskop eingeweiht. Damit fand der Wettlauf zum Spitzenplatz der Riesenrefraktoren ein endgültiges Ende. Denn immer größere Linsenobjektive bringen immer weniger Lichtgewinn, da die Linsen immer dicker werden und somit immer mehr Licht absorbieren. Auch biegen sich große Linsenobjektive je nach Stellung des Teleskops unterschiedlich stark durch, da sie nur am Rande gefasst sind – im Gegensatz zu Spiegelobjektiven, die an jedem Punkt der Rückseite unterstützt werden können.

Somit bleibt der Yerkes-Refraktor wohl auch in Zukunft der größte der Erde. Von der hervorragenden optischen Qualität dieses Instruments konnte sich der Autor dieser Zeilen schon persönlich überzeugen.

Die größten Linsenteleskope der Erde

Ort/ Land	Observatorium/ Name	Öffnung (cm)	Brennweite (cm)	Inbetriebnahme Jahr	Bemerkung
Williams Bay, Wisconsin, USA	Yerkes Observatory 40-Zoll-Refraktor	102	1979	1897	
Mt. Hamilton, California, USA	Lick Observatory 36-Zoll-Refraktor	91	1737	1888	
Meudon, Frankreich	Observatoire de Paris 33-Zoll-Refraktor	83	1618	1889	visuell
	25-Zoll-Refraktor	62	1590	1891	fotografisch
Potsdam, Deutschland	Astrophysikalisches Observatorium 32-Zoll-Refraktor	80	1220	1899	
Pittsburgh, USA	Alleghenev Observatory 30-Zoll-Thaw-Refraktor	76	1406	1912	
		76,2	1440	1985	neues Objektiv
Mont Gros, Nizza, Frankreich	Observatoire de Nice Lunette Bischoffsheim 30-Zoll-Refraktor	77	1790	1887	
St. Petersburg, Russland	Sternwarte Pulkowo 30-Zoll-Clark-Refraktor	76	1370	1884	
Greenwich, London, GB	Old Royal Observatory 28-Zoll-Grubb-Refraktor	71	850	1894	
Wien, Österreich	Universitäts-Sternwarte 27-Zoll-Grubb-Refraktor	69	1054	1883	geliefert 1879
Berlin-Treptow, Deutschland	Archenhold-Sternwarte 27-Zoll-Steinheil-Refraktor	68	2100	1896	
Charlottsville, Virginia, USA	Leander McCormick Observatory 26-Zoll-Clark-Refraktor	67	990	1885	
Johannesburg, Südafrika	Yale-Observatory 26-Zoll-Grubb-Refraktor	66	1060	1925	
Potsdam, Deutschland	Sternwarte Babelsberg 25,6-Zoll-Zeiss-Refraktor	65	1010	1915	
Llano del Hato Venezuela	Observatorio Astronomico Nacional 25,6-Zoll-Zeiss-Refraktor	65	1050	1972	geliefert 1959
Nagoya, Japan	Hida Observatory 25,6-Zoll-Zeiss-Refraktor	65	1050	1972	
Washington, D.C., USA	US Naval Observatory 26-Zoll-Clark-Refraktor	65	990	1873	
Gateshead, GB	Observatory Newall 25-Zoll-Cooke-Refraktor	62	910	1868	
Flagstaff, Arizona, USA	Lowell-Observatory 24-Zoll-Clark-Refraktor	61	945	1894	
Hamburg, Deutschland	Sternwarte Bergedorf 23,6-Zoll-Steinheil-Refraktor	60	900	1912	

März 2014

- Die Sonne wechselt am 20. um 17^h57^m auf die Nordhalbkugel des Firmaments, der astronomische Frühling beginnt.
- Venus erreicht am 22. ihre größte westliche Elongation.
- Jupiter in den Zwillingen dominiert die erste Nachthälfte.
- Saturn ist in der zweiten Nachthälfte zu beobachten.

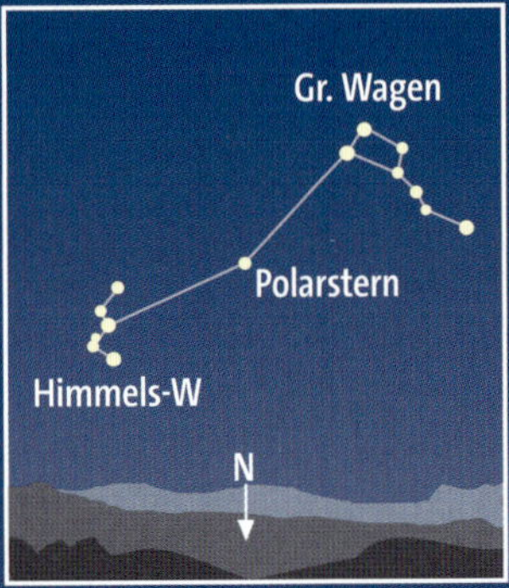

Großer Wagen und Himmels-W Anfang März um 22 Uhr

3.1 Himmelsanblick am 27. März gegen 5^h MEZ. Knapp über dem Südosthorizont strahlt Venus, zu der sich die Sichel des abnehmenden Mondes gesellt.

Bitte frankieren, falls Marke zur Hand

Deutsche Post

ANTWORT

SPEKTRUM DER WISSENSCHAFT
Verlagsgesellschaft mbH
c/o ZENIT Pressevertrieb GmbH
Postfach 810680
70523 STUTTGART
DEUTSCHLAND

1 Sa	Neumond
2 So	
3 Mo	
4 Di	
5 Mi	
6 Do	
7 Fr	
8 Sa	Mond im ersten Viertel
9 So	
10 Mo	
11 Di	Mond in Erdferne
12 Mi	
13 Do	
14 Fr	
15 Sa	
16 So	Vollmond
17 Mo	
18 Di	
19 Mi	Mond bei Mars (Mitternacht)
20 Do	Frühlingsbeginn
21 Fr	Mond bei Saturn (Morgenhimmel)
22 Sa	Venus in größter westlicher Elongation (Morgenhimmel)
23 So	
24 Mo	Mond im letzten Viertel
25 Di	
26 Mi	
27 Do	Mond bei Venus (Morgenhimmel) Mond in Erdnähe
28 Fr	
29 Sa	
30 So	**Neumond,** Beginn der Sommerzeit
31 Mo	

Sonne – Sternbilder

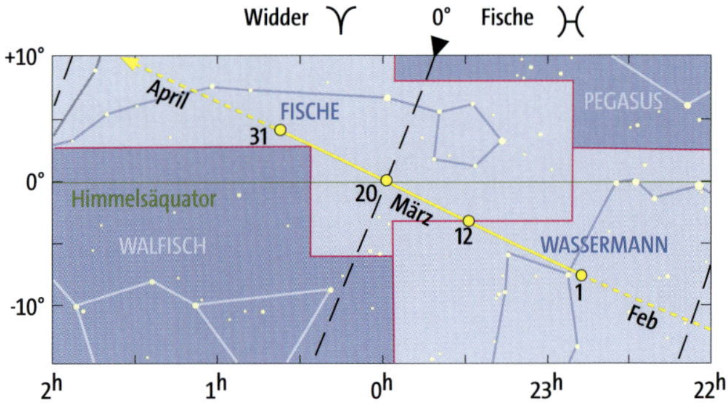

12. 3. 13ʰ:
Sonne tritt in das Sternbild Fische
20. 3. 17ʰ57ᵐ:
Sonne tritt in das Tierkreiszeichen Widder
Julianisches Datum am
1. März, 1ʰ MEZ: 2 456 717,5

Tabelle Sonnenlauf

Tag	Dämmerg. Anfang	Aufgang MEZ	Kulmination	Untergang MEZ	Dämmerg. Ende	Mittagshöhe	Zeitgleichg.	Rektaszension	Deklination
	h m	h m	h m	h m	h m	o	m	h m	o
1.	5 54	7 04	12 32	18 02	19 12	32,5	−12	22 47	−7,8
5.	5 46	6 55	12 32	18 08	19 18	34,0	−12	23 02	−6,2
10.	5 35	6 45	12 30	18 17	19 26	36,0	−10	23 20	−4,3
15.	5 24	6 34	12 29	18 25	19 35	37,9	− 9	23 38	−2,3
20.	5 13	6 23	12 28	18 33	19 43	39,9	− 8	23 57	−0,4
25.	5 02	6 12	12 26	18 41	19 52	41,9	− 6	0 15	+1,6
31.	4 48	5 59	12 24	18 50	20 02	44,2	− 4	0 37	+4,0

Achtung: Ab Sonntag, 30. März 2014, gilt die Sommerzeit. Zu allen im Himmelsjahr angegebenen Zeiten eine Stunde addieren!

Tages- und Nachtstunden

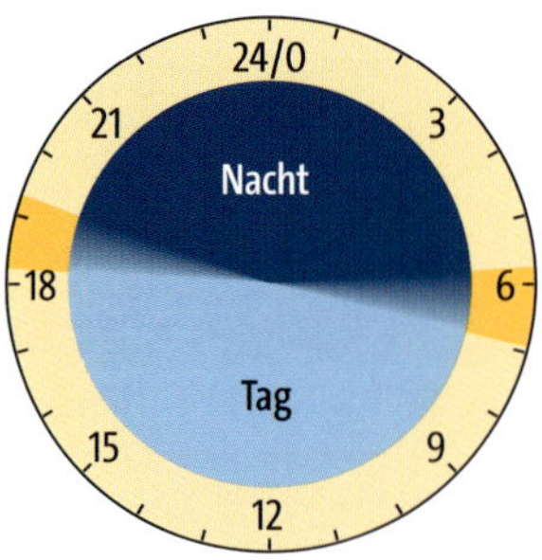

5. März

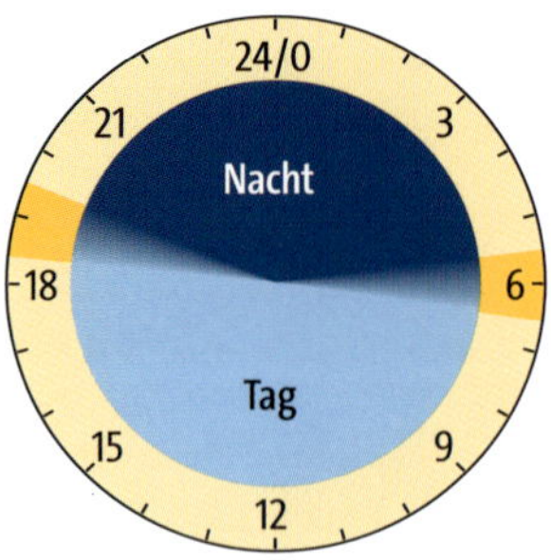

15. März

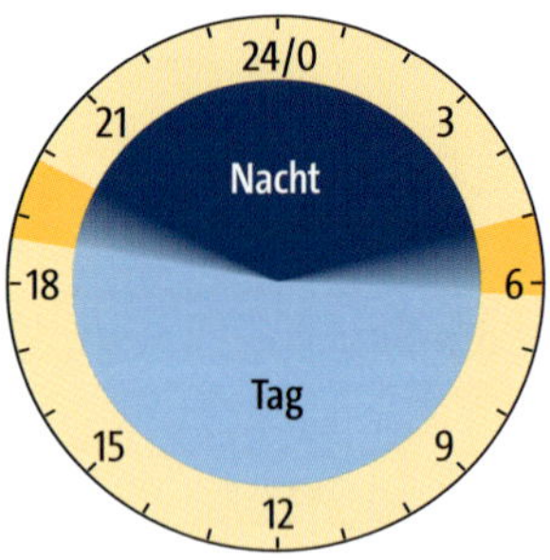

25. März

Tabelle Mondlauf

Datum		Aufg. MEZ	Kulmination	Unterg. MEZ	Rektaszension	Deklination	Sterne und Sternbilder	Phase	MEZ
		h m	h m	h m	h m	°			
Sa	1.	6 44	12 34	18 36	22 23	− 5,7	Wassermann	**Neumond Nr. 1128**	**$9^h 00^m$**
So	2.	7 13	13 28	19 54	23 19	− 0,9	Fische		
Mo	3.	7 42	14 20	21 10	0 14	+ 3,8	Fische		
Di	4.	8 12	15 12	22 23	1 08	+ 8,2	* Fische	Absteigender Knoten	
Mi	5.	8 44	16 02	23 31	2 02	+12,0	Widder	Libration West	
Do	6.	9 18	16 53	–	2 55	+15,1	* Widder		
Fr	7.	9 57	17 43	0 35	3 47	+17,3	* Stier, Plejaden		
Sa	8.	10 41	18 32	1 33	4 39	+18,7	Aldebaran	**Erstes Viertel**	**$14^h 27^m$**
So	9.	11 29	19 21	2 24	5 30	+19,1	* Stier		
Mo	10.	12 22	20 08	3 09	6 21	+18,6	Alhena		
Di	11.	13 19	20 54	3 48	7 11	+17,4	Zwillinge	Erdferne 405/29′,5	21^h
Mi	12.	14 18	21 39	4 22	7 59	+15,4	Krebs	Größte Südbreite	
Do	13.	15 19	22 24	4 51	8 47	+12,7	* Krebs		
Fr	14.	16 22	23 07	5 18	9 34	+ 9,5	Löwe		
Sa	15.	17 25	23 51	5 43	10 20	+ 5,9	Regulus		
So	16.	18 30	–	6 07	11 07	+ 2,0	Löwe	**Vollmond**	**$18^h 08^m$**
Mo	17.	19 37	0 36	6 31	11 54	− 2,1	Jungfrau		
Di	18.	20 44	1 21	6 57	12 42	− 6,1	Jungfrau		
Mi	19.	21 52	2 09	7 25	13 32	− 9,9	Spica	Aufsteigender Knoten	
Do	20.	23 00	2 58	7 57	14 23	−13,3	Waage	Libration Ost	
Fr	21.	–	3 50	8 34	15 17	−16,1	Waage		
Sa	22.	0 06	4 44	9 19	16 12	−18,0	Skorpion		
So	23.	1 07	5 40	10 12	17 10	−18,9	Schlangenträger		
Mo	24.	2 03	6 37	11 14	18 09	−18,7	Schütze	**Letztes Viertel**	**$2^h 46^m$**
Di	25.	2 51	7 34	12 23	19 08	−17,4	* Schütze	Größte Nordbreite	
Mi	26.	3 33	8 31	13 36	20 07	−14,9	Schütze		
Do	27.	4 09	9 26	14 53	21 04	−11,5	Wassermann	Erdnähe 366/32′,7	20^h
Fr	28.	4 41	10 20	16 11	22 01	− 7,4	Wassermann		
Sa	29.	5 11	11 13	17 28	22 56	− 2,8	Fische		
So	30.	5 40	12 06	18 44	23 51	+ 1,8	Fische	**Neumond Nr. 1129**	**$19^h 45^m$**
Mo	31.	6 09	12 58	19 58	0 45	+ 6,4	Fische		

Der Mond zieht zwischen Mars und Spica hindurch

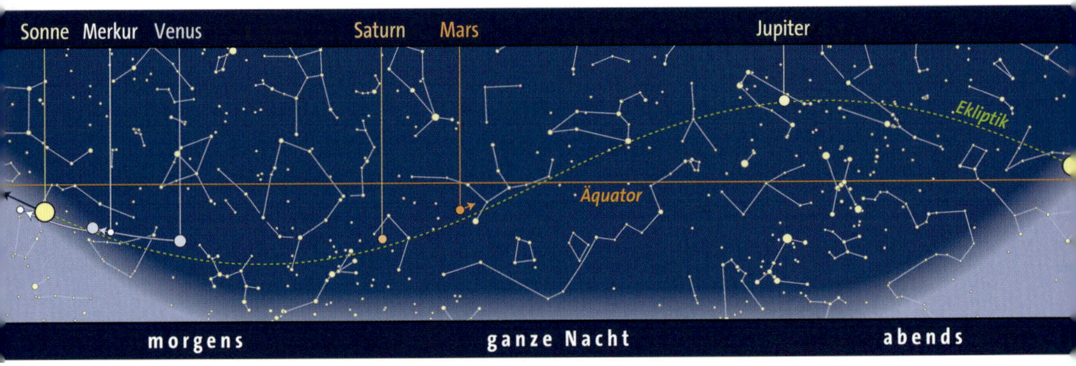

Merkur kommt am 14. in größte westliche Elongation. Trotz eines beachtlichen Winkelabstandes von 27°33′ von der Sonne – fast der maximal mögliche – reicht dies in unseren Breiten nicht für eine Morgensichtbarkeit. Denn die Ekliptik verläuft am Morgenhimmel flach zum Südosthorizont und Merkur hält sich weit südlich auf (Deklination: −13,°6).

Am 14. geht der 0,m1 helle Merkur um 5^h50^m auf, die Sonne folgt eine dreiviertel Stunde später. Noch bevor Merkur sich über die dichtesten Dunstschichten am Horizont erhoben hat, hat die Morgenhelle soweit zugenommen, dass er nicht mehr gesehen werden kann. Fazit: Merkur bleibt im März bei uns unsichtbar. In den Mittelmeerländern, in den Tropen und auf der Südhalbkugel der Erde bietet Merkur Mitte März hingegen eine Morgensichtbarkeit.

In der Nacht vom 19. auf 20. wandert Merkur durch sein Aphel (sonnenfernster Bahnpunkt). An diesem Tag trennen ihn 70 Millionen Kilometer (= 0,467 AE) vom Tagesgestirn.

Venus strahlt als heller Morgenstern und erreicht am 22. mit einem Winkelabstand von 46°33′ ihre größte westliche Elongation von der Sonne. Sie wandert aus dem Schützen in den Steinbock und schließlich in den Wassermann (siehe Abb. 3.2 unten). Die Venushelligkeit geht im Laufe des März von −4,m7 auf −4,m3 etwas zurück.

Die Venusaufgänge verfrühen sich während des Monats von 4^h53^m am 1. auf 4^h42^m am 15. und auf 4^h28^m (= 5^h28^m Sommerzeit) am Monatsletzten.

Am 23. zeigt sich das 24,″5 große Venusscheibchen halb beleuchtet, die Phase „Halbvenus" tritt ein. Der Fachausdruck lau-

3.2 Bahn von Venus:
Scheinbare Bahn des Planeten Venus im Gebiet der Sternbilder Schütze, Steinbock und Wassermann von Januar bis Mitte April. Die Zahlen geben die Venusposition zum jeweiligen Monatsersten an (3 = 1. März).

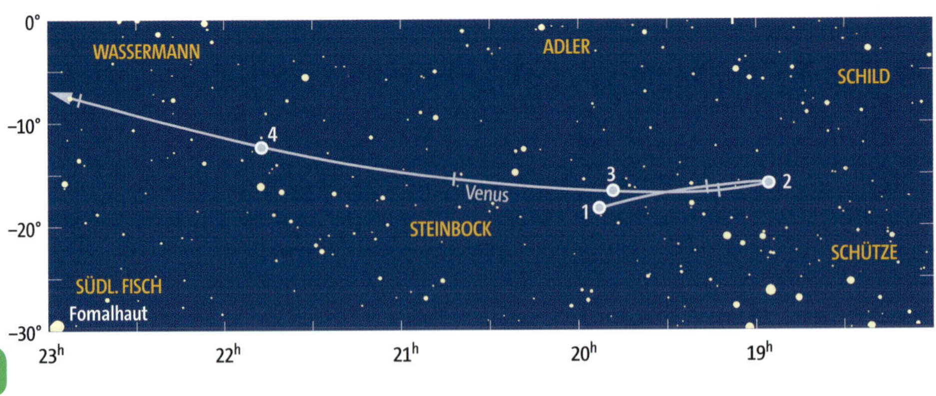

tet: Dichotomie (griech., halbgeteilt). Nach der Dichotomie wird Venus immer kleiner und rundlicher. Am Tag der Dichotomie ist Venus 103 Millionen Kilometer (= 0,689 AE) von der Erde entfernt.

Fünf Tage später bilden Sonne, Venus und Erde ein gleichschenkliges Dreieck. Von der Venus aus sind Sonne und Erde je 108 Millionen Kilometer (= 0,722 AE) entfernt.

Ein netter Himmelsanblick ergibt sich am 27., wenn gegen 6^h morgens knapp über dem Südosthorizont sich die Sichel des abnehmenden Mondes zu Venus gesellt (siehe Abb. 3.1 auf Seite 80).

Mars wird am 1. im Sternbild Jungfrau stationär und setzt zu seiner Oppositionsschleife an. Er wandert nördlich an Spica (α Virginis) vorbei, an der man gut die rückläufige Bewegung von Mars im Laufe des März verfolgen kann. Am letzten Tag des Monats hält sich Mars 5° nördlich von Spica auf (siehe Abb. 4.5 auf Seite 106).

Mars geht immer früher auf. Abgesehen von den ersten Abendstunden kann Mars die gesamte Nacht hindurch am Sternenhimmel als auffällig rötlich-gelbes Gestirn gesehen werden. Am 1. erscheint Mars um 22^h03^m über der Horizontlinie. Am 15. erfolgt sein Aufgang um 21^h00^m und am 31. bereits um 19^h34^m (= 20^h34^m Sommerzeit). Etwa eine Viertelstunde nach seinem Aufgang ist er so weit über die dichtesten Dunstschichten am Horizont aufgestiegen, dass er mit bloßen Augen zu erkennen ist. Durch die Extinktion in Horizontnähe erscheint Mars wesentlich röter als er tatsächlich ist. Dabei gewinnt man den Eindruck eines „roten Planeten“. Wenn Mars hoch am Himmel steht, sieht er eher gelb-orange aus.

Die Marshelligkeit nimmt kräftig von $-0^m{,}5$ auf $-1^m{,}4$ zu. Damit übertrifft er bei weitem die hellen Fixsterne Wega, Arktur und Spica sowie Antares, der erst in der zweiten Nachthälfte auf der Himmelsbühne auftritt. Mars ist auch eine Größenklasse heller als Saturn. Nur Jupiter am Abendhimmel sowie Venus am Morgenhimmel glänzen weitaus heller als der rote Planet.

Das Marsscheibchen wächst auf fast 15″ Durchmesser an. Die Marskugel zeigt sich wieder voll beleuchtet.

Jupiter bremst seine ohnehin langsame, rückläufige Bewegung vollends ab und wird am 6. im Sternbild Zwillinge stationär. Anschließend wandert er wieder rechtläufig durch den Tierkreis. Sein Umkehrpunkt liegt $1^{\circ}{,}9$ südlich von Mebsuta (ε Geminorum), der gut als Anhaltspunkt für die Jupiterbewegung dienen kann (siehe Abb. 1.11 auf Seite 44).

Am 11. erreicht er mit $23^{\circ}16'{,}3$ Deklination seine nördlichste Position im Tierkreis. Letztmals war er im März 2002 so weit nördlich. Die nächste nördliche

Konstellationen und Ereignisse

Datum	MEZ	Ereignis
1.	3^h	Mond bei Neptun, Mond $5^{\circ}{,}1$ nördlich
1.	22	Mars im Stillstand, anschließend rückläufig
3.	5	Saturn im Stillstand, anschließend rückläufig
3.	12	Mond bei Uranus, Mond $2^{\circ}{,}4$ nördlich
6.	11	Jupiter im Stillstand, anschließend rechtläufig
10.	12	Mond bei Jupiter, Mond $5^{\circ}{,}2$ südlich
14.	8	Merkur in größter westlicher Elongation (28°)
19.	4	**Mond bei Mars**, Mond $3^{\circ}{,}2$ südlich, **Abstand $3^{\circ}{,}9$ um 1^h**
20.	0	Merkur im Aphel
20.	17^h57^m	**Sonne im Frühlingspunkt, Tagundnachtgleiche**
21.	4	**Mond bei Saturn**, Mond $0^{\circ}{,}2$ südlich (Bedeckung), **Abstand $1^{\circ}{,}1$ um 4^h**
22.	13	Merkur bei Neptun, Merkur $1^{\circ}{,}2$ südlich
22.	21	**Venus in größter westlicher Elongation** (47°)
27.	11	**Mond bei Venus**, Mond $3^{\circ}{,}6$ nördlich, **Abstand $2^{\circ}{,}9$ um 6^h**
28.	15	Mond bei Neptun, Mond $5^{\circ}{,}1$ nördlich
29.	6	Mond bei Merkur, Mond $6^{\circ}{,}2$ nördlich
31.	1	Mond bei Uranus, Mond $2^{\circ}{,}2$ nördlich

Extremposition wird der Riesenplanet im März 2026 einnehmen.

Sein Stillstand markiert das Ende von Jupiters Oppositionsperiode. Mit seinem Glanz beherrscht er den Nachthimmel. Allerdings zieht er sich vom Morgenhimmel vollends zurück. Bevor die noch hellere Venus am Morgenhimmel erscheint, ist Jupiter bereits unter dem Nordwesthorizont verschwunden. Zwar geht die Jupiterhelligkeit um $0^{m}{,}2$ weiter auf $-2^{m}{,}2$ zurück. Damit bliebt er aber immer noch deutlich heller als Mars, der kurz vor seiner Opposition steht und zu Monatsende $-1^{m}{,}4$ erreicht.

Jupiter geht am 1. um $4^{h}38^{m}$ und am 15. um $3^{h}43^{m}$ unter. Am 31. sinkt der Riesenplanet schon um $2^{h}44^{m}$ (= $3^{h}44^{m}$ Sommerzeit) unter die Horizontlinie.

Saturn wird am 3. im Sternbild Waage stationär und setzt zu seiner Oppositionsschleife an. Zunächst bewegt er sich noch recht langsam rückläufig durch die Waage (siehe Abb. 5.7 auf Seite 128). Die nahende Opposition macht sich auch durch eine leichte Helligkeitszunahme auf $0^{m}{,}3$ bemerkbar.

Zu Monatsbeginn geht Saturn um $0^{h}29^{m}$ auf, am 15. um $23^{h}29^{m}$ und am Monatsletzten schon um $22^{h}23^{m}$ (= $23^{h}23^{m}$ Sommerzeit). Saturn ist damit noch Planet der zweiten Nachthälfte.

In der Nacht vom 20. auf 21. begegnet der abnehmende Mond bei seiner monatlichen Runde durch den Tierkreis wiederum dem Ringplaneten (siehe Abb. 3.3 rechts).

Uranus, rechtläufig in den Fischen, nähert sich seiner Konjunktion mit der Sonne, die er Anfang nächsten Monats erreicht. Als Beobachtungsobjekt ist der sonnenferne Planet zu streichen. Versierte Amateurastronomen mögen den grünlichen Planeten noch in den ersten Märztagen aufspüren. Am 1. geht der $5^{m}{,}9$ helle Uranus um $20^{h}43^{m}$ unter (siehe auch Aufsuchkarte Abb. 10.6 auf Seite 221).

Neptun im Wassermann stand im letzten Februardrittel in Konjunktion mit der Sonne. Der bläuliche Planet bleibt somit unbeobachtbar am Taghimmel.

Planetoiden

Ceres (1) wird am 1. im Sternbild Jungfrau in Rektaszension stationär und bewegt sich anschließend immer schneller werdend rückläufig durch das Sternbild Jungfrau (siehe Abb. 4.6 auf Seite 108).

Mit ihrem Stillstand leitet Ceres ihre Oppositionsperiode ein, was sich auch in ihrer Helligkeitszunahme von $7^{m}{,}7$ auf $7^{m}{,}1$ bemerkbar macht. Damit ist Ceres zu einem leichten Fernglasobjekt am Morgenhimmel geworden. Die beiden Kleinplaneten Ceres und Vesta nähern sich einander weiter an. Ende März sind sie nur mehr $2{,}^{\circ}5$ voneinander entfernt.

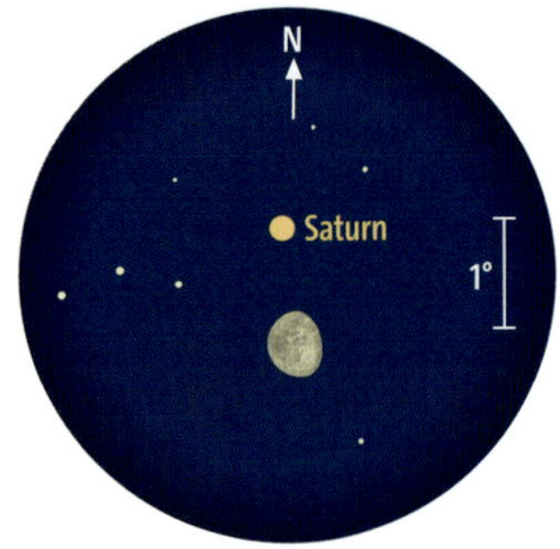

3.3 Mond bei Saturn: **Der abnehmende Mond zieht am 21. März südlich am Ringplaneten Saturn vorbei. Fernglasanblick gegen 4^{h} MEZ bei 5° Gesichtsfelddurchmesser.**

Ceres kulminiert am 1. um $4^{h}02^{m}$, am 15. um $3^{h}05^{m}$ und am 31. schon um $1^{h}53^{m}$ (= $2^{h}53^{m}$ Sommerzeit).

Pallas (2) stand im letzten Februardrittel in Opposition zur Sonne. Sie eilt weiter im Sternbild Wasserschlange rasch nach Norden. Am 24. abends kehrt sie ihre Bewegung in Rektaszension um und wird wieder rechtläufig (siehe Abb. 2.6 auf Seite 66). Nach Ende ihrer Oppositionsperiode nimmt ihre Helligkeit schnell wieder ab: sie sinkt um $0^{m}{,}6$ auf $7^{m}{,}6$ Ende März. Damit ist Pallas aber immer noch ein relativ leichtes Fernglasobjekt – um die Zeit der Kulmination –, zumal sie im zweiten Märzdrittel auf die nördliche Himmelshälfte wechselt.

Am 1. passiert Pallas um $23^{h}25^{m}$ den Meridian, am 15. um $22^{h}24^{m}$ und Ende März schon um $21^{h}20^{m}$ (= $22^{h}20^{m}$ Sommerzeit).

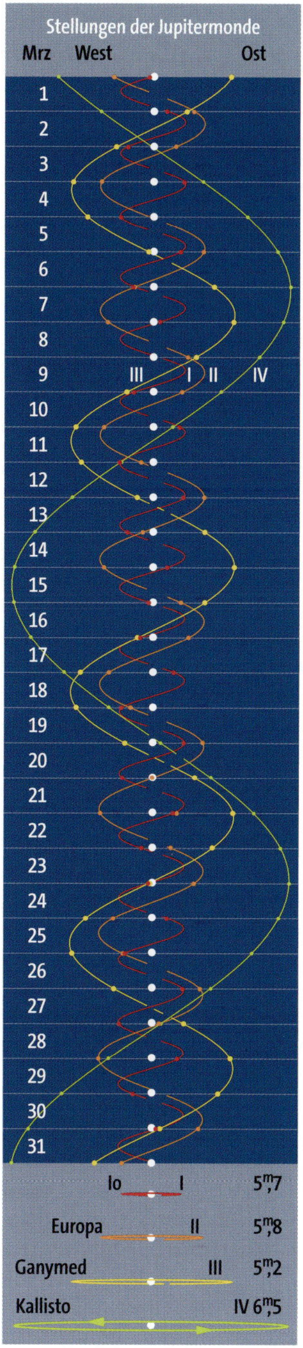

Jupitermonde

Tag	MEZ		Vorgang	
	h	m		
1.	1	02	I	SA
	2	11	I	DE
	3	17	I	SE
	21	15	I	BA
2.	0	39	I	VE
	18	23	III	SE
	18	23	I	DA
	19	31	I	SA
	20	38	I	DE
	21	46	I	SE
3.	0	45	IV	BA
	19	08	I	VE
5.	0	19	II	BA
6.	0	25	III	BA
	19	28	II	DA
	21	47	II	SA
	22	08	II	DE
7.	0	29	II	SE
8.	1	47	I	DA
	2	57	I	SA
	18	42	II	VE
	23	06	I	BA
9.	2	34	I	VE
	19	08	III	SA
	20	15	I	DA
	21	26	I	SA
	22	24	III	SE
	22	29	I	DE
	23	41	I	SE
10.	21	03	I	VE
11.	22	11	IV	SA
12.	2	03	IV	SE
	2	49	II	BA
13.	21	58	II	DA
14.	0	23	II	SA
	0	37	II	DE
15.	21	19	II	VE
16.	0	58	I	BA
	21	18	III	DE
	22	07	I	DA
	23	08	III	SA
	23	21	I	SA

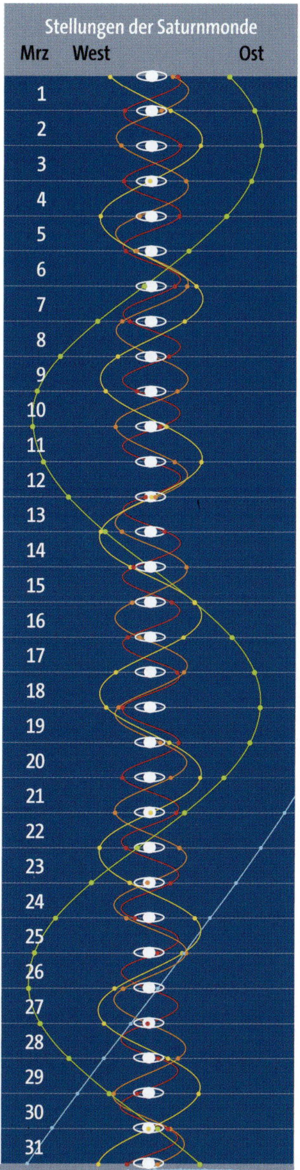

Japetus
5. $12^{\text{m}}{,}5$
10. $12^{\text{m}}{,}4$
15. $12^{\text{m}}{,}0$
20. $11^{\text{m}}{,}6$
25. $11^{\text{m}}{,}2$
30. $10^{\text{m}}{,}9$

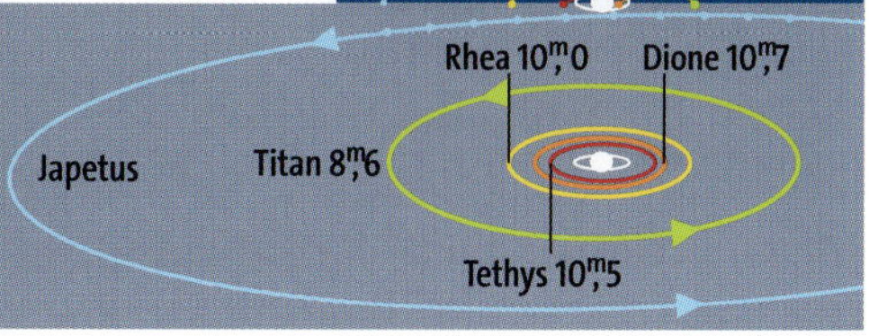

Jupitermonde

Tag	MEZ h m	Vorgang	
17.	0 22	I	DE
	1 37	I	SE
	2 24	III	SE
	19 26	I	BA
	22 58	I	VE
18.	20 05	I	SE
19.	21 08	IV	BE
21.	0 29	II	DA
22.	23 57	II	VE
23.	22 02	III	DA
24.	0 01	I	DA
	1 12	III	DE
	1 17	I	SA
	2 15	I	DE
	21 20	I	BA
25.	0 53	I	VE
	19 45	I	SA
	20 44	I	DE
	22 01	I	SE
26.	19 22	I	VE
27.	20 27	III	VE
28.	20 12	IV	SE
29.	21 12	II	BA
31.	21 35	II	SE
	23 14	I	BA

Vesta (4) wird am 5. um 10^h im Sternbild Jungfrau stationär, was ihre Bewegung in Rektaszension betrifft. Anschließend wandert sie rückläufig in nordwestlicher Richtung durch die Jungfrau und zieht am 25. nur 0°,7 südwestlich an ε Virginis ($4^m{,}2$) vorbei, der gut als Aufsuchhilfe dienen kann (siehe Abb. 4.6 auf Seite 108).

Mit ihrem Stillstand in Rektaszension leitet Vesta ihre Oppositionsperiode ein, was man auch an der erheblichen Helligkeitszunahme von $6^m{,}6$ auf $5^m{,}9$ im Laufe des März erkennen kann. Damit ist Vesta bei exzellenten Sichtbedingungen und guten Augen sogar ohne Fernglas oder Teleskop freiäugig sichtbar. Ihre Meridianpassagen verfrühen sich von 3^h51^m am 1. auf 2^h55^m am 15. und auf 1^h44^m (= 2^h44^m Sommerzeit) am Monatsletzten.

Periodische Sternschnuppenströme

In der Zeit um Mitternacht sind während des ganzen Monats die **Virginiden** zu beobachten. Ihr Radiant (Ausstrahlungspunkt) liegt in der Jungfrau. Die Häufigkeit ist nicht besonders groß. Das Maximum der Virginidenaktivität ist erst Anfang April zu erwarten.

Ein recht schwacher Strom sind die **Hydraïden**, die zwischen Mitte März und Anfang April auftauchen. Ihr Maximum ist wenig ausgeprägt – es sind nur einige wenige Sternschnuppen pro Stunde zu erwarten, die außerdem noch recht langsam sind. Der Radiant liegt im Sternbild Wasserschlange. Vermutlich sind die Hydraïden ein Zweigstrom der Virginiden.

Gegen Ende des Monats tauchen dann die ersten Exemplare der **Sigma-Leoniden** auf. Dabei handelt es sich um einen schwachen und breit gestreuten Meteorstrom, dessen Radiant im Löwen liegt

Der Fixsternhimmel

Der Winter neigt sich seinem Ende zu, wie zumindest am abendlichen Sternenhimmel zu erkennen ist, auch wenn das Wetter vielleicht noch nicht frühlingshaft wirkt. Zwar ziehen der mächtige Orion und der auffallend hell strahlende Sirius im Südwesten noch die Blicke auf sich. Auch der Stier mit dem roten Aldebaran ist noch halbhoch im Westen zu finden. Aber im Osten hat der Aufmarsch der Frühlingsbilder begonnen. Der Löwe, das dominierende Frühlingssternbild schlechthin, setzt zu seinem Sprung durch den Meridian an. Dem Löwen folgt im Tierkreis der Krebs, der nun im Meridian seine höchste Position erreicht hat. Der Große Wagen hat sich emporgeschwungen. Seine Deichsel deutet auf den hellen, orangerot leuchtenden Arktur, den Hauptstern des Bootes, der inzwischen im Osten aufgegangen ist. Das Himmels-W, gewissermaßen das Gegenstück zum Großen Wagen, sinkt weit im Nordwesten zum Horizont hinab. Als Zirkumpolarbild geht es allerdings in unseren Breiten nicht unter. „Zirkumpolar" heißt „um den (Himmels-) Pol herum". Sterne in der Nähe des Himmelspols umkreisen ihn auf so engen Bahnen, dass sie nie den Horizont erreichen. Deshalb gehen sie auch nicht unter, man nennt sie zirkumpolar. Ob ein Stern zirkumpolar ist, hängt von seiner Entfernung vom Himmelspol, der sogenannten Poldistanz (p) und der

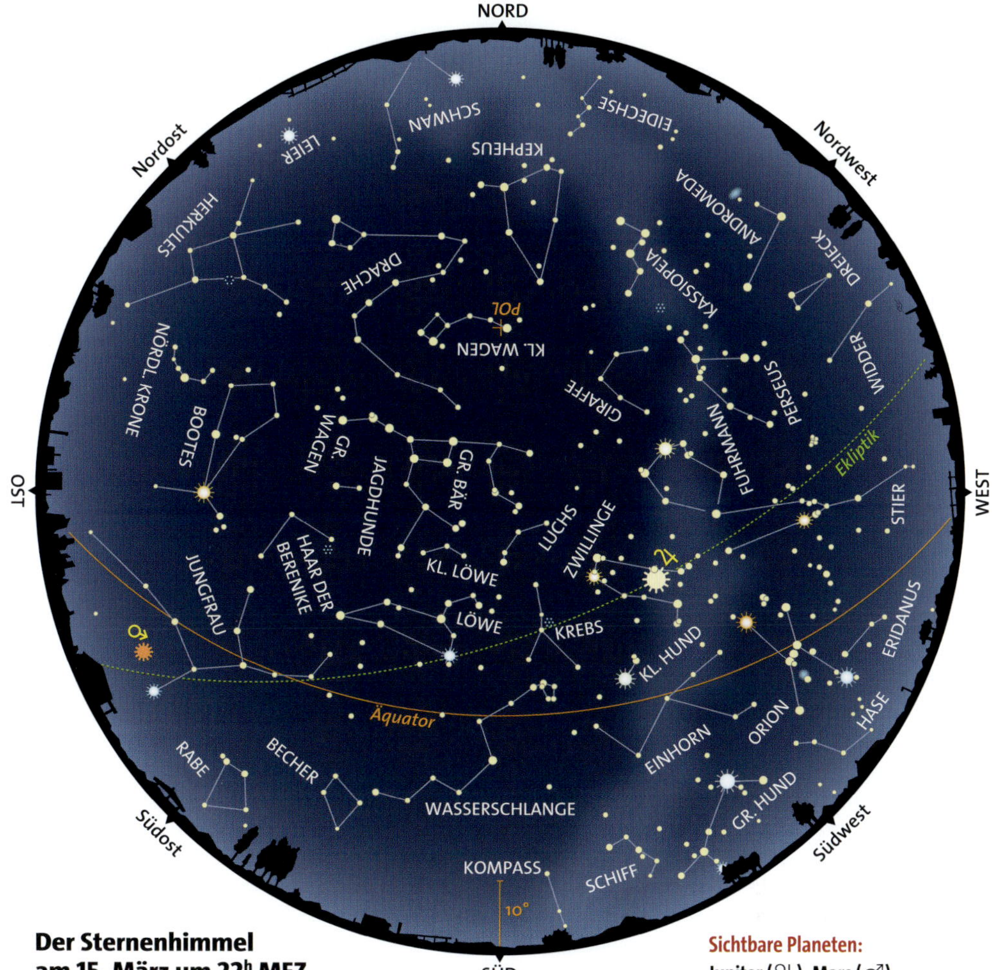

Der Sternenhimmel am 15. März um 22ʰ MEZ

Sichtbare Planeten:
Jupiter (♃), Mars (♂)

Die Sternkarte ist auch gültig für:

	MEZ	MESZ
15.11.	6ʰ	
1.12.	5	
15.12.	4	
1. 1.	3	
15. 1.	2	
1. 2.	1	
15. 2.	0	
1. 3.	**23**	
15. 3.	**22**	
31. 3.	**21**	**22ʰ**

geografischen Breite (φ) ab. Ist die Poldistanz eines Sternes kleiner als die geografische Breite, also $p < \varphi$, dann geht der Stern nicht unter, ist also zirkumpolar. Denn die Höhe (h) des Himmelspols über dem Nordpunkt am Horizont entspricht stets der geografischen Breite ($h = \varphi$). Daraus folgt auch, dass auf den Polen der Erde alle Sterne zirkumpolar sind – vom Zenit bis zum Horizont. Für Orte am Erdäquator gibt es dagegen keine Zirkumpolarsterne. Um die Poldistanz eines Sternes zu ermitteln, ziehe man einfach seine Deklination (δ) von 90° ab: $p = 90 - \delta$.

Hoch am Himmel sieht man die Sternenketten der Zwillinge mit ihren Hauptsternen Kastor und Pollux. In den Zwillingen glänzt gegenwärtig hell der Planet Jupiter. Auch Kapella im Fuhrmann ist jetzt hoch im Westen zu sehen, während Aldebaran, der Hauptstern des Stieres, schon weit nach Westen gerückt ist und zu seinem Untergang ansetzt. Im Südwesten ist noch Prokyon auszumachen, der hellste Stern in dem winzigen Bild Kleiner Hund (lat.: Canis Minor). Prokyon steht nördlich des Himmelsäquators, während Sirius sich südlich von ihm befindet – was ein Blick in die Monatssternkarte schnell bestätigt.

Vorboten des Frühlings

Im Südosten ist die Jungfrau eben erschienen sowie das markante Viereck des Sternbildes Rabe. Der Jungfrauhauptstern, die Spica, gehört als Stern erster Größe zum Frühlingsdreieck, dessen beide andere Eckpunkte von Arktur und Regulus markiert werden. Wegen ihrer Horizontnähe ist Spica noch recht unauffällig und kaum zu sehen. Nahe Spica steht im Jahr 2014 der Planet Mars.

Die Spica (α Vir) strahlt mit $1^{m}.0$ scheinbarer Helligkeit ein bläulich-weißes Licht aus. Spica ist 260 Lichtjahre von uns entfernt. Genau genommen sind es hier zwei Sonnen, die einander in jeweils nur vier Tagen umkreisen. Sie stehen so nahe beisammen, dass sie durch die Gezeitenkräfte ellipsoidisch verformt und nicht kugelrund sind. Dies führt zu einem Rotationslichtwechsel mit einer Amplitude von knapp $0^{m}.1$.

Porrima ist der Eigenname von γ Virginis, benannt nach der Göttin der Weissagung. γ Vir ist ein prominenter Doppelstern. Im Jahre 2005 betrug die Separation nur $0''.6$. Im Jahr 2007 wurde das Minimum von $0''.3$ erreicht– die Komponenten waren dann im Periastron. Bis 2015 nimmt die Distanz wieder auf $2''.2$ zu. Porrima leuchtet mit einer scheinbaren Gesamthelligkeit von $2^{m}.7$. Beide Komponenten sind mit $3^{m}.5$ gleich hell und senden ein weißes Licht aus. Mit 39 Lichtjahren Distanz ist dieses Sternpärchen uns noch relativ nahe. Nach Spica ist ε Virginis der bekannteste Stern in der Jungfrau. Er heißt Vindemiatrix, die Winzerin. Die Winzerin erscheint zur Zeit der Weinlese am Morgenhimmel. Vindemiatrix ist $2^{m}.8$ hell und 103 Lichtjahre von uns entfernt.

Mächtiger Galaxienhaufen

Im Nordwesten an der Grenze zum Sternbild Coma Berenices wimmelt es von Galaxien. Sie gehören zum berühmten Virgo-Haufen, einem Galaxienhaufen mit rund zehntausend (!) Milchstraßensystemen, davon allein über tausend großen Galaxien. Im Zentrum des Virgo-Haufens befindet sich eine riesige, elliptische Galaxie mit der Katalogbezeichnung M 87. Von M 87 trennen uns rund 60 Millionen Lichtjahre. Die Galaxie ist der intensivste Radiostrahler in der Jungfrau (Radioquelle Virgo A) und auch ein aktiver Röntgenstrahler. Aus seinem Zentrum schießt ein Tausende Lichtjahre langer, heißer Gasstrahl (Jet).

Berühmt ist auch die schöne Galaxie M 104 an der Grenze zum Raben, die auch als Sombrerogalaxie bekannt ist, da sie entfernt an diese mexikanische Kopfbedeckung erinnert. M 104 ist mit 35 Millionen Lichtjahren Distanz nur halb so weit wie der Virgo-Haufen entfernt.

Viele Völker sahen in der Sternenkonstellation der Jungfrau, die sich südlich vom Bootes und östlich vom Löwen erstreckt, ein Symbol der Fruchtbarkeit. Der Grund, weshalb die Sternenfigur mit Fruchtbarkeit und Wachstum in Zusammenhang gebracht wurde, liegt weit in der Vergangenheit: Vor rund 13 000 Jahren lag der Frühlingspunkt in

Veränderliche Sterne im März

Algol-Minima	7. $7^{h}37^{m}$	13. $1^{h}15^{m}$	15. $22^{h}05^{m}$	18. $18^{h}53^{m}$	30. $6^{h}11^{m}$	
β-Lyrae-Minima	6. 5^{h}N	12. 16^{h}H	19. 4^{h}N	25. 15^{h}H		
δ-Cephei-Maxima	3. 6^{h}	8. 15^{h}	13. 24^{h}	19. 8^{h}	24. 17^{h}	30. 2^{h}
Mira-Helligkeit	1. 10^{m}	10. 10^{m}	20. 9^{m}	31. 9^{m}		

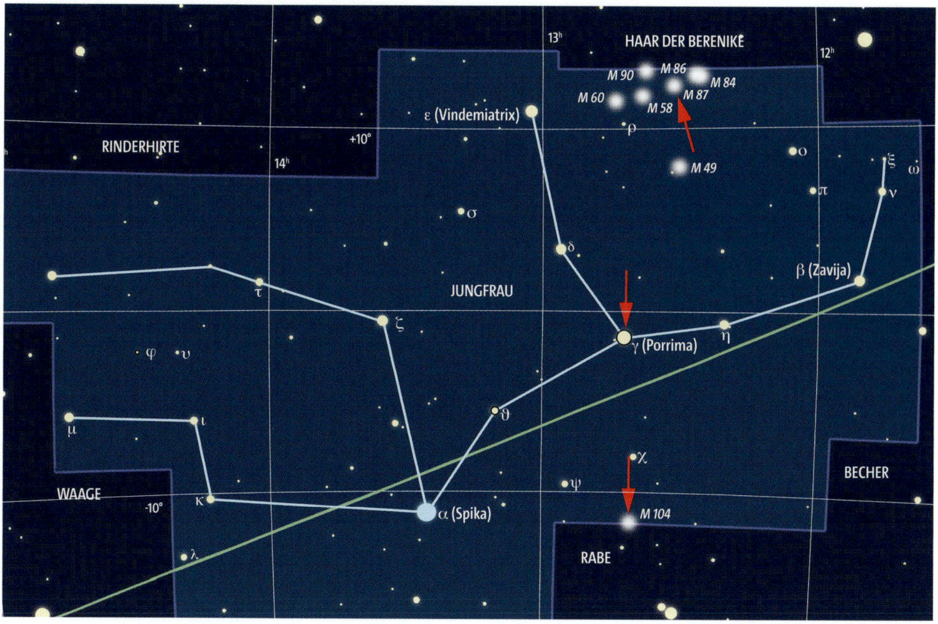

3.4 Sternbild Jungfrau:
Die Jungfrau mit den Positionen der Galaxien M 87 und M 104 sowie dem Doppelstern γ Virginis (Porrima).

der Sterngruppierung, die wir heute als Jungfrau bezeichnen. Infolge der Erdpräzession liegt jedoch heutzutage der Herbstpunkt in der Jungfrau. Die Sonne zieht von Mitte September bis Ende Oktober ihre Bahn durch dieses Tierkreissternbild. Bei den Babyloniern sah man in diesem Sternareal eine Kornähre als Symbol der Fruchtbarkeit. Später wurde allgemein hier eine Frauengestalt gesehen und die ursprüngliche Bezeichnung ging auf den hellsten Stern in der Jungfrau über, auf α Virginis, der nun Spica (lat., Kornähre) heißt.

In späterer Zeit meinten die Babylonier, hier Ishtar, die Königin der Sterne, zu sehen. Bei den Ägyptern symbolisierte dieses Sternbild die Gottheit Isis.

In Indien sprach man von Kanya, der Mutter des großen Gottes Krishna. In Persien hieß das Bild Khusah, die Weizen- oder Kornähre.

Bei den frühen Arabern gehörten die Sterne der Jungfrau zu einem riesigen Himmelslöwen, später wurde von den Griechen die Gestalt der Jungfrau erkannt. Auch die Römer sahen hier eine weibliche Gestalt: Fortuna, die Glücksgöttin, und Urania, die Muse der Himmelskunde.

In manchen Darstellungen hält die Jungfrau als Göttin der Gerechtigkeit namens Dike Waagschalen in einer Hand. In der römischen Version ist sie Astraea, die Sternentochter. Nach dem römischen Dichter Ovid wandelt sie im Goldenen Zeitalter über die Erde. Als im Silbernen Zeitalter Streit aufkommt, ist sie nur noch selten zu sehen. Schließlich verlässt sie im Eisernen Zeitalter als letzte der Himmlischen die Erde ganz und nimmt dabei ihre bescheidene Schwester Pudicitia (lat., Keuschheit) mit. Man schaut deshalb heute noch zur Jungfrau auf, wenn man Gerechtigkeit sucht.

Nicht immer findet man die Darstellung mit der Waage als Gerechtigkeitssymbol in einer Hand. In einer anderen Version hält die Jungfrau in der rechten Hand einen Palmwedel als Zeichen der Friedfertigkeit und in der linken Hand die Kornähre als Fruchtbarkeitssymbol.

Leben auf Mars?

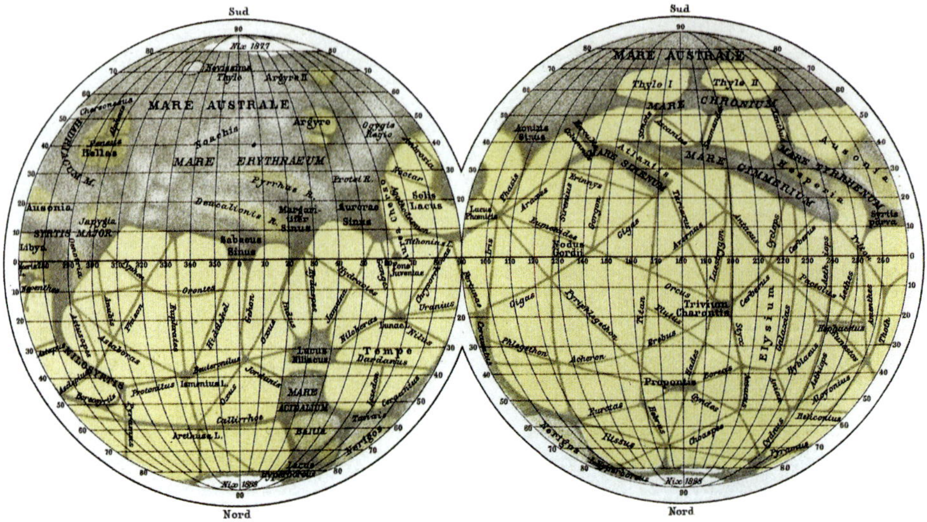

3.5 Marskarte von Giovanni V. Schiaparelli mit den vermeintlichen Marskanälen, die wie ein Spinnennetz den roten Planeten überziehen.

Im Frühjahr dieses Jahres leuchtet ein heller, rötlicher Lichtpunkt auffällig im Sternbild Jungfrau. Es ist unser äußerer Nachbarplanet, der Mars. Am 8. April überholt ihn die Erde auf der Innenbahn. Somit stehen sich am irdischen Firmament Sonne und Mars gegenüber, der Fachmann spricht von Opposition. Steht ein Planet in Opposition zur Sonne, so ist er nicht nur die gesamte Nacht über zu sehen, sondern seine Entfernung von der Erde erreicht ein Minimum und somit leuchtet er auch am hellsten am irdischen Firmament. Mit $-1^{m}{,}5$ scheinbarer Helligkeit übertrifft Mars bei seiner diesjährigen Opposition alle Fixsterne an Helligkeit und wird nur noch von Jupiter und Venus an Glanz übertroffen.

Wegen der elliptischen Bahnen von Erde und Mars fällt der Oppositionstermin nicht exakt mit dem der geringsten Entfernung zusammen. Die minimale Distanz mit 92,4 Millionen Kilometer (= 0,618 AE) wird am 14. April erreicht.

Mars hat schon immer die Menschen in seinen Bann gezogen und deren Fantasie beflügelt. Er ist der erdähnlichste Planet in unserem Sonnensystem und läuft in einem Jahr, zehn Monaten und 22 Tagen um die Sonne. Ein Marsjahr dauert somit knapp zwei irdische Jahre (genauer: 1,88 Jahre). Nach jeweils 780 Tagen überholt die Erde den roten Planeten auf der Innenbahn, das sind zwei Jahre, ein Monat und drei Wochen. Mit fast 6800 Kilometer Durchmesser ist der Marsglobus gut halb so groß wie die Erdkugel. Seine Masse beträgt nur 11 % der Erdmasse. Da sein Volumen 15 % des Erdvolumens ausmacht, folgt daraus, dass seine mittlere Dichte nur 71 % der Erddichte entspricht, das sind 3,93 g/cm^3.

Jahreszeiten wie auf der Erde

Ein Marstag ist nur 37 Minuten länger als ein irdischer Sonnentag. Die Rotationsachse des Mars weicht um 24° von der Senkrechten auf der Bahnebene ab, das ist fast die gleiche Neigung wie die der Erdachse (23,°4). Somit gibt es auch auf Mars Jahreszeiten wie auf der Erde. Sie dauern allerdings fast doppelt so lange wie auf der Erde wegen des längeren Marsjahres. Die Oberfläche der Marskugel umfasst 145 Millionen Quadratkilometer, das entspricht etwa der gesamten Landfläche der Erde.

Schon in kleinen Teleskopen zeigen sich helle, rötlich-braune Gebiete sowie dunkle Flecken. An den Polen sieht man weiße Kappen, die je nach Jahreszeit ihre Größe variieren. Es wurde auch eine dünne Atmosphäre entdeckt, die den Marsglobus umhüllt. Die ersten Fernrohrbeobachter interpretierten die hellen Gebiete als Kontinente, die dunklen Flächen als Ozeane und Seen. Bald spekulierte man: Ist Mars vielleicht bewohnt? Gibt es intelligente Bewohner mit einer hochtechnisierten Zivilisation? Oder zumindest Spuren von biologischen Substanzen? Kann der rote Planet vielleicht in Zukunft von der Menschheit kolonisiert werden?

Folgen der elliptischen Bahn

Von der Erde aus kann man selbst in großen Fernrohren nur wenig auf Mars erkennen. Die günstigsten Beobachtungsbedingungen ergeben sich noch in den Wochen um die Opposition, wenn Erde und Mars einander relativ nahe sind und das scheinbare Marsscheibchen vergleichsweise groß (bis 25″) ist. Doch nicht alle Marsoppositionen fallen gleich günstig aus, da die Marsbahn ziemlich exzentrisch ist. Überholt die Erde den roten Planeten, wenn er sich gerade im oder nahe seinem Aphel (Sonnenferne) befindet, so bleibt er in seiner Minimaldistanz noch über 100 Millionen Kilometer (rund 0,68 AE) von uns entfernt. Überholt ihn die Erde, wenn er sein Perihel (Sonnennähe) passiert, so nähert sich die Erde auf knapp 56 Millionen Kilometer (rund 0,37 AE) dem roten Planeten. Eine solch extrem günstige Opposition fand am 28. August 2003 statt. Erde und Mars kamen sich bis auf 55,8 Millionen Kilometer (= 0,373 AE) nahe. Die letzte Marsopposition am 3. März 2012 dagegen fiel denkbar ungünstig aus, Mars befand sich nahe seinem Aphel. Erde und Mars näherten sich nur bis auf

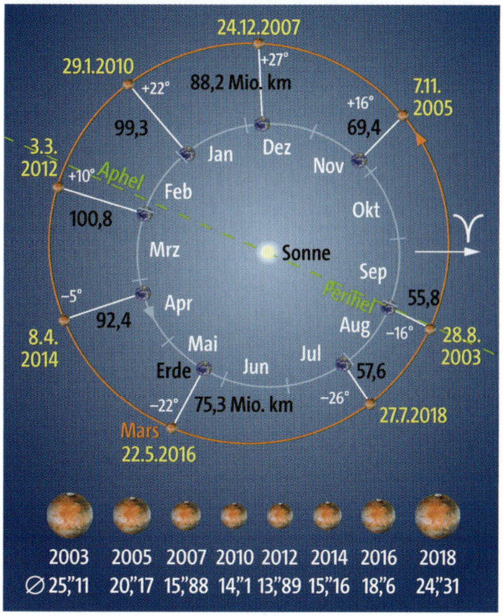

3.6 Marsoppositionen von 2003 bis 2018. Die Oppositionsentfernungen sind in Millionen Kilometer angegeben. Außerdem sind die Marsdeklinationen vermerkt. Darunter sind die scheinbaren Durchmesser der Marsscheibchen dargestellt.

101,8 Millionen Kilometer (= 0,680 AE). Diesmal sind es 92,4 Millionen Kilometer (= 0,618 AE). Die nächste günstige Perihelopposition ist am 27. Juli 2018 zu erwarten, wobei der Minimalabstand des roten Planeten 57,6 Millionen Kilometer (= 0,385 AE) betragen wird.

Eine der günstigsten Marsoppositionen fand am 5. September 1877 statt. Bereits am 2. September 1877 wurde die geringste Marsentfernung von 56,35 Millionen Kilometer (= 0,375 AE) erreicht. Dabei entdeckte Asaph Hall (1829–1907) mit dem großen Refraktor der US-Marine-Sternwarte in Washington, D.C., die beiden winzigen Marsmonde, die Phobos (Furcht) und Deimos (Schrecken) getauft wurden.

Die Kanäle – ein Übersetzungsfehler

Zum gleichen günstigen Oppositionstermin fand ein weiterer Astronom etwas anderes: Gio-

3.7 Der Mars, wie er einem irdischen Beobachter im Teleskop erscheint. (Foto: Stefan Seip)

3.8 Asaph Hall (1829 – 1907), der Entdecker der beiden winzigen Marsmonde Phobos und Deimos.

vanni Virginio Schiaparelli (1835–1910), Direktor der Mailänder Sternwarte, zeichnete Marskarten. Dabei fielen ihm ziemlich gerade, dunkle Linien auf, die über lange Strecken die Marsoberfläche wie ein Spinnennetz überziehen. Er beschrieb sie als „canali". Seine Beobachtungen wurden für die englischsprachigen Leser als „canals" (Kanäle) statt „channels" oder „grooves" (Flussbetten, Gräben, Rillen, Furchen) übersetzt. Ähnlich ging es mit den Übersetzungen ins Deutsche. Wo Kanäle sind, muss es auch deren Erbauer geben! Bald brach ein Marsenthusiasmus aus. Viele waren von der Existenz der Marsbewohner überzeugt, die ihren wasserarmen Planeten mit einem gigantischen Kanalnetz überzogen hatten. Besonders angetan von der Idee einer hochtechnisierten Marszivilisation war der vermögende Bostoner Percival Lowell (1855–1916). Er beschloss, der Sache auf den Grund zu gehen. Lowell ließ in der Stadt Flagstaff eine Sternwarte errichten, um Mars in der ausnehmend klaren Luft Arizonas näher zu erforschen. Heute trägt sie den Namen ihres Gründers. Im Jahre 1930 wurde auf der Lowell-Sternwarte Pluto entdeckt. Marsianer aber wurden keine gefunden. 1895 erschien Lowells erstes Buch „Mars". In ihm stellte er den roten Planeten als sterbende Welt dar. Die Marsianer würden durch die vordringenden Wüsten in ihrer Existenz bedroht. Als Reaktion hätten sie ein gewaltiges Netz aus Kanälen erbaut. Bei der Leserschaft kam das Buch gut an. Zahlreiche Schriften und Bücher wurden publiziert, unter anderem die beiden prominenten Romane „The War of the Worlds" (Krieg der Welten) von Herbert George Wells (1898) und „Auf zwei Planeten" von Kurd Laßwitz (1897). Der Marsrummel erreichte einen Höhepunkt, als ein Rundfunkhörspiel im Jahre 1938 von einer angeblichen Invasion kriegslüsterner Marsianer zu einer Massenpanik in Amerika führte. Populäre Bücher über den Mars erreichten Rekordauflagen.

Eine Frage des Objektivdurchmessers

Doch die meisten Astronomen ließen sich vom Marsrummel nicht anstecken und blieben skeptisch. Mit großen Teleskopen sah die große Mehrheit der Beobachter keine Kanäle auf Mars. Sie vermuteten eher optische Täuschungen ihrer Kollegen. Der italienische Astronom und renommierte Planetenbeobachter Eugène Antoniadi (1870–1944) benutzte 1894 ein vergleichsweise bescheidenes Teleskop. Er zeichnete eine Marskarte, in die er auch Kanäle eintrug. Im September 1909 hatte er aber Gelegenheit, mit dem großen 33-Zoll-Refraktor der Pariser Sternwarte in Meudon den roten Planeten zu beobachten. Mit diesem Teleskop konnte er keine Marskanäle sehen. Antoniadi schrieb an Lowell, dass die Kanäle wohl nicht existieren und nur optische Täuschungen sind, die bei kleineren Instrumenten auftreten. Doch Lowell wollte davon nichts wissen. Auf seiner Sternwarte wurden die Marskarten ständig „verbessert“, neue Kanäle kamen hinzu. Bis zu seinem Tod am 12. November 1916 blieb Lowell von der Existenz einer hochtechnisierten Marszivilisation überzeugt. Bis Mitte des vorigen Jahrhunderts hielt sich hartnäckig der Glaube an die kleinen, grünen Männchen vom Mars, die auf ihren fliegenden Untertassen die Erde besuchen. Noch heute soll es Zeitgenossen geben, die von der Existenz der Marsianer überzeugt sind.

Raumsonden zeichnen ein klareres Bild

Der große Durchbruch in der Marsforschung erfolgte im Juli 1965, als die amerikanische Raumsonde Mariner 4 in nur knapp 10 000 Kilometer Entfernung an Mars vorbeiflog und 22 Bilder zur Erde funkte. Auf ihnen waren zahlreiche Einschlagkrater und Ringwälle zu sehen. Bald folgten weitere Marsmissionen. Am 14. November 1971 schwenkte Mariner 9 in einen Marsorbit ein – der erste erfolgreiche künstliche Marssatellit. Mariner 9 kartografierte einen großen Teil der Marsoberfläche und sandte 7329 Fotos der

3.9 Die Viking-Sonden waren die ersten, die im Sommer 1976 weich auf der Marsoberfläche landeten.

NASA/JPL

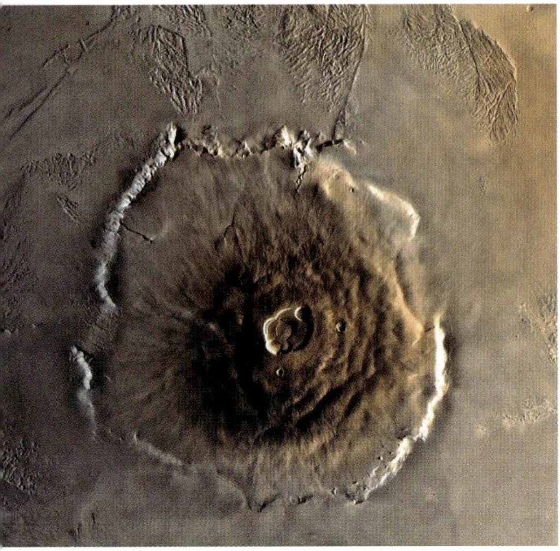

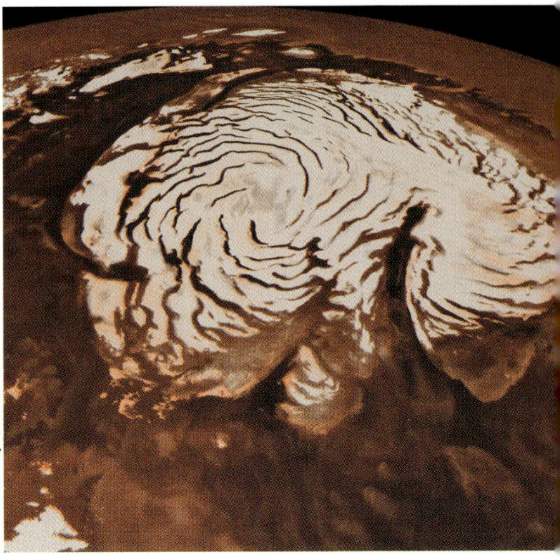

Viking-Orbiter, NASA/JPL
Mars Global Surveyor, NASA/JPL

3.10 Mons Olympus – mit 25 km Höhe und 600 km Basisdurchmesser der größte Schildvulkan auf dem Mars.

3.11 Der Marsnordpol ist von Kohlendioxidschnee, vermischt mit Wassereiskristallen, bedeckt.

Marsoberfläche zur Erde. Spuren einer Marszivilisation wurden keine sichtbar. Außer Krater wurden gewaltige Schildvulkane entdeckt, von denen Olympus Mons mit 25 Kilometer Höhe der größte ist. Riesige Grabenbrüche und Canyons, tiefe und langgestreckte Täler, dünenartige Landstriche, gewaltige Becken und ausgedehnte Hochflächen gestalten die bizarren Marslandschaften.

Zahlreiche Spuren deuten darauf hin, dass in einer fernen Vergangenheit flüssiges Wasser sowie eine dichtere Atmosphäre auf Mars vorhanden waren. Heute gibt es keine freien Wasserflächen wie Ozeane oder Seen auf dem Planeten. Dazu ist er zu kalt und der Atmosphärendruck zu gering. In Form von Eis ist Wasser jedoch an den Marspolen vorhanden sowie unter der Oberfläche als Permafrost verborgen.

Die Dichte der Marsatmosphäre ist heute rund hundert Mal geringer als die irdische auf Meeresniveau. Die Marsatmosphäre setzt sich zu 95% aus Kohlendioxid und fast 5 % aus molekularem Stickstoff zusammen. Ferner finden sich Spuren des Edelgases Argon sowie von Kohlenmonoxid und Wasserdampf (nur 0,02%) in der Marsluft. Das Klima ist nicht nur staubtrocken, sondern auch extrem frostig. Die globale mittlere Atmosphärentemperatur beträgt –59 °C, die der irdischen Luft jedoch +15 °C. Ohne die Treibhauswirkung des Kohlendioxids wäre die Marsluft noch kühler. Am Marsäquator heizt sich der Boden zur Mittagszeit auf +10 °C bis +20 °C auf. Aber bereits in wenigen Metern über dem Boden ist die Marsatmosphäre –20 °C kühl. In der Marsnacht sinkt die Temperatur unter –80 °C, an den Polen auf –120 °C.

Weiche Landungen auf Mars

Einer der ganz großen Erfolge in der Marsforschung war die weiche Landung der beiden Marssonden VIKING 1 und VIKING 2 im Sommer 1976. Mit ihren Greifarmen sammelten sie Bodenproben ein, die in Labors an Bord analysiert wurden. Die beiden Landeorte in den Ebenen Chryse Planitia (+22,°7 areografische Breite und 48,°2 westliche areografische Länge), etwa 2,7 Kilometer unter der Referenzoberfläche, und Utopia Planitia (+48,°3 und 226,°0 West), etwa 4,2 Kilometer über der Referenzoberfläche, sind von Lavageröll übersät. Zunächst glaubte man, Beweise für Fotosynthese gefunden zu haben. Bald stellte sich heraus, dass keine organischen Verbindungen vorhanden sind. Zumindest an den beiden Landeplätzen ist die Marsoberfläche steril.

Doch so leicht ließen sich die Marsforscher nicht entmutigen. Weitere erfolgreiche Missionen nahmen den roten Planeten ins Visier und funkten riesige Datenmengen zur Erde. Mars gilt heute als besterforschter Planet – von der Erde abgesehen natürlich.

MARS GLOBAL SURVEYOR erreichte den roten Planeten im September 1997, MARS ODYSSEY folgte im Oktober 2001. Beide Sonden umkreisen Mars als künstliche Trabanten und liefern permanent Daten und Bilder. Die Mission PATHFINDER setzte am 4. Juli 1997 eine Landefähre weich auf dem Marsboden ab und ließ das erste Marsauto (SOJOURNER) über die bizarre Landschaft kurven. Der Verkehr auf Mars nahm zu, als die beiden Rover der Missionen SPIRIT und OPPORTUNITY im Januar 2004 zu ihren Erkundungsfahrten über die Marsoberfläche starteten. Eine weitere sehr erfolgreiche Mission war PHOENIX. Die Raumsonde ging sanft am 25. Mai 2008 im frostigen Nordpolargebiet nieder (+68°,2 / 234°,3 Ost). PHOENIX entdeckte auch knapp unter der Oberfläche das lange vermutete Wassereis. Doch Permafrost ist kein Biotop – Leben am Landeplatz von PHOENIX – Fehlanzeige.

Komplexe Marsmeteorite

Beflügelt wurde die Hoffnung, auf Mars mindestens Mikroorganismen zu finden, durch die Un-

3.12 Die Raumsonde CURIOSITY landete erfolgreich am 6. August 2012 im Marskrater Gale.

Mars Science Laboratory, NASA/JPL

tersuchungen der rund drei Dutzend Marsmeteorite, die in der Antarktis entdeckt wurden. In ihnen wurden recht komplexe Kohlenwasserstoffverbindungen gefunden sowie Aminosäuren. In dem Marsmeteoriten ALH84001, der 1984 in der Antarktis geborgen wurde, glaubte man sogar, Stoffwechselprodukte von Marsbakterien entdeckt zu haben. Doch die mikroskopisch kleinen Strukturen sind mitnichten Spuren fossilen Marslebens. Sie sind allesamt anorganische Produkte.

Immerhin: Wasser kommt in Form von Eis auf Mars vor, Spuren von flüssigem Wasser lassen vermuten, dass es vor zwei Milliarden Jahren auf dem Planeten wesentlich wärmer war und seine Atmosphäre deutlich dichter als heute. Außerdem sind die Bausteine für Organismen vorhanden: komplexe Kohlenwasserstoffmoleküle sowie Aminosäuren. Doch dies ist noch lange kein Leben, sind noch längst keine Mikroorganismen. Zwar sind beziehungsweise waren die Voraussetzung für Leben gegeben: die Sonne als Energiequelle, flüssiges Wasser als Lösungsmittel und organische Moleküle, sogenannte polyzyklische aromatische Kohlenwasserstoffverbindungen als Bausteine. Doch wann kann man von Leben sprechen? Nach unserem heutigen Verständnis sind lebende Organismen aus Zellen zusammengesetzt. Im einfachsten Fall sind Mikroorganismen Einzeller. Eine Zelle ist ein von der Umwelt getrennter Raumbereich, in dem sich verschiedene Prozesse abspielen, je nach Aufgabe der Zelle. Bau und Funktion sind in molekularer Form codiert und gespeichert. Dies geschieht in helixförmigen, langen Ketten aus Nukleinsäuren (DNS – **D**esoxyribo**n**ukleinsäure oder DNA – Deoxyribonucleic Acid).

Eine wesentliche Eigenschaft einer Zelle ist es, mit Hilfe der gespeicherten Daten („Erbinformation") durch Teilung identische Kopien ihrer selbst zu erzeugen. Diese Reduplikationen sind nicht immer zu hundert Prozent erfolgreich. Es treten Lesefehler auf, die neue Zelle ist verändert. Solche Mutationen sind meist schädlich. In etlichen Fällen führen aber Mutationen zu einer verbesserten Anpassung der Zelle beziehungsweise des gesamten Organismus an die Umweltbedingungen – neue Lebensformen entstehen. Mutationen bedingen somit die biologische Evolution. Nachdem die europäische Marsmission MARS EXPRESS vor allem unter dem Südpol große Mengen Wassereis aufgespürt hat – man schätzt etwa eineinhalb Millionen Kubikkilometer – erhielt die Suche nach Mikroorganismen neuen Auftrieb.

Wasser, aber kein Leben

Um dem Leben auf Mars endgültig auf die Spur zu kommen, wurde die amerikanische Raumsonde CURIOSITY (engl., Neugier) am 26. November 2011 auf den Weg zum roten Planeten gebracht. CURIOSITY landete erfolgreich am 6. August 2012 im Marskrater Gale nahe dem Zentralberg Aeolis Mons (Mount Sharp). Landeposition von CURIOSITY: –4,°5 / 137,°4 Ost. Seither fährt das vierte und bisher größte Marsauto über die öde Landschaft und hat inzwischen auch den Marsboden angebohrt.

Die ersten Ergebnisse bestätigen schon frühere Erkenntnisse: Wasser in Form von Permafrost ist in großen Mengen vorhanden. Der relativ hohe Anteil an schwereren Isotopen in der Atmosphäre deutet darauf hin, dass ihre Dichte und Temperatur einst wesentlich höher waren und die leicht flüchtigen Gase inzwischen in das Weltall hinaus diffundierten.

Auch fand das bisher schwerste und am besten ausgerüstete Marsauto ausgetrocknete Flusstäler. In ihnen liegen abgerundete Schottersteine, Beweise für einst fließendes Wasser. Die Schnüffel-Detektoren, korrekt als APXS (Alpha Particle X-Ray Spectrometer) und ChemCam (Chemistry & Camera) bezeichnet, fanden bisher kein organisches Material und werden wohl auch keines finden. Nicht einmal eine Spur von Methan wurde detektiert. Mars ist ein eiskalter, toter Wüstenplanet. Sollten sich dennoch Mikroorganismen finden lassen, so sind sie trotz aller Vorsichtsmaßnahmen wohl von der Erde eingeschleppt – sei es durch die irdischen Raumsonden oder durch irdische Meteorite, die einst auf Mars einschlugen.

April 2014

- Mars kommt am 8. im Sternbild Jungfrau in Opposition zur Sonne.
- Venus spielt ihre Rolle als Morgenstern.
- Jupiter ist Planet der ersten Nachthälfte.
- Saturn in der Waage wird zum Planeten der gesamten Nacht.

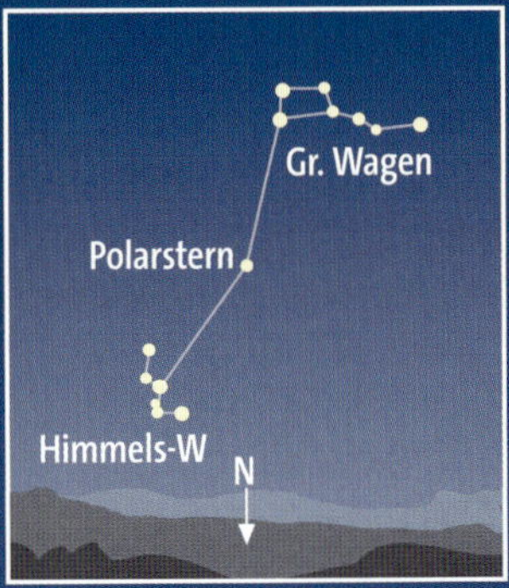

Großer Wagen und Himmels-W Anfang April um 22 Uhr

4.1 Anblick des abendlichen Westhimmels am 6. April gegen 22^h MEZ (= 23^h MESZ). Der zunehmende Halbmond passiert den Riesenplaneten Jupiter im Sternbild Zwillinge.

1 Di	
2 Mi	
3 Do	
4 Fr	
5 Sa	
6 So	Mond bei Jupiter (Abendhimmel)
7 Mo	Mond im ersten Viertel
8 Di	Mars in Opposition Mond in Erdferne
9 Mi	
10 Do	
11 Fr	
12 Sa	
13 So	
14 Mo	Mars in Erdnähe, Mond bei Mars (Abendhimmel)
15 Di	**Vollmond**
16 Mi	
17 Do	Mond bei Saturn (Morgenhimmel)
18 Fr	Karfreitag
19 Sa	Karsamstag
20 So	Ostersonntag
21 Mo	Ostermontag
22 Di	Mond im letzten Viertel
23 Mi	Mond in Erdnähe
24 Do	
25 Fr	
26 Sa	Mond bei Venus (Morgenhimmel)
27 So	
28 Mo	
29 Di	**Neumond**
30 Mi	

Sonne – Sternbilder

19. 4. 2^h:
Sonne tritt in das Sternbild Widder
20. 4. 5^h:
Sonne tritt in das Tierkreiszeichen Stier
Julianisches Datum am
1. April, 1^h MEZ: 2456748,5

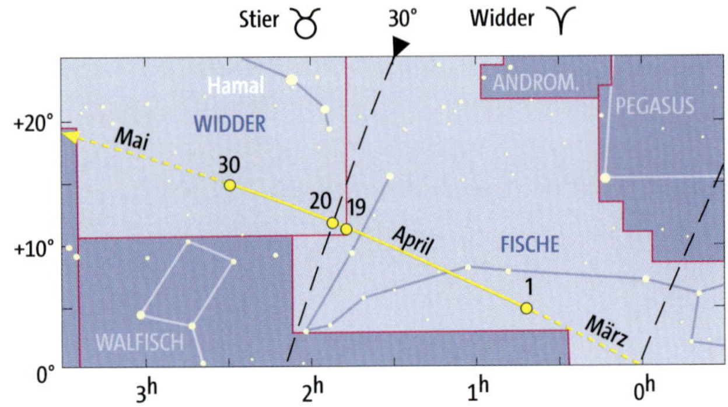

Tabelle Sonnenlauf

Tag	Dämmerg. Anfang	Aufgang MEZ	Kulmination	Untergang MEZ	Dämmerg. Ende	Mittagshöhe	Zeitgleichg.	Rektaszension	Deklination
	h m	h m	h m	h m	h m	°	m	h m	°
1.	4 45	5 57	12 24	18 52	20 04	44,6	–4	0 40	+ 4,4
5.	4 36	5 49	12 23	18 58	20 11	46,1	–3	0 55	+ 5,9
10.	4 24	5 38	12 21	19 06	20 21	48,0	–1	1 13	+ 7,8
15.	4 12	5 28	12 20	19 14	20 30	49,8	0	1 32	+ 9,6
20.	4 00	5 18	12 19	19 21	20 40	51,6	+1	1 50	+11,4
25.	3 48	5 08	12 18	19 29	20 50	53,3	+2	2 09	+13,0
30.	3 36	4 59	12 17	19 37	21 00	54,8	+3	2 28	+14,6

Tages- und Nachtstunden

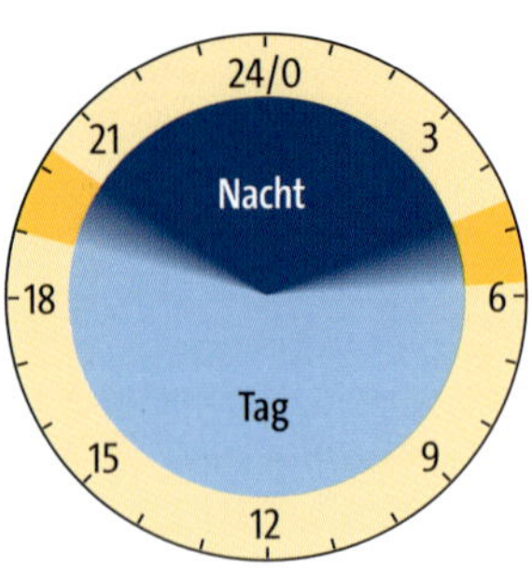

5. April

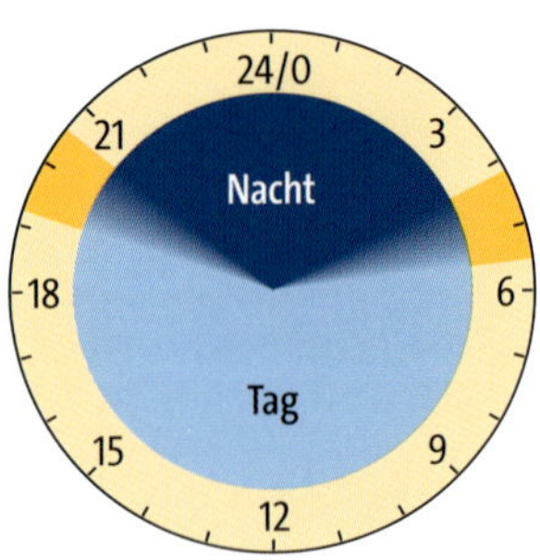

15. April

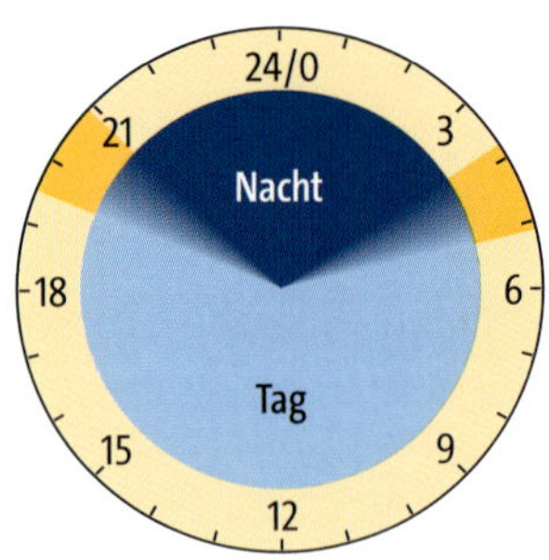

25. April

Tabelle Mondlauf

Datum		Aufg. MEZ h m	Kulmination h m	Unterg. MEZ h m	Rektaszension h m	Deklination °		Sterne und Sternbilder	Phase	MEZ
Di	1.	6 40	13 49	21 10	1 39	+10,4		Fische	Absteigender Knoten	
Mi	2.	7 14	14 41	22 17	2 33	+13,9		Widder	Libration West	
Do	3.	7 52	15 32	23 19	3 27	+16,5	*	Stier		
Fr	4.	8 34	16 23	–	4 20	+18,1		Stier, Hyaden		
Sa	5.	9 21	17 13	0 15	5 13	+18,9		Stier		
So	6.	10 13	18 01	1 03	6 04	+18,7	*	Orion		
Mo	7.	11 09	18 48	1 45	6 54	+17,7	*	Alhena	**Erstes Viertel**	**$9^h 31^m$**
Di	8.	12 07	19 34	2 20	7 44	+16,0		Zwillinge	Erdferne 405/29′,5	16^h
									Größte Südbreite	
Mi	9.	13 07	20 18	2 52	8 31	+13,5	*	Krebs, Krippe		
Do	10.	14 09	21 02	3 19	9 18	+10,5		Krebs		
Fr	11.	15 12	21 46	3 45	10 05	+ 7,0		Löwe, Regulus		
Sa	12.	16 17	22 30	4 09	10 51	+ 3,2		Sextant		
So	13.	17 23	23 15	4 33	11 38	− 0,8		Jungfrau		
Mo	14.	18 30	–	4 59	12 26	− 4,8		Jungfrau		
Di	15.	19 39	0 03	5 26	13 16	− 8,8		Spica	**Vollmond**	**$8^h 42^m$**
									Aufsteigender Knoten	
									Libration Ost	
Mi	16.	20 49	0 52	5 57	14 08	−12,4		Jungfrau		
Do	17.	21 57	1 44	6 34	15 02	−15,4		Waage		
Fr	18.	23 01	2 39	7 17	15 58	−17,6		Waage		
Sa	19.	23 59	3 35	8 08	16 56	−18,8		Schlangenträger		
So	20.	–	4 32	9 08	17 56	−18,8		Schütze		
Mo	21.	0 50	5 30	10 14	18 55	−17,7		Schütze, Nunki		
Di	22.	1 33	6 26	11 26	19 53	−15,5		Schütze	**Letztes Viertel**	**$8^h 52^m$**
									Größte Nordbreite	
Mi	23.	2 10	7 21	12 40	20 50	−12,4		Wassermann	Erdnähe 370/32′,3	1^h
Do	24.	2 42	8 14	13 55	21 45	− 8,5		Wassermann		
Fr	25.	3 12	9 05	15 10	22 40	− 4,2		Wassermann		
Sa	26.	3 40	9 56	16 25	23 33	+ 0,3		Fische		
So	27.	4 08	10 47	17 38	0 26	+ 4,8		Fische		
Mo	28.	4 38	11 38	18 50	1 19	+ 9,0		Fische	Absteigender Knoten	
Di	29.	5 10	12 29	19 59	2 12	+12,6		Widder	**Neumond Nr. 1130**	**$7^h 14^m$**
									Libration West	
Mi	30.	5 46	13 21	21 04	3 06	+15,6		Widder		

Der Mond zieht zwischen Mars und Spica hindurch

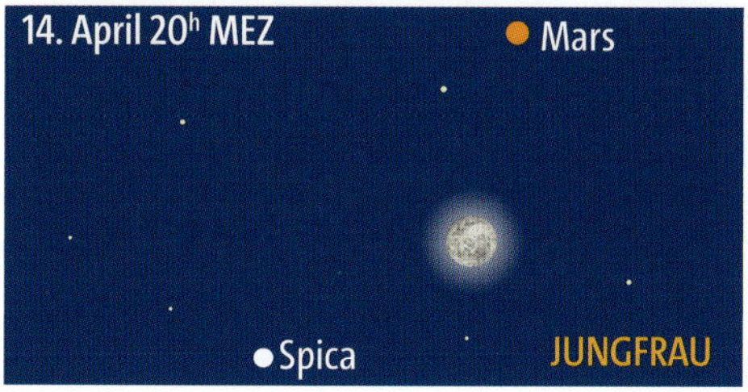

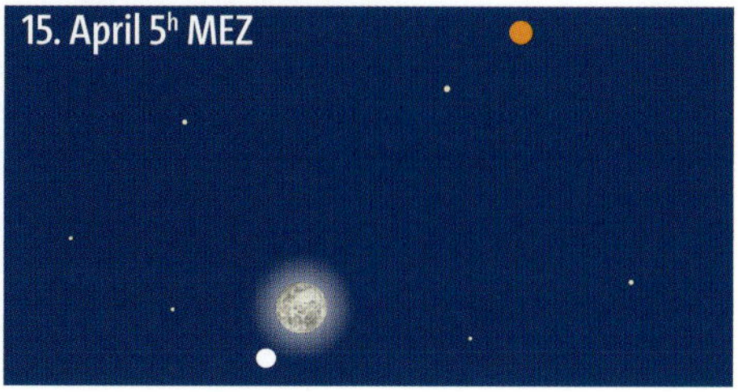

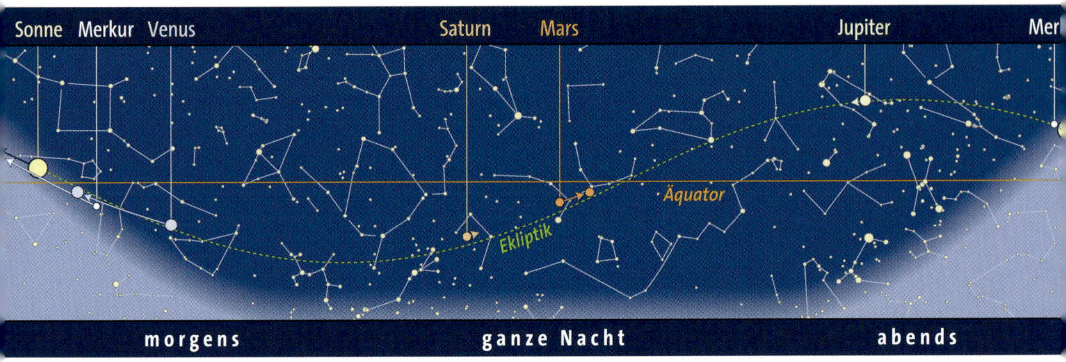

Merkur eilt der Sonne nach. Am 26. holt er sie im Sternbild Widder ein. An diesem Tag steht er in oberer Konjunktion mit der Sonne, also von der Erde aus betrachtet hinter der Sonne. Ihn trennen an diesem Tag 199 Millionen Kilometer (= 1,330 AE) von uns. Bis Monatsende wächst seine östliche Elongation auf 5,°7 an, was noch lange nicht für eine Abendsichtbarkeit reicht. Fazit: Merkur hält sich im April bei der Sonne am Taghimmel auf und bleibt nachts unsichtbar.

Venus spielt ihre Rolle als Morgenstern. Allerdings verschlechtern sich die Sichtbedingungen ein wenig. Zwar verfrühen sich die Venusaufgänge von 4^h27^m

4.2 Heliozentrischer Anblick **des Planetensystems im zweiten Jahresviertel 2014. Eingetragen sind links die Positionen der inneren Planeten für den 1. April (4), 1. Mai (5), 1. Juni (6) und 1. Juli (7). Der rechte Teil zeigt das äußere Planetensystem und einige Planetoiden zu Anfang und Ende des zweiten Quartals. Die Pfeile deuten die Richtungen zu den ferneren Planeten und zum Frühlingspunkt an.**

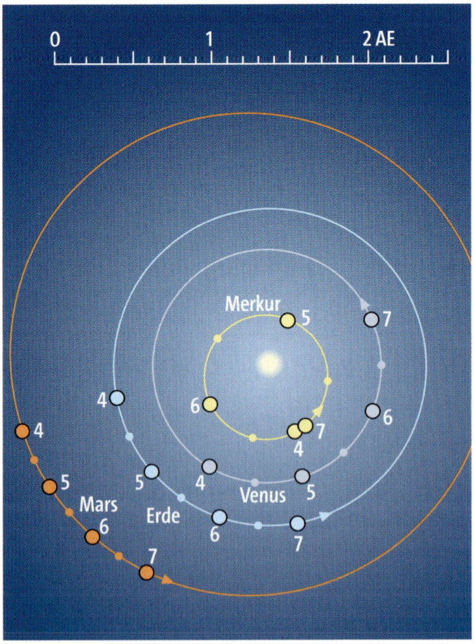

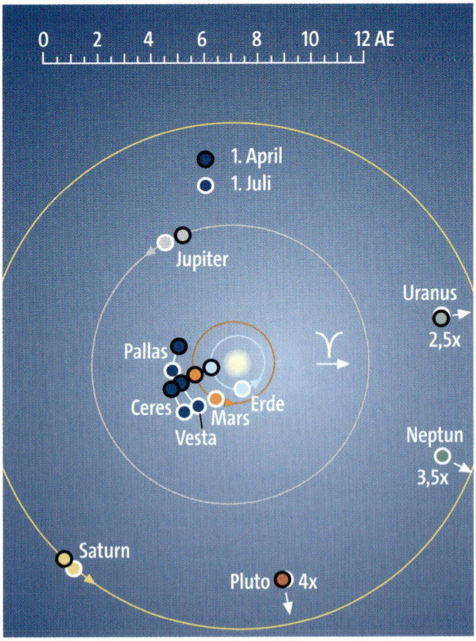

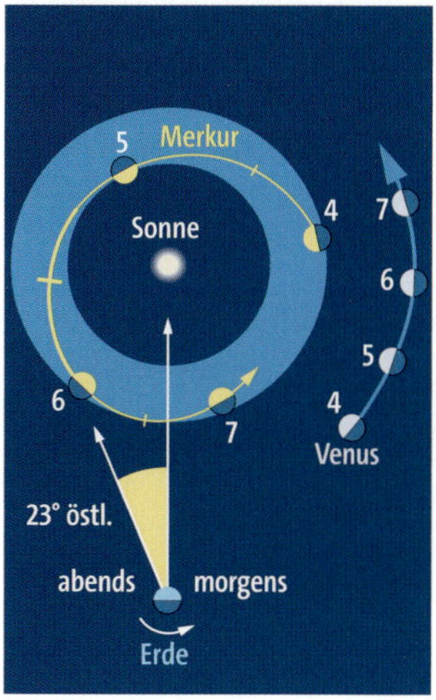

4.3 Bahnen von Merkur und Venus:
Heliozentrische Bewegungen von Merkur und Venus *relativ* zur Erde. In den dicker ausgezogenen Bahnteilen sind die Planeten beobachtbar. Die Zahlen markieren die Positionen jeweils zum Monatsersten. Östlicher Winkelabstand bedeutet Abendsichtbarkeit, westliche Elongation: Planet steht am Morgenhimmel.

(= $5^{h}27^{m}$ Sommerzeit) Anfang April auf $3^{h}46^{m}$ am Monatsende. Doch auch die Sonne geht Ende April eine Stunde früher auf als zu Monatsbeginn. Deshalb verkürzt sich die Sichtbarkeitsdauer von Venus am Morgenhimmel von rund eineinhalb auf nur noch eine Stunde (siehe Abb. 2.3 auf Seite 63).

Auch sinkt die Venushelligkeit von $-4^{m}{,}4$ auf $-4^{m}{,}1$ im Laufe des Monats leicht ab.

Am 12. passiert Venus $0^{\circ}{,}7$ nördlich den sonnenfernen Neptun, der allerdings wegen seiner Lichtschwäche auch mit Ferngläsern und Amateurteleskopen noch nicht gesehen werden kann.

Das Venusscheibchen wird immer kleiner und rundlicher. Ende April sind 67 % des gut 17″ großen Planetenscheibchens beleuchtet.

Mars, rückläufig im Sternbild Jungfrau, steht am 8. in den Abendstunden in **Opposition** zur Sonne. Der rote Planet ist als auffälliges Gestirn mit $-1^{m}{,}5$ Helligkeit die gesamte Nacht am Firmament vertreten.

Am Oppositionstag geht Mars um $18^{h}47^{m}$ (= $19^{h}47^{m}$ Sommerzeit) auf, kulminiert in der Oppositionsnacht um $0^{h}26^{m}$ und geht morgens am 9. um $6^{h}04^{m}$ unter. Bis Monatsende verfrühen sich die Marsuntergänge auf $4^{h}22^{m}$, die Marshelligkeit geht merkbar um $0^{m}{,}3$ auf $-1^{m}{,}2$ zurück.

Die geringste Entfernung von der Erde erreicht Mars am 14. mit 92,4 Millionen Kilometer (= 0,618 AE). Mars kommt somit fast eine Woche nach der Opposition in größte Erdnähe, da sowohl die Mars- als auch die Erdbahn elliptisch und nicht exakt kreisförmig sind, wie schon Johannes Kepler feststellte (1. Kepler-Gesetz). Zurzeit entfernt sich die Erde von der Sonne, Mars nähert sich ihr aber. Denn am 3. Januar dieses Jahres stand Mars im Aphel. Dies ist auch der Grund, warum Mars in der diesjährigen Opposition relativ weit entfernt bleibt. Im Jahre 2003 kamen sich Erde und Mars bei ihrer Opposition Ende August mit 55,8 Millionen Kilometer (= 0,373 AE) extrem nahe. Die nächste derart günstige Marsopposition findet Ende Juli 2018 statt. Die geringste Distanz Erde–Mars wird dann 57,6 Millionen Kilometer (= 0,385 AE) betragen.

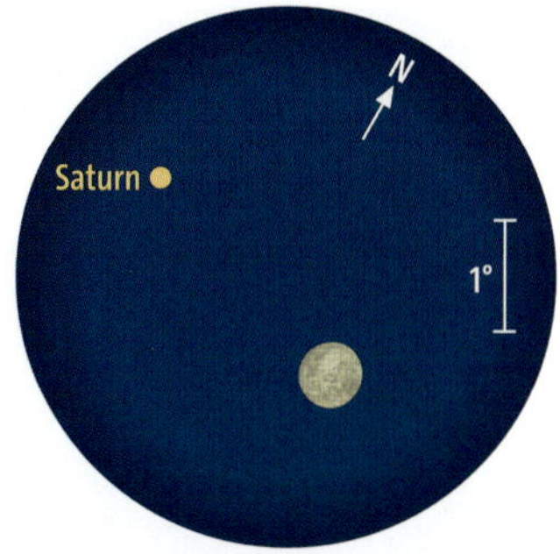

4.4 Mond bei Saturn:
Der noch fast volle Mond begegnet am 17. April dem Ringplaneten im Sternbild Waage. Fernglasanblick gegen 5^{h} MEZ (= 6^{h} MESZ) bei 5° Gesichtsfelddurchmesser.

Im Teleskop zeigt Mars zur größten Annäherung ein Planetenscheibchen von $15''{,}2$ scheinbarem Durchmesser. Damit sind im Teleskop etliche Oberflächendetails auszumachen. Wer regelmäßig Mars beobachtet, kann seine Rotationsdauer bestimmen. Sie ist mit $24^{h}37^{m}$ nur ein wenig länger als die der Erde.

Jupiter, wieder rechtläufig in den Zwillingen, zieht sich aus der zweiten Nachthälfte zurück. Er dominiert aber die erste Nachthälfte. Auch Mars kann ihm nicht die Schau stehlen. Die Jupiterhelligkeit sinkt weiter um $0^{m}{,}2$ ab und beträgt am Monatsende $-2^{m}{,}0$.

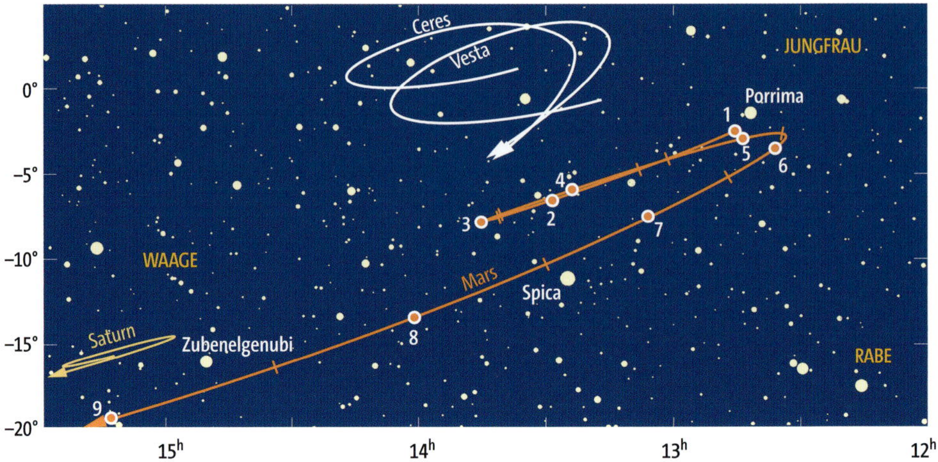

4.5 Mars, Ceres und Vesta: Scheinbare Schleifenbahnen des Planeten Mars und der Kleinplaneten (1) Ceres und (4) Vesta im Gebiet der Sternbilder Jungfrau und Waage. Eingetragen ist ferner die Lage der Saturnbahn im Jahre 2014.

Seine Untergänge verlagert der Riesenplanet von 2^h40^m (– 3^h40^m Sommerzeit) am 1. auf 1^h50^m am 15. und auf 0^h59^m am Monatsletzten.

Auch sein scheinbarer Durchmesser ist nun merkbar kleiner als noch zur Opposition. Der Äquatordurchmesser beträgt 35,″3 und der Poldurchmesser 33,″0 Ende April.

Am 6. sieht man den zunehmenden Halbmond 6° südlich von Jupiter (siehe Abb. 4.1 auf Seite 100).

Saturn beschleunigt seine rückläufige Wanderung durch die Waage, was man gut an Zubenelakrab (γ Librae; $3^m_,9$) verfolgen kann (siehe Abb. 5.7 auf Seite 128). Saturn wird nun zum Planeten der gesamten Nacht. Im ersten Maidrittel kommt er in Opposition zur Sonne. Die Helligkeit des Ringplaneten nimmt weiter leicht auf $0^m_,2$ zu.

Saturn geht am 1. um 22^h19^m (= 23^h19^m Sommerzeit) auf und am 15. um 21^h20^m. Am 30. überschreitet der Ringplanet bereits um 20^h15^m die südöstliche Horizontlinie.

Der noch fast volle Mond stattet Saturn in den Morgenstunden des 17. seinen monatlichen Besuch ab (siehe Abb. 4.4 auf Seite 105).

Uranus kommt am 2. morgens im Sternbild Fische in Konjunktion mit der Sonne. Er steht am Taghimmel und bleibt nachts unbeobachtbar.

Die Begegnung mit Merkur am 14. bleibt ebenfalls unsichtbar. Am Tag der Konjunktion trennen Uranus 3146 Millionen Kilometer (= 21,03 AE) von der Erde. Seine Sonnenentfernung misst 2996 Millionen Kilometer (= 20,03 AE). Dies entspricht einer Lichtlaufzeit von zwei Stunden und 46 Minuten.

Neptun, rechtläufig im Wassermann, kann sich noch nicht aus den Strahlen der Sonne befreien. Der mit $7^m_,9$ recht lichtschwache, sonnenferne Planet bleibt unsichtbar.

Pluto wird am 15. im Sternbild Schütze stationär und setzt zu seiner Oppositionsschleife an (siehe Abb. 7.8 auf Seite 165).

Seine Opposition zur Sonne erreicht der Zwergplanet Nr. 134 340 am 4. Juli 2014.

Planetoiden

Ceres (1) kommt Mitte April im Sternbild Jungfrau in **Opposition** zur Sonne. Am Tag der Opposition, dem 15. um 7^h, geht Ceres um 18^h18^m (= 19^h18^m Sommerzeit) auf und kulminiert in der Oppositionsnacht um 0^h38^m. Am Morgen geht sie um 6^h56^m

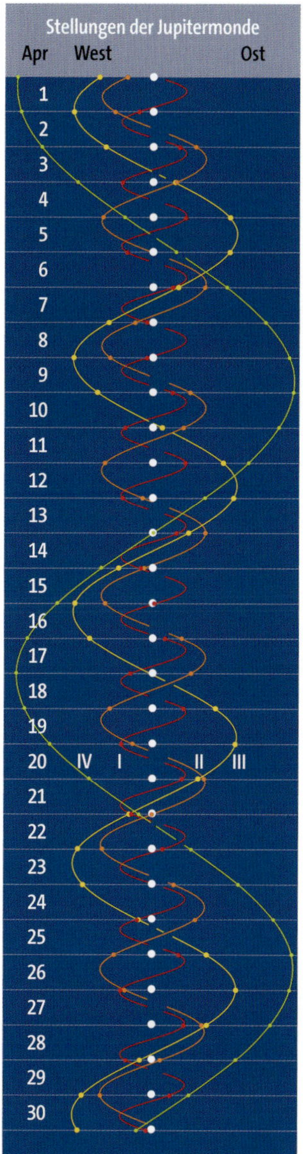

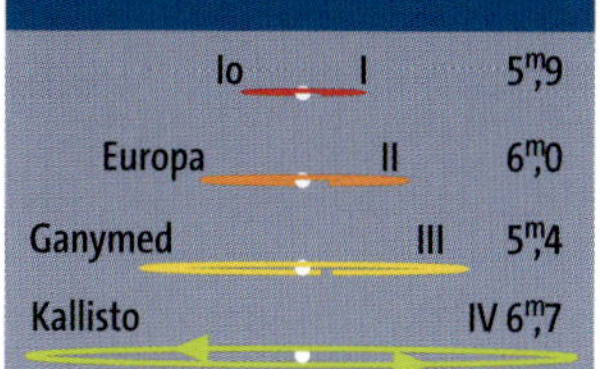

Jupitermonde

Tag	MEZ h	MEZ m	Vorgang	
1.	20	24	I	DA
	21	41	I	SA
	22	39	I	DE
	23	56	I	SE
2.	21	17	I	VE
3.	21	06	III	VA
4.	0	28	III	VE
5.	23	30	IV	VA
	23	50	II	BA
7.	21	28	II	SA
	21	36	II	DE
8.	0	10	II	SE
	22	20	I	DA
	23	36	I	SA
9.	0	35	I	DE
	19	39	I	BA
	23	12	I	VE
10.	19	56	III	BA
	20	21	I	SE
	23	10	III	BE
13.	22	28	IV	DA
14.	21	35	II	DA
15.	0	03	II	SA
	0	15	II	DE
16.	0	17	I	DA
	21	11	II	VE
	21	35	I	BA
17.	20	01	I	SA
	21	01	I	DE
	22	17	I	SE
18.	0	03	III	BA
21.	22	28	III	SE
22.	21	45	IV	VE
23.	23	32	I	BA
	23	49	II	VE
24.	20	44	I	DA
	21	56	I	SA
	22	59	I	DE
25.	21	31	I	VE
28.	21	37	III	DE
	23	08	III	SA
30.	21	11	IV	DE
	21	16	II	BA

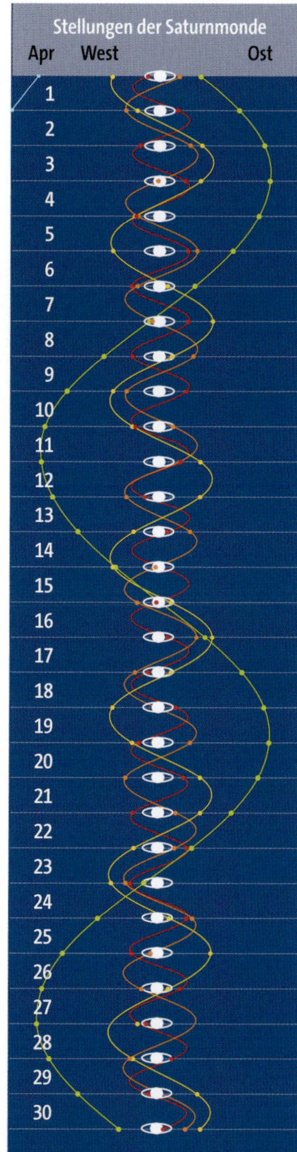

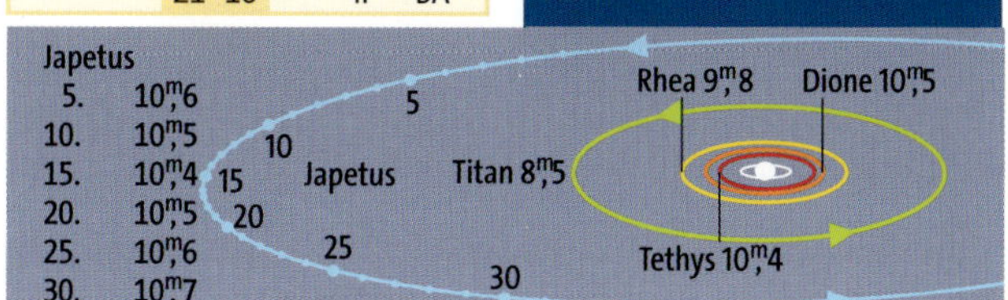

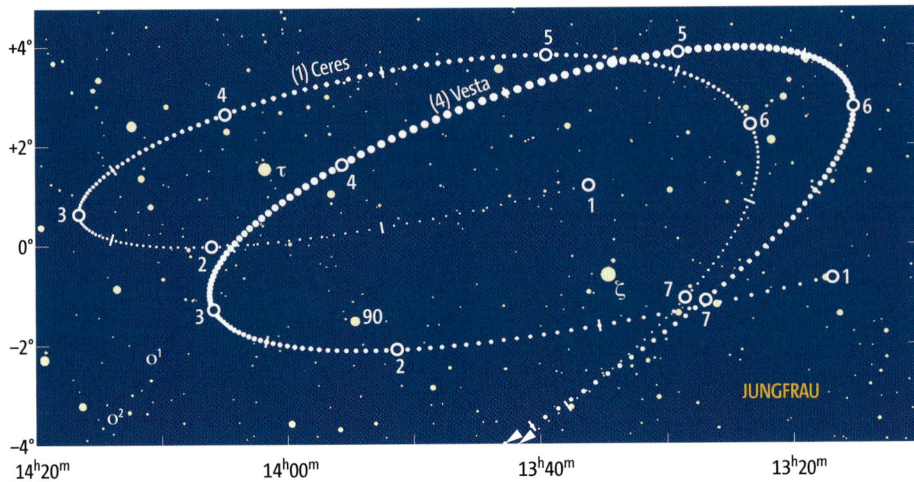

4.6 Ceres und Vesta:
Scheinbare Schleifenbahnen der Kleinplaneten (1) Ceres und (4) Vesta im Sternbild Jungfrau. Die Zahlen geben die jeweilige Position von Ceres und Vesta zu Monatsbeginn an (4 = 1. April).

unter. Das Aufsuchkärtchen Abb. 4.6 oben soll das Aufspüren des 1. Planetoiden erleichtern. Am 3. passiert Ceres den Stern τ Virginis $1{,}^{\circ}3$ nördlich.

Zur Opposition erreicht Ceres eine Helligkeit von $7^{\mathrm{m}}{,}0$. Damit ist sie ein typisches Fernglasobjekt. Bis Ende April geht die Cereshelligkeit leicht auf $7^{\mathrm{m}}{,}2$ zurück. Ihre Kulmination verfrüht sich auf $23^{h}25^{m}$ am Monatsende.

Am 15. trennen Ceres 246 Millionen Kilometer (= 1,64 AE) von der Erde, dies entspricht einer Lichtlaufzeit von knapp 14 Minuten. Ihre Sonnendistanz misst zur Opposition 393 Millionen Kilometer (= 2,63 AE).

Pallas (2), wieder rechtläufig, eilt weiter nordwärts und überschreitet am 8. die Grenze zum Sternbild Löwe. Sie zieht dabei östlich an ο Leonis vorbei und steuert auf Regulus, den Hauptstern des Löwen (α Leonis) zu (siehe Abb. 2.6 auf Seite 66).

Die Pallashelligkeit sinkt weiter um $0^{\mathrm{m}}{,}8$ auf $8^{\mathrm{m}}{,}4$ Ende April ab. Zudem wird es immer später dunkel und Pallas kulminiert immer früher, was die Beobachtungsstunden für Pallas stark verkürzt. Am 1. kulminiert Pallas um $21^{h}16^{m}$ (= $22^{h}16^{m}$ Sommerzeit), am 15. um $20^{h}27^{m}$ und am 30. bereits um $19^{h}40^{m}$. Am letzten Apriltag geht sie schließlich um $2^{h}41^{m}$ unter.

Juno – Planetoid Nr. 3 – kommt am 11. um 8^{h} im Sternbild Fische in Konjunktion mit der Sonne. Von der Erde ist Juno zu diesem Termin 459 Millionen Kilometer (= 3,07 AE) entfernt. Ihre Sonnendistanz misst 310 Millionen Kilometer (= 2,07 AE).

Vesta (4) steht am 13. um 13^{h} im Sternbild Jungfrau in **Opposition** zur Sonne. Mit $5^{\mathrm{m}}{,}8$ Oppositionshelligkeit ist sie theoretisch mit bloßen Augen zu erkennen.

Sie geht am Oppositionstag um $18^{h}21^{m}$ (= $19^{h}21^{m}$ Sommerzeit) auf. In der Oppositionsnacht kulminiert sie um $0^{h}38^{m}$ und geht morgens um $6^{h}53^{m}$ unter. Das Aufsuchkärtchen Abb. 4.6 oben soll helfen, Vesta schnell mit einem Fernglas zu entdecken. Von Ceres ist sie nur zweieinhalb Grad entfernt (siehe Abb. 2.7 auf Seite 67).

Am Monatsbeginn kulminiert Vesta um $1^{h}39^{m}$ (= $2^{h}39^{m}$ Sommerzeit), am Monatsende schon um $23^{h}15^{m}$.

Zur Opposition ist Vesta 184 Millionen Kilometer (= 1,23 AE) von uns entfernt, dies entspricht einer Lichtlaufzeit von gut zehn Minuten. Ihre Sonnendistanz beträgt am Oppositionstag hingegen 332 Millionen Kilometer (= 2,22 AE).

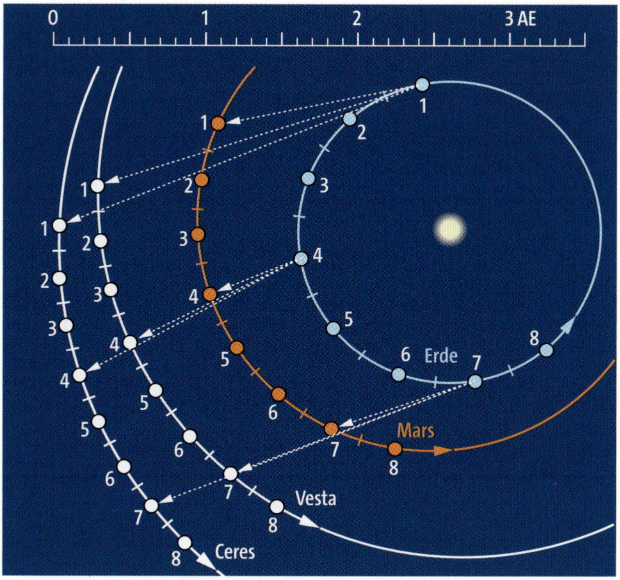

4.7 Erde, Mars, Ceres, Vesta: Heliozentrische Bahnen der Planeten Erde und Mars sowie der Kleinplaneten Ceres und Vesta von Januar bis August 2014. Von der Erde aus betrachtet stehen Mars, Ceres und Vesta nahe beieinander.

Periodische Sternschnuppenströme

Um den 10. April erreichen die Virginiden ihr wenig ausgeprägtes Maximum. Einzelne Virginiden-Meteore sind bis ins erste Maidrittel zu verfolgen.

In der Zeit vom 16. bis 25. April werden die Lyriden aktiv. Ihr Ausstrahlungspunkt liegt in der Leier, etwa 7° südwestlich von Wega. Manche Beobachter vermuten mehrere Radianten. Die Lyriden sind mittelschnelle Objekte. Im Schnitt liegen ihre Geschwindigkeiten um 50 Kilometer pro Sekunde. Günstigste Beobachtungszeit: 22^h bis 4^h. Das Maximum am 22. April ist nicht sehr ausgeprägt. Rund zehn bis zwanzig Meteore, darunter einige helle Exemplare, leuchten dann pro Stunde auf. In seltenen Fällen sind mehr Sternschnuppen pro Stunde zu registrieren.

Um den 17. April erreichen die Sigma-Leoniden ihr Maximum. Vereinzelte Objekte dieses schwachen Stromes sind noch bis Mitte Mai nachweisbar. Bei ihnen fehlen Beobachtungen in den letzten Jahren. Eventuell ist dieser Strom versiegt.

Im letzten Aprildrittel tauchen die ersten Eta-Aquariden auf (siehe Seite 129).

Konstellationen und Ereignisse

Datum	MEZ	Ereignis
2.	8^h	Uranus in Konjunktion mit der Sonne
7.	0	**Mond bei Jupiter**, Mond 5,°4 südlich, **Abstand 6,°0 um 22^h am 6.**
8.	22	**Mars in Opposition zur Sonne**
12.	9	Venus bei Neptun, Venus 0,°7 nördlich
14.	14	**Mars in Erdnähe** (92,4 Millionen Kilometer)
14.	17	Merkur bei Uranus, Merkur 1,°4 südlich
14.	19	**Mond bei Mars**, Mond 3,°5 südlich, **Abstand 4,°5 um 20^h**
15.	2	Pluto im Stillstand, anschließend rückläufig
15.	9	Totale Mondfinsternis – von Mitteleuropa aus nicht sichtbar (siehe Seite 30)
17.	8	**Mond bei Saturn**, Mond 0,°4 südlich (Bedeckung), **Abstand 2,°5 um 5^h**
24.	23	Mond bei Neptun, Mond 5,°1 nördlich
26.	0	**Mond Venus**, Mond 4,°4 nördlich, **Abstand 4,°9 um 4^h**
26.	4	Merkur in oberer Konjunktion mit der Sonne
27.	12	Mond bei Uranus, Mond 2,°1 nördlich
29.	7	Ringförmige Sonnenfinsternis – von Mitteleuropa aus nicht beobachtbar (siehe Seite 30)
29.	14	Mond bei Merkur, Mond 1,°6 südlich

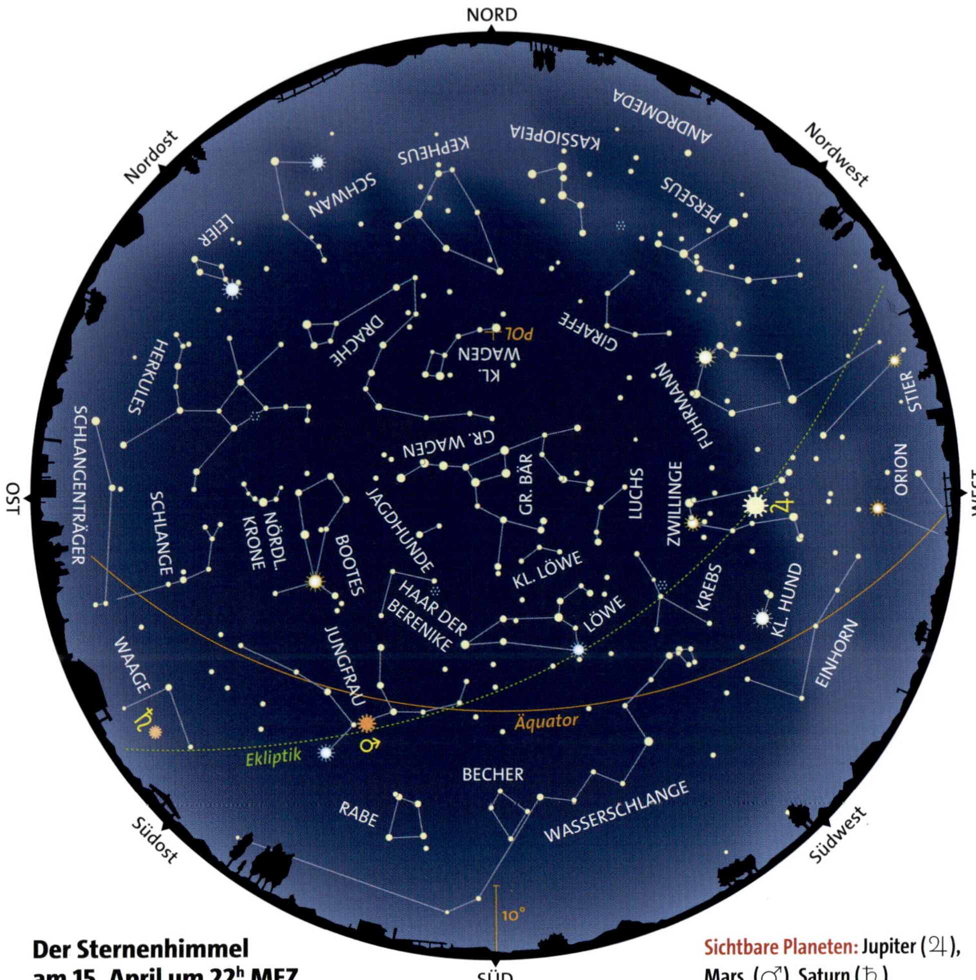

Der Sternenhimmel am 15. April um 22^h MEZ

Sichtbare Planeten: Jupiter (♃), Mars, (♂), Saturn (♄)

Die Sternkarte ist auch gültig für:		
	MEZ	MESZ
15.12.	6^h	
1. 1.	5	
15. 1.	4	
1. 2.	3	
15. 2.	2	
1. 3.	1	
15. 3.	0	
1. 4.	**23**	**24^h**
15. 4.	**22**	**23**
30. 4.	**21**	**22**

Der Sternkundige erkennt beim Blick zum gestirnten Abendhimmel: Es ist nun Frühling geworden. Steil über seinem Kopf, fast exakt im Zenit, steht der Große Wagen. Hoch im Süden durchschreitet gerade der Löwe den Meridian. Ein mächtiges Sternentrapez soll dabei den Rumpf dieses königlichen Tieres andeuten. Darauf sitzt ein kleines Trapez, das den Kopf markieren soll. Die Grundlinie des Löwentrapezes wird von den beiden Sternen Regulus (α Leonis) und Denebola (β Leonis) gebildet. Regulus ist der hellste Stern im Löwen ($1^m,4$). Der Name bedeutet so viel wie „Kleiner König" und kommt aus dem Lateinischen. Er wurde von Nikolaus Kopernikus vorgeschlagen.

Regulus steht nahe der scheinbaren Sonnenbahn und markiert somit recht gut die Lage der Ekliptik am Himmelszelt. Daher wird er gelegentlich vom Mond und in seltenen Fällen sogar von Planeten bedeckt. Um den 23. August zieht die Sonne an Regulus vorbei. Der Löwe steht dann am Taghimmel und bleibt nachts unsichtbar. Denebola ist mit $2^{m}{,}1$ deutlich schwächer als der Löwenhauptstern. Der Name stammt aus dem Arabischen und heißt so viel wie „Schwänzchen“. Von Denebola ist das Licht 36 Jahre zu uns unterwegs, während Regulus mit 77 Lichtjahren doppelt so weit entfernt ist.

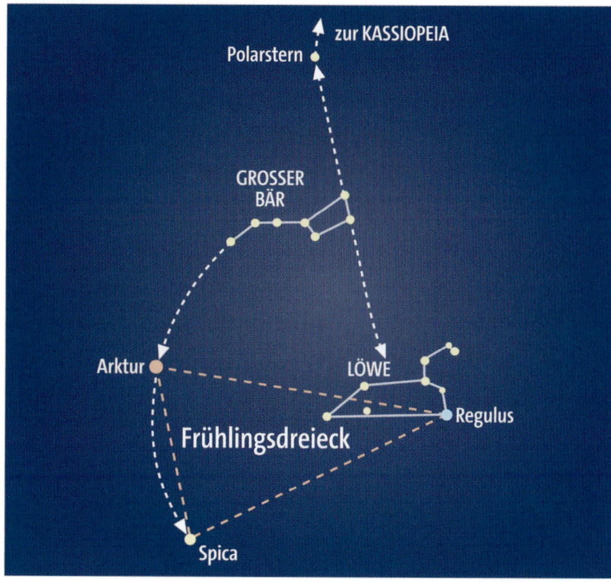

4.8 Das Frühlingsdreieck: **Es setzt sich aus den drei hellen Sternen Arktur im Bootes, Regulus im Löwen und Spica in der Jungfrau zusammen**

Heller Arktur

Blickt man zum Großen Wagen und folgt mit den Augen dem Bogenschwung der Deichsel, so trifft man auf den hellen, orangeroten Arktur. Mit Sirius, Kanopus, Toliman und Wega gehört Arktur zu den fünf hellsten Fixsternen am irdischen Firmament. Seine scheinbare Helligkeit beträgt $0^{m}{,}0$, womit er gut zweieinhalbmal heller strahlt als ein Stern erster Größenklasse. Mit 37 Lichtjahren Distanz ist Arktur fast genauso weit wie Denebola im Löwen entfernt. Da er uns aber trotz gleicher Entfernung viel heller erscheint als Denebola, muss auch seine wahre Leuchtkraft viel größer sein. Arktur ist ein sogenannter roter Riesenstern, der sehr viel leuchtkräftiger als unsere Sonne ist. Arktur heißt so viel wie Bärenhüter oder -wächter. Er treibt gewissermaßen den Großen Bären um den Pol herum und bewacht auch den Kleinen Bären.

Arktur ist der hellste Stern im Bild des Bootes. Diese Bezeichnung stammt aus dem Griechischen und bedeutet Rinderhirt. Nach Vorstellung der alten Römer waren die sieben Sterne des Großen Wagens sieben Dreschochsen (lat.: Septemtriones), die im täglichen Trab um den Polarstern als Göpel laufen. Und der Bootes treibt sie ständig an. Die drachenähnliche Figur des Bootes prägt sich leicht ein.

Den Raum im Südosten nimmt die Jungfrau (lat.: Virgo) ein. Sie gehört wie der Löwe zum Tierkreis, also zu jenen dreizehn Sternbildern, durch die Sonne,

Veränderliche Sterne im April

Algol-Minima	4.	23^h49^m	7.	20^h38^m	22.	4^h45^m	27.	22^h23^m	30.	19^h12^m
β-Lyrae-Minima	1.	2^hN	7.	13^hH	14.	1^hN	20.	12^hH	26.	23^hN
δ-Cephei-Maxima	4.	11^h	9.	20^h	15.	4^h	20.	13^h	25.	22^h

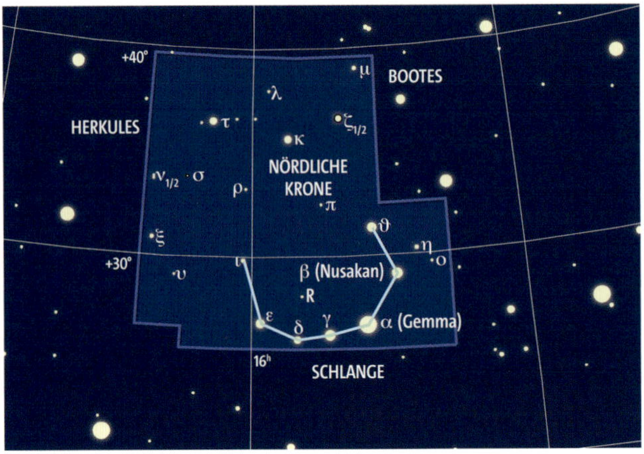

4.9 Die nördliche Krone:
Karte des Sternbildes Nördliche Krone (Corona Borealis)

Mond und die Planeten ihre Bahnen ziehen. Der Hauptstern der Jungfrau heißt Spica, die Kornähre. Spica soll die Fruchtbarkeit symbolisieren. Im Gegensatz zu Arktur strahlt Spica ein bläulich-weißes Licht aus, denn sie ist an ihrer Oberfläche viel heißer als Arktur. Mit 260 Lichtjahren ist sie auch erheblich weiter als Arktur entfernt. Mit $1\overset{\mathrm{m}}{,}0$ scheinbarer Helligkeit ist Spica ein typischer Vertreter der Sterne erster Größenklasse. Spica ist ein sehr enger Doppelstern, der auch in großen Teleskopen nicht aufzulösen ist. Zwischen Spica und Porrima (γ Vir) nimmt zurzeit der Planet Mars seinen Platz ein.

Abgang der Winterbilder

Die Wintersternbilder haben das Feld geräumt. Orion ist im Untergang begriffen und kann nicht mehr erkannt werden. Sirius ist unter die Horizontlinie gesunken. Lediglich Prokyon im Kleinen Hund blinkt noch im Südwesten.

Weit im Westen sind die beiden Sternketten der Zwillinge mit dem hell glänzenden Jupiter zu sehen. Im Nordwesten leuchtet deutlich sichtbar die Kapella im Fuhrmann. Auch sie ist wie Spica ein spektroskopischer Doppelstern.

Tief im Nordosten macht sich Wega im Sternbild Leier bemerkbar. Sie deutet den kommenden Sommer an, bildet sie doch einen Eckstern des Sommerdreiecks. Zwischen Wega und Arktur liegen die lichtschwachen Bilder Herkules und Nördliche Krone. Während der Herkules recht schwierig auszumachen ist, fällt die Nördliche Krone trotz ihrer nicht besonders hellen Sterne leicht auf, denn sie bilden einen markanten Halbkreis. Ein Stern ragt wegen seiner deutlich größeren Helligkeit aus dem Halbkreis heraus. Es ist der Hauptstern in der Nördlichen Krone, α Coronae Borealis. Sein Eigenname Gemma bedeutet Edelstein (im Geschmeide der Krone). Gemma ist ein heißer, bläulicher Stern in 75 Lichtjahren Entfernung. Seine scheinbare Helligkeit misst $2\overset{\mathrm{m}}{,}2$. In der Nördlichen Krone ist auch der berühmte rußende Stern R Coronae Borealis zu finden.

Die Nördliche Krone gehört zum Sagenkreis um Theseus, dem legendären König von Attika und der Stadt Athen. Theseus kommt als junger Held nach Athen und will die Bewohner von einem grausigen Tribut befreien. Denn alle neun Jahre müssen dem König Minos von Kreta sieben Jünglinge und sieben Mädchen als Opfer für den schrecklichen Minotaurus geliefert werden.

Der Minotaurus, halb Mensch, halb Stier, bewohnt das Labyrinth auf Kreta. Theseus befreit die Athener von diesem Tribut, indem er den Minotaurus mit dem Schwert tötet.

Um zu verhindern, dass Theseus sich im Labyrinth verirrt, gibt ihm die schöne Ariadne einen Faden, mit dem er seinen Rückweg sichern kann. Theseus schenkt zum Dank Ariadne seine goldene Krone, die schließlich von seinem Nebenbuhler Dionysos Ariadne vom Kopf gerissen und gen Himmel geschleudert wird, wo sie noch heute unter den Sternen zu sehen ist. Die alten Römer nannten schon dieses Bild „Corona Septemtriones", also Krone des Nordens.

Regenbögen, Halos und Sonnenhunde

Wir beobachten die Gestirne vom Grunde eines riesigen Luftozeans. Die Astronomen freut dies nicht so sehr. Denn die irdische Atmosphäre behindert in mehrfacher Weise astronomische Beobachtungen von der Erdoberfläche. Zum einen schwächt sie das Sternenlicht ab, zum anderen lässt sie die Sterne flimmern und flackern, im Teleskop scheinen sie bei großer Luftunruhe hin und her zu springen. Schließlich werden die Lichtstrahlen in der Luft verbogen, man sieht die Gestirne gar nicht dort, wo sie sich tatsächlich befinden. Diese Erscheinungen werden Extinktion, Szintillation und Refraktion genannt (siehe auch *Kosmos Himmelsjahr 2011*, Seite 56 Monatsthema Februar: „Was versteht man unter Extinktion und Szintillation der Sterne?").

Häufig verhindern Wolken die Beobachtungen des Sternenhimmels völlig. Außerdem werden von der Erdatmosphäre weite Bereiche des elektromagnetischen Spektrums absorbiert. Gamma- und Röntgenstrahlen sowie kurzwelliges Ultraviolett werden total blockiert. Ebenso wird Infrarotstrahlung durch den Wasserdampf in der Atmosphäre verschluckt. Verständlich, dass man viele Beobachtungen mit Satelliten und Raumsonden durchführt, die außerhalb unserer Lufthülle ungestört die Strahlen aus dem All empfangen.

Lichtspiele in der Luft

Abgesehen davon, dass die Lufthülle für das irdische Leben existentiell notwendig ist, bietet sie dem Naturfreund eine Reihe faszinierender Phänomene, die zu beobachten Freude und Genugtuung bereiten. Man denke nur an bizarre Wolkengebirge oder farbenprächtige Auf- und Untergänge von Sonne und Mond. Auch schnell dahinziehende Wolken vor dem Vollmond üben einen eigenartigen Reiz aus, wenn der Mond in den Wolkenlücken in voller Helligkeit erscheint, kurz darauf aber wieder stark in seiner Helligkeit gedämpft wird. Doch es gibt auch seltenere, aber nicht minder interessante und sehenswerte atmosphärische Erscheinungen wie Regenbögen, Halos, Höfe, Nebensonnen und Nebenmonde. Letztere Phänomene sind vielen heutigen Zivilisationsmenschen gar nicht bekannt und rufen oft großes Erstaunen hervor, werden sie dann und wann gesichtet. Dennoch zählen sie zu den reizvollsten Himmelserscheinungen.

4.10 Die Farbenpracht eines Regenbogens (Foto: Stefan Seip).

Regenbögen

Allgemein bekannt sind die mehr oder minder farbenprächtigen, bogenförmigen Bänder, wenn es regnet und gleichzeitig die Sonne durch ein Stück freien Himmels strahlt. Um einen Regenbogen zu sehen, muss man die Sonne im Rücken haben und in Richtung der Regenfront blicken. Die Sonne darf nicht höher als 42° über dem Horizont stehen, sonst sieht man keinen Regenbogen. Je nach geografischer Breite am Standort des Beobachters sind um die Mittagsstunden keine Regenbögen zu erwarten. Für Mitteleuropa sind also die Sommermonate mittags ohne Regenbö-

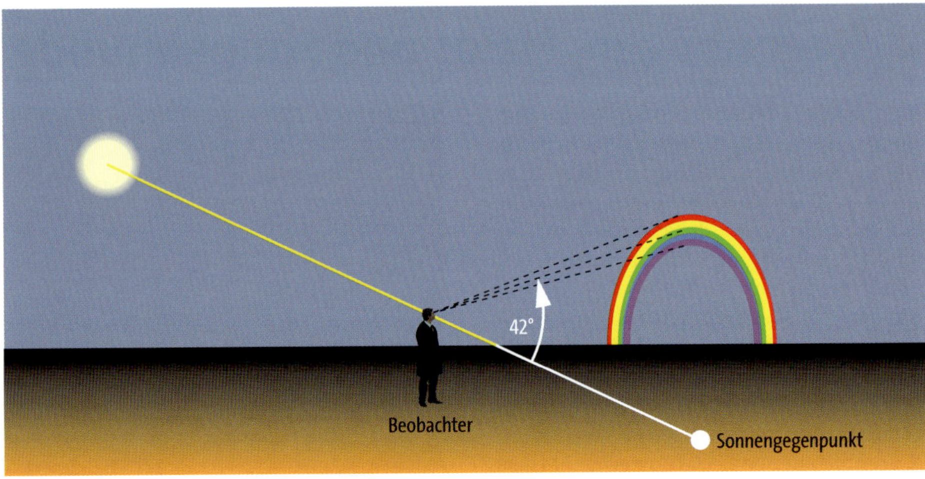

4.11 Sonne, Beobachter, Gegenpunkt und Regenbogen. Erläuterungen siehe Text.

gen trotz Regen und Sonnenschein. Bei Auf- oder Untergang der Sonne sieht man einen halbkreisförmigen Regenbogen direkt vom Horizont aufsteigen. Der Regenbogen spannt sich um den antisolaren Punkt (auch Sonnengegenpunkt genannt) mit einem Radius von 42°. Zieht man von der Sonne ausgehend durch den Beobachter eine Gerade, so zielt sie auf den antisolaren Punkt. Er liegt somit vom Beobachter aus gesehen der Sonne genau gegenüber und außerdem unter dem Horizont, es sei denn, man beobachtet aus großer Höhe (Berg, Flugzeug). Nicht die Entfernung bestimmt, ob ein Regenbogen zu sehen ist, sondern der Winkel, unter dem die von den Regentropfen reflektierten und in die einzelnen Spektralfarben zerlegt Sonnenstrahlen auf den Beobachter treffen. Genau genommen handelt es sich gar nicht um einen Bogen, sondern um einen Kegel mit der Spitze im Auge des Beobachters und einen großem Öffnungswinkel von 84° – also fast einem Viertel des Himmelsgewölbes.

Je nach Größe des Regenvorhangs sind jeweils nur Teile eines Bogens zu sehen. Die Achse des Kegels verläuft vom Beobachter zum antisolaren Punkt. Bewegt sich der Beobachter, so wandert der Kegel mit. Jeder hat seinen eigenen Regenbogen, der Nachbar links wie der Nachbar rechts vom Beobachter. Während alle drei ihre Schatten im Sonnenlicht sehen können, erblickt jeder nur seinen eigenen Regenbogen und niemals den der anderen. Ein Regenbogen ist kein reales Objekt wie ein Stern, ein Haus oder ein Baum, sondern lediglich ein Lichtmuster. Während alle Beobachter denselben Baum sehen, gibt es so viele Regenbögen wie Beobachter.

Ein Regenbogen entsteht durch Brechung, Reflexion und Dispersion des Sonnenlichtes in den Regentröpfchen. Beugung und Interferenz spielen auch eine Rolle. Maßgebend sind dabei Form und Größe der Regentropfen. Kleine Regentropfen von weniger als 0,5 Millimeter Durchmesser sind sphärisch, also kugelförmig. Bei der Kugelform erreicht bei minimaler Oberfläche das Volumen ein Maximum. Die Oberflächenspannung, bedingt durch die Kohäsion der Wassermoleküle, formt die Tropfen zu kleinen Kugeln. Diese schweben in der Atmosphäre. Werden sie durch Anlagerung weiterer Wassermoleküle größer, beginnen sie sich im freien Fall der Erdoberfläche zu nähern. Dabei formt die Luftströmung sie länglich, sie erhalten die klassische Tropfenform.

Trifft ein Sonnenstrahl (1) in Punkt A auf die Oberfläche eines Regentropfens, so wird er aufgespalten. Ein Strahl (2) wird reflektiert, ein zweiter (3) dringt in den Tropfen ein und wird dabei gebrochen (Abb. rechts). Die Brechung erfolgt zur Senkrechten S hin, da Wasser ein optisch dichteres Medium als Luft ist. Strahl (3) wird wieder gespalten. Ein Teilstrahl (4) tritt aus, der andere (5) wird reflektiert und bleibt im Wassertropfen. Man spricht von einer Partialreflexion. Sie tritt ein, wenn ein Lichtstrahl auf die Grenzschicht von einem optisch dichteren zu einem optisch dünneren Medium unter einem Minimalwinkel α trifft oder unter einem Winkel kleiner als der Minimalwinkel. Hat das optisch dichtere Medium den Brechungsindex n_1 und das optisch dünnere Medium n_2, so ergibt sich der Grenzwinkel (Minimalwinkel) zu:

$\alpha = \arcsin\,(n_2/n_1)$. Setzt man für Luft $n_2 = 1{,}00$ und für Wasser $n_1 = 1{,}333$, so erhält man $\alpha = 48{,}^\circ6$.

Der reflektierte Strahl (5) trifft auf Punkt C, wo er abermals gespalten wird. Ein Teilstrahl (6) tritt aus, der andere (7) wird wiederum reflektiert und verlässt den Wassertropfen erst im Punkt D. Der in C austretende Strahl (6) ist schließlich zum einfallenden Strahl (1) um 138° geneigt. Da der Beobachter mit dem Rücken zur Sonne steht, so blickt er zum antisolaren Punkt. Somit sieht er Strahl (6) um 180°–138° = 42° zur Richtung zum antisolaren Punkt geneigt. Da die Wassertropfen in der Regenfront räumlich verteilt sind, sieht der Beobachter ein bogenförmiges Lichtband um den antisolaren Punkt. Wieso aber ist es farbig?

Die Darstellung in Abb. 4.12 ist genau genommen nur für monochromatisches Licht, also Licht einer einzigen Wellenlänge wie beispielsweis gelbes Natriumlicht, gültig. Die Brechungswinkel in Punkt A und C sind frequenzabhängig. Kurzwelliges Licht wird stärker gebrochen als langwelliges. Somit wird gelbes Licht stärker als rotes gebrochen, grünes Licht stärker als gelbes, blaues stärker als grünes Licht. Am stärksten wird violettes Licht gebrochen. Diese Erscheinung wird Dispersion genannt. Ein weißer Sonnenstrahl wird somit in die Farben Rot – Orange – Gelb – Grün – Blau – Violett aufgespalten, also in die typischen Farben des Regenbogens (siehe Abb. 4.11). Ein Regenbogen zeigt somit das zerlegte Sonnenlicht, ein kontinuierliches Spektrum. Dabei erscheint der äußere (konvexe) Rand des Regenbogens rot, der innere (konkave) Rand violett.

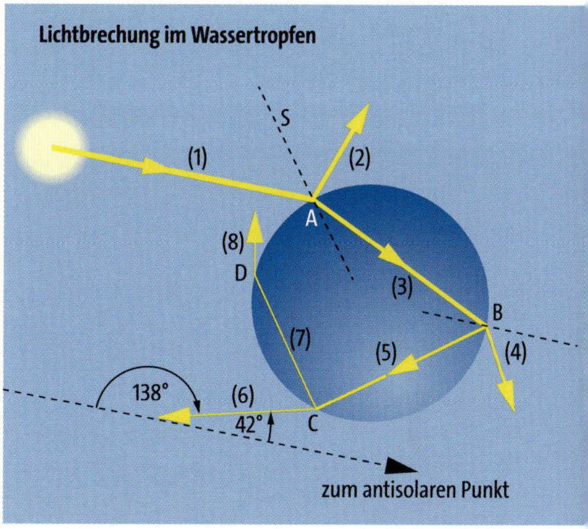

4.12 Ein Sonnenstrahl dringt in einen Regentropfen ein und wird mehrfach reflektiert.

Was ist mit dem beziehungsweise denjenigen Strahlen, die bei Punkt D austreten? Diese erzeugen ebenfalls einen Regenbogen. Treffen die Sonnenstrahlen die Regentropfen im unteren Bereich, so fallen die bei D austretenden Strahlen ebenfalls in das Auge des Beobachters (siehe Abb. 4.13) Dieser sekundäre Regenbogen ist allerdings erheblich lichtschwächer (nur Restlicht von Punkt C!) und wegen zweifacher Reflexion auch breiter.

Der in D austretende Strahl (8) ist um 231° gegenüber dem in A einfallenden Sonnenstrahl (1) geneigt. Zum antisolaren Punkt schließt er somit einen Winkel von 231°–180° = 51° ein. Daraus folgt: Der schwächere und breitere Sekundärregenbogen liegt oberhalb des primären und zwar um 51°– 42° = 9° oder 18 Vollmondbreiten versetzt. Außerdem ist die Reihenfolge der Farben

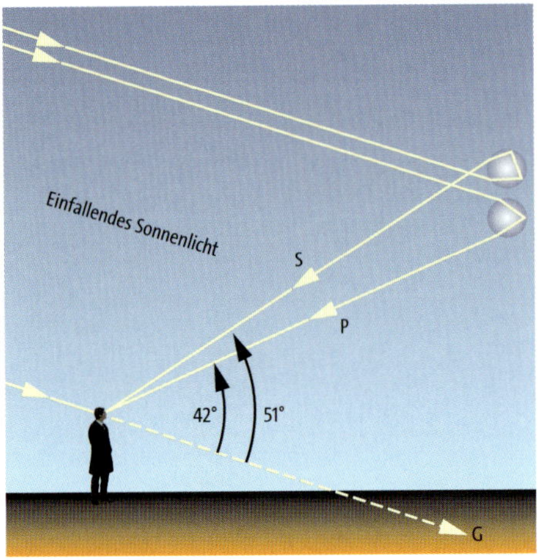

4.13 Entstehung eines primären und eines sekundären Regenbogens. P: primärer Strahl, S: sekundärer Strahl.

umgekehrt: Der innere Rand leuchtet nun rot, es folgen orange, gelb, grün und blau. Der äußere, oberste Rand strahlt violett. Die beiden roten Partien der beiden Regenbögen sind somit einander zugekehrt. Der dunkle Saum zwischen den beiden Bögen wird Alexanderband genannt nach dem griechischen Gelehrten Alexander von Aphrodisias (Ende des 2. bis Anfang des 3. Jahrhunderts nach Chr.)

Wer sich die Abbildung 4.12 genau ansieht, wird sich vielleicht fragen, ob nicht im Punkt D ebenfalls eine Reflexion stattfindet und Strahl (7) nochmals geteilt wird. Dies ist tatsächlich der Fall und ergibt einen tertiären Regenbogen. Darauf hat schon der berühmte königliche Astronom Edmond Halley hingewiesen. Allerdings, bei drei Totalreflexionen, drei austretenden Lichtstrahlen (bei den Punkten B, C und D) und teilweise Reflexion in A bleibt für den tertiären Regenbogen nur noch wenig Licht übrig. Außerdem bildet er einen Bogen um die Sonne mit 44° Radius. Man muss also in Richtung der Sonne suchen, wobei man geblendet wird. So wird verständlich, dass kaum jemand einen tertiären Regenbogen zu Gesicht bekommt. Im Jahre 2011 scheint es erstmals gelungen zu sein, einen Regenbogen dritter Ordnung mit Hilfe digitaler Fotografie und anschließender Bildverarbeitung nachzuweisen.

Unterhalb des primären Regenbogens erkennt man öfters zwei oder drei schmale, dunkle Bänder oder Bögen. Sie werden durch Interferenzen von nahezu parallelen, in die Regentropfen eindringenden Sonnenstrahlen hervorgerufen. Infolge unterschiedlicher Laufwege löschen sich die Lichtstrahlen teilweise aus. Ein ähnlicher Effekt bewirkt, dass das Straßenpflaster dunkel erscheint, wenn es nass wird.

Der höchste Teil eines Regenbogens erscheint oft aufgehellt. Knapp unterhalb des Bogens sieht man einen helleren, weißen Fleck. Er ist eine Folge der Verzerrung fallender Regentropfen. Die Erscheinung wird Hamburger Bun (engl., Brötchen) genannt.

An den unteren Enden sind Regenbögen gelegentlich ebenfalls aufgehellt. In den unteren Regionen eines Regenfalls haben die Regentropfen sehr differenzierte Größen und Formen. Dadurch kommt es zu Überlagerung und Mischung von Farben, wobei schließlich der gelbe Farbton dominiert. Die Amerikaner nennen diese Erscheinung Pot of Gold (engl., Goldtopf).

Die Reflexionen polarisieren teilweise das Sonnenlicht. Viele heutige Sonnenbrillen sind Polarisationsbrillen. Wer mit einer solchen Brille zum Regenbogen blickt, der sieht – nichts! Warum wohl?

Auch nachts kann um die Vollmondzeit der Erdtrabant für einen Regenbogen sorgen. Nur sieht ihn heutzutage kaum jemand mehr. Denn durch den stetig zunehmenden Lichtsmog, bedingt durch künstliche Beleuchtung, kommt der vom milden Mondlicht erzeugte Regenbogen nicht zur Geltung. Selbst wenn man ihn einmal sehen sollte, wird man kaum Farben erkennen. Das Licht eines vom Mond induzierten Regenbogens ist zu schwach, um unsere Farbrezeptoren (Zapfen in der Netzhaut) zu erregen. Nachts sind eben alle Katzen grau ...

Regenbögen zeigen kein klares, sauberes Farbband, wie es ein Spektroskop liefert, sondern sie

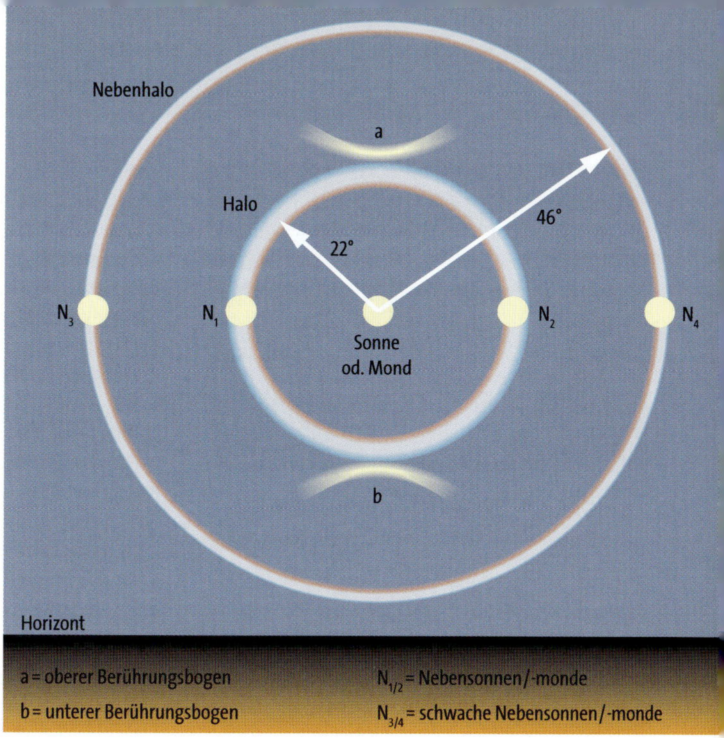

4.14 Verschiedene Halo-Erscheinungen. Erläuterungen siehe Text.

erscheinen diffus, gelegentlich ausgefranst, teils überlagern sich die Farben. Dies hat mehrere Gründe: Einmal ist die Sonne keine punktförmige Lichtquelle. Zum andern ruhen die Regentropfen nicht. Sie fallen, wobei sie oft durch turbulente Winde herumgewirbelt werden. Sie haben unterschiedliche Größen und Formen. An manchen Stellen sind die Tropfen dichter, andere Gebiete weisen weniger Tropfen pro Volumeneinheit auf. Sehr kleine Tröpfchen von 0,01 bis 0,1 mm bewirken durch Beugung und Interferenz ebenfalls ein diffuses Aussehen eines Regenbogens mit teilweise überlagerten Farben.

Auch Nebelbänke erzeugen gelegentlich Regenbögen, wenn sie von tief stehender Sonne beschienen werden. Diese Nebelbögen erscheinen allerdings kaum farbig, sondern fast immer weiß. Die Wassertröpfchen sind in Nebelschwaden so klein (unter 0,05 mm) und dicht, dass sich die durch Dispersion entstehenden farbigen Lichtstrahlen so nahe beieinander befinden, dass insgesamt der Eindruck weißen Lichts entsteht.

Als Erster hat der britische Physiker Thomas Young (1773–1829) die Entstehung von Regenbögen richtig erklärt. Wesentlich genauer – auch unter Berücksichtigung von Beugungseffekten und Interferenzen – hat George Bidell Airy (1801–1892), Astronomer Royal und Direktor der Sternwarte in Greenwich bei London, das Erscheinen von Regenbögen beschrieben. Eine konsistente Theorie der Regenbögen lieferte schließlich der deutsche Physiker Gustav Mie (1868–1957).

Halos

Zu den reizvollsten atmosphärischen Himmelserscheinungen zählen zweifelsohne Halos, Nebensonnen und Nebenmonde. Obwohl diese Phänomene in unseren Breiten gar nicht so selten sind, sind viele Menschen erstaunt und überrascht, wenn sie einmal eine solche Erscheinung mit eigenen Augen sehen. An 40 bis 60 Tagen im Jahr treten diese meteorologischen Gebilde auf. Aber wer von den heutigen Zivilisationsmenschen schaut schon zum Himmel? Die meiste Zeit glotzen sie auf Bildschirme – seien es Fernseher oder Computermonitore.

Von Zeit zu Zeit erscheint insbesondere um die Vollmondphase ein leuchtender Ring um den Mond. Dieser Ring ist exakt kreisförmig mit einem Radius von 22° oder 44 Monddurchmessern. (Der scheinbare Durchmesser des Mondes beträgt rund 0,°5.) Man nennt diesen Ring Halo (griech,: ἅλως = Tenne, Rundung, Scheibe, Kreis). Gelegentlich ist noch ein zweiter, etwa doppelt so großer, leuchtender Ring mit dem Mond als Zentrum zu sehen. Dieser Nebenhalo hat einen Radius von 46° (siehe Abb. 4.14). Die gleichen Ringphänomene lassen sich auch um die Sonne

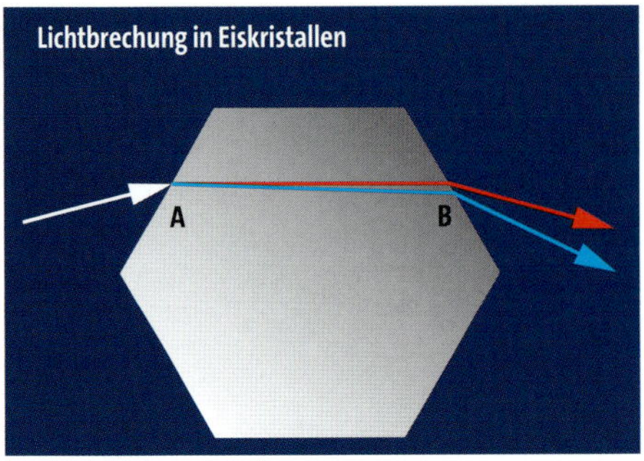

4.15 Eiskristalle zerlegen eindringendes, weißes Sonnen- oder Mondlicht in die einzelnen Spektralfarben.

beobachten. Sie sind wegen der blendenden Sonne schwieriger zu sehen. Am besten, man schattet die Sonne mit einem Gegenstand ab. Sonnen- und Mondhalos werden nicht durch Wassertröpfchen, sondern durch Eiskristalle erzeugt. Wenn in Höhen zwischen sechs und zehn Kilometer warme Luftmassen auf kältere Luftschichten aufgleiten, bilden sich häufig Eiswolken, die man als Zirrus- und Zirrostratuswolken beobachten kann. Oft sieht man sie kaum oder auch gar nicht. Trifft die feuchte Warmluft auf die kalten Luftschichten, so bilden sich Eiskristalle. Sie können alle möglichen Formen annehmen. Am häufigsten entstehen hexagonale Prismen. Diese können kleine, flache Plättchen sein oder blockartige Größe aufweisen, wobei Länge und Breite in etwa gleich groß sind. Aber auch längliche, stabförmige Eisnadeln bilden sich. Sie sehen ähnlich aus wie sechskantige Bleistifte. Wie ein Spiegel reflektieren die flachen Eisplättchen das Licht von Sonne oder Mond in einem ganz bestimmten Winkel (reguläre Reflexion: Einfallswinkel = Ausfallswinkel). Da die Eisplättchen aus aerodynamischen Gründen meist annähernd waagrecht in der Atmosphäre schweben, entsteht ein Spiegelhalo, dessen Farbe gleich der Lichtquelle ist, nämlich weiß. Oft beobachtet man auch Halos mit einem farbigen Saum – innen rötlich und außen bläulich. Sie entstehen durch Brechung und Dispersion der Sonnen- bzw. Mondlichtstrahlen durch die Eiskristalle. Trifft ein weißer Lichtstrahl unter einem Winkel von 41° auf eine der Seitenflächen eines hexagonalen Eiskristalls, so wird er um 22° abgelenkt. Zum einen wird er in den Punkten A und B gebrochen, zum anderen infolge der Dispersion in die Spektralfarben zerlegt (siehe Abb. 4.15). Da der Brechnungsindex von Eis 1,31 beträgt, ist 22° der minimale Ablenkungswinkel bei symmetrischer Passage des Lichtstrahles, und zwar für gelbes Licht. Für andersfarbiges Licht weicht der Ablenkungswinkel nur geringfügig ab. Dass ein Brechungshalo kein schönes Farbenband liefert wie ein Regenbogen, liegt an den optischen Eigenschaften der Eiskristalle. Im Gegensatz zu Wassertröpfchen wird Licht im Inneren von Eiskristallen viel stärker gestreut und gebeugt, wobei sich die Farben überlagern. Daher erscheinen nur die Ränder eines Brechungshalos leicht rot und blau gefärbt. Trifft der Lichtstrahl jedoch die Frontfläche eines sechskantigen Eiskristalles unter einem Winkel von 68°, so ergibt sich ein minimaler Ablenkungswinkel von 46°, wenn der Strahl an der Seitenfläche wieder austritt. Es entsteht ein zweiter Halo um Sonne oder Mond mit einem Radius von 46°. Da er wesentlich lichtschwächer ist, nennt man ihn Nebenhalo (siehe auch Abb. 4.14).

Die richtige Erklärung für die Bildung von Halos hat als Erster der französische Physiker Edme Mariotte, Seigneur de Chazeuil, (1620–1684) gegeben. Allerdings wurde seine Erklärung weitgehend ignoriert. Erst Thomas Young verhalf 1807 Mariottes Halo-Theorie zum Durchbruch.

Höfe und Nebensonnen

Weitere Reflexionseffekte an Eiskristalle führen zu senkrechten und waagrechten Lichtbalken. Vor allem bei Auf- und Untergang der Sonne sind vertikale Lichtsäulen zu beobachten, selbst wenn die Sonne knapp unter dem Horizont ist. Manchmal taucht auch am höchsten Punkt, seltener auch am tiefsten, ein kleiner Lichtbogen am Rand eines Halos auf (a, b in Abb. 4.14). Diese Lichtbögen berühren den Halo und sind ebenfalls Refraktionseffekte an Eiskristallen. Am auffälligsten sind sogenannte Nebensonnen. Sie sind weiße oder leicht farbig schillernde Lichtflecke, meist etwas länglich in den Schnittpunkten N_1 und N_2 im Abstand von 22° von der Sonne. Sie sind teilweise so grell, dass man im ersten Augenblick manchmal nicht weiß, was die Sonne und was die Nebensonne ist, vor allem wenn der Himmel mehr oder minder diesig erscheint. Nebensonnen treten viel häufiger auf als Halos. Im angelsächsischen Sprachgebrauch werden sie „Sundogs“, also Sonnenhunde genannt. Im Fachjargon heißen sie Parhelia, Singular: Parhelium. Auch bei Vollmond sieht man ähnliche Lichterscheinungen. Man spricht dann von Nebenmonden.

Viel öfter als Halos sieht man Höfe um Sonne und Mond. Sie sind mehr oder minder helle Kränze unmittelbar um die Sonnen- oder Mondscheibe. Sie sind nicht mit Halos zu verwechseln. Höfe haben in der Regel nur ein bis drei Grad Durchmesser, erscheinen diffus und mit einem äußeren rötlich-gelben Saum. Manchmal zeigen die inneren Partien eine leicht bläuliche Färbung. Höfe entstehen nicht durch Eiskristalle, sondern durch kleinste Wassertröpfchen, wie sie im Hochnebel vorkommen. Das Sonnen- oder Mondlicht wird an den feinen Wassertröpfchen gestreut. Die Höfe sind umso deutlicher und heller, je gleichmäßiger die Größe der Tröpfchen ausfällt. Meist sind Höfe ein Zeichen für einen

4.16 Halo um die Sonne (Foto: Stefan Seip).

Wetterumschwung. Mit Herannahen einer Wetterfront nehmen die Wassertröpfchen allmählich an Größe zu und die Höfe beginnen zu schrumpfen bis sie verschwinden. Um Sonne oder Mond erscheint der Himmel darum konturlos milchig – weiß bis hellgrau. Mit zunehmender Wolkendichte verschwinden Sonne oder Mond völlig, bis es schließlich zu regnen beginnt.

Mai 2014

- Saturn steht am 10. im Sternbild Waage in Opposition zur Sonne.
- Merkur bietet ab Mitte Mai die beste Abendsichtbarkeit des Jahres.
- Venus bleibt Morgenstern.
- Mars, Jupiter und Saturn beherrschen den Abendhimmel.

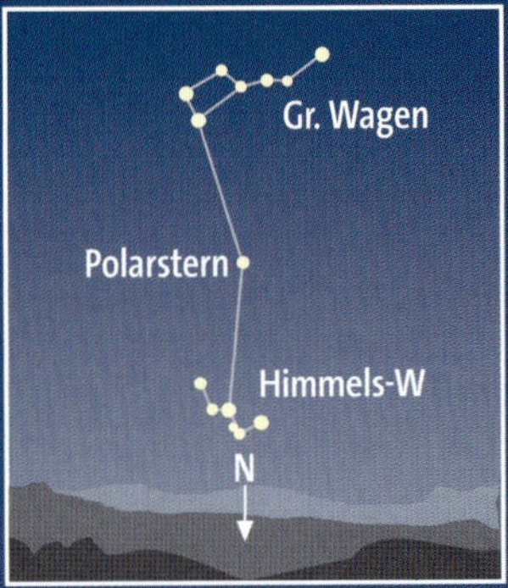

Großer Wagen und Himmels-W Anfang Mai um 22 Uhr

5.1 Himmelsanblick am 11. Mai gegen 22^h MEZ (= 23^h MESZ). Am Südhimmel sind die Planeten Mars in der Jungfrau und Saturn in der Waage zu sehen. An Mars zieht der zunehmende Mond vorbei.

1 Do	Maifeiertag
2 Fr	
3 Sa	
4 So	Mond bei Jupiter (Abendhimmel)
5 Mo	
6 Di	Mond in Erdferne
7 Mi	Mond im ersten Viertel
8 Do	
9 Fr	
10 Sa	Saturn in Opposition
11 So	Mond bei Mars (Abendhimmel)
12 Mo	
13 Di	
14 Mi	**Vollmond,** Mond bei Saturn (Abendhimmel)
15 Do	
16 Fr	
17 Sa	
18 So	Mond in Erdnähe
19 Mo	
20 Di	
21 Mi	Mond im letzten Viertel
22 Do	
23 Fr	
24 Sa	
25 So	Merkur in gr. östl. Elongation (Abendhimmel) Mond bei Venus (Morgenhimmel)
26 Mo	
27 Di	
28 Mi	**Neumond**
29 Do	Christi Himmelfahrt
30 Fr	
31 Sa	

Sonne – Sternbilder

14. 5. 13h:
Sonne tritt in das Sternbild Stier

21. 5. 4h:
Sonne tritt in das Tierkreiszeichen Zwillinge

Julianisches Datum am
1. Mai, 1h MEZ: 2 456 778,5

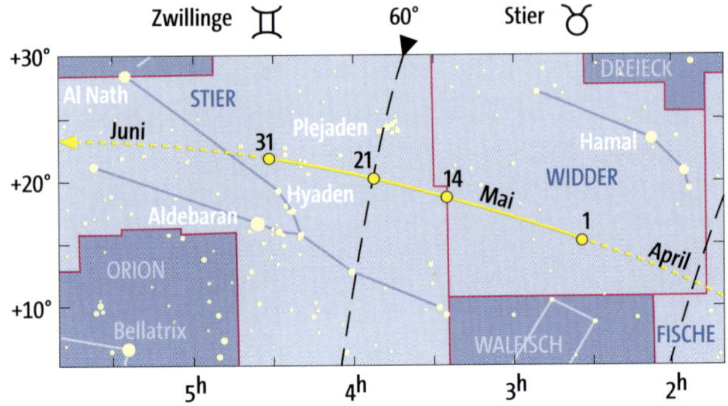

Tabelle Sonnenlauf

Tag	Dämmerg. Anfang	Aufgang MEZ	Kulmination	Untergang MEZ	Dämmerg. Ende	Mittagshöhe	Zeitgleichg.	Rektaszension	Deklination
	h m	h m	h m	h m	h m	°	m	h m	°
1.	3 34	4 57	12 17	19 39	21 02	55,1	+3	2 32	+14,9
5.	3 24	4 50	12 17	19 45	21 11	56,3	+3	2 47	+16,1
10.	3 13	4 42	12 16	19 52	21 21	57,7	+4	3 07	+17,5
15.	3 03	4 34	12 16	19 59	21 32	58,9	+4	3 26	+18,8
20.	2 53	4 28	12 17	20 06	21 42	60,0	+3	3 46	+19,9
25.	2 44	4 22	12 17	20 12	21 52	61,0	+3	4 06	+20,9
31.	2 34	4 17	12 18	20 19	22 02	61,9	+2	4 30	+21,8

Tages- und Nachtstunden

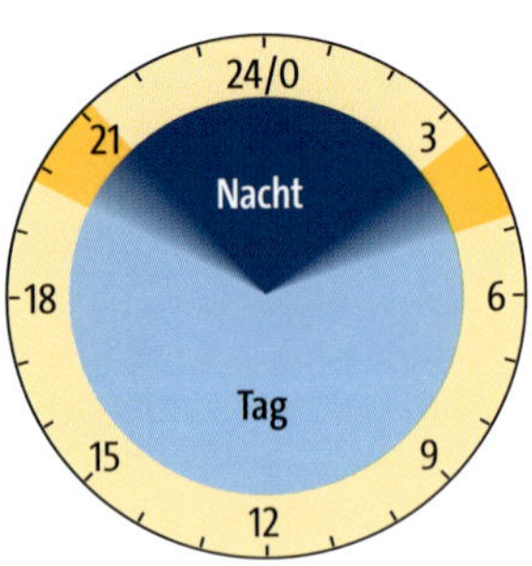

5. Mai

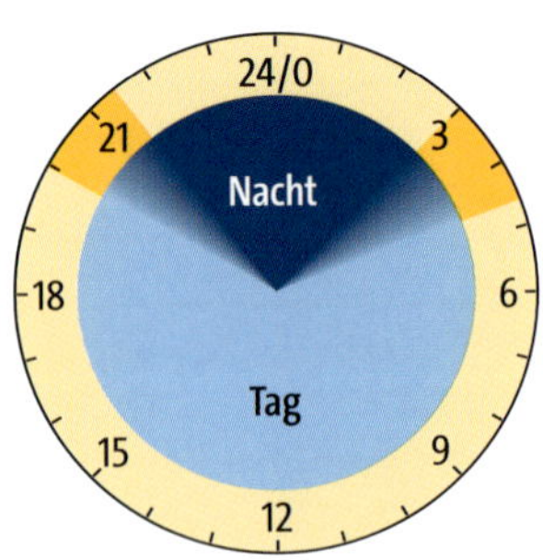

15. Mai

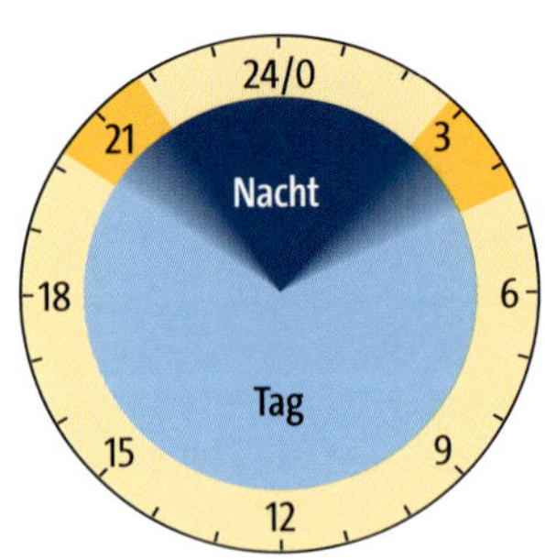

25. Mai

Tabelle Mondlauf

Datum		Aufg. MEZ	Kulmination	Unterg. MEZ	Rektaszension	Deklination	Sterne und Sternbilder	Phase	MEZ
		h m	h m	h m	h m	°			
Do	1.	6 26	14 12	22 03	4 00	+17,6	Stier, Hyaden		
Fr	2.	7 12	15 03	22 55	4 53	+18,7	* Aldebaran		
Sa	3.	8 02	15 53	23 40	5 46	+18,9	Stier		
So	4.	8 57	16 41	–	6 37	+18,2	* Alhena		
Mo	5.	9 55	17 27	0 18	7 27	+16,7	Zwillinge	Größte Südbreite	
Di	6.	10 54	18 12	0 52	8 15	+14,4	Krebs	Erdferne 404/29′,6	11^h
Mi	7.	11 55	18 56	1 20	9 03	+11,6	Krebs	**Erstes Viertel**	**$4^h 15^m$**
Do	8.	12 57	19 39	1 47	9 49	+ 8,3	Löwe, Regulus		
Fr	9.	14 01	20 23	2 11	10 35	+ 4,6	Sextant		
Sa	10.	15 05	21 07	2 35	11 21	+ 0,7	Löwe		
So	11.	16 12	21 54	3 00	12 09	– 3,3	Jungfrau		
Mo	12.	17 21	22 42	3 26	12 57	– 7,3	Spica	Aufsteigender Knoten Libration Ost	
Di	13.	18 31	23 34	3 55	13 49	–11,1	Spica		
Mi	14.	19 41	–	4 29	14 42	–14,4	Waage	**Vollmond**	**$20^h 16^m$**
Do	15.	20 49	0 28	5 10	15 39	–16,9	Waage		
Fr	16.	21 51	1 25	5 59	16 38	–18,5	Antares		
Sa	17.	22 46	2 24	6 57	17 38	–19,0	Schlangenträger		
So	18.	23 33	3 23	8 04	18 39	–18,2	Schütze	Erdnähe 367/32′,6	13^h
Mo	19.	–	4 21	9 15	19 39	–16,2	Schütze	Größte Nordbreite	
Di	20.	0 12	5 17	10 30	20 37	–13,3	Steinbock		
Mi	21.	0 46	6 11	11 45	21 33	– 9,5	Steinbock	**Letztes Viertel**	**$13^h 59^m$**
Do	22.	1 16	7 03	13 00	22 28	– 5,3	Wassermann		
Fr	23.	1 44	7 53	14 13	23 20	– 0,8	Fische		
Sa	24.	2 12	8 43	15 25	0 13	+ 3,6	Fische		
So	25.	2 40	9 32	16 36	1 05	+ 7,8	Fische	Absteigender Knoten	
Mo	26.	3 10	10 22	17 45	1 57	+11,6	Widder	Libration West	
Di	27.	3 44	11 13	18 51	2 49	+14,7	Widder		
Mi	28.	4 21	12 04	19 52	3 42	+17,1	Stier, Plejaden	**Neumond Nr. 1131**	**$19^h 40^m$**
Do	29.	5 04	12 55	20 47	4 35	+18,5	Aldebaran		
Fr	30.	5 53	13 45	21 35	5 28	+19,0	Stier		
Sa	31.	6 46	14 34	22 16	6 20	+18,6	Alhena		

Der Mond entfernt sich von Spica

12. Mai 20^h MEZ

13. Mai 3^h MEZ

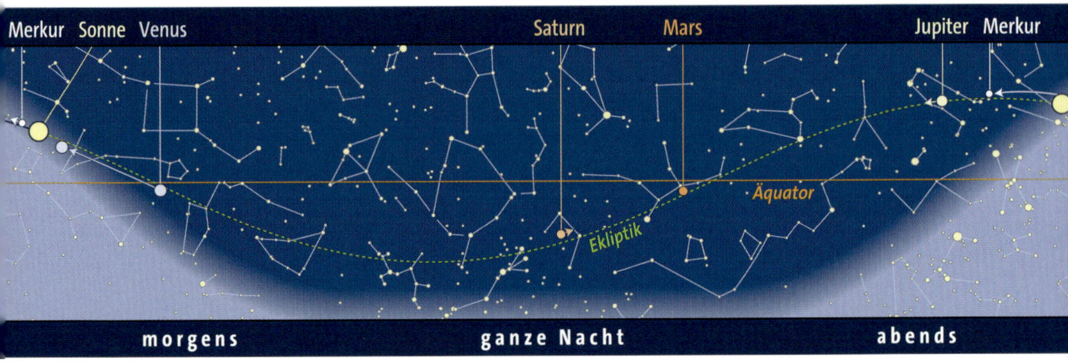

Merkur bietet ab der Monatsmitte die beste Abendsichtbarkeitschance des gesamten Jahres. Der flinke Planet stand im letzten Aprildrittel in oberer Konjunktion mit der Sonne. Er gewinnt mehr und mehr östlichen Winkelvorsprung von der Sonne. Am 25. erreicht er mit 22°41′ Winkelabstand seine größte östliche Elongation von der Sonne. Da die abendliche Ekliptik steil zum Westhorizont steht und Merkur sich in den nördlichen Bezirken des Tierkreises aufhält (Deklination am 25. immerhin +25°,4), kommt es zu einer respektablen Abendsichtbarkeit. Unter guten Sichtbedingungen kann man den $-1{,}^{\mathrm{m}}1$ hellen Merkur bereits am 7. knapp über dem Nordwesthorizont erspähen. Gegen $20^{\mathrm{h}}20^{\mathrm{m}}$ (= $21^{\mathrm{h}}20^{\mathrm{m}}$ Sommerzeit) setzt sich Merkur in der Abenddämmerung durch. Sein Untergang erfolgt um $21^{\mathrm{h}}08^{\mathrm{m}}$. Gegen $20^{\mathrm{h}}45^{\mathrm{m}}$ (= $21^{\mathrm{h}}45^{\mathrm{m}}$ Sommerzeit) wird er im Horizontdunst unsichtbar. Bis 19. verspäten sich die Merkuruntergänge auf $22^{\mathrm{h}}11^{\mathrm{m}}$ (= $23^{\mathrm{h}}11^{\mathrm{m}}$ Sommerzeit), die Merkurhelligkeit sinkt um eine Größenklasse auf $-0{,}^{\mathrm{m}}1$. Nach dem 19. wird es zunehmend schwieriger, Merkur aufzuspüren.

5.2 Merkur am Abendhimmel:
Stellung von Merkur über dem Westhorizont zu den angegebenen Daten jeweils eine Stunde nach Sonnenuntergang. Die Pfeile geben die Bewegungen von Merkur und Sonne während der letzten halben Stunde an.

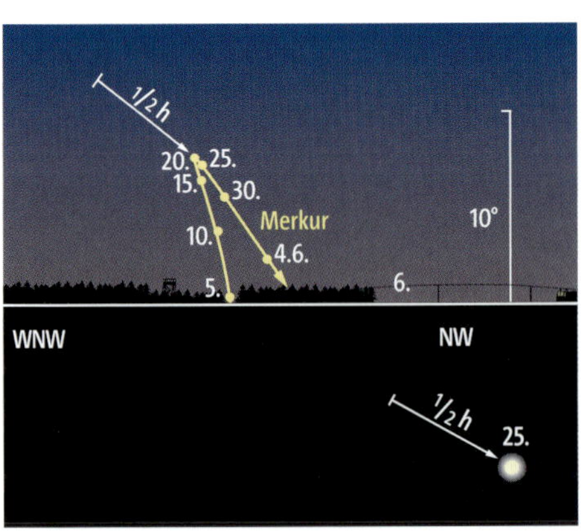

5.3 Sichtbarkeitsdiagramm für Merkur:
Das Diagramm gilt genau für 50° nördlicher Breite und 10° östlicher Länge. Dunkelgelbe Fläche: Unter günstigen Sichtbedingungen kann man Merkur mit bloßen Augen erkennen, hellgelbe Fläche: Merkur ist leicht zu sehen.

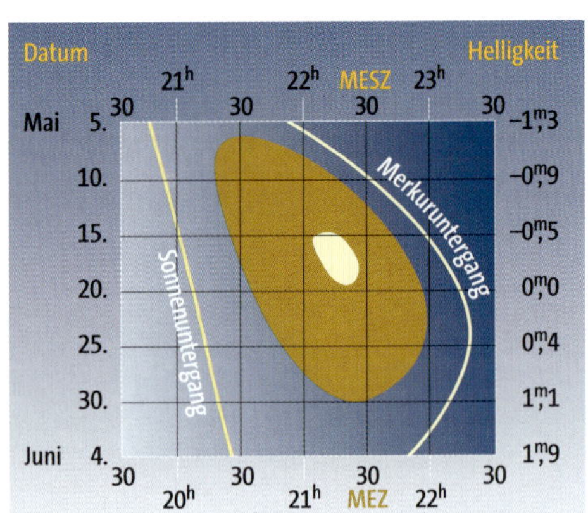

Letztmals dürfte man Merkur am 29. in der Abenddämmerung noch erkennen. Bis dahin sinkt die Merkurhelligkeit auf $0\overset{m}{,}9$ ab (siehe Abb. 5.2 und Abb. 5.3 auf Seite 124). Am 21. zieht Merkur $3\overset{\circ}{,}1$ südlich an Al Nath (β Tauri), dem nördlichen Stierhorn, vorbei (siehe Abb. 5.4 rechts und Abb. 5.6 auf Seite 127). Am 29. befindet er sich $1\overset{\circ}{,}5$ nördlich des Sommerpunktes.

Die Dichotomie (Halbphase) tritt schon am 19. ein, wobei das halb beleuchtete Planetenscheibchen einen scheinbaren Durchmesser von $7\overset{''}{,}2$ hat. An diesem Tag ist der sonnennahe Merkur 141 Millionen Kilometer (= 0,943 AE) von der Erde entfernt. In der Nacht vom 2. auf 3. rast Merkur um Mitternacht durch das Perihel seiner Bahn.

Venus bleibt Morgenstern. Sie läuft durch Walfisch und Fische. Am 3. passiert sie $1\overset{\circ}{,}4$ südlich den Frühlingspunkt. Kurz darauf, nämlich am 6., überschreitet sie den Himmelsäquator und wechselt auf die nördliche Himmelshalbkugel. Am Monatsletzten tritt Venus schließlich in das Sternbild Widder. Am 15. passiert sie Uranus in $1\overset{\circ}{,}3$ südlichem Abstand.

Die Venusaufgänge erfolgen immer früher. Steigt der Morgenstern am 1. um 3^h44^m (= 4^h44^m Sommerzeit) über die Horizontlinie, so geht Venus am 15. um 3^h20^m und am 31. bereits um 2^h55^m (= 3^h55^m Sommerzeit) auf.

Die $-4\overset{m}{,}0$ helle Venus zeigt im Fernrohr am 25. ein $14\overset{''}{,}5$ großes, zu 75% beleuchtetes Planetenscheibchen.

Am 16. geht Venus durch das Aphel ihrer Bahn. An diesem Tag beträgt ihre Entfernung von der Sonne 109 Millionen Kilometer (= 0,729 AE).

Mars stand im Vormonat in Opposition zur Sonne und zieht als auffällig helles Gestirn am Nachthimmel die Blicke auf sich. Wenn es dunkel wird, sieht man den roten Planeten zu Monatsanfang schon relativ hoch am Südosthimmel, zu Monatsende bereits im Süden in Meridiannähe.

Mars bremst seine rückläufige Wanderung durch das Sternbild Jungfrau stark ab. Am 3. zieht er nur $1\overset{\circ}{,}4$ südlich an Porrima (γ Virginis) vorbei. Am 21. kommt er zum Stillstand und wird wieder rechtläufig. Damit beendet Mars seine Oppositionsperiode, was auch an seiner schnell abnehmenden Helligkeit deutlich sichtbar wird. Sie geht im Laufe des Mai um $0\overset{m}{,}7$ auf $-0\overset{m}{,}5$ zurück, was ihn den-

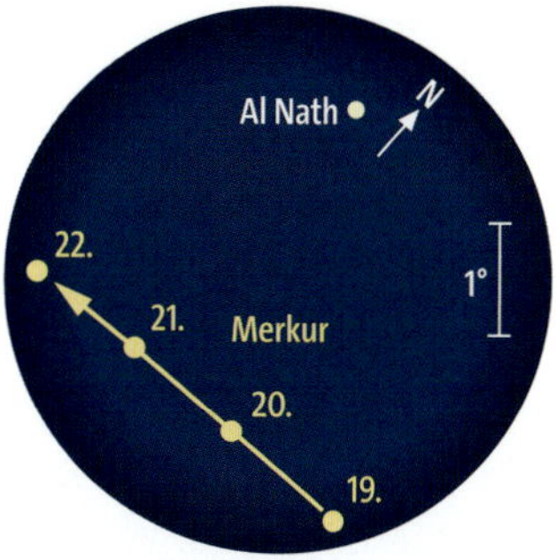

5.4 Merkur im Stier:
Merkur zieht am 21. Mai an Al Nath (β Tauri) vorbei. Fernglasanblick bei 5° Gesichtsfelddurchmesser.

Konstellationen und Ereignisse

Datum	MEZ	Ereignis
3.	0^h	Merkur im Perihel
4.	15	Mond bei Jupiter, Mond $5\overset{\circ}{,}5$ südlich
10.	19	**Saturn in Opposition zur Sonne**
11.	15	**Mond bei Mars**, Mond $3\overset{\circ}{,}0$ südlich, **Abstand $5\overset{\circ}{,}6$ um 20^h**
14.	13	**Mond bei Saturn**, Mond $0\overset{\circ}{,}6$ südlich (Bedeckung), **Abstand $5\overset{\circ}{,}4$ um 21^h**
15.	14	Venus bei Uranus, Venus $1\overset{\circ}{,}3$ südlich
16.	9	Venus im Aphel
21.	10	Mars im Stillstand, anschließend rechtläufig
22.	5	Mond bei Neptun, Mond $5\overset{\circ}{,}0$ nördlich
24.	21	Mond bei Uranus, Mond $1\overset{\circ}{,}9$ nördlich
25.	8	**Merkur in größter östlicher Elongation** (23°)
25.	17	**Mond bei Venus**, Mond $2\overset{\circ}{,}3$ nördlich, **Abstand $5\overset{\circ}{,}7$ um 4^h**
30.	17	Mond bei Merkur, Mond $5\overset{\circ}{,}9$ südlich

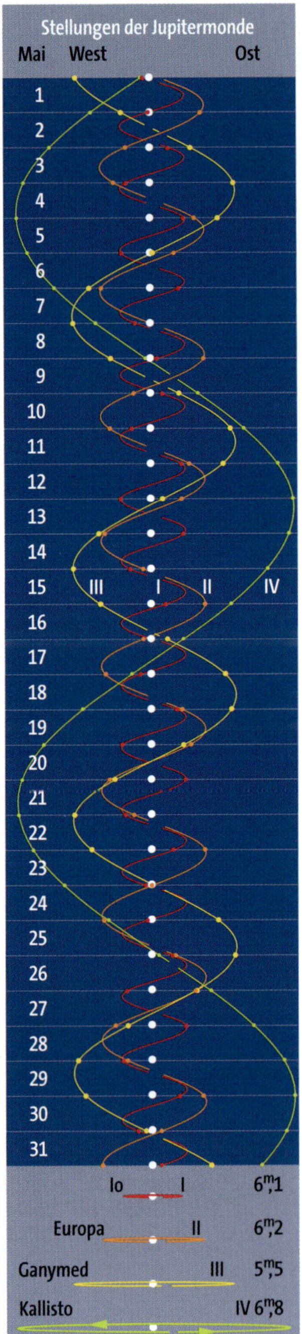

noch ein auffälliges Gestirn bleiben lässt (siehe auch Abb. 4.5 auf Seite 106).

Vom Morgenhimmel zieht sich der rote Planet allmählich zurück. Die Marsuntergänge verlagern sich von 4^h17^m am 1. auf 3^h15^m am 15. und auf 2^h09^m

Jupitermonde

Tag	MEZ h m	Vorgang	
1.	22 42	I	DA
	23 52	I	SA
2.	20 00	I	BA
	21 15	II	SE
	23 25	I	VE
3.	20 37	I	SE
5.	22 37	III	DA
8.	0 01	II	BA
9.	20 30	III	VE
	21 06	II	SA
	21 40	II	DE
	21 58	I	BA
	23 50	II	SE
10.	20 16	I	SA
	21 27	I	DE
	22 32	I	SE
11.	19 49	I	VE
16.	20 17	III	BE
	21 05	III	VA
	21 42	II	DA
	23 41	II	SA
17.	21 11	I	DA
	22 11	I	SA
	22 22	IV	SA
	23 27	I	DE
18.	21 02	II	VE
	21 44	I	VE
23.	21 17	III	BA
24.	23 11	I	DA
25.	20 27	I	BA
	21 06	IV	BA
26.	20 52	I	SE

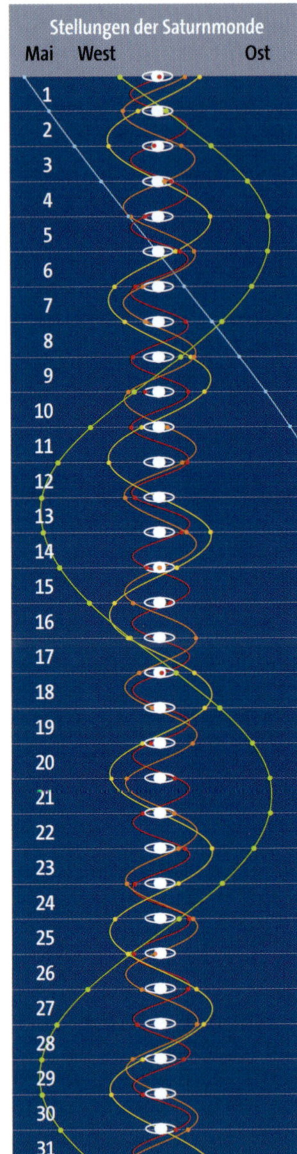

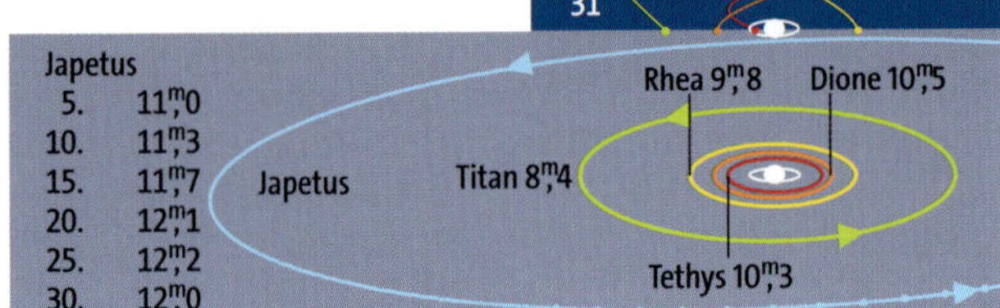

(= 3^h09^m Sommerzeit) am letzten Maitag.

Der scheinbare Durchmesser des Marsglobus schrumpft auf knapp 12″.

Am 11. kann man den zunehmenden Mond zwischen Mars und Spica sehen (siehe Abb. 5.1 auf Seite 120).

Jupiter beschleunigt seine rechtläufige Wanderung durch die Zwillinge und zieht am 22. eine Vollmondbreite (0°,5) nördlich an Wasat (δ Geminorum) vorbei (siehe Abb. 1.11 auf Seite 44). Seine Sichtbarkeitszeit am Abendhimmel verkürzt der Riesenplanet erheblich. Am 1. geht Jupiter um 0^h55^m (= 1^h55^m Sommerzeit) und am 15. um 0^h08^m unter. Der Untergang des $-1^m,9$ hellen Riesenplaneten erfolgt am 31. bereits um 23^h12^m. Wegen der nun immer später einsetzenden Dunkelheit bleiben am Monatsende lediglich zwei Stunden Sichtbarkeitsdauer.

Ein netter Himmelsanblick ergibt sich am 4., wenn die zunehmende Mondsichel 5° südlich an Jupiter vorbeizieht (siehe Abb. 5.5 rechts oben). Mit Merkur zeigt sich Jupiter am 21. tief am Westhimmel (Abb. 5.6 rechts).

Saturn kommt am 10. im Sternbild Waage in **Opposition** zur Sonne und ist somit die gesamte Nacht über am Sternenhimmel vertreten. Er hält sich fast genau in der Mitte zwischen den beiden Waagesternen Zubenelgenubi (α Librae; $2^m,6$) und Zubenelakrab (γ Librae; $3^m,9$) auf. Die Position von Saturn in der

5.5 oben: 4. Mai abends
Anblick des abendlichen Westhimmels am 4. Mai gegen 22^h MEZ (= 23^h MESZ). Die Sichel des zunehmenden Mondes passiert Jupiter im Sternbild Zwillinge. Der Mond bedeckt gegen $21^h 35^m$ MEZ den Stern λ Geminorum (siehe Seite 288).

5.6 unten: 21. Mai abends
Himmelsanblick in westlicher Richtung am 21. Mai gegen $21^h 30^m$ MEZ (= $22^h 30^m$ MESZ). Jupiter leuchtet in den Zwillingen und knapp über dem Horizont ist der flinke Merkur im Stier zu erkennen.

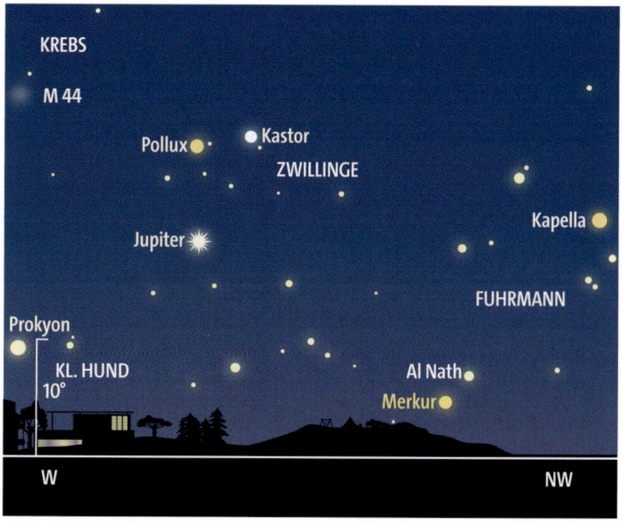

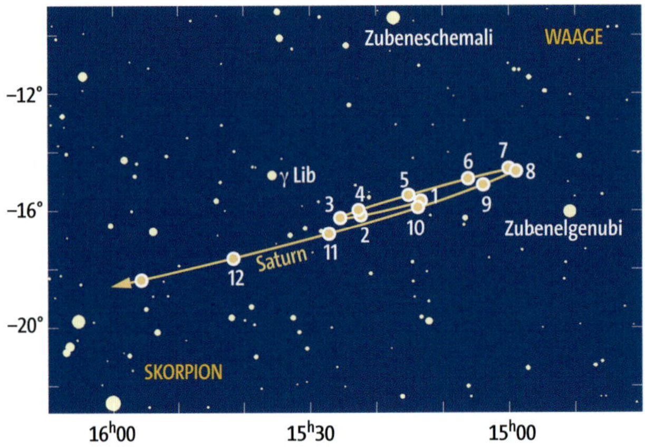

5.7 Bahn von Saturn:
Scheinbare Schleifenbahn des Planeten Saturn im Jahre 2014 im Gebiet des Sternbildes Waage.

Waage wird in Abb. 5.7 hier oben deutlich.

Am Oppositionstag geht der $0^{\mathrm{m}}{,}1$ helle Saturn um $19^{\mathrm{h}}32^{\mathrm{m}}$ (= $20^{\mathrm{h}}32^{\mathrm{m}}$ Sommerzeit) auf. Er kulminiert in der Oppositionsnacht um $0^{\mathrm{h}}19^{\mathrm{m}}$ und geht morgens um $5^{\mathrm{h}}05^{\mathrm{m}}$ (= $6^{\mathrm{h}}05^{\mathrm{m}}$ Sommerzeit) unter. Bis Monatsende sinkt die Helligkeit des Ringplaneten wieder etwas auf $0^{\mathrm{m}}{,}2$ ab und sein Untergang verfrüht sich auf $3^{\mathrm{h}}42^{\mathrm{m}}$ (= $4^{\mathrm{h}}42^{\mathrm{m}}$ Sommerzeit).

Zur Opposition erreicht Saturn auch die geringste Entfernung von der Erde, nämlich 1331 Millionen Kilometer (= 8,90 AE). Von der Sonne trennen Saturn an diesem Tag 1482 Millionen Kilometer (= 9,91 AE).

Das reflektierte Sonnenlicht ist somit vom Ringplaneten eine Stunde und 14 Minuten zur Erde unterwegs.

Die Ringöffnung beträgt zur Opposition knapp 22°. Damit macht Saturn in einem größeren Teleskop bei etwa 200-facher Vergrößerung einen imposanten Eindruck. Der scheinbare Längsdurchmesser des Ringsystems beträgt $42''{,}4$, die senkrechte Ringachse misst immerhin $15''{,}7$. Im Fernrohr erscheint die Saturnkugel abgeplattet. Der Äquator misst $18''{,}7$, der Poldurchmesser erreicht $16''{,}9$. Dies entspricht einer Abplattung von 1:9. Von allen Planeten unseres Sonnensystems weist Saturn somit die stärkste Abplattung auf, was auf seine schnelle Rotation (siderische Rotationsdauer am Äquator: $10^{\mathrm{h}}14^{\mathrm{m}}$) und seine geringe Dichte (0,7 g/cm^3) zurückzuführen ist.

Der Vollmond begegnet Saturn am 14., wobei der Erdtrabant südlich am Ringplaneten vorbeizieht.

Uranus stand Anfang April in Konjunktion mit der Sonne. Der grünliche Planet wandert rechtläufig durch das Sternbild Fische und bleibt noch in den Strahlen der Sonne verborgen. Auch die Begegnung mit Venus Mitte Mai bleibt unbeobachtbar.

Neptun im Wassermann entzieht sich nach wie vor einer Beobachtung durch Amateurastronomen. Bevor der $7^{\mathrm{m}}{,}9$ lichtschwache, sonnenfernste Planet im Osten einigermaßen emporgestiegen ist, hat die Morgendämmerung begonnen und verhindert ein Auffinden. Am 31. geht Neptun um $1^{\mathrm{h}}06^{\mathrm{m}}$ (= $2^{\mathrm{h}}06^{\mathrm{m}}$ Sommerzeit) auf. Die nautische Morgendämmerung setzt bereits um $2^{\mathrm{h}}34^{\mathrm{m}}$ ein.

Planetoiden

Ceres (1), rückläufig in der Jungfrau, stand Mitte des Vormonats in Opposition zur Sonne. Gegen Ende Mai wird ihr Lauf deutlich langsamer – ihr Stillstand ist nicht mehr fern (siehe Abb. 4.6 auf Seite 108). Die Cereshelligkeit geht im Mai um $0^{\mathrm{m}}{,}6$ auf $7^{\mathrm{m}}{,}8$ zurück. Die Distanz zwischen Ceres und Vesta schrumpft auf $2^\circ{,}1$, wobei Vesta mehr als eine Größenklasse heller ist (siehe auch Abb. 2.7 auf Seite 67).

Ihre Kulminationszeiten verlagert Ceres in die Abendstunden. Am 1. passiert sie um $23^{\mathrm{h}}20^{\mathrm{m}}$ den Meridian, am 15. um $22^{\mathrm{h}}16^{\mathrm{m}}$ (= $23^{\mathrm{h}}16^{\mathrm{m}}$ Sommerzeit) und am 31. schon um $21^{\mathrm{h}}07^{\mathrm{m}}$.

Pallas (2), rechtläufig im Löwen, steuert auf Regulus (α Leonis) zu, an dem sie am 13. in $1^\circ{,}3$ nördlichem Abstand vorbeiläuft (siehe Abb. 2.6 auf Seite 66). Mitte des Monats beendet sie ihre Beobachtungssaison. Die Pallashelligkeit nimmt weiter um gut eine halbe Größenklasse ab und beträgt Ende Mai nur noch $9^{m}_{,}0$. Ihre Kulminationen verlagern sich in die frühen Abendstunden, in denen es noch hell ist. Pallas durchschreitet den Meridian am 1. um 19^h37^m (= 20^h37^m Sommerzeit), am 15. um 18^h57^m und am 31. bereits um 18^h14^m. Ende Mai geht sie um 1^h30^m (= 2^h30^m Sommerzeit) unter.

Vesta (4) stand Mitte April in Opposition zur Sonne. Sie bremst ihre rückläufige Wanderung durch das Sternbild Jungfrau merkbar ab und wird Ende Mai in Rektaszension praktisch stationär. Vesta beschreibt einen Bogen in südwestlicher Richtung (siehe Abb. 4.6 auf Seite 108). Die Vestahelligkeit sinkt deutlich auf $6^{m}_{,}5$ ab. Damit ist sie aber immer noch leicht in einem Fernglas auszumachen.

Ihre Kulminationen verlegt Vesta in die Abendstunden. Am 1. geht sie um 23^h10^m durch den Meridian, am 15. um 22^h06^m und am 31. schon um 20^h59^m (= 21^h59^m Sommerzeit).

Periodische Sternschnuppenströme

Die **Eta-Aquariden**, auch **Mai-Aquariden** genannt, flammen von Monatsbeginn bis Ende Mai auf. Ihr Radiant liegt bei η Aquarii. Das ausgeprägte Maximum wird am 6. Mai erreicht. Im Durchschnitt sind etwa 45 Sternschnuppen pro Stunde zu registrieren, um die Zeit des Maximums bis zu 60. Wegen des horizontnah liegenden Radianten sind die Mai-Aquariden in unseren Breiten kaum zu beobachten. Aber in südlichen Gefilden sind sie ein auffälliger Strom. Es handelt sich bei diesem Meteorstrom um schnelle Objekte (um 60 Kilometer pro Sekunde), die auffallend lange Leuchtspuren hinterlassen. Die beste Beobachtungszeit ist ab etwa 3^h am Morgenhimmel in den Tropen. Die Mai-Aquariden führen ihren Ursprung auf den Kometen 1P/Halley zurück.

Vom 3. bis 14. sind die **Eta-Lyriden** zu beobachten. Ihr Maximum ist am 8. zu erwarten bei einer stündlichen Fallrate von nur fünf bis zehn Objekten, deren Geschwindigkeit bei 45 Kilometer pro Sekunde liegt.

Ferner sind noch die **Scorpius-Sagittarius**-Meteore zu erwarten, die von Mitternacht bis 4^h morgens günstig zu beobachten sind. Ihr Ausstrahlungspunkt liegt rund 1° nördlich von β Scorpii. Das erste Maximum dieses Stromes wird um den 20. erwartet. Es handelt sich um langsame Sternschnuppen (um 30 Kilometer pro Sekunde).

Der Fixsternhimmel

Von den Wintersternbildern sind lediglich die beiden Sternenketten der Zwillinge mit Kastor und Pollux noch tief im Westen zu erkennen. Hell strahlt Jupiter in den Zwillingen. Im Nordwesten sieht man die auffällige Kapella im Fuhrmann, die in unseren Breiten zirkumpolar ist. Tief im Westen kann noch Prokyon, der Hauptstern im Kleinen Hund, erspäht werden. Steil über unseren Köpfen steht der Himmelswagen. Der letzte Deichselstern, Benetnasch, gelegentlich auch Alkaid genannt, steht eben im Meridian in oberer Kulmination. Auch Spica in der Jungfrau passiert gerade die Mittagslinie. Nahe Porrima (γ Vir) leuchtet der Planet Mars.

Südlich der Jungfrau, ebenfalls noch in Meridiannähe, entdeckt man das Sternenviereck des Raben (lat.: Corvus). Der Rabe ist nicht besonders auffällig. Wer ihn aber einmal gefunden hat, prägt sich die Figur leicht ein.

Der Himmelslöwe hat seinen Meridiandurchgang schon hinter sich und steht hoch im Westen. Seine markante Figur ist leicht auszumachen.

Hoch im Südosten leuchtet unübersehbar der rötliche Arktur im Sternbild Bootes. Arktur ist ein roter Riesenstern in 37 Lichtjahren Entfernung. Er gehört zu den Fixsternen mit den größten

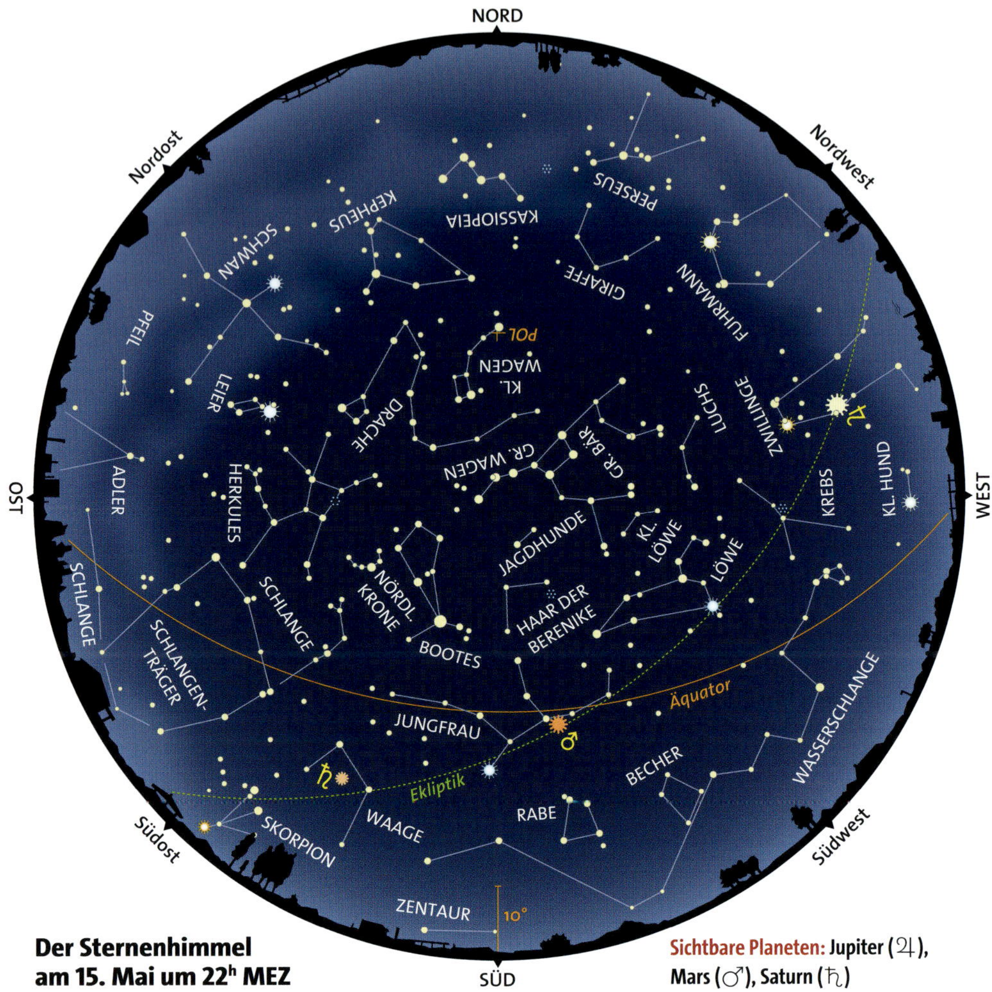

Der Sternenhimmel am 15. Mai um 22h MEZ

Sichtbare Planeten: Jupiter (♃), Mars (♂), Saturn (♄)

Die Sternkarte ist auch gültig für:		
	MEZ	MESZ
15. 1.	6	
1. 2.	5	
15. 2.	4	
1. 3.	3	
15. 3.	2	
1. 4.	1	2^h
15. 4.	0	1
1. 5.	**23**	**24**
15. 5.	**22**	**23**
31. 5.	**21**	**22**

Eigenbewegungen. Neben dem Bootes stößt man auf die Nördliche Krone. Ihr einprägsamer Sternenhalbkreis ist bei genügender Dunkelheit leicht zu finden. Schwieriger wird es schon mit dem ausgedehnten Bild des Herkules. Hier gehört einige Übung dazu, ihn zu erkennen.

Im Nordosten geht gerade das Sommerdreieck auf. Wega und Deneb sind schon über die Horizontlinie gestiegen, während Atair noch darunter liegt.

Erste Sommersternbilder

Der Osten wird vom Schlangenträger (lat.: Ophiuchus) und der Schlange (lat.: Serpens) eingenommen. Beide Bilder sind sehr ausgedehnt und setzen sich nur aus lichtschwachen, weit verstreuten Sternen zusammen. Sie sind daher am Firmament über unseren lichtüberfluteten Städten und Gemeinden kaum mehr zu finden.

Im Südosten nimmt die Waage ihren Platz ein. In ihr hält sich in diesem Jahr der Planet Saturn auf. Als Tierkreisbild kennt man die Waage dem Namen nach gut. Aber nur wenige finden sie am Sternenhimmel. Die Waage ist der einzige Gegenstand im Tierkreis – alle anderen Bilder stellen Lebewesen dar. Einst lag der Herbstpunkt im Sternbild Waage, heute findet man ihn in der Jungfrau. Trotzdem spricht man immer noch vom Waagepunkt, wenn man den Herbstpunkt meint.

Nur vier Sterne in der Waage sind so hell, dass man sie mühelos mit bloßen Augen sehen kann. Es sind dies die Sterne α ($2^{m}{,}6$), β ($2^{m}{,}6$), γ ($3^{m}{,}9$) und σ Librae ($3^{m}{,}3$). Nach dem Bonner Astronomen Friedrich Wilhelm Argelander (1799–1875) gehören 28 Sterne bis zur sechsten Größenklasse (und damit theoretisch freiäugig zu erkennen) zur Waage.

Die Scheren des Skorpions

In der Antike deuteten die Sterne der Waage noch die Scheren des Skorpions an. Aus dieser Zeit stammen auch die arabischen Namen für die beiden hellsten Sterne, α und β Librae. α Librae heißt Zuben el Genubi (oder el Dschenubi), was „südliche Schere" bedeutet, und β Librae wird Zuben el Chamali (oder el Schemali) genannt, was entsprechend „nördliche Schere" heißt.

Der Ursprung dieses Sternbildes geht auf die alten Ägypter zurück: ein schöner Jüngling hält eine Waage. In ihren Totenbüchern, die den Verstorbenen beigelegt wurden, taucht der Waagemann als Symbol der Gerechtigkeit auf. Er soll das Gleichgewicht zwischen dem Reich der Toten und dem der Lebenden herstellen. Die kosmische Waage wurde vom ägyptischen Gott Anubis eingesetzt. Das Herz eines eben Verstorbenen wurde in eine Waagschale gelegt, in die andere eine Pfauenfeder, das Symbol der Wahrheitsgöttin Maat. Anubis wog das Herz. War der Verstorbene in seinem Leben ein aufrichtiger Mensch, so bestand das Herz die Prüfung und er wurde in eine höhere Lebensstufe aufgenommen.

Im chinesischen Sonnentierkreis sieht man an Stelle der Waage ein Krokodil. Das Sternbild wurde Show Sing genannt, was „Stern der Langlebigkeit" bedeutet. Später findet man auch die Bezeichnung Tien Ching, was ebenfalls „Himmelswaage" heißt.

Objekte für Feldstecher und Fernrohr

Für den Einsteiger in die beobachtende astronomische Tätigkeit sei zunächst als interessanter Doppelstern Regulus im Löwen empfohlen. Der Hauptstern im Löwen (α Leonis) zählt nicht zu den prominenten Doppelsternen, die gerne bei Sternführungen gezeigt werden. Aber nach Regulus muss man nicht lange suchen, was dem Beginner entgegen kommt. Der bläulichweiß funkelnde Hauptstern (Spektralklasse: B7 V) hat in der recht großen Distanz von 176″ einen orangen Begleiter, das sind fast drei Bogenminuten. Eigentlich sollte man bei einer so großen Separation schon mit bloßen Augen zwei Lichtpunkte erkennen. Dem ist aber nicht so. Der Grund: Die Helligkeitsdifferenz ist enorm. Während Regulus A mit $1^{m}{,}4$ zu den hellsten Sternen zählt, hat sein Begleiter α Leo B nur $7^{m}{,}9$ scheinbare Helligkeit und ist somit ohne optische Hilfsmittel, also freiäugig überhaupt nicht zu erkennen. Am besten man benutze ein gu-

Veränderliche Sterne im Mai

Algol-Minima	15.	3^h18^m	20.	20^h55^m								
β-Lyrae-Minima	3.	11^hH	9.	22^hN	16.	9^hH	22.	21^hN	29.	8^hH		
δ-Cephei-Maxima	1.	7^h	6.	15^h	12.	0^h	17.	9^h	22.	18^h	28.	3^h

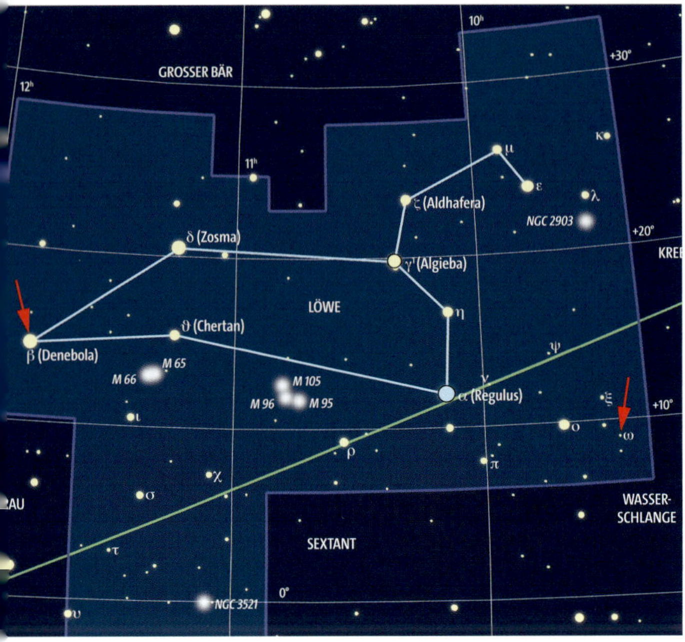

5.8 Sternbild Löwe:
Der Löwe mit den Doppelsternen Regulus, Denebola (β Leonis) und ω Leonis.

tes Fernglas mit mindestens 6 cm freier Öffnung bei 15- bis 25-facher Vergrößerung, um den orangen Begleiter (Spektraltyp K1 V) zu sehen. Um sicher zu gehen, auch den richtigen Begleitstern zu identifizieren, sei der Positionswinkel genannt: P = 308°. Der Positionswinkel wird von Nord (0°) über Ost (90°), Süd (180°) und West (270°) gezählt. Man beachte: Im Fernglas ist Norden oben und Westen rechts (in unseren geografischen Breiten). Im umkehrenden Teleskop ist jedoch Norden unten, Westen links, Osten rechts und Süden oben. Die Entfernung von Regulus beträgt 77 Lichtjahre.

Gewaltiger Helligkeitsunterschied

Auch Denebola („Schwänzchen des Löwen") oder β Leonis ist ein Doppelstern – allerdings ist auch hier der Helligkeitsunterschied enorm – elf Größenklassen! Die Hauptkomponente ist ein weißer Hauptreihenstern (A3 V) mit $2^{\mathrm{m}},1$, während der Begleiter in immerhin 80″,3 Distanz lediglich $13^{\mathrm{m}},2$ Helligkeit aufweist. Um den Begleiter zu erkennen, benötigt man ein Linsenteleskop von mindestens 20 cm Öffnung oder ein Spiegelteleskop ab 25 cm Objektivdurchmesser aufwärts.

Eine echte Herausforderung ist ω Leonis. Um ihn zu trennen, sind die gleichen Mindestgrößen an Öffnungen wie bei Denebola einzusetzen. In 112 Lichtjahren Entfernung umkreisen einander zwei weiße Sonnen (beide F9) in 117 Jahren einmal. Die beiden $5^{\mathrm{m}},9$ und $6^{\mathrm{m}},5$ hellen Komponenten sind nur 0″,8 separiert, P = 93°. Um ω Leo zu finden, gehe man von Regulus aus und schwenke das Teleskop nach Westen, wo man auf ο Leo ($3^{\mathrm{m}},5$) trifft. Etwa die halbe Strecke α – ο Leo nochmals nach Westen bewegt, kommt ω Leo ins Blickfeld (siehe auch Sternkarte E11 im *Atlas für Himmelsbeobachter* von Erich Karkoschka). Für die Benutzer von GoTo-Montierungen seien die Koordinaten angegeben: α = $9^{\mathrm{h}}28^{\mathrm{m}},5$ und δ = +9°,06 (2000.0).

Ein gern aufgesuchter Doppelstern ist Porrima in der Jungfrau (γ Virginis): Zwei gleich helle, weiße Sterne (je $3^{\mathrm{m}},5$ hell, beide vom Spektraltyp F0) laufen in knapp 170 Jahren umeinander. Der Abstand beider Komponenten beträgt zurzeit 2″,1 und wächst langsam an. Die Porrima-Doppelsonne ist 39 Lichtjahre von uns entfernt. Um sie getrennt zu sehen, ist mindestens ein Sechszöller (15 cm Öffnung) erforderlich. Positionswinkel: P = 8°.

Fernrohrobjekt im Raben

Erfahrene Beobachter können sich den Planetarischen Nebel NGC 4361 im Sternbild Rabe vorknöpfen. NGC 4361 bildet mit den Sternen δ und γ Corvi ungefähr ein gleichseitiges Dreieck (siehe Sternkarte E12 im Atlas von Karkoschka). Mit nur $10^m{,}5$ Gesamthelligkeit ist dieser Planetarische Nebel nicht leicht aufzuspüren. Er erscheint als kreisrundes, winziges Lichtfleckchen von nur $1'{,}2$ Durchmesser. Um ihn deutlich zu sehen, sollte man eine höhere Vergrößerung wählen. Die Koordinaten von NGC 361 lauten: $\alpha = 12^h24^m{,}5$ und $\delta = -18^\circ{,}79$ (2000.0).

Als Kugelhaufen sei M 13 empfohlen. Er steht im Herkules und ist unter günstigen Sichtbedingungen schon mit bloßen Augen zu erkennen. Im Fernglas sieht man auf alle Fälle ein rundes Nebelfleckchen. Richtig prächtig wirkt er in einem größeren Teleskop bei mittlerer bis hoher Vergrößerung. Entdeckt wurde M 13 bereits 1714 von Edmond Halley. M 13 ist der größte (15′ Durchmesser) und hellste (6^m) Kugelhaufen des nördlichen Sternenhimmels. Man blickt hier auf eine alte Sternengesellschaft (über zehn Milliarden Jahre!), wobei sich rund eine Million Sonnen auf einem Raum von 160 Lichtjahren Durchmesser drängen.

Der Sombrero in der Jungfrau

Eine wunderschöne Galaxie am Frühlingshimmel ist M 104 in der Jungfrau, bekannt als Sombrerogalaxie, weil sie eine Ähnlichkeit mit der mexikanischen Kopfbedeckung aufweist (siehe Karte Seite 91). Auf M 104 trifft man etwa 11° westlich von Spica (α Virginis) an der Grenze zum Sternbild Rabe. Im Fernglas erscheint dieses 8^m helle Milchstraßensystem als lichtschwaches, längliches Nebelfleckchen ($4' \times 8'$). Im Teleskop zeigt sich M 104 spindelförmig, geteilt durch einen dunklen Streifen: man sieht auf die Kante dieser Riesengalaxie. Die dunkle Zone entsteht durch Absorption des Sternenlichts durch die zur Hauptebene konzentrierten Staubmassen. Unsichtbar versteckt sich im Zentrum von M 104 ein supermassereiches Schwarzes Loch von rund einer Milliarde Sonnenmassen. Im Halo der Sombrerogalaxie wurden fast 2000 Kugelhaufen registriert. Insgesamt zählen mehr als 500 Milliarden Sterne zu M 104. Nach neuesten Messungen ist M 104 rund 45 Millionen Lichtjahre entfernt. Die Sombrerogalaxie steht von uns aus gesehen in Richtung des riesigen Virgo-Galaxienhaufens, dessen Zentrum 70 Millionen Lichtjahre entfernt ist. M 104 zählt nicht zum Virgo-Haufen, sondern ist eine Galaxie im Vordergrund.

Mit 25 Millionen Lichtjahren näher, aber längst nicht so spektakulär wie M 104, ist die Galaxie NGC 2903 im Löwen. Sie ist relativ leicht zu finden, wenn man von ε Leonis, dem westlichsten Stern im kleinen Löwentrapez, nach Westen geht, bis man auf λ Leo stößt. Ein wenig südlich davon liegt diese 9^m helle Galaxie mit 10′ scheinbarem Durchmesser. Sie erscheint elliptisch mit einem hellen Zentrum, doch NGC 2903 ist eine Spiralgalaxie vom Hubble-Typ Sc.

Titan – der Riesenmond des Ringplaneten

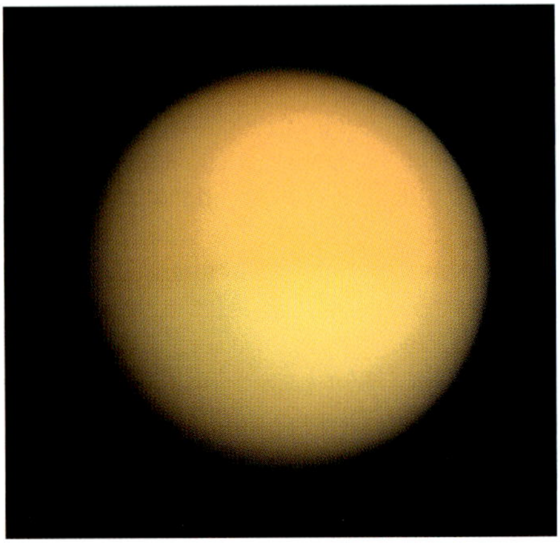

Cassini, NASA/JPL

5.9 **Saturnmond Titan im sichtbaren Licht. Eine undurchsichtige Atmosphäre umschließt den Titanglobus.**

Cassini, NASA/JPL

5.10 **Titan im Gegenlicht, aufgenommen von Cassini. Die Titanatmosphäre leuchtet im gestreuten Sonnenlicht.**

In diesem Mai kommt der ringgeschmückte Saturn am 10. in Opposition – auch Gegenschein genannt – zur Sonne. Die Wochen um die Opposition sind die günstigsten, um einen Planeten zu beobachten. Er ist die gesamte Nacht über sichtbar, seine Entfernung von der Erde erreicht ein Minimum, seine Helligkeit ist am größten und auch sein scheinbarer Durchmesser wächst maximal an, kurz: die Beobachtungsbedingungen sind die besten. Und Saturn zählt zu den schönsten und beeindruckendsten Himmelsobjekten, die auch Laien staunen lassen, wenn sie durch ein leistungsfähiges Teleskop den Ringplaneten erstmals zu Gesicht bekommen. Er zählt zu den oft zitierten „Wundern des Himmels".

Doch nicht nur der Saturnglobus mit seinem freischwebenden Ring ist dieser Tage einer Beobachtung wert. Schon mit einem guten Fernglas kann man seinen größten Mond erkennen. Er wurde am 25. März 1655 von dem Astronomen und Physiker Christian Huygens entdeckt. Er war der fünfte Mond eines Planeten – vom Erdmond abgesehen –, der nach Erfindung des Fernrohrs aufgespürt wurde. Zuvor hatten Galileo Galilei, Thomas Harriot und Simon Marius die vier hellen, großen Monde des Jupiter entdeckt. Huygens nannte den von ihm gefundenen Saturntrabanten schlicht „Luna Saturni", also „Mond des Saturn". Zu jener Zeit war Latein die Sprache der Wissenschaft. Nachdem noch weitere Satelliten des Saturns entdeckt wurden, nummerierte man die Saturnmonde nach ihrem Abstand von Saturn folgend. Dabei erhielt der Huygens-Mond die Nummer VI. Nachdem klar wurde, dass der erstgefundene Saturnmond eine respektable Größe aufweist, taufte ihn John Herschel auf den Namen Titan. Mit 5150 Kilometer Durchmesser ist Titan ein wahrer Riesenmond. Damit ist er nicht nur mehr als doppelt so groß wie Pluto und erheblich größer als unser Erdmond, sondern er übertrifft an Größe auch den Planeten Merkur. Dies trifft allerdings nur auf den Durchmesser und damit auf das Volumen zu. Was die Masse angeht, so ist Merkur rund zweieinhalbmal schwerer als Titan. Denn die mittlere Dichte von Merkur beträgt 5,43 g/cm³, die von Titan hingegen lediglich 1,88 g/cm³. Der innere Aufbau von beiden Himmelskörpern ist grundverschieden. Merkur besitzt den relativ größten Nickel-Eisen-Kern aller Planeten unseres Sonnensystems. Seine Masse entspricht 60 Prozent der Gesamtmasse des Merkur. Titan hingegen besitzt keinen solchen Nickel-Eisen-Kern, sondern sein Inneres enthält große Mengen an Wasser und Eis.

Titan – zweitgrößter Mond

Lange nahm man an, Titan sei der größte Mond in unserem Sonnensystem. Ursprünglich hatte man seinen Durchmesser zu 5800 Kilometer gemessen. Doch man kannte noch nicht die dichte und auch ausgedehnte Atmosphäre von Titan, dessen undurchsichtige Dunst- und Wolkenschicht bis in 300 Kilometer Höhe über die Titanoberfläche reicht. Titan wird, wenn man nur den Durchmesser seines festen Körpers berücksichtigt, vom Jupitermond Ganymed übertroffen, der mit 5262 Kilometer ein wenig größer ist als Titan. Titan ist somit der zweitgrößte Mond.

Schon in einem guten Fernglas kann man Titan sehen. Ein Stativ ist dabei sehr zu empfehlen, denn freihändig macht das Beobachten keinen Spaß, wenn das Bild ständig wackelt und zittert. In Opposition wird Titan $8^{m}_{,}0$ bis $8^{m}_{,}5$ hell, je nachdem, ob Saturn und damit auch Titan sich im oder nahe dem, Perihel befinden oder ihre Aphelposition einnehmen. In Zeiten um die Konjunktion ist Titan $9^{m}_{,}0$ bis $8^{m}_{,}5$ hell.

Bei günstiger Oppositionsstellung entfernt sich Titan in maximaler Elongation nur 3′20″ vom Saturnscheibenmittelpunkt. Die jeweilige Position von Titan und auch seine scheinbare Helligkeit wird aus der Grafik „Stellungen der Saturnmonde" ersichtlich. Sie dient auch zur Identifizierung der anderen helleren Saturnmonde wie Tethys, Dione, Rhea und Japetus. Denn auch die größeren Saturnmonde erscheinen punktförmig und sind leicht mit Fixsternen zu verwechseln.

Titan läuft in einer mittleren Entfernung von 1 221 865 Kilometer in 15 Tagen, 22 Stunden und 41 Minuten um Saturn. Alle sechzehn Tage sieht man ihn daher in größter östlicher Elongation von Saturn. Seine Bahn ist fast kreisförmig, ihre numerische Exzentrizität beträgt nur 0,029. Somit kommt Titan bis auf 1 187 000 Kilometer an Saturn heran, während ihn in Saturnferne 1 257 000 Kilometer vom Ringplaneten trennen. Die Differenz zwischen Perikronium und Apokronium macht daher nur sechs Prozent des mittleren Bahnradius aus. Die Titanbahn ist lediglich um $0^{\circ}_{,}3$ zum Saturnäquator geneigt, Titan kurvt somit in der Ringebene um Saturn. Zur Ekliptik ist die Bahn allerdings um fast 27° geneigt.

Die Rotationszeit des Titanglobus entspricht seiner Umlaufzeit um Saturn, man spricht von einer gebundenen Rotation. Das heißt, Titan kehrt stets die gleiche Seite Saturn zu wie auch

5.11 Größenvergleich von Titan, Erde und Erdmond.

5.12 Saturn mit seinem größten Mond Titan. Aufnahme der Raumsonde Cassini.

unser Erdmond uns immer dieselbe Halbkugel zeigt. Die Rotationsachse von Titan steht fast senkrecht auf seiner Bahnebene, die Abweichung beträgt nur knapp 2°. Da aber die Titanbahn um fast 27° zur Ekliptik geneigt ist, kommt es auf Titan zu Jahreszeiten wie auch auf Erde und Mars. Sie dauern allerdings wesentlich länger, im Schnitt siebeneinhalb Jahre. Wegen der elliptischen Bahn von Saturn um die Sonne sind die Jahreszeiten unterschiedlich lang. Auf der Nordhalbkugel dauert das Sommerhalbjahr etwas mehr als 16 irdische Jahre, das Winterhalbjahr hingegen nur knapp 14 Jahre. So begann der Frühling auf der Titannordhalbkugel am 10. August 2009 und der Sommer wird im Jahre 2017 seinen Einzug halten, bis er am 6. Mai 2025 vom Herbst abgelöst werden wird.

Titan ist der einzige Mond im Sonnensystem, der von einer dichten Atmosphäre eingehüllt wird. Eine undurchsichtige Dunst- und Wolkenschicht versperrt den Blick auf seine Oberfläche. Selbst Raumsondenaufnahmen lassen im sichtbaren Licht keinerlei Details in der rötlich gefärbten Atmosphäre erkennen. Da auch die chemische Zusammensetzung in etwa der der irdischen Atmosphäre in der Frühzeit unseres Planeten vor mehr als vier Milliarden Jahren entspricht, wird Titan manchmal als der erdähnlichste Körper in unserem Sonnensystem bezeichnet.

Titans Atmosphäre

Erstmals vermutete im Jahre 1908 der katalanische Astronom José Comas y Solá (1868–1937), dass Titan von einer Atmosphäre umgeben sein müsse. Er schloss dies aus der von ihm beobachteten Randverdunklung des Titanscheibchens. Dem amerikanischen Planetenforscher Gerard Kuiper gelang 1944 der spektroskopische Nachweis einer Gashülle, indem er Methanbanden im Titanspektrum fand. Schon früh haben etliche Planetologen darauf hingewiesen, dass die rötliche Farbe von Titan auf Stickstoffvorkommen in Verbindung mit Kohlenwasserstoffen schließen lasse. Tatsächlich setzt sich die Titanatmosphäre in Bodennähe zu über 90 % aus molekularem Stickstoff (N_2) zusammen. Freier Sauerstoff fehlt völlig, es handelt sich somit um eine reduzierende Atmosphäre. Die Brandgefahr auf Titan ist daher gleich null – offenes Feuer kann es dort keines geben. Als weiterer Bestandteil der Lufthülle von Titan ist das Grubengas Methan (CH_4) zu nennen sowie Spuren von molekularem Wasserstoff (H_2). Ferner wurden eine Reihe von Kohlenwasserstoffen sowie Kohlenstoffstickstoffverbindungen nachgewiesen. Auch wurden geringe Mengen von Kohlenstoffdioxid (CO_2) und Kohlenstoffmonoxid (CO) aufgespürt. Selbst Spuren von Wasserdampf (H_2O) lassen sich nachweisen.

Der Atmosphärendruck auf der Titanoberfläche ist eineinhalbmal so groß wie der irdische Luftdruck in Meereshöhe, nämlich 1,5 bar. Wegen der niedrigen Temperatur von durchschnittlich –180 °C ist die Titanatmosphäre in Bodennähe fünfmal so dicht wie die irdische Lufthülle.

Neue Erkenntnisse durch Sonden

Unser Wissen über Titan wurde durch Raumsondenmissionen enorm erweitert. Als erste Raumsonde passierte Pioneer 11 Anfang September 1979 das Saturnsystem. Es folgte im November 1980 die Sonde Voyager 1, die zahlreiche Aufnahmen lieferte. Im August 1981 flog Voyager 2 an Saturn vorbei und holte sich Schwung auf seinem Weg zu Uranus und Neptun. Titan wurde dabei nicht beobachtet.

Höhepunkt der Titanforschung war die weiche Landung der europäischen Raumsonde HUYGENS, so benannt nach dem Entdecker des Titan, am 14. Januar 2005. Gemeinsam mit der amerikanische Sonde CASSINI reiste HUYGENS zum Saturn. CASSINI schwenkte am 1. Juli 2004 in eine Umlaufbahn um Saturn ein und umrundet den Ringplaneten seither als künstlicher Trabant. Zu Weihnachten 2004 trennte sich HUYGENS von CASSINI, um in die Titanatmosphäre einzudringen. Nach Absprengung des Hitzeschutzschildes öffnete sich der Landefallschirm und HUYGENS setzte schließlich einigermaßen sanft auf der bizarren Titanoberfläche auf. Nicht nur HUYGENS lieferte Bilder von der Titanlandschaft, auch CASSINI flog mehrmals nahe an Titan vorbei und tastete dabei seine Oberfläche mit Radar ab. Im Bereich der Infrarotstrahlung und im Radiofrequenzbereich ist die Titanatmosphäre durchsichtig.

Seen aus flüssigem Methan

Bei Ankunft der Raumsonden im Juli 2004 lag der Nordpol von Titan noch im Dunkel der Polarnacht. Erst Ende 2009 kam der Nordpol wieder ins Sonnenlicht. Gebirge aus tiefgefrorenem Wassereis bedecken die Titanoberfläche, unterbrochen von Flüssen und riesigen Seen aus flüssigem Methan. Bei Temperaturen um −180 °C ist Eis so hart wie Gestein. Methan befindet sich nahe seinem Tripelpunkt, es kommt somit in allen drei Aggregatszuständen vor. Aus Methanwolken fallen große Tropfen aus 30 Kilometer Höhe langsam zur Oberfläche hinab, denn die Fallbeschleunigung beträgt nur ein Siebtel des irdischen Wertes. Aus bodennahen Dunstschichten fällt feiner Nieselregen aus flüssigem Methan. Die Temperaturen an den Polen sind um wenige Grade geringer. Die Atmosphäre ist mit Methan gesättigt, es kondensiert und regnet ab. Die Methanseen erscheinen dunkel, die Wassereiskontinente heller. Organische Substanzen sorgen für dunkle Gebiete, wobei der Methanregen

NASA

5.13 Raumsonde Huygens mit Hitzeschutzschild.

5.14 Titanlandschaft mit Methanseen. Radaraufnahme der Raumsonde CASSINI.

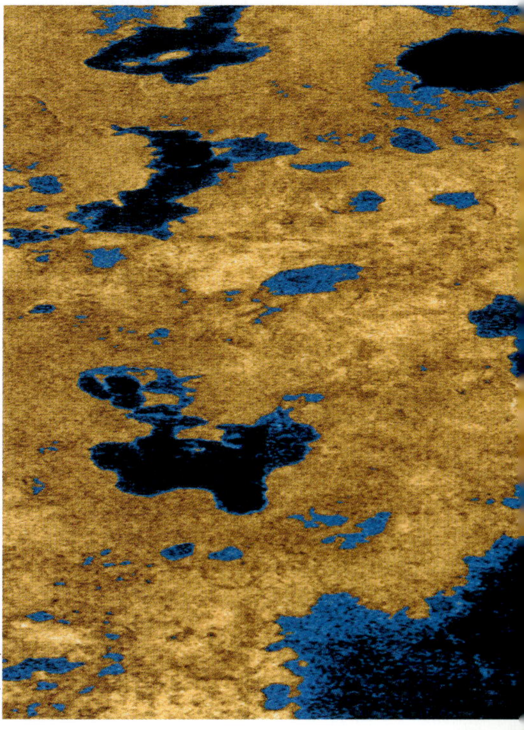

CASSINI, NASA/JPL

5.15 Der innere Aufbau von Titan

die Wassereisflächen wieder reinwäscht. Ein ausgedehntes, helles Gebiet von der Größe Australiens ist die Region Xanadu mit niedrigen Gebirgen und einem Netz aus Flusstälern, die teilweise ausgetrocknete Wadis sind. Geysire und Vulkane spritzen Methan heraus. Der aktive Kryovulkanismus sorgt für Methannachschub. Das Ultraviolettlicht der Sonne zerlegt die Methanmoleküle. Die UV-Photonen schlagen aus einem CH_4-Molekül ein Wasserstoffatom (H) heraus, das in das Weltall diffundiert. Zwei CH_3-Radikale bilden dann ein Äthanmolekül (C_2H_6). Äthan lagert sich an Aerosole an, kondensiert und fällt als Äthanschnee zu Boden. Flüssiges Methan kommt außerdem als „Grundwasser" vor und sprudelt aus Quellen, die die Methanflüsse speisen. Auch Einschlagkrater wurden entdeckt. Sie sind aber selten, denn die dichte Atmosphäre wirkt als Schutzschild vor kosmischen Kollisionen.

Trübe Sicht

Die Titanlandschaft ist in ein düsteres Licht getaucht. Nur ein Hundertstel der Sonnenlichtmenge, das die Erde erhält, trifft pro Flächeneinheit auf Titan ein. Zusätzlich gedämpft durch Dunst und Wolken ist es auf Titan recht trübe. Sterne sind nicht zu sehen, allenfalls schimmert riesengroß Saturn mit seinem mächtigen Ring durch Wolkenlücken und eine tiefrote Sonne, die mit nur 3,′5 scheinbarem Durchmesser winzig erscheint.

Durch den Treibhauseffekt ist es auf Titan trotz −180 °C noch relativ warm. In etwa 40 Kilometer Höhe sinkt die Temperatur auf −200 °C und nimmt dann wieder bis in 500 Kilometer Höhe auf −120 °C zu. In der Troposphäre gibt es ein aktives Wettergeschehen mit Wirbelstürmen. Auch glimmt Titan im Eigenleuchten, wie CASSINI feststellte, als der Mond in den Kernschatten des Saturns trat, ein ähnliches Phänomen wie das irdische Nachthimmelsleuchten (Airglow). Es kommt aus tiefen Schichten der Titanatmosphäre und wird vermutlich durch die kosmische Strahlung hervorgerufen, wenn hochenergetische Photonen die Stickstoffatome in der Titanluft zum Leuchten anregen.

Aufbau des Titanglobus

Cassini half auch, ein wenig das Rätsel des inneren Aufbaus von Titan zu lösen. Auf der Erde erfahren die Geologen mit Hilfe von Bebenwellen etwas über den Schichtenaufbau unserer Erdkugel. Infolge seiner leicht elliptischen Bahn um Saturn wird Titan durch die Gezeitenkräfte ein wenig deformiert. Dadurch wird auch Titans Gravitationsfeld ein wenig verzerrt und damit wurde auch die Bahnbewegung von CASSINI ein klein bisschen variiert. Die Geschwindigkeitsänderungen von nur 36 Millimeter pro Stunde, das sind 10 Mikrometer pro Sekunde (!), wurden mit Hilfe des Doppler-Effektes, den die Radarsignale anzeigten, registriert.

Unter einer äußeren, steinharten Kruste aus gefrorenem Wasser und Methan liegt ein etwa 100 Kilometer dicker Ozean aus flüssigem Wasser vermischt mit Ammoniak. Unter dem Ozean befindet sich ein Mantel aus komprimiertem Eis (Dichte: 1,4 g/cm³), der den warmen, wasserhaltigen Silikatkern umschließt.

Noch harren viele ungelöste Fragen einer Antwort. Welche organischen Verbindungen finden sich in den Flüssen und Seen auf Titan? Gibt es eine Art Vorstufe zu Bausteinen des Lebens wie Aminosäuren? Um diese Fragen zu klären, sind weitere Missionen zu Titan in Planung. Man will einen Orbiter um Titan kreisen lassen sowie eine Sonde auf seiner Oberfläche absetzen, die ihn anbohren, Proben entnehmen und an Ort und Stelle analysieren soll. Ferner soll eine Ballonsonde das Wettergeschehen genauer untersuchen. Eher in das Reich der Fantasie gehören Überlegungen, Titan könne eines fernen Tages als Zuflucht für den letzten Rest der noch existierenden Menschheit dienen, wenn die zunehmende Sonnenhitze ein Überleben auf der Erde unmöglich macht.

Titan in Zahlen

Bezeichnungen:	Titan / Saturn VI / Luna Saturni
Bahndaten	
Große Halbachse:	a = 1 221 865 km ≙ 20 Saturnradien
Perikronium:	q = 1 186 675 km
Apokronium:	Q = 1 257 055 km
Umlaufzeit:	$U = 15\overset{d}{,}9454484 = 15^{d}22^{h}41^{m}27^{s}$
Numerische Exzentrizität:	e = 0,0288
Bahnneigung zum Saturnäquator:	$\eta = 0\overset{\circ}{,}312$
Bahnneigung zur Ekliptik:	$i = 26\overset{\circ}{,}73$
Mittlere Bahngeschwindigkeit:	$v_B = 5{,}57$ km/s
Knotenrücklauf:	$0\overset{\circ}{,}5213$ pro Jahr
Knotenumlauf:	690,58 Jahre
Physische Daten	
Mittlerer Durchmesser:	D = 5150 km
Masse (95 % der Gesamtmasse aller Saturnmonde):	$M = 1{,}345 \times 10^{23}$ kg ≙ 0,023 Erdmassen
Oberfläche:	$O = 8{,}3 \times 10^{7}$ km²
Mittlere Dichte:	$\rho = 1{,}88$ g/cm³
Albedo:	A = 0,22
Scheinbare Helligkeit	
in Periheleopposition:	$m_v = 8\overset{m}{,}0$
in Aphelopposition:	$m_v = 8\overset{m}{,}5$
in Konjunktion:	$m_v = 9\overset{m}{,}0$
Absolute Helligkeit:	$M_v = -1\overset{m}{,}20$
Scheinbarer Durchmesser in mittlerer Opposition:	$d = 0\overset{''}{,}80$
Maximale Elongation von Saturn in Periheleopposition:	E = 3′20″
Siderische Rotation (gebundene Rotation):	$t = 15\overset{d}{,}945$ ≙ $15^{d}22^{h}41^{m}$
Neigung der Rotationsachse zur Senkrechten auf Bahnebene:	$\varepsilon = 1\overset{\circ}{,}942$
Lineare Rotationsgeschwindigkeit am Äquator:	w = 12 m/s ≙ 43,2 km/h

Juni 2014

- Die Sonne erreicht am 21. um 11^h51^m MEZ den Gipfel ihrer Jahresbahn – der astronomische Sommer beginnt.
- Venus ist am Morgenhimmel zu sehen.
- Mars und Saturn sind auffällige Gestirne in der ersten Nachthälfte.
- Jupiter wird unbeobachtbar

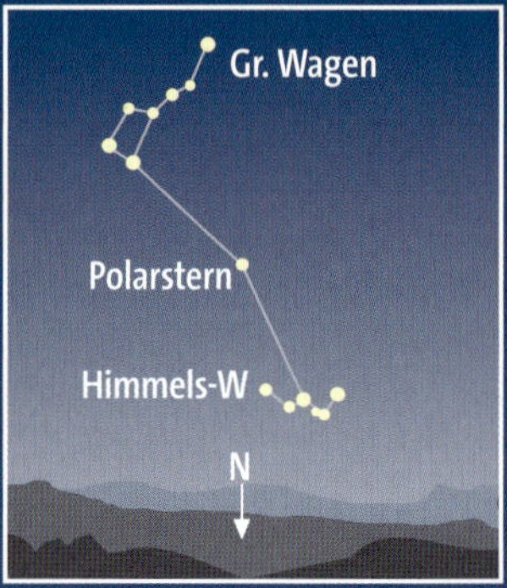

Großer Wagen und Himmels-W Anfang Juni um 22 Uhr

6.1 Himmelsanblick am 7. Juni gegen 23^h MEZ (= 24^h MESZ). Über dem Südhorizont steht Saturn in der Waage. Im Südwesten passiert der zunehmende Mond den Planeten Mars in der Jungfrau.

1 So	
2 Mo	
3 Di	Mond in Erdferne
4 Mi	
5 Do	Mond im ersten Viertel
6 Fr	
7 Sa	Mond bei Mars (Mitternacht)
8 So	Pfingstsonntag
9 Mo	Pfingstmontag
10 Di	Mond bei Saturn (Abendhimmel)
11 Mi	
12 Do	
13 Fr	**Vollmond**
14 Sa	
15 So	Mond in Erdnähe
16 Mo	
17 Di	
18 Mi	
19 Do	Fronleichnam, Mond im letzten Viertel
20 Fr	
21 Sa	Sommerbeginn, Mond bei Uranus (Morgenhimmel)
22 So	
23 Mo	
24 Di	Mond bei Venus (Morgenhimmel)
25 Mi	
26 Do	
27 Fr	**Neumond**
28 Sa	
29 So	
30 Mo	Mond in Erdferne

Sonne – Sternbilder

21.6. 11^h51^m:
Sonne tritt in das Tierkreiszeichen Krebs
21.6. 20^h:
Sonne tritt in das Sternbild Zwillinge
Julianisches Datum am
1. Juni, 1^h MEZ: 2456809,5

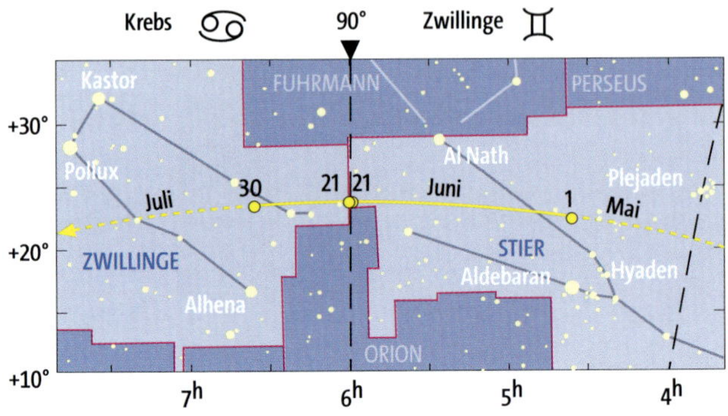

Tabelle Sonnenlauf

Tag	Dämmerg. Anfang	Aufgang MEZ	Kulmination	Untergang MEZ	Dämmerg. Ende	Mittagshöhe	Zeitgleichg.	Rektaszension	Deklination
	h m	h m	h m	h m	h m	°	m	h m	°
1.	2 33	4 16	12 18	20 20	22 04	62,1	+2	4 35	+22,0
5.	2 28	4 13	12 19	20 24	22 10	62,6	+1	4 51	+22,5
10.	2 23	4 11	12 19	20 28	22 16	63,0	+1	5 12	+23,0
15.	2 21	4 10	12 21	20 31	22 21	63,3	−1	5 32	+23,3
20.	2 20	4 10	12 22	20 33	22 23	63,4	−2	5 53	+23,4
25.	2 22	4 12	12 23	20 33	22 23	63,4	−3	6 14	+23,4
30.	2 25	4 14	12 24	20 33	22 21	63,2	−4	6 35	+23,2

Tages- und Nachtstunden

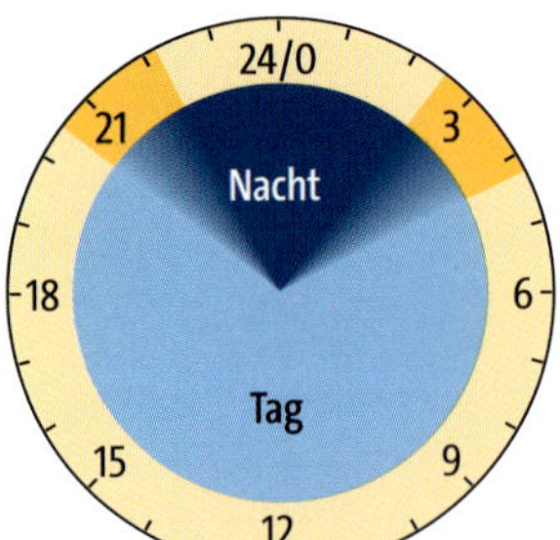

5. Juni

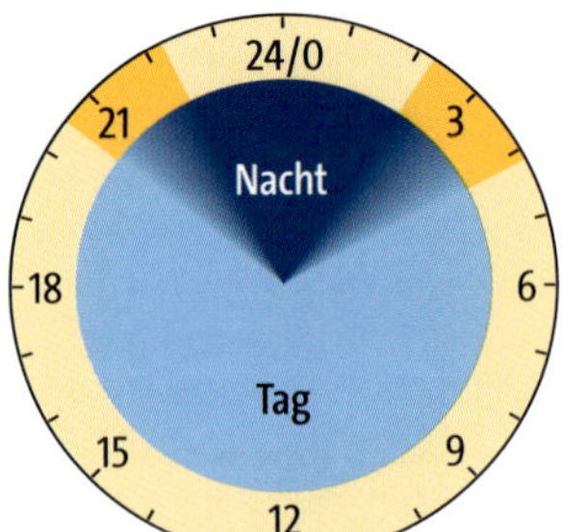

15. Juni

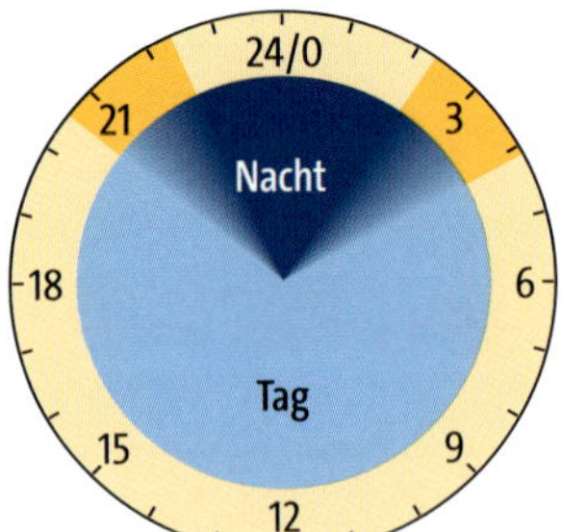

25. Juni

Tabelle Mondlauf

Datum		Aufg. MEZ	Kulmination	Unterg. MEZ	Rektaszension	Deklination	Sterne und Sternbilder	Phase	MEZ
		h m	h m	h m	h m	°			
So	1.	7 43	15 21	22 52	7 11	+17,3	Zwillinge	Größte Südbreite	
Mo	2.	8 42	16 07	23 22	8 00	+15,3	Krebs		
Di	3.	9 43	16 51	23 50	8 48	+12,7	* Krebs	Erdferne 405/29,'5	5^h
Mi	4.	10 44	17 34	–	9 34	+ 9,6	Löwe		
Do	5.	11 46	18 17	0 14	10 20	+ 6,0	Regulus	**Erstes Viertel**	**$21^h 39^m$**
Fr	6.	12 49	19 00	0 38	11 05	+ 2,2	Löwe		
Sa	7.	13 54	19 45	1 02	11 52	– 1,7	Jungfrau		
So	8.	15 00	20 31	1 26	12 39	– 5,7	Jungfrau		
Mo	9.	16 09	21 21	1 54	13 28	– 9,6	Spica	Aufsteigender Knoten Libration Ost	
Di	10.	17 19	22 14	2 25	14 21	–13,1	Jungfrau		
Mi	11.	18 29	23 10	3 02	15 16	–16,0	Waage		
Do	12.	19 35	–	3 47	16 14	–18,0	Skorpion		
Fr	13.	20 36	0 09	4 42	17 15	–19,0	Schlangenträger	**Vollmond**	**$5^h 11^m$**
Sa	14.	21 28	1 09	5 46	18 17	–18,7	Schütze		
So	15.	22 11	2 10	6 58	19 19	–17,1	* Schütze	Erdnähe 362/33,'0 Größte Nordbreite	4^h
Mo	16.	22 48	3 09	8 14	20 20	–14,4	Steinbock		
Di	17.	23 21	4 05	9 31	21 18	–10,8	Wassermann		
Mi	18.	23 50	4 59	10 48	22 14	– 6,6	Wassermann		
Do	19.	–	5 51	12 03	23 09	– 2,0	Fische	**Letztes Viertel**	**$19^h 39^m$**
Fr	20.	0 17	6 41	13 16	0 01	+ 2,5	Fische		
Sa	21.	0 45	7 30	14 27	0 53	+ 6,8	Fische	Absteigender Knoten Libration West	
So	22.	1 14	8 20	15 36	1 45	+10,6	Fische		
Mo	23.	1 46	9 09	16 42	2 37	+13,9	Widder		
Di	24.	2 21	9 59	17 44	3 29	+16,5	Stier		
Mi	25.	3 02	10 50	18 41	4 21	+18,2	Stier, Hyaden		
Do	26.	3 48	11 40	19 31	5 13	+19,0	Stier		
Fr	27.	4 39	12 29	20 15	6 05	+18,9	Alhena	**Neumond Nr. 1132**	**$9^h 08^m$**
Sa	28.	5 34	13 17	20 53	6 56	+17,9	Alhena		
So	29.	6 32	14 03	21 25	7 46	+16,1	Zwillinge	Größte Südbreite	
Mo	30.	7 32	14 48	21 53	8 34	+13,7	Krebs, Krippe	Erdferne 406/29,'4	20^h

Der Mond zieht nahe an Saturn vorbei

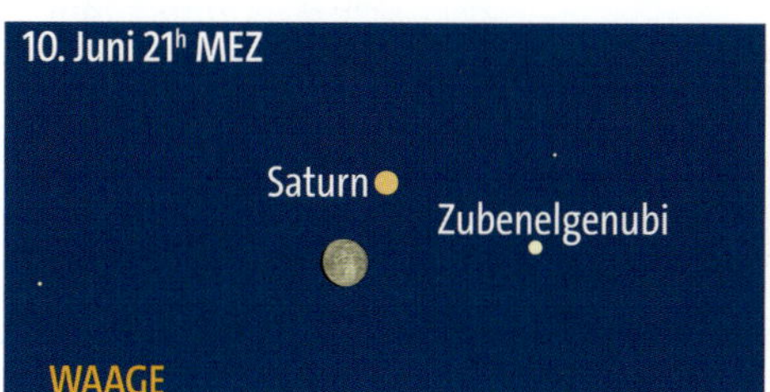

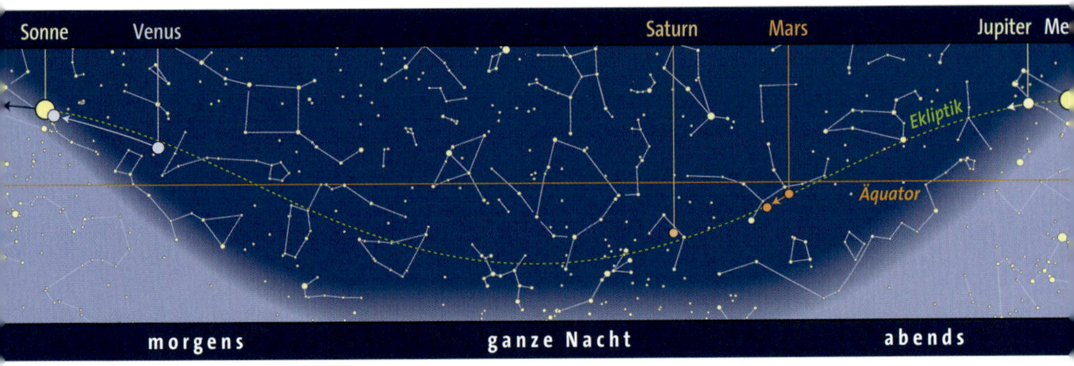

Merkur hat seine Abendsichtbarkeit beendet. Am 7. kommt er zum Stillstand und eilt anschließend rückläufig auf die Sonne zu, die ihm im Tierkreis entgegen kommt. Bereits am 19. um Mitternacht trifft der flinke Planet mit ihr zusammen – die untere Konjunktion ist erreicht. In unterer Konjunktion nimmt Merkur mit 83 Millionen Kilometer (= 0,555 AE) seine geringste Entfernung von der Erde ein.

Seine Konjunktionsschleife zieht Merkur im Gebiet der Sternbilder Stier und Zwillinge (siehe Abb. 6.2 auf dieser Seite unten). Merkur bleibt daher im Juni unsichtbar.

6.2 Bahn von Merkur:
Scheinbare Merkurschleife im Gebiet der Sternbilder Stier und Zwillinge.

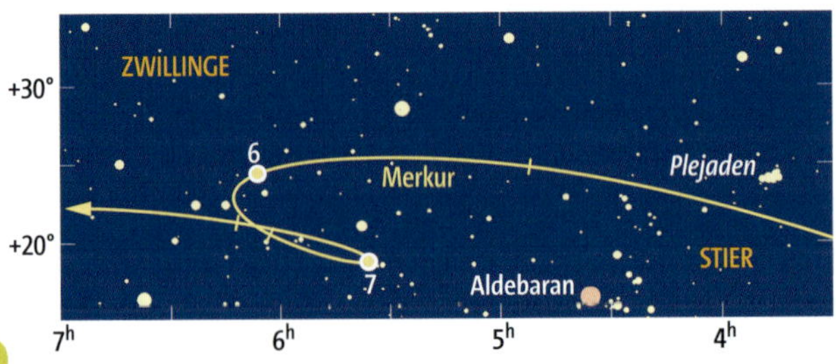

Durch sein Aphel läuft Merkur am 15. gegen Mitternacht, wobei er 70 Millionen Kilometer (= 0,468 AE) von der Sonne entfernt ist.

Venus ist weiterhin am Morgenhimmel vertreten. Sie strebt immer nördlicheren Regionen des Tierkreises zu. Kurz nach Monatsmitte wechselt Venus aus dem Sternbild Widder in den Stier.

Die Venusaufgänge verfrühen sich ein wenig von 2^h54^m (= 3^h54^m Sommerzeit) am 1. auf 2^h36^m am 15. und auf 2^h25^m am 30., wobei ihre Helligkeit am Monatsletzten leicht auf $-3^m\!,9$ abnimmt.

Der scheinbare Durchmesser des Venusscheibchens geht auf 12″,1 zurück. Der Beleuchtungsgrad nimmt im Laufe des Juni von 77 % auf 85 % zu. Der Morgenstern nähert sich der Phase „Vollvenus", die er mit Eintritt der oberen Konjunktion erreichen wird.

Mars ist ein auffälliges Gestirn in der ersten Nachthälfte, wenn auch seine scheinbare Helligkeit im Laufe des Monats um eine halbe Größenklasse auf $0^m\!,0$ zurückgeht. Damit ist der rote Planet ebenso hell wie Arktur im Bootes. Man kann beide jetzt gut vergleichen, nicht nur was die Helligkeit betrifft, sondern auch Aussehen und Farbe. Mars glänzt ruhig, während Arktur typisch funkelt, wie eben ein Fixstern. Mars ist wiederum deutlich röter (Farbindex: B–V = $1^m\!,36$) als Arktur, der mehr orange leuchtet (Farbindex: B–V = $1^m\!,23$).

Aus der zweiten Nachthälfte zieht sich Mars zurück. Am 1. geht der rote Planet um 2^h05^m (= 3^h05^m Sommerzeit) unter, am 15. um 1^h13^m und am 30. schon um 0^h21^m.

Mars beschleunigt seinen nun wieder prograden Lauf durch das Sternbild Jungfrau. Im ersten Monatsdrittel passiert er abermals Porrima (γ Virginis), nun aber weiter südlich (2°,9) und steuert auf Spica zu.

An beiden Sternen kann man gut die Wanderung von Mars verfolgen (siehe Abb. 4.5 auf Seite 106). Am 11. passiert Mars den absteigenden Knoten seiner mit 1°,8 leicht zur Ekliptik geneigten Bahn.

Der Durchmesser des Marsscheibchens nimmt weiter auf 9″,5 ab.

Jupiter zieht sich vom Abendhimmel zurück und wird gegen Monatsende unbeobachtbar. Der Riesenplanet wandert rechtläufig durch die Zwillinge und steuert auf die Grenze zum Sternbild Krebs zu. Am 21. passiert er Pollux (β Geminorum) 6° südlich. Um Pollux zu sehen, benötigt man aber ein lichtstarkes Fernglas (siehe auch Abb. 1.11 auf Seite 44).

Am 1. geht Jupiter um 23^h09^m (= 0^h09^m Sommerzeit) unter und am 15. sinkt der $-1^m{,}8$ helle Riesenplanet um 22^h23^m unter die westliche Horizontlinie. Am 25. erfolgt der Jupiteruntergang schon um 21^h50^m und am 30. um 21^h34^m (= 22^h34^m Sommerzeit). Nach dem 25. wird man allerdings vergeblich mit bloßen Augen nach dem Riesenplaneten Ausschau halten. Die Sonne verfolgt ihn im Tierkreis und wird ihn im nächsten Monat einholen. Die Konjunktion mit ihr steht bevor.

Saturn, rückläufig im Sternbild Waage, stand im ersten Drittel des Vormonats in Opposition oder Gegenschein zur Sonne. Der Ringplanet ist ein auffälliges Gestirn in der ersten Nachthälfte in der an hellen Sternen armen Region der Waage. Vom Morgenhimmel zieht er sich ganz zurück. Seine rückläufige Wanderung bremst Saturn merkbar ab. Der Stern Zubenelgenubi (α Lib) kann als Anhaltspunkt dienen, um die Saturnbewegung zu verfolgen (siehe Abb. 5.7 auf Seite 128).

Seine Kulminationen verlagert Saturn in die späten Abendstunden. Am 1. passiert der Ringplanet um 22^h45^m den Meridian und am 30. schon um 20^h46^m (= 21^h46^m Sommerzeit).

Die Saturnuntergänge verfrühen sich von 3^h38^m am 1. auf 2^h41^m am 15. sowie auf 1^h40^m (= 2^h40^m Sommerzeit) am Monatsletzten.

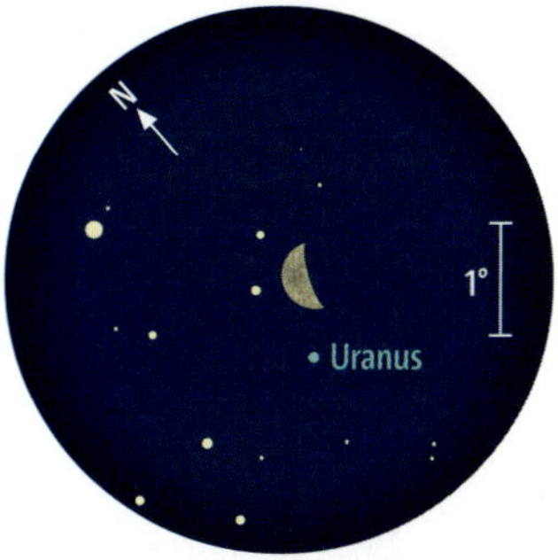

6.3 Mond bei Uranus:
Der abnehmende Mond wandert am 21. Juni an Uranus in den Fischen vorbei. Fernglasanblick gegen 2^h MEZ (= 3^h MESZ) bei 5° Gesichtsfelddurchmesser.

Uranus, rechtläufig in den Fischen, kann bei günstigen Sichtbedingungen ab Mitte Juni am Morgenhimmel aufgefunden werden. Am 15. geht der $5^m{,}9$ helle

Konstellationen und Ereignisse

Datum	MEZ	Ereignis
1.	9^h	Mond bei Jupiter, Mond 5°,5 südlich
7.	11	Merkur im Stillstand, anschließend rückläufig
8.	2	**Mond bei Mars**, Mond 1°,6 südlich, **Abstand 2°,4 um 1^h**
10.	7	Neptun im Stillstand, anschließend rückläufig
10.	20	**Mond bei Saturn**, Mond 0°,6 südlich (Bedeckung!), **Abstand 1°,9 um 21^h**
15.	23	Merkur im Aphel
18.	11	Mond bei Neptun, Mond 4°,8 nördlich
20.	0	Merkur in unterer Konjunktion mit der Sonne
21.	4	**Mond bei Uranus**, Mond 1°,6 nördlich, **Abstand 0°,8 um 2^h** (Fernglas!)
21.	11^h51^m	**Sonne im Sommerpunkt, Sommersonnenwende**
24.	14	**Mond bei Venus**, Mond 1°,3 südlich, **Abstand 4°,9 um 4^h**
26.	13	Mond bei Merkur, Mond 0°,3 nördlich
29.	4	Mond bei Jupiter, Mond 5°,5 südlich

Planet um 1^h16^m (= 2^h16^m Sommerzeit) auf. Etwa eine Stunde nach seinem Aufgang kann man mit Aussicht auf Erfolg versuchen, den sonnenfernen Planeten mit einem guten Fernglas (auf einem Stativ!) oder einem Fernrohr tief am Osthimmel aufzustöbern (siehe auch Abb. 10.6 auf Seite 221). Bis 30. verfrühen sich die Uranusaufgänge auf 0^h18^m (= 1^h18^m Sommerzeit), die Uranushelligkeit nimmt leicht auf $5^m.8$ zu.

Am 21. zieht der abnehmende Mond an Uranus vorbei. Gegen 2^h beträgt der Abstand Uranus – Mond nur $0^\circ.8$ (siehe Abb. 6.3 auf Seite 145).

Neptun kann unter guten Sichtbedingungen am Morgenhimmel vor Beginn der Morgendämmerung ab etwa der Monatsmitte am Osthimmel aufgespürt werden. Allerdings stört Mitte Juni das helle Mondlicht. Um den nur $7^m.9$ hellen Neptun zu entdecken, bedarf es schon eines lichtstarken Fernglases oder eines Teleskops.

Neptun hält sich im Wassermann auf. Am 10. wird er stationär und strebt danach rückläufig seiner Opposition zur Sonne entgegen (siehe Abb. 8.6 auf Seite 182). In der Umkehrphase ist eine Ortsveränderung von Neptun kaum auszumachen. Erst im Juli macht sich die rückläufige Wanderung vom Planeten des Meeresgottes bemerkbar.

Am 15. geht Neptun um 0^h07^m (= 1^h07^m Sommerzeit) auf und kulminiert um 5^h25^m. Am Monatsletzten erfolgt der Neptunaufgang um 23^h04^m und die Kulmination um 4^h25^m (= 5^h25^m Sommerzeit).

Planetoiden

Ceres (1) wird am 7. abends stationär und beendet damit ihre Rückläufigkeit. Anschließend wandert sie wieder rechtläufig durch die Jungfrau. Das „stationär" bezieht sich lediglich auf ihre Bewegung in Rektaszension. In Deklination strebt Ceres nach Süden (siehe Abb. 4.6 auf Seite 108). Mit dem zweiten „Stillstand" in diesem Jahr beendet Ceres ihre Oppositionsperiode, was sich auch an der rasch um $0^m.6$ sinkenden Helligkeit bemerkbar macht. Ende Juni ist sie nur noch $8^m.4$ hell, weshalb der Kleinplanet schwieriger aufzusuchen ist. Die Distanz zu Vesta verringert sich von $2^\circ.1$ im Laufe des Juni auf nur noch $0^\circ.4$ (siehe Abb. 2.7 auf Seite 67). Die Zeiten, um Ceres zu beobachten, verkürzen sich erheblich. Am 1. kulminiert sie um 21^h03^m (= 22^h03^m Sommerzeit), am 15. um 20^h08^m und am 30. bereits um 19^h14^m. Ihr Untergang erfolgt am Monatsletzten um 1^h16^m (= 2^h16^m Sommerzeit).

Vesta (4) wird am 1. um 8^h im Sternbild Jungfrau in Rektaszen-

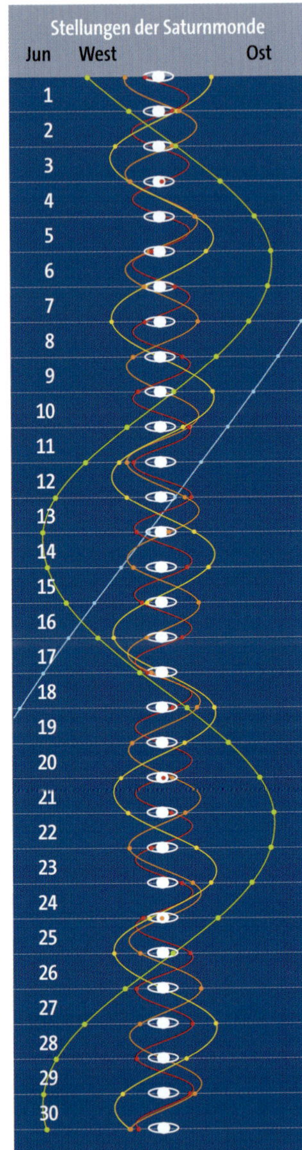

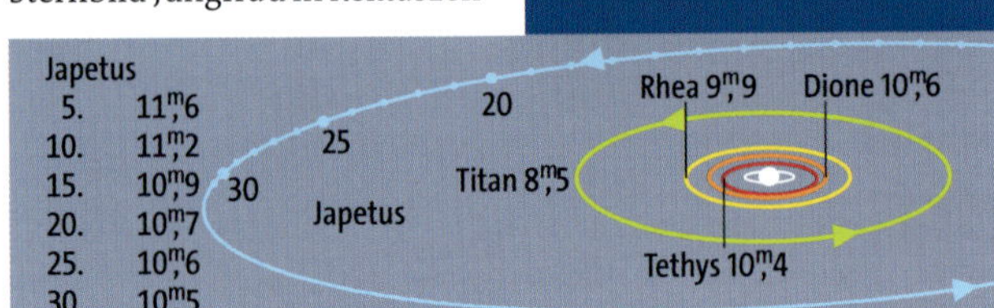

sion stationär. Anschließend wandert sie zunehmend schneller werdend in südöstlicher Richtung durch die Jungfrau (siehe Abb. 4.6 auf Seite 108). Dabei kommen sich Vesta und Ceres bis auf 0,°4 nahe (siehe Abb. 2.7 auf Seite 67). Die Vestahelligkeit geht weiter um eine halbe Größenklasse zurück. Am 30. beträgt ihre Helligkeit nur mehr 7,^{m}1. Am 1. kulminiert Vesta um 20^h55^m, am 15. um 20^h03^m und am 30. schon um 19^h13^m (= 20^h13^m Sommerzeit). Zu dieser Zeit ist die Sonne bei uns noch nicht untergegangen.

Periodische Sternschnuppenströme

Das zweite Maximum des **Scorpius-Sagittarius**-Stromes ist um den 14. Juni zu erwarten. Der Ausstrahlungspunkt oder Radiant liegt bei γ Sagittarii. Der Strom ist während des ganzen Monats aktiv. Wegen der geringen Höhe des Radianten sind Beobachtungen in unseren Breiten schwierig. Die beste Beobachtungszeit sind die Stunden um Mitternacht. Bei diesem Strom sind langsam fliegende Meteore (um 26 Kilometer pro Sekunde) zu registrieren.

Am 3. Juni erreichen die **Tau-Herkuliden** ihr Maximum. Dieser wenig bekannte und unauffällige Strom ist vom 19. Mai bis 14. Juni aktiv.

Am 8. und 9. Juni kann man nach den **Libriden** Ausschau halten. Der Radiant dieses Stromes liegt in der Waage.

Seit etwa 25 Jahren werden die **Juni-Lyriden** in der Zeit vom 10. bis 20. Juni beobachtet. Ihr Ausstrahlungspunkt liegt in der Leier. Ein Ursprungskomet ist nicht bekannt.

Vom 22. Juni bis 2. Juli werden die **Juni-Bootiden** aktiv. Es handelt sich bei ihnen um langsame Sternschnuppen um 15 bis 20 Kilometer pro Sekunde. Das am 27. eintretende Maximum zeigt von Jahr zu Jahr eine stark unterschiedliche Frequenz.

Zwischen dem 25. Juni und dem 1. Juli tauchen die **Corviden** auf (Radiant im Sternbild Rabe). Am 27. Juni erreicht die Corviden-Aktivität ihr Maximum.

Um den 27. Juni sind auch die **Juni-Draconiden** zu erwarten. Der Radiant liegt im Sternbild des Drachen. Die Draconiden sind ein kometarischer Strom, der seinen Ursprung auf den Kometen 7P/Pons-Winnecke zurückführt. Es ist mit lediglich rund fünf Meteoren pro Stunde zu rechnen.

Der Fixsternhimmel

Beginnt man die Beobachtung des Sternenzelts zur Standardzeit um 22^h MEZ, das entspricht 23^h Sommerzeit, so zeigt ein Blick zum Himmel, dass sich die Umstellung zum Sommerhimmel noch nicht vollständig vollzogen hat: Der Bootes mit dem kräftig leuchtenden Arktur zieht die Blicke auf sich. Er steht hoch im Süden, nahe der Mittagslinie. Der Rinderhirt oder Ochsentreiber beherrscht die Himmelsszene. Der Himmelswagen befindet sich schon in der westlichen Hemisphäre. Den Meridian hat er bereits passiert. Nahe dem Nordhorizont findet man das Himmels-W, die Kassiopeia. Das Himmels-W steht dem Großen Wagen stets gegenüber, wenn man den Himmelspol als Zentrum nimmt, um den sich das Himmelsgewölbe dreht. Sein Ort wird bekanntlich durch den Polarstern angedeutet. Kassiopeia und Himmelswagen sind in unseren Breiten Zirkumpolarsternbilder, das heißt, sie gehen niemals unter.

Der westliche Teil des Firmaments wird noch von den Frühlingssternbildern geprägt. Weit im Westen sieht man das große Sternentrapez, das den Rumpf des Löwen bildet, schräg zum Horizont gerichtet. Im Südwesten trifft man auf die Jungfrau mit ihrem bläulichen Hauptstern Spica. In der Jungfrau hält sich zurzeit der Planet Mars auf.

Während die westliche Himmelshälfte vom Frühlingsdreieck beherrscht wird, das von den drei hellen Hauptsternen Arktur, Regulus und Spica gebildet wird, kündigt sich in der östlichen Himmelshälfte bereits der

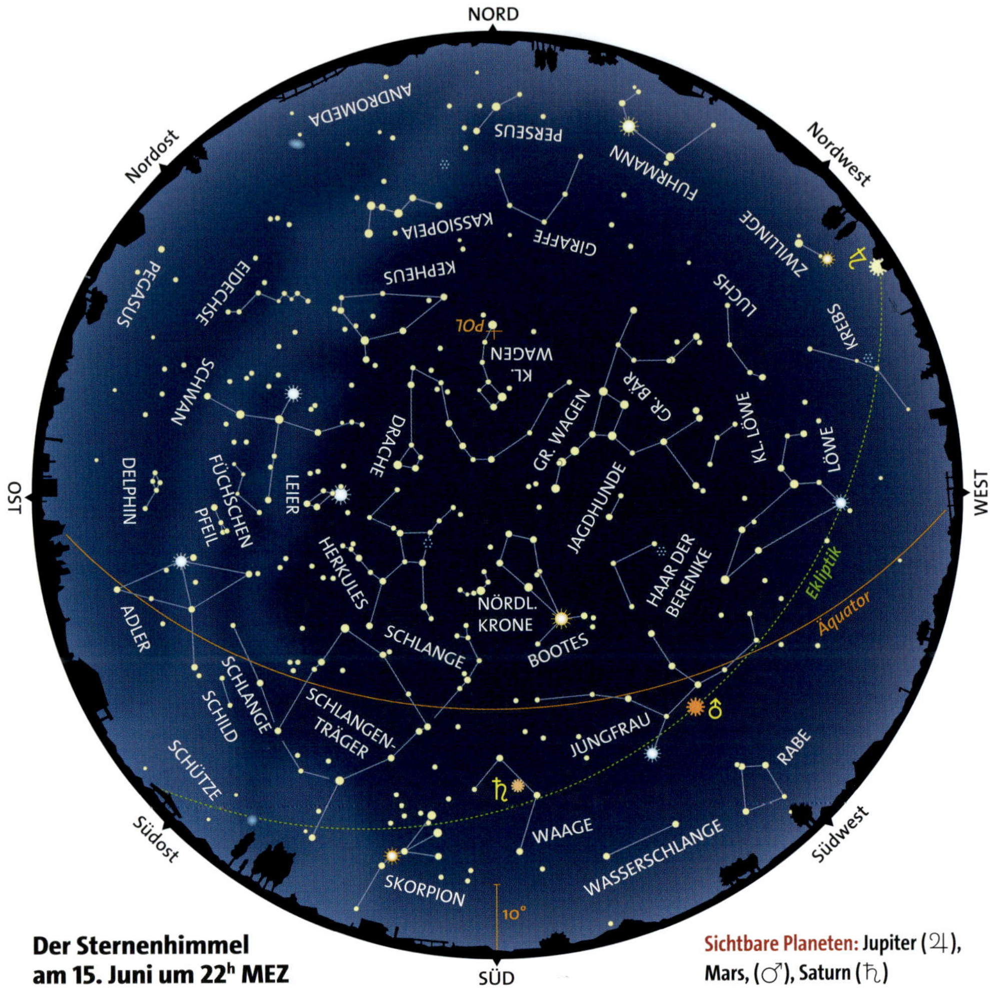

Der Sternenhimmel am 15. Juni um 22h MEZ

Sichtbare Planeten: Jupiter (♃), Mars, (♂), Saturn (♄)

Die Sternkarte ist auch gültig für:		
	MEZ	**MESZ**
15. 2.	6^h	
1. 3.	5	
15. 3.	4	
1. 4.	3	4^h
15. 4.	2	3
1. 5.	1	2
15. 5.	0	1
1. 6.	**23**	**24**
15. 6.	**22**	**23**
30. 6.	**21**	**22**

Sommer an. Denn das Sommerdreieck ist inzwischen vollständig aufgegangen. Drei Sterne markieren es: Wega in der Leier, Deneb im Schwan und Atair im Adler. Auf der Linie Arktur – Wega liegen die Sternbilder Nördliche Krone (lat.: Corona Borealis) und Herkules mit seinem prächtigen Kugelsternhaufen M 13. Die Pracht des Kugelhaufens M 13 kommt allerdings erst in größeren Teleskopen (ab etwa 20 cm freier Öffnung) zur Geltung, wenn man eine hohe Vergrößerung wählt. Südlich des Herkules nimmt der Schlangenträger mit der Schlange ein ausgedehntes Himmelsareal ein. Die Schlange ist zweigeteilt: Der westliche Part heißt Serpens Caput (lat., Kopf der Schlange), der östliche hingegen Serpens Cauda (lat., Schwanz der Schlange).

Der Riesenstern Antares

Tief im Süden steht die Waage im Meridian. Sie hat gerade Besuch vom Ringplaneten Saturn. Ihr folgt das auffällige Sternbild Skorpion mit dem hellen, tiefroten Hauptstern Antares (α Scorpii). Antares ist eine rote Überriesensonne in rund 600 Lichtjahren Entfernung und so riesengroß, dass bequem die Sonne samt der Erdbahn in seinem riesigen Gasleib Platz fände. Er ist leicht veränderlich ($0\overset{m}{,}86$ bis $1\overset{m}{,}06$) mit einer mittleren Periode von fast sechs Jahren. Antares hat in 3″ Distanz einen $5\overset{m}{,}4$ hellen Begleiter.

Der Skorpion ist Mitglied des Tierkreises, gehört also zu jenen Sternbildern, durch die Sonne, Mond und Planeten wandern. Vom 22. bis 29. November hält sich die Sonne im Sternbild Skorpion auf. Dies ist die kürzeste Zeitspanne, die die Sonne in einem Tierkreissternbild verbringt. Die nördlichen Teile des ehemals noch zum Skorpion zählenden Himmelsareals gehören heute zum Sternbild Schlangenträger (Ophiuchus). Die Ekliptik verläuft somit nur ein recht kurzes Stück im Skorpion. Steht ein Planet in Konjunktion mit Antares (α Scorpii), so befindet er sich ein wenig nördlich im Schlangenträger, obwohl er mitten im Skorpion zu stehen scheint.

In unseren Breiten ist der Skorpion nie vollständig zu sehen. Der lange Schwanz mit dem Giftstachel bleiben bei uns stets unter dem Horizont. Südlich von ε Scorpii bleibt dieses giftige Wüstentier unsichtbar. Zwar kulminiert λ Scorpii (Shaula, arabisch: Stachel), der nördlichste Stachelstern, in 50° nördlicher Breite in knapp 3° Höhe. Als Stern zweiter Größenklasse kann man ihn in den horizontnahen Dunstschichten aber kaum erkennen. Selbst bei klarem Himmel ist die Extinktion in dieser geringen Höhe so groß, dass sich Shaula freiäugig praktisch nicht zeigt.

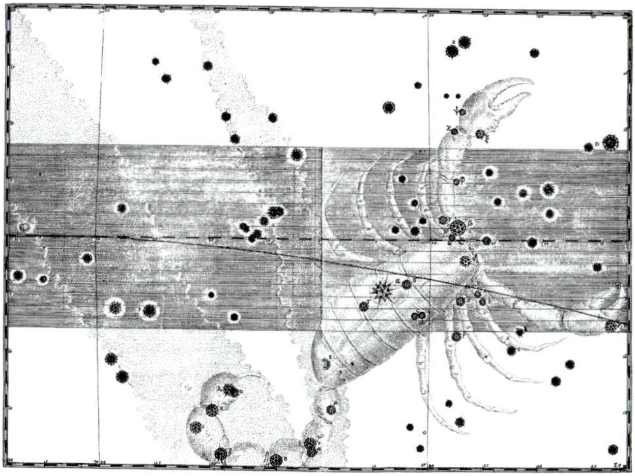

6.4 Sternbild Skorpion: Figürliche Darstellung des Skorpions in dem Sternatlas *Uranometria* von Johannes Bayer aus dem Jahre 1603.

Ursprünglich zählten auch die Sterne der Waage zu diesem Bild. α und β Librae markierten die südliche und nördliche Schere. Bei den Babyloniern war die Waage noch unbekannt. Durch die modernen Sternbildergrenzen wurde der Skorpion noch ein Stück verkleinert: Der Stern γ Scorpii firmiert heute beispielsweise unter σ Librae.

Himmlische Geschichten

Aus der griechischen Sagenwelt wird uns überliefert: Einst jagen

Veränderliche Sterne im Juni

Algol-Minima	4.	5^h00^m	7.	1^h48^m	12.	19^h26^m	27.	3^h30^m	30.	0^h19^m		
β-Lyrae-Minima	4.	19^hN	11.	7^hH	17.	18^hN	24.	5^hH	30.	17^hN		
δ-Cephei-Maxima	2.	11^h	7.	20^h	13.	5^h	18.	14^h	23.	23^h	29.	7^h

6.5 Offener Sternhaufen Messier 7 nahe dem Stern λ Scorpii (Shaula). Foto: Bernd Koch, astrofoto Bildagentur.

6.6 Skelettkarte des Sternbilds Skorpion

Artemis und Orion auf der Insel Kreta. Orion prahlt mit seinen Jagderfolgen. Die Erdmutter Gaia will ihn für seine Angeberei bestrafen und lässt aus der Unterwelt einen Skorpion emporsteigen, der Orion sticht und damit tötet. Die irdische Fauna ist von dem gefährlichen Jäger befreit. Beide werden unter die Sterne versetzt.

Allerdings flieht Orion fortan stets vor dem Skorpion. Wenn letzterer aufgeht, so verschwindet Orion unter dem Horizont. Nie kann man beide gleichzeitig am Sternenhimmel erblicken. Der Skorpion ist auch Schuld am Absturz des Phaeton, des Sohnes des Sonnengottes Helios. Als Phaeton auf dringendes Bitten für einen Tag den Sonnenwagen mit den vier feurigen Rossen selbst lenken darf, erschrickt er beim Anblick des Skorpions so sehr, dass er die Zügel schleifen lässt. Der Sonnenwagen gerät außer Kontrolle und Phaeton stürzt kopfüber in den Fluss Eridanus. Der Eridanus ist ebenfalls als Sternbild am Firmament verewigt.

Der Skorpion ist ein großes, beeindruckendes Sternbild, wenn man ihn von südlichen Gegenden aus hoch am Himmel sieht. Auch die alten Ägypter sahen in dieser Konstellation einen Skorpion: Gott Horus, Sohn des Osiris, wurde vom Stich des Skorpions getötet. Seine Mutter Isis erweckte ihn mit Hilfe von Zauberformeln und mit Unterstützung von Thot, dem Gott der Weisheit, Wissenschaft und Astronomie, wieder zum Leben.

Asteroiden – Gefahr aus dem All!

6.7 Ein großer Asteroid stürzt ins Meer und erzeugt dabei eine Riesenwelle. (Illustration: Don Davis/NASA)

Wer in einer klaren Nacht in dunkler Gegend zum Sternenhimmel blickt, sieht dann und wann eine Sternschnuppe über das Firmament flitzen. Romantische Zeitgenossen mögen sich beim Aufleuchten eines Meteors etwas wünschen. Gelegentlich flammen besonders helle Meteore auf, sogenannte Feuerkugeln oder Boliden. Sternschnuppen erscheinen, wenn winzig kleine Körnchen kosmischen Staubes mit hohen Geschwindigkeiten in die Lufthülle der Erde eindringen. Ein größerer Brocken von etwa Tennisballdurchmesser ruft schon eine Feuerkugel hervor, die so hell wie der Vollmond leuchtet.

Bei Geschwindigkeiten von 10 bis 70 Kilometer pro Sekunde, das sind 36 000 bis 252 000 Kilometer pro Stunde, können die Luftmoleküle den heranrasenden kosmischen Partikeln nicht mehr ausweichen. Die Luft wird enorm komprimiert. Fast die gesamte kinetische Energie wird in Wärme umgewandelt. Die Sternschnuppe wird auf mehrere tausend Grad erhitzt und verdampft. Die Erdatmosphäre ist gewissermaßen ein natürlicher Schutzschild.

Die Staub- und Eisenteilchen, die im interplanetaren Raum auf Kepler-Bahnen unsere Sonne umrunden, nennt man Meteoroide. Prallen sie mit unserem Globus zusammen, so verdampfen die meisten in Höhen zwischen 120 bis 80 Kilometer. Die dabei auftretende Leuchterscheinung heißt Meteor (griech., Himmelserscheinung). Etwas größere Objekte von einigen Zentimetern Durchmesser verdampfen nicht so schnell. Vor ihrer Zerstörung dringen sie tiefer in die Erdatmosphäre ein und zerplatzen erst in Höhen zwischen 50 und 10 Kilometer. Während die staubkorngroßen Sternschnuppen verglühen, noch bevor sie vollständig abgebremst werden, werden die einige Zentimeter großen Meteore in den dichten Luftschichten stärker abgebremst. Die Boliden oder Feuerkugeln fliegen daher langsamer, weshalb sie länger zu sehen sind als die rasch über den Himmel flitzenden Sternschnuppen. Bei größeren Körpern geht der Verdampfungsprozess nicht so glatt und schnell vonstat-

6.8 Die Spur einer Sternschnuppe (Foto: Stefan Seip).

ten wie bei nur staubkorngroßen Partikeln. In der kurzen Zeit des Aufglühens reicht die Wärmeleitfähigkeit nicht aus, um ein zentimetergroßes Objekt gleichmäßig zu erhitzen. Die Oberfläche glüht auf, das Innere bleibt kühl. Dies ruft starke Spannungen hervor. Der Luftstrom bewirkt enorme mechanische Belastungen. Teile der Oberfläche werden abgesprengt, häufig detoniert der gesamte Bolide. Einige Bruchstücke fliegen dann auch entgegengesetzt der ursprünglichen Flugrichtung, wobei sie eine geringe Geschwindigkeit relativ zur umgebenden Luft besitzen. Dadurch können sie ohne Verdampfen in den Erdboden einschlagen oder ins Meer stürzen. Die auf die Erde fallenden Körper nennt man Meteorite.

Stammen diese Steine vom Himmel?

Die Erde ist einem ständigen Hagel von kosmischem Kleinschrott ausgesetzt. Die schützende Lufthülle lässt die allermeisten Eindringlinge verglühen. Doch einige kommen durch und schlagen ein. Man kann solche Meteorite aus Stein oder Eisen-Nickel im Museum bewundern. Bis in die Neuzeit war man übrigens der Ansicht, dass Steine nicht vom Himmel fallen können, Meteorite also nicht aus dem Weltall stammen. Der Physiker Ernst Florens Friedrich Chladni (1756–1827) wurde von seinen Kollegen verspottet, als er in seiner 1819 erschienen Schrift „Über Feuer-Meteore und über die mit denselben herabfallenden Massen“ die Herkunft der Meteorite aus dem All erklärte. Seine Arbeiten zur Akustik wurden jedoch anerkannt. Unter anderem bestimmte Chladni die Schallgeschwindigkeiten in festen und flüssigen Medien.

Das kosmische Bombardement bereitet den meisten Menschen keine Sorgen. Kaum jemand fürchtet, von einem Meteoriten erschlagen zu werden oder sonst zu Schaden zu kommen. Zwar sammelt die Erde täglich einige tausend Tonnen an meteoritischem Material ein, doch die meisten Meteorite fallen ins Meer oder in unbewohnte Gebiete. Die Wahrscheinlichkeit, von einem Meteoriten getroffen zu werden, ist millionenmal geringer als einen Verkehrsunfall zu erleben. Dennoch haben drei Ereignisse im Februar 2013, die kurz hintereinander erfolgten, viele Zeitgenossen nachdenklich gemacht.

Am 13. Februar 2013 flammte um 22^h15^m MEZ ein gewaltiger Feuerball über Mitteleuropa auf. Seine feurige Spur wurde von Tausenden Menschen gesichtet. Die Telefone in Sternwarten und Planetarien wurden mit Anrufen überschüttet, zahlreiche E-Mails besorgter Bürger gingen ein. Wie sich bald herausstellte, verglühte die Oberstufe einer russischen Rakete bei ihrem Eintritt in dichtere Luftschichten. Man hatte die Bevölkerung nicht im Voraus über diesen Absturz informiert.

Der Feuerball von Tscheljabinsk

Zwei Tage später, am 15. Februar 2013, explodierte nahe der am Ural gelegenen, russischen Stadt Tscheljabinsk um 4^h20^m MEZ (= 9^h20^m Mittlerer Ortszeit) in rund 20 Kilometer Höhe ein etwa 17 Meter großer, 7000 Tonnen schwerer kosmi-

6.9 Der Feuerball vom 15. Februar 2013 über Tscheljabinsk im Ural (Foto: Aleksandr Ivanov).

scher Eindringling. Seine feurige Spur wurde von vielen Kameras aufgezeichnet. Eine Minute und 28 Sekunden nach dem Aufleuchten des Explosionsblitzes erreichte die Druckwelle die Millionenstadt und rief zahlreiche Zerstörungen hervor. Ein Fabrikdach wurde eingedrückt, mehr als 100 000 Quadratmeter Glasfläche zerbarsten, über 1000 Menschen wurden verletzt, die meisten durch Glassplitter. Ein Fragment des Meteoriten durchschlug die Eisdecke im Tscherbakulsee, 80 km westlich von Tscheljabinsk. Die Sprengkraft entsprach der von rund 500 Kilotonnen des Sprengstoffes TNT (Trinitrotoluol), das ist die 30-fache Energiemenge, die die Atombombe von Hiroshima freisetzte. Der mit 18 km/s (= 64 800 km/h) heranrasende kosmische Impaktor stammte aus dem Planetoidengürtel jenseits der Marsbahn.

Ein solch gewaltiges Impaktereignis findet statistisch gesehen nur einmal pro Jahrhundert statt. In der Größenordnung ähnlich war die Detonation, die sich in den Morgenstunden (Ortszeit) am 30. Juni 1908 über dem sibirischen Fluss Steinige Tunguska ereignete. Ein Kometenkopf von rund 40 Meter Durchmesser explodierte damals in zehn Kilometer Höhe und verwüstete Hunderte Quadratkilometer Wald. In dem unbewohnten Gebiet kamen offensichtlich keine Menschen zu Schaden. Eine Erdbebenwelle lief mehrfach um den Erdglobus. Die Sprengkraft dieser Detonation wird auf zwölf Megatonnen TNT geschätzt.

Zeitliche Zufälle

In den Abendstunden des gleichen Tages, an dem Tscheljabinsk von einer kosmischen Explosion heimgesucht wurde, zog ein winziger Asteroid in Haaresbreite an der Erde vorbei. Nach den Bahnlagen ereigneten sich beide Vorkommnisse völlig unabhängig voneinander. Der Kleinstplanetoid 2012 DA14 passierte die Erde am 15. Februar 2013 in einem Minimalabstand von nur 34 100 km (= 0,000 228 AE; bezogen auf den Erdmittelpunkt). Bei seiner maximalen Annäherung um 22^h15^m (MEZ) war er nur 27 700 Kilometer von der Erdoberfläche entfernt. Damit kam er der Erde näher als die geostationären Satelliten zur Funk- und Fernsehübertragung entfernt sind. Eine Gefahr für die Erde und ihre Bewohner bestand nicht. Der Asteroid 2012 DA14 wurde bereits ein Jahr zuvor von spanischen Amateurastronomen am Observatorium La Sagra im Rahmen des Suchprogramms Space Situational Awareness (Weltraumlageerfassung) der europäischen Weltraumagentur ESA entdeckt. So konnte dieser nur 45 Meter große Himmelskörper genau verfolgt werden. Er schoss mit 7,8 km/s, das sind 28 080 km/h Geschwindigkeit an der Erde vorbei. Nach den Bahnkalkulationen wird 2012 DA14 zumindest in den nächsten hundert Jahren nicht mit der Erde kollidieren. Dennoch war diese extrem nahe Begegnung ein Menetekel für die Weltbevölkerung.

Nicht so glimpflich ging es vor 50 000 Jahren ab, als ein ähnlich großer Eisen-Nickel-Meteorit in der Wüste von Arizona einschlug und einen

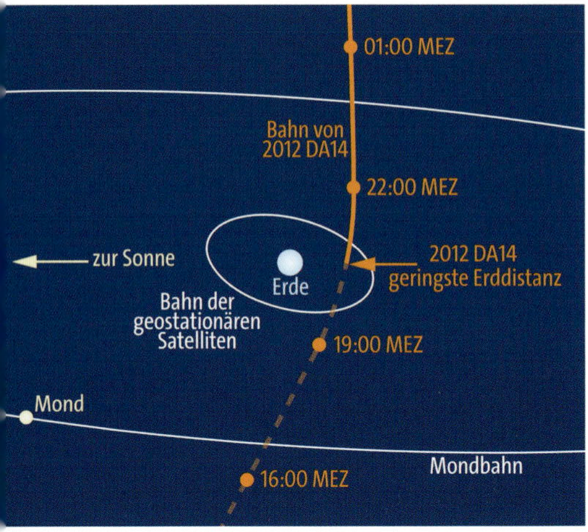

6.10 Geozentrische Bahn von 2012 DA14 – Vorbeiflug an der Erde am 15. Februar 2013.

Krater von 1300 Meter Durchmesser und 184 m Tiefe erzeugte. Der noch gut erhaltene „Giant Meteor Crater" liegt am Highway Nr. 40 von Winslow nach Flagstaff. Nach seinem Käufer, der hoffte, ein reiches Eisenvorkommen abbauen zu können, wird er heute Barringer-Krater genannt. An seinem Nordrand ist ein Meteoritenmuseum zu besichtigen. Der auch als Canyon-Diablo-Krater bezeichnete Ringwall wurde von einem rund 50 Meter großen Eisen-Nickel-Meteoriten von etwa einer halben Million Tonnen Masse geschlagen.

Das Ende der Dinosaurier

In der Vergangenheit wurde die Erde schon öfters von kosmischen Hammerschlägen heimgesucht. Vor 15 Millionen Jahren entstanden das Nördlinger Ries und das Steinheimer Becken durch eine kosmische Kollision. Vor 65 Millionen Jahren stürzte ein zehn Kilometer großer Planetoid in den Golf von Mexiko. Der inzwischen versunkene, 180 Kilometer große Impaktkrater liegt an der Nordküste der mexikanischen Halbinsel Yucatan nahe der heutigen Stadt Chicxulub und löste eine weltweite Katastrophe aus, die einen großen Teil der Tierwelt vernichtete. Unter anderem brachte er den Dinosauriern den Tod. Die kinetische Energie, die zur Erzeugung dieses riesigen Ringwalls freigesetzt wurde, entsprach etwa einer Milliarde Megatonnen TNT, was ungefähr der Energiemenge von fünfzig Millionen 20-Megatonnen-Wasserstoffbombenexplosionen entspricht. Nicht nur die globalen Erdbebenwellen und Tsunamis brachten Tod und Verwüstungen, sondern auch der darauffolgende „nukleare Winter".

Diese gewaltige Katastrophe am Ende der Kreidezeit war jedoch keineswegs ein Einzelfall. Mindestens vier weitere schwere Treffer führten zu weltweiten Katastrophen, bei denen bis zu 90 Prozent der irdischen Fauna und Flora vernichtet wurden. Am Übergang vom Zeitalter Perm zum Trias vor 251 Millionen Jahren gab es ein Massensterben durch die Kollision mit einem Planetoiden oder Kometenkern. Der älteste bisher bekannte Treffer geschah vor rund 420 Millionen Jahren am Ende des Ordoviziums und Beginn des Silur. Im Devon vor 310 Millionen Jahren war die Erde abermals Ziel eines Geschosses aus dem All. Vor 170 Millionen Jahren im Jura knallte ebenfalls ein Asteroid auf die Erde, der den meisten damals lebenden Wesen den Tod brachte.

Ein lang anhaltendes Bombardement

Wie viele kosmische Treffer die Erde in ihrer 4,6 Milliarden Jahre währenden Existenz erhalten hat, ist kaum feststellbar. Nur von den allergrößten Einschlägen in den letzten 500 Millionen Jahren sind noch Spuren vorhanden. Denn die meisten Einschlagkrater sind infolge des Wettergeschehens durch Wind, Wasser und Eis im Laufe der Millionen von Jahren erodiert oder völlig zerstört worden. Auf dem fast gleich alten Mond sind wegen der fehlenden Atmosphäre alle Impaktkrater und Ringwälle eines Jahrmilliarden andauernden kosmischen Bombardements erhalten geblieben. So gut wie alle atmosphärelosen Körper in unserem Sonnensystem sind übersät von stummen Zeugen kosmischer Kollisionen. Selbst kleine Planetoiden und winzige Möndchen sind mit Einschlagkratern übersät. Zusammenstöße von Himmelskörpern scheinen gewissermaßen an der Tagesordnung zu sein. Ein Astronom nannte unser Planetensystem einst „kosmische Kugelmühle".

Aus der Kraterstatistik unseres Erdmondes ergibt sich, dass Projektile von einem Kilometer Durchmesser hundertmal häufiger sind als solche mit zehn Kilometer Durchmesser. Nur alle hundert Millionen Jahre wird die Erde von einem zehn Kilometer großen oder noch größeren Kleinplaneten getroffen. Jeweils einmal in einer Million Jahren ist im Mittel mit dem Einschlag eines rund ein Kilometer großen Asteroiden oder Kometenkerns zu rechnen. Ganz allgemein gilt: Je kleiner die Meteoroide sind, desto häufiger sind sie.

Bis dato gibt es keine eindeutige Abgrenzung zwischen Kleinplaneten und Meteoroiden. Die großen Planetoiden haben einige hundert Kilometer Durchmesser. Sie sind kugelrund und werden neuerdings auch Zwergplaneten genannt. Die kleineren sind einige Dutzend bis weniger als ein Kilometer groß. Sie sind unregelmäßig geformt, und der neue Fachausdruck lautet: Small Solar System Bodies (engl., Kleinkörper des Sonnensystems). Eingebürgert hat sich auch die ursprünglich angelsächsische Bezeichnung Asteroiden (engl.: asteroids), denn die Planetoiden erscheinen punktförmig wie Sternchen. Offiziell heißen sie Minor Planets, also Kleinplaneten. Mit fortschreitender Beobachtungstechnik wurden immer mehr Asteroiden entdeckt, die kleiner als ein Kilometer sind. Der Übergang zu den Meteoroiden ist bisher nicht per Definition festgelegt. Man kann davon ausgehen, dass Körper von zehn Meter Durchmesser und kleiner zu den Meteoroiden zu rechnen sind.

Ursprung biblischer Katastrophen?

Im Altertum und Mittelalter wusste man noch nichts von Meteoroiden und Asteroiden. So manche biblische Katastrophenberichte gehen vermutlich auf große Meteoritenfälle zurück. Am Ende des Mittelalters, im Jahr der Entdeckung Amerikas durch Christoph Kolumbus, gab es erstmals ein Ereignis, das auf einen Meteoritensturz zurückgeführt wurde, bekannt als der

6.11 Der Barringer-Meteorkrater in Arizona (Foto: Stefan Seip).

Fall von Ensisheim im Elsass. Am 7. November 1492 gab es über Ensisheim zwischen elf und zwölf Uhr mittags einen „grüsam Donnerschlag", der bis nach Luzern in der Schweiz zu hören war, wie zeitgenössische Berichte erwähnen. Später wurde der Steinmeteorit, der die gewaltige Meteor-Erscheinung hervorgerufen hatte, gefunden. Er hat eine Masse von 55 kg und einen Durchmesser von 32 cm. Noch heute ist er im Ensisheimer Museum zu bestaunen.

Eine der gewaltigsten Feuerkugeln erschien am 12. Februar 1947 über dem ostsibirischen Küstengebiet Sichote-Alin, nördlich von Wladiwostok, gefolgt von einem reichhaltigen Meteoritenfall. Ein grell leuchtender Bolide flog am Vormittag von Norden nach Süden, eine lange Flammenspur hinter sich herziehend. Augenzeugen meinten, eine zweite, rasende Sonne zu sehen. Stunden nach dem Ereignis war noch eine Rauchfahne zu sehen. Unter gewaltigem Donnerkrachen, das noch in 300 Kilometer Entfernung zu hören war, zersprang schließlich der Bolide. In einem zwei Kilometer langen und einem Kilometer breiten Streifen wurden an die 200 Einschlagkrater gefunden mit Durchmessern bis zu 25 Meter und acht Meter Tiefe. Mehrere hundert Meteorite wurden geborgen, insgesamt 23 Tonnen. Der größte Meteorit hat eine Masse von einer Tonne. Beim Sichote-Alin-Fall handelt es sich um Nickel-Eisen-Meteorite mit Spuren von Kobalt, Schwefel und Phosphor.

Meteorit unterm Esstisch

Aber auch kleinere Meteoritenfälle sorgten in jüngster Zeit für Aufregung. So saß die Familie Donahue am Abend des 8. November 1982 in der amerikanischen Kleinstadt Wethersfield im Bundesstaat Connecticut beim Fernsehen, als sie um 21^h15^m Ortszeit ein lauter Knall erschreckte. Ein von Nordwesten heranrasender, 2,7 kg schwerer Steinmeteorit hatte das Hausdach durchschlagen und blieb schließlich unter dem Tisch im Esszimmer liegen. Dies war der zweite Meteoriteneinschlag in Wethersfield innerhalb von nur zwölf Jahren. Bereits am 8. April 1971 stürzte ein Steinmeteorit auf ein Haus, das nur drei Kilometer von dem Haus der Familie Donahue entfernt ist. Ein höchst unwahrscheinlicher Zufall, zwei Treffer am gleichen Ort innerhalb so kurzer Zeit!

Am Abend des 9. Oktober 1992 flammte über der Ostküste der USA ein Bolide auf, der in nur 40 Sekunden eine 700 Kilometer lange Leuchtspur zog. Kurz vor acht Uhr abends am gleichen Tag hörte die 18-jährige Michelle Knapp in dem kleinen Ort Peekskill im Bundessaat New York einen lauten Knall. Sie stürzte aus dem Haus und sah, dass das Heck ihres zwölf Jahre alten Chevrolet zertrümmert war. Zuerst dachte sie an einen Verkehrsunfall mit Fahrerflucht. Doch die herbeigerufene Polizei entdeckte unter ihrem Auto einen 30 mal 11 Zentimeter großen Steinmeteoriten, der noch heiß war. Obwohl der Meteorit das Auto schrottreif schlug, hatte Miss Knapp keinen finanziellen Nachteil. Auto und Meteorit wurden ihr für 70000 US-Dollar abgekauft.

Der Fall Neuschwanstein

Am 6. April 2002 wurde über Süddeutschland gegen 22^h20^m eine riesige, schnell dahin rasende Feuerkugel gesichtet. Nicht nur die staunende Bevölkerung sah dieses Spektakel. Insgesamt zehn Kamerastationen zeichneten die Flugbahn auf. Mit Hilfe der Bahndaten konnte das ungefähre Einschlagsgebiet lokalisiert werden. Mitte Juli 2002 wurde der 1,75 Kilogramm schwere Steinmeteorit gefunden. Da er nahe des Schlosses Neuschwanstein einschlug, wurde er „Neuschwanstein" getauft.

Am 27. März 2003 flammte gegen Mitternacht eine Feuerkugel über Wisconsin und Illinois auf. In den Vororten von Chicago wurden in einer zehn Kilometer langen Zone fast 500 Bruchstücke eines Steinmeteoriten gefunden, der etwa zwei Meter groß war, zehn Tonnen Masse hatte und in der Luft explodierte. Die Fragmente durchschlugen Hausdächer, Straßenbeläge und Autos. Menschen wurden nicht getroffen.

Am 7. Oktober 2008 kam es in der sudanesischen Wüste zu einem Meteoritenregen, ausgelöst durch einen 80 Tonnen schweren und fünf Meter großen Meteoriten, der nur 20 Stunden vorher entdeckt worden war und noch die Registriernummer 2008 TC3 erhielt.

Wie Überwachungsaufnahmen von Erdsatelliten zeigen, kommt es ein- bis zweimal jährlich zu Meteoritendetonationen in der Erdatmosphäre, deren Stärke einer Hiroshima-Atombombe gleichkommt. Derartige Ereignisse finden meist über den Weltmeeren oder über unbewohnten Gebieten statt.

Auch größere Impakt-Ereignisse sind nicht auszuschließen. Im Juli 1994 stürzten mehr als zwei Dutzend Trümmer des durch die Gezeitenwirkung zerlegten Kometen Shoemaker-Levy 9 in die dichte Jupiteratmosphäre und lösten dort eine Serie gewaltiger Explosionen aus.

Mehrere Überwachungsprogramme

Eine Reihe von vollautomatischen Suchprogrammen haben in den letzten zwanzig Jahren die Zahl der entdeckten Asteroiden enorm erhöht. Waren noch bis Ende des vorigen Jahrhunderts nur etwas über 10000 Planetoiden katalogisiert, so sind inzwischen mehr als 600000 registriert. Davon sind allein über 9000 sogenannte NEOs. Die meisten Kleinplaneten wandern in einem Gürtel zwischen Mars und Jupiter um die Sonne sowie in einer äußeren Zone jenseits der Neptunbahn, im sogenannten Kuiper-Gürtel. Einige jedoch kommen der Erde mehr oder minder nahe und kreuzen auch die Erdbahn. Diese NEOs (Near Earth Objects) sind es, die es genau zu überwachen gilt. Denn sie können unserem Globus bedenklich nahe kommen, wie es im Februar 2013 der Fall war. Zahlreiche vollautomatische Suchprogramme forschen nach noch unentdeckten NEOs und überwachen die bekannten. Das Projekt Spaceguard Survey hat viele NEOs bis herab zu Durchmessern von einem Kilometer aufgespürt. Weitere Suchaktionen mit automatischen Teleskopen und Weitwinkelaufnahmen haben auch Objekte mit nur zehn Meter Größe erfasst – freilich noch längst nicht alle. Die europäische Raumfahrtagentur ESA hat ein Suchprogramm gestartet unter der Bezeichnung Space Situational Awareness („Weltraumerfassungsprogramm“). Auch der die Erde umkreisende Weltraumschrott künstlicher Erdsatelliten soll damit überwacht werden.

Wikipedia

6.12 Gebäudeschäden in Tscheljabinsk

Thema bei den Vereinten Nationen

Die Vereinten Nationen (UN) haben in ihrer Unterorganisation UNOOSA (**U**nited **N**ations **O**ffice for **O**uter **S**pace **A**ffairs) eine Arbeitsgruppe (Action Team on Near-Earth Objects) eingerichtet, die sich unter anderem mit der Koordination und Auswertung der Daten von Suchprogrammen befasst. Auch sollen weltweite Warnungen vor lokalen Bedrohungen gegeben werden sowie Abwehrstrategien für globale Bedrohungen entwickelt werden. So gibt es Pläne, Raketen zu einem Killer-Planetoiden zu schicken, um dort eine gewaltige Explosion auszulösen. Damit kann durch einen relativ kleinen Impuls die Bahn des Objektes ein wenig abgeändert und so eine Kollision mit der Erde verhindert werden. Voraussetzung ist allerdings, dass das gefährliche Projektil rechtzeitig, nämlich Jahre vorher, entdeckt wird.

Bei einem neugefundenen NEO wird die Bahn möglichst genau berechnet und das Objekt in die Gefahrenklasse der „Turiner Skala“ eingeordnet (siehe *Kompendium der Astronomie* Seite 138).

Risiko Oortsche Wolke

Auch wenn viele NEOs heute gut überwacht werden, die größte Gefahr droht aus dem ungeheuer reichen Reservoir der Oortschen Kometenwolke. Ein Asteroid oder Meteoroid von weniger als hundert Meter kann bei einem Einschlag oder einer Explosion über dicht besiedeltem Gebiet zu einer Katastrophe von bisher nicht gekanntem Ausmaß führen. Millionen Tote und Schwerverletzte, der Zusammenbruch aller Versorgungssysteme wie Strom, Wasser, Gas und Telekommunikation, Massenpanik und Hungersnöte ließen sich nicht vermeiden. Eine Abwehr solcher Miniplanetoiden ist kaum möglich, da sie meist zu kurzfristig entdeckt werden. Auch wenn die Gefahr gering ist, durch einen Meteoriten oder Kleinstplaneten zu Schaden zu kommen: Sie besteht dennoch. Der nächste Treffer kommt bestimmt, vielleicht erst in einer Million Jahren, vielleicht in tausend Jahren, vielleicht aber schon morgen. Wer weiß es?

Juli 2014

- Mit 152 Millionen Kilometer Abstand befindet sich die Erde am 4. in Sonnenferne.
- Merkur zeigt sich gegen Monatsende am Morgenhimmel.
- Venus bleibt Morgenstern.
- Mars ist in der ersten Nachthälfte sichtbar.
- Auch Saturn ist Planet der ersten Nachthälfte.

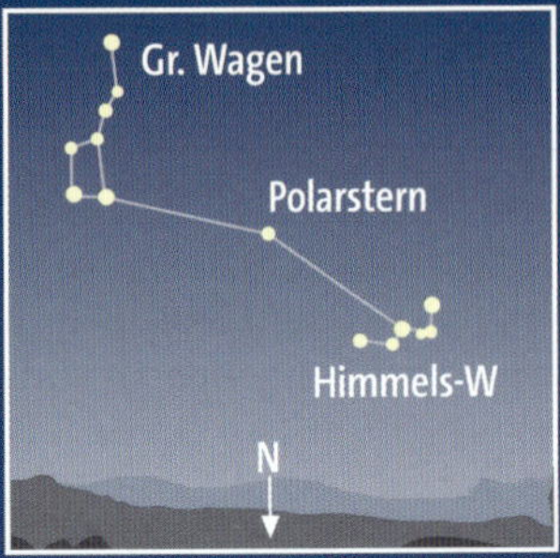

Großer Wagen und Himmels-W Anfang Juli um 22 Uhr

7.1 Himmelsanblick am 5. Juli gegen 23h MEZ (= 24h MEZ). Knapp über dem Südwesthorizont halten sich die Planeten Saturn und Mars auf, zu dem sich der zunehmende Halbmond gesellt.

1 Di	
2 Mi	
3 Do	
4 Fr	Erde in Sonnenferne Pluto in Opposition
5 Sa	Mond im ersten Viertel, Mond bei Mars (Abendhimmel)
6 So	
7 Mo	Mond bei Saturn (Mitternacht)
8 Di	
9 Mi	
10 Do	
11 Fr	
12 Sa	**Vollmond,** Merkur in größter westlicher Elongation (Morgenhimmel)
13 So	Mond in Erdnähe
14 Mo	
15 Di	
16 Mi	
17 Do	
18 Fr	
19 Sa	Mond im letzten Viertel
20 So	
21 Mo	
22 Di	
23 Mi	
24 Do	
25 Fr	
26 Sa	**Neumond**
27 So	
28 Mo	Mond in Erdferne
29 Di	
30 Mi	
31 Do	

Sonne – Sternbilder

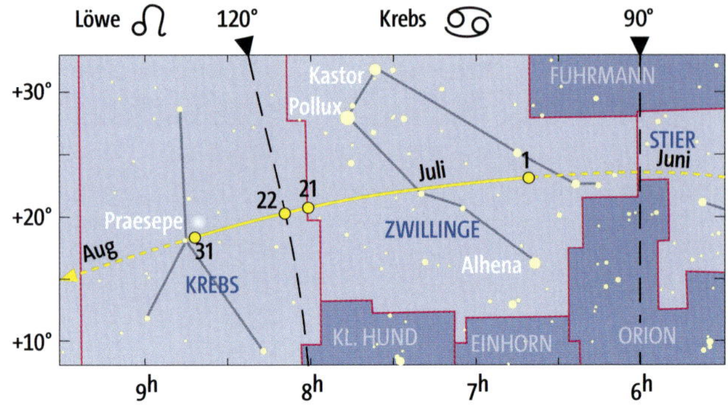

21.7. 1ʰ:
Sonne tritt in das Sternbild Krebs
22.7. 23ʰ:
Sonne tritt in das Tierkreiszeichen Löwe
Julianisches Datum am
1. Juli, 1ʰ MEZ: 2456839,5

Tabelle Sonnenlauf

Tag	Dämmerg. Anfang	Aufgang MEZ	Kulmination	Untergang MEZ	Dämmerg. Ende	Mittagshöhe	Zeitgleichg.	Rektaszension	Deklination
	h m	h m	h m	h m	h m	°	m	h m	°
1.	2 26	4 15	12 24	20 33	22 21	63,1	–4	6 39	+23,1
5.	2 31	4 18	12 25	20 31	22 18	62,8	–5	6 55	+22,8
10.	2 38	4 22	12 25	20 28	22 12	62,2	–5	7 16	+22,3
15.	2 46	4 27	12 26	20 24	22 04	61,5	–6	7 36	+21,6
20.	2 55	4 33	12 26	20 19	21 56	60,6	–6	7 56	+20,8
25.	3 05	4 40	12 27	20 13	21 47	59,6	–7	8 16	+19,8
31.	3 17	4 48	12 26	20 04	21 34	58,2	–6	8 40	+18,4

Tages- und Nachtstunden

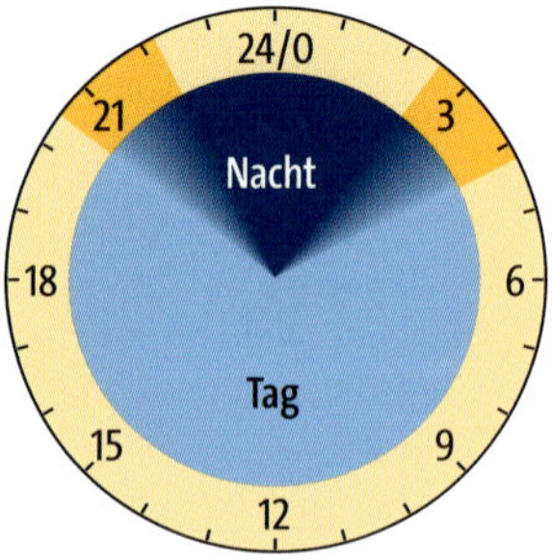

5. Juli

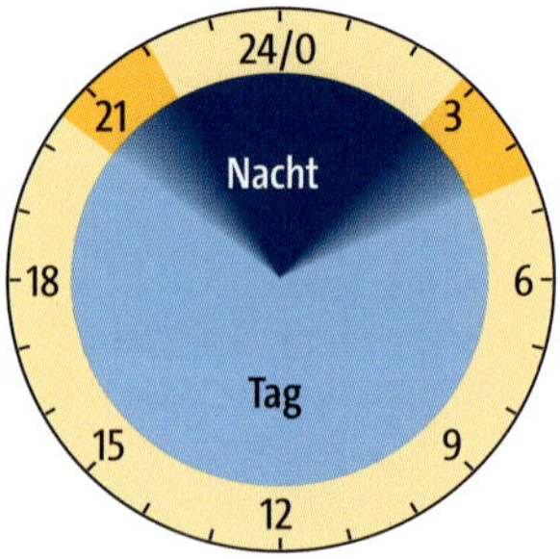

15. Juli

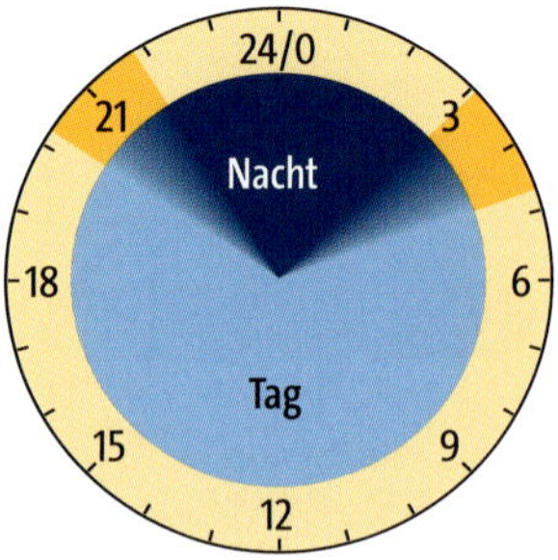

25. Juli

Tabelle Mondlauf

Datum		Aufg. MEZ	Kulmination	Unterg. MEZ	Rektaszension	Deklination	Sterne und Sternbilder	Phase	MEZ
		h m	h m	h m	h m	°			
Di	1.	8 33	15 31	22 19	9 21	+10,7	Krebs		
Mi	2.	9 34	16 14	22 43	10 07	+ 7,3	Löwe, Regulus		
Do	3.	10 37	16 56	23 06	10 52	+ 3,6	Löwe		
Fr	4.	11 40	17 39	23 30	11 37	− 0,3	Löwe		
Sa	5.	12 44	18 24	23 55	12 23	− 4,2	Jungfrau	**Erstes Viertel**	**$12^h 59^m$**
So	6.	13 50	19 11	–	13 11	− 8,0	Spica	Aufsteigender Knoten	
Mo	7.	14 58	20 01	0 24	14 01	−11,6	* Jungfrau	Libration Ost	
Di	8.	16 06	20 54	0 57	14 54	−14,7	Waage		
Mi	9.	17 14	21 51	1 37	15 50	−17,1	Waage		
Do	10.	18 18	22 51	2 25	16 49	−18,6	Schlangenträger		
Fr	11.	19 14	23 52	3 24	17 50	−18,9	Schütze		
Sa	12.	20 04	–	4 33	18 53	−18,0	Schütze, Nunki	**Vollmond**	**$12^h 25^m$**
								Größte Nordbreite	
So	13.	20 45	0 53	5 49	19 55	−15,7	Schütze	Erdnähe 358/33,′4	9^h
Mo	14.	21 21	1 52	7 08	20 56	−12,4	Wassermann		
Di	15.	21 52	2 49	8 28	21 55	− 8,2	Wassermann		
Mi	16.	22 21	3 44	9 47	22 52	− 3,7	Wassermann		
Do	17.	22 50	4 36	11 03	23 47	+ 1,0	Fische		
Fr	18.	23 19	5 27	12 16	0 40	+ 5,5	Fische	Absteigender Knoten	
Sa	19.	23 50	6 17	13 27	1 33	+ 9,5	Fische	**Letztes Viertel**	**$3^h 08^m$**
								Libration West	
So	20.	–	7 07	14 34	2 25	+13,0	Widder		
Mo	21.	0 24	7 57	15 38	3 17	+15,8	Widder		
Di	22.	1 03	8 47	16 36	4 09	+17,7	Stier, Hyaden		
Mi	23.	1 46	9 37	17 28	5 01	+18,7	Aldebaran		
Do	24.	2 35	10 26	18 14	5 53	+18,9	Orion		
Fr	25.	3 28	11 14	18 53	6 44	+18,2	Alhena		
Sa	26.	4 25	12 00	19 28	7 33	+16,6	Zwillinge	**Neumond Nr. 1133**	**$23^h 42^m$**
								Größte Südbreite	
So	27.	5 24	12 45	19 57	8 22	+14,4	Krebs, Krippe		
Mo	28.	6 25	13 29	20 24	9 09	+11,6	Krebs	Erdferne 407/29,′4	4^h
Di	29.	7 26	14 12	20 49	9 55	+ 8,3	Löwe, Regulus		
Mi	30.	8 28	14 55	21 12	10 40	+ 4,7	Sextant		
Do	31.	9 30	15 37	21 36	11 26	+ 1,0	Löwe		

Der Mond nähert sich Saturn und Zubenelgenubi

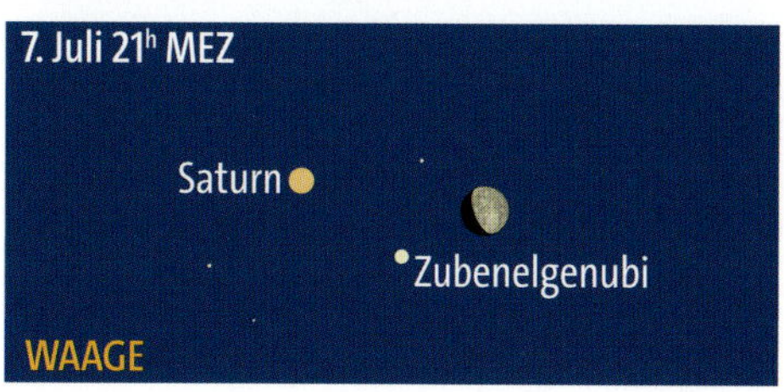

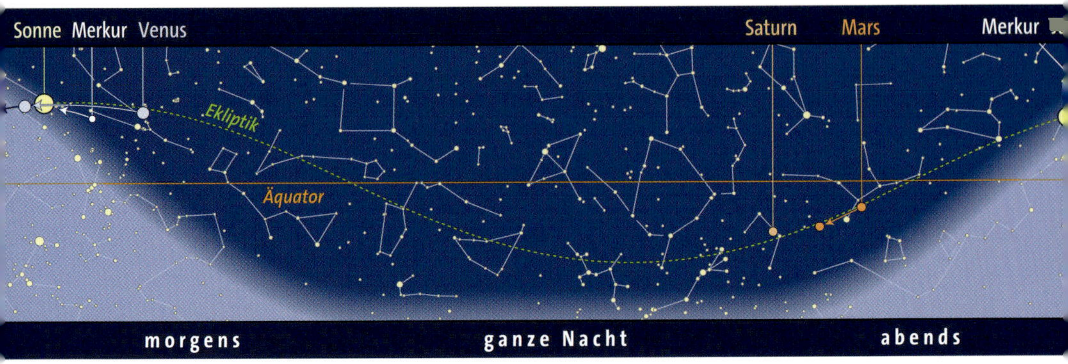

Merkur hat seine untere Konjunktion mit der Sonne hinter sich und gewinnt rasch westlichen Winkelabstand von ihr. Im letzten Julidrittel bietet er eine bescheidene Morgensichtbarkeit. Am 1. beendet Merkur seine Rückläufigkeit und wird wieder rechtläufig. Schon am 12. steht er mit 20°55′ in größter westlicher Elongation. Sichtbar wird er in unseren Breiten (bis 53° Nord) aber erst am 20. infolge zunehmender Helligkeit. An diesem Tag geht der $-0{,}^{m}5$ helle Merkur um $3^{h}06^{m}$ auf. Eine halbe Stunde später macht er sich im Nordosten als fahler Lichtpunkt bemerkbar (siehe Abb. 7.4 und 7.5 auf Seite 163). Bis 26. nimmt die Merkurhelligkeit auf $-1{,}^{m}0$ zu; die Untergänge verspä-

7.2 Heliozentrischer Anblick des Planetensystems im dritten Jahresviertel 2014. Eingetragen sind links die Positionen der inneren Planeten für den 1. Juli (7), 1. August (8), 1. September (9) und 1. Oktober (10). Der rechte Teil zeigt das äußere Planetensystem und einige Planetoiden. Die Pfeile deuten die Richtungen zu den ferneren Planeten und zum Frühlingspunkt an.

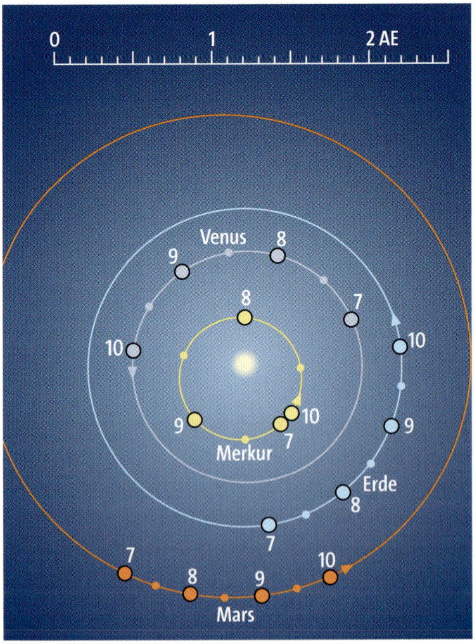

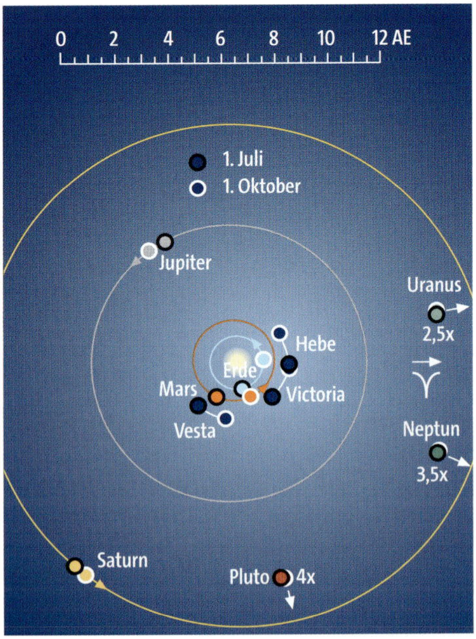

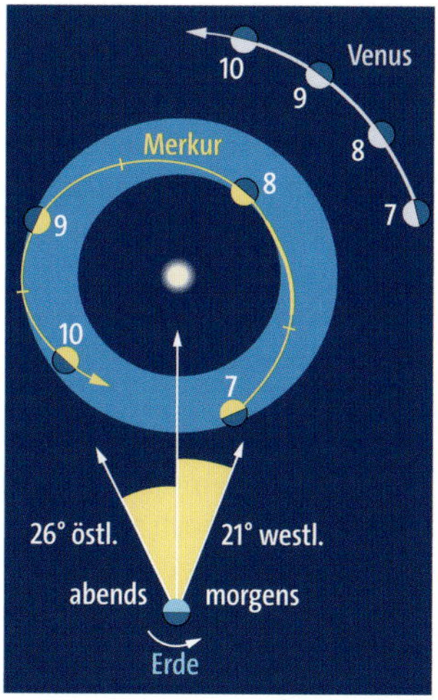

7.3 Bahnen von Merkur und Venus:
Heliozentrische Bewegungen von Merkur und Venus *relativ* zur Erde. In den dicker ausgezogenen Bahnteilen sind die Planeten beobachtbar. Die Zahlen geben die Positionen jeweils zum Monatsersten an. Östlicher Winkelabstand bedeutet Abendsichtbarkeit; westliche Elongation: Planet steht am Morgenhimmel.

ten sich auf 3^h24^m (= 4^h24^m Sommerzeit). Nach dem 26. wird man vergeblich nach Merkur Ausschau halten.

Am 12. zur maximalen westlichen Elongation ist Merkur mit $0\overset{m}{,}4$ am Morgen noch zu lichtschwach, um mit bloßen Augen gesehen zu werden.

Die Dichotomie tritt am 17. ein, das $7''\!,1$ große Merkurscheibchen zeigt sich halb beleuchtet. Danach wird Merkur kleiner und rundlicher. Am 29. eilt Merkur abermals durch sein Perihel.

Venus hält ihre Stellung am Morgenhimmel. Sie wandert rechtläufig durch den Stier und den nordöstlichen Bereich des Orion. Am 2. zieht sie 4° nördlich an Aldebaran (α Tauri) vorbei, der aber in der Morgenhelle freiäugig nicht mehr sichtbar ist.

Am 18. geht sie nur 40′ südlich am Sommerpunkt vorbei, wobei sie sich im Sternbild Orion knapp südlich der Grenze zum Stier befindet.

Die Venushelligkeit bleibt konstant bei $-3\overset{m}{,}9$. Die Venusaufgänge verspäten sich während des Monats um 25 Minuten. Geht Venus am 1. um 2^h24^m auf, so erfolgt ihr Aufgang am 31. erst um 2^h49^m (= 3^h49^m Sommerzeit).

Das Venusscheibchen schrumpft auf 11″ scheinbaren Durchmesser, der Beleuchtungsgrad nimmt auf mehr als 90 % zu. Der Morgenstern erscheint im Teleskop als kleines, fast voll beleuchtetes Scheibchen.

7.4 Merkur am Morgenhimmel:
Stellung von Merkur über dem Nordosthorizont zu den angegebenen Daten jeweils eine Stunde vor Sonnenaufgang. Die Pfeile deuten die Bewegungen von Merkur und Sonne in der folgenden halben Stunde an.

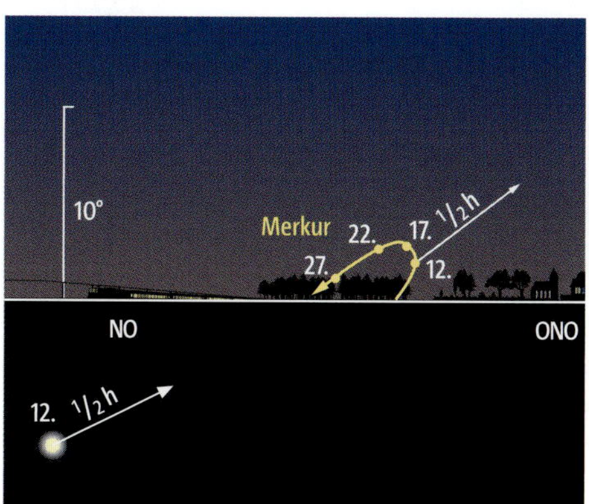

7.5 Sichtbarkeitsdiagramm für Merkur:
Das Diagramm gilt genau für 50° nördlicher Breite und 10° östlicher Länge. Dunkelgelbe Fläche: Unter günstigen Sichtbedingungen kann man Merkur mit bloßen Augen erkennen.

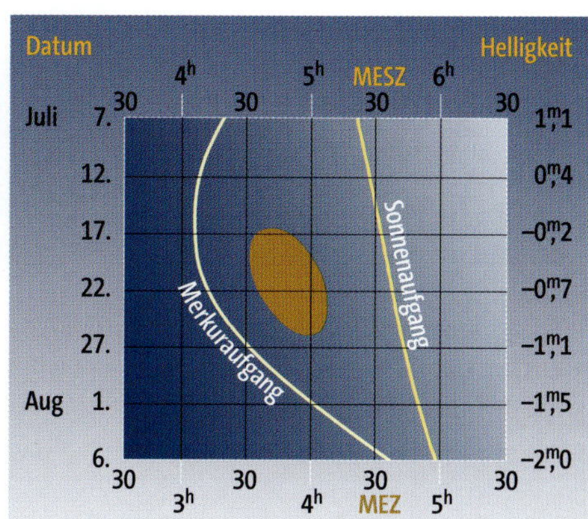

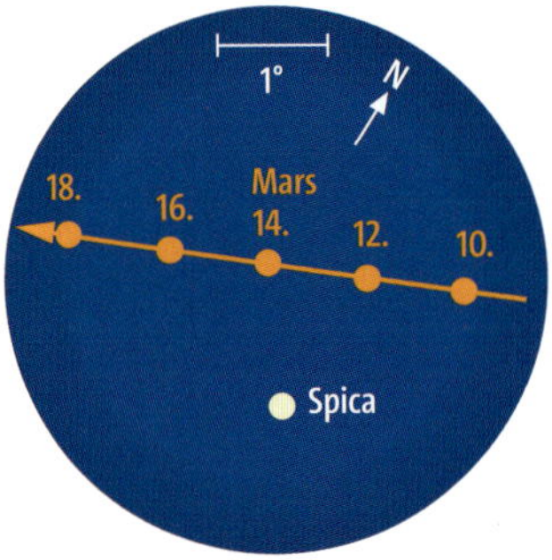

7.6 Mars bei Spica:
Mars zieht am 12. Juli an Spica in der Jungfrau nördlich vorbei. Fernglasanblick bei 5° Gesichtsfelddurchmesser.

Mars kann in der ersten Nachthälfte beobachtet werden. Der rote Planet wandert rechtläufig durch das Sternbild Jungfrau und passiert am 12. um Mitternacht zum dritten Mal in diesem Jahr Spica (α Virginis), diesmal nur 1°,3 nördlich (siehe Abb. 4.5 auf Seite 106 und Abb. 7.6 oben).

Die Marsuntergänge verfrühen sich weiter. Am 1. geht der rote Planet um 0^h18^m unter, am 15. um 23^h30^m und am 31. bereits um 22^h42^m (= 23^h42^m Sommerzeit). Die Marshelligkeit sinkt auf $0^m{,}4$ ab, der Durchmesser des Marsscheibchens geht auf knapp 8″ zurück. Der Marsglobus zeigt am Ostrand einen leichten Beleuchtungsdefekt (Phase). Das Planetenscheibchen erscheint nur zu 87 % beleuchtet.

Ein netter Himmelsanblick ergibt sich am 5. gegen Mitternacht Sommerzeit, wenn sich der zunehmende Halbmond zu Mars und Spica gesellt (siehe Abb. 7.1 auf Seite 158).

Jupiter verlässt am 7. das Sternbild Zwillinge und wechselt rechtläufig in den Krebs. Am 24. kommt er in Konjunktion mit der Sonne. Der Riesenplanet hält sich am Taghimmel auf und bleibt nachts unsichtbar unter dem Horizont.

Am Tag der Konjunktion ist Jupiter 940 Millionen Kilometer (= 6,28 AE) von der Erde entfernt. Von der Sonne trennen ihn 788 Millionen Kilometer (= 5,27 AE). Mitte August wird Jupiter dann am Morgenhimmel erscheinen.

Saturn kann in der ersten Nachthälfte beobachtet werden. Der Ringplanet beendet am 21. seine Rückläufigkeit und wird im Sternbild Waage stationär. Sein Umkehrpunkt liegt 2°,4 nordöstlich von Zubenelgenubi (α Lib). Zunächst ist eine rechtläufige Wanderung von Saturn nicht auszumachen. Er tritt auf der Stelle und scheint nicht voranzukommen (siehe Abb. 5.7 auf Seite 128 sowie Abb. 7.7 unten). Mit seinem zweiten Stillstand in diesem Jahr beendet der Ringplanet seine Oppositionsperiode. Die Saturnhelligkeit nimmt leicht auf $0^m{,}5$ ab. Damit bleibt Saturn aber nach wie vor eines der hellsten Gestirne am Nachthimmel.

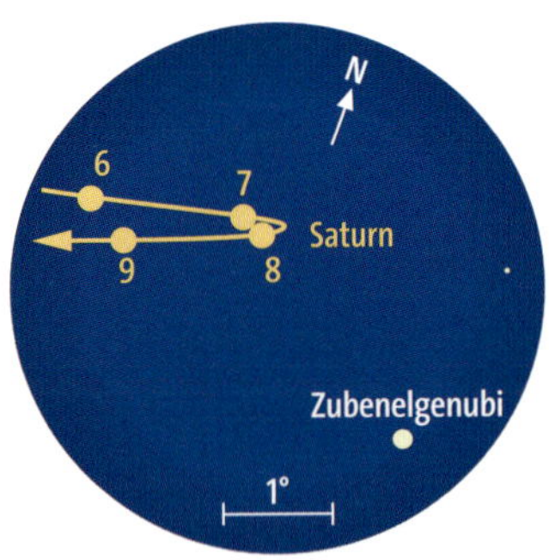

7.7 Saturn bei Zubenelgenubi:
Das Ende der Oppositionsschleife von Saturn liegt nahe bei Zubenelgenubi (α Librae). Die Zahlen geben die Saturnposition zum jeweiligen Monatsersten an (7 = 1. Juli).

Saturn verlegt seine Untergänge in die Zeit um Mitternacht. Geht er am 1. noch um 1^h36^m (= 2^h36^m Sommerzeit) und am 15. um 0^h40^m unter, so sinkt er am 31. schon um 23^h33^m unter die südwestliche Horizontlinie.

Uranus in den Fischen tritt fast auf der Stelle. Am 22. wird er stationär und setzt zu seiner Oppositionsschleife an. In Opposition zur Sonne kommt der grünliche Planet Anfang Oktober. Nach seinem Stillstand bewegt sich Uranus zunächst kaum merkbar rückläufig durch das Sternbild Fische (s. Abb. 10.6 auf Seite 221).

Uranus verlegt seine Aufgänge in die Zeit vor Mitternacht und ist somit Beobachtungsziel in der zweiten Nachthälfte. Am 1. erfolgt der Uranusaufgang um 0^h14^m (= 1^h14^m Sommerzeit) und am 15. um 23^h15^m. Am Monatsletzten steigt der grünliche, $5^m{,}8$ helle Planet schon um 22^h13^m (= 23^h13^m Sommerzeit) über die östliche Horizontlinie. Frühestens eine Stunde nach seinem Aufgang lohnt es sich, mit guter Optik nach Uranus zu suchen.

Neptun, rückläufig im Wassermann, kann in der zweiten Nachthälfte aufgesucht werden –

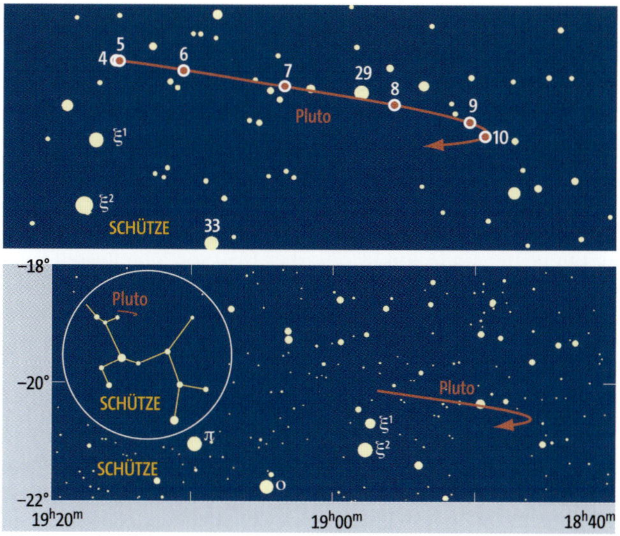

7.8 Bahn von Pluto: Oppositionsschleife von Pluto im Sternbild Schütze im Jahr 2014.

lichtstarke Optik vorausgesetzt. Die Helligkeit von Neptun nimmt geringfügig um $0^m\!,1$ auf $7^m\!,8$ zu. Ende August erreicht Neptun dann seine Oppositionsstellung.

Am 1. geht Neptun um 23^h00^m auf, am 15. um 22^h05^m (= 23^h05^m Sommerzeit) und am 31. bereits um 21^h01^m. Die Neptunkulmination erfolgt am 31. um 2^h21^m (= 3^h21^m Sommerzeit). Die beste Zeit, um Neptun zu beobachten, sind die Stunden von Mitternacht bis zum Beginn der Dämmerung. Um Neptun aufzufinden, nutze man das Aufsuchkärtchen Abb. 8.6 auf Seite 182.

Pluto, rückläufig im Sternbild Schütze, kommt am 4. in **Opposition** zur Sonne. Der Stern 29 Sagittarii (scheinbare Helligkeit: $5^m\!,4$) kann helfen, den Zwergplaneten Nr. 134 340 zu identifizieren. Am 20. befindet sich Pluto $0^\circ\!,1$ südlich von 29 Sgr (siehe Abb. 7.8 oben). Mit nur $14^m\!,1$ scheinbarer Helligkeit können nur besser ausgerüstete Amateurastronomen den sonnenfernen Pluto im Sternengewimmel der Milchstraße aufspüren. Selbst bei hoher Vergrößerung zeigt Pluto kein Planetenscheibchen, sondern erscheint stets punktförmig, denn der scheinbare Plutodurchmesser beträgt gerade mal $0''\!,1$.

Am Oppositionstag kulminiert Pluto um 0^h25^m (= 1^h25^m Sommerzeit). Von der Erde ist

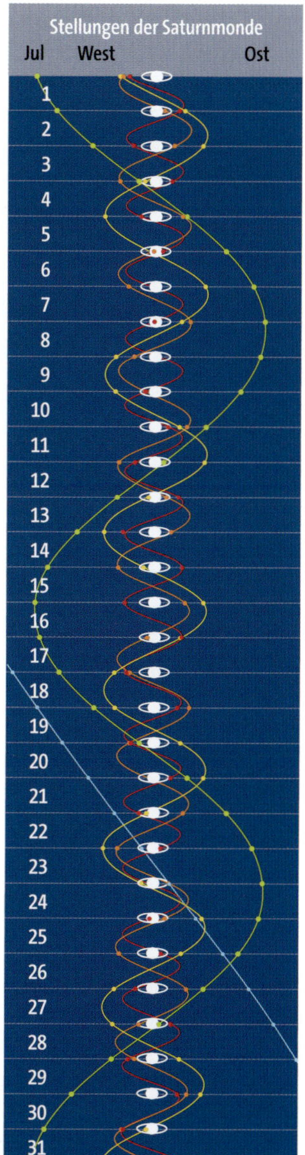

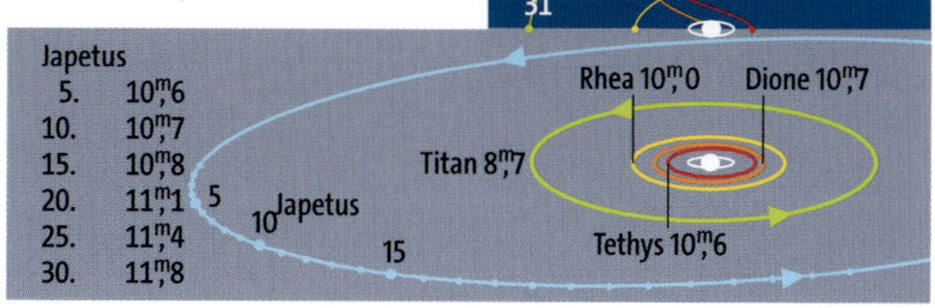

Pluto zur Opposition 4737 Millionen Kilometer (= 31,66 AE) entfernt. Dies entspricht einer Lichtlaufzeit von vier Stunden und 23 Minuten. Die Sonnendistanz (Radiusvektor) beträgt am 4. Juli 4889 Millionen Kilometer (= 32,68 AE).

Planetoiden

Ceres (1), rechtläufig in der Jungfrau, eilt nach Südosten. Am 5. ist sie nur noch zehn Bogenminuten (= $0^{\circ}{,}17$) von Vesta entfernt. Beide Kleinplaneten laufen in etwa parallel. Ceres ist nicht mehr so leicht auffindbar wie die deutlich hellere Vesta. Als Aufsuchhilfe kann ζ Virginis dienen. Beide Asteroiden sind etwa $1^{\circ}{,}5$ (drei Vollmonddurchmesser) weit südwestlich von diesem $3^{m}{,}4$ hellen Jungfraustern zu finden (siehe Abb. 2.7 auf Seite 67 sowie Abb. 4.6 auf Seite 108).

Nach dem 10. lohnt es kaum mehr, nach Ceres zu suchen. Ihre Helligkeit geht im Juli von $8^{m}{,}4$ auf $8^{m}{,}8$ zurück. Nach Einbruch der Dunkelheit hat sie längst schon den Meridian überschritten. Am 1. kulminiert Ceres um $19^{h}11^{m}$ (= $20^{h}11^{m}$ Sommerzeit), am 15. um $18^{h}25^{m}$ und am 31. schon um $17^{h}35^{m}$. Ihre Untergänge erfolgen ebenfalls immer früher. Zu Monatsanfang geht Ceres um $1^{h}12^{m}$ unter, Ende Juli bereits um $23^{h}11^{m}$.

Vesta (4) eilt rechtläufig in südöstlicher Richtung durch das Sternbild Jungfrau (siehe Abb. 4.6 auf Seite 108). Am 5. trennen sie nur zehn Bogenminuten von Ceres (siehe Abb. 2.7 auf Seite 67). Ihre Helligkeit sinkt weiter während des Monats von $7^{m}{,}1$ auf $7^{m}{,}4$ ab. Ihre Meridianpassagen verlagert Vesta in die frühen Abendstunden. Am 1. kulminiert sie um $19^{h}10^{m}$, am 15. um $18^{h}27^{m}$ und am 31. schon um $17^{h}43^{m}$ (= $18^{h}43^{m}$ Sommerzeit). Am Monatsletzten geht Vesta um $23^{h}15^{m}$ unter. Damit beendet Vesta ihre diesjährige Beobachtungsperiode.

Victoria – Planetoid Nr. 12 – wird am 27. im Sternbild Pegasus in Rektaszension stationär. In Deklination strebt sie nach Norden (siehe Abb. 9.5 auf Seite 203). Anfang Juli noch $10^{m}{,}2$ lichtschwach, erreicht sie Ende Juli immerhin eine scheinbare Helligkeit von $9^{m}{,}5$. Ihre Kulmination erfolgt am 1. um $4^{h}37^{m}$, am 15. um $3^{h}51^{m}$ und am 31. schon um $2^{h}50^{m}$ (= $3^{h}50^{m}$ Sommerzeit).

Victoria wurde am 13. September 1850 von John Russell Hind als 12. Kleinplanet entdeckt. Victoria ist die römische Siegesgöttin und Tochter von Pallas. Die Benennung erfolgte auch zu Ehren der englischen Königin Victoria. Planetoid Nr. 12 läuft in dreieinhalb Jahren in einem mittleren Abstand von 2,33 AE (= 349 Millionen Kilometer) um die Sonne. Mit einer numerischen Exzentrizität von e = 0,221 kommt Victoria im Perihel auf 272 Millionen Kilometer

Konstellationen und Ereignisse

Datum	MEZ	Ereignis
1.	15^{h}	Merkur im Stillstand, anschließend rechtläufig
4.	1	Erde im Aphel (Sonnenferne, Abstand Erde–Sonne 152,093 Millionen Kilometer)
4.	9	**Pluto in Opposition** zur Sonne
6.	2	**Mond bei Mars**, Mond $0^{\circ}{,}2$ nördlich (Bedeckung!), **Abstand $2^{\circ}{,}2$ um 23^{h} am 5.**
8.	3	**Mond bei Saturn**, Mond $0^{\circ}{,}4$ südlich (Bedeckung!), **Abstand $2^{\circ}{,}5$ um 0^{h}**
12.	19	**Merkur in größter westlicher Elongation** (21°)
15.	18	Mond bei Neptun, Mond $4^{\circ}{,}6$ nördlich
18.	11	Mond bei Uranus, Mond $1^{\circ}{,}4$ nördlich
21.	16	Saturn im Stillstand, anschließend rechtläufig
22.	10	Uranus im Stillstand, anschließend rückläufig
24.	19	Mond bei Venus, Mond $4^{\circ}{,}4$ südlich
24.	22	Jupiter in Konjunktion mit der Sonne
25.	17	Mond bei Merkur, Mond $5^{\circ}{,}1$ südlich
26.	23	Mond bei Jupiter, Mond $5^{\circ}{,}5$ südlich
29.	23	Merkur im Perihel

(= 1,82 AE) an die Sonne heran. Im Aphel trennen sie 426 Millionen Kilometer (= 2,85 AE) vom Tagesgestirn. Die Victoriabahn ist um 8°,37 zur Ekliptik geneigt.

Periodische Sternschnuppenströme

Vom 12. Juli bis 19. August leuchten die **Delta-Aquariden** auf, die zwischen 3^m und 5^m hell sind, also nicht besonders auffällig. Sie heißen auch **Juli-Aquariden**. Ihr Radiant liegt etwa 3° westlich von δ Aquarii. Das Maximum ist nicht in jedem Jahr am selben Tag zu erwarten. In diesem Jahr dürfte es in den Stunden nach Mitternacht am 28. Juli auftreten. Die Geschwindigkeit der Sternschnuppen liegt um 40 Kilometer pro Sekunde. Im Maximum sind etwa 20 Sternschnuppen pro Stunde zu erwarten.

Vom 3. Juli bis 15. August treten die **Alpha-Capricorniden** (Radiant im Steinbock) auf. Sie sind die ganze Nacht über beobachtbar. Der Ursprungskomet ist 45P/Honda-Mrkoš-Pajdusáková (früher: 1948 XII). Um das Maximum am 30. Juli sind nur höchstens zehn Objekte pro Stunde zu erwarten. Es handelt sich dabei um recht langsame Meteore (im Mittel 25 Kilometer pro Sekunde).

Der Fixsternhimmel

Nach Einbruch der Dunkelheit ist am abendlichen Sternenhimmel das große und leicht erkennbare Sternendreieck Wega – Deneb – Atair schon hoch im Osten zu sehen. Man nennt es deshalb auch Sommerdreieck. Das Sternbild Bootes mit dem hellen Arktur ist bereits in die westliche Himmelshälfte gerückt. Im Südwesten ist noch die Jungfrau zu finden mit ihrem bläulichen Hauptstern Spica. Knapp neben Spica leuchtet der rötliche Mars.

Arktur und Spica markieren zwei Eckpunkte des Frühlingsdreiecks. Der dritte Eckpunkt, Regulus im Löwen, ist bereits untergegangen – das Frühlingsdreieck hat sich aufgelöst.

Hoch im Süden schreitet gerade der Held Herkules durch den Meridian. Der Herkules ist ein ausgedehntes Sternbild, das sich nur aus lichtschwachen Sternen zusammensetzt. Sterne erster und zweiter Größenklasse fehlen vollständig. Daher ist dieses Bild nicht leicht zu erkennen, vor allem am aufgehellten Stadt-

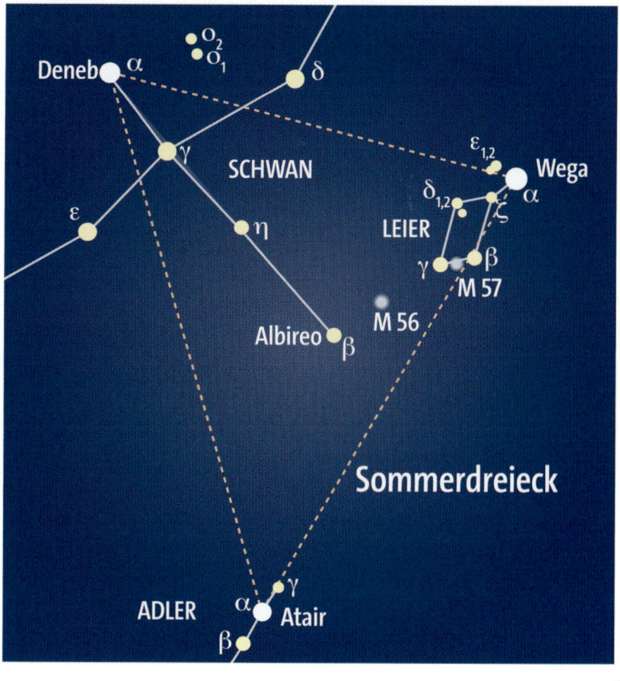

7.9 Das Sommerdreieck: **Es setzt sich aus den hellen Sternen Wega in der Leier, Deneb im Schwan und Atair im Adler zusammen.**

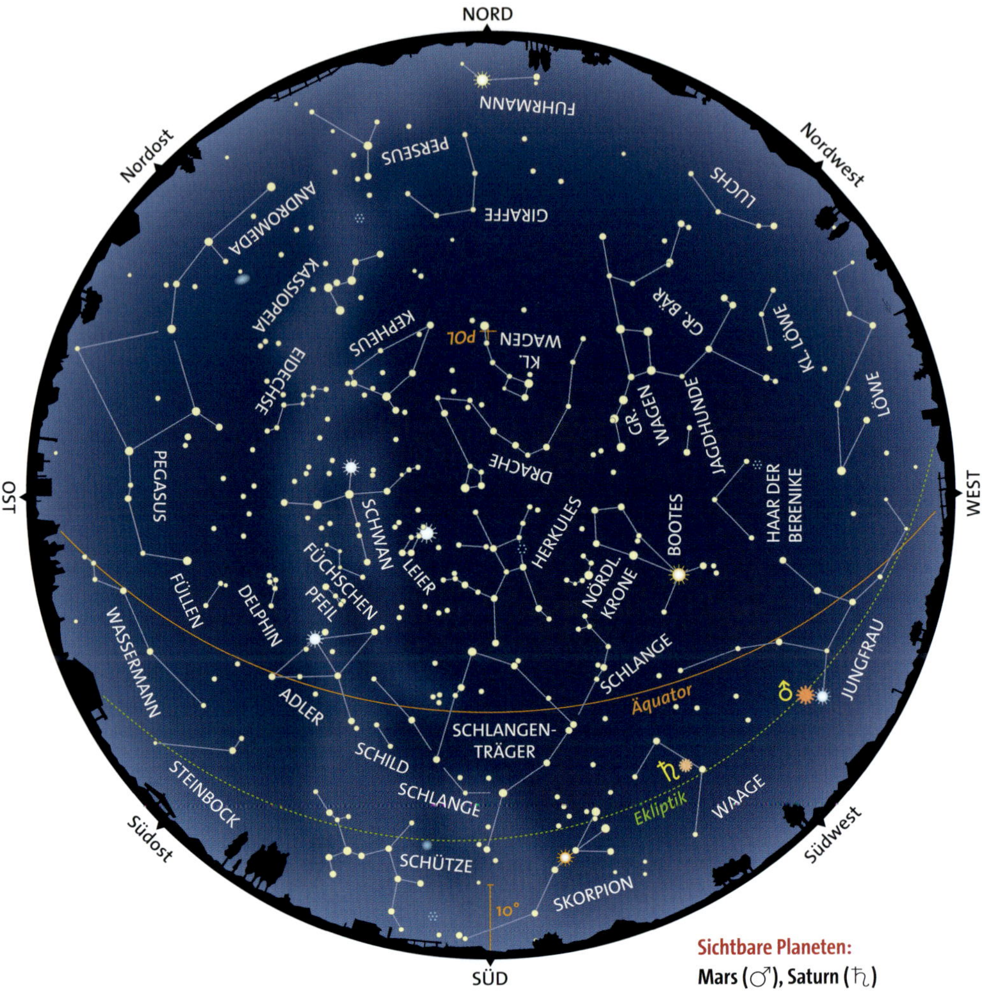

Sichtbare Planeten:
Mars (♂), Saturn (♄)

Der Sternenhimmel am 15. Juli um 22^h MEZ

Die Sternkarte ist auch gültig für:

	MEZ	MESZ
15. 4.	4^h	5^h
1. 5.	3	4
15. 5.	2	3
1. 6.	1	2
15. 6.	0	1
1. 7.	**23**	**24**
15. 7.	**22**	**23**

himmel. Noch schwieriger ist es, sich die Figur des Herkules vorzustellen. Denn von unseren Breiten aus betrachtet hängt der Kopf des Herkules nach unten, also in Südrichtung, die Füße wiederum sind oben und deuten nach Norden. Ein Bein ist angewinkelt, der Held kniet.

Der Herkules beherbergt zwei schöne Kugelsternhaufen: M 13 und M 92. M 13 ist der hellste und prominenteste Kugelhaufen auf der Nordhalbkugel des Himmels. Die beiden Kugelhaufen sind 24 000 bzw. 27 000 Lichtjahre von uns entfernt.

Schlange und Schlangenträger

Zwischen dem Bootes und dem Herkules liegt ein auffälliger Halbkreis von Sternen, die Nördliche Krone. Ihr etwas hellerer

Hauptstern, α Coronae Borealis, heißt Gemma und markiert den Edelstein in der Goldkrone. Knapp südlich der Krone liegt der Kopf der Schlange (lat.: Serpens Caput). Die Sternenkette der Schlange knickt weiter südlich nach Osten ab und zieht durch den Schlangenträger (lat.: Ophiuchus). Der Schlangenträger findet sich südlich vom Herkules und ist ebenfalls ein ausgedehntes, lichtschwaches Sternbild. Der östliche Teil der Schlange heißt Serpens Cauda, was soviel wie „Schwanz der Schlange" bedeutet. Der Schlangenschwanz ist kerzengerade und deutet in Richtung des hellen Atair, dem Hauptstern des Adlers. Das Sternbild Schlange wird durch den Schlangenträger in zwei Felder getrennt.

Saturn in der Waage

Tief im Südwesten hält sich noch die Waage, ein schlichtes und nicht auffallendes Sternbild. Gegenwärtig hält sich der Ringplanet Saturn in der Waage auf. Im Gegensatz zur Waage ist der Skorpion, der der Waage im Tierkreis unmittelbar folgt, recht einprägsam. Vor allem sein roter Hauptstern Antares funkelt jetzt unübersehbar tief im Süden. Antares zählt zu den Sternen erster Größenklasse und ist leicht veränderlich. Die Bezeichnung Antares für α Scorpii stammt aus dem Griechischen. Ares ist der Name für Kriegsgott, der bei den Römern Mars heißt. Antares bedeutet somit „marsähnlicher (Stern)". Denn durch seine rote Farbe und seine Nähe zur Ekliptik verwechselt man ihn manchmal mit dem roten Planeten. Antares ist gewissermaßen der Gegenspieler von Mars. Jetzt kann man Antares und Mars gut miteinander vergleichen, stehen doch beide tief im Süden beziehungsweise Südwesten knapp über dem Horizont.

In den Tropen und auf der Südhalbkugel gehört der Skorpion zu den eindrucksvollsten Bildern. In den Monaten Juni und Juli steht er dort abends in Zenitnähe hoch über dem Betrachter. Der bei uns sichtbare Teil des Skorpion gleicht eher einer Hand. Die Sterne ν, β, δ, π und ρ Scorpii markieren die Fingerspitzen, σ Scorpii die Mittelhand und α Scorpii (Antares) die Handwurzel.

Tief im Süden bereitet sich der Schütze (lat.: Sagittarius) auf den Meridiandurchgang vor. In seiner Richtung liegt auch das Zentrum unserer Milchstraße.

7.10 Der Lagunennebel Messier 8 im Sternbild Schütze. (Foto: Bernd Koch, astrofoto Bildagentur)

Der Schütze beherbergt zahlreiche galaktische Nebel, Kugel- und offene Sternhaufen – eine wahre Fundgrube für Fernglasbeobachter!

Der Große Wagen ist hoch im Westen zu finden, er sinkt langsam herab. Man sollte auch einmal versuchen, den Kleinen Wagen zu identifizieren. An der Spitze seiner Deichsel sitzt der Polarstern. Die übrigen Sterne sind deutlich lichtschwächer als die des Großen Wagen. Zwischen Großem und Kleinem Wagen schlängelt sich der Drache (lat.: Draco) hindurch. Das kleine Sternenviereck, das den Kopf des Drachen markieren soll, liegt nördlich von Herkules.

Veränderliche Sterne im Juli

Algol-Minima	17.	5^h11^m	20.	2^h00^m	22.	22^h48^m						
β-Lyrae-Minima	7.	4^hH	13.	15^hN	20.	2^hH	26.	14^hN				
δ-Cephei-Maxima	4.	16^h	10.	1^h	15.	10^h	20.	19^h	26.	3^h	31.	12^h
Mira-Helligkeit	1.	3^m	10.	3^m	20.	4^m	31.	4^m				

Die stürmische Sonne

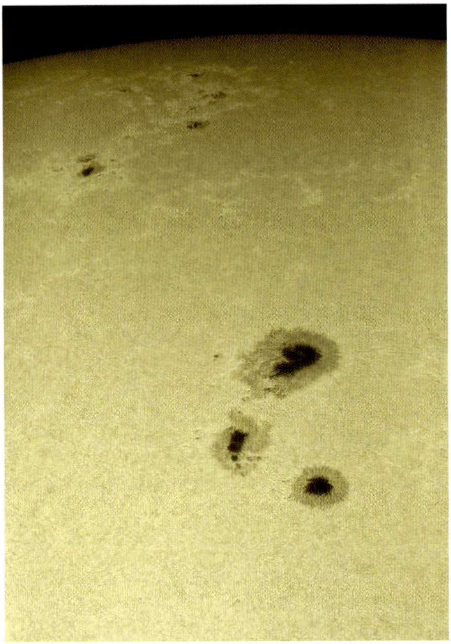

7.11 Sonnenflecken – die auffälligsten Erscheinungen einer aktiven Sonne. Aufnahme mit dem Großen Refraktor der Sternwarte Welzheim von Stefan Seip.

In unserer hochtechnisierten Zivilisation kann man sich kaum mehr vorstellen, ohne Mobiltelefon und ohne Computer im Alltagsleben auszukommen. Inzwischen hat man sich längst an die modernen Formen der Kommunikation gewöhnt. Deshalb erscheint es auch als Horrorszenarium sich vorzustellen, dass weltweit Computer und Funktelefone auf einen Schlag ausfallen könnten. Und doch könnte dies vielleicht schon morgen der Fall sein, der totale Blackout der elektronischen Nachrichten- und Speichersysteme. Vielleicht nur für Stunden und Tage, vielleicht aber auch für längere Zeit. Schuld an diesem Desaster könnte der Stern des Lebens sein: unsere Sonne. Sie ist ein uns vertrautes Gestirn, und doch wissen wir noch viel zu wenig von diesem kosmischen Atommeiler und seinem Verhalten.

Unsere modernen Nachrichtensysteme sind erst seit etwas mehr als einen Pulsschlag unseres Tagesgestirns in Betrieb. Seit knapp fünf Milliarden Jahren leuchtet unsere Sonne, ihr Puls schlägt in einem mittleren Rhythmus von 22 Jahren. Sie ist für das Weltraumwetter verantwortlich, wie die Sonnenforscher zu sagen pflegen. Außer Licht und Wärme sendet die Sonne ständig einen Strom elektrisch geladener Teilchen, in erster Linie Protonen, Alphateilchen und Elektronen aus. Diese Korpuskularstrahlung wird auch Sonnenwind genannt. Er weht mehr oder minder heftig. Die Sonne verliert auf diese Weise pro Sekunde rund eine Million Tonnen an Masse. Von Zeit zu Zeit ereignen sich auf der Sonnenoberfläche gewaltige Explosionen und Materieeruptionen. Dabei werden enorme Mengen an Plasma empor geschleudert. Überschreiten die glühenden, elektrisch geladenen Materiewolken dabei die Geschwindigkeit von 618 Kilometer pro Sekunde, so verlassen sie die Sonne und strömen in den interplanetaren Raum hinaus. Tatsächlich werden bei heftigen Sonnenstürmen Geschwindigkeiten von einigen Tausend Kilometer pro Sekunde erreicht. Der Sonnenwind wird dann zu einem Sturm, manchmal sogar zu einem Orkan.

Das Erdmagnetfeld schützt

Trifft eine solche Plasmawolke auf ihrer Reise durch den interplanetaren Raum die Erde, so bleibt dies nicht ohne Auswirkungen auf unseren Planeten. Glücklicherweise besitzt die Erde ein Magnetfeld, das einen gewissen Schutz bietet. Die Plasmateilchen des Sonnenwindes werden abgelenkt und bewegen sich entlang der Kraftlinien des Erdmagnetfeldes. Sie bewegen sich dabei in Richtung der Magnetpole der Erde. An jenen Stellen, an denen die Feldlinien des interplanetaren Magnetfeldes mit denen des irdischen Magnetfeldes verschmelzen, gelingt es den elektrisch geladenen Teilchen des Sonnenwindes, in tiefere Schichten der Erdatmosphäre vorzudringen, wo sie abgebremst und neutralisiert werden. Ein völlig unspektakulärer Vorgang. Anders sieht es jedoch aus, wenn der Sonnenwind zu einem Sonnensturm mutiert. Die Teilchen des Sonnenwindes haben durchschnittliche Energien von zwei bis drei Elektronenvolt (abgekürzt: eV). In Höhen zwischen 80 000 und 100 000 Kilometer treffen der Sonnenwind und das interplanetare Magnetfeld auf das irdische Magnetfeld. Dabei bilden die Sonnenwindpartikel und die geladenen Teilchen der irdischen Ionosphäre eine Plasmaschicht auf der sonnenabgewandten Erdseite, also auf der Nachthälfte.

7.12 Sonnenstürme lassen Polarlichter erscheinen. (Foto: Joshua Strang, USAF)

Energiereiche Teilchen

Bei einem Sonnensturm sind die mittleren Teilchenenergien um einige tausend Mal höher als die des normalen Sonnenwindes. Spitzenwerte von 10 000 eV sind dabei keine Seltenheit. Infolge des anströmenden, superschnellen Sonnenwindes werden die irdischen Magnetfeldlinien enorm zusammengepresst. Die Erdmagnetfeldlinien, normalerweise in 60 000 Kilometer Höhe, werden komprimiert und auf etwa 700 Kilometer herabgedrückt. Durch die einströmenden, elektrisch geladenen Partikel werden gewaltige Ströme mit Stärken von bis zu einer Million Ampere induziert. Die Elektronen und Ionen des Sonnensturmes bewegen sich auf Spiralbahnen entlang der irdischen Magnetfeldlinien und strömen auf die Erdmagnetpole zu. Sie werden dabei enorm beschleunigt und erreichen in Höhen zwischen 15 000 und 3000 Kilometer kinetische Energien von einigen Tausend Elektronenvolt pro Teilchen! Je energiereicher, desto tiefer dringen die Plasmateilchen in die Erdatmosphäre ein, wo sie in Höhen zwischen 1000 und 100 Kilometer häufig mit den Atomen und Molekülen der irdischen Atmosphäre kollidieren. Dabei werden die Luftteilchen zum Leuchten angeregt. Wir registrieren diese Leuchterscheinungen als Polarlichter. Die häufigste Erscheinung ist das grüne Polarlicht, das in Höhen um etwa 400 Kilometer aufflammt. Die Elektronen der Sauerstoffatome werden vom Grundzustand auf das zweite Energieniveau angehoben. Nach knapp einer Sekunde fallen sie auf das erste Energieniveau zurück, wobei sie Photonen der Wellenlänge 5577 Ångström emittieren. Dies empfindet man als grünes Licht. Dann dauert es fast zwei Minuten, bis die Elektronen aus dem ersten auf das Grundniveau fallen. Dabei werden Photonen von 6300 Å ausgesendet – also rotes Licht. In Höhen von 400 Kilometer ist die Luft jedoch noch so dicht, dass die angeregten Sauerstoffatome ständig mit anderen Atomen kollidieren, was die Emission der roten 6300-Å-Photonen unterbindet. Man spricht auch gerne von „verbotenen" Spektrallinien. Ab einer Höhe von rund 1000 Kilometer ist die Atmosphärendichte jedoch so gering, dass genügend Sauerstoffatome diese Übergänge vollziehen können mit dem Ergebnis, dass rote Polarlichter sichtbar werden. Somit sind rote Polarlichter am weitesten zu sehen – durchaus auch in Mitteleuropa. In Höhen von nur 90 bis 140 Kilometer erzeugen ionisierte Stickstoffatome blaues (4700 Å) und violettes (3914 Å) Polarlicht.

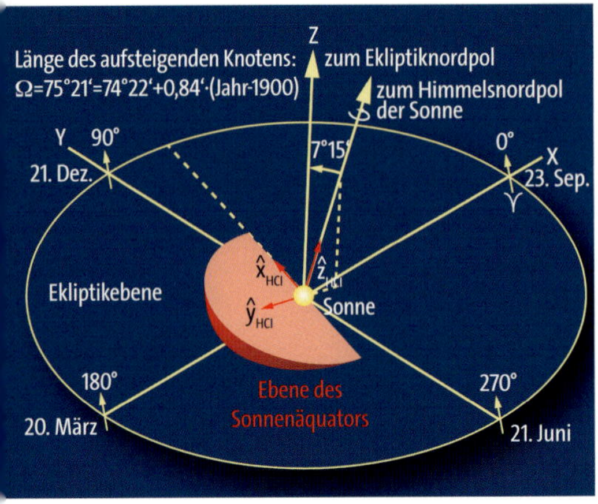

7.13 Heliozentrische Koordinaten für Objekte in der Heliosphäre (HCI – Heliocentric Interialsystem / HAE – Heliocentric Aries Ecliptic-System).

Koronale Massenauswürfe

Die infolge koronaler Massenauswürfe (Coronal Mass Ejection – CME) verursachten Sonnenstürme, die sich bei uns als geomagnetische Stürme bemerkbar machen, rufen nicht nur die vergleichsweise harmlosen Polarlichter hervor. Sie induzieren auch Ströme in Weidezäunen, Strom- und Telefonleitungen und können Zusammenbrüche von Stromnetzen und Transformatoren sowie Funkstörungen bewirken. Dies war in vergangenen Jahrhunderten kein Problem. Doch wenn derartig heftige Sonnenstürme die Erde erreichen, so können sie verheerende Auswirkungen auf unsere moderne technische Zivilisation haben. Satelliten können reihenweise ausfallen. Datenübertragung, Telefonverbindungen, Navigationssysteme wie GPS, Fernsehübertragungen, Stromversorgung, Computernetzwerke usw. – all diese für uns heute so selbstverständlichen Dinge wären mit einem Schlag nicht mehr verfügbar. Das Leben der Astronauten im Orbit und die Gesundheit von Flugzeugbesatzungen wären ernsthaft gefährdet. Für Tage, Monate, vielleicht sogar für Jahre müsste man dann auf die technischen Einrichtungen der modernen Zivilisation verzichten. Diese Bedrohung aus dem All ist ernst zu nehmen. Deshalb hat auch die britische Regierung die Sonnenstürme in die Liste der möglichen nationalen Bedrohungen und Risiken aufgenommen.

Gefahr durch Sonnenstürme

Im Jahre 1972 explodierte in British Columbia ein Transformator, am 13. März 1988 gab es in Quebec einen totalen Stromausfall, im Jahr 2000 gerieten Forschungssatelliten außer Kontrolle, 2003 fiel das Navigationssystem GPS kurzfristig aus, zahlreiche Flüge mussten umgeleitet werden. Weitere erhebliche Beeinträchtigungen gab es bei den Sonnenstürmen am 7. Juni und am 22. September 2011 sowie am 8. März 2012. Die drei letzten waren noch relativ harmlos. Bei aktiver Sonne und stürmischem Weltraumwetter sind vor allem Satelliten und Raumsonden gefährdet. So dehnt sich die Erdatmosphäre aus und bewirkt Bahnänderungen von künstlichen Erdtrabanten. Durch die größere Dichte werden Satelliten abgebremst. So sinkt die ISS (International Space Station) bei entsprechender Dichtezunahme bis zu 300 Meter pro Tag ab.

Die in den letzten Jahrzehnten auftretenden Sonnenstürme waren noch vergleichsweise harmlos. Eine der heftigsten Sonneneruptionen wurde am 1. September 1859 von dem berühmten Sonnenforscher Richard Christopher Carrington beobachtet. Er berichtet von einem gleißend grellen, weißen Fleck auf der ohnehin hellen Sonnenoberfläche, den er auf seinem Observatorium Redhill beobachtete. Nach nur 17 Stunden traten heftige Polarlichter auf, eine zweite Welle des Sonnensturmes ließ nach 40 bis 60 Stunden den Himmel in hohen Breiten aufleuchten.

Es ist daher ein dringendes Anliegen, das Verhalten der Sonne genau zu studieren und das Weltraumwetter exakt zu beobachten. Ziel ist es, Sonnenstürme möglichst rechtzeitig auszumachen und Gefährdungen der Erde im Voraus zu erkennen. Dazu ist es erforderlich, Sonneneruptionen möglichst früh zu registrieren. Die synodische Rotation der Sonne dauert rund 27 Tage.

Tritt eine heftige Sonneneruption auf der erdabgewandten Seite der Sonne auf, so kann es zwei Wochen dauern, bis dieses Ereignis am Sonnenrand sichtbar wird. Je früher man von heftigen Explosionen und koronalen Massenauswürfen erfährt, desto eher ist man gewarnt und kann Vorsichtsmaßnahmen treffen.

Die Sonne in Stereo

Deshalb hat die amerikanische Weltraumbehörde NASA das Projekt STEREO (**S**olar **TE**rrestrial **RE**lations **O**bservatory) ins Leben gerufen. Bei dieser Raumfahrtmission wurden zwei Sonden, STEREO A und B, in eine Umlaufbahn um die Sonne platziert, die es ermöglichen, die gesamte Sonne permanent zu beobachten – also auch ihre erdabgewandte Seite (siehe Abb. 7.15).

Die beiden STEREO-Sonden wurden am 25. Oktober 2006 mit einer Delta-II-Rakete vom Startplatz Cape Canaveral in Florida auf ihre Reise geschickt. Beide laufen nahezu in der Erdbahn um die Sonne. STEREO A ist im Lagrangepunkt L4 und STEREO B in L5 platziert, also in etwa 120° heliozentrischer ekliptikaler Länge vor und nach der Erde. Ihre genauen heliozentrischen Koordinaten lauteten am 15. Oktober 2012 um 14:00 MEZ: STEREO A: l = 72,9° b = −7,0° und STEREO B: l = 186,7° b = 0,6°. Die Erde nahm zu diesem Zeitpunkt folgende Position ein: l = 306,9° b = 5,8° wobei ihre Sonnendistanz 0,997 AE (= 149,15 Millionen Kilometer) betrug. Die Sonnenentfernung von Stereo A maß 0,967 AE (= 144,66 Millionen Kilometer) und von Stereo B 1,075 AE (= 160,82 Millionen Kilometer). Beide Raumsonden laufen wie die Erde auch auf leicht exzentrischen Ellipsenbahnen um die Sonne.

Die Stereo-Raumsonden haben eine Masse von je 620 Kilogramm einschließlich Treibstoff für Bahnkorrektur und sind 1,14 m × 1,22 m × 2,03 m groß. Die Ausleger mit den Solarzellen für die Stromversorgung (Verbrauch 475 Watt) sind sechseinhalb Meter lang. Die Datenübertragung zur Erde erfolgt mit 720 Kilobit pro Sekunde. Der Datenspeicher an Bord kann ein Gigabyte an Informationen aufnehmen. Die Genauigkeit, mit der die in drei Achsen stabilisierten Sonden auf die Sonne ausgerichtet werden, beträgt sieben Bogensekunden. Die Auflösung, mit der Details auf der Sonne beobachtet werden können, beträgt eine Zehntel Bogensekunde. Dies entspricht einer linearen Ausdehnung auf der Sonnenoberfläche von rund 70 Kilometer (in der

7.14 Eine gewaltige Sonneneruption schleudert Materie ins Weltall (Foto: Solar Dynamics Observatory/NASA).

7.15 Positionen der STEREO-Sonden A und B im Orbit um die Sonne.

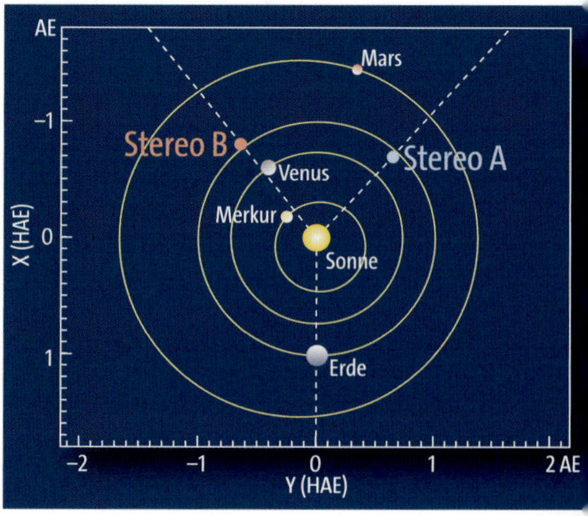

7.16 Raumsonde STEREO überwacht die Sonnenaktivität auf der erdabgewandten Sonnenseite.

Sonnenscheibenmitte). Die größten bisher von der STEREO-Mission beobachteten Sonnenstürme (CMEs) schleuderten Plasmawolken von zehn Milliarden Tonnen Masse mit einer Geschwindigkeit von fast zwei Millionen Kilometer pro Stunde ins All. Trifft eine solche Plasmawolke die Erde, bewirkt sie die oben beschriebenen Effekte.

So stürmisch auch die Sonne von Zeit zu Zeit ist, einige Sonnenforscher vermuten, dass die Sonnenaktivität allmählich erlahmt. Schläft die Sonne gar ein?

Die vielen Zyklen der Sonne

Das Auftreten der Sonnenflecken und der damit verbundenen Erscheinungen, kurz die Sonnenaktivität, zeigt eine elfjährige Periode. Entdeckt wurde sie von dem Dessauer Apotheker und eifrigen Sonnenbeobachter Samuel Heinrich Schwabe im Jahre 1843. Man spricht deshalb von einem Schwabe-Zyklus. Er wird nicht exakt eingehalten, sondern seine Dauer schwankt zwischen acht und dreizehn Jahren. Seit 1760 werden die Schwabe-Zyklen durchnummeriert. Im Jahre 2014 erreicht der 24. Zyklus sein Maximum.

George Ellery Hale (1868–1938) entdeckte zu Beginn des 20. Jahrhunderts, dass die magnetische Polarität sowohl der bipolaren Flecken und Fleckengruppen als auch des globalen Magnetfeldes der Sonne sich nach einem Schwabe-Zyklus umkehrt. Somit ist die eigentliche Periode der Sonnenaktivität zwei Schwabe-Zyklen lang, also 22 Jahre. Man spricht von einem Hale-Zyklus. Die Umkehrung der Polarität des globalen Magnetfeldes geschieht im Übrigen nicht zeitgleich, sondern oft um Monate versetzt.

Das Magnetfeld der Sonne ist der Schlüssel zur Sonnenaktivität. Die glühend heiße Sonnenmaterie ist praktisch vollständig ionisiert. Das Sonnenplasma ist deshalb elektrisch leitend. Das Verhalten der Sonnenmaterie beschreibt die Magnetohydrodynamik. Durch die differentielle Rotation der Sonne – am Äquator dauert eine siderische Rotation 25 Tage, in Polnähe jedoch 36 Tage – werden die Magnetfeldlinien des globalen Feldes verdrillt und komprimiert. Dabei treten Feldstärken von einigen Tausend Gauß (10 000 Gauß = 1 Tesla) auf. Der magnetische Druck lässt die Magnetfeldschläuche an die Oberfläche aufsteigen, wo sie aufreißen. Man sieht in die Schläuche hinein – die bekannten Sonnenflecken, in denen die Temperatur rund tausend Grad niedriger ist.

Stark schwankende Extreme

Die einzelnen Zyklen der Sonnenaktivität fallen unterschiedlich aus. Extrem hohe Maxima wechseln mit sehr geringen ab. Überlagert sind dem Schwabe- und dem Hale-Zyklus noch längere Zyklen. Am bekanntesten ist der Gleissberg-Zyklus mit einer Dauer von 80 bis 90 Jahren. Auch ein Zyklus von 300 bis 400 Jahren wird vermutet. Aus einem Mix von Daten aus Eisablagerungen, Baumringen und kosmischen Isotopen sowie anderen Indikatoren wird sogar ein Zyklus von 9300 Jahren postuliert. In ihm gab es 24 extreme Maxima und 30 tiefe, lang andauernde Minima. Manchmal gab es sogar jahrzehntelange Perioden, in denen die Sonnenaktivität ganz eingeschlafen war. Am bekanntesten ist das Maunder-Minimum, so benannt nach dem Sonnenforscherpaar Edward Walter Maunder (1851–1928) und Annie Maunder (1868–1947). Annie Maunder war übrigens die erste Frau, die in die Royal Astronomical Society aufgenommen wurde. Von 1645 bis 1715 gab es so gut wie keine Sonnenflecken, die Aktivität unseres Tagesgestirns war eingeschlafen. Noch weitere Perioden

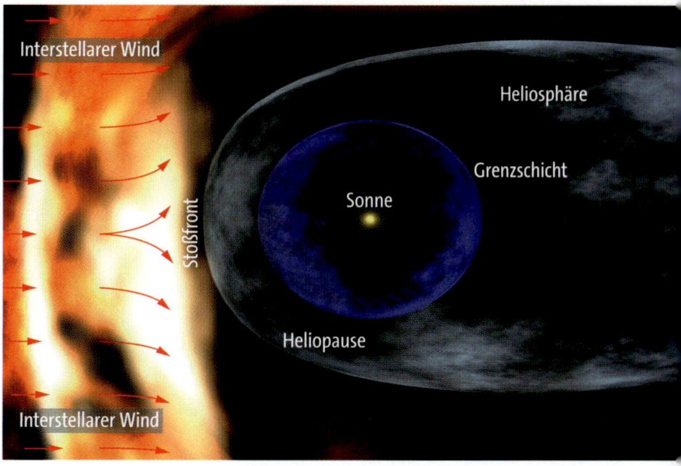

7.17 Die Heliopause ist die Grenzschicht zwischen der Heliosphäre und dem interstellaren Medium.

ohne signifikante Aktivitäten der Sonne wurden registriert. Von 1795 bis 1820 gab es das Dalton-Minimum, von 1460 bis 1550 das Spörer-Minimum und auch im Mittelalter schien die Sonne zwischen 640 und 710 zu erlahmen. Verbunden mit diesen Minima waren sehr niedrige Temperaturen auf unserem Globus, gewissenmaßen kleine Eiszeiten. Andererseits gab es Zeiten mit extrem hoher Sonnenaktivität wie 20 bis 80 nach Chr. und 1100 bis 1250, in denen das Erdklima besonders warm war. Grönland war weitgehend eisfrei, daher der Name „Grünland".

Die Sonne schwächelt

Man vermutet nach verschiedenen Analysen, dass der jetzige 24. und auch der folgende 25. Zyklus recht schwach ausfallen werden. Schon das letzte Minimum war ungewöhnlich tief und lang. Möglicherweise steuert die Sonne auf einen erneuten Winterschlaf zu mit einem jahrzehntelangen Minimum. Aufschluss soll unter anderem auch die Helioseismologie liefern, die einen Blick in die tieferen Schichten des Sonnenballs ermöglicht. Die Sonne schwingt in verschiedenen Modi wie eine Glocke. Bei schwacher oder erlahmter Sonnenaktivität droht nicht nur eine weitere kleine Eiszeit, sondern auch eine erhöhte Gefahr durch die extreme kosmische Strahlung in der Galaxis, die gegenwärtig vom Schutzschild Heliopause abgewehrt wird. Die Heliopause ist die Grenzschicht zwischen der Heliosphäre und dem interstellaren Strahlungsfeld. Die Heliosphäre ist der birnenförmige, asymmetrische Bereich, in dem der Sonnenwind und die mit ihm transportierten Magnetfelder dominieren. Sie wird begrenzt an der Stoßfront, die entsteht, wenn der kinetische Druck des Sonnenwindes durch den Druck des interstellaren Gases aufgehoben wird. Diese als Heliopause bezeichnete Grenzschicht erstreckt sich in einer Sonnenentfernung von 90 bis 100 AE, also in etwa der dreifachen Neptundistanz.

Potenziell große Schäden

Auch wenn die Sonne in naher Zukunft ihre Aktivität stark einschränken oder gar einstellen wird und für Jahrzehnte in einen Winterschlaf verfällt, so sind wir bei dem jetzigen und auch beim folgenden, dem 25. Schwabe-Zyklus, nicht vor ihren stürmischen Ausbrüchen gefeit. Ein Totalausfall der Telekommunikationssysteme und andere gravierende Schäden sind nicht auszuschließen. Die Raumsonden STEREO A und B verlängern glücklicherweise die Vorwarnzeit erheblich. Seit Oktober 2011 verfügen die Sonnenphysiker über ein Computermodell namens ENLIL zur Vorhersage, ob auftretende CMEs unserem Globus gefährlich werden können. Enlil heißt auch der sumerische Gott der Winde und Stürme.

Noch wissen wir viel zu wenig, wie der Sonnenofen wirklich funktioniert. Aber dass die Sonne uns nicht nur lebensspendende Energie liefert, sondern ihr Verhalten auch das Leben auf der Erde gefährden kann, ist inzwischen wohlbekannt.

August 2014

- Neptun kommt am 29. im Sternbild Wassermann in Opposition zur Sonne.
- Mars überholt gegen Monatsende den Ringplaneten im Sternbild Waage.
- Jupiter taucht um die Monatsmitte am Morgenhimmel auf.
- Am 18. kommt es zu einer auffälligen Konjunktion von Venus und Jupiter am Morgenhimmel.

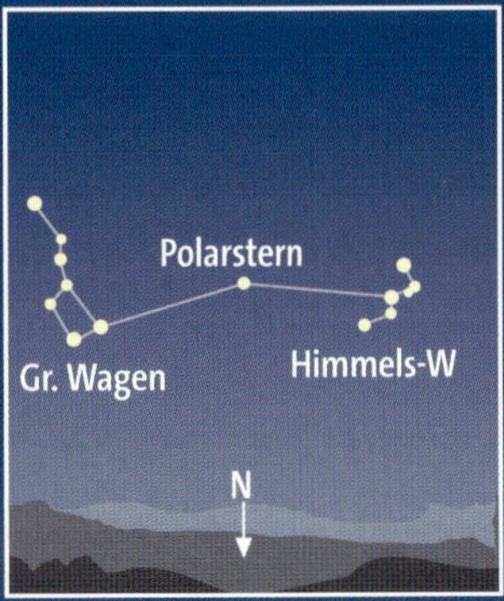

Großer Wagen und Himmels-W Anfang August um 22 Uhr

8.1 Anblick des Südwesthimmels am 3. August gegen $21^h 30^m$ MEZ (= $22^h 30^m$ MESZ). Knapp über dem Horizont sieht man das Dreigestirn Mars, Saturn und zunehmender Halbmond.

1 Fr	Schweizer Bundesfeier
2 Sa	
3 So	Mond bei Mars (Abendhimmel)
4 Mo	Mond im ersten Viertel, Mond bei Saturn (Abendhimmel)
5 Di	
6 Mi	
7 Do	
8 Fr	
9 Sa	
10 So	**Vollmond** Mond in Erdnähe
11 Mo	
12 Di	
13 Mi	
14 Do	
15 Fr	Liechtensteiner Staatsfeiertag
16 Sa	
17 So	Mond im letzten Viertel
18 Mo	Venus bei Jupiter (Morgenhimmel)
19 Di	
20 Mi	
21 Do	
22 Fr	
23 Sa	
24 So	Mond in Erdferne
25 Mo	**Neumond**
26 Di	
27 Mi	Mars bei Saturn (Abendhimmel)
28 Do	
29 Fr	Neptun in Opposition
30 Sa	
31 So	Mond bei Mars und Saturn (Abendhimmel)

Sonne – Sternbilder

11. 8. 0h:
Sonne tritt in das Sternbild Löwe
23. 8. 6h:
Sonne tritt in das Tierkreiszeichen Jungfrau
Julianisches Datum am
1. August, 1h MEZ: 2 456 870,5

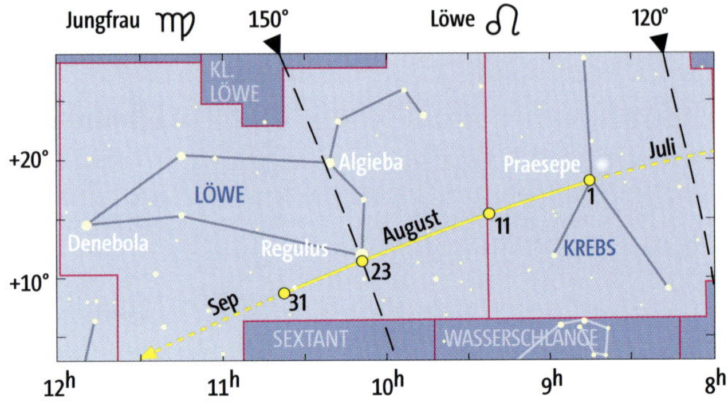

Tabelle Sonnenlauf

Tag	Dämmerg. Anfang	Aufgang MEZ	Kulmination	Untergang MEZ	Dämmerg. Ende	Mittagshöhe	Zeitgleichg.	Rektaszension	Deklination
	h m	h m	h m	h m	h m	°	m	h m	°
1.	3 19	4 49	12 26	20 03	21 32	58,0	–6	8 44	+18,1
5.	3 27	4 55	12 26	19 56	21 23	56,9	–6	8 59	+17,1
10.	3 38	5 02	12 25	19 48	21 12	55,5	–5	9 18	+15,7
15.	3 48	5 09	12 25	19 39	21 00	54,0	–5	9 37	+14,2
20.	3 57	5 17	12 23	19 29	20 48	52,4	–3	9 56	+12,6
25.	4 07	5 24	12 22	19 19	20 36	50,7	–2	10 14	+10,9
31.	4 18	5 33	12 20	19 07	20 21	48,6	0	10 36	+ 8,8

Tages- und Nachtstunden

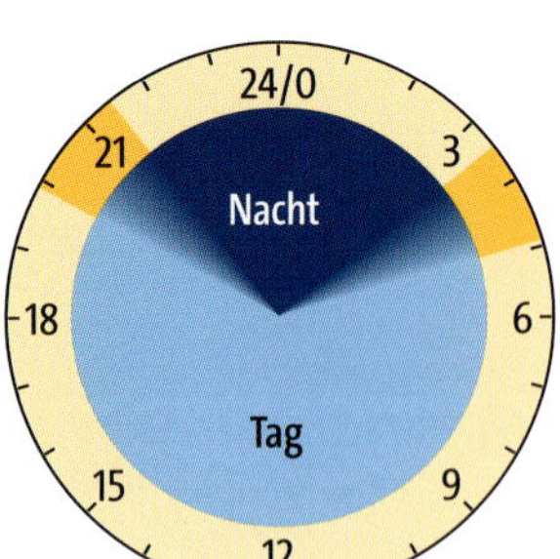

5. August

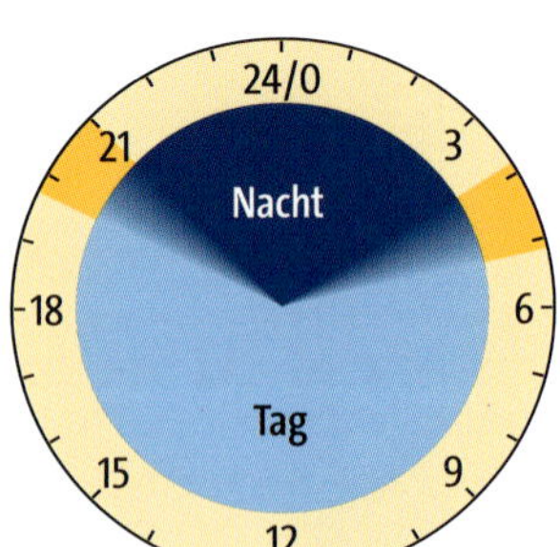

15. August

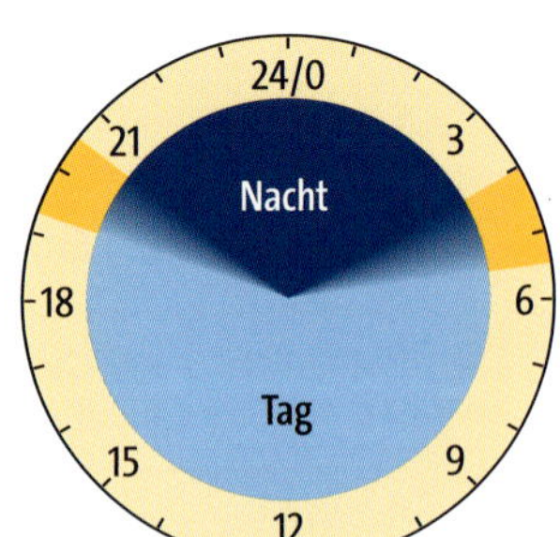

25. August

Tabelle Mondlauf

Datum		Aufg. MEZ	Kulmination	Unterg. MEZ	Rektaszension	Deklination	Sterne und Sternbilder	Phase	MEZ
		h m	h m	h m	h m	°			
Fr	1.	10 33	16 21	22 00	12 11	− 2,9	Jungfrau		
Sa	2.	11 37	17 06	22 26	12 58	− 6,7	Spica	Aufsteigender Knoten	
So	3.	12 42	17 53	22 57	13 46	−10,3	Spica		
Mo	4.	13 49	18 43	23 32	14 36	−13,5	Waage	**Erstes Viertel**	**$1^h 50^m$**
								Libration Ost	
Di	5.	14 55	19 37	–	15 29	−16,1	* Waage		
Mi	6.	15 59	20 33	0 15	16 26	−18,0	Antares		
Do	7.	16 58	21 33	1 07	17 25	−18,8	Schlangenträger		
Fr	8.	17 50	22 33	2 09	18 26	−18,4	* Schütze		
Sa	9.	18 36	23 33	3 20	19 28	−16,8	Schütze	Größte Nordbreite	
So	10.	19 15	–	4 38	20 29	−14,0	Steinbock	**Vollmond**	**$19^h 09^m$**
								Erdnähe 357/33′,5	19^h
Mo	11.	19 50	0 32	5 59	21 30	−10,2	Steinbock		
Di	12.	20 21	1 29	7 20	22 29	− 5,7	Wassermann		
Mi	13.	20 51	2 24	8 40	23 26	− 1,0	Fische		
Do	14.	21 21	3 18	9 57	0 22	+ 3,7	Fische		
Fr	15.	21 52	4 10	11 12	1 16	+ 8,1	Fische	Absteigender Knoten	
Sa	16.	22 26	5 02	12 22	2 10	+11,8	Widder	Libration West	
So	17.	23 04	5 53	13 28	3 03	+14,9	Widder	**Letztes Viertel**	**$13^h 26^m$**
Mo	18.	23 46	6 43	14 29	3 56	+17,1	Stier, Hyaden		
Di	19.	–	7 34	15 24	4 49	+18,4	Aldebaran		
Mi	20.	0 33	8 23	16 12	5 40	+18,7	Stier		
Do	21.	1 24	9 11	16 53	6 31	+18,3	Alhena		
Fr	22.	2 20	9 58	17 29	7 21	+17,0	Zwillinge	Größte Südbreite	
Sa	23.	3 18	10 44	18 01	8 10	+15,0	Krebs		
So	24.	4 18	11 28	18 28	8 57	+12,3	Krebs	Erdferne 407/29′,4	7^h
Mo	25.	5 19	12 11	18 54	9 44	+ 9,2	Löwe, Regulus	**Neumond Nr. 1134**	**$15^h 13^m$**
Di	26.	6 20	12 54	19 18	10 29	+ 5,7	Sextant		
Mi	27.	7 22	13 37	19 42	11 15	+ 2,0	Löwe		
Do	28.	8 25	14 20	20 06	12 00	− 1,9	Jungfrau		
Fr	29.	9 29	15 04	20 31	12 47	− 5,7	Jungfrau	Aufsteigender Knoten	
Sa	30.	10 33	15 50	21 00	13 34	− 9,3	Spica		
So	31.	11 38	16 38	21 33	14 23	−12,6	Waage		

Der Mond entfernt sich von Aldebaran

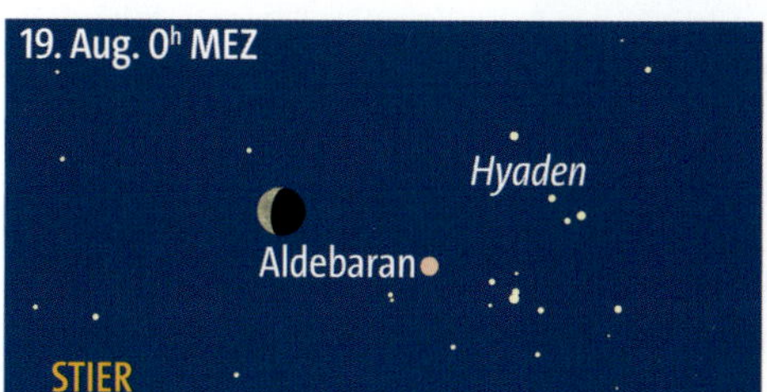

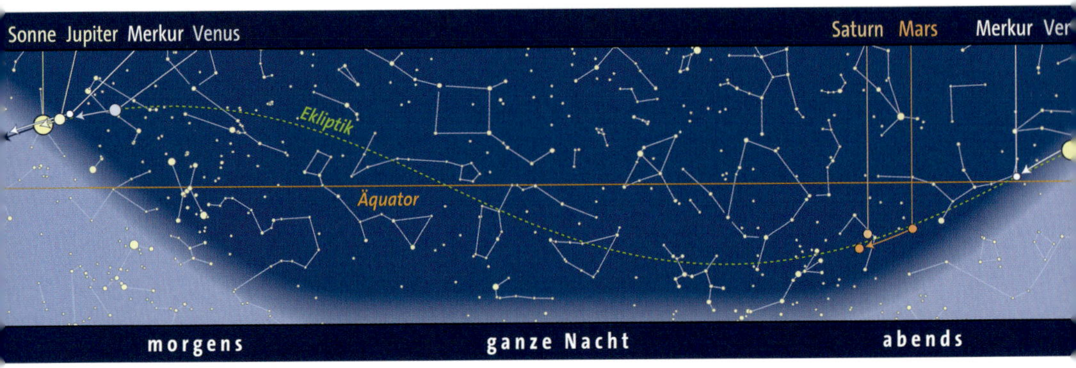

Merkur bot im Vormonat eine bescheidene Morgensichtbarkeit. Er strebt der Sonne nach, die er am 8. nachmittags einholt. An diesem Tag steht er in oberer Konjunktion mit dem Tagesgestirn. Obwohl er bis Monatsende immerhin $19{,}^{\circ}6$ östlichen Winkelvorsprung von der Sonne erreicht, reicht dies nicht für eine Abendsichtbarkeit. Denn Merkur hält sich fast 9° südlicher als die Sonne auf. Entsprechend kleiner gegenüber der Sonne fällt sein Tagbogen aus. Vergeblich wird man im August nach Merkur Ausschau halten. Auch die Begegnung mit Jupiter am 2. bleibt unbeobachtbar.

Venus kann noch am Morgenhimmel tief im Osten gesehen werden. Ihre Sichtbarkeitsdauer verkürzt sie jedoch drastisch: Am 1. geht der Morgenstern um 2^h51^m (= 3^h51^m Sommerzeit) auf, am 15. um 3^h23^m und am 31. erst um 4^h09^m. Um diese Zeit hat die nautische Morgendämmerung gerade begonnen. Damit schrumpft ihre Sichtbarkeitszeit auf etwa eine Stunde, bis sie in der Morgenhelle am Osthimmel verblasst.

Die Venushelligkeit bleibt konstant bei $-3{,}^{m}9$. Das zu Monatsende nur noch $10{,}''2$ große Venusscheibchen zeigt sich dann voll beleuchtet. Der Beleuchtungsgrad erreicht 97% – die obere Konjunktion mit der Sonne ist nicht mehr fern.

Am 7. wandert Venus weit südlich, nämlich 7°, an Pollux (β Geminorum) vorbei. Mit Jupiter trifft der Morgenstern am 18. zusammen. In den frühen Morgenstunden passiert Venus den Riesenplaneten in nur $0{,}^{\circ}2$ nördlichem Abstand (siehe Abb. 8.3 auf Seite 181). Die schmale Sichel des abnehmenden Mondes

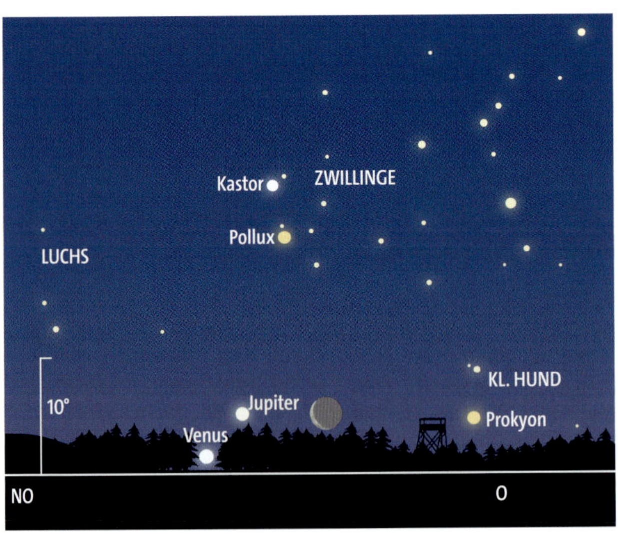

8.2 Jupiter und Venus morgens: Himmelsanblick am 23. August gegen 4h MEZ (= 5h MESZ). Knapp über dem Osthorizont strahlen die hellen Planeten Jupiter und Venus. Zu ihnen gesellt sich die extrem schmale Sichel des abnehmenden Mondes.

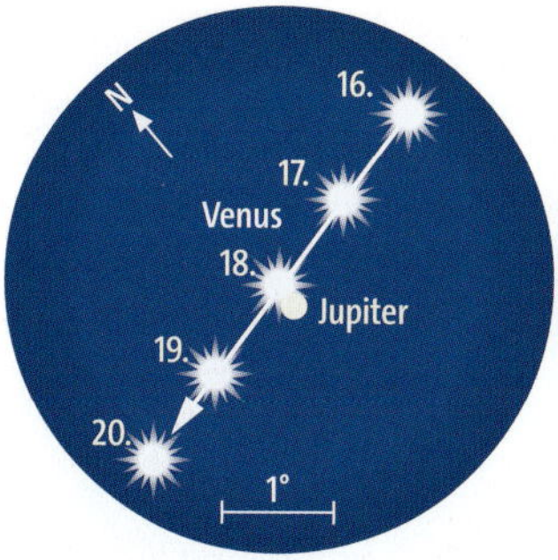

8.3 Venus bei Jupiter:
Enge Begegnungen von Venus und Jupiter am 18. August. Fernglasanblick am Morgenhimmel bei 5° Gesichtsfelddurchmesser.

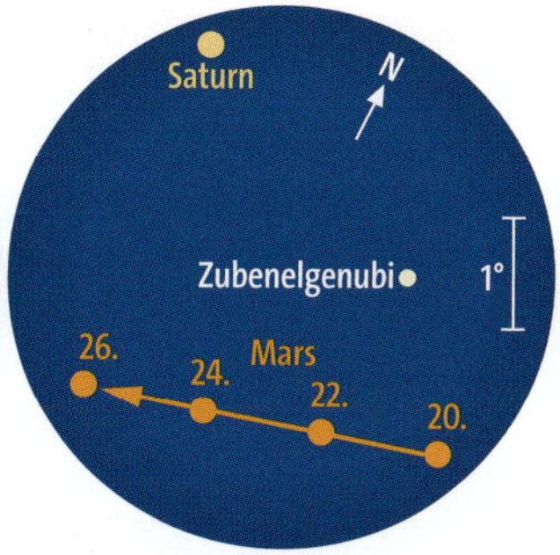

8.4 Mars bei Saturn:
Mars begegnet dem Ringplaneten im letzten Augustdrittel im Sternbild Waage. Fernglasanblick am Abendhimmel bei 5° Gesichtsfeld.

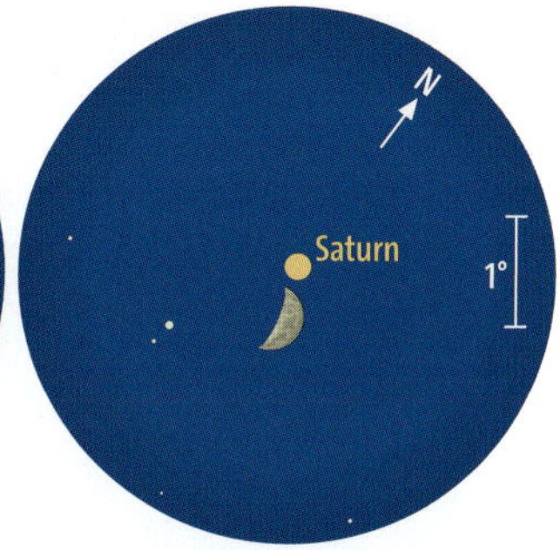

8.5 Mond bei Saturn:
Der zunehmende Mond zieht am 31. August knapp an Saturn vorbei. Fernglasanblick gegen 22^{h} MESZ. Topozentrischer Anblick für 50° Nord!

gesellt sich am 23. und 24. zu dem Planetenduo Venus und Jupiter (siehe Abb. 8.2 links unten).

Mars ist Planet am Abendhimmel. Er beschleunigt abermals seine rechtläufige Bewegung und steuert auf den langsam laufenden Saturn zu, den er am 27. rund 3°,5 südlich überholt (siehe Abb. 8.4 oben). Schon am 10. verlässt er das Sternbild Jungfrau und wechselt in die Waage, wobei er am 21. etwa 1°,6 südlich an Zubenelgenubi (α Librae) vorbeizieht (siehe Abb. 4.5 auf Seite 106).

Mars verkürzt erheblich seine Sichtbarkeitsdauer. Geht er am 1. um 22^{h}39^{m} (= 23^{h}39^{m} Sommerzeit) und am 15. um 22^{h}00^{m} unter, so erfolgt sein Untergang am Monatsende schon um 21^{h}20^{m}, also nur zweieinviertel Stunden nach Sonnenuntergang. Die Marshelligkeit geht abermals zurück und beträgt Ende August nur mehr 0^{m},6. Die Glanzzeit der Opposition ist nun vorbei. Auch der scheinbare Marsdurchmesser hat nur noch 6″,8 – nicht mehr sehr attraktiv für Fernrohrbeobachter.

Am 3. ergibt sich abends ein netter Himmelsanblick gegen 21^{h}30^{m} (= 22^{h}30^{m} Sommerzeit): Knapp über dem Südwesthorizont steht dann der zunehmende

Konstellationen und Ereignisse

Datum	MEZ	Ereignis
2.	18^{h}	Merkur bei Jupiter, Merkur 1°,0 nördlich
3.	11	**Mond bei Mars**, Mond 2°,2 nördlich, **Abstand 4°,5 um 21^{h}**
4.	12	**Mond bei Saturn**, Mond 0°,07 südlich (Bedeckung!), **Abstand 5°,1 um 21^{h}**
8.	17	Merkur in oberer Konjunktion mit der Sonne
12.	3	Mond bei Neptun, Mond 4°,5 nördlich
14.	18	Mond bei Uranus, Mond 1°,2 nördlich (Bedeckung!)
18.	5	**Venus bei Jupiter**, Venus 0°,2 nördlich, **Abstand 0°,2 um 5^{h}**
23.	18	Mond bei Jupiter, Mond 5°,5 südlich
24.	7	Mond bei Venus, Mond 5°,7 südlich
27.	7	Mond bei Merkur, Mond 3°,4 südlich
27.	14	**Mars bei Saturn**, Mars 3°,6 südlich, **Abstand 3°,4 um 20^{h} am 25.**
29.	16	**Neptun in Opposition** zur Sonne
31.	20	**Mond bei Saturn**, Mond 0°,4 nördlich (Bedeckung!), **Abstand 0°,5 südlich um 21^{h}**

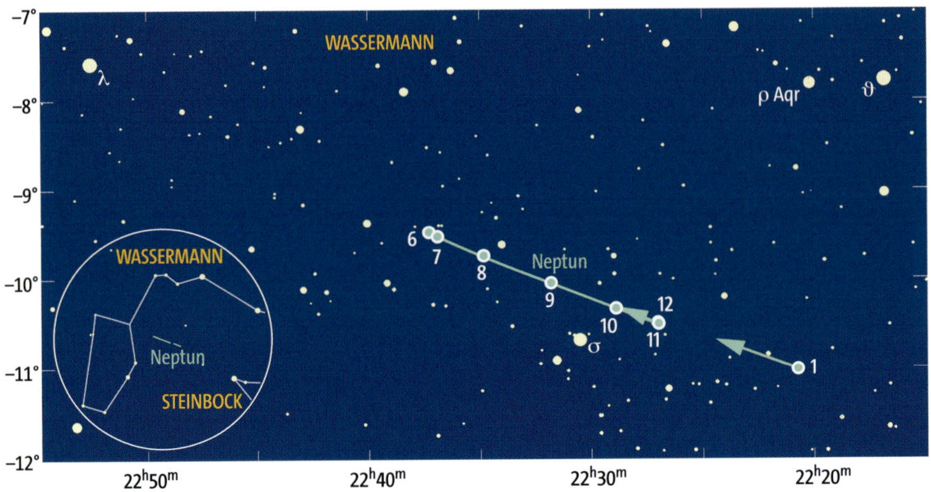

8.6 Bahn von Neptun: **Scheinbare Bahn des Planeten Neptun im Sternbild Wassermann vom 1. Juni bis Jahresende 2014. Die Zahlen geben die Positionen von Neptun jeweils zum Monatsersten an (8 = 1. August).**

Halbmond zwischen Mars und Saturn (siehe Abb. 8.1 auf Seite 176).

Am 17. beginnt für die Nordhalbkugel des Mars der Herbst. Auf Mars herrscht an diesem Datum Tagundnachtgleiche.

Jupiter hat seine Konjunktion mit der Sonne gerade hinter sich. Der Riesenplanet wandert rechtläufig durch das Sternbild Krebs (siehe Abb. 1.11 auf Seite 44). Im zweiten Monatsdrittel taucht er am Morgenhimmel auf. Erfahrene Beobachter mögen den Riesenplaneten bereits am 10. in der Morgendämmerung knapp über dem Nordosthorizont erspähen. Am 10. geht der $-1^{m}\!,8$ helle Jupiter um 3^h55^m (= 4^h55^m Sommerzeit) auf. Rund zwanzig Minuten später kann man ihn erkennen. Gegen 4^h30^m (= 5^h30^m Sommerzeit) verblasst er in der heller werdenden Morgendämmerung. Bis 20. verfrüht sich der Jupiteraufgang auf 3^h28^m und am 31. geht der Riesenplanet bereits um 2^h57^m (= 3^h57^m Sommerzeit) auf.

Am 18. wird Jupiter von Venus nur 12′ nördlich überholt – eine auffallende Konstellation – die beiden hellsten Planeten des Firmaments knapp nebeneinander (siehe Abb. 8.3 auf Seite 181).

Fünf Tage später gesellt sich die schmale Sichel des abnehmenden Mondes zu dem hellen Planetenduo – ein spektakulärer Himmelsanblick am frühen Morgen gegen 4^{h} (= 5^{h} Sommerzeit) knapp über dem Nordosthorizont (siehe Abb. 8.2 auf Seite 180).

Saturn, wieder rechtläufig im Sternbild Waage, kann am Abendhimmel gesehen werden. Wenn es abends dunkel genug geworden ist, um Saturn zu erkennen, hat er seinen Meridiandurchgang längst hinter sich und steht im Südwesten. Seine Sichtbarkeitsdauer verkürzt sich im Laufe des Monats auf rund zwei Stunden.

Am 1. geht Saturn um 23^{h}29^{m} unter und am 15. um 22^{h}35^{m}. Zu Monatsende erfolgt der Untergang des 0^{m},6 hellen Ringplaneten schon um 21^{h}33^{m} (= 22^{h}33^{m} Sommerzeit).

Saturn wird von Mars verfolgt, der ihn am 26. im Sternbild Waage 3°,5 südlich überholt (siehe Abb. 8.4 auf Seite 181). Zweimal eilt der zunehmende Mond im August am Ringplaneten vorbei. Am 3. sieht man abends den zunehmenden Halbmond zwischen Mars und Saturn tief am Südwesthimmel (siehe Abb. 8.1 auf Seite 176). Die zunehmende Mondsichel passiert am 31. nochmals Saturn knapp südlich (siehe Abb. 8.5 auf Seite 181).

Uranus, rückläufig in den Fischen, nähert sich seiner Opposition zur Sonne, die er im ersten Oktoberdrittel erreicht (siehe Abb. 10.6 auf Seite 221). Die kommende Opposition macht sich auch durch eine leichte Helligkeitszunahme um 0^{m},1 auf 5^{m},7 bemerkbar.

Uranus verlegt seine Aufgänge in die Abendstunden. Am 1. geht er um 22^{h}09^{m} auf, am 15. um 21^{h}13^{m} und am 31. schon um 20^{h}10^{m} (= 21^{h}10^{m} Sommerzeit). Seine Meridianpassagen verfrühen sich von 4^{h}43^{m} am 1. auf 2^{h}43^{m} am Monatsende.

Neptun kommt am 29. in **Opposition** zur Sonne. Der bläuliche Planet beschleunigt etwas seine rückläufige Wanderung durch den Wassermann und steuert auf σ Aquarii zu (siehe Abb. 8.6 S. 182). Mit 4^{m},9 scheinbarer Helligkeit ist σ Aquarii deutlich heller als Neptun mit 7^{m},8. Geht Neptun am 1. noch um 20^{h}57^{m} (= 21^{h}57^{m} Sommerzeit) auf, so erfolgt sein Aufgang am Tag der Opposition bereits um 19^{h}06^{m}. In der Oppositionsnacht kulminiert Neptun um 0^{h}21^{m} und geht morgens um 5^{h}35^{m} unter.

Im Teleskop zeigt Neptun bei entsprechender Vergrößerung ein winziges, bläuliches Scheibchen von nur 2″,4 scheinbarem Durchmesser, auf dem keinerlei Einzelheiten zu erkennen sind.

Am 29. trennen Neptun 4333 Millionen Kilometer (= 28,96 AE) von der Erde. Dies entspricht ei-

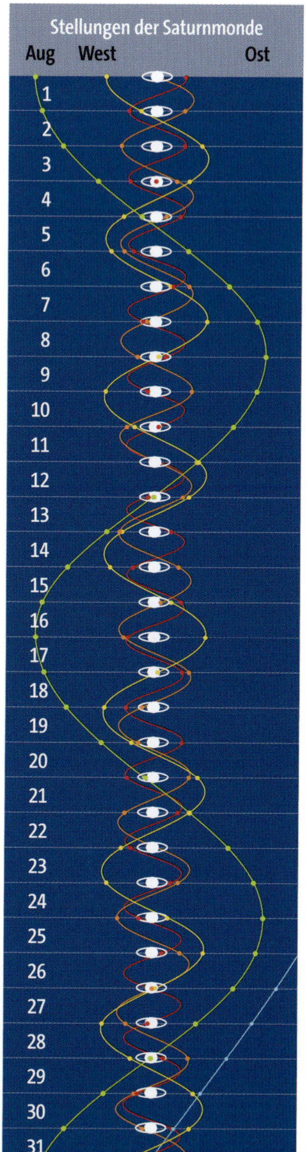

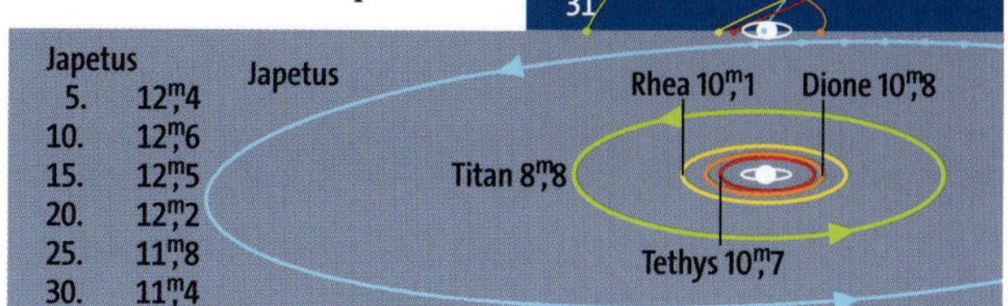

ner Lichtlaufzeit von vier Stunden und einer knappen Minute. Von der Sonne ist Neptun zur Opposition diesmal 4484 Millionen Kilometer (= 29,97 AE) entfernt.

Planetoiden

Victoria (12) – rückläufig im Sternbild Pegasus – nähert sich ihrer Opposition, die sie im ersten Septemberdrittel erreicht. Ihre Helligkeit nimmt im August um eine halbe Größenklasse zu und erreicht Ende des Monats $9^{m}_{,}0$ (siehe auch Aufsuchkärtchen Abb. 9.5 auf Seite 203). Planetoid Nr. 12 passiert am 1. um $2^{h}46^{m}$ den Meridian, am 15. um $1^{h}46^{m}$ und am 31. bereits um $0^{h}32^{m}$ (= $1^{h}32^{m}$ Sommerzeit).

Periodische Sternschnuppenströme

Der wohl bekannteste Sternschnuppenmonat ist der August. Die Ursache liegt in den **Perseïden**, deren maximale Aktivität sich zwischen dem 10. und 14. August entfaltet. Helle Objekte (um 0^{m} und heller, sogenannte Feuerkugeln oder Boliden) sind keine Seltenheit.

Das Maximum ist in der Nacht vom 12. auf 13. August zu erwarten. Als schönster und reichster Strom des Jahres bescheren uns die Perseïden bis zu 100 Sternschnuppen pro Stunde. Ihren Ursprung führen sie auf den Kometen 109P/Swift-Tuttle (früher: 1862 III) zurück. Die beste Beobachtungszeit liegt zwischen 22^{h} und 4^{h} morgens. Die Perseïden-Sternschnuppen sind mit 60 Kilometer pro Sekunde recht schnelle Objekte.

Zu erwähnen sind noch die **Kappa-Cygniden**, deren Radiant im Sternbild Schwan liegt. Sie sind vom 3. bis 25. August aktiv, allerdings sind sie kein besonders reicher Strom. Zur Zeit des Maximums um den 18. August ist nur mit etwa fünf Meteoren pro Stunde zu rechnen. Mit 25 Kilometer pro Sekunde mittlerer Geschwindigkeit zählen die Cygniden zu den langsamen Sternschnuppen. Die Umlaufzeit dieses Stromes beträgt sieben Jahre. Der Ursprungskomet dürfte sich aufgelöst haben.

Der wenig bekannte Strom der **Cepheïden** macht sich um den 17. August herum bemerkbar. Die Frequenz ist gering, nämlich nur zehn Objekte pro Stunde. Vermutlich sind die Cepheïden ein Zweigstrom der Cygniden.

Vom 28. August bis 5. September tauchen die **Alpha-Aurigiden** abermals auf (siehe auch „Periodische Sternschnuppenströme“ im Februar, Seite 67). Auch das Maximum am 1. September ist nicht sehr ausgeprägt. Pro Stunde ist mit weniger als zehn Meteoren zu rechnen.

Der Fixsternhimmel

Das schimmernde Band der sommerlichen Milchstraße aus Abertausenden glitzernden Sternen ist ein Naturphänomen, das man in unserer Zeit kaum mehr zu Gesicht bekommt. Um das Phänomen der Milchstraße zu genießen, muss man auch störendes Mondlicht meiden. Bei wirklich dunklem Himmelshintergrund entfaltet das Lichtband der Galaxis seine volle Pracht. Zur Standardbeobachtungszeit spannt es sich in hohem Bogen über das Firmament. Im Nordosten steigt das Milchstraßenband empor, von Perseus und Kapella im Fuhrmann ausgehend, zieht sich durch Kassiopeia, Kepheus und Schwan fast zum Zenit, spaltet sich und geht über Adler, Schild und Schütze zum Südwesthorizont hinab. Nur einen winzigen Bruchteil der einige hundert Milliarden Sonnen der Galaxis können wir mit bloßen Augen oder Ferngläsern sehen. Die meisten bleiben hinter einem dichten Vorhang aus Staub und Sternen verborgen. Über hunderttausend Jahre lang ist das Licht unterwegs, um einmal die Galaxis zu durchqueren. Sie ist unsere kosmische Heimat. Denn Milliarden anderer Milchstraßensysteme oder Galaxien beherbergt das von uns überschaubare Universum.

Vierfachstern fürs Fernrohr

Das Sommerdreieck steht nun hoch im Süden. Steil über unseren Köpfen, fast im Zenit, erblickt man die 25 Lichtjahre ent-

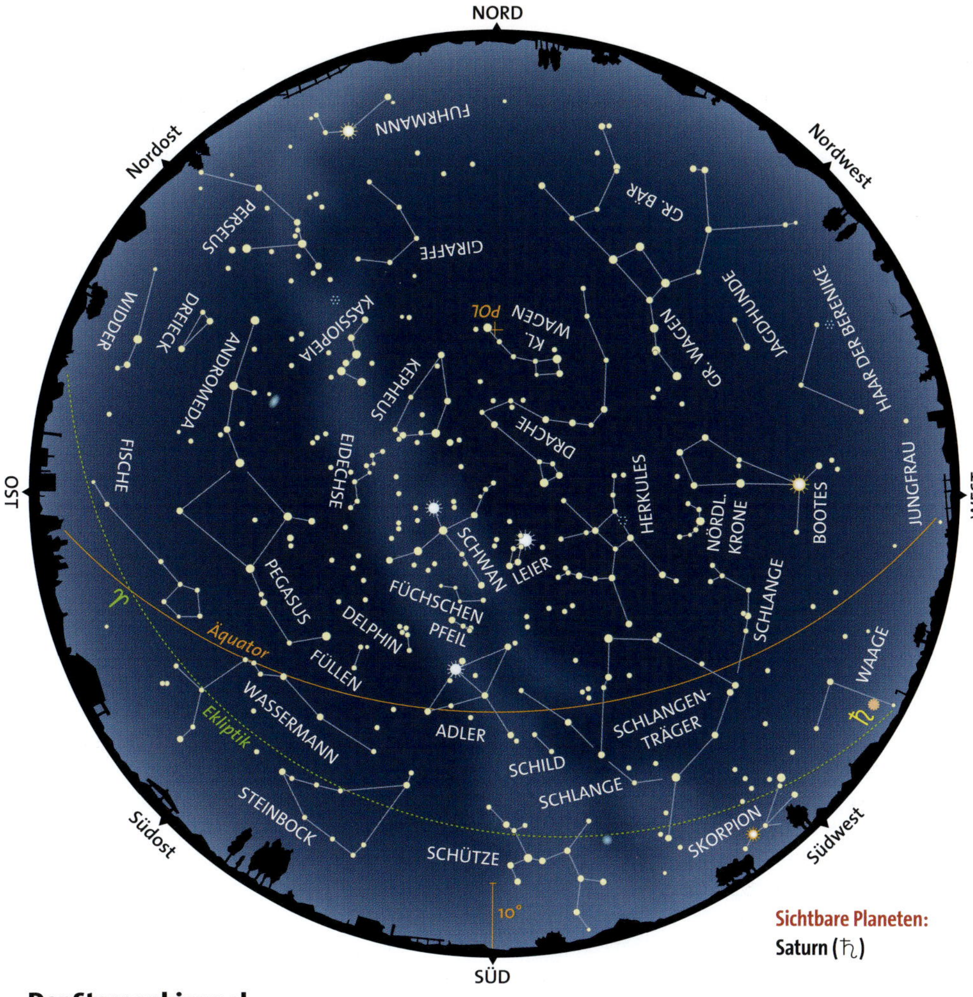

Sichtbare Planeten:
Saturn (♄)

Der Sternenhimmel am 15. August um 22^h MEZ

Die Sternkarte ist auch gültig für:		
	MEZ	MESZ
15. 6.	2^h	3^h
1. 7.	1	2
15. 7.	0	1
1. 8.	**23**	**24**
15. 8.	**22**	**23**
31. 8.	**21**	**22**
15. 9.	20	21
30. 9.	19	20

fernte Wega in der Leier. Gut zu erkennen ist der kleine Sternenrhombus der Leier sowie $\varepsilon_{1,2}$ Lyrae, der berühmte Vierfachstern. Gute Augen sollten $\varepsilon_{1,2}$ Lyrae doppelt, zumindest länglich sehen. Schon ein kleines Fernglas trennt ε Lyrae spielend. Aber erst im Teleskop wird sichtbar, dass beide Komponenten, also ε_1 und ε_2, jeweils doppelt sind.

Neben der Leier breitet der Schwan seine Flügel aus. Markiert wird er durch ein großes Sternenkreuz, zu dem man auch „Kreuz des Nordens" sagt. Man hat sich in dieser Sternenfigur einen Schwan im Flug vorgestellt, wobei Deneb, der hellste Stern, die Schwanzspitze markiert. Deneb, α Cygni nach Bayer, kommt aus dem Arabischen und heißt schlicht Schwanz. Am anderen Ende des Längsbalkens stößt man auf Albireo, den Kopfstern (β Cygni). Er liegt etwa im Schwerpunkt des Sommerdreiecks. Albireo ist ein schöner, farbkontrastreicher Doppelstern. Die beiden Albireo-Sonnen sind 390 Lichtjahre von uns entfernt.

Nachbarstern Atair

Atair, der dritte Stern des Sommerdreiecks, bildet den Hauptstern des Adlers (lat.: Aquila), der sich auf seine Beute stürzt. Der Name stammt aus dem Arabischen und bedeutet so viel wie „fliegender Adler". α Aquilae trägt die Flamsteed-Nr. 53. Mit $0\overset{m}{,}8$ scheinbarer Helligkeit gehört Atair zu den zwanzig hellsten Fixsternen. Er ist ein weißer Hauptreihenstern der Spektralklasse A7 V. Mit knapp 17 Lichtjahren Entfernung zählt Atair zu den Nachbarsternen unserer Sonne. Atair strahlt fast zehnmal so hell wie unsere Sonne und hat den eineinhalbfachen Sonnendurchmesser. Die Atair-Sonne rotiert unglaublich schnell. Eine Umdrehung dauert nur 6,5 Stunden! Unsere Sonne benötigt dafür etwas mehr als 25 Tage. Infolge der schnellen Rotation ist Atair ein stark abgeplattetes Rotationsellipsoid. Sein Äquatordurchmesser ist fast doppelt so groß wie der Poldurchmesser.

Ein wenig östlich vom Adler stößt man auf das kleine, aber einprägsame Bild des Delphins.

Knapp nördlich von Atair liegt das kleine und unscheinbare Bild des Pfeils (lat.: Sagitta). Der Pfeil liegt auf der Linie Deneb – Atair, allerdings näher bei Atair. Nur Sterne 4. Größenklasse und schwächer sind im Pfeil zu finden. Abgesehen davon beherbergt der Pfeil den Kugelsternhaufen M 71, eine Sternengesellschaft in 13 000 Lichtjahren Entfernung.

Objekte für Feldstecher und Fernrohr

Die sommerliche Milchstraße lädt dazu ein, sie einmal mit einem Fernglas abzusuchen, wobei man ein möglichst lichtstarkes Instrument mit weitem Gesichtsfeld einsetzen sollte. Ihr glitzerndes Lichtband löst sich im Feldstecher in Abertausende feiner Lichtpünktchen auf – unzählige Sonnen in der Galaxis, unserem Milchstraßensystem. Irdisches Streulicht ist ebenso zu vermeiden wie störendes Mondlicht. Man liege am besten am Rücken und beginne im Nordosten mit dem Sternbild Kassiopeia. Langsam lasse man die Sternfelder wandern, indem man das Fernglas über den Zenit schwenkt. Nacheinander kommen die Milchstraßengebiete im Schwan, Adler, Schild und im Süden schließlich der Schütze ins Gesichtsfeld. An einigen Stellen im Leuchtband der Milchstraße scheinen Sterne zu fehlen. Man meint, hier gäbe es sternleere Gebiete. Doch die Milchstraße hat keine Löcher. Vielmehr werden diese vermeintlichen „Sternleeren" nur vorgetäuscht. Interstellare Staubwolken absorbieren das Licht der dahinterliegenden Sterne mehr oder minder stark.

Sternhaufen im Schild

Wer gemächlich das Band der Milchstraße absucht, stößt im Sternbild Schild (lat.: Scutum) auf ein kleines, kompaktes Wölkchen. Dieser helle Nebelfleck entpuppt sich im Teleskop als offener Sternhaufen. Der Kometenjäger Charles Messier hat ihn im Mai 1764 beobachtet und ihm die Nummer 11 in seinem Katalog der Nebel verpasst. Entdeckt hat dieses Gebilde aber schon vorher Gottfried Kirch,

Veränderliche Sterne im August

Algol-Minima	6.	6^h51^m	9.	3^h40^m	12.	0^h29^m	14.	21^h17^m	29.	5^h21^m
β-Lyrae-Minima	2.	1^hH	8.	12^hN	14.	24^hH	21.	11^hN	27.	22^hH
δ-Cephei-Maxima	5.	21^h	11.	6^h	16.	15^h	21.	23^h	27.	8^h
Mira-Helligkeit	1.	4^m	10.	4^m	20.	4^m	31.	5^m		

und zwar im Jahr 1681. Im kleinen Fernrohr sieht man etwa zwei Dutzend Sterne. Doch dieser offene Sternhaufen hat viel mehr Mitglieder. Bis zur 14. Größenklasse lassen sich 500 Sterne erfassen. Die Gesamtzahl aller Sonnen in M 11 liegt bei 3000. Damit ist er einer der sternreichsten und kompaktesten galaktischen Sternhaufen. Die Gesamthelligkeit beträgt 6^{m}. Der scheinbare Durchmesser liegt bei 12′. Da M 11 gut 6000 Lichtjahre entfernt ist, ergibt sich ein linearer Durchmesser von nur 25 Lichtjahren. In diesem vergleichsweisen kleinen Raumgebiet drängen sich einige Tausende Sterne.

Noch zwei weitere interessante Messier-Objekte kann man in der Nachbarschaft aufspüren, wenn man das Fernglas wieder nach oben richtet. Knapp nördlich vom Adler liegen die beiden kleinen Sternbilder Sagitta (Pfeil) und Vulpecula (Füchschen). Im Sternbild Pfeil stößt man auf M 71, einen dicht gedrängten Sternhaufen. Man könnte meinen, hier einen offenen Sternhaufen vor sich zu haben. Doch der $8\overset{\mathrm{m}}{,}5$ helle Haufen M 71 zählt zu den Kugelhaufen und ist 18 000 Lichtjahre entfernt. Bei einem scheinbaren Durchmesser von etwa 5′ ergibt sich eine tatsächliche Größe von 26 Lichtjahren.

Der Hantelnebel

Im Sternbild Füchschen lässt sich der weithin bekannte Hantelnebel (M 27) ins Visier nehmen. Er zählt mit 7^{m} zu den hellsten Planetarischen Nebeln und ist leicht im Fernglas zu erkennen. Im Teleskop erscheint er heller und zeigt Strukturen, die wesentlich deutlicher werden, wenn man ein Nebelfilter einsetzt. Hier hat ein alternder Stern seine äußere Gashülle abgesprengt. M 27 nimmt ein Gebiet von 6′ × 8′ am Himmel ein. Die Entfernung des Hantelnebels liegt bei 1200 Lichtjahren, jedoch mit einer Unsicherheit von ±150 Lichtjahren. Eine ausführliche Beschreibung des Han-

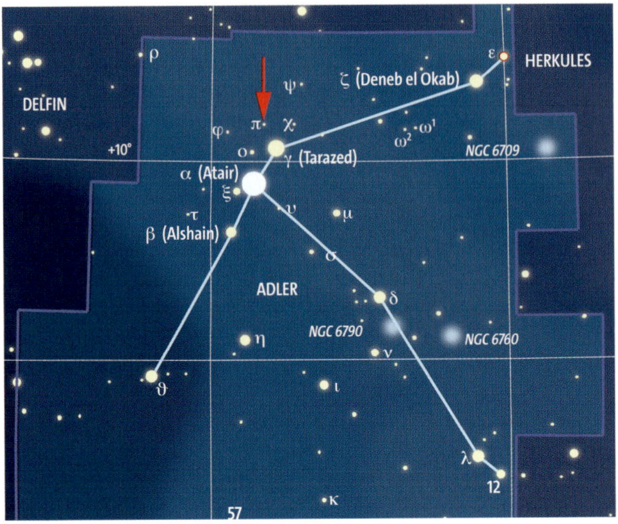

8.7 Der Adler:
Das Sternbild Adler mit dem Doppelstern π Aquilae.

telnebels findet sich im *Kosmos Himmelsjahr 2009* auf Seite 188.

Doppelsterne

Zu den prominenten Doppelsternen des Sommerhimmels zählen, wie oft beschrieben, der Vierfachstern in der Leier, $\varepsilon_{1,2}$ Lyrae, sowie Albireo oder β Cygni, der Kopfstern des Schwans, der einen schönen Farbkontrast zeigt. Auch δ Cygni ist ein bekannter Doppelstern. Ein $2\overset{\mathrm{m}}{,}9$ heller, bläulich-weißer Stern (B9 V) hat in $2\overset{\prime\prime}{,}7$ Distanz einen weißen Begleiter (F1 V), der allerdings nur $6\overset{\mathrm{m}}{,}3$ hell ist (Positionswinkel: P = 218°). Beide Sonnen umkreisen einander in 780 Jahren. Das Sternenpärchen ist 170 Lichtjahre von uns entfernt.

Im Sternbild Adler sei π Aquilae als Doppelstern genannt. In 500 Lichtjahren Entfernung umkreisen zwei weiße Sterne (F2 und A2) einander. Ihre Separation beträgt $1\overset{\prime\prime}{,}46$, der Positionswinkel hat den Wert P = 105°.

Zwei Sternpaare seien im Sternbild Schlangenträger empfohlen: 70 Ophiuchi und λ Ophiuchi. Der erstere setzt sich aus den Komponenten A = $4\overset{\mathrm{m}}{,}2$ und B = $6\overset{\mathrm{m}}{,}0$ zusammen, die $6\overset{\prime\prime}{,}2$ getrennt sind (P = 127°). Beide Sterne leuchten orange, was allerdings nur in größeren Teleskopen deutlich wird (Spektraltyp K0 V und K6 V).

Recht eng beieinander mit nur $1\overset{\prime\prime}{,}4$ Distanz stehen die beiden Komponenten von λ Oph. Sie sind $4\overset{\mathrm{m}}{,}2$ und $5\overset{\mathrm{m}}{,}2$ hell. Beide leuchten als Hauptreihensterne vom Spektraltyp A weiß. Positionswinkel: P = 40°. Ihre Umlaufzeit wurde zu 129 Jahren ermittelt. λ Oph ist 170 Lichtjahre entfernt.

Woher kommen die Braunen Zwerge?

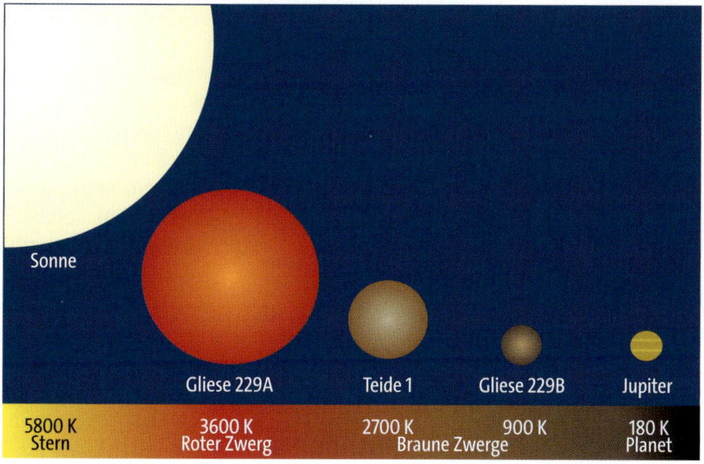

8.8 Sonne, Roter Zwerg Gliese 229A, die Braunen Zwerge Teide 1 und Gliese 229B sowie Jupiter im Vergleich.

In einer wirklich dunklen, sternklaren Nacht fernab störender irdischer Beleuchtung glitzern und funkeln Tausende Sterne am Firmament. Sie sind Geschwister unserer eigenen Sonne, also ebenfalls Sonnen. Sterne sind riesige Gasbälle, die in jeder Sekunde ungeheure Mengen an Energie in Form von Licht und Wärme ins Weltall abstrahlen. Wir sehen diese gigantischen Feuerbälle nur als leuchtschwache Lichtpünktchen, weil sie so enorm, ja unvorstellbar weit entfernt sind. Während das Licht unserer Sonne nur etwas mehr als acht Minuten zur Erde unterwegs ist, erreichen uns die Lichtquanten der fremden Sonnen erst nach Jahren, Jahrhunderten oder Jahrtausenden. Ihren gewaltigen Energiebedarf decken die Sterne durch thermonukleare Prozesse. Bei Temperaturen von etlichen Millionen Grad und entsprechend hohen Dichten werden leichtere Atomkerne zu schwereren verschmolzen. Dies geschieht im tiefen Inneren der Sterne, wo Druck und Temperatur ausreichend hoch sind. Hauptenergielieferant ist dabei die Wasserstofffusion. Wasserstoff ist das bei weitem häufigste Element im Universum. In verschiedenen Einzelprozessen werden jeweils vier Protonen, die Atomkerne des Wasserstoffs, zu einem Heliumkern verschmolzen. Ein Heliumkern oder Alphateilchen setzt sich aus zwei Protonen und zwei Neutronen zusammen. Ein Heliumkern ist aber ein wenig leichter als vier Protonen. Die Massendifferenz wird gemäß der Einsteinschen Formel $E = mc^2$ (Energie = Masse × Lichtgeschwindigkeitsquadrat) in Strahlungsenergie umgewandelt, die die Sterne leuchten lässt.

In späteren Lebensstadien der Sterne wird auch Helium zu Kohlenstoff fusioniert, in massereicheren Sternen als unsere Sonne werden auch Sauerstoff, Magnesium, Silizium bis hin zum Eisen in thermonuklearen Prozessen erzeugt.

Auch Planeten strahlen

Manche Lichtpunkte am nächtlichen Firmament gehören nicht zum starren Muster der Sternbilder. Sie sind keine Fixsterne, sondern sie wandern durch die Bilder des Tierkreises. Man nennt sie daher Wandelsterne oder Planeten. Sie senden kein sichtbares Licht aus. Man sieht sie nur, weil sie von der Sonne beschienen werden. Planeten reflektieren also das Sonnenlicht. Sie laufen um die Sonne, die sie mit ihrer gewaltigen Schwerkraft in ihrem Bann hält. Planeten sind

8.9 Jill Tarter (geb. 1944) führte die Bezeichnung „Brown Dwarfs" in ihrer Doktorarbeit ein.

Geschwister der Erde, die ebenfalls als Planet um die Sonne kreist. Freilich senden auch Planeten gemäß ihrer Temperatur elektromagnetische Strahlung aus. Sie liegt aber nach dem Planckschen Strahlungsgesetz im Infraroten und Radiobereich des Spektrums. Lange kannte man nur die Planeten unserer Sonne. Seit 20 Jahren weiß man aber, dass zahlreiche fremde Sonnen ebenfalls von Trabanten umrundet werden, die vergleichsweise kühl sind. Man nennt sie Exoplaneten (siehe auch *Kosmos Himmelsjahr 2013*, Seite 142, Monatsthema Juni: „Wo ist die zweite Erde?").

Der massereichste Planet unseres Sonnensystems ist Jupiter. Er ist 318-mal schwerer als die Erde und besitzt damit rund ein Tausendstel der Sonnenmasse. Temperatur und Druck im Jupiterzentrum reichen bei Weitem nicht aus, um die Fusion von Wasserstoff zu Helium in Gang zu setzen. Jupiter leuchtet nur im reflektierten Sonnenlicht. Insgesamt strahlt Jupiter allerdings etwas mehr Energie ab, als er von der Sonne erhält. Quelle ist die Restwärme des Kontraktionsprozesses bei seiner Entstehung (siehe auch Monatsthema Januar: „Jupiter – Gigant des Sonnensystems" auf Seite 50).

Wie Sterne entstehen

Sterne bilden sich in interstellaren Gas- und Staubwolken. Die jungen interstellaren Materiewolken sind inzwischen mit schwereren Elementen und deren chemischen Verbindungen angereichert, eine Folge von zahlreichen Supernovadetonationen. Man spricht daher gerne von Molekülwolken. Bei der Bildung von Sternen durch Verdichtung interstellarer Materie steigen Druck und Temperatur stark an. Schließlich entsteht ein sphärischer Protostern. Bei weiterer Kontraktion infolge der Schwerkraft steigen Dichte und Temperatur im Zentrum dieser „Vorsternkörper" (engl.: protostellar bodies) immer weiter an, bis schließlich das Atomfeuer zündet – ein neuer Stern flammt im Universum auf. Um diese neue Sonne rotiert eine Akkretionsscheibe aus Gas- und Staub, aus der sich in relativ kurzer Zeit Planetesimale und schließlich Planeten bilden.

Wenn aber der schrumpfende Protostern weniger als 0,085 Sonnenmassen besitzt, dann erreichen Druck, Dichte und Temperatur im Zentrum nicht die erforderlichen hohen Werte, um die Kernfusion zu zünden. Andererseits ist dieser Protostern mit einigen Dutzend Jupitermassen für einen Planeten nun doch zu schwer, um als Planet angesehen zu werden.

Das Deuteriumbrennen

Die Schwerkraft lässt auch Protosterne mit weniger als acht Prozent der Sonnenmasse zu kugelförmigen Objekten schrumpfen. Dabei wird Gravitationsenergie in thermische Energie umgewandelt. Das kontrahierende Objekt beginnt, schwach zu glühen. Je kleiner die Oberfläche wird, desto mehr steigt ihre Temperatur an. Dadurch bleibt die Gesamtleuchtkraft eine Zeitlang fast unverändert. Schließlich setzt die Deuteriumfusion ein. Deuterium ist schwerer Wasserstoff. Ein Deuteriumkern setzt sich aus einem Proton und einem Neutron zusammen. Durch Kollision eines Deuteriumkerns (D) mit einem Proton entsteht ein Helium-3-Kern ($^2D_1 + {}^1H_1 \Rightarrow {}^3He_2$). Helium 3 ist das leichtere Isotop von Helium 4. Die Deuteriumfusion setzt bei wesentlich

8.10 Innerer Aufbau eines Roten und eines Braunen Zwerges sowie von Jupiter und der Sonne.

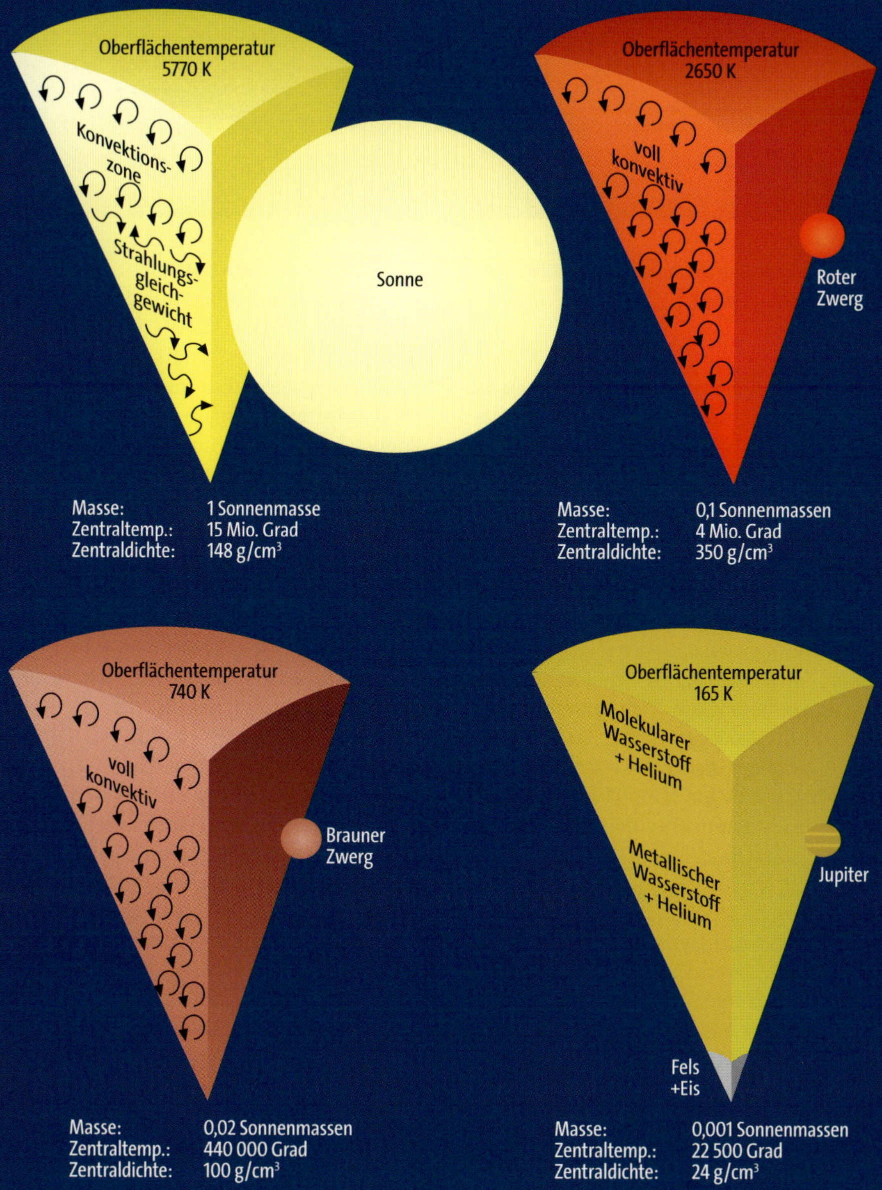

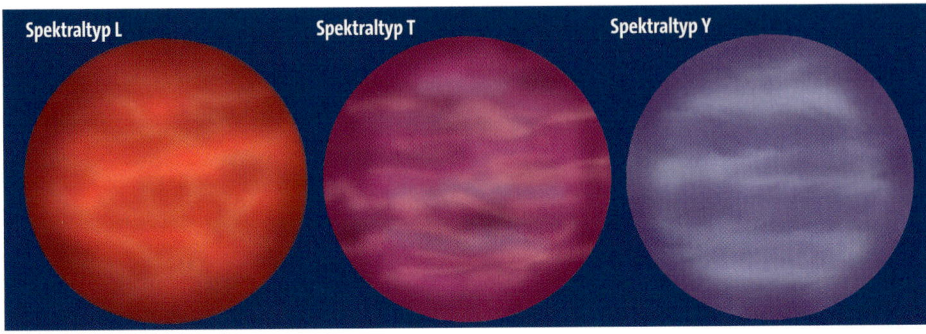

8.11 Künstlerische Darstellung von Braunen Zwergen der Spektraltypen L, T und Y.

niedrigeren Temperaturen ein als das reguläre Wasserstoffbrennen. Deshalb können auch masseärmere Objekte, bei denen die Zentraltemperatur nicht für eine Kernfusion ausreicht, eine Phase des Deuteriumbrennens durchmachen. Setzt die Deuteriumfusion ein, wird die Kontraktion gestoppt. Denn der innere Druck steigt entsprechend an. Allerdings ist der Deuteriumvorrat ziemlich begrenzt, denn regulärer Wasserstoff ist tausendmal häufiger. Nach wenigen Millionen Jahren – eine kurze Zeitspanne für das Leben der Sterne – ist der Deuteriumvorrat erschöpft. Nach Versiegen dieser Energiequelle beginnt das Objekt wieder zu kontrahieren. Die abermalige Kontraktion kommt erst zum Stillstand, wenn die Materie entartet. Dabei sorgt der Druck des Elektronengases für ein stabiles Gleichgewicht.

Schon vor mehr als 70 Jahren vermutete man, dass es solche Objekte geben könnte, die zu wenig Masse besitzen, um ein Kernbrennen zu zünden, aber deutlich mehr Masse als Jupiter ($M > 13\ M_{Jupiter}$) haben und außerdem nicht Trabant eines Muttersterns sind. Man sprach von „substellaren Körpern“ (engl.: substellar bodies), gelegentlich auch von Schwarzen Zwergen. Doch letzterer Ausdruck ist missverständlich. Denn auch Weiße Zwerge und rote Zwergsterne werden zu Schwarzen Zwergen, wenn sie nach etlichen Jahrmilliarden fast völlig erkaltet sind.

1975 erstmals benannt

Die Oberflächentemperatur der substellaren Körper liegt bei rund 1000 °C und teils noch erheblich darunter. Sie sind noch kühler als die roten Zwergsterne mit rund 2400 °C Oberflächentemperatur. Deshalb strahlen sie die meiste Energie im Infraroten aus.

Im sichtbaren Licht dagegen glimmen sie in einem sehr dunklen Rot. Die amerikanische Astronomin Jill Cornell Tarter (* 1944) hat sie daher 1975 in ihrer Doktorarbeit als „Brown Dwarfs“ (engl., Braune Zwerge) bezeichnet. Sie war der Meinung, diese Objekte erscheinen eher bräunlich als rot. Tatsächlich hätte ein Raumfahrer, der sich einem solchen substellaren Objekt nähert, eher einen rötlich-violetten Eindruck, etwa wie die Farbe Magenta.

Wegen ihrer geringen Durchmesser – Braune Zwerge haben durchweg etwa Jupiterdurchmesser – und der niedrigen Oberflächentemperatur besitzen sie nur eine extrem schwache Leuchtkraft. Sie sind 10 000 bis 100 000-mal lichtschwächer als unsere Sonne. Deshalb sucht man sie auch in der unmittelbaren (stellaren) Umgebung unserer Sonne, und zwar mit Hilfe der Infrarotastronomie.

Schon die Weißen Zwerge sind schwer zu entdecken. Sie strahlen wegen ihrer hohen Oberflächentemperaturen beachtliche Energiemengen *pro Flächeneinheit* ab. Doch wegen ihrer geringen Durchmesser (Erdgröße und darunter) besitzen sie nur geringe Leuchtkräfte. Braune Zwerge hingegen sind nicht nur klein, sondern dazu auch noch kühl!

Wie man Braune Zwerge erkennt

Um die Masse schwach glimmender, dunkelroter Zwerge zu ermitteln und damit zu klären, ob ein Objekt eine Sonne oder ein Brauner Zwerg ist, dient der Lithiumtest. Lithium ist das drittleichteste chemische Element nach Wasserstoff und Helium. In einem Lithiumkern sind drei Protonen und vier Neutronen vereint. Trifft ein Proton (Wasserstoffatomkern) einen Lithiumkern, so entstehen zwei Helium-4-Kerne ($^7Li_3 + {}^1H_1 \Rightarrow 2\,{}^4He_2$). Neben Wasserstoff und Helium entstand in der Urknallphase in den ersten drei Minuten auch Lithium in geringen Mengen. In der primordialen Materiemischung kommt ein Lithiumkern auf eine Milliarde Wasserstoffatomkerne. Die Fusionierung von Lithium zu Helium findet aber nur bei Temperaturen ab mindestens zwei Millionen Kelvin statt. Solche Temperaturen herrschen im Zentrum von roten Zwergsternen. Rote Zwergsterne sind ebenso wie Braune Zwerge voll konvektiv. Sie besitzen keinen Schalenaufbau wie sonnenähnliche Sterne oder Sterne mit noch höheren Massen. Innerhalb von weniger als 100 Millionen Jahren wird daher in roten Zwergsternen das gesamte Lithium zu Helium fusioniert. So findet man in roten Zwergen inzwischen kein Lithium mehr. Bei braunen Zwergen von weniger als fünf Prozent der Sonnenmasse bleibt der primordiale Lithiumanteil dagegen praktisch unverändert erhalten. Im Spektrum findet man Lithium-Absorptionslinien bei 6708 Ångström (= 670,8 nm). Allerdings benötigt man schon recht große Teleskope, um von so lichtschwachen Objekten wie Braunen Zwergen ein vernünftiges Spektrum zu erhalten. Bei kühlen Braunen Zwergen (T < 700 °C) finden sich zahlreiche Banden von Molekülen im infraroten Spektralbereich, unter anderem von Methan (CH_4), Wasser (H_2O), diversen Metallhydriden (FeH, CrH, MgH, CaH) und Alkalimetallen (Na, K, Rb,

8.12 Zur Entstehung von Sternen, Braunen Zwergen und Planeten. Erläuterungen siehe Text.

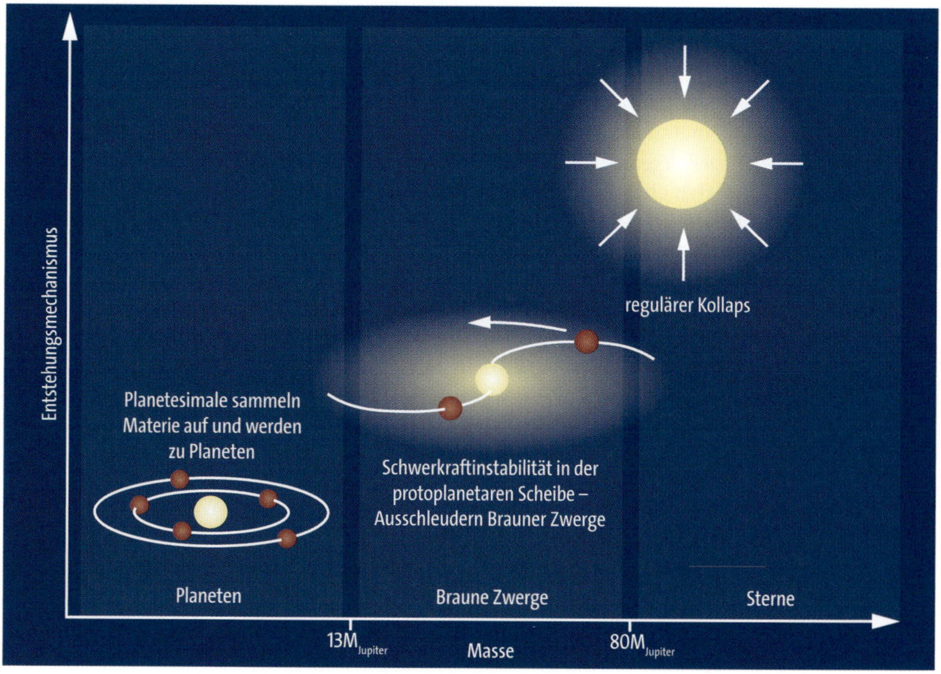

Cs). Danach lässt sich recht gut auf die jeweilige Oberflächentemperatur schließen. Der Lithiumtest ist für massereichere Braune Zwerge nicht ganz aussagekräftig. Bei mehr als 0,065 Sonnenmassen reagiert auch Lithium mit Wasserstoff. Allerdings dauert die Lithiumfusion dann rund eine halbe Milliarde Jahre an. Ältere Braune Zwerge dieser Massenkategorie besitzen dann kein Lithium mehr und der Li-Test ist nicht mehr anwendbar.

Die untere Massengrenze

Eine Möglichkeit, die Masse eines Braunen Zwerges zu bestimmen, ergibt sich, wenn er Mitglied eines Doppelsternsystems ist (dynamische Massenbestimmung nach dem 3. Kepler-Gesetz). Nach Definition der IAU (International Astronomical Union) sind Objekte oberhalb von 0,013 Sonnenmassen (etwa 13 Jupitermassen) Braune Zwerge und keine Planeten mehr. Objekte mit geringerer Masse, die außerdem eine Muttersonne umrunden, gelten als Planeten.

Im Jahre 1995 wurden die ersten Braunen Zwerge entdeckt: Gliese 229B und Teide 1. Der 8^m helle Stern Gliese 229A steht im Grenzgebiet der Sternbilder Großer Hund und Hase. Er ist nur 19 Lichtjahre entfernt und zählt zu den sonnennahen Sternen. Dies deutet auch die Bezeichnung schon an. Der Heidelberger Astronom Wilhelm Gliese (1915–1993) hat einen Katalog sonnennaher Sterne zusammengestellt. Nr. 229 gehört mit dem Spektraltyp M zu den roten Zwergsonnen. 1994 wurde in 7,″6 Distanz ein lichtschwacher, tiefroter Begleiter entdeckt: Gliese 229B. Selbst im Infraroten, wo er noch am meisten Energie aussendet, ist der Begleiter ein Objekt 20. Größenklasse. Neben dem Lithiumtest zeigen sich im infraroten Spektralbereich Absorptionsbanden von Methan (CH_4) bei 2 µm (Mikrometer = Millionstel Meter), wie sie sonst nur in der Atmosphäre des Saturnmondes Titan und in den ausgedehnten Atmosphären roter Überriesen vorkommen. Daraus ist zu schließen, dass Gliese 229B eine Oberflächentemperatur von weniger als 750 °C aufweist. Damit ist er viel zu kühl für einen richtigen Stern.

Teide 1 liegt mitten in den Plejaden und wurde im Dezember 1994 mit dem 4,2-m-William-Herschel-Teleskop des Observatoriums Roque de los Muchachos auf der Kanareninsel La Palma aufgespürt. Mit dem 10-m-Keck-I-Teleskop auf dem Mauna Kea (Hawaii) konnte ein Spektrum gewonnen werden, das einwandfrei erkennen lässt: Teide 1 zeigt die gleiche Lithiumhäufigkeit wie die interstellare Molekülwolke, aus der die Plejadensterne geboren wurden. Die Masse von Teide 1 dürfte nach Modellrechnungen bei 0,055 Sonnenmassen liegen.

Hunderte Braune Zwerge

Inzwischen sind einige Hundert Braune Zwerge aufgespürt worden. Entsprechend ihren Massen und Oberflächentemperaturen lassen sie sich in drei Spektralklassen einteilen. In den roten Zwergsternen vom Spektraltyp M5 (Oberflächentemperaturen um 2600 °C) finden sich Banden von Titanoxid (TiO) und Vanadiumoxid (VO). Spätere M-Typen (M6 und darunter) fasste man unter Late M Dwarfs (späte M-Zwerge) zusammen. Inzwischen nennt man diese Spektralklasse schlicht „L".

L-Zwerge haben Oberflächentemperaturen von 1500 bis 1800 °C. Die TiO- und VO-Banden sind kaum mehr vorhanden, dafür aber signifikante Banden von Metallhydrid-Verbindungen und Alkalimetallen.

Die T-Zwerge, deren Prototyp Gliese 229B ist, sind mit durchschnittlich 750 °C deutlich kühler als die L-Klasse. Metallhydride fehlen weitgehend. Dafür treten Banden von CH_4, H_2O und molekularem Wasserstoff (H_2) auf. Man spricht daher auch von Methan-Zwergen. Die Methan-Absorptionen bewirken eine leicht bläuliche Färbung. Mit dem dunklen Rot der Grundfärbung ergibt sich eine magentaähnliche Färbung dieser Braunen Zwerge. Für die zunächst als T9 klassifizierten braunen Zwerge wurde 2011 schließlich die Spektralklasse Y eingeführt, wobei Y0 identisch ist mit T9. Die Mitglieder der Y-Klasse sind ultrakühle Braune Zwerge mit Oberflächentemperaturen von 25 °C bis 170 °C. Sie haben damit Planetentemperaturen. Mit dem Wide-Field Infrared Survey Explorer (WISE) der NASA wurden rund ein Dutzend Y-Zwerge detektiert. Das kühlste Objekt mit 25 °C ist WISE 1828 + 2650. Es sendet kein sichtbares Licht aus.

Entstehung unklar

Nach wie vor heiß diskutiert wird die Herkunft beziehungsweise Entstehung der Braunen Zwerge. Sie bilden sich nicht wie Planeten in Akkretionsscheiben von jungen Sternen durch Koagulation von Planetesimalen, andererseits beträgt die Mindestmasse für einen Gravitationskollaps einige Sonnenmassen (Jeans-Kriterium). Möglicherweise fraktionieren kollabierende Molekülwolken auch zu kleineren Portionen. Bei der Entstehung von Mehrfachsternsystemen werden dabei die massearmen Objekte hinauskatapultiert. In Vielkörpersystemen werden durch Impulsübertragung die masseärmsten Objekte als erste hinausgeschleudert.

Substellare Massen können gegebenenfalls gebildet werden, wenn Turbulenzen in interstellaren Molekülwolken lokal begrenzte Gebiete höherer Dichte erzeugen. Stoßwellen können solche Gebiete geringer Massen zum Kontrahieren bringen. Das umgebende, weniger dichte Gas trägt nach der Bondi-Hoyle-Hypothese nichts zum Gravitationskollaps bei. Die Stoßwellen müssen dabei Überschallgeschwindigkeit erreichen, was auch der Fall ist, wie Radialgeschwindigkeitsmessungen zeigen.

Weitere Beobachtungen nötig

Eine alternative Hypothese geht davon aus, dass kurz nach Bildung einer Akkretionsscheibe um einen Protostern Objekte mit der Masse eines Braunen Zwerges ausgeschleudert werden und ungebunden durchs Weltall driften. Manche dieser Braunen Zwerge sind von einer Mini-Akkretionsscheibe umgeben – so vermuten einige Beobachter.

Mit Hilfe der Infrarotastronomie wird man in den nächsten Jahren die Entstehung der Braunen Zwerge wohl endgültig klären können. Aber auch in anderen Wellenlängenbereichen lohnt sich eine Beobachtung Brauner Zwerge. So wurde 1998 der erste Braune Zwerg entdeckt, der Röntgenstrahlung aussendet, im Jahre 2000 der erste mit Radioemissionen. Man geht davon aus, dass durch rasche Rotation der Braunen Zwerge starke Magnetfelder entstehen, die hohe elektrische Ströme induzieren. Diese führen zu gewaltigen Entladungen (Blitzen) in den Atmosphären der Braunen Zwerge.

Wie auch immer: Um die letzten Rätsel der Braunen Zwerge zu lösen, insbesondere ihre Herkunft zu erforschen, bedarf es zahlreicher weiterer Beobachtungen mit Riesenteleskopen und Weltraumsonden. Doch es ist nicht leicht, dafür genügend Beobachtungszeit bei den mehrfach überbuchten Großteleskopen zu erhalten. Denn viele weitere astronomische Fragen und Probleme harren einer Aufklärung.

Braune Zwerge im Vergleich

Objekt	Masse	Radius	Oberflächentemperatur (°C)	Zentraltemperatur (K)	Zentraldichte g/cm³
Sonne	1	1	5500	$15 \cdot 10^6$	148
Roter Zwerg	0,1	0,1	2400	$4 \cdot 10^6$	350
Brauner Zwerg	0,02 bis 0,08	0,001	2000 bis 500	440 000	100
Jupiter	0,001	0,001	–120	22 500	24

Sonnenmasse: $1{,}989 \times 10^{30}$ kg
Sonnenradius: 1 392 520 km

September 2014

- Am 23. tritt um 3^h29^m MEZ die Herbst-Tagundnachtgleiche ein.
- Venus zieht sich vom Morgenhimmel zurück.
- Mars hält sich noch am frühen Abendhimmel, ebenso der Ringplanet Saturn.
- Jupiter im Krebs beherrscht den Morgenhimmel.

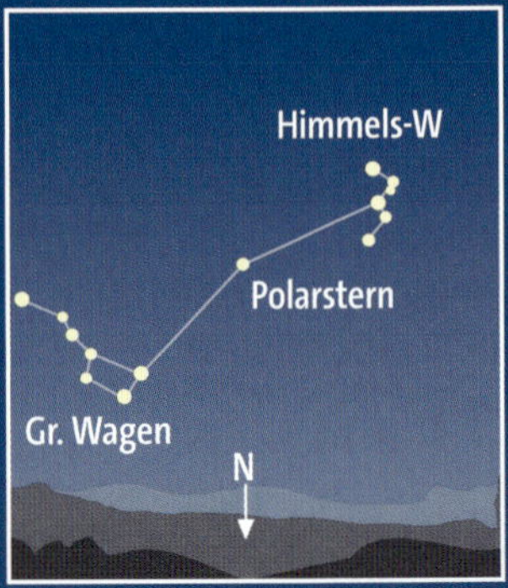

Großer Wagen und Himmels-W
Anfang September um 22 Uhr

9.1 Himmelsanblick am 28. September gegen 19^h MEZ (= 20^h MESZ). Knapp über dem Südwesthorizont sieht man Mars im Skorpion und Saturn in der Waage. Zwischen ihnen steht die Sichel des zunehmenden Mondes.

1 Mo	
2 Di	Mond im ersten Viertel
3 Mi	
4 Do	
5 Fr	
6 Sa	
7 So	
8 Mo	Mond in Erdnähe
9 Di	**Vollmond**
10 Mi	
11 Do	Mond bei Uranus (Morgenhimmel)
12 Fr	
13 Sa	
14 So	
15 Mo	
16 Di	Mond im letzten Viertel
17 Mi	
18 Do	
19 Fr	
20 Sa	Mond in Erdferne Mond bei Jupiter (Morgenhimmel)
21 So	
22 Mo	
23 Di	Herbstbeginn
24 Mi	**Neumond**
25 Do	
26 Fr	
27 Sa	Mond bei Saturn (Abendhimmel)
28 So	
29 Mo	Mond bei Mars (Abendhimmel)
30 Di	

Sonne – Sternbilder

17.9. 1ʰ:
Sonne tritt in das Sternbild Jungfrau
23.9. 3ʰ29ᵐ:
Sonne tritt in das Tierkreiszeichen Waage
Julianisches Datum am
1. September, 1ʰ MEZ:
2 456 901,5

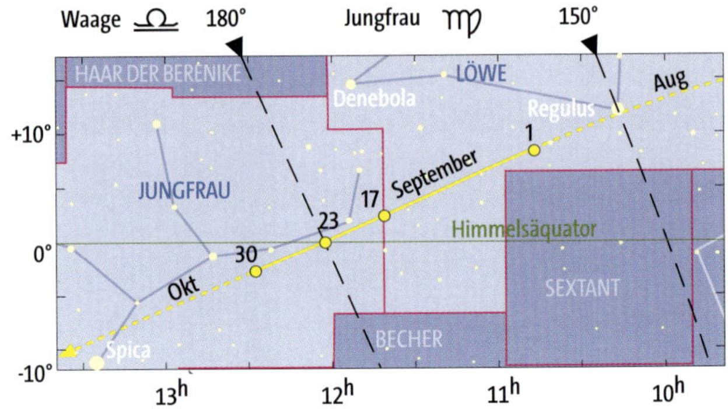

Tabelle Sonnenlauf

Tag	Dämmerg. Anfang	Aufgang MEZ	Kulmination	Untergang MEZ	Dämmerg. Ende	Mittagshöhe	Zeitgleichg.	Rektaszension	Deklination
	h m	h m	h m	h m	h m	°	m	h m	°
1.	4 20	5 35	12 20	19 04	20 19	48,2	0	10 40	+8,5
5.	4 27	5 41	12 19	18 56	20 09	46,7	+ 1	10 54	+7,0
10.	4 36	5 48	12 17	18 45	19 57	44,9	+ 3	11 12	+5,1
15.	4 44	5 56	12 15	18 34	19 45	43,0	+ 5	11 30	+3,2
20.	4 52	6 03	12 14	18 23	19 33	41,0	+ 6	11 48	+1,3
25.	5 00	6 11	12 12	18 12	19 22	39,1	+ 8	12 06	−0,7
30.	5 08	6 18	12 10	18 01	19 11	37,1	+10	12 24	−2,6

Tages- und Nachtstunden

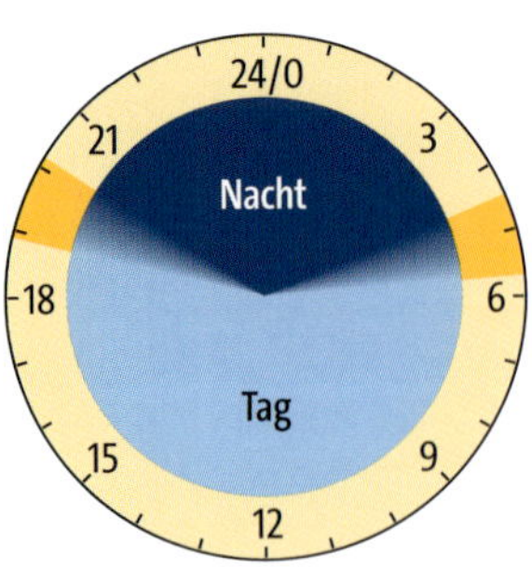

5. September

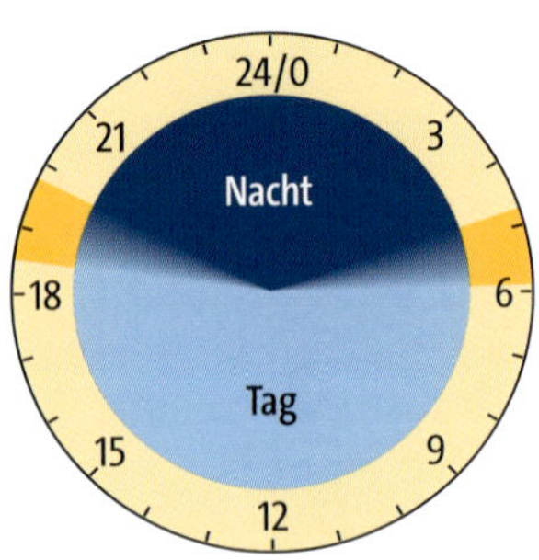

15. September

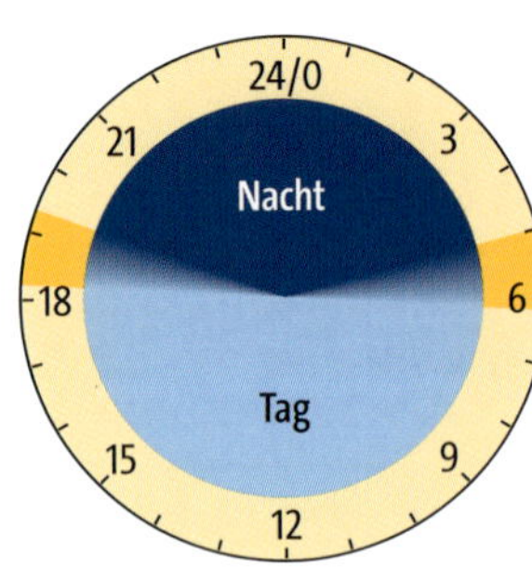

25. September

Tabelle Mondlauf

Datum		Aufg. MEZ (h m)	Kulmination (h m)	Unterg. MEZ (h m)	Rektaszension (h m)	Deklination (°)	Sterne und Sternbilder	Phase	MEZ
Mo	1.	12 43	17 29	22 12	15 15	–15,3	Waage	Libration Ost	
Di	2.	13 45	18 23	22 59	16 09	–17,3	Skorpion	**Erstes Viertel**	**$12^h 11^m$**
Mi	3.	14 44	19 19	23 54	17 05	–18,5	Schlangenträger		
Do	4.	15 38	20 17	–	18 03	–18,5	Schütze		
Fr	5.	16 26	21 15	0 59	19 03	–17,4	Schütze	Größte Nordbreite	
Sa	6.	17 07	22 14	2 11	20 03	–15,2	Schütze		
So	7.	17 44	23 11	3 29	21 03	–11,9	Wassermann		
Mo	8.	18 17	–	4 49	22 02	– 7,8	Wassermann	Erdnähe 358/33',3	5^h
Di	9.	18 48	0 07	6 10	23 00	– 3,2	Fische	**Vollmond**	**$2^h 38^m$**
Mi	10.	19 18	1 03	7 30	23 57	+ 1,6	Fische		
Do	11.	19 50	1 57	8 47	0 54	+ 6,2	* Fische	Absteigender Knoten	
Fr	12.	20 24	2 50	10 02	1 49	+10,3	Fische		
Sa	13.	21 01	3 43	11 12	2 44	+13,7	Widder		
So	14.	21 42	4 36	12 17	3 39	+16,3	Stier	Libration West	
Mo	15.	22 29	5 27	13 16	4 33	+17,9	Aldebaran		
Di	16.	23 19	6 18	14 07	5 26	+18,5	* Stier	**Letztes Viertel**	**$3^h 05^m$**
Mi	17.	–	7 07	14 51	6 18	+18,3	Alhena		
Do	18.	0 14	7 55	15 29	7 08	+17,3	* Alhena	Größte Südbreite	
Fr	19.	1 11	8 41	16 02	7 57	+15,4	Krebs		
Sa	20.	2 10	9 25	16 31	8 45	+13,0	Krebs, Krippe	Erdferne 406/29',4	15^h
So	21.	3 11	10 09	16 58	9 31	+10,0	Löwe		
Mo	22.	4 12	10 52	17 22	10 17	+ 6,6	Löwe, Regulus		
Di	23.	5 14	11 35	17 46	11 03	+ 3,0	Löwe		
Mi	24.	6 17	12 18	18 11	11 49	– 0,9	Jungfrau	**Neumond Nr. 1135**	**$7^h 14^m$**
Do	25.	7 21	13 03	18 36	12 35	– 4,7	Jungfrau	Aufsteigender Knoten	
Fr	26.	8 25	13 49	19 04	13 23	– 8,4	Spica		
Sa	27.	9 31	14 36	19 36	14 12	–11,8	Jungfrau		
So	28.	10 35	15 26	20 13	15 03	–14,6	Waage		
Mo	29.	11 38	16 19	20 56	15 56	–16,8	Waage	Libration Ost	
Di	30.	12 38	17 13	21 48	16 51	–18,2	Schlangenträger		

Der Mond zieht an Aldebaran vorbei

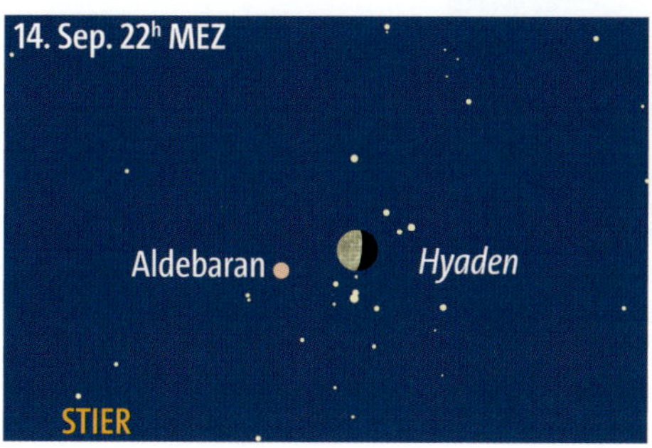

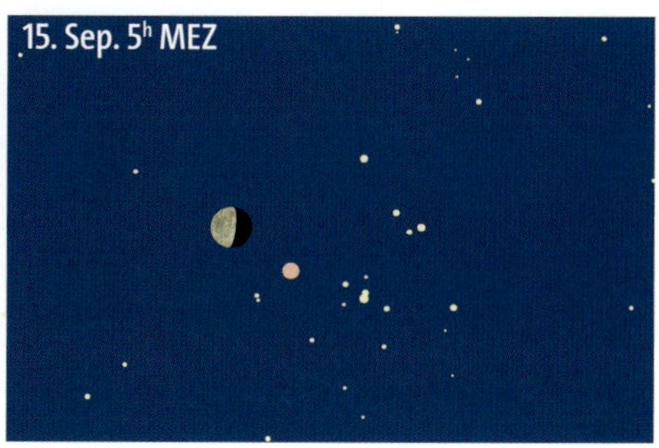

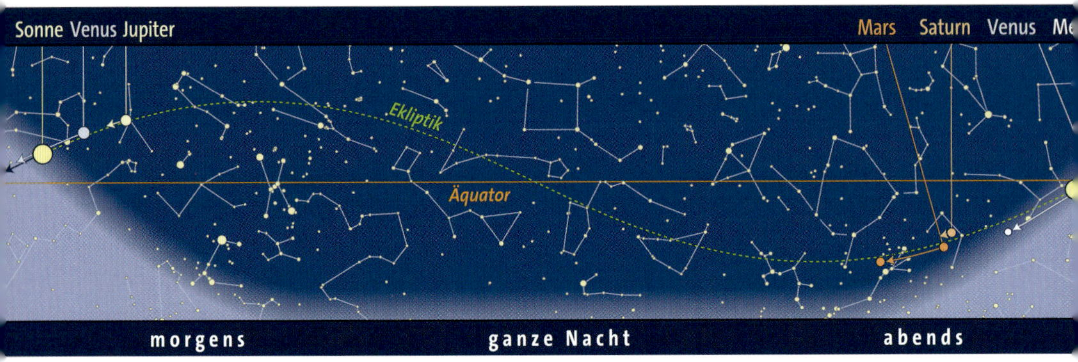

Merkur gewinnt allmählich östlichen Abstand von der Sonne. Am 21. erreicht er mit 26°24′ Winkelabstand seine größte östliche Elongation. Da er sich im Tierkreis erheblich südlicher aufhält als die Sonne (fast 13°) und die abendliche Ekliptik flach zum Südwesthorizont verläuft, kommt es in unseren Breiten zu keiner Abendsichtbarkeit. In Gebieten südlich von 36° Breite zeigt sich jedoch Merkur dem erfahrenen Beobachter am Abendhimmel. Die Dichotomie (Halbmerkur) tritt am 26. ein. Am 21. passiert Merkur den Jungfrauhauptstern Spica um 3^{h} rund $0\overset{\circ}{,}6$ südlich (siehe Abb. 10.4 auf Seite 219).

Am 11. wandert Merkur wieder einmal durch sein Aphel, wobei seine Sonnendistanz 69,8 Millionen Kilometer (= 0,467 AE) misst.

Venus zieht sich vom Morgenhimmel allmählich zurück und wird gegen Monatsende unsichtbar. Die Aufgänge des $-3\overset{\mathrm{m}}{,}9$ hellen Morgensterns verspäten sich im Laufe des Monats um fast eineinhalb Stunden. Venus wandert durch den Löwen und zieht am 5. nur $0\overset{\circ}{,}8$ nördlich an Regulus (α Leonis) vorbei (siehe auch Abb. 9.2 unten). Regulus ist in der Dämmerung nur im Fernglas sichtbar. Am 29. steht Venus $1\overset{\circ}{,}4$ nördlich des Herbstpunktes.

Am 1. erfolgt der Venusaufgang um $4^{h}12^{m}$, am 15. um $4^{h}54^{m}$ und am 30. erst um $5^{h}39^{m}$ (= $6^{h}39^{m}$ Sommerzeit).

Im letzten Monatsdrittel beendet Venus somit ihre Morgensternperiode. Im Teleskop zeigt sich das nur 10″ große Venusscheibchen voll beleuchtet. Am 5. September eilt Venus durch das Perihel ihrer Bahn, wobei ihr Sonnenabstand 107,5 Millionen Kilometer (= 0,719 AE) beträgt.

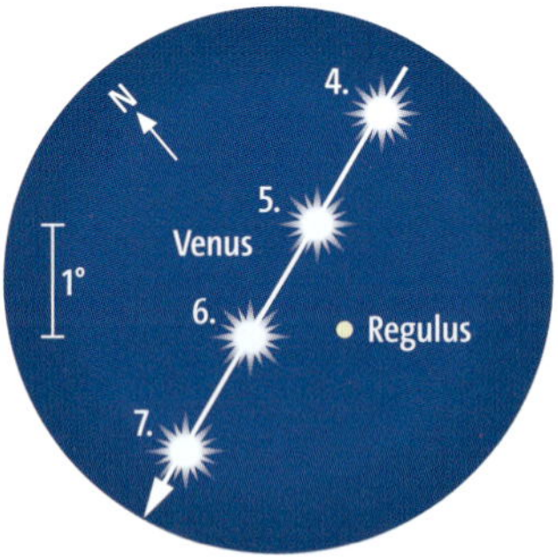

9.2 Venus bei Regulus:
Venus zieht am 5./6. September an Regulus im Löwen vorbei. Morgendlicher Anblick im Fernglas bei 5° Gesichtsfelddurchmesser.

Mars kann noch am frühen Abendhimmel weit im Südwesten gesehen werden. Der rote Planet erreicht immer südlichere Bezirke des Tierkreises. Am 13. wechselt er von der Waage in den Skorpion. Bereits am 25. tritt er in den Schlangenträger. Am 27./28. passiert er $3\overset{\circ}{,}1$ nördlich Antares (α Scorpii), den Hauptstern des Skorpion (siehe Abb. 9.4 rechts oben). Antares bedeutet so viel wie „marsähnlicher Stern". Denn Ares ist der griechische Kriegsgott, der bei den Römern Mars hieß. Wegen seiner roten Farbe – Antares ist ein roter Überriesenstern – und seiner Lage im Tierkreis hat schon mancher ihn mit Mars verwechselt. Jetzt ist Gelegenheit, beide miteinander zu vergleichen. Mars ist Ende September $0\overset{\mathrm{m}}{,}8$ hell, die Helligkeit von Antares schwankt leicht zwischen $0\overset{\mathrm{m}}{,}9$ und $1\overset{\mathrm{m}}{,}1$. Als punktförmiger Fixstern funkelt und

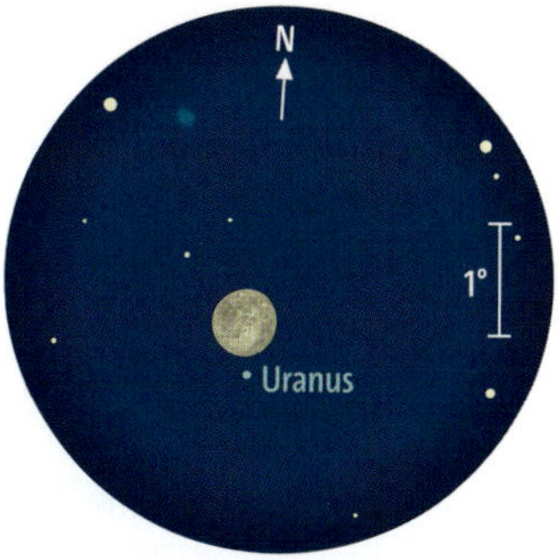

9.3 Mond bei Uranus:
Der noch fast volle Mond passiert am 11. September den Planeten Uranus in den Fischen. Fernglasanblick gegen 3^h MEZ (= 4^h MESZ) bei 5° Gesichtsfelddurchmesser.

flackert Antares viel heftiger als Mars, bei dem sich die Szintillation nur bei sehr heftigen Winden bemerkbar macht. Antares ist eindeutig röter (Farbindex: B–V = $1^m{,}83$) als der mehr rötlich-gelbe Mars (Farbindex: B–V = $1^m{,}36$).

Der rote Planet tritt immer früher von der abendlichen Himmelsbühne ab. Am 1. geht er um 21^h17^m (= 22^h17^m Sommerzeit) unter, am 15. um 20^h47^m und am 30. schon um 20^h20^m.

Eine nette Konstellation ergibt sich am 28. gegen 19^h: Knapp über dem Südwesthorizont steht die Sichel des zunehmenden Mondes zwischen Mars und Antares auf der einen und Saturn auf der anderen Seite (siehe Abb. 9.1 auf Seite 196).

Jupiter ist Planet am Morgenhimmel. Der Riesenplanet wandert rechtläufig durch das Sternbild Krebs und steuert auf Regulus im Löwen zu, den er allerdings in diesem Jahr nicht mehr erreicht (siehe Abb. 1.11 auf Seite 44). Der Jupiteraufgang erfolgt am 1. um 2^h54^m (= 3^h54^m Sommerzeit) und am 15. um 2^h15^m. Am letzten Septembertag steigt der $-1^m{,}9$ helle Riesenplanet schon um 1^h32^m (= 2^h32^m Sommerzeit) über die nordöstliche Horizontlinie.

Saturn verkürzt drastisch seine Sichtbarkeitsdauer am Abendhimmel. Nur durch die nun früher einsetzende Dunkelheit bleibt er Ende September noch eine knappe Stunde sichtbar.

Seine rechtläufige Wanderung durch die Waage beschleunigt der Ringplanet deutlich. Ende des Monats findet man ihn ungefähr zwischen α Librae und γ Librae, Zubenelgenubi und Zubenelakrab mit Eigennamen. Um beide Sterne in Horizontnähe zu erkennen, ist ein lichtstar-

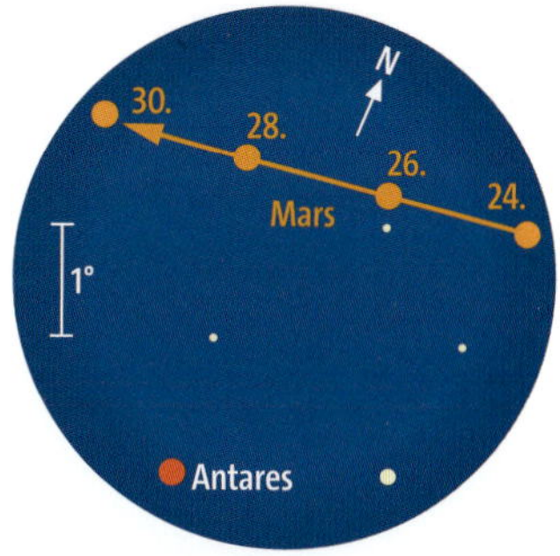

9.4 Mars bei Antares:
Mars wandert vom 26. bis 28. September an Antares nördlich vorbei. Abendlicher Fernglasanblick.

Konstellationen und Ereignisse

Datum	MEZ	Ereignis
1.	1^h	**Mond bei Mars**, Mond 4°,1 nördlich, **Abstand 4°,4 um 21^h am 31.8.**
5.	17	Venus im Perihel
8.	13	Mond bei Neptun, Mond 4°,6 nördlich
11.	3	**Mond bei Uranus**, Mond 1°,1 nördlich (Bedeckung!), **Abstand 0°,5 um 3^h** (Fernglas!)
11.	23	Merkur im Aphel
20.	12	**Mond bei Jupiter**, Mond 5°,4 südlich, **Abstand 5°,9 um 5^h**
21.	23	Merkur in größter östlicher Elongation (26°)
22.	14	Pluto im Stillstand, anschließend rechtläufig
23.	3^h29^m	**Sonne im Herbstpunkt, Tagundnachtgleiche**
23.	17	Mond bei Venus, Mond 4°,0 südlich
26.	11	Mond bei Merkur, Mond 4°,2 nördlich
28.	5	**Mond bei Saturn**, Mond 0°,7 nördlich (Bedeckung!), **Abstand 6°,0 um 19^h am 27.**
29.	18	**Mond bei Mars**, Mond 5°,6 nördlich, **Abstand 4°,8 um 19^h**

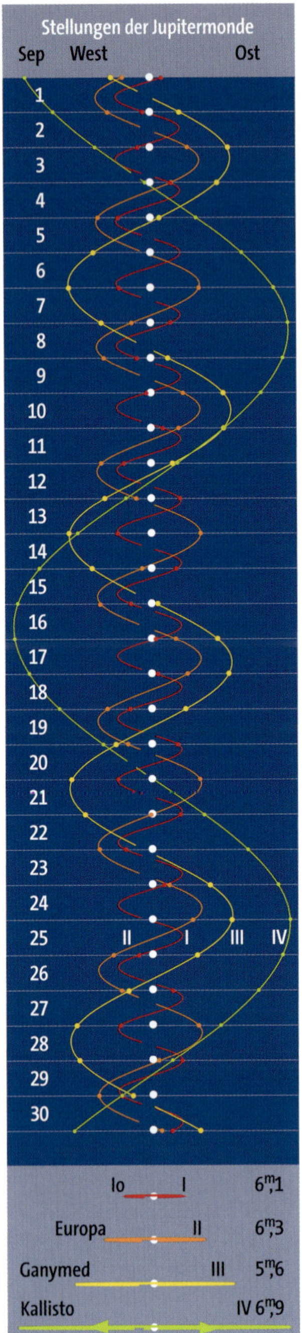

Jupitermonde

Tag	MEZ h	m	Vorgang	
1.	3	29	I	DA
4.	3	37	II	SA
	4	55	IV	BE
	4	56	II	DA
5.	5	12	III	DE
8.	4	46	I	SA
9.	4	55	I	BE
12.	2	54	III	SA
	4	27	IV	SA
16.	3	47	I	VA
17.	3	26	I	SE
	4	16	I	DE
20.	3	55	II	VA
22.	2	43	II	DE
23.	4	05	III	BE
	5	41	I	VA
24.	3	02	I	SA
	3	57	I	DA
	5	19	I	SE
25.	3	24	I	BE
29.	2	37	II	DA
	3	09	IV	SE
	3	29	II	SE
	5	29	II	DE
30.	4	19	III	VE
	4	45	III	BA

kes Fernglas nötig (siehe auch Abb. 5.7 auf Seite 128).

Der $0^m{,}6$ helle Saturn geht am 1. um 21^h30^m (= 22^h30^m Sommerzeit) unter, am 15. um 20^h37^m und am 30. bereits um 19^h41^m.

Ein netter Himmelsanblick ergibt sich am 28. gegen 19^h (= 20^h Sommerzeit), wenn sich zu Saturn und Mars die Sichel des zunehmenden Mondes gesellt. Die Konstellation ist knapp über dem Südwesthorizont zu sehen (siehe Abb. 9.1 auf Seite 196).

Uranus beschleunigt seine rückläufige Bewegung durch das Sternbild Fische. Er nähert sich seiner Oppositionsstellung zur Sonne, die er Anfang nächsten Monats einnehmen wird. Um den vergleichsweise lichtschwachen Planeten von $5^m{,}7$ scheinbarer Helligkeit zu finden, soll das Aufsuchkärtchen Abb. 10.6 auf Seite 221 dienen.

Am 1. erfolgt der Uranusaufgang um 20^h06^m (= 21^h06^m Sommerzeit), am 15. um 19^h10^m und am 30. schon um 18^h10^m. Da die Dunkelheit Ende September ohnehin erst nach 19 Uhr eintritt, ist Uranus damit zum Planeten der gesamten Nacht geworden.

In der Nacht vom 10. auf 11. zieht der noch fast volle Mond ein halbes Grad nördlich an Uranus vorbei (siehe Abb. 9.3 auf Seite 201). Grundsätzlich stört zwar helles Mondlicht die Beobachtung lichtschwacher Objekte, Uranus ist in diesem Zusammenhang aber ein Grenzfall. Einsteiger in die astronomische Beobachtungskunst können den grünlichen Planeten mit einem guten Fernglas leichter finden, wenn der Mond die Richtung weist.

Neptun stand Ende des Vormonats in Opposition zur Sonne. Der sonnenfernste Planet wandert rückläufig durch den Wassermann und passiert nach der Monatsmitte den Stern σ Aquarii in $0^\circ{,}5$ nördlichem Abstand (siehe Abb. 8.6 auf Seite 182).

Am 1. geht Neptun um 5^h27^m (= 6^h27^m Sommerzeit) unter und am 15. um 4^h30^m. Ende September erfolgt der Untergang des $7^m{,}9$ hellen, grünlichen Planeten schon um 3^h29^m. Die Neptunkulminationen verlagern sich von

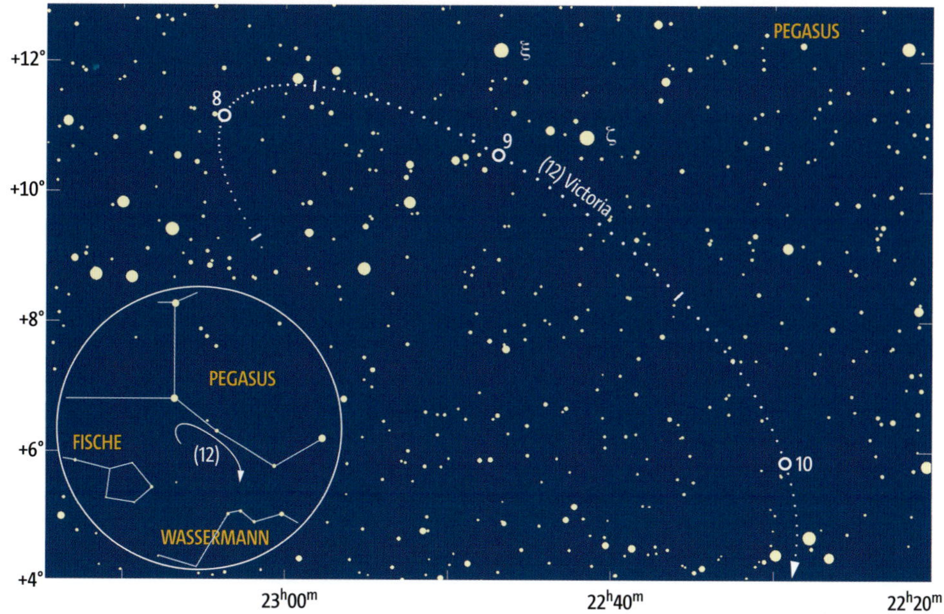

9.5 Bahn von Victoria:
Scheinbare Bahn des Kleinplaneten (12) Victoria im Gebiet der Sternbilder Fische, Pegasus und Wassermann von August bis Oktober 2014. Die Zahlen geben die Position von Victoria zum jeweiligen Monatsbeginn an (9 = 1. September).

0^h13^m am 1. auf 23^h12^m am 15. und auf 22^h12^m (= 23^h12^m Sommerzeit) am Monatsletzten.

Pluto beendet am 22. im Sternbild Schütze seine Oppositionsperiode. Er kommt in Rektaszension zum Stillstand und wird wieder rechtläufig (Abb. 7.8 auf Seite 165). Am 22. kulminiert Pluto um 19^h01^m (= 20^h01^m Sommerzeit). Den nur $14\overset{m}{,}1$ hellen Zwergplaneten trennen an diesem Tag 4864 Mio. Kilometer (= 32,51 AE) von der Erde.

Planetoiden

Victoria (12) kommt am 8. in **Opposition** zur Sonne. Sie wandert rückläufig durch den Pegasus und passiert am 5. etwa $1\overset{\circ}{,}0$ südöstlich den Stern Homan (ζ Pegasi; $3\overset{m}{,}4$). Die scheinbare Bahn von Victoria ist in Abb. 9.5 oben eingetragen. Mit $9\overset{m}{,}0$ Oppositionshelligkeit und einer Deklination von +10° ist die diesjährige Opposition von Victoria die günstigste in den Jahren 2005 bis 2020 (siehe Tabelle „Victoria-Oppositionen" rechts).

Am Oppositionstag geht Victoria um 17^h01^m (= 18^h01^m Sommerzeit) auf, kulminiert in der Nacht vom 8. auf 9. um 23^h50^m und geht morgens um 6^h44^m unter. Bis Ende September verfrüht sich die Kulminationszeit von Victoria auf 22^h12^m (= 23^h12^m Sommerzeit), ihre Helligkeit geht auf $9\overset{m}{,}4$ merkbar zurück. Zur Opposition ist Victoria 136 Millionen Kilometer (0,91 AE) von der Erde entfernt. Dies entspricht einer Lichtlaufzeit von 7,6 Minuten. Die Sonnendistanz von Victoria beträgt am Oppositionstag 284 Mio. Kilometer (= 1,90 AE).

Oppositionen von (12) Victoria 2009 – 2020

Datum			Hell.	Dekl.
			m	o
2009	Jan	23.	11,2	+ 8
2010	Mai	11.	9,1	−19
2011	Dez	6.	10,5	+18
2013	Feb	28.	11,0	− 4
2014	**Sep**	**8.**	**9,0**	**+10**
2016	Jan	13.	11,2	+11
2017	Apr	19.	9,8	−18
2018	Nov	22.	10,1	+19
2020	Feb	18.	11,1	0

Die Opposition im Jahr 2014 ist die günstigste.

Periodische Sternschnuppenströme

In den ersten Septembertagen sind noch die **Alpha-Aurigiden** zu erwarten. Es handelt sich um recht schnelle Sternschnuppen – um die 65 Kilometer pro Sekunde. Der Radiant liegt nahe Kapella im Fuhrmann. Mit dem Maximum ist am 1. September zu rechnen, wobei stündlich etwa fünf bis zehn Meteore aufflammen.

Die **Pisciden** sind im gesamten September aktiv. Ihr Ausstrahlungspunkt liegt in den Fischen. Beste Beobachtungszeit ist zwischen 22^h und 4^h morgens. Das Maximum ist um den 19. September zu erwarten, wobei nur etwa fünf bis zehn Meteore pro Stunde auftauchen. Die Geschwindigkeit der Meteore liegt um 25 Kilometer pro Sekunde. Die Pisciden zerfallen in mehrere Teilströme, von denen einer bis Mitte Oktober tätig ist.

Die **Tauriden** tauchen vom letzten Septemberdrittel bis Ende November auf. Ihr Radiant liegt im Stier. Der Tauriden-Strom geht wahrscheinlich auf den Kometen 2P/Encke zurück. Das wenig ausgeprägte Maximum fällt auf den 12. November. Die Objekte sind um 30 Kilometer pro Sekunde schnell, haben also mittlere Geschwindigkeiten. Manchmal unterscheidet man zwischen Süd- und Nordtauriden. Die Südtauriden erreichen ihr Maximum schon am 5. November.

Ein schwacher Strom sind die **Delta-Aurigiden**, dessen Radiant im Fuhrmann nahe δ Aurigae zu finden ist. Es sind schnelle, aber seltene Objekte. Ihre Geschwindigkeit liegt bei 60 Kilometer pro Sekunde. Sie erscheinen vom 18. September bis etwa 10. Oktober, wobei das wenig ausgeprägte Maximum um den 4. Oktober zu erwarten ist: mit etwa fünf Meteoren pro Stunde.

Der Fixsternhimmel

Die gesamte Sternbilderszenerie hat sich gegenüber dem Vormonat um zwei Rektaszensionsstunden nach Westen verschoben. Noch zeigt das abendliche Sternenzelt sommerlichen Charakter. Arktur ist schon tief im Westen zu finden, vorausgesetzt, der Horizontdunst lässt ihn überhaupt noch erkennen. Das Pegasusquadrat hingegen steht bereits hoch im Südosten. Wie seine Bezeichnung als Herbstviereck deutlich macht, wird bald die dritte Jahreszeit ihren Einzug halten. Noch beherrschen die Sommersternbilder den Abendhimmel zur Standardbeobachtungszeit (Monatsbeginn 23^h MEZ = 24^h MESZ, Monatsmitte 22^h MEZ = 23^h MESZ). Allerdings hat sich das Sommerdreieck schon ein wenig nach Westen verschoben. Deneb steht nun fast im Zenit, während Wega und Atair den Meridian bereits überquert haben. Die Jungfrau und der Skorpion sind längst untergegangen. Im Südwesten schickt sich der Schütze ebenfalls an, die Himmelsbühne zu verlassen. Tief im Süden wandert der Steinbock gerade durch den Meridian. Vor rund zweitausend Jahren erreichte hier die Sonne ihren Tiefststand im Jahreslauf – der Winterpunkt lag im Steinbock. Noch heute spricht man daher vom Wendekreis des

Veränderliche Sterne im September

Algol-Minima	1.	2^h09^m	3.	22^h58^m	6.	19^h46^m	21.	3^h50^m	24.	0^h39^m	26.	21^h27^m
β-Lyrae-Minima	3.	10^hN	9.	21^hH	16.	8^hN	22.	20^hH	29.	7^hN		
δ-Cephei-Maxima	1.	17^h	7.	2^h	12.	10^h	17.	19^h	23.	4^h	28.	13^h
Mira-Helligkeit	1.	5^m	10.	5^m	20.	5^m	30.	6^m				

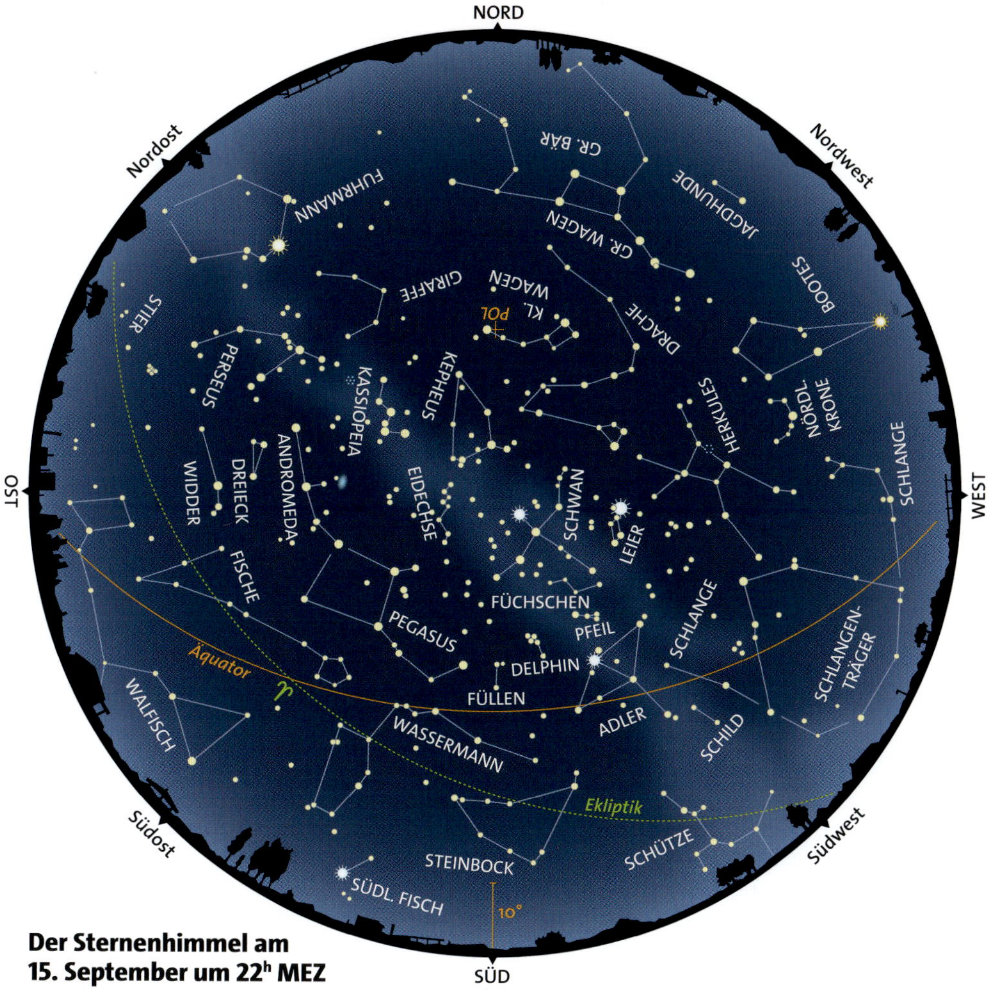

Der Sternenhimmel am 15. September um 22h MEZ

Die Sternkarte ist auch gültig für:		
	MEZ	MESZ
15. 7.	2^h	3^h
1. 8.	1	2
15. 8.	0	1
1. 9.	**23**	**24**
15. 9.	**22**	**23**
30. 9.	**21**	**22**
15.10.	20	21
31.10.	19	
15.11.	18	

Steinbocks, obwohl bereits 120 vor Chr. der Winterpunkt infolge der Erdpräzession den Steinbock verlassen hat und in den Schützen übergewechselt ist.

Die Sagengestalt des Wassermanns

Dem Steinbock folgt im Tierkreis der Wassermann (lat.: Aquarius), der jetzt den Raum im Südosten einnimmt. Ebenso wie der Steinbock gehört der Wassermann zu den lichtschwachen und wenig auffälligen Mitgliedern des Tierkreises.

Der Wassermann zählt zu den ältesten Sternbildern, die uns überliefert sind. Bei fast allen Völkern findet man seine Gestalt und den Bezug zum Wasser. Auch mit der biblischen Sintflutsage ist diese Konstellation eng verbunden. Der Wassermann

9.6 Der Wassermann:
Figürliche Darstellung des Sternbildes Wassermann im Sternatlas von Johann Elert Bode aus dem Jahre 1782.

entsprach als elftes Bild des babylonischen Tierkreises dem elften babylonischen Monat, der den Beinamen „Fluch des Regens“ trug. Sein heliakischer Aufgang (Frühaufgang vor der Sonne) hat in manchen südlichen Gegenden die Regenzeit eingeleitet.

Die griechische Mythologie hat die assyrische Sintflutsage übernommen: Voll Neugier öffnet Pandora, die in vollkommener Schönheit von den Göttern erschaffene Sterbliche, ihren Tonkrug. Götterboss Zeus hatte darin alles Missgeschick, Leid und sonstiges Übel eingeschlossen. Nun ergießt sich dieses Ungemach über die Menschen, die sich tief in Sünde und Schuld verstricken. Zeus widert der Anblick des unbotmäßigen Menschengeschlechtes an. Er schickt eine gewaltige Flut, um alles zu ertränken oder hinweg zu spülen. Nur Deukalion, Sohn des Prometheus, und seine Gemahlin Pyrrha, eine Tochter der Pandora, die fromm und gottergeben gelebt hatten, entkamen dem Strafgericht. Denn auf höhere Weisung zimmerten sie rechtzeitig ein Schiff, auf dem sie die Sintflut überstanden. Als die Wasser sich endlich verliefen, strandeten sie auf Parnassos. Öde und leer liegt das Land vor ihren Füßen. Deukalion bringt ein Dankopfer dar. Ein Orakelspruch befiehlt ihm und Pyrrha: „Werfet die Gebeine der Großen Mutter hinter euch“. Die „Große Mutter“ müsse wohl die Erde sein, meinten beide und begannen, Steine und Erdklumpen hinter sich zu werfen. Augenblicklich verwandelten sich diese in Jünglinge, Mädchen und Tiere. Zur Erinnerung an diese gute Tat wird Deukalion als Wassermann unter die Sterne versetzt, wo man ihn noch heute als Stammvater des neuen Menschengeschlechtes erkennen kann.

Bei Aratos findet man den Wassermann als eine Gestalt, die Wasser als Dankopfer spendet (Wasser vom Wassermann). Bei den Ägyptern stellte der Wassermann den Nilgott dar, der mit drei (in manchen Darstellungen zwei) Krügen dem dürstenden Land Wasser spendet.

Nach Friedrich Wilhelm Argelander zählen prinzipiell 97 Sterne zum Wassermann, die mit bloßen Augen zu sehen sind. Doch bei unserem aufgehellten Nachthimmel erkennt man oft nicht einen einzigen Stern im Wassermann!

Interessante Fernrohrobjekte

Auch zahlreiche interessante Sternhaufen und Nebel sind in diesem Areal zu finden. Unter anderem sei der riesige Ringnebel NGC 7293 genannt, der auch unter den Bezeichnungen Sonnenblumennebel und Helixnebel bekannt ist. Er erscheint halb so groß im Durchmesser wie der Vollmond – allerdings ist er recht lichtschwach.

Als weiterer Planetarischer Nebel im Wassermann ist NGC 7009 zu nennen, bekannt als Saturnnebel. Denn in größeren Teleskopen zeigt er eine gewisse Ähnlichkeit mit dem Ringplaneten. In kleineren Instrumenten sieht man ein blassgrünliches, ovales Scheibchen von nur 0,'6 Durchmesser. Auch

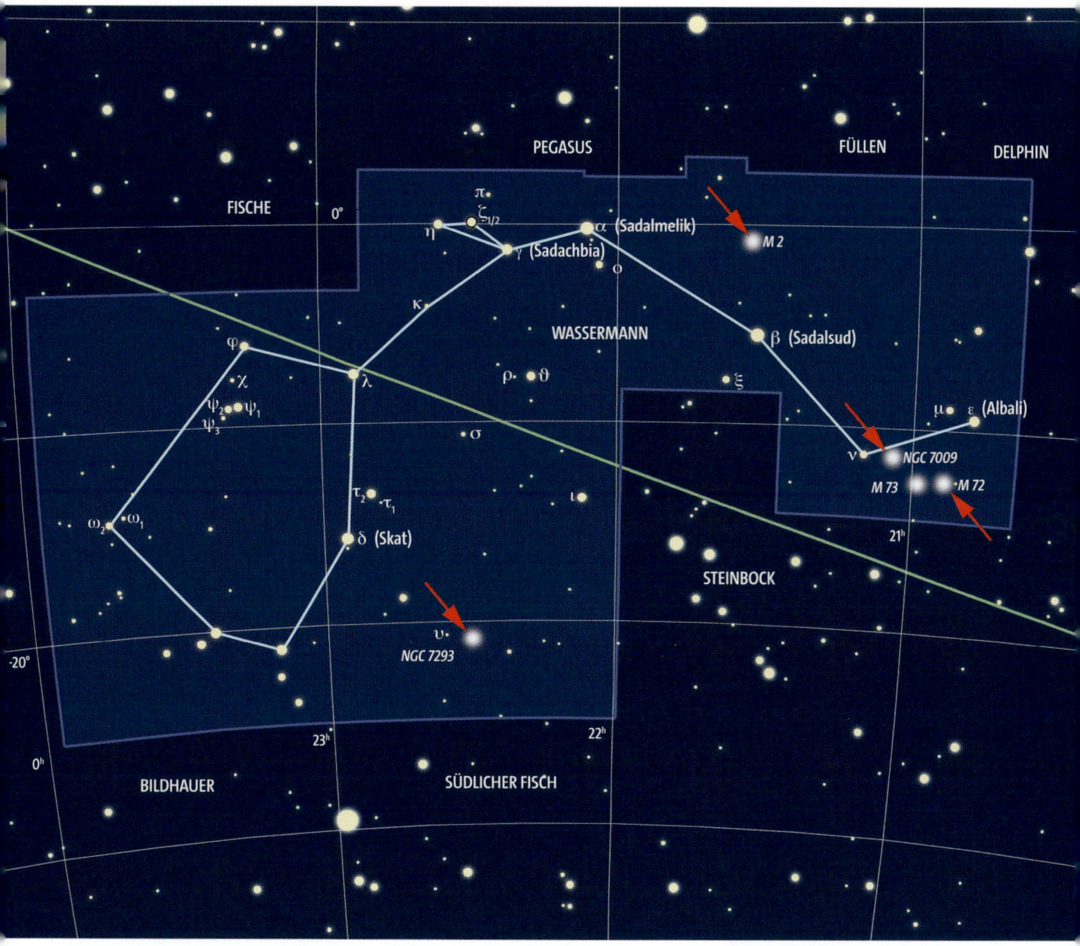

9.7 Der Wassermann: Skelettkarte des Sternbildes Wassermann mit den Positionen des Helixnebels (NGC 7293), des planetarischen Nebels NGC 7009 sowie der beiden Kugelhaufen M 2 und M 72.

die beiden Kugelsternhaufen M 2 und M 72 liegen im Wassermann. M 2 ist relativ hell und groß (Durchmesser: 10′) mit einem deutlichen Kern.

Tief im Südosten flackert ein Stern erster Größe. Es ist Fomalhaut im Südlichen Fisch (lat.: Piscis Austrinus), der eben aufgegangen ist. „Fomalhaut" kommt aus dem Arabischen und bedeutet soviel wie Maul des Fisches. Mit 25 Lichtjahren Entfernung gehört er zu den Nachbarsternen unserer Sonne. Im Osten fällt das kleine Bild des Widders auf, das im Wesentlichen nur aus drei Sternen besteht, die ein stumpfwinkliges Dreieck bilden.

Tief im Nordosten flackert horizontnah ein heller, gelblicher Stern. Es ist die Kapella, der Hauptstern des Fuhrmanns.

Den Platz im Südosten nimmt das ausgedehnte, aber lichtschwache Tierkreisbild Fische ein. Zu Herbstbeginn stehen die Fische der Sonne gegenüber. Versinkt die Sonne im Westen, so steigen die Fische im Osten empor.

Ein Blick zum Vollmond

9.8 Der voll beleuchtete Mond zeigt zahlreiche helle Strahlenkrater. Aufnahme von Martin Gertz/Sternwarte Welzheim.

Laien sind oft der Meinung, wenn der Mond voll und prall am Nachthimmel strahlt, lohne sich ein Besuch auf einer Sternwarte. Denn dann kann man die voll beleuchtete, der Erde zugekehrte Hälfte des Mondglobus beobachten. Versierte Sternfreunde mögen darüber lächeln und von einem Sternwartenbesuch bei Vollmond abraten. Abgesehen davon, dass der voll beleuchtete Mond blendet, wenn er einigermaßen hoch am Himmel steht, erscheinen die Mondformationen eher langweilig und platt. Man hat nicht den plastischen, dreidimensionalen Eindruck, den man gewinnt, wenn die Gebirge, Ringwälle und Krater tiefschwarze Schatten werfen. Am eindrucksvollsten erscheinen die Mondlandschaften in den Gegenden, wo die Sonne gerade auf- oder untergeht, also an der Grenze zur Mondnacht. Man nennt sie auch Tag-Nacht-Grenze oder Terminator. Wegen des niedrigen Sonnenstandes werfen die Mondformationen am Terminator recht lange Schatten. Besonders spannend ist es, am Aufgangsterminator (die Lichtgrenze bei zunehmendem Mond) zu beobachten, wie die Mondberge langsam aus der Schwärze der Mondnacht auftauchen – erst der Gipfel, dann die Höhenregionen und schließlich die umgebende Landschaft. Auch ist es sehr eindrucksvoll, bei Ringwällen mit einem Zentralberg zu verfolgen, wie erst die Spitze des Zentralberges im Sonnenlicht als heller Punkt aufleuchtet, während die Kratersohle noch pechschwarz ist und erst allmählich sichtbar wird.

Die Schatten der Mondformationen sind tiefschwarz und messerscharf begrenzt, weil es auf dem Erdtrabanten keine Atmosphäre gibt, die das Sonnenlicht streuen könnte.

Auch wenn die Beobachtung des zu- und abnehmenden Mondes mit Fernglas oder Teleskop am spannendsten ist, so lohnt es sich dennoch, einen Blick auf den Vollmond zu werfen. Man kann einiges beobachten, das sonst nicht oder nicht deutlich zu erkennen ist.

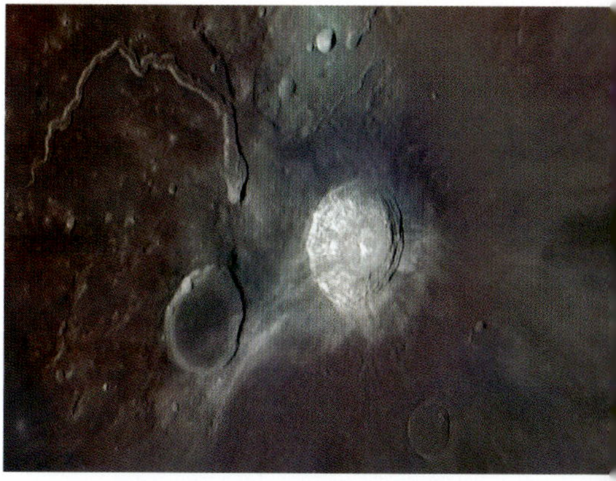

9.9 Der Krater Aristarch – hellstes Objekt auf dem Mond am Nordrand des Oceanus Procellarum (Ozean der Stürme). Foto: Mario Weigand.

Voll ist mehr als Halb plus Halb

Zunächst einmal: Der Vollmond strahlt nicht doppelt so hell wie der Halbmond, sondern zehnmal heller. Zwar ist lediglich die doppelte Fläche beleuchtet, wenn man den Vollmond sieht. Da aber bei Vollmond das Sonnenlicht senkrecht einfällt, sind alle Schatten verschwunden. Vor und nach der Vollmondphase werfen selbst winzige Löcher, Poren und Sandkörner Schatten. Einige Stunden vor und nach der Vollmondphase glänzt daher unser Nachbar im All besonders auffällig und beleuchtet die irdischen Landschaften so intensiv, dass man beispielsweise eine Nachtwanderung ohne künstliche Beleuchtung unternehmen kann. Im Altertum, als es noch keine Straßenlaternen gab, traf man sich bei Vollmond zu Volksabstimmungen und Festen. Denn in den Mittelmeerländern und anderen Gebieten niedriger geografischer Breiten war es schlicht zu heiß, um am hellen Tag in der Sonnenglut Versammlungen im Freien abzuhalten. Im hellen Schein des Vollmondes jedoch konnte man gefahrlos den Heimweg antreten. Jahrtausende lang diente der Vollmond den Menschen als Leuchte in der Nacht.

Der starke Helligkeitsanstieg zu den Stunden um den Vollmondtermin wird gerne als Oppositionseffekt bezeichnet. Denn der Vollmond steht in Opposition zur Sonne. Der Oppositionseffekt wird auch bei Planetoiden beobachtet, die eine raue, kraterübersäte Oberfläche aufweisen. Bei einem Phasenwinkel von weniger als einem Grad erreicht die Helligkeit eines Kleinplaneten ein deutliches Maximum. Unter einem Phasenwinkel versteht man den Winkel, unter dem vom Gestirn aus Erde und Sonne erscheinen. Für Planetoiden bedeutet dies, dass sie nicht nur in Opposition (in Rektaszension) stehen sollen, sondern auch in oder fast in der Ekliptik (Erdbahnebene).

Wann genau ist Vollmond?

Reizvoll ist es auch zu versuchen, den exakten Vollmondtermin durch eigene Beobachtungen zu bestimmen. Normalerweise hat man von

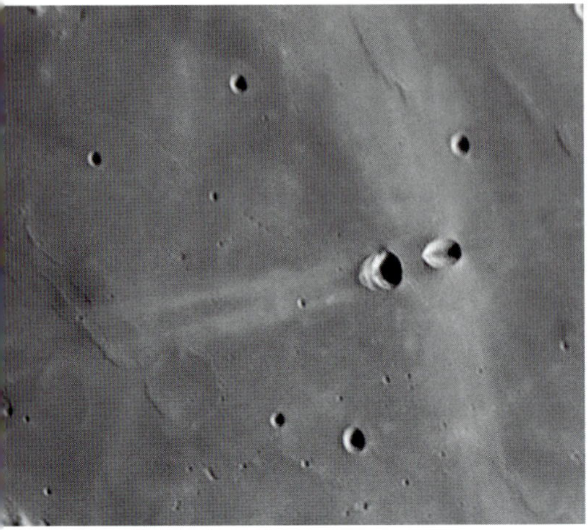

9.10 Das Strahlensystem des Doppelkraters Messier A/ Messier im Mare Foecunditatis (Meer der Fruchtbarkeit). Foto: Mario Weigand.

etwa zwei Tagen vor bis zwei Tagen nach dem genauen Oppositionstermin den Eindruck, es herrsche Vollmond. Beobachtet man mit einem Fernglas oder noch besser mit einem Teleskop (bei nicht zu starker Vergrößerung) den Mond, so sieht man kurz vor Vollmond am Ostrand der Mondscheibe noch einen dunklen Saum, wenige Stunden nach dem Oppositionstermin einen ähnlichen dunklen Saum am Westrand (dem rechten Rand von unseren Breiten aus betrachtet, wenn der Mond ungefähr im Süden steht).

Ein Wort zur Orientierung: Oben, unten, rechts und links haben in der Astronomie keine Bedeutung und führen höchstens zu Verwirrung. Bei zunehmender Mondsichel sieht man von Mitteleuropa aus die rechte Mondseite beleuchtet, von Kapstadt aus jedoch die linke. Dennoch ist es stets die gleiche Seite, nämlich der Westrand des Mondes. In der Himmelskunde benutzt man daher die Himmelsrichtung, also Nord, Ost, Süd und West zur Orientierung. Aber auch da gibt es Fallstricke.

Von der Nordhalbkugel der Erde aus betrachtet ist der obere Rand des Mondes bei seiner Kulmination der Nordrand, der untere Rand hingegen der Südrand. Bei den Richtungen „Ost“ und „West“ gibt es zwei Definitionen: die alte astronomische und die astronautische, die inzwischen auch in der Planetologie verwendet wird. Bei der klassischen Bezeichnung ist der Westrand des Mondes jener, der nach Westen gerichtet ist, also derjenige Mondrand, welcher bei der täglichen Himmelsdrehung vorangeht. Bei der zunehmenden Mondsichel ist somit der Westrand beleuchtet. Der Ostrand wiederum liegt bei der abnehmenden Mondsichel im Sonnenlicht. Dies ist die „linke“ Seite des Mondes von unseren Breiten aus gesehen.

Nach der modernen Definition ist auf dem Mond die Richtung nach Osten dort, wo auf dem Mond die Sonne aufgeht. Gegenüber der alten terrestrischen Bezeichnung sind damit Ost und West vertauscht.

Orientierung an markanten Strukturen

Da wir den Mond von der Erde aus beobachten, wird im Folgenden die terrestrische Bezeichnung verwendet. Noch ein Hinweis: In astronomischen Fernrohren wird das Bild umgekehrt, oben und unten, links und rechts sind vertauscht. Damit sieht man im Okular den Nordrand des Mondes unten, den Südrand oben, rechts ist nun der Osten, und die westliche Mondhälfte liegt links. Damit man sich schneller zurechtfindet: Das Mare Crisium liegt im Westen, das Mare Imbrium im Norden, der helle Strahlenkrater Tycho im Süden und der Oceanus Procellarum in der östlichen Hemisphäre des Mondes (siehe Abb. 9.8).

Schon mit bloßen Augen erkennt man auf dem Mond dunkle Flecken, die das berühmte „Mondgesicht“ erscheinen lassen. Die ersten Fernrohrbeobachter glaubten, in den dunklen Gebieten Wasserflächen zu erkennen und nannten sie „Meere“. Wie damals üblich, benutzte man die lateinische Sprache für wissenschaftliche Publikationen. Lateinisch heißt Meer „mare“ (Mehrzahl: „maria“). Die Mondmeere sind jedoch nichts anderes als lavaüberflutete Tiefebenen. Man hat ihnen fantasievolle Namen gegeben, vor allem in der Überzeugung, der Mond beeinflusse das Wetter auf der Erde und die Stimmungen der Menschen. Unser Wort „Laune" geht auf das lateinische Wort „luna" für Mond zurück.

Bei Vollmond ist der Kontrast zwischen den dunklen Maria und den hellen Gebieten, den Mondgebirgen und den dicht mit Ringwällen und Kratern bestückten Regionen, am größten. Schon mit bloßen Augen sind die großen Mondmeere zu erkennen. Bei zunehmendem Mond erscheint zuerst am Westrand ein länglicher ovaler Fleck, das Mare Crisium (Meer der Gefahren). Es erscheint verzerrt, da man schräg darauf blickt. Aufnahmen von Mondsatelliten zeigen das Mare Crisium ziemlich kreisförmig. Drei zusammenhängende Mondmeere sind in der westlichen Mondhälfte leicht auszumachen, das Mare Foecunditatis (Meer der Fruchtbarkeit), das Mare Tranquillitatis (Meer der Ruhe) und das Mare Serenitatis (Meer der Heiterkeit). In der Osthälfte sieht man die beiden größten Mondmeere, das Mare Imbrium (Regenmeer) und den Oceanus Procellarum (Ozean der Stürme). Am Nordrand erscheint ein dunkler Streifen, das Mare Frigoris (Meer der Kälte) und im Süden das Mare Nubium (Wolkenmeer). Ebenfalls mit bloßen Augen ist bei Vollmond nahe dem Südrand der Strahlenkrater Tycho auszumachen.

Wer sich einmal mit dem freien Auge die acht Hauptmeere des Mondes eingeprägt hat, wird dazu übergehen, den Vollmond mit einem Fernglas oder Fernrohr ins Visier zu nehmen. Bei einem Teleskop sollte man zunächst eine geringe Vergrößerung wählen, so dass der gesamte Vollmond im Gesichtsfeld erscheint und nicht nur ein Ausschnitt. Um Blendung durch den hellen Vollmond zu vermeiden, ist der Einsatz eines Neutralfilters zu empfehlen. Solch ein Filter reduziert das Licht, verstärkt den Kontrast und ändert an eventuellen Farbschattierungen nichts.

Die Färbung der Meere

Die Mondmeere sind nach Einschlägen mit dunkler Lava überflutete Gebiete. Sie erscheinen dunkel, denn das Basaltgestein besteht im Wesentlichen aus Andesit, ein vulkanisches Gestein. Es erscheint grau, leicht braunviolett bis schwarz. Hauptbestandteil ist der Kalk-Natrium-Feldspat, auch Plagioklas-Feldspat genannt, der für die dunkle Farbe verantwortlich ist.

9.11 Der riesige Ringwall Plato (101 km Durchmesser) im Norden des Mondes mit seinem dunklen, lavagefüllten Kraterboden ist schon im Fernglas zu erkennen. Aufnahme: Martin Gertz/Sternwarte Welzheim.

Während irdischer Basalt bis zu 14 Prozent Eisen aufweist, erreicht der Eisenanteil auf dem Mond 22 Prozent. Das Mineral Titandioxid (TiO_2) kommt im irdischen Basalt nur zu zwei Prozent vor, im Mondbasalt jedoch bis zu 13 Prozent. Eisen und Titan sind dunkle Materialien und sorgen für das düstere Aussehen der Maria.

Doch nicht alle Maria sind gleich dunkel, auch wechselt je nach Lavafluss die Reflektivität innerhalb eines Mare. Dies wird bei Vollmond so richtig deutlich. So erscheinen die Maria Foecunditatis, Tranquillitatis und Serenitatis etwas dunkler als das Mare Imbrium und der Oceanus Procellarum.

Auch zeigt sich die Mitte des Mare Serenitatis heller als die Randpartien. Grund ist der Altersunterschied. Die Lava an den Rändern ist etwa 3,9 Milliarden Jahre alt, im Zentrum jedoch 3,2 Milliarden. Grundsätzlich gilt: Je dunkler eine

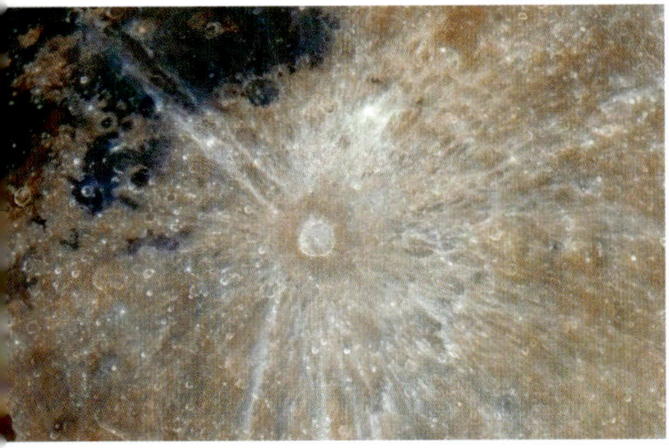

9.12 Der helle Krater Tycho auf der Südhalbkugel des Mondes besitzt das größte Strahlensystem. Foto: Mario Weigand.

Region, desto älter ist sie. Denn das „Weltraumwetter", eine Kombination aus Sonnenwind, kosmischer Gammastrahlung und Impakten von Mikrometeoriten, lässt das Material verwittern. So sind die Hochländer als jüngste Formationen auf dem Mond auch die hellsten Gebiete.

Dunkle Kraterböden

Einige wenige Krater zeigen tiefschwarze Kraterböden, was man am besten bei Vollmond gewahr wird. Bestes Beispiel ist der große Ringwall Plato am Nordrand des Mare Imbrium. Die ersten Mondbeobachter nannten diesen dunklen Fleck „großer Schwarzsee". Vor etwa 3,8 Milliarden Jahren wurde Plato von dunkler Lava geflutet. Weitere Beispiele sind die Ringwälle Endymion im Nordwesten und Grimaldi am Ostrand.

Die hellste Formation am Mond ist zweifellos der Krater Aristarch im Nordosten des Oceanus Procellarum. Er ist nur etwa 400 Millionen Jahre alt. Das Material, das aus der Tiefe des Mondbodens herausgeschlagen wurde, ist noch recht frisch und nicht durch den Einfluss des Weltraumwetters dunkel geworden.

Weitere Formationen, die am besten bei Vollmond zur Geltung kommen, sind die Strahlenkrater. Prominentester Vertreter ist Tycho, südlich des Mare Nubium. Schon mit bloßen Augen kann man Tycho erkennen – bei Vollmond! Bei anderen Mondphasen ist er ohne Fernglas oder Teleskop nicht auszumachen. Im Feldstecher wird das Strahlensystem von Tycho aber erst richtig deutlich. Vom Ringwall gehen Strahlen radial aus wie die Speichen eines Wagenrades. Sie werden von hellem Material hervorgerufen, das bei der Entstehung von Tycho durch einen gewaltigen Einschlag in alle Richtungen herausgeschleudert wurde und nun die dunklere Mondoberfläche überdeckt. Tycho hat die längsten Strahlen, die bis in 1500 Kilometer Entfernung vom Ursprungsort reichen.

Tychos Strahlen sind sogar auf der dunklen Mondseite im sogenannten aschgrauen Licht kurz nach oder vor Neumond zu erkennen (siehe auch *Kosmos Himmelsjahr 2013*, Seite 125, Monatsthema Mai: „Das Erdlicht des Mondes").

Nicht nur Tycho

Weitere gut sichtbare Strahlenkrater sind die beiden nebeneinander liegenden Krater Kopernikus und Kepler. Das Alter beider Krater wird auf 800 Millionen Jahre geschätzt. Die Strahlen von Kopernikus erstrecken sich bis zu 800 Kilometer weit und bedecken mit hellem Hochlandmaterial den dunklen Untergrund des Mare Insularum. Zwei Strahlen von Kopernikus ziehen sich zu Aristarch hin, ebenso ein Strahl von Kepler zu Aristarch. Auch zwischen Kepler und Kopernikus verläuft ein Strahl, so dass diese Strahlen ein rechtwinkliges Dreieck bilden. Teilweise überlappen sich Strahlen von Kopernikus und Kepler.

Interessant ist das Strahlensystem des Doppelkraters Messier A und Messier im Mare Foecunditatis. Von Messier A gehen zwei Strahlen von je hundert Kilometer Länge ziemlich genau in Ostrichtung zum Rand des Mare Foecunditatis. Etliche Beobachter schildern, die beiden Messier-Strahlen sähen aus wie ein Komet. Man vermutet, dass hier ein Meteoreinschlag unter flachem Winkel erfolgte und zunächst Messier formte, abprallte und schließlich den Krater Messier A schlug. Kein Mondbeobachter sollte es versäumen, bei Vollmond einmal die beiden Messier-A-Strahlen anzusehen.

Der Mond – in Farbe

Farbtüchtige Augen sollten versuchen, feine Farbnuancen auf dem Mond auszumachen. Das Basaltgestein der Maria ist um eine Spur blauer als der Anorthosit in den Hochländern. Mit Hilfe geeigneter Filter lassen sich die Farbschattierungen leichter erkennen. Mit einem Rotfilter erscheinen die Maria noch dunkler im Vergleich zu den Hochländern. Ein Gelbfilter wiederum verstärkt den Kontrast zwischen den Strahlen und den Maria. Das ausgeworfene Material wirkt deutlich heller gegenüber den dunklen Gebieten der Mondmeere.

Für gründlich und systematisch arbeitende Mondbeobachter bietet sich als nette Aufgabe die Registrierung weißer Krater auf dem Mond. Sie sind die jüngsten Gebilde auf dem Erdtrabanten. Dabei gilt: Je kleiner die weißen Krater, desto zahlreicher sind sie. Deshalb sollte man mit hoher Vergrößerung beobachten, um auch winzige Krater auszumachen. Vielleicht hat man Glück und findet einen neuen weißen Krater, der noch nicht registriert ist, weil er erst jüngst durch einen Impakt entstanden ist (Näheres dazu findet man bei *forum.moonzoo.org* unter dem Stichwort „Great Fresh Whites").

Zu guter Letzt: Bei der Beobachtung des Vollmondes stört irdisches Streulicht, die Dunst- und Lichtsmogschicht über unseren Siedlungen und Städten, kaum. Bei Vollmond muss eine Sternwarte nicht geschlossen bleiben. Auch die hell strahlende Vollmondkugel bietet anregende Beobachtungsaufgaben für Amateurastronomen und eindrucksvolle Ansichten für Besucher einer Sternwarte

9.13 Diese Aufnahme des Vollmonds zeigt feine Farbnuancen der Mondoberfläche. Foto: Mario Weigand.

Oktober 2014

- Uranus kommt am 7. im Sternbild Fische in Opposition zur Sonne.
- Am 25. bedeckt der Mond den Ringplaneten Saturn am Abendhimmel.
- Merkur wird Ende Oktober am Morgenhimmel sichtbar.
- Venus steht am 25. in oberer Konjunktion mit der Sonne.
- Jupiter ist Planet der zweiten Nachthälfte

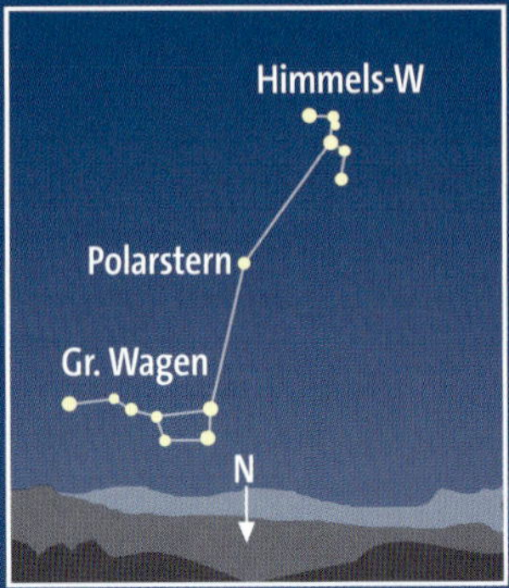

Großer Wagen und Himmels-W Anfang Oktober um 22 Uhr

10.1 Anblick des Südwesthimmels am 28. Oktober gegen 19h MEZ. Knapp über dem Horizont ist Mars zu erkennen, zu dem sich die Sichel des zunehmenden Mondes gesellt.

1 Mi	Mond im ersten Viertel
2 Do	
3 Fr	Tag der deutschen Einheit
4 Sa	
5 So	
6 Mo	Mond in Erdnähe
7 Di	Uranus in Opposition
8 Mi	**Vollmond**
9 Do	
10 Fr	
11 Sa	
12 So	
13 Mo	
14 Di	
15 Mi	Mond im letzten Viertel
16 Do	
17 Fr	
18 Sa	Mond bei Jupiter (Morgenhimmel) Mond in Erdferne
19 So	
20 Mo	
21 Di	
22 Mi	
23 Do	**Neumond**
24 Fr	
25 Sa	**Saturnbedeckung durch den Mond** **(bald nach 17^h – s. Seite 288)**
26 So	Österr. Nationalfeiertag, Ende der Sommerzeit
27 Mo	
28 Di	Mond bei Mars (Abendhimmel)
29 Mi	
30 Do	
31 Fr	Mond im ersten Viertel

Sonne – Sternbilder

23. 10. 13ʰ:
Sonne tritt in das Tierkreiszeichen Skorpion
31. 10. 14ʰ:
Sonne tritt in das Sternbild Waage
Julianisches Datum am
1. Oktober, 1ʰ MEZ: 2 456 931,5

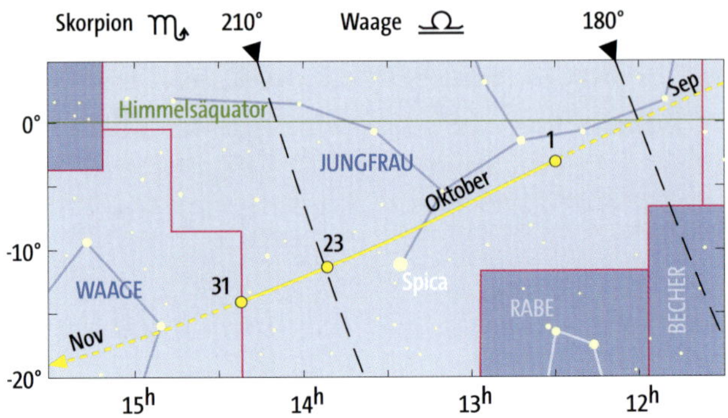

Tabelle Sonnenlauf

Tag	Dämmerg. Anfang	Aufgang MEZ	Kulmination	Untergang MEZ	Dämmerg. Ende	Mittagshöhe	Zeitgleichg.	Rektaszension	Deklination
	h m	h m	h m	h m	h m	o	m	h m	o
1.	5 10	6 20	12 10	17 59	19 08	36,7	+10	12 28	– 3,0
5.	5 16	6 26	12 08	17 50	19 00	35,2	+12	12 42	– 4,5
10.	5 24	6 34	12 07	17 40	18 49	33,3	+13	13 00	– 6,5
15.	5 32	6 42	12 06	17 29	18 39	31,4	+14	13 19	– 8,3
20.	5 39	6 50	12 05	17 19	18 30	29,6	+15	13 38	–10,2
25.	5 47	6 58	12 04	17 10	18 21	27,8	+16	13 57	–11,9
31.	5 56	7 08	12 04	16 59	18 11	25,8	+16	14 20	–13,9

Sonntag, 26. Oktober 2014: Ende der Sommerzeit!

Tages- und Nachtstunden

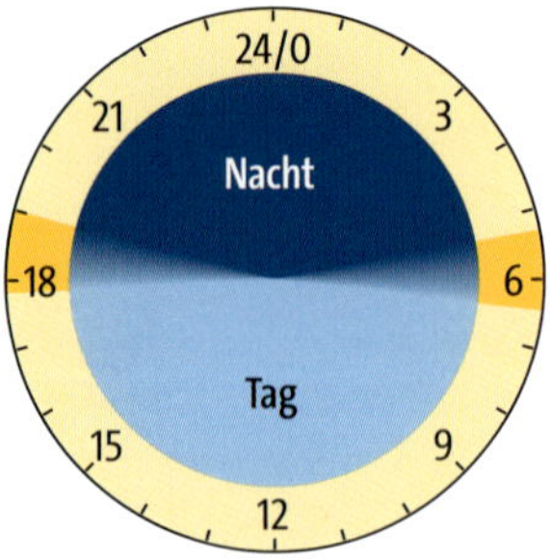

5. Oktober

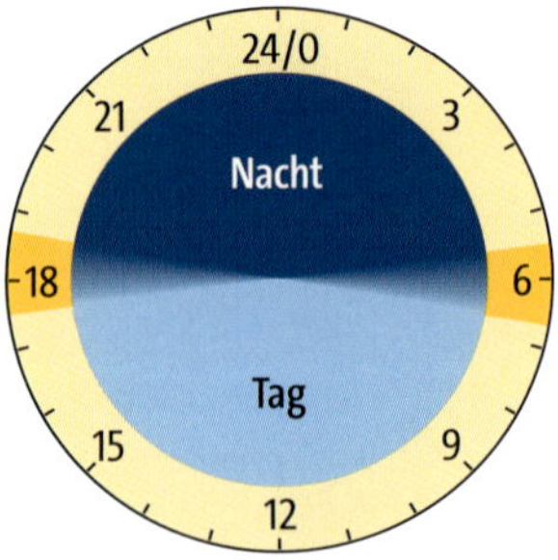

15. Oktober

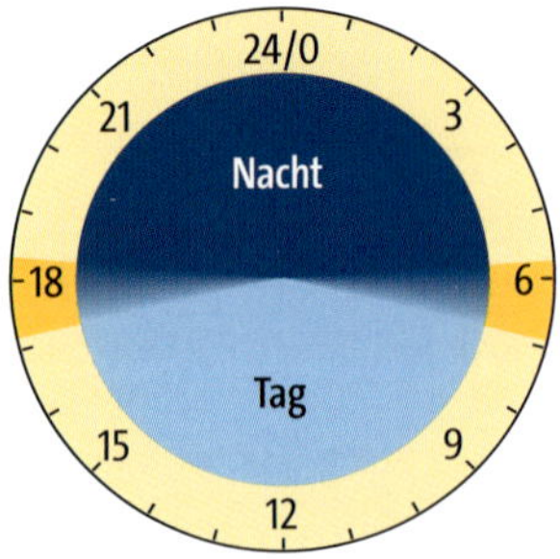

25. Oktober

Tabelle Mondlauf

Datum		Aufg. MEZ	Kulmination	Unterg. MEZ	Rektaszension	Deklination	Sterne und Sternbilder	Phase	MEZ
		h m	h m	h m	h m	°			
Mi	1.	13 32	18 09	22 48	17 48	−18,5	* Schütze	**Erstes Viertel**	**$20^h 33^m$**
Do	2.	14 20	19 05	23 55	18 46	−17,8	Schütze	Größte Nordbreite	
Fr	3.	15 02	20 01	–	19 44	−16,0	Schütze		
Sa	4.	15 39	20 57	1 07	20 42	−13,1	Wassermann		
So	5.	16 13	21 52	2 24	21 40	− 9,4	* Steinbock		
Mo	6.	16 44	22 46	3 42	22 36	− 5,1	Wassermann	Erdnähe 362/33',0	11^h
Di	7.	17 14	23 41	5 01	23 33	− 0,5	Fische		
Mi	8.	17 45	–	6 19	0 29	+ 4,2	Fische	**Vollmond** Absteigender Knoten	**$11^h 51^m$**
Do	9.	18 18	0 35	7 36	1 25	+ 8,5	Fische		
Fr	10.	18 55	1 29	8 50	2 21	+12,3	Widder		
Sa	11.	19 35	2 23	9 59	3 17	+15,3	Widder		
So	12.	20 20	3 16	11 02	4 12	+17,3	Stier, Hyaden	Libration West	
Mo	13.	21 10	4 08	11 58	5 07	+18,3	Aldebaran		
Di	14.	22 04	4 59	12 46	6 00	+18,4	Orion		
Mi	15.	23 01	5 48	13 27	6 52	+17,6	Alhena	**Letztes Viertel** Größte Südbreite	**$20^h 12^m$**
Do	16.	–	6 36	14 02	7 42	+16,0	Zwillinge		
Fr	17.	0 00	7 21	14 33	8 30	+13,8	Krebs, Krippe		
Sa	18.	1 00	8 05	15 00	9 17	+10,9	Krebs	Erdferne 405/29',5	7^h
So	19.	2 01	8 48	15 25	10 04	+ 7,7	Löwe, Regulus		
Mo	20.	3 03	9 31	15 50	10 49	+ 4,1	Sextant		
Di	21.	4 06	10 14	16 14	11 35	+ 0,3	Löwe		
Mi	22.	5 09	10 59	16 39	12 21	− 3,6	Jungfrau		
Do	23.	6 14	11 44	17 06	13 09	− 7,4	Spica	**Neumond Nr. 1136** Aufsteigender Knoten	**$22^h 57^m$**
Fr	24.	7 20	12 32	17 37	13 58	−10,9	Jungfrau		
Sa	25.	8 27	13 22	18 13	14 49	−13,9	* Waage	Libration Ost	
So	26.	9 31	14 15	18 55	15 43	−16,4	Waage		
Mo	27.	10 33	15 09	19 44	16 38	−17,9	Schlangenträger		
Di	28.	11 29	16 04	20 41	17 35	−18,5	Schlangenträger		
Mi	29.	12 19	17 00	21 46	18 33	−18,1	Schütze	Größte Nordbreite	
Do	30.	13 02	17 56	22 56	19 30	−16,5	Schütze		
Fr	31.	13 40	18 50	–	20 27	−13,9	Steinbock	**Erstes Viertel**	**$3^h 48^m$**

Der Mond zieht in die Hyaden ein

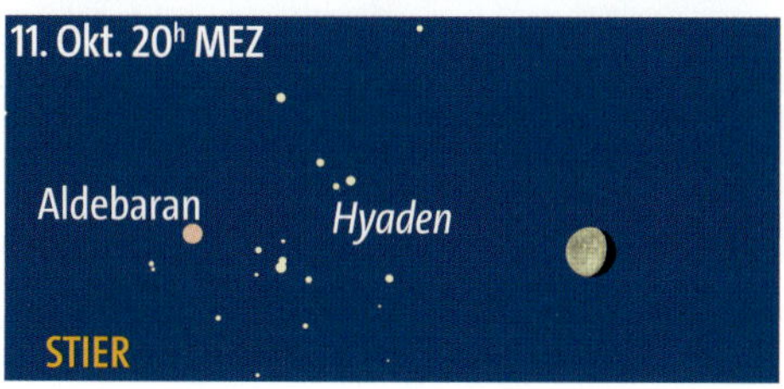

11. Okt. 20^h MEZ

12. Okt. 6^h MEZ

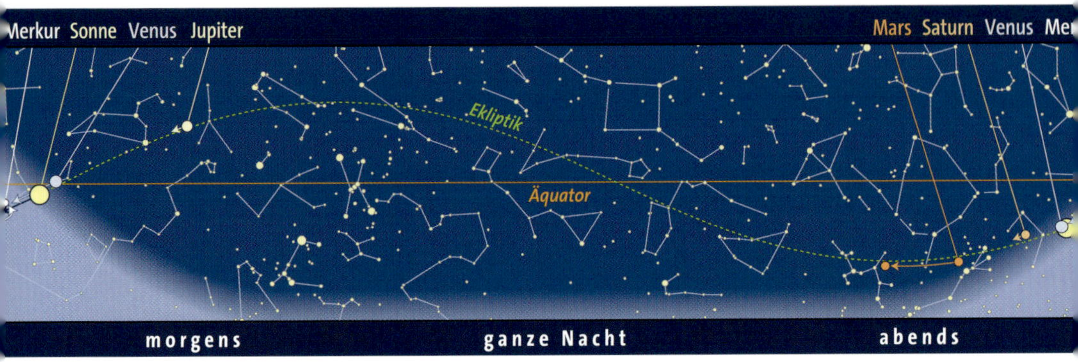

Merkur hat seine größte östliche Elongation hinter sich. Am 4. wird er stationär und eilt anschließend rückläufig auf die Sonne zu. Am 16. kommt er in untere Konjunktion mit der Sonne. Seine Konjunktionsschleife zieht Merkur im Sternbild Jungfrau, wobei er zweimal knapp an Spica (α Virginis) vorbeiläuft, einmal am 21. September 0°,6 südlich und am 15. Oktober 0°,5 nördlich (siehe Abb. 10.4 auf Seite 219).

Nach seiner unteren Konjunktion gewinnt Merkur rasch westliche Winkelabstände von der Sonne, da sich beide gegenläufig durch den Tierkreis bewegen. Am 25. wird Merkur stationär und ist anschließend wieder rechtläufig.

10.2 Heliozentrischer Anblick des Planetensystems im letzten Jahresviertel 2014. Eingetragen sind links die Positionen der inneren Planeten für den 1. Oktober (10), den 1. November (11), den 1. Dezember (12) und den 1. Januar 2015 (1). Der rechte Teil zeigt das äußere Planetensystem und einige Planetoiden. Die Pfeile deuten die Richtungen zu den fernen Planeten und zum Frühlingspunkt an.

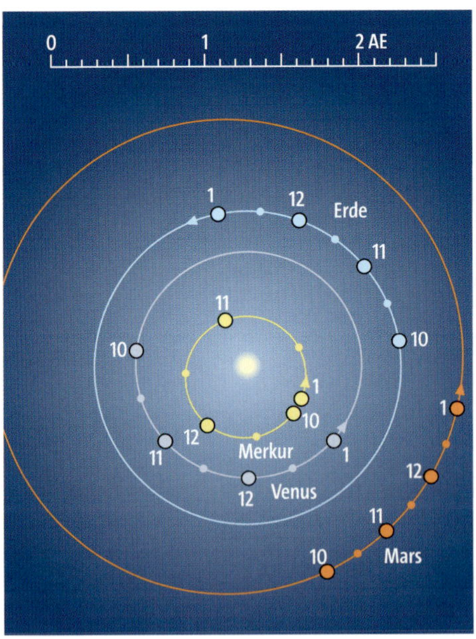

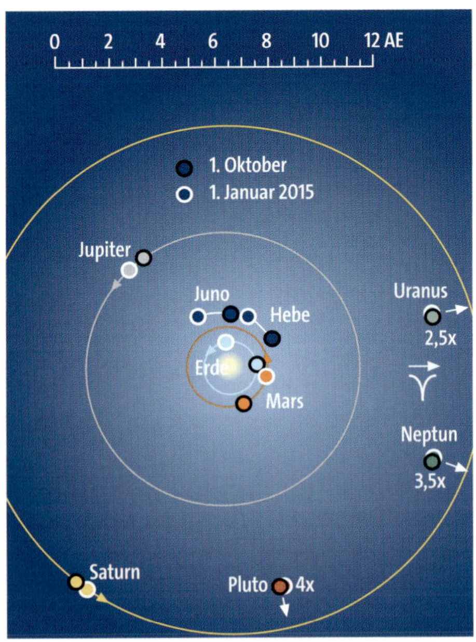

Die Halbphase (Dichotomie) tritt am 30. abends ein. Ende Oktober kann man Merkur bereits am Morgenhimmel aufstöbern. Am 26. geht der $0{,}^m4$ helle Merkur um 5^h28^m auf. Zwanzig Minuten später kann man ihn tief am Osthimmel erkennen, wobei ein gutes Fernglas hilfreich ist. Gegen 6^h10^m verblasst er in der zunehmenden Morgenhelle. Bis Monatsende nimmt die Merkurhelligkeit um mehr als eine Größenklasse zu und erreicht $-0{,}^m5$. Die Merkuraufgänge verfrühen sich lediglich um acht Minuten auf 5^h20^m (siehe auch Abb. 11.2 und Abb. 11.3 auf Seite 238).

Sein Perihel durchläuft Merkur am 25., wobei ihn 46,0 Millionen Kilometer (= 0,307 AE von der Sonne trennen).

Venus hat ihre Morgensternperiode beendet. Sie läuft der Sonne im Tierkreis nach. Am 25. holt sie die Sonne im Sternbild Jungfrau an der Grenze zur Waage ein. An diesem Tag steht sie in oberer Konjunktion mit der Sonne. Von der Erde aus betrachtet steht Venus somit hinter der Sonne – allerdings nicht exakt. Sie wandert nämlich rund ein Grad nördlich – dies entspricht dem doppelten Sonnendurchmesser – an der Sonne vorbei.

Am Tag der oberen Konjunktion erreicht Venus ihren größten Abstand von der Erde. Sie ist dann 257 Millionen Kilometer (= 1,718 AE) von uns entfernt. Die Begegnung mit Merkur am 17. bleibt unbeobachtbar.

Mars ist noch am frühen Abendhimmel tief am Südwesthimmel vertreten. Er eilt rechtläufig durch den Schlangenträger und wechselt am 21. in das Sternbild Schütze. Seine Helligkeit nimmt minimal auf $0{,}^m9$ ab. Damit zählt er immer noch zu den Sternen erster Größenklasse wie beispielsweise Antares, von dem er sich entfernt.

Der Untergang des roten Planeten erfolgt am 1. um 20^h18^m (= 21^h18^m Sommerzeit), am 15. um 20^h00^m und am 31. bereits um 19^h48^m. Besuch von der zunehmenden Mondsichel erhält Mars am 28., wobei der Mond deutlich höher steht (siehe Abb. 10.1 auf Seite 214).

Jupiter kann in der zweiten Nachthälfte gesehen werden. Er wandert rechtläufig durch den Tierkreis, wobei er sich langsam dem Himmelsäquator nähert. Zur Monatsmitte überschreitet er die Grenze vom Krebs zum Löwen und läuft auf Regulus (α Leonis) zu. Er erreicht den Löwenhauptstern, wie erwähnt, in diesem Jahr allerdings nicht mehr. Denn Jupiter verzögert seine rechtläufige Bewegung – ein Hinweis auf die bevorstehende Opposition (siehe Abb. 1.11 auf Seite 44).

Seine Aufgänge verlagert Jupiter in die Zeit vor Mitternacht. Am 1. geht er um 1^h29^m (= 2^h29^m Sommerzeit) auf und am 15. um 0^h46^m. Am 31. erfolgt der Auf-

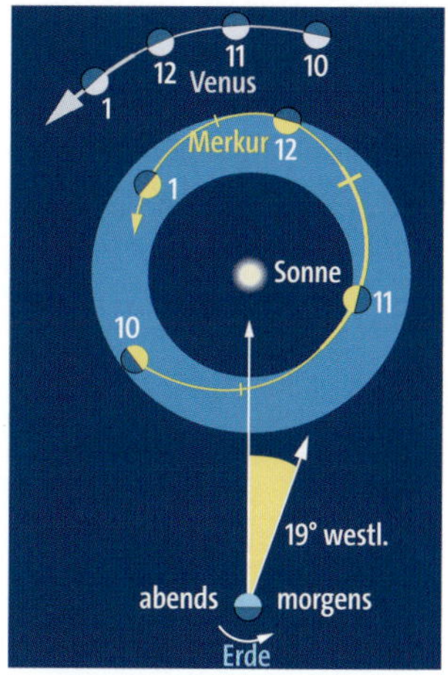

10.3 Heliozentrische Bewegungen von Merkur und Venus *relativ* zur Erde. In den dicker ausgezogenen Bahnteilen sind die Planeten beobachtbar. Die Zahlen geben die Positionen jeweils zum Monatsersten an. Östlicher Winkelabstand bedeutet Abendsichtbarkeit; westliche Elongation: Planet steht am Morgenhimmel.

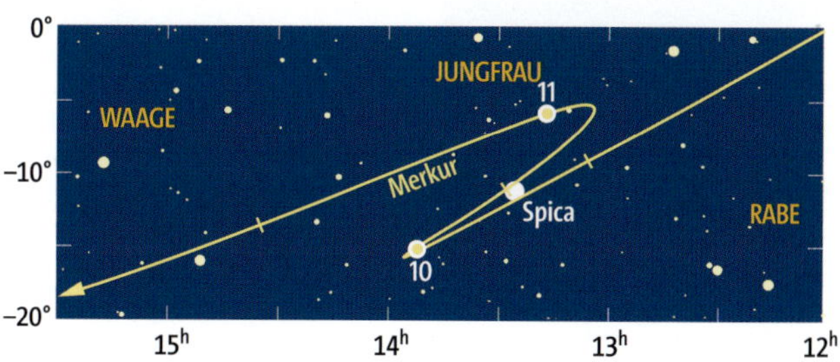

10.4 Bahn von Merkur: Konjunktionsschleife von Merkur im Gebiet der Sternbilder Jungfrau und Waage.

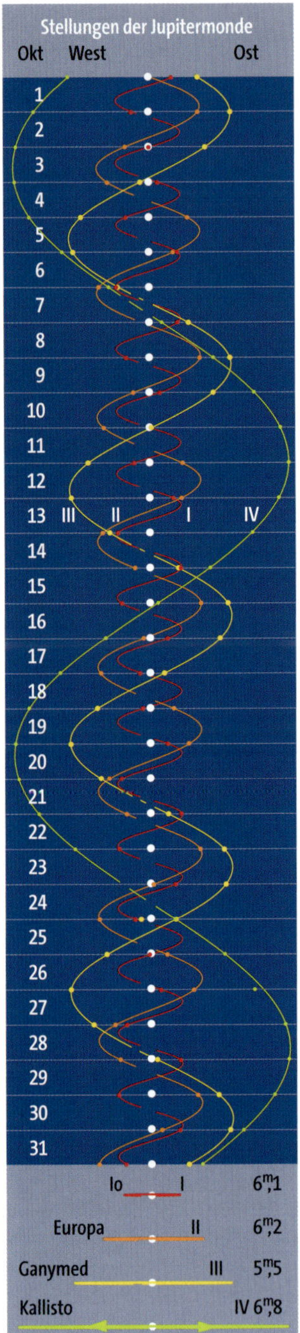

gang des $-2{,}^{m}0$ hellen Riesenplaneten schon um $23^{h}52^{m}$.

Saturn, rechtläufig in der Waage, zieht sich vom Abendhimmel zurück und wird unsichtbar. Die Sonne verfolgt ihn im Tierkreis und holt ihn Mitte nächsten Monats ein. Sie steht dann in Konjunktion mit Saturn. Am 1. geht der $0{,}^{m}6$ helle Ringplanet um $19^{h}37^{m}$ (= $20^{h}37^{m}$ Sommerzeit) unter und am 10. bereits um $19^{h}04^{m}$. Nach dem 10. wird man Saturn mit bloßen Augen kaum mehr erkennen können.

Am 25. bedeckt der Mond den Ringplaneten zum elften und letzten Mal in diesem Jahr. Es ist dies die einzige Bedeckung, die in Mitteleuropa verfolgt werden kann. Die Bedeckung beginnt um $17^{h}20^{m}$, also zehn Minuten nach Sonnenuntergang. Die Zeiten sind ortsabhängig (siehe Tabelle „Sternbedeckungen durch den Mond" auf Seite 288). Da Saturn um $18^{h}10^{m}$ (= $19^{h}10^{m}$ Sommerzeit) untergeht, erfolgt der Austritt erst nach Untergang des Ringplaneten (siehe auch Abb. 10.5 auf Seite 221). Um Saturn noch zu erkennen, ist ein gutes Fernglas mit Stativ unbedingt erforderlich.

Jupitermonde

Tag	MEZ h	MEZ m	Vorgang	
1.	4	56	I	SA
2.	2	03	I	VA
	5	22	I	BE
3.	2	42	I	DE
6.	3	14	II	SA
	5	21	II	DA
7.	4	41	III	VA
	5	52	IV	VA
8.	3	22	II	BE
9.	3	56	I	VA
10.	2	23	I	DA
	3	34	I	SE
	4	39	I	DE
11.	1	50	I	BE
	2	49	III	DE
13.	5	49	II	SA
15.	6	03	II	BE
16.	3	09	IV	DA
	5	50	I	VA
17.	3	11	I	SA
	4	19	I	DA
	5	28	I	SE
18.	2	19	III	SE
	3	24	III	DA
	3	47	I	BE
19.	1	05	I	DE
22.	3	29	II	VA
24.	3	00	II	DE
	4	41	IV	VE
	5	05	I	SA
	6	16	I	DA
25.	2	12	I	VA
	2	43	III	SA
	5	43	I	BE
	6	17	III	SE
26.	0	44	I	DA
	1	49	I	SE
	3	01	I	DE
29.	1	14	III	BE
	6	02	II	VA
31.	2	47	II	DA
	3	09	II	SE
	5	40	II	DE

Uranus kommt in den Abendstunden des 7. in **Opposition** zur Sonne. Die Wochen um die Opposition sind für eine Beobachtung von Uranus am besten geeignet. Mit $5{,}^{m}7$ Oppositionshelligkeit ist Uranus bei absoluter Dunkelheit und guter Durchsicht theoretisch sogar mit bloßen Augen sichtbar. Aber selbst bei ausgezeichneten Sichtbedingungen wird man den grünlichen Planeten kaum ohne optische Hilfsmittel in dem Gewimmel lichtschwacher Sterne

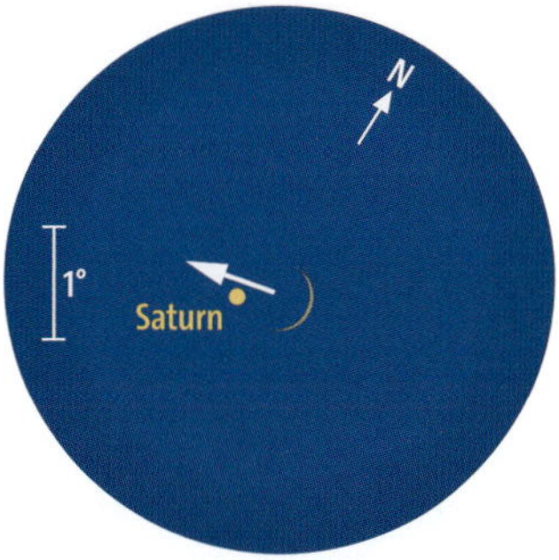

10.5 Mond bedeckt Saturn:
Saturn und die extrem schmale Sichel des zunehmenden Mondes kurz vor der Bedeckung des Ringplaneten am 25. Oktober. Fernglasanblick gegen 17^h MEZ (Bedeckungsdaten siehe Seite 288).

identifizieren können (siehe auch Aufsuchkärtchen Abb. 10.6 unten).

Am Oppositionstag geht Uranus um 17^h42^m (= 18^h42^m Sommerzeit) auf, kulminiert in der Oppositionsnacht um 0^h09^m und geht am nächsten Morgen um 6^h35^m unter. Bis Ende Oktober verfrühen sich die Uranusuntergänge auf 5^h00^m.

Uranus wird zur Opposition vom verfinsterten Mond bedeckt. Der Mond erzeugt eine doppelte Finsternis: Einmal taucht er selbst in den Kernschatten der Erde, zum anderen verfinstert der Mond den Planeten Uranus. Diese Doppelfinsternis bleibt leider von Mitteleuropa aus unbeobachtbar. Sie ist sichtbar in der Arktis, von Grönland und von Nordostasien.

Im Teleskop zeigt sich Uranus als voll beleuchtetes, winziges Planetenscheibchen mit nur $3\overset{\prime\prime}{.}7$ scheinbarem Durchmesser. Selbst bei hoher Vergrößerung in großen Teleskopen sind keine Oberflächendetails sichtbar. Auch auf den Aufnahmen der Sonde VOYAGER 2, die im Januar 1986 an Uranus vorbeiflog, sieht man im sichtbaren Licht nur eine strukturlose Planetenoberfläche – eigentlich die oberste Wolkenschicht der dichten Uranusatmosphäre.

Mit dem 10-Meter-Keck-II-Teleskop auf dem Mauna-Kea-Observatorium (Hawaii), das in 4200 m Höhe steht, gelang es, Infrarotaufnahmen zu gewinnen, auf denen Wolkenstreifen und -bänder zu erkennen sind. Sie erinnern an ähnliche Strukturen bei Jupiter und Saturn. In der nördlichen Polarregion zeigen sich Wolkengebirge, die „wie Popcorn" aussehen, so ein Astronom des Beobachtungsteams

10.7 Planet Uranus:
Aufnahme des Planeten Uranus im infraroten Licht, gewonnen mit dem 10-m-Keck-II-Teleskop auf dem Observatorium Mauna Kea (Hawaii).

(siehe Abb. 10.7 oben). Bereits 1994 hat man mit dem HUBBLE-Weltraumteleskop Wolkenstreifen und -bänder im Infraroten beobachtet.

Die Aufnahmen im nahen Infrarot wurden mit einer hochmodernen Infrarot-CCD-Kamera gewonnen unter Einsatz der adaptiven Optik, die den Rest der Störungen durch die Richtungsszintillation weitgehend beseitigte.

Uranus ist zur Opposition 2844 Mio. Kilometer (= 19,01 AE)

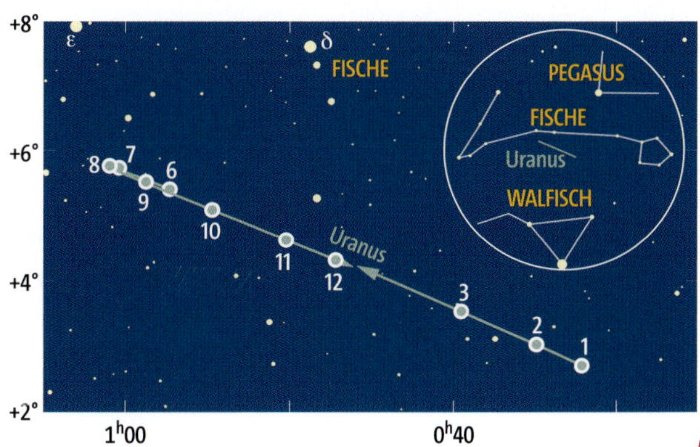

10.6 Bahn von Uranus:
Scheinbare Bahn des Planeten Uranus im Sternbild Fische im Jahr 2014. Die Zahlen geben die Position von Uranus zum jeweiligen Monatsersten an (10 = 1. Oktober).

von der Erde entfernt. Sein Licht benötigt daher zwei Stunden und 38 Minuten, um zu uns zu gelangen. Von der Sonne trennen Uranus am Oppositionstag 2994 Mio. Kilometer (= 20,01 AE).

Neptun verzögert seine ohnehin langsame, rückläufige Bewegung im Wassermann, wobei er sich von σ Aquarii wieder etwas entfernt (siehe Abb. 8.6 auf Seite 182). Zum völligen Stillstand kommt er aber erst Mitte November.

Der bläuliche Planet kann in der ersten Nachthälfte beobachtet werden. Seine Kulminationen verlagert er in die Abendstunden. Am 1. passiert Neptun um 22^h08^m (= 23^h08^m Sommerzeit) den Meridian und geht um 3^h25^m unter. Am 30. kulminiert der lichtschwache Planet schon um 20^h08^m und sinkt um 1^h24^m unter die westliche Horizontlinie. Nach Mitternacht wird man vergeblich nach Neptun suchen.

Planetoiden

Pallas (2) steht am 26. um 17^h im Sternbild Jungfrau in Konjunktion mit der Sonne. Von ihr ist sie zu diesem Termin 401 Millionen Kilometer (= 2,68 AE) entfernt. Von der Erde trennen Pallas 541 Millionen Kilometer (= 3,61 AE).

Hebe – Planetoid Nr. 6 – wandert flott durch den Fluss Eridanus. Am 11. wird sie in Rektaszension stationär und zieht dabei schnell nach Süden. Am 20. passiert sie 0°,8 nordwestlich ο Eridani ($4^m,0$) (siehe Abb. 11.7 auf Seite 242). Damit beginnt ihre Oppositionsperiode. Mitte November erreicht sie dann die Oppositionsstellung zur Sonne.

Die scheinbare Helligkeit von Hebe nimmt im Oktober von $8^m,6$ auf $8^m,1$ deutlich zu. Hebe passiert den Meridian am 1. um 3^h51^m (= 4^h51^m Sommerzeit), am 15. um 2^h57^m und am 31. schon um 1^h47^m.

Hebe wurde als sechster Kleinplanet am 1. Juli 1847 von dem Postmeister Karl Ludwig Hencke entdeckt, nachdem er zwei Jahre zuvor bereits den 5. Planetoiden, die Astraea aufgespürt hatte. Hebe gilt als Göttin der Jugend und ist die Tochter des Göttervaters Zeus und seiner Gemahlin Hera. Den Namen „Hebe" für den 6. Planetoiden hatte der berühmte Göttinger Mathematiker Carl Friedrich Gauss vorgeschlagen.

Hebe ist im Mittel 363 Millionen Kilometer (= 2,42 AE) von der Sonne entfernt und umrundet sie in 3,78 Jahren. Bei einer numerischen Exzentrizität von e = 0,202 nähert sich Hebe im Perihel bis auf 289 Millionen Kilometer (= 1,93 AE) der Sonne. Im Aphel trennen sie 436 Millio-

Konstellationen und Ereignisse

Datum	MEZ	Ereignis
4.	19^h	Merkur im Stillstand, anschließend rückläufig
5.	22	Mond bei Neptun, Mond 4°,6 nördlich
7.	22	**Uranus in Opposition** zur Sonne
8.	12	Mond bei Uranus, Mond 1°,2 nördlich (Bedeckung!)
8.	12	Totale Mondfinsternis – von Mitteleuropa aus unbeobachtbar (siehe Seite 32)
16.	22	Merkur in unterer Konjunktion mit der Sonne
17.	9	Merkur bei Venus, Merkur 2°,7 südlich
18.	5	**Mond bei Jupiter**, Mond 5°,4 südlich, **Abstand 5°,8 um 2^h**
22.	23	Mond bei Merkur, Mond 0°,7 südlich
23.	22	Mond bei Venus, Mond 0°,06 südlich
23.	23	Partielle Sonnenfinsternis – von Mitteleuropa aus unbeobachtbar (siehe Seite 33)
25.	8	Merkur im Stillstand, anschließend rechtläufig
25.	9	Venus in oberer Konjunktion mit der Sonne
25.	22	Merkur im Perihel
25.	17	**Mond bei Saturn**, Mond 1°,0 nördlich (**Bedeckung, von Mitteleuropa aus beobachtbar** – siehe Seite 288), **Abstand 0°,2 um 18^h**
28.	14	**Mond bei Mars**, Mond 6°,5 nördlich, **Abstand 6°,0 um 18^h**

nen (= 2,92 AE) vom Zentralgestirn. Die Hebe-Bahn ist um 14°,8 zur Erdbahnebene (Ekliptik) geneigt.

Victoria (12) wird am 7. zum zweiten Mal im Sternbild Pegasus in Rektaszension stationär und beendet damit ihre Oppositionsperiode. Sie eilt rasch südwärts, wobei sie immer lichtschwächer wird (siehe auch Abb. 9.5 auf Seite 203).

Ihre Helligkeit geht von $9^m,5$ auf $10^m,3$ im Laufe des Oktober erheblich zurück. Mitte des Monats ist Victoria als Beobachtungsobjekt zu streichen.

Am 1. geht Victoria um 22^h08^m (= 23^h08^m Sommerzeit) durch den Meridian, am 15. um 21^h13^m und am 31. bereits um 20^h18^m.

Periodische Sternschnuppenströme

Die **Delta-Draconiden**, auch **Oktober-Draconiden** genannt, sind ein temporärer Strom, deren Radiant im Sternbild des Drachen, etwa 3° östlich von γ Draconis liegt. Der Ursprung der Oktober-Draconiden geht auf den Kometen 21P/Giacobini-Zinner (alte Bezeichnung: 1900 III) zurück, weshalb dieser Meteorstrom auch **Giacobiniden** heißt. Vom 7. bis 11. Oktober passiert die Erde relativ nahe den absteigenden Knoten der Bahn des Kometen 21P. Seine Umlaufzeit beträgt 6,5 Jahre. Da die Trümmerwolke schon recht langgezogen ist und die Meteoroide sich entlang der Bahn verteilt haben, ist mit Überraschungen zu rechnen. Die Meteorhäufigkeit schwankt von Jahr zu Jahr erheblich. In den Jahren 2011 und 2012 gab es eine stark erhöhte Draconiden-Aktivität mit einigen hundert Meteoren pro Stunde.

Von Anfang Oktober bis in die erste Novemberwoche sind die **Orioniden** aktiv, deren Ursprung auf den Halleyschen Komet hindeutet. Mit dem Maximum ist am 21. Oktober zu rechnen, wobei etwa 15 bis 30 Meteore pro Stunde zu erwarten sind. Die Frequenz ist von Jahr zu Jahr verschieden. Im Jahre 2008 wurden im Maximum bis zu 70 Orioniden pro Stunde beobachtet. Die beste Beobachtungszeit: Mitternacht bis 5^h morgens. Der Radiant liegt etwa 10° nordöstlich von Beteigeuze. Es handelt sich bei den Orioniden um sehr schnelle Objekte (um 65 Kilometer pro Sekunde).

Der Fixsternhimmel

Das Sommerdreieck steht zwar hoch im Südwesten und Deneb selbst ist gar zenitnah. Dennoch macht sich nun der Herbst am abendlichen Sternenhimmel deutlich bemerkbar. Um den Meridian und in der östlichen Himmelshälfte nehmen inzwischen die Herbstbilder ihren Platz ein. Im Zenit steht die Kassiopeia, das Himmels-W, während der Große Wagen tief am Nordhorizont eben in unterer Kulmination durch den Meridian rollt.

Das Sternenquadrat des Pegasus hat bereits den Meridian erreicht. Dieses markante Sternenviereck ist leicht zu entdecken. So wie das Sommerdreieck oder das Wintersechseck gehört das Pegasusquadrat zu den Figuren, die die Jahreszeit am gestirnten Firmament charakterisieren. Deshalb nennt man es auch Herbstviereck. Der klassischen Sage nach ist der Pegasus ein geflügeltes Pferd, das dem sterbenden Leib der grauenvollen Medusa entsprungen ist. Der Pegasus soll den Poeten zu ihren fantasiereichen Gedankenflügen verhelfen.

Der Pegasus selbst ist größer als das Herbstviereck, das lediglich die Flügelpartie markiert. Hals und Kopf befinden sich westlich des Pegasusquadrats. Von der Nordhalbkugel aus betrachtet liegt der Pegasus am Rücken, die Vorderhufe zeigen nach oben, ebenso die Schnauze, die durch den Stern Enif (ε Pegasi) markiert wird. Enif kommt aus dem Arabischen und heißt soviel wie „Nase des Pferdes“. Enif leuchtet mit $2^m,4$ scheinbarer Helligkeit. Er ist ein orangeroter Überriesenstern (Spektraltyp K2 Ib) in 670 Lichtjahren Entfernung, also in relativ großer Distanz für einen so hellen Stern.

Etwa auf der Linie Enif – Atair stößt man auf das kleine, aber markante Sternbild Delphin.

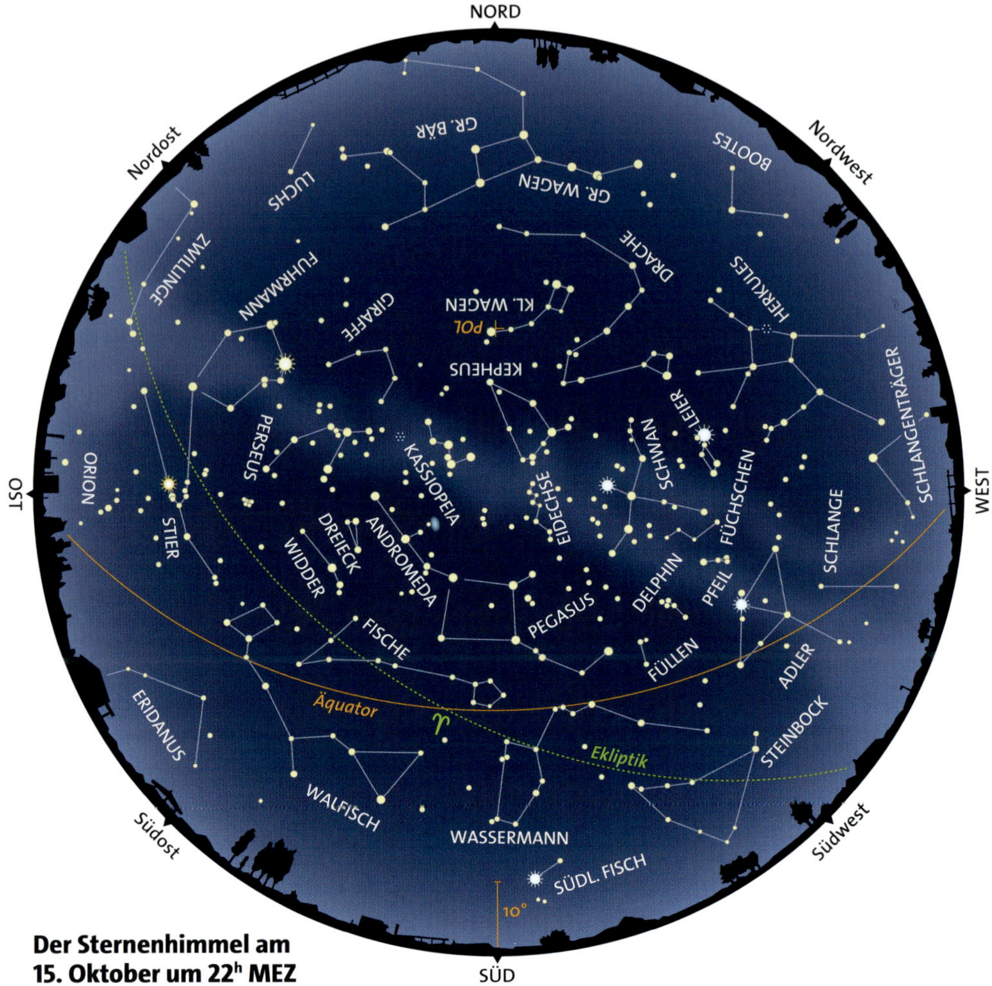

Der Sternenhimmel am 15. Oktober um 22^h MEZ

Die Sternkarte ist auch gültig für:

	MEZ	MESZ
1. 8.	3^h	4^h
15. 8.	2	3
1. 9.	1	2
15. 9.	0	1
1.10.	**23**	**24**
15.10.	**22**	**23**
31.10.	**21**	
15.11.	20	
30.11.	19	
15.12.	18	

Noch kleiner und recht unscheinbar ist das Füllen (lat.: Equuleus). Es liegt zwischen Enif und dem Delphin. Es ist das zweitkleinste Sternbild und setzt sich nur aus Sternen 4. Größe und schwächer zusammen. Der Sage nach soll der flinke Götterbote Hermes das Füllen dem Knaben Kastor, dem sterblichen Zwillingsbruder von Pollux, zum Geschenk gemacht haben.

Riesenstern im Pegasus

Die vier Sterne des Pegasusquadrats heißen Markab (α Pegasi), Scheat (β Pegasi), Algenib (γ Pegasi) und Sirrah, wobei Sirrah selbst eigentlich nicht mehr zum Pegasus gehört, sondern schon der erste Stern der Andromedakette ist (α Andromedae). Scheat ist übrigens einer der größten Sterne, die wir kennen. Diese tiefrote Riesensonne, die

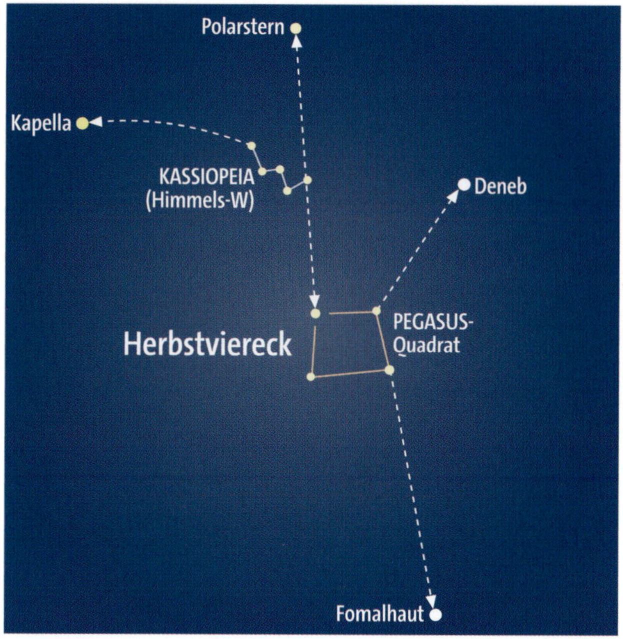

10.8 Das Herbstviereck: **Vom Herbstviereck (Pegasusquadrat) ausgehend findet man schnell die Kassiopeia, den Polarstern, Deneb und Fomalhaut, Hauptstern des Sternbildes Südlicher Fisch.**

von uns 200 Lichtjahre entfernt ist, übertrifft unsere Sonne 160-mal an Durchmesser. Stünde Scheat an Stelle unserer Sonne, so würde die Oberfläche dieses Sternes bis zur Marsbahn reichen.

Wer gute Augen und einen dunklen, mondlosen Nachthimmel hat, erkennt im Sternbild Andromeda ein wenig nördlich des Sternes Mirach (β Andromedae) ein kleines, nebliges Lichtfleckchen. Es handelt sich um den berühmten, großen Andromedanebel, unser Nachbarmilchstraßensystem (Katalogbezeichnung: M 31). Die Andromedagalaxie ist das fernste Himmelsobjekt, das man mit bloßen Augen erkennen kann. Dieses Milchstraßensystem ist knapp drei Millionen Lichtjahre von uns entfernt. Der Andromedanebel ist unsere Nachbarmilchstraße, denn die anderen großen Sternsysteme, mit Ausnahme von M 33, sind noch viel weiter von uns entfernt.

Der Widder

Südlich der Andromeda stößt man auf das kleine Bild des Widders. Im Wesentlichen markieren nur drei Sterne den Widder, die in einem stumpfwinkeligen Dreieck angeordnet sind. Der hellste Stern (α Arietis) heißt Hamal, was „Kopf des Widders" bedeutet.

Der Widder ist ein kleines, aber markantes Sternbild, das man leicht findet. Auch denjenigen, die sich gar nicht am Sternenhimmel auskennen, ist der Widder zumindest dem Namen nach vertraut. Denn er gehört zum Tierkreis, zu jenen Sternbildern also, durch die die Sonne im Laufe eines Jahres wandert, und zwar vom 18. April bis 13. Mai. Bei der Aufzählung der Tierkreissternbilder steht der Widder stets an erster Stelle. Dies rührt daher, weil vor mehr als zweitausend Jahren der Frühlingspunkt im Sternbild Widder lag. Der Frühlingspunkt ist der

Veränderliche Sterne im Oktober

Algol-Minima	11. 5^h30^m	14. 2^h19^m	16. 23^h09^m	19. 19^h57^m	31. 7^h12^m	
β-Lyrae-Minima	5. 18^hH	12. 6^hN	18. 17^hH	25. 4^hN	31. 16^hH	
δ-Cephei-Maxima	3. 22^h	9. 6^h	14. 15^h	20. 0^h	25. 9^h	30. 18^h
Mira-Helligkeit	1. 6^m	10. 6^m	20. 7^m	31. 7^m		

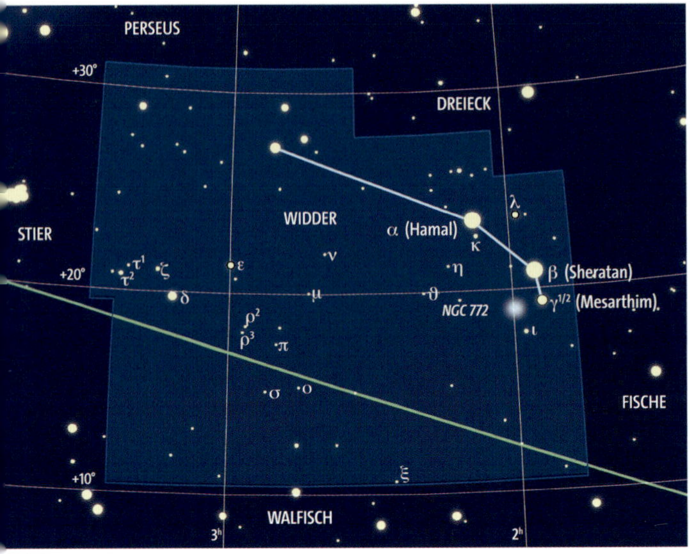

10.9 Der Widder:
Skelettkarte des Sternbildes Widder.

Schnittpunkt der aufsteigenden Sonnenbahn mit dem Himmelsäquator. Passiert die Sonne den Frühlingspunkt, so überschreitet sie den Himmelsäquator und wechselt von der Süd- auf die Nordhalbkugel des Himmels. An dem Tag, an dem die Sonne den Himmelsäquator in Richtung Nord kreuzt, haben wir Tagundnachtgleiche. Der Frühlingspunkt bleibt aber nicht ortsfest unter den Sternen. Infolge der Kreiselbewegung der Erdachse, der sogenannten Präzession, wandert er entgegen dem Sonnenlauf, also von Ost nach West in knapp 26 000 Jahren einmal durch den ganzen Tierkreis. Rund alle zweitausend Jahre wechselt der Frühlingspunkt in ein neues Sternbild. Vom Jahre –1840 bis zum Jahr –70 lag er im Widder, ab da wechselte er in die Fische und im Jahre 2610 wird er in den Wassermann treten. Auch wenn in unserer Zeit der Frühlingspunkt im Sternbild Fische liegt, so sprechen wir dennoch vom Widderpunkt, wenn der Frühlingspunkt gemeint ist, der auch der Ursprung für die äquatorialen und ekliptikalen Himmelskoordinaten ist.

Die Sage berichtet: Nephele, die Göttin der Wolken, liebt den Herrscher von Orchomenos und schenkt ihm zwei Kinder, Phrixos und Helle. Sie verlässt ihren Geliebten, weil er mit Prinzessin Ino ein neues Verhältnis beginnt. Ino hasst Nephele und erreicht, dass Phrixos und Helle geopfert werden sollen. Kurz vor ihrem Opfertod am Altar erscheint ein Widder mit goldener Wolle (das „Goldene Vlies") und entführt die Geschwister durch die Lüfte. Helle stürzt aber ab und fällt ins Meer. Die Stelle, wo sie in den Fluten versinkt, wird heute Hellespont genannt.

Galaxie fürs Fernglas

Zwischen Widder und Andromeda hat das kleine Sternbild Triangulum (lat., Dreieck) seinen Platz. In ihm findet sich der sogenannte Dreiecksnebel (M 33). Er ist fast gleich weit von uns entfernt wie der Andromedanebel. Im Gegensatz zur Andromedagalaxie sieht man fast direkt von oben auf die prächtige Spirale von M 33.

Östlich der Andromeda findet man ihren Retter, den Helden Perseus, mit seinem berühmten bedeckungsveränderlichen Stern Algol (β Perseï).

Im Südosten nimmt der Walfisch das Areal ein. Er ist kein Wal im Sinne der Zoologie und auch kein Fisch, sondern das Meeresungeheuer Cetus, das die Gestade Äthiopiens einst bedrohte und dem die Prinzessin Andromeda geopfert werden sollte. Im Walfisch steht auch der langperiodische Variable Mira (ο Ceti). Die Termine der Helligkeitsminima von Algol und die Helligkeiten von Mira sind der monatlichen Tabelle „Veränderliche Sterne" zu entnehmen.

Tief im Süden blinkt ein heller Stern, Fomalhaut (α Piscis Austrinus). Im Osten wiederum ist der Stier mit seinem roten Hauptstern Aldebaran und den beiden offenen Sternhaufen Hyaden und Plejaden aufgegangen.

ALMA und SKA – Radioteleskope der Superlative

ESO

10.10 Blick auf das Antennenfeld von ALMA mit seinen 66 schüsselförmigen Radioteleskopen.

Die allermeisten Informationen vom Geschehen im Weltall erhalten wir durch die elektromagnetische Strahlung. Aus dem Universum und von seinen Gestirnen erreicht die Erde ein breites Band elektromagnetischer Strahlung aller Wellenlängen, von Gamma- über Röntgen- und Ultraviolettstrahlung, sichtbares Licht, Infrarot- und Radiostrahlung. Die Lufthülle der Erde absorbiert jedoch einen großen Teil dieser Strahlung vollkommen – uns zum Glück. Würden die energiereichen Photonen der kurzwelligen Gamma-, Röntgen- und extremen UV-Strahlung die Erdoberfläche erreichen, so gäbe es kein Leben auf unserem Planeten – zumindest nicht auf dem Festland. In zwei Wellenlängenbereichen zeigt sich die Erdatmosphäre jedoch durchlässig. Man spricht vom optischen und vom Radiofenster unserer Lufthülle. Sichtbares Licht von etwa 380 bis 750 nm (Nanometer, Milliardstel Meter) dringt ebenso bis zur Erdoberfläche durch wie Radiowellen von einem Millimeter bis rund 20 Meter. In UV-Bereich blockiert bei etwa 300 nm die Hartley-Bande des Ozons (O_3) die Strahlung. Am roten Ende des sichtbaren Spektrums verschluckt der Wasserdampf das infrarote Licht in einem weiten Wellenlängenbereich. Auch Kohlendioxid (CO_2) absorbiert Wärmestrahlung, was den Treibhauseffekt verstärkt.

Geburtsstunde der Radioastronomie

Während man seit Jahrtausenden das Licht der Sterne beobachtet, registriert man erst seit den 30er- und 40er- Jahren des vorigen Jahrhunderts das Weltall im Radiobereich. Karl Guthe Jansky (1905–1950) und Grote Reber (1911–2002) hießen die Pioniere der Radioastronomie. Sie entdeckten die kosmischen Radiowellen, die von der Sonne, von Jupiter und von der Milchstraße, insbesondere vom Zentrum der Galaxis, zu uns gelangen.

Von Anfang an hatten die Radioastronomen (oder „Radioten", wie sie einst von ihren opti-

10.11 Mit speziellen Schwertransportern lassen sich die einzelnen Radioteleskope von ALMA je nach Bedarf in die gewünschten Positionen fahren.

schen Kollegen liebevoll genannt wurden) ein Problem, und das heißt: Auflösung. Je größer der Objektivdurchmesser eines Teleskops, desto kleiner die Beugungsscheibchen und umso höher die Auflösung. Sie gibt an, wie nahe zwei punktförmige Strahlungsquellen sein können, um noch getrennt als zwei Punkte erkannt zu werden. Ein normalsichtiges Auge liefert eine Bogenminute (= 60″) Auflösung. Der Mond hat einen scheinbaren Durchmesser von 30′ (Bogenminuten). Somit kann man schon mit bloßen Augen auf seiner Oberfläche Einzelheiten wie helle und dunkle Flecken erkennen. Ein Linsenteleskop mit 8 cm freier Öffnung trennt Doppelsterne bis zu einer minimalen Distanz von 1,5 Bogensekunden. Eine einfache Beziehung sagt: Die Auflösung ist umso größer, je größer der Objektivdurchmesser und je kleiner die Wellenlänge der Strahlung ist.

Geringe Auflösung

Radiowellen sind aber viel länger als die Wellen des sichtbaren Lichts, wie schon erwähnt. Eine der ersten kosmischen Radiostrahlen, die entdeckt wurden, war die 21-cm-Linie des kühlen, neutralen Wasserstoffs im interstellaren Raum. Mit Hilfe der 21-cm-Radiostrahlung konnte beispielsweise der Aufbau unserer Milchstraße erkundet werden. Ein Radioteleskop von 27 Meter Schüsseldurchmesser (der Durchmesser entspricht der Öffnung eines optischen Teleskops) liefert bei einer Wellenlänge von 21 cm eine Auflösung von nur einem halben Grad! Man kann damit die Position einer Radioquelle nur mit der Genauigkeit des Vollmonddurchmessers angeben. Verständlich, wenn man nach möglichst großen schüsselförmigen Reflektoren für die Radioastronomie strebte. Dabei reicht eine Oberflächengenauigkeit des Reflektors von ca. zwei Zentimeter aus, dies entspricht etwa $\lambda/10$, wenn man bei der 21-cm-Linie beobachtet.

Während die optischen Astronomen meist die Wellenlänge der Strahlung angeben, verwendet man in der Radioastronomie in der Regel die Frequenz. So entspricht die 21-cm-Strahlung einer Frequenz von 1420 MHz (Megahertz, Millionen Schwingungen pro Sekunde). Wellenlänge (λ) und Frequenz (ν) einer elektromagnetischen Strahlung hängen in einer einfachen Beziehung zusammen: Ihr Produkt ergibt die Vakuumlichtgeschwindigkeit (c) von knapp 300 000 km/s. Es gilt somit: $\lambda \times \nu = c$. So entspricht einer Wellenlänge von 450 μm (Mikrometer) eine Frequenz von 667 GHz (Gigahertz). Oder eine 3-mm-Strahlung hat eine Frequenz von 100 GHz.

Die größten Einzelantennen

Um eine möglichst hohe Auflösung zu erreichen und auch schwache Signale zu empfangen, baute man riesige schüsselförmige Reflektoren. Bereits 1957 ging das Radioteleskop von Jodrell Bank bei Manchester in Betrieb, das einen Schüsseldurchmesser von 76 Meter aufweist. 1970 nahm der 91-m-Reflektor des NRAO (National Radio Astronomical Observatory) in Green Bank (West Virginia, USA) seinen Betrieb auf. In Arecibo auf Puerto Rico errichtete man 1963 eine 300-m-Schüssel, die allerdings nicht beweglich ist. Das größte voll bewegliche Radioteleskop mit 100 m Reflektordurchmesser wurde am 12. Mai 1971 in Effelsberg bei Bonn eingeweiht. Nachdem das 91-m-Radioteleskop von Green Bank 1988 ohne Vorwarnung in sich zusammenfiel, erhielt das NRAO im Jahre 2001 ein Radioteleskop mit einer asymmetrischen Schüssel von 100 m × 110 m. Damit übertrifft es das Effelsberger Radioteleskop noch ein wenig und ist zurzeit das größte, vollbewegliche Einzelteleskop für Beobachtungen im Radiofrequenzbereich.

Doch die ehrgeizigen Pläne der Himmelsforscher sehen vor, die Lücke zwischen dem optischen und dem Radiofenster zu schließen. Die Infrarotastronomie schiebt die Beobachtungsmöglichkeiten zu immer längeren Wellen hinaus, die Radioastronomie bemüht sich, immer kürzere Wellenlängen zu detektieren. Denn im Millimeter- und Submillimeterbereich gibt es interessante Beobachtungen zu machen. Man kann bei diesen kurzen Radiowellen einen Blick in das „kalte Universum" werfen, interstellare Staubmassen erforschen, ebenso im Entstehen begriffene Planetensysteme oder gar Milchstraßensysteme aufspüren, die sich bald nach dem Anfang des Universums bildeten.

Dazu benötigt man aber riesige Radioteleskope, um zum einen eine hohe Auflösung zu erreichen, zum anderen eine große Empfindlichkeit zu erzielen, damit man auch sehr schwache Signale aus dem Hintergrundrauschen herausfiltern kann. Mit anderen Worte: Die Empfängerfläche muss möglichst groß sein, um möglichst viele Photonen einfangen zu können.

Interferometrie ist die Lösung

Doch man kann die Antennenschüsseln für Radioteleskope nicht beliebig groß fertigen. Auch muss die Oberfläche bei Radioteleskopen für den Empfang von Millimeter- und Submillimeterwellen sehr genau einem Paraboloid entsprechen ohne größere Abweichungen. Die Reflektorfläche muss im Bereich eines Bruchteils der Wellenlänge der Idealform entsprechen. Bei der Beobachtung einer Ein-Millimeter-Strahlung dürfen Unebenheiten nicht größer als ein Zehntel Millimeter sein. Man kann aber auch hohe Auflösungen erreichen, wenn man zwei oder mehrere einzelne Radioteleskope zusammenschaltet nach dem Prinzip der Interferometrie. Man kombiniert dabei die von den einzelnen Reflektoren empfangenen Signale. Sie werden zunächst verstärkt und einem zentralen Computersystem, dem Korrelator, zugeleitet. Dieser berechnet daraus ein Bild des Objektes, von dem die Radiostrahlung stammt. Das erreichte Auflösungsvermögen entspricht dabei einem Radioteleskop mit einer Apertur, die der Distanz beider Antennenschüsseln voneinander entspricht. Allerdings wird bei nur zwei Empfängern die Auflösung nur in einer Dimension erreicht. Deshalb stellt man mehrere Reflektoren in verschiedenen Richtungen auf, um eine entsprechend hohe Auflösung in allen Richtungen zu erhalten. Die

10.12 Werden zwei Radioteleskope interferometrisch verbunden, so erreicht man eine Auflösung, die einer Apertur (Öffnung) eines Teleskops entspricht mit dem Abstand beider Radioschüsseln voneinander.

ESO

ersten Radiointerferometer erfüllten alle Erwartungen hinsichtlich Auflösungen und Sensitivität. Und so reifte schon im Jahre 1990 der ehrgeizige Plan, in der Atacama-Wüste im Norden Chiles nahe der argentinischen Grenze ein riesiges Areal mit Radioantennen zu bestücken, um eine bisher unerreichte Auflösung zu erreichen, die im optischen Bereich einem Teleskop der 8-Meter-Klasse entspricht. Das Projekt wurde unter der Bezeichnung ALMA aus der Taufe gehoben. ALMA steht für **A**tacama **L**arge **M**illimeter **A**rray, was so viel bedeutet wie „große Anlage für den Empfang von Millimeter- und Submillimeter-Radiostrahlung". Das Projekt wurde im März 2013 fertig gestellt.

Astronomie an einem unwirtlichen Ort

Die 66 schüsselförmigen Radioteleskope stehen in der Atacama-Wüste in 5050 m Seehöhe nahe dem Cerro Chajnantor fast am südlichen Wendekreis (67°45′ westlicher Länge und 23°00′ südlicher Breite). Die einsame Wüstengegend ist ohne Flora und Fauna, nur Sand, Geröll, Felsen und Lava. Nicht weit davon entfernt ragt der Vulkan Licancabur empor. Gnadenlos brennt die Sonne vom tiefblauen Firmament. Die Luft ist staubtrocken – hier ist die Luftfeuchtigkeit extrem gering. Die Atacama-Wüste ist eines der trockensten Gebiete der Erde. Deshalb hat man diese gottverlassene Gegend ausgewählt. Denn hier kann man optimal Radiostrahlung im Millimeter- und Submillimeterbereich empfangen, ohne dass sie vom Wasserdampf in der Luft absorbiert wird. Die Transparenz ist einmalig – ebenso die intensive UV-Strahlung.

Der Luftdruck in 5000 m Höhe ist nur noch halb so groß wie in Meereshöhe. Deshalb dürfen sich auch Techniker, Ingenieure und Beobachtungspersonal nur wenige Stunden auf dem Observatoriumsgelände aufhalten. Die wenigen Gebäude, die den Korrelator (das Computersystem zur Erfassung der Daten) und Werkstätten enthalten, stehen unter Druck. Astronomen kommen nur selten zu dem futuristisch anmutenden Ensemble aus Radioschüsseln. Sie halten sich im Hauptquartier und Kontrollzentrum auf, das im 43 Kilometer entfernten San Pedro de Atacama in 2450 m Höhe liegt. Von hier aus fährt man mit Geländefahrzeugen durch unwegsames Gebiet in Richtung Paso de Jama an der argentinischen Grenze.

ALMA setzt sich aus 54 Antennenschüsseln zu je zwölf Meter Durchmesser und aus zwölf Schüsseln zu je sieben Meter Durchmesser zusammen, die in konzentrischen Kreisen aufgestellt sind. Obwohl die Schüsseln aus kohlefaserverstärktem Kunststoff mit Aluminiumbeschichtung als Reflexionsfläche in Leichtbauweise gefertigt sind, wiegt jede Einheit der 12-m-Teleskope rund fünfzig Tonnen. Spezialtransporter fahren die einzelnen Teleskope in die gewünschten Positionen. Denn je nach Beobachtungsprogramm und damit benötigter Auflösung werden die Teleskope verschieden angeordnet. Im Bereich der Ein-Millimeter-Strahlung wird bei einem Basisdurchmesser von 150 Meter eine Auflösung von einer Bogensekunde erreicht, bei 1,5 Kilometer jedoch schon 0,″1 und bei zwölf Kilometern immerhin 0,″01, also eine Hundertstel Bogensekunde. Damit kann man einen Tennisball in hundert Kilometer Entfernung noch als Scheibchen erkennen. So lassen sich bereits hervorragend aufgelöste Bilder von interstellaren Wolken oder Galaxien gewinnen. Die Anlage ermöglicht Beobachtungen im Bereich von 320 μm (= 0,320 mm) bis max. 10 mm Wellenlänge.

Vielfalt an Beobachtungsobjekten

Das ALMA-Observatorium bietet eine unglaubliche Vielfalt an Beobachtungsmöglichkeiten. Man kann Dunkelwolken erfassen, deren Staub so kalt ist (Temperatur = –250 °C), dass sie sowohl im sichtbaren Licht als auch im Infraroten unsichtbar bleiben. Im Entstehen begriffene Planetensysteme, Staubscheiben um junge Sterne sowie Globulen lassen sich mit bisher unerreichter Auflösung beobachten. Bei Objekten in 450 Lichtjahren Distanz sieht man noch Details von zwei bis vier Astronomischen Einheiten Größe, das sind 300 bis 600 Millionen Kilometer. Mit dieser Auflösung und hohen Sensitivität lassen sich auch Planeten fremder Sonnen detektieren. Im Empfangsbereich von 0,32 mm bis 3,57 mm (950 GHz bis 84 GHz) erzielt man 0,″01 Auflösung.

Mit ALMA kann man einen Blick in das frühe Universum erhaschen und die allerersten Sterne und Galaxien erfassen. Bei kosmologischen Rotverschiebungen von $z > 6$ liegen die Strahlungsmaxima bereits im Submillimeterbereich. Die Verschmelzung von jungen Galaxien und massereichen Sternen, entstanden aus dichten, relativ kühlen Gaswolken, lassen sich mit ALMA verfolgen. Wie sah das Universum in der ersten Jahrmilliarde nach dem Urknall aus? Wann endete das „dunkle Zeitalter" des Universums und wann flammten die ersten Sterne auf? Wie sind die Molekülwolken in unserer Milchstraße verteilt, aus denen sich dereinst neue Sterne und Planetensysteme bilden werden? Alles Fragen, die man mit der Hilfe von ALMA lösen will.

NASA/ESA/STScI

10.13 Die Galaxie NGC 4526. In ihrem Zentrum hat man mit ALMA ein gigantisches Schwarzes Loch von 500 Millionen Sonnenmassen entdeckt. Sein Durchmesser beträgt drei Milliarden Kilometer, das sind 20 AE. Dies entspricht dem Durchmesser der Saturnbahn.

Erste Ergebnisse

Auch in unserem Sonnensystem gibt es lohnende Ziele für die Radioaugen von ALMA, wie beispielsweise die Beobachtung von Pluto und Charon und etlicher Objekte im Kuiper-Gürtel. 2009 begannen die ersten Tests in der Atacama-Wüste, seit 2013 sind alle Antennen montiert, aufgestellt und voll im Betrieb.

Einer der ersten großen Erfolge war die Massenbestimmung des riesigen Schwarzen Lochs im Zentrum der Galaxie NGC 4526. Mit ALMA hat man die Emissionslinie des Kohlenmonoxides (5 GHz) in der Akkretionsscheibe um das Schwarze Loch vermessen. Aus den Dopplerverschiebungen ergab sich die Rotationsgeschwindigkeit und somit die Möglichkeit, die Zentralmasse zu bestimmen: 500 Millionen Sonnenmassen schwer ist dieses überdimensionale Black Hole im Herzen von NGC 4526. Dazu ist im Vergleich das Schwarze Loch im Zentrum unserer Galaxie mit nur drei Millionen Sonnenmassen direkt mickrig.

Noch vor Fertigstellung von ALMA entwickelte man Pläne für ein noch gewaltigeres Radioteleskopsystem der Superlative mit bisher unerreichter Auflösung und Sensitivität. Dieses ehrgeizige Projekt firmiert unter der Bezeichnung Square Kilometre Array (SKA). Im Jahre 2012 wurde die Bundesrepublik Deutschland zehntes Mitglied der internationalen Planungskommission.

Der nächste Schritt – das SKA

Bis zur endgültigen Fertigstellung im Jahre 2021 sollen 3000 Radioteleskope mit 15 Meter großen Empfängerschüsseln sowohl in Südafrika als auch in Australien installiert werden. Um die volle angestrebte Auflösung mittels der Long Baseline Interferometry zu erreichen, wird der fernste Radiospiegel in Kenia aufgestellt, 3000 Kilometer entfernt vom Empfangszentrum in Südafrika. Das SKA wird 50-mal schwächere Radiosignale als bisher registrieren können bei einer Gesamtempfangsfläche von rund einem Quadratkilometer. Die Messgeschwindigkeit wird 10 000-mal höher sein als bei ALMA, wobei man bis zu vier Quellen in verschiedenen Richtungen simultan beobachten können wird. Der

10.14 Das Antennenfeld des projektierten Square Kilometre Array (SKA) mit seinen bis zu dreitausend Radioteleskopen (Illustration).

Empfangsbereich liegt zwischen 1,2 cm (25 GHz) und drei Metern (0,1 GHz). Der Betrieb aller Radioteleskope gleichzeitig wird eine elektrische Leistung von 110 MW (Megawatt) erfordern. Dies entspricht dem Bedarf einer mittleren Kleinstadt mit rund 30 000 Einwohnern. Bei 1,4 GHz, dies entspricht der 21-cm-Linie des neutralen Wasserstoffs, will man eine Auflösung von 0,″02 erreichen, bei kürzeren Wellenlängen sogar 0,″01 – bei einem Gesichtsfeld von einem Quadratgrad.

Zum Test des Gesamtkonzepts hat man in Australien bereits 36 Antennen mit einem Schüsseldurchmesser von je zwölf Meter aufgestellt, das sogenannte **A**ustralien **S**quare **K**ilometre **A**rray **P**athfinder (ASKAP). Bis zum Jahre 2016 sollen dann die ersten 250 Radioteleskope mit 15 m Durchmesser des SKA-Projektes ihren Betrieb aufnehmen. Dabei werden 190 Antennenschüsseln in Afrika stehen und 60 in Australien.

Carl Sagans Vision wird wahr

Nach Fertigstellung der gesamten Anlage mit ihren 3000 Radioteleskopen wird das Projekt der visionären Vorausschau des populären amerikanischen Astronomen Carl Sagan nahe kommen. Sagan hatte unter der Bezeichnung „Cyclops" (engl., Zyklop) einst vorgeschlagen, eine Anlage mit 1000 Radioteleskopen von der Größe des 100-m-Effelsberg-Teleskops zu errichten.

Auf das SKA wartet eine Fülle von Beobachtungsaufgaben. Ein Blick zurück in die ferne Vergangenheit dient der Suche nach den Ursprüngen des Kosmos. Man will die Signale der allerersten Sterne und Galaxien empfangen im Bereich der kosmologischen Rotverschiebung von z = 6 bis z = 15, also eine Milliarde Jahre bis 200 Millionen Jahre nach dem Urknall. Man hofft, die Entwicklung der ersten Galaxien und der großräumigen Strukturen des Universums zu entschlüsseln und ebenso die Dunkle Energie aufzuspüren. Auch die Allgemeine Relativitätstheorie (ART) soll auf den Prüfstand, indem man kompakte Objekte wie Neutronensterne und Schwarze Löcher beobachtet, die einander umkreisen. Läuft ein Neutronenstern um ein stellares Schwarzes Loch, so verliert er gemäß der ART durch Aussenden von Gravitationswellen Bahndrehimpuls. Als Folge bewegt er sich auf einer Spiralbahn immer näher an das Schwarze Loch heran, bis er von ihm verschluckt wird.

Aber auch mit überraschenden Ergebnissen ist zu rechnen. Man will die chemische Zusammensetzung von Atmosphären der Exoplaneten untersuchen, um eventuell Spuren außerirdischer Lebensformen zu finden. Vielleicht empfängt man sogar interstellare Radiokommunikation einer hochtechnisierten Zivilisation in den Tiefen der Galaxis. Wer weiß es heute?

November 2014

- Merkur bietet die günstigste Morgensichtbarkeit des ganzen Jahres.
- Jupiter wird allmählich zum Planeten der gesamten Nacht.
- Saturn wird am 18. von der Sonne eingeholt und steht in Konjunktion mit ihr.
- Mars kann noch in der Abenddämmerung erkannt werden

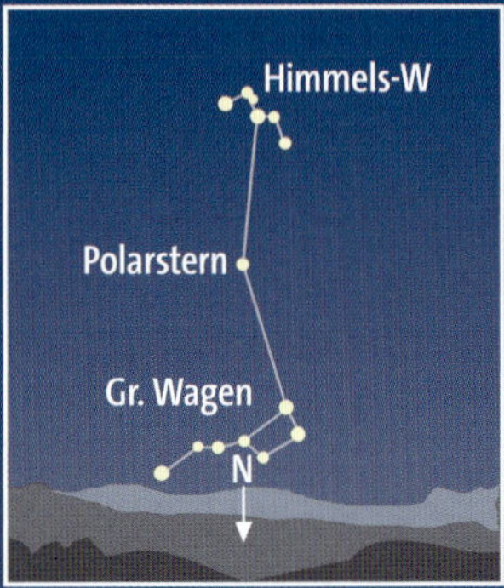

Großer Wagen und Himmels-W Anfang November um 22 Uhr

11.1 Anblick des Osthimmels am 15. November gegen 1^h. Knapp über dem Horizont leuchtet Jupiter im Löwen. Ein wenig tiefer steht der abnehmende Halbmond.

1 Sa Allerheiligen, Merkur in größter westlicher Elongation (Morgenhimmel)

2 So

3 Mo Mond in Erdnähe

4 Di Mond bei Uranus (Abendhimmel)

5 Mi

6 Do **Vollmond**

7 Fr

8 Sa

9 So

10 Mo

11 Di

12 Mi

13 Do

14 Fr Mond im letzten Viertel

15 Sa Mond in Erdferne
Mond bei Jupiter (Morgenhimmel)

16 So

17 Mo

18 Di

19 Mi Buß- und Bettag

20 Do

21 Fr

22 Sa **Neumond**

23 So Totensonntag

24 Mo

25 Di

26 Mi

27 Do

28 Fr Mond in Erdnähe

29 Sa Mond im ersten Viertel

30 So 1. Advent

Sonne – Sternbilder

22.11. 11h:
Sonne tritt in das Tierkreiszeichen Schütze
23.11. 16h:
Sonne tritt in das Sternbild Skorpion
30.11. 5h:
Sonne tritt in das Sternbild Schlangenträger
Julianisches Datum am
1. November, 1h MEZ: 2 456 962,5

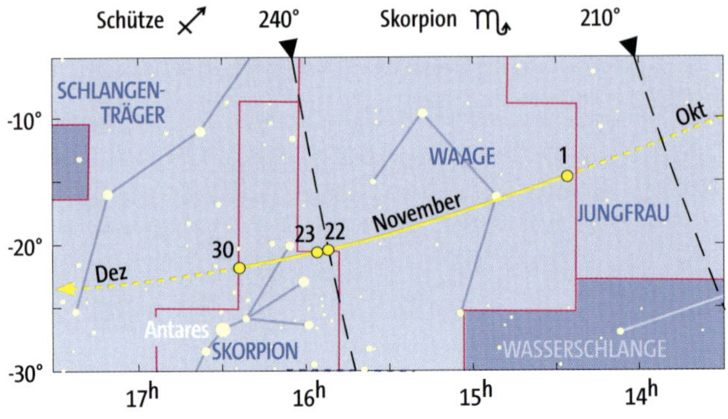

Tabelle Sonnenlauf

Tag	Dämmerg. Anfang	Aufgang MEZ	Kulmination	Untergang MEZ	Dämmerg. Ende	Mittagshöhe	Zeitgleichg.	Rektaszension	Deklination
	h m	h m	h m	h m	h m	o	m	h m	o
1.	5 57	7 09	12 04	16 57	18 09	25,5	+16	14 24	–14,3
5.	6 03	7 16	12 04	16 51	18 03	24,3	+16	14 39	–15,5
10.	6 10	7 24	12 04	16 43	17 57	22,8	+16	14 59	–17,0
15.	6 18	7 33	12 05	16 36	17 51	21,5	+15	15 20	–18,4
20.	6 25	7 41	12 06	16 30	17 46	20,3	+14	15 40	–19,6
25.	6 31	7 48	12 07	16 25	17 42	19,2	+13	16 01	–20,6
30.	6 37	7 55	12 09	16 22	17 40	18,3	+11	16 23	–21,6

Tages- und Nachtstunden

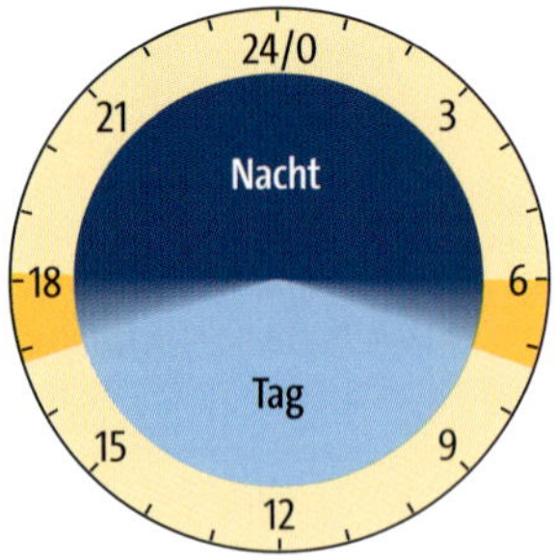

5. November

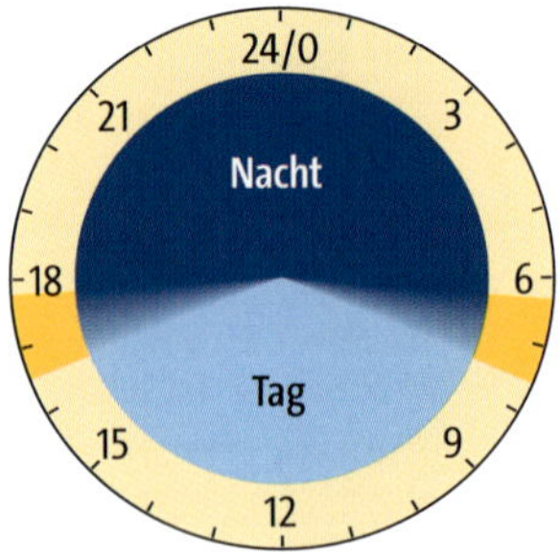

15. November

25. November

Tabelle Mondlauf

Datum		Aufg. MEZ	Kulmination	Unterg. MEZ	Rektaszension	Deklination	Sterne und Sternbilder	Phase	MEZ
		h m	h m	h m	h m	°			
Sa	1.	14 13	19 44	0 09	21 24	−10,5	Wassermann		
So	2.	14 44	20 36	1 24	22 19	− 6,5	Wassermann		
Mo	3.	15 13	21 29	2 40	23 14	− 2,1	Fische	Erdnähe 368/32',5	1^h
Di	4.	15 43	22 21	3 56	0 08	+ 2,5	Fische		
Mi	5.	16 14	23 14	5 12	1 03	+ 6,9	* Fische	Absteigender Knoten	
Do	6.	16 48	–	6 26	1 58	+10,9	Widder	**Vollmond**	**$23^h 23^m$**
Fr	7.	17 26	0 08	7 38	2 53	+14,2	Widder		
Sa	8.	18 10	1 02	8 44	3 49	+16,6	Stier		
So	9.	18 58	1 55	9 45	4 45	+18,1	Aldebaran	Libration West	
Mo	10.	19 51	2 48	10 37	5 40	+18,6	Stier		
Di	11.	20 48	3 39	11 23	6 33	+18,1	Alhena	Größte Südbreite	
Mi	12.	21 47	4 28	12 01	7 25	+16,7	* Zwillinge		
Do	13.	22 47	5 15	12 34	8 14	+14,7	Krebs		
Fr	14.	23 48	6 00	13 02	9 02	+12,0	Krebs	**Letztes Viertel**	**$16^h 16^m$**
Sa	15.	–	6 43	13 28	9 48	+ 8,9	Löwe, Regulus	Erdferne 404/29',6	3^h
So	16.	0 49	7 26	13 52	10 34	+ 5,4	Sextant		
Mo	17.	1 51	8 09	14 16	11 19	+ 1,7	Löwe		
Di	18.	2 54	8 52	14 40	12 05	− 2,2	Jungfrau		
Mi	19.	3 59	9 37	15 07	12 52	− 6,0	Jungfrau	Aufsteigender Knoten	
Do	20.	5 04	10 24	15 36	13 41	− 9,7	Spica		
Fr	21.	6 11	11 14	16 09	14 32	−13,0	Waage	Libration Ost	
Sa	22.	7 18	12 06	16 49	15 25	−15,7	Waage	**Neumond Nr. 1137**	**$13^h 32^m$**
So	23.	8 23	13 01	17 37	16 21	−17,6	Skorpion		
Mo	24.	9 23	13 58	18 33	17 19	−18,5	Schlangenträger		
Di	25.	10 16	14 55	19 36	18 17	−18,4	* Schütze		
Mi	26.	11 03	15 52	20 46	19 16	−17,1	Schütze	Größte Nordbreite	
Do	27.	11 42	16 47	21 59	20 15	−14,7	Steinbock		
Fr	28.	12 17	17 41	23 14	21 11	−11,5	Wassermann	Erdnähe 370/32',3	0^h
Sa	29.	12 48	18 33	–	22 07	− 7,6	Wassermann	**Erstes Viertel**	**$11^h 06^m$**
So	30.	13 17	19 24	0 28	23 01	− 3,3	Fische		

Der Mond zieht nah an Aldebaran vorbei

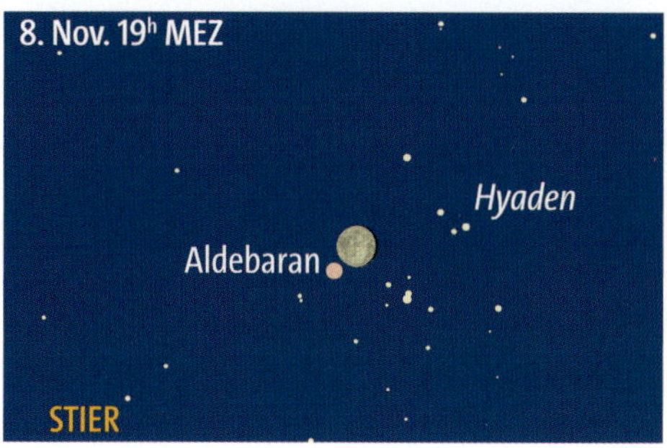

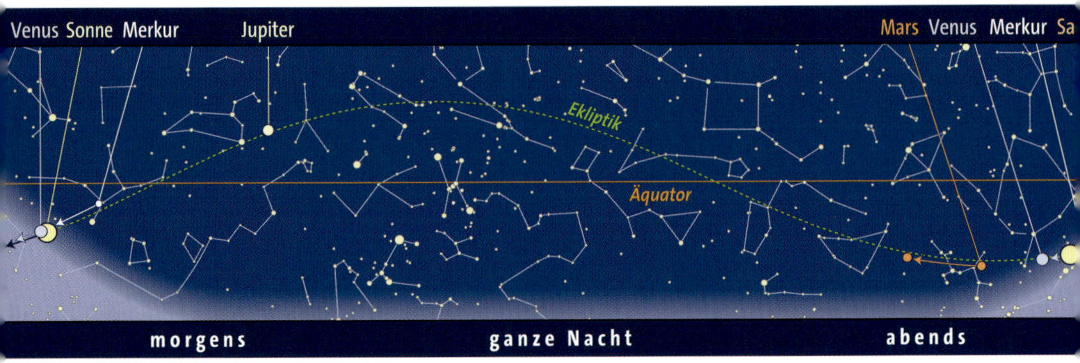

Merkur bietet in diesem Monat die günstigste Morgensichtbarkeit im gesamten Jahr. Am 1. kommt Merkur mit 18°40′ in größte westliche Elongation von der Sonne. Der maximale Winkelabstand fällt relativ gering aus, da Merkur eine Woche vorher durch sein Perihel lief. Dennoch kommt es zu einer respektablen Morgensichtbarkeit, weil die morgendliche Ekliptik steil zum Horizont steht und Merkur fast neun Grad nördlichere Deklination als die Sonne aufweist, was einen entsprechend größeren Tagbogen bedingt. Am 1. geht der $-0^{m}{,}6$ helle Merkur um 5^h21^m auf. Etwa zwanzig Minuten später sollte man ihn erkennen (siehe auch Abb. 11.2 und 11.3 unten). Gegen halb sieben Uhr morgens wird er in der heller werdenden Morgendämmerung unsichtbar. Bis 10. nimmt die Merkurhelligkeit leicht auf $-0^{m}{,}8$ zu, die Aufgänge des flinken Planeten verspäten sich um eine halbe Stunde auf 5^h51^m. Letztmals dürfte man Merkur am 15. erspähen. An diesem Tag geht der $-0^{m}{,}8$ helle Planet um 6^h15^m auf.

Am 5. passiert Merkur ein drittes Mal Spica (α Virginis), diesmal 4°,3 nördlich (siehe Abb. 11.4

11.2 Merkur am Morgenhimmel:
Stellung von Merkur über dem Osthorizont zu den angegebenen Daten jeweils eine Stunde vor Sonnenaufgang. Die Pfeile deuten die Bewegungen von Merkur und Sonne in der folgenden halben Stunde an.

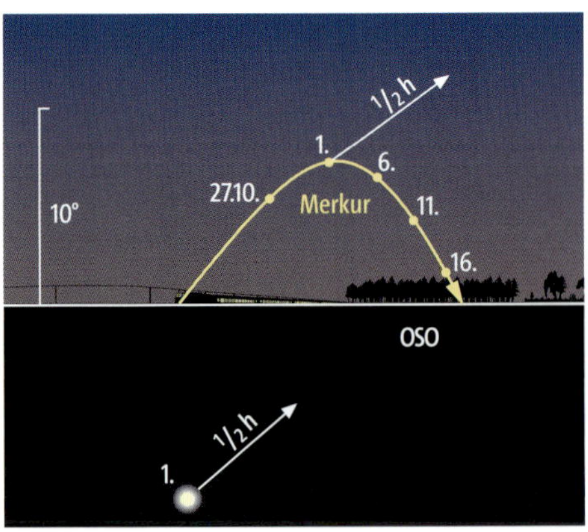

11.3 Sichtbarkeitsdiagramm für Merkur:
Das Diagramm gilt genau für 50° nördlicher Breite und 10° östlicher Länge. Dunkelgelbe Fläche: Unter günstigen Sichtbedingungen kann man Merkur mit bloßen Augen erkennen, hellgelbe Fläche: Merkur ist leicht zu sehen.

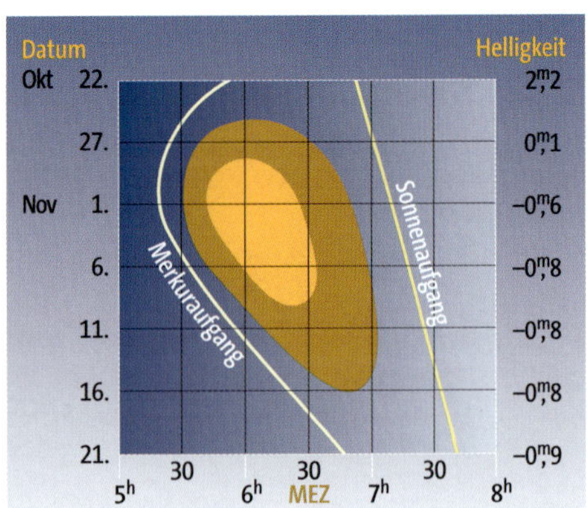

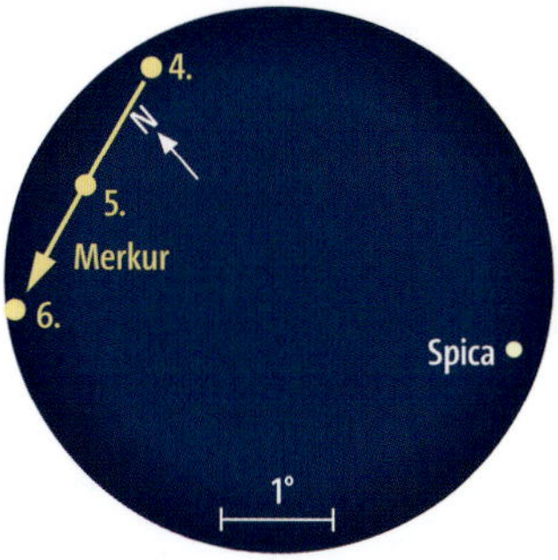

11.4 Merkur bei Spica:
Merkur passiert am 4./5. November Spica in der Jungfrau. Morgendlicher Fernglasanblick bei 5° Gesichtsfelddurchmesser.

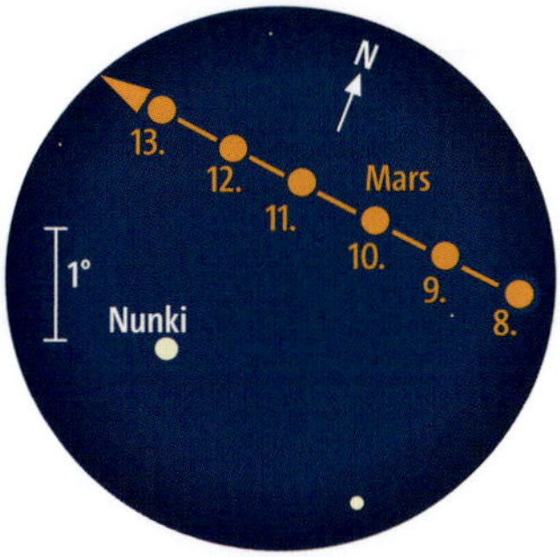

11.5 Mars bei Nunki:
Vom 10. bis 12. wandert Mars nördlich an Nunki (σ Sagittarii) vorbei. Abendlicher Fernglasanblick bei 5° Gesichtsfelddurchmesser.

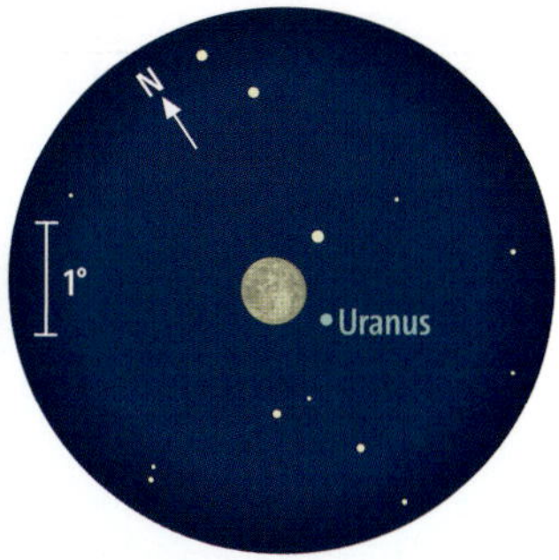

11.6 Mond bei Uranus:
Begegnung von Uranus mit dem fast vollen Mond am 4. November. Fernglasanblick bei 5° Gesichtsfelddurchmesser gegen 19^h MEZ.

oben). In der zweiten Novemberhälfte bleibt der sonnennächste Planet unsichtbar.

Venus hat ihre obere Konjunktion mit der Sonne gerade hinter sich. Ihr östlicher Winkelabstand von der Sonne wächst nur langsam an, da beide Gestirne rechtläufig durch den Tierkreis wandern. Im Laufe des Novembers nimmt ihre östliche Elongation von der Sonne auf nur 10° zu. Außerdem strebt sie rasch nach Süden, wobei sie bis Monatsende auf –23° Deklination kommt. Bei der flach zum Westhorizont liegenden abendlichen Ekliptik reicht dies nicht für eine Abendsichtbarkeit. Venus bleibt im November unsichtbar. Auch die Begegnung mit Saturn am 13. entgeht uns.

Mars läuft rasch durch das Sternbild Schütze und kann noch am Abendhimmel kurz erspäht werden. Am 11. wandert er $4\overset{\circ}{,}2$ nördlich an Nunki (σ Sagitarii) vorbei (siehe Abb. 11.5 oben).

Durch seine schnelle rechtläufige Bewegung durch den Tierkreis und leicht ansteigende Deklination bleiben die Untergangszeiten des $1\overset{m}{,}0$ hellen Planeten fast konstant. Am 1. geht Mars um 19^h47^m unter und am Monatsletzten um 19^h46^m. Auch setzt die Dunkelheit jetzt immer früher ein, so dass Mars je nach Sichtbedingungen noch von etwa 17^h30^m bis 19^h15^m beobachtet werden kann. Mit nur mehr $5\overset{''}{,}1$ Durchmesser des Planetenscheibchens ist Mars allerdings für Fernrohrbeobachter nicht mehr sehr interessant. Details sind kaum noch auf seiner Oberfläche zu erkennen, und wegen seiner niedrigen Höhe empfiehlt sich auch keine allzu hohe Vergrößerung.

Am 16. erreicht Mars seine größte Südbreite. Er steht dabei 1°51′ südlich der Ekliptik – heliozentrisch gesehen.

Jupiter verlagert seine Aufgänge nach weit vor Mitternacht und wird allmählich zum Planeten der gesamten Nacht, sieht man von den ersten Abendstunden ab, die nun in der früh einsetzenden Dämmerung bald beginnen. Der Riesenplanet verzögert immer mehr seine Wanderung durch das Sternbild Löwe und bleibt Ende November fast ganz stehen (siehe Abb. 1.11 auf Seite 44). Die Jupiterhelligkeit nimmt weiter leicht um $0\overset{m}{,}2$ zu und erreicht damit $-2\overset{m}{,}2$.

Der Aufgang von Jupiter erfolgt am 1. um 23^h48^m, am 15. um 23^h00^m und am 30. bereits um 22^h05^m. Am 14. gesellt sich zu Jupiter und Regulus im Löwen der abnehmende Halbmond – ein netter Himmelsanblick nach Mitternacht tief am Osthimmel (siehe Abb. 11.1 auf Seite 234).

Saturn, rechtläufig in der Waage, wird am 18. von der Sonne eingeholt und steht in Konjunk-

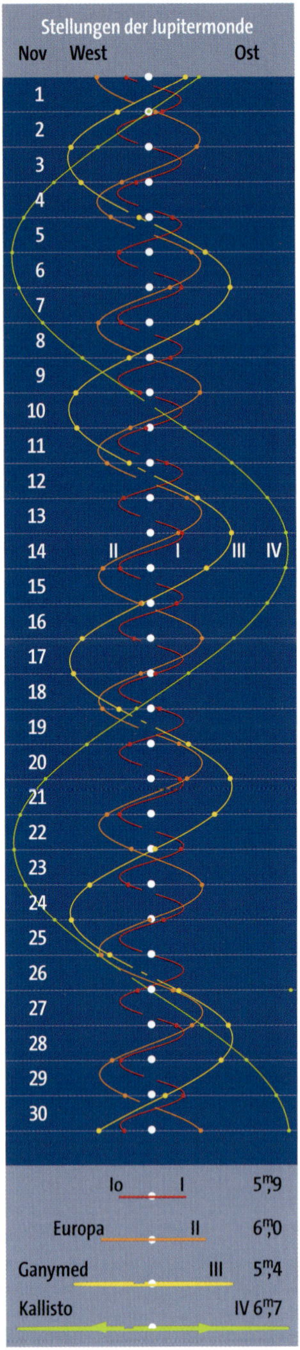

Jupitermonde

Tag	MEZ h	m	Vorgang	
1.	4	05	I	VA
	6	40	III	SA
2.	0	39	II	BE
	1	26	I	SA
	2	39	I	DA
	2	49	IV	DE
	3	42	I	SE
	4	56	I	DE
3.	2	07	I	BE
5.	0	11	III	VE
	1	39	III	BA
	5	19	III	BE
7.	2	53	II	SA
	5	25	II	DA
	5	45	II	SE
8.	5	59	I	VA
9.	3	14	II	BE
	3	19	I	SA
	4	33	I	DA
	5	35	I	SE
10.	0	27	I	VA
	4	02	I	BE
	5	56	IV	BA
11.	0	04	I	SE
	1	18	I	DE
12.	0	31	III	VA
	4	09	III	VE
	5	40	III	BA
14.	5	29	II	SA
16.	0	26	II	VA
	5	12	I	SA
	5	48	II	BE
	6	27	I	DA
17.	2	21	I	VA
	5	55	I	BE
	23	41	I	SA
18.	0	11	II	DE
	0	55	I	DA
	1	57	I	SE
	3	11	I	DE
	4	22	IV	SA
19.	0	24	I	BE
	4	29	III	VA
22.	23	33	III	DA
23.	2	59	II	VA
	3	09	III	DE
	7	05	I	SA
24.	4	14	I	VA
	23	52	II	DA
25.	0	14	II	SE
	1	34	I	SA
25.	2	45	II	DE
	2	46	I	DA
	3	50	I	SE
	5	03	I	DE
	22	43	I	VA
26.	2	16	I	BE
	23	30	I	DE
	23	38	IV	BA
27.	4	29	IV	BE
29.	22	31	III	SA
30.	2	06	III	SE
	3	23	III	DA
	5	32	II	VA
	6	59	III	DE

tion mit ihr. Der Ringplanet hält sich am Taghimmel auf und bleibt nachts unbeobachtbar. Auch die Begegnungen mit Venus am 13. und Merkur am 26. entgehen uns.

Die Entfernung Saturns von der Erde misst am Konjunktionstag 1636 Millionen Kilometer (= 10,94 AE). Von der Sonne trennen ihn an diesem Tag 1488 Millionen Kilometer (= 9,95 AE). Das Sonnenlicht ist somit eine Stunde und 23 Minuten zu Saturn unterwegs.

Uranus, rückläufig in den Fischen, stand im ersten Drittel des Vormonats in Opposition zur Sonne. Er bremst seine rückläufige Wanderung ein wenig ab (siehe Abb. 10.6 auf Seite 221). Bei Einbruch der Dunkelheit steht Uranus längst hoch genug, um ihn mit guter Optik zu erspähen. Vom Morgenhimmel zieht sich Uranus zurück.

Uranus geht am 1. um 16^h02^m auf, kulminiert in der Nacht vom 1. auf 2. um 22^h27^m und geht um

4^h52^m unter. Bis Monatsende verfrühen sich die Kulminationen auf 20^h30^m. Am 30. geht der $5\overset{m}{,}8$ helle grünliche Planet schon um 2^h57^m unter.

Am Abend des 4. begegnet der fast volle Mond dem grünlichen Planeten (siehe Abb. 11.6 auf Seite 239).

Neptun im Wassermann tritt fast auf der Stelle. Von „Rückläufigkeit" ist wenig zu bemerken. Am 16. wird er stationär und beendet damit seine Oppositionsperiode. Anschließend ist er wieder rechtläufig, was zunächst nicht auffällt (siehe Abb. 8.6 auf Seite 182).

Der sonnenfernste Planet kann am Abendhimmel aufgesucht werden. Anfang November kulminiert Neptun um 20^h04^m und geht um 1^h20^m unter. Zu Monatsende passiert der $7\overset{m}{,}9$ helle Planet schon um 18^h10^m den Meridian und sinkt um 23^h22^m unter den Horizont.

Planetoiden

Hebe (6), rückläufig im Fluss Eridanus, kommt am 15. in **Opposition** zur Sonne. Am 22. zieht sie $0\overset{\circ}{,}9$ nördlich an δ Eridani ($3\overset{m}{,}5$) vorbei (siehe Abb. 11.7 auf Seite 242). Ihre Oppositionshelligkeit beträgt $8\overset{m}{,}1$.

Hebe geht am 15. um 19^h11^m auf, kulminiert in der Nacht zum 16. um 0^h32^m und geht morgens um 5^h52^m dann unter. Bis Ende November verfrühen sich ihre Kulminationen auf 23^h19^m. Wegen ihrer elliptischen Bahn erreicht sie bereits am 9. mit 160 Millionen Kilometer ihre geringste Entfernung von der Erde, dies entspricht 1,07 AE. Von der Sonne trennen sie zur Opposition 299 Millionen Kilometer (= 2,0 AE).

Periodische Sternschnuppenströme

Die **Leoniden** treten vom 6. November an am Morgenhimmel in Aktion. Ihr Radiant liegt im Löwen rund 10° nordöstlich von Regulus. Das spitze Maximum ist in der Nacht vom 17. auf 18. November zu erwarten (gegen 3^h MEZ). Die Sternschnuppen sind außerordentlich schnell (um 70 Kilometer pro Sekunde). Das Erscheinen der Leoniden geht auf den Kometen 55P/Tempel-Tuttle (alte Bezeichnung: 1866 I) zurück. Nur alle 33 Jahre kollidiert die Erde mit dem Zentrum der Leoniden-Trümmerwolke. In diesem Jahr ist mit einer eher bescheidenen Leoniden-Aktivität zu rechnen. Immerhin sind etwa 15 Sternschnuppen pro Stunde am Morgenhimmel zu erwarten, wobei ihre Helligkeiten eher bescheiden bleiben. In den Jahren 2002 und 2003 stieg die Frequenz auf 3000 Sternschnuppen pro Stunde an. Zurzeit nimmt die Aktivität wieder ab.

Auf die **Tauriden**, deren Maximum auf den 12. November fällt, wurde schon im September hingewiesen. Zwischen 20^h und 4^h morgens ist mit etwa fünf bis zehn Meteoren pro Stunde zu rechnen. Die Tauriden zerfallen eigentlich in zwei Teilströme. Die **N-Tauriden** haben ihr Maximum am 12. November, und die **S-Tauriden** sind etwas früher dran, ihr Höhepunkt fällt auf den 5. November.

Konstellationen und Ereignisse

Datum	MEZ	Ereignis
1.	14^h	**Merkur in größter westlicher Elongation** (19°)
2.	5	Mond bei Neptun, Mond $4\overset{\circ}{,}6$ nördlich
4.	19	**Mond bei Uranus**, Mond $1\overset{\circ}{,}3$ nördlich (Bedeckung!), **Abstand $0\overset{\circ}{,}4$ um 18^h** (Fernglas!)
13.	10	Venus bei Saturn, Venus $1\overset{\circ}{,}6$ südlich
14.	19	Mond bei Jupiter, Mond $5\overset{\circ}{,}2$ südlich
16.	12	Neptun im Stillstand, anschließend rechtläufig
18.	10	Saturn in Konjunktion mit der Sonne
21.	18	Mond bei Merkur, Mond $1\overset{\circ}{,}9$ nördlich
22.	6	Mond bei Saturn, Mond $1\overset{\circ}{,}3$ nördlich
23.	2	Mond bei Venus, Mond $3\overset{\circ}{,}9$ nördlich
26.	10	Merkur bei Saturn, Merkur $1\overset{\circ}{,}7$ südlich
26.	11	Mond bei Mars, Mond $6\overset{\circ}{,}6$ nördlich
29.	10	Mond bei Neptun, Mond $4\overset{\circ}{,}5$ nördlich

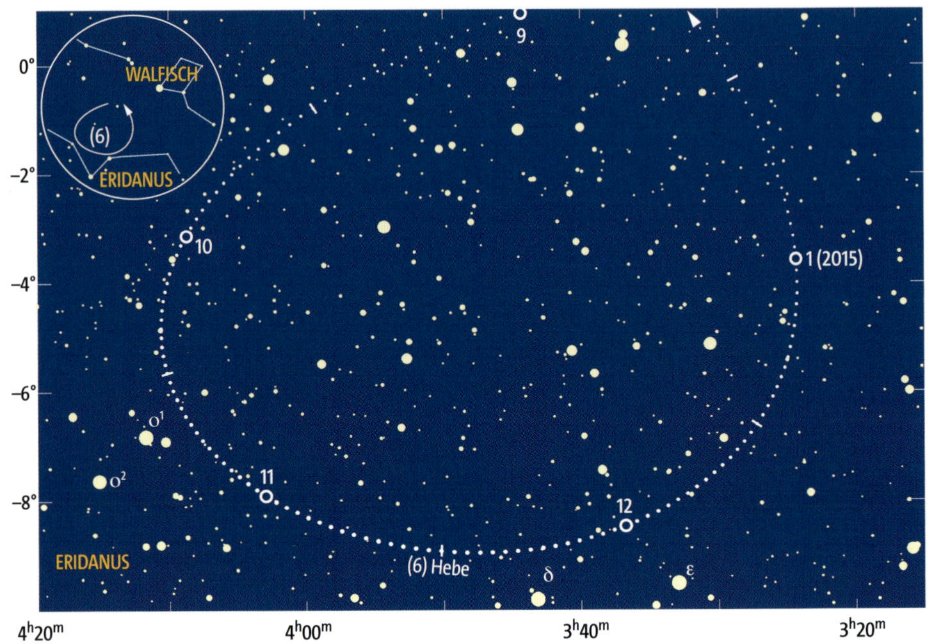

11.7 Bahn von Hebe:
Scheinbare Bahn des Kleinplaneten (6) Hebe von September 2014 bis Anfang Januar 2015 im Gebiet der Sternbilder Eridanus und Walfisch. Die Zahlen geben die Position von Hebe zum jeweiligen Monatsbeginn an (11 = 1. November).

Der Fixsternhimmel

Der Charakter des abendlichen Sternenhimmels ist nun eindeutig herbstlich, auch wenn das Sommerdreieck im Westen noch zu sehen ist. Im Osten sind bereits die Wintersternbilder in Anmarsch. Mit einem Blick zum Zenit erkennt man auf Anhieb das Himmels-W, die Königin Kassiopeia. Die mittlere Spitze des W deutet bekanntlich ungefähr auf den Polarstern. Lässt man vom Polarstern den Blick zum Nordhorizont hinunter gleiten, so stößt man auf den Großen Wagen, dessen sieben Sterne jetzt tief im Norden stehen. Er passiert gerade den Meridian in unterer Kulmination. Als Zirkumpolarsternbild ist er in dieser Position noch über dem Horizont, während ansonsten Sterne und Sternbilder in unterer Kulmination nicht zu sehen sind, weil diese unterhalb des Horizonts erfolgt.

Ebenfalls in Zenitnähe entdeckt man die Sternenkette der Andromeda. Unsere Nachbarmilchstraße, die Andromedagalaxie, befindet sich fast genau im Meridian. Das Pegasusquadrat hat seinen Meridiandurchgang bereits hinter sich und ist ein wenig nach Westen gerückt.

Hoch im Osten ist der Perseus zu sehen, dessen Gestalt nun gut zu erkennen ist. Im Perseus befindet sich der Bedeckungsveränderliche Algol (β Perseï), der Prototyp der Klasse der Algol-Variablen. Die Entfernung der Doppelsonne Algol wurde zu 93 Lichtjahren gemessen. Die arabische Bezeichnung Algol bedeutet so viel wie „Haupt des Teufels“.

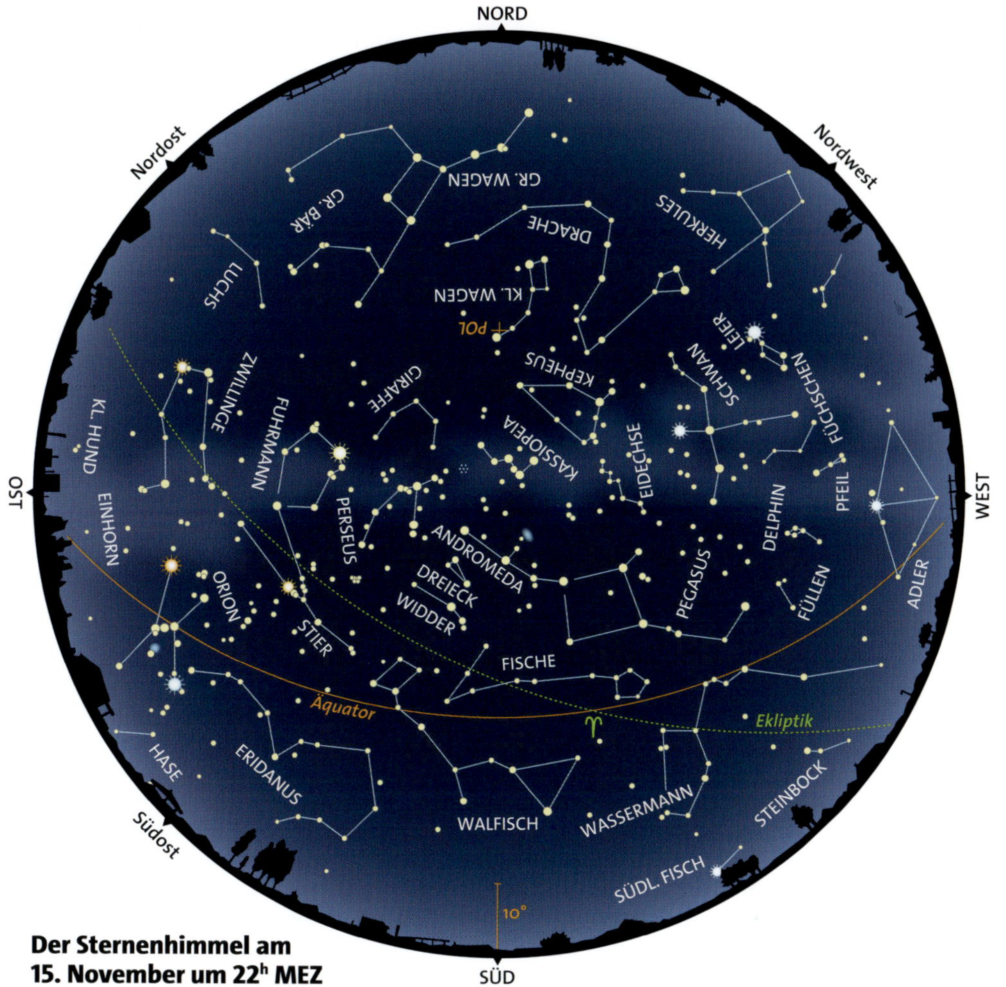

Der Sternenhimmel am 15. November um 22ʰ MEZ

Die Sternkarte ist auch gültig für:		
	MEZ	MESZ
1. 9.	3^h	4^h
15. 9.	2	3
1.10.	1	2
15.10.	0	1
1.11.	**23**	
15.11.	**22**	
30.11.	**21**	
15.12.	20	
31.12.	19	
15. 1.	18	

Die unscheinbare Giraffe

Zwischen dem Polarstern und dem Perseus liegt ein Feld aus weniger hellen Sternen. Sie gehören zu dem unscheinbaren und darum kaum bekannten Sternbild Giraffe (lat.: Camelopardalis). Die Giraffe ist ein neuzeitliches Sternbild, das erst im Jahre 1613 von dem holländischen Pfarrer und Liebhaberastronomen Petrus Plancius eingeführt wurde. Das Gebiet um den Meridian halten außer Andromeda und Dreieck noch die Sternbilder Widder, Fische und Walfisch besetzt. Im Südwesten dehnt sich der Wassermann aus. Darunter ist gerade noch Fomalhaut im Südlichen Fisch zu erkennen.

Im Osten funkelt es an hellen Sternen, die Wintersternbilder drängen auf die Himmelsbühne: Der Fuhrmann mit Kapella, der Stier mit Aldebaran und den beiden offenen Sternhaufen Plejaden und Hyaden, der Orion mit Beteigeuze und Rigel sowie die Zwillinge mit Kastor und Pollux ziehen die Blicke auf sich.

Von den Winterbildern fehlen nur noch der Kleine und der Große Hund. Sie werden aber zur Wintersonnenwende zur Standardbeobachtungszeit am Nachthimmel vertreten sein.

Objekte für Feldstecher und Fernrohr

Zu den prominenten Objekten des Herbsthimmels zählt die Andromeda-Milchstraße, M 31 mit der Katalognummer. Sie ist das Paradebeispiel eines extragalaktischen Sternsystems. M 31 ist mit knapp drei Millionen Lichtjahren der uns nächste Spiralnebel. Zwar ist heute allgemein bekannt, dass Galaxien riesige Sternsysteme mit mehr als hundert Milliarden Sonnen sind, dennoch haben sich Bezeichnungen wie „Spiralnebel“ erhalten. Nicht weit von M 31 entfernt stößt man auf M 33 im Sternbild Triangulum, auch als Dreiecksnebel bekannt. M 33 ist deutlich kleiner als M 31, aber etwa gleich weit entfernt. Unsere Milchstraße, M 31 und M 33 sind die großen Mitglieder der Lokalen Milchstraßengruppe, zu der noch Dutzende Zwerggalaxien gehören wie die Magellanschen Wolken (siehe auch „Monatsthema Dezember“, Seite 262).

Der abendliche Herbsthimmel hält noch weitere Galaxien bereit, die auch einmal beobachtet werden sollten. Zu ihnen zählt M 77 im Cetus. Man findet diese aktive Galaxie knapp östlich von δ Ceti. Im Fernglas erscheint sie nur als winziges, kreisförmiges Fleckchen. Im Teleskop zeigt sich ein heller Kern umgeben von einem lichtschwachen Saum. Die Gesamthelligkeit liegt bei 9^m, der scheinbare Durchmesser weist nur drei Bogenminuten auf, Hubble-Typ Sb. Allerdings erkennt man kaum eine Spirale bei visueller Beobachtung. M 77 gehört zur Klasse der Seyfertgalaxien, deren Kern hell strahlt und dessen zentrale Helligkeit variiert. Heute zählt man diese Galaxien zu den AGN (Active Galactic Nuclei), Milchstraßensysteme mit einem aktiven Kern, aus dem intensive Röntgen- und UV-Strahlung kommt. Als zentraler Motor wirkt im Zentrum ein supermassereiches Schwarzes Loch mit einer gewaltigen Akkretionsscheibe. M 77 befindet sich in der respektablen Entfernung von 50 Millionen Lichtjahren. Entdeckt wurde M 77 im Herbst 1780 von Pierre Méchain und Charles Messier. Beide meinten, hier einen Sternhaufen eingebettet in einen Gasnebel zu erkennen. M 77 findet man in der Sternkarte E0 im *Atlas für Himmelsbeobachter* von Erich Karkoschka.

Schwierigere Galaxien

Als weitere Galaxie sei M 74 in den Fischen empfohlen. Sie zu erkennen erfordert schon einige Beobachtungserfahrung. Mit $9^m\!,5$ ist sie recht lichtschwach. Sie liegt knapp östlich von η Piscium (siehe Abb. 11.8 auf Seite 245). Man sollte nicht zu stark vergrößern, M 74 ist zwar eine Spirale, auf die man senkrecht blickt, aber in kleineren Instrumenten zeigt sich lediglich ein nicht sehr auffälliges kreisrundes Zentrum. Der scheinbare Durchmesser liegt bei 8′. Für Nutzer computergesteuerter Teleskope seien die Koordinaten von M 74 genannt: $\alpha = 1^h36^m\!,7$ / $\delta = +15°47'$ (2000.0). Die Entfernung von M 74 wurde ursprünglich zu 30 Millionen Lichtjahren

Veränderliche Sterne im November

Algol-Minima	3. 4^h02^m	6. 0^h51^m	8. 21^h39^m	11. 18^h28^m	26. 2^h33^m	28. 23^h23^m
β-Lyrae-Minima	7. 3^hN	13. 14^hH	20. 1^hN	26. 13^hH		
δ-Cephei-Maxima	5. 2^h	10. 11^h	15. 20^h	21. 5^h	26. 14^h	
Mira-Helligkeit	1. 7^m	10. 8^m	20. 8^m	30. 9^m		

ermittelt. Neuere Untersuchungen lassen erkennen, dass diese Galaxie wohl nur etwas mehr als 25 Millionen Lichtjahre entfernt ist.

Ebenfalls für versierte Beobachter seien die beiden Galaxien NGC 772 und NGC 1156 im Sternbild Widder als Ziele vorgeschlagen. NGC 772 ist eine Spirale vom Typ Sb und mit $10\overset{m}{.}3$ die hellste Galaxie im Widder. In kleineren Instrumenten sieht man nur ein ovales Nebelfleckchen mit einer Ausdehnung von $2' \times 3'$ im Durchmesser. Ab 25 cm Öffnung erkennt man auch die Randpartien. Gesamtgröße: $4\overset{\prime}{.}8 \times 3\overset{\prime}{.}8$. NGC 772 liegt weniger als $1\overset{\circ}{.}5$ ost-südöstlich von γ Arietis ($3\overset{m}{.}9$) oder Mesarthim. Die Koordinaten lauten: $\alpha = 1^h59^m$ / $\delta = +19°00'$ (2000.0). NGC 772 ist 120 Millionen Lichtjahre entfernt. Die zweite Galaxie, NGC 1156 im Widder, ist mit $11\overset{m}{.}7$ noch lichtschwächer. Sie zählt zu den irregulären Milchstraßensystemen. Eine Spiralstruktur ist nicht zu erkennen. Um NGC 1156 zu finden, starte man bei 41 Arietis (Sternkarte E1 im Atlas von Karkoschka). Mit $3\overset{m}{.}6$ ist 41 Ari schnell entdeckt. Man schwenke das Teleskop 3° ost-südostwärts zu dem Sternpaar 49 und 51 Ari. Südöstlich von diesem Sternpaar stößt man auf den Doppelstern 52 Arietis. NGC 1156 bildet ein gleichseitiges Dreieck mit 49/51 und 52 Ari, wobei die Galaxie die Südwestecke einnimmt. Die Ausdehnung dieser lichtschwachen Milchstraße misst lediglich $0\overset{\prime}{.}9 \times 2\overset{\prime}{.}3$. Ihre Entfernung beträgt etwa 25 Millionen Lichtjahre, die Koordinaten lauten: $\alpha = 3^h00^m$ / $\delta = +25°14'$ (2000.0).

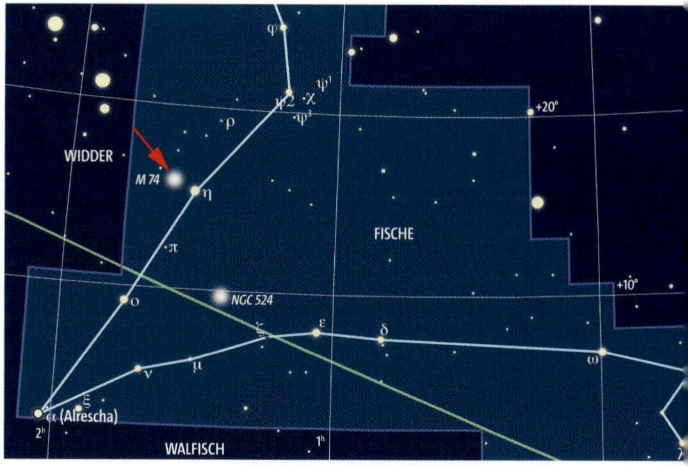

11.8 Sternbild Fische: Skelettkarte der Fische mit der Position der Galaxie M 74.

Ein weniger bekannter Sternhaufen

Als prominenter doppelter offener Sternhaufen sei h und χ im Perseus genannt, der zum Standardprogramm jeder Sternführung im Herbst gehört. Weniger bekannt ist M 103 in der Kassiopeia, ebenfalls ein offener Sternhaufen. Bereits in einem Fernglas ist M 103 ein wenig nordöstlich von Ruchbah (δ Cassiopeiae) als kleine Anhäufung von Sternen erkennbar. Im Teleskop sind rund 30 Einzelsterne auszumachen. Mit 7000 Lichtjahren Entfernung ist M 103 etwa gleich weit weg wie h und χ im Perseus. Es handelt sich um einen jungen Sternhaufen mit einem Alter von etwa 25 Millionen Jahren, der auch einen Teil der OB-Assoziation Nr. 8 in der Kassiopeia bildet. Wer schon sein Instrument auf die Kassiopeia gerichtet hat, kann sich den schönen Doppelstern η Cassiopeiae vorknöpfen. Ein gelber, $3\overset{m}{.}5$ heller Stern (G0 V) hat in $13\overset{\prime\prime}{.}3$ Distanz (P = 323°) einen tiefroten (M0 V) mit $7\overset{m}{.}4$ vergleichsweise lichtschwachen Begleiter. Beide umrunden ihren gemeinsamen Schwerpunkt in 480 Jahren. Mit 19 Lichtjahren Entfernung zählt η Cas noch zu den Nachbarsternen unserer Sonne.

Schwierig zu trennen ist 36 Andromedae, obwohl die Komponenten mit $6\overset{m}{.}1$ und $6\overset{m}{.}5$ ähnlich hell sind, weil die Separation nur $1\overset{\prime\prime}{.}1$ (P = 328°) beträgt. Die Hauptkomponente leuchtet orange (K1 IV). Ihre Umlaufperiode beträgt 168 Jahre. Die Entfernung wurde zu knapp 400 Lichtjahren ermittelt. Die Koordinaten von 36 And lauten: $\alpha = 0^h55\overset{m}{.}0$ / $\delta = +23°38'$ (2000.0).

Die Higgs-Bosonen und die Entstehung des Universums

11.9 **Blick in den Tunnel des riesigen ATLAS-Detektors im LHC des Kernforschungszentrums CERN in Genf.**

Die Aufregung war groß, die Medien berichteten ausführlich und Laien wie Fachleute waren fasziniert: Im Juli 2012 wurde bekannt gegeben, dass das lange gesuchte Higgs-Teilchen – höchstwahrscheinlich – mit dem größten Teilchenbeschleuniger LHC (Large Hadron Collider) im europäischen Kernforschungslabor CERN in Genf aufgespürt worden war. Lange war das zunächst hypothetische Higgs-Teilchen nur Insidern ein Begriff.

Doch plötzlich wurde es weltweit populär, und das breite Publikum diskutierte das Für und Wider der Existenz dieses offensichtlich wichtigen Bausteins der Materie. Am CERN würde mit dem LHC der Urknall simuliert, so wurde kolportiert. Ängstliche Gemüter fürchteten gar, es könnten Schwarze Löcher im Miniformat bei den Kollisionsversuchen entstehen, die die gesamte Erde in den Abgrund reißen würden. Dies ist jedoch nicht passiert und wird auch in Zukunft nicht geschehen. Die Kosmologen sind der Meinung, dass in einer sehr frühen Phase des Universums, nur eine Billionstel Sekunde nach dem Urknall, die Higgs-Teilchen infolge einer Symmetriebrechung den Elementarteilchen wie Quarks, Protonen, Neutronen, Elektronen, Mesonen u. a. deren Masse verliehen, anderen wie den Photonen aber nicht. In den ersten Bruchteilen einer Sekunde nach dem Big Bang war die Temperatur in dem noch kleinen Universum enorm hoch, was gleichbedeutend ist mit einer entsprechenden hohen Energiedichte. Und genau diese erzeugt der LHC, indem Pakete von Protonen fast auf Lichtgeschwindigkeit beschleunigt werden ($v = 0{,}99999995\,c$). Die Protonenpakete, beispielsweise aus Gold- oder Bleiatomkernen, rasen gegenläufig durch den 27 Kilometer langen Ringbeschleuniger und werden schließlich zur Kollision gebracht. Bei diesen Frontalzusammenstößen entstehen so hohe Temperaturen wie in der eben erwähnten Frühphase des Universums.

Bereits 1964 postuliert

Die Bezeichnung Higgs-Teilchen geht auf den britischen Physiker Peter Ware Higgs (geb. 1929) zurück. Higgs war bis zu seiner Emeritierung 1996 Professor für Theoretische Physik an der Universität Edinburgh in Schottland. 1964 publizierte er einen Aufsatz über den Mechanismus, der den Elementarteilchen Masse verleiht. Die Physiker rätselten schon lange, wieso die Bausteine der Materie so differierende Massen haben. Elektronen und Myonen haben nur wenig Masse, man zählt sie zu den Leptonen, also leichten Teilchen. Protonen und Neutronen sind fast 2000-mal massereicher, sie bilden die Baryonen, die schweren Teilchen. Dazwischen liegen die Mesonen. Photonen und die immer noch hypothetischen Gravitonen sind hingegen masselos.

Higgs war übrigens nicht der einzige Physiker, der den heute nach ihm benannten „Higgs-Mechanismus" vorschlug, um den Grundbausteinen unserer Welt Masse zu verleihen. Robert Brout, François Englert, Gerald Guralnik, Carl R. Hagen und Tom Kibble arbeiteten ebenfalls auf diesem Gebiet und machten ähnliche Vorschläge oder waren Wegbereiter. Doch Higgs wurde weltweit berühmt, da seine Arbeit den Weg in die Öffentlichkeit fand. Zu verdanken hat er dies dem Wissenschaftsjournalisten Dick Teresi, der 1993 mit dem Physiker Leon Lederman das Buch „The God Particle" (engl., Das Gottesteilchen) herausgab. Lederman, der 1988 den Physik-Nobelpreis für die Entdeckung des Myon-Neutrinos erhielt, sprach allerdings von einem „gottverdammten Teilchen" (engl.: a goddamn particle). Lederman wollte damit ausdrücken, dass selbst 30 Jahre nach der Postulierung des Higgs-Teilchens durch die Theoretiker, es immer noch nicht dingfest gemacht werden konnte. Doch Teresi hatte das Gespür, wie man einen Erfolg versprechenden Titel kreiert. Inzwischen hat ein anderer Journalist, Ian Sample, ein weiteres Buch zum „Gottesteilchen" verfasst: „The Hunt for the God Particle" (engl., Die Jagd nach dem Gottesteilchen), und auch der deutsche Wissenschaftsjournalist Rüdiger Vaas verfolgt mit seinem 2013 erschienenen Buch „Vom Gottesteilchen zur Weltformel" das Thema. Die Wissenschaftler mögen diese Firmierung jedoch nicht. Durchgesetzt hat sich die Bezeichnung Higgs-Boson, obwohl Peter Higgs sein Teilchen als X-Boson titulierte. Die Suche nach ihm war schon deshalb so eifrig betrieben worden, weil es der letzte noch unentdeckte Baustein des Standardmodells der Materie ist. Sollte es das Teilchen nicht geben, so wären einige Theorien und Vorstellungen von den Elementarteilchen und den zwischen ihnen wirkenden Kräften hinfällig.

Lange Tradition

Uralt ist die Vorstellung, alle Materie setze sich aus nur wenigen, winzigen Grundbausteinen zusammen. Der ionische Naturphilosoph Demokrit von Abdera (vermutlich 470–380 vor Chr.) entwarf die Hypothese, alle materiellen Dinge bestünden aus kleinsten Teilchen, deren geometrische Formen die makroskopischen Eigenschaften der Körper bedingen. Er nannte sie Atomoi (ἄτομοι), die Unteilbaren. Beweisen konnte Demokrit dies allerdings nicht. Erst John Dalton (1766–1844) hat erkannt, dass sich alle Stoffe aus kleinsten Einheiten zusammensetzen müssen und nicht beliebig teilbar sind. Im Jahre 1804 formulierte er sein Gesetz der multiplen Proportionen. In den folgenden Jahrzehnten haben Generationen von Forschern entdeckt, dass die Materie tatsächlich aus Grundstoffen besteht, nämlich aus den Atomen der chemischen Elemente. Allerdings sind die Atome keineswegs unteilbar. Sie besitzen einen positiv geladenen Kern, der fast die gesamte Masse eines Atoms beinhaltet. Um ihn schwirren in verschiedenen Schalen die negativ geladenen Elektronen. Nach außen hin sind die Atome elektrisch neutral, es sei denn, ihnen wurden ein oder mehrere Elektronen entrissen. Solche elektrisch geladenen Atome werden Ionen genannt. Vor hundert Jahren hat Ernest Rutherford (1871–1937) durch Streuversuche mit Elektronen an Metallfolien entdeckt, dass Atomkerne winzig klein sind im Vergleich zu einem Atom. Atome scheinen hauptsächlich aus leerem Raum zu bestehen. Könnte man einen Atomkern auf die Größe einer Kirsche aufblähen, dann kreisten die Elektronen in Kilometerdistanz um den Kern. Auch Atomkerne sind nicht unteilbar. Sie setzen sich aus positiv geladenen Protonen und ungeladenen Neutronen zusammen; diese Teilchen werden Baryonen genannt, was soviel wie „schwere Teilchen" bedeutet. Murray Gell-Mann und George Zweig sowie weitere Kollegen haben in den 60er-Jahren des letzten Jahrhunderts erkannt: Auch die Baryonen sind nicht elementar, sie setzen sich aus sogenannten Quarks zusammen. Je drei Quarks bilden ein Proton oder ein Neutron. Die Quarks haben jeweils ein oder zwei Drittel der elektrischen Elementarladung. Außerdem besitzen sie eine Farbladung – entweder rot, grün oder blau. Diese Farbladungen haben nichts mit wirklichen Farben zu tun, sondern sind Quanten-

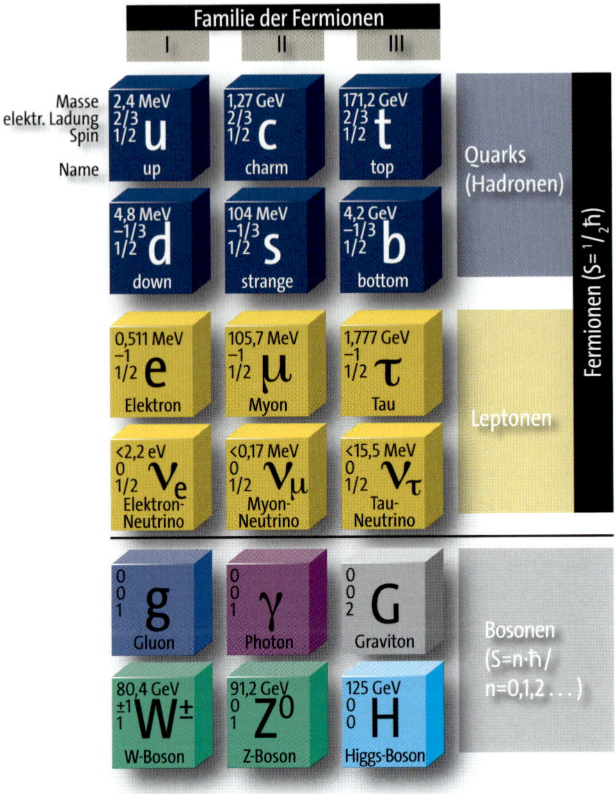

11.10 Tafel der Elementarteilchen (Standardmodell).

eigenschaften der Quarks. Protonen und Neutronen sind nach außen hin farbladungsneutral. Sie erscheinen somit „weiß". Neben den leichten Teilchen wie Elektronen, Myonen und Neutrinos, also den Leptonen, und den Baryonen, gibt es noch mittelschwere Teilchen, die Mesonen. Zu ihnen zählen beispielsweise die Pi-Mesonen, die in drei elektrischen Ladungsformen (π^+, π^-, π^0) vorkommen. Sie setzen sich aus jeweils zwei Quarks zusammen und sind nach außen hin ebenfalls farbladungsneutral.

Vier Grundkräfte

Vier Kräfte bestimmen das Verhalten der Materie, oder genauer, die Wirkungen aller Elementarteilchen aufeinander. Man spricht daher von Wechselwirkungen. Sie unterscheiden sich durch ihre Kopplungsstärken. Die starke Wechselwirkung oder Kernkraft hält die Protonen und Neutronen im Atomkern zusammen. Sie ist rund hundertmal stärker (genau: 137-mal) als die elektromagnetische Kraft. Damit verhindert die Kernkraft, dass Atomkerne zerplatzen, weil die positiv geladenen Protonen einander abstoßen. Noch schwächer ist die schwache Wechselwirkung, nämlich hunderttausendmal schwächer als die Kernkraft. Die schwache Wechselwirkung vermittelt zwischen Baryonen und Leptonen. Klassisches Beispiel ist der Beta-Zerfall. Ein freies Neutron zerfällt im Mittel nach einer Viertelstunde in ein Proton, ein Elektron und ein Antineutrino. Die schwächste aller vier Naturkräfte ist die Gravitation. Die Kopplungsstärke der Schwerkraft ist vierzig Zehnerpotenzen (10^{40} = zehn Sextilliarden) schwächer als die Kernkraft! Kaum zu glauben, wenn man Stiegen steigt oder einen schweren Koffer schleppt. Nicht alle Teilchen „spüren" alle vier Kräfte. So reagieren Leptonen nicht auf die Kernkraft. Teilchen, die der Kernkraft unterliegen, nennt man Hadronen. Zu ihnen zählen die Baryonen, Pi-Mesonen und Quarks. Die Kräfte werden durch Felder beschrieben. Gemäß der Quantenmechanik sind diese aber nicht kontinuierlich, sondern „gequantelt", also in kleine Portionen zerlegt, die weiter nicht teilbar sind. Nach der modernen Vorstellung der Wechselwirkungen werden die Kräfte durch virtuelle Austausch- oder Botenteilchen (messenger particles) übertragen. Da sie die Kraftfelder repräsentieren, heißen sie auch Feldquanten. Die Kernkraft wird zwischen den Baryonen mittels Pi-Mesonen übertragen, zwischen den Quarks vermitteln die Gluonen. Photonen übertragen die elektromagnetische Wechselwirkung,

W- und Z-Bosonen die elektroschwache Kraft, die für die Radioaktivität verantwortlich zeichnet. Die intermediären Vektorbosonen, wie die W- und Z-Partikel auch genannt werden, wurden 1983 am CERN nachgewiesen, nachdem sie bereits theoretisch postuliert worden waren. Ein direkter Nachweis fehlt noch für die Gravitonen, die die Schwerkraft übertragen.

Die Austauschteilchen

Virtuell heißen die Botenteilchen, weil sie nur innerhalb der eng gezogenen Grenzen der Heisenbergschen Unschärferelation wirken können. Je höher ihre Ruhemasse oder, was gleichbedeutend ist, je größer ihre Energie, desto kürzer existieren sie und umso geringer ist ihre Reichweite. Denn es gilt: Das Produkt aus Unschärfe der Energie (Ruhemasse) mal Unschärfe der Zeit ist stets größer oder gleich dem Planckschen Wirkungsquantum (geteilt durch 2π), also: $\Delta E \cdot \Delta t \geq h / 2\pi$. Da Photonen und Gravitonen keine Ruhemasse besitzen, wirken Gravitationsfelder und elektrische bzw. magnetische Felder beliebig weit. Die Kernkraft wirkt dagegen nur auf eine Distanz von 10^{-13} cm, da die Pi- Mesonen eine Ruhemasse von 135 MeV besitzen. Mit nur 10^{-16} cm haben die W- und Z-Bosonen die kürzeste Reichweite. Denn sie sind 80 beziehungsweise 90 GeV schwer. (Nach der Speziellen Relativitätstheorie sind Masse und Energie einander äquivalent: $E = mc^2$. Ein Gramm Masse entspricht $5{,}6 \cdot 10^{26}$ GeV).

Der gesamte Zoo der Elementarteilchen lässt sich in zwei Gruppen einteilen, in die Fermionen und in die Bosonen (siehe „Tafel der Elementarteilchen“). Alle Partikel mit halbzahligem Spin (Eigendrehimpuls) sind Fermionen, während Bosonen einen ganzzahligen Spin besitzen. Der Unterschied ist bedeutsam. Die Fermionen unterliegen dem Pauli-Prinzip, salopp auch Pauli-Verbot genannt. Wolfgang Pauli (1900–1958), Nobelpreis für Physik 1945, formulierte sein Prinzip wie folgt: Innerhalb eines Atoms können zwei Elektronen niemals in allen vier Quantenzahlen (Energie, Bahndrehimpuls, magnetisches Moment und Spin) übereinstimmen. Allgemeinverständlicher ausgedrückt: Jedes Fermion benötigt einen gewissen Platz, eine Quantenzelle, die es alleine bewohnt. Die Fermionen stabilisieren somit die Materie. Ohne die Pauli-Regel würden Erde, Mond, Sonne und alles andere in sich zusammenfallen. Die Bosonen hingegen unterliegen nicht dem Pauli-Verbot. Man kann sie zu enormen Dichten zusammenpressen.

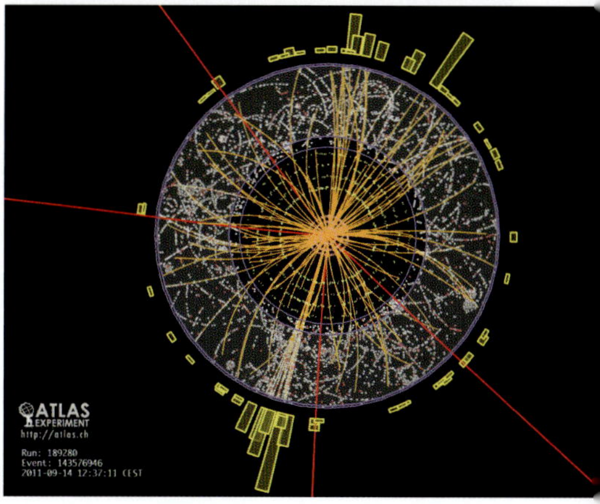

CERN

11.11 Nach einer Protonenkollision entsteht ein Schauer von Milliarden Elementarteilchen. In ihm sucht man nach den Higgs-Bosonen.

Die Symmetriebrechung

Der heute vorhandene Elementarteilchenzoo und die Existenz von vier verschiedenen Naturkräften sind eine Folge von Symmetriebrechungen in den ersten Augenblicken des Universums, die bei ständig fallender Temperatur und damit sinkender Energiedichte spontan und akausal auftreten. Eine Symmetriebrechung liegt vor, wenn ein Zustand oder System von einer höheren zu einer niedrigeren Symmetrie übergeht.

In einer Wasserpfütze sind alle Richtungen innerhalb des Wassers gleichberechtigt. Wasser hat eine amorphe Gestalt, keine Richtung ist ausgezeichnet. Gefriert das Wasser, so erniedrigt sich die Symmetrie. Die Eiskristalle haben durch ihre Struktur verschiedenwertige Richtungen. Tritt

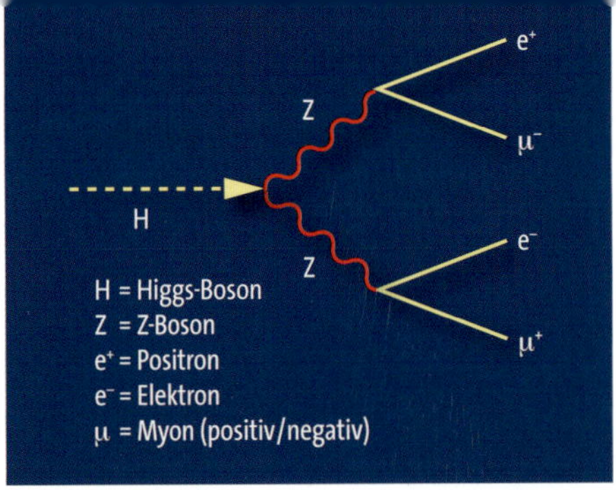

11.12 Zerfall eines Higgs-Bosons in zwei Z-Bosonen, die ihrerseits jeweils in zwei Leptonen (Elektron und Myon sowie ihre Antiteilchen Positron und negatives Myon) zerfallen.

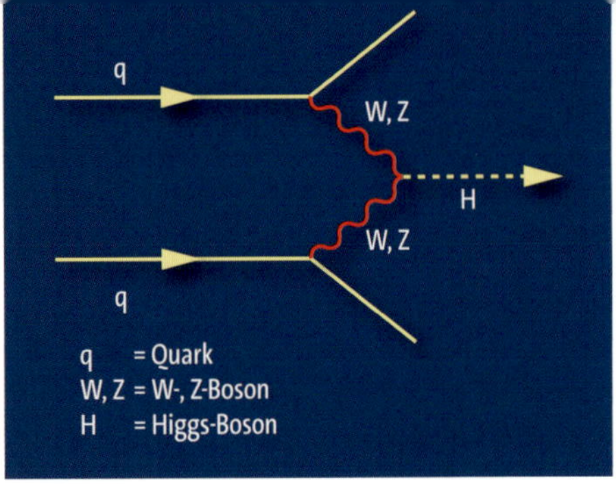

11.13 Zwei Quarks senden W- oder Z-Bosonen aus, die zu einem Higgs-Boson verschmelzen können.

jemand auf die zu Eis erstarrte Pfütze, so treten Sprünge auf, die Symmetrie wird weiter erniedrigt. In einer Eisenschmelze sind die Elementarmagnete beliebig orientiert. Kühlt das Eisen ab, so richten sich bei Anliegen eines äußeren Magnetfeldes die Elementarteilchen im Eisen aus, sie weisen in eine bevorzugte Richtung, der Eisenstab wird durch Symmetriebrechung zu einem Magneten. Steht ein Bleistift senkrecht auf einer waagrechten Ebene, so ist keine Richtung in der Ebene ausgezeichnet. Kippt der Bleistift um und liegt anschließend in der Ebene, so zeigt er in eine bestimmte Richtung, beispielsweise nach Nordwesten. Wieder ein Fall von Symmetriebrechung.

Symmetriebrechung im Universum

Im ultraheißen Universum ($T = 10^{32}$ K, 10^{19} GeV) gab es nur eine Teilchensorte und auch nur eine Wechselwirkung, die Superkraft. Bereits nach 10^{-43} Sekunden kam es zur ersten Symmetriebrechung, die Gravitation spaltete sich ab, übrig blieben die anderen drei Grundkräfte, die bei 10^{15} GeV (entspricht 10^{28} K) noch vereinigt waren. Man spricht von der GUT-Ära (Grand Unified Theory). Nach 10^{-33} Sekunden spaltete sich die starke Wechselwirkung ab, und schließlich entkoppelte sich in einer weiteren Symmetriebrechung die schwache von der elektromagnetischen Kraft, als das Universum eine Millionstel Sekunde alt war. Die GUT-Kraft, in der Kernkraft, elektromagnetische und schwache Kraft vereinigt waren, wurde durch virtuelle X-Bosonen, nun als Higgs-Teilchen bekannt, übertragen. Die Higgs-Teilchen haben eine Masse von 125 GeV, was ihnen die extrem kurze Reichweite von nur 10^{-28} cm beschert. Das zugehörige relativistisch quantisierte Feld wird Inflaton genannt. Wenn das Standardmodell der Elementarteilchen die Wirklichkeit wiedergibt, dann muss es auch das Higgs-Boson geben. Um es zu finden, muss man allerdings nach reellen und nicht nach virtuellen Higgs-Bosonen suchen. Dazu muss man zu den hohen Energiedichten vordringen, die in der GUT-Ära herrschten, als das Universum 10^{-33} Sekunden jung war.

Doch nicht nur das. Es ist extrem schwierig, ein Teilchen zu finden, das nur 10^{-22} Sekunden, also nur ein Hundertmilliardstel einer Hundertmilliardstel Sekunde existiert, bevor es mit anderen Partikeln reagiert und ihnen Masse verleiht. Dank der hohen Experimentierkunst der Physiker ist es dennoch gelungen, Teilchen mit einer Ruhemasse von 125 GeV und extrem kurzer Lebensdauer aufzuspüren, die lediglich der schwachen Wechselwirkung und der GUT-Kraft unterliegen. Letztere ist auch als Higgs-Mechanismus bekannt, der für die Ruhemasse der Elementarteilchen in der Frühphase des Universums sorgte. Denn bevor sich die Kernkraft infolge einer Symmetriebrechung von der GUT-Kraft abspaltete, waren alle Partikel im Universum ohne Ruhemasse.

Reelle Higgs-Bosonen zerfallen in kürzester Zeit entweder in zwei Z-Bosonen, die sich kurz darauf in Elektronen und Myonen umwandeln.

Auch ein Zerfall eines Higgs-Bosons in zwei extrem hochenergetische Photonen ist möglich, allerdings über den Umweg eines Fermions.

Nachweis über Umwege

Mit Hilfe des ATLAS-Detektors am LHC ist es gelungen, solche Zerfälle zu beobachten, die auf ein ursprüngliches Teilchen von 125 bis 127 GeV, Spin = 0 und elektrisch neutral, schließen lassen. Man hat dabei weit über tausend Goldkügelchen, besser Portionen von einigen Milliarden Goldatomen, mit fast Lichtgeschwindigkeit aufeinanderprallen lassen. In Sekundenbruchteilen kollidierten zig Millionen Protonen. Die dabei auftretenden Energien von einigen Teraelektronenvolt ließen einen Schauer von Elementarteilchen entstehen. Von Hunderten von Millionen neu erscheinender Elementarteilchen und ihrer kurzfristigen Umwandlung in andere Partikel sind aber nur ein bis zwei Dutzend Ereignisse dabei, deren Ursprung auf ein reelles Higgs-Boson zurückgeht. Das Problem besteht nun darin, die riesigen Datenmengen auszuwerten und die entscheidenden „Events“ (engl., Ereignisse) herauszufiltern. Diese gewaltige Aufgabe gelingt nur mit einer hochprofessionellen und ausgeklügelten Datenverarbeitung.

Viele offene Fragen bleiben

Das Higgs-Boson spielt deshalb im Standardmodell der Elementarteilchen eine so wichtige Rolle, weil es den meisten Partikeln eine (Ruhe-) Masse verleiht. Je nach Anregungstärke des Inflatonfeldes fällt die Massenzuordnung durch virtuelle Higgs-Bosonen unterschiedlich aus. Warum das so ist, muss man noch erforschen. Neutrinos haben eine extrem kleine Masse, W- und Z-Bosonen sind hingegen extrem schwer.

Auch wenn nun offensichtlich alle Teilchen des Standardmodells gefunden sind und die Bedeutung der Higgs-Bosonen in der Frühphase des Universums für die Ausstattung der Elementarteilchen mit Masse weitgehend verstanden ist, sind längst nicht alle Fragen und Probleme gelöst. Vermutlich gibt es noch einen weiteren Zoo von Elementarteilchen. Die Theorie der Supersymmetrie geht davon aus, dass es zu jedem Fermion ein Boson und zu jedem Boson ein Fermion gibt. Für alle Elementarteilchen mit halbzahligem Spin gibt es danach ein Teilchen mit ganzzahligem Spin und umgekehrt. Das supersymmetrische Teilchen zu einem Quark (Spin = ½) ist das Squark (Spin = 0), zum Photon (1) gehört das Photino (1/2), zum Gluon (1) das Gluino (1/2) und zum Higgs (0) das Higgsino (1/2), usw. Sollte sich die Supersymmetrie-Hypothese bewahrheiten, so wären deren Teilchen möglicherweise die Bausteine der Dunklen Materie. Denn die supersymmetrischen Teilchen koppeln ausschließlich über die Gravitation mit den Partikeln des Standardmodells. Ohne die Dunkle Materie ist die Klumpung der Materie und die Entstehung der großräumigen Strukturen sowie der ersten Sterne und Galaxien nicht zu verstehen. Denn der thermische Druck der gewöhnlichen Materie hätte eine Bildung von Sternen und Galaxien verhindert. Fazit: Noch gibt es vieles zu entdecken, die Forscher sind herausgefordert.

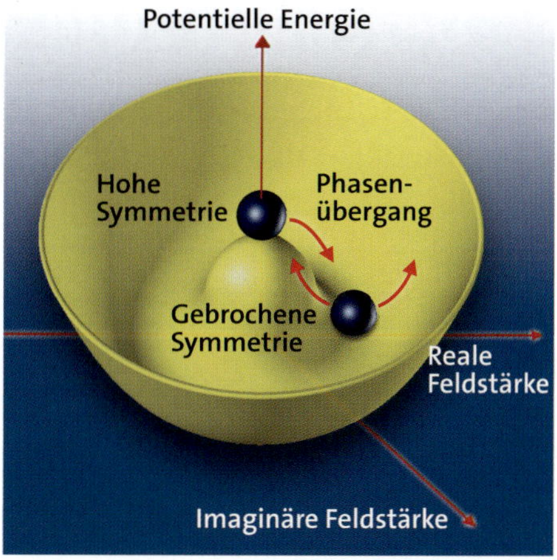

11.14 Eine Symmetrieberechnung des Higgs-Feldes verleiht einem Elementarteilchen eine Masse entsprechend der Koppelungsstärke der jeweiligen Wechselwirkung.

Dezember 2014

- Die Sonne passiert am 22. um 0^h03^m MEZ den tiefsten Punkt ihrer Jahresbahn, der astronomische Winter beginnt.
- Venus taucht zu Jahresende am Abendhimmel auf, Mars hingegen verabschiedet sich vom Abendhimmel.
- Jupiter im Löwen wird zum Planeten der gesamten Nacht.
- Saturn in der Waage erscheint gegen Jahresende am Morgenhimmel.

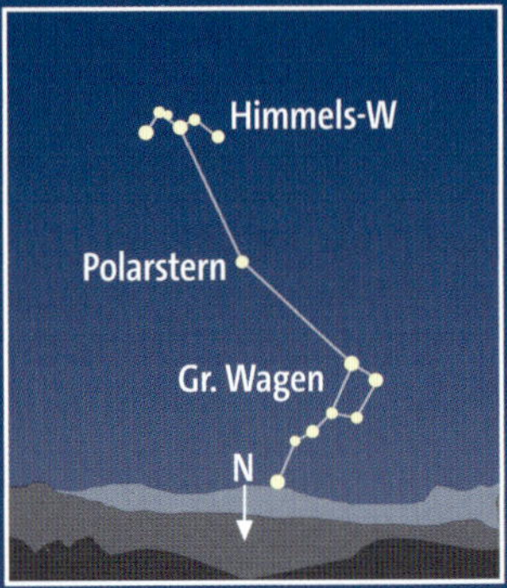

Großer Wagen und Himmels-W Anfang Dezember um 22 Uhr

12.1 Himmelsanblick am 24. Dezember gegen 19^h MEZ. Tief am Südwesthimmel stehen Mars und die schmale Sichel des zunehmenden Mondes.

1 Mo	
2 Di	Mond bei Uranus (Morgenhimmel)
3 Mi	
4 Do	
5 Fr	
6 Sa	**Vollmond**
7 So	2. Advent
8 Mo	
9 Di	
10 Mi	
11 Do	
12 Fr	Mond bei Jupiter (Morgenhimmel)
13 Sa	Mond in Erdferne
14 So	3. Advent , Mond im letzten Viertel
15 Mo	
16 Di	
17 Mi	
18 Do	
19 Fr	
20 Sa	Mond bei Saturn (Morgenhimmel)
21 So	4. Advent
22 Mo	**Neumond,** Winterbeginn
23 Di	
24 Mi	Heiliger Abend, Mond in Erdnähe Mond bei Mars (Abendhimmel)
25 Do	1. Weihnachtstag
26 Fr	2. Weihnachtstag
27 Sa	
28 So	Mond im ersten Viertel
29 Mo	
30 Di	
31 Mi	Silvester

Sonne – Sternbilder

18. 12. 12ʰ:
Sonne tritt in das Sternbild Schütze
22. 12. 0ʰ03ᵐ:
Sonne tritt in das Tierkreiszeichen Steinbock
Julianisches Datum am
1. Dezember, 1ʰ MEZ: 2 456 992,5

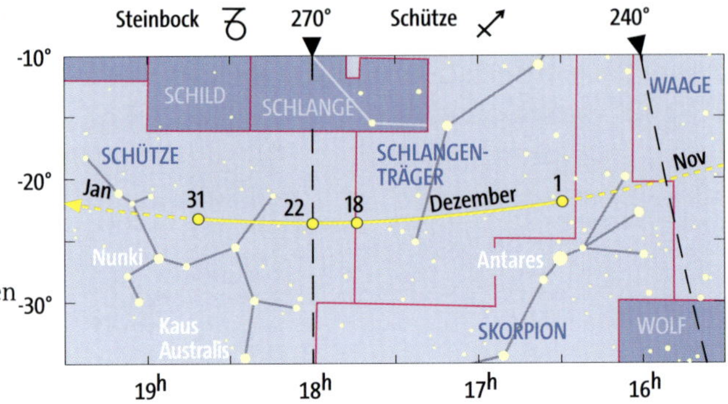

Tabelle Sonnenlauf

Tag	Dämmerg. Anfang	Aufgang MEZ	Kulmination	Untergang MEZ	Dämmerg. Ende	Mittagshöhe	Zeitgleichg.	Rektaszension	Deklination
	h m	h m	h m	h m	h m	°	m	h m	°
1.	6 38	7 57	12 09	16 21	17 39	18,2	+11	16 27	–21,7
5.	6 43	8 02	12 11	16 19	17 38	17,6	+ 9	16 44	–22,3
10.	6 48	8 07	12 13	16 18	17 38	17,1	+ 7	17 06	–22,9
15.	6 52	8 12	12 15	16 18	17 38	16,7	+ 5	17 28	–23,2
20.	6 55	8 15	12 18	16 20	17 40	16,6	+ 2	17 50	–23,4
25.	6 58	8 18	12 20	16 23	17 43	16,6	0	18 13	–23,4
31.	6 59	8 19	12 23	16 28	17 47	16,9	– 3	18 39	–23,1

Tages- und Nachtstunden

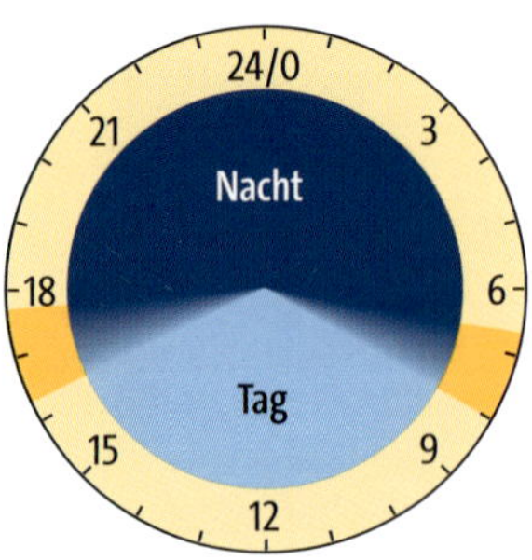

5. Dezember

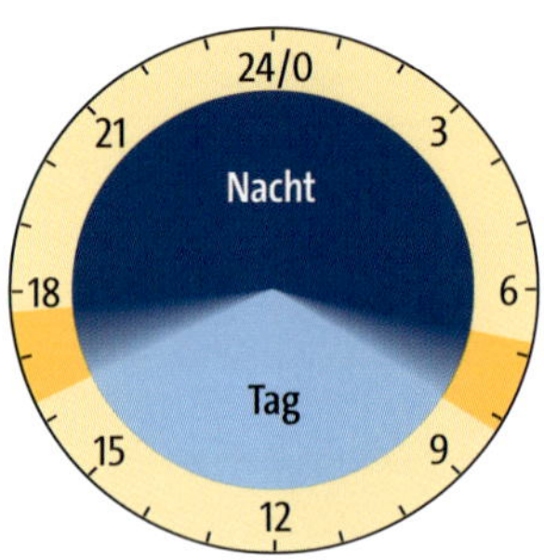

15. Dezember

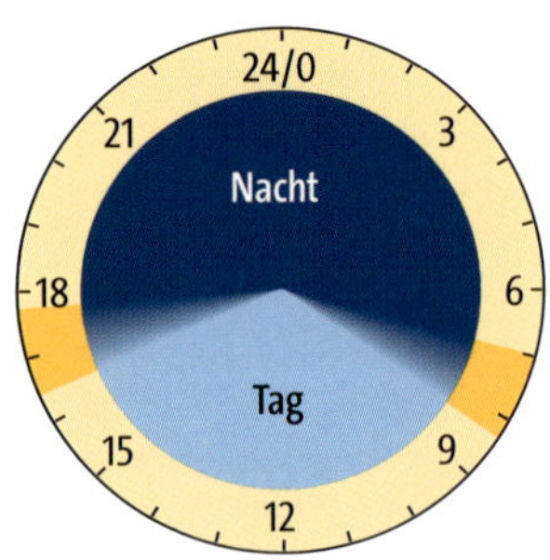

25. Dezember

Tabelle Mondlauf

Datum	Aufg. MEZ	Kulmination	Unterg. MEZ	Rektaszension	Deklination	Sterne und Sternbilder	Phase	MEZ
	h m	h m	h m	h m	°			
Mo 1.	13 46	20 15	1 43	23 54	+ 1,2	Fische		
Di 2.	14 15	21 06	2 56	0 47	+ 5,5	* Fische	Absteigender Knoten	
Mi 3.	14 47	21 58	4 09	1 41	+ 9,6	Fische		
Do 4.	15 22	22 51	5 20	2 35	+13,1	Widder		
Fr 5.	16 02	23 44	6 28	3 29	+15,8	Stier		
Sa 6.	16 48	–	7 31	4 24	+17,7	Stier, Hyaden	**Vollmond** Libration West	$13^h 27^m$
So 7.	17 39	0 37	8 27	5 19	+18,6	Stier		
Mo 8.	18 34	1 29	9 16	6 13	+18,5	Alhena		
Di 9.	19 33	2 19	9 58	7 06	+17,5	* Alhena	Größte Südbreite	
Mi 10.	20 33	3 07	10 33	7 57	+15,7	Krebs		
Do 11.	21 34	3 53	11 04	8 46	+13,2	* Krebs, Krippe		
Fr 12.	22 35	4 38	11 31	9 33	+10,2	Löwe		
Sa 13.	23 37	5 21	11 56	10 19	+ 6,8	Löwe, Regulus	Erdferne 405/29′,5	0^h
So 14.	–	6 03	12 19	11 04	+ 3,2	Löwe	**Letztes Viertel**	$13^h 51^m$
Mo 15.	0 39	6 46	12 43	11 49	– 0,6	Jungfrau		
Di 16.	1 41	7 29	13 08	12 35	– 4,4	Jungfrau	Aufsteigender Knoten	
Mi 17.	2 46	8 14	13 35	13 22	– 8,1	Spica		
Do 18.	3 51	9 02	14 06	14 12	–11,6	Jungfrau		
Fr 19.	4 58	9 53	14 42	15 03	–14,6	Waage	Libration Ost	
Sa 20.	6 04	10 47	15 26	15 58	–16,9	Waage		
So 21.	7 08	11 44	16 18	16 56	–18,3	Schlangenträger		
Mo 22.	8 06	12 42	17 20	17 56	–18,6	Schütze	**Neumond Nr. 1138**	$2^h 36^m$
Di 23.	8 58	13 41	18 29	18 56	–17,8	Schütze, Nunki	Größte Nordbreite	
Mi 24.	9 42	14 39	19 44	19 56	–15,7	Schütze	Erdnähe 365/32′,8	18^h
Do 25.	10 19	15 35	21 00	20 55	–12,7	* Wassermann		
Fr 26.	10 52	16 29	22 17	21 53	– 8,9	* Steinbock		
Sa 27.	11 22	17 22	23 32	22 48	– 4,6	* Wassermann		
So 28.	11 51	18 13	–	23 42	– 0,1	Fische	**Erstes Viertel**	$19^h 31^m$
Mo 29.	12 20	19 04	0 47	0 36	+ 4,4	* Fische	Absteigender Knoten	
Di 30.	12 50	19 55	1 59	1 28	+ 8,5	Fische		
Mi 31.	13 23	20 46	3 10	2 22	+12,1	Widder		

Der Mond zieht an Jupiter vorbei

Merkur eilt der Sonne rechtläufig nach und holt sie am 8. ein. An diesem Tag steht er in oberer Konjunktion mit dem Zentralgestirn. Am gleichen Tag passiert er auch sein Aphel, weshalb seine Entfernung von der Erde mit 217 Millionen Kilometer (= 1,451 AE) so groß ausfällt wie selten. Bis zum Monatsende nimmt seine östliche Elongation von der Sonne bis auf 13,°6 zu. Dies reicht noch nicht für eine Abendsichtbarkeit, die erst im Januar 2015 bei der größten östlichen Elongation mit 18°54′ am 14. eintritt. Merkur zeigt sich somit nicht im Dezember.

Konstellationen und Ereignisse

Datum	MEZ	Ereignis
2.	1^h	**Mond bei Uranus**, Mond 1,°2 nördlich (Bedeckung!), **Abstand 0,°8 um 1^h** (Fernglas!)
8.	11	Merkur in oberer Konjunktion mit der Sonne
8.	22	Merkur im Aphel
9.	8	Jupiter im Stillstand, anschließend rückläufig
12.	5	**Mond bei Jupiter**, Mond 5,°1 südlich, **Abstand 5,°4 um 1^h**
12.	9	Mars im Perihel
19.	22	**Mond bei Saturn**, Mond 1,°5 nördlich, **Abstand 5,°7 um 7^h am 20.**
22.	0^h03^m	**Sonne im Winterpunkt, Wintersonnenwende**
22.	7	Uranus im Stillstand, anschließend rechtläufig
22.	18.	Mond bei Merkur, Mond 7,°1 nördlich
23.	6	Mond bei Venus, Mond 6,°2 nördlich
25.	9	Mond bei Mars, Mond 5,°7 nördlich
26.	16	Mond bei Neptun, Mond 4,°2 nördlich
27.	0	Venus im Aphel
29.	6	Mond bei Uranus, Mond 1,°0 nördlich (Bedeckung!)

Venus vergrößert allmählich ihren östlichen Winkelabstand von der Sonne. Im letzten Dezemberdrittel erscheint sie am Abendhimmel. Allerdings ist sie als Abendstern noch völlig unspektakulär. Bei freier Horizontsicht kann man Venus erstmals um den 20. tief am Südwesthorizont erspähen. An diesem Tag geht die $-3^m\!,9$ helle Venus um 17^h15^m unter. Bis Jahresende verspäten sich die Venusuntergänge auf 17^h42^m. Venus wechselt am 7. aus dem Schlangenträger in das Sternbild Schütze. Im Teleskop zeigt sich das nur 10″ große Venusscheibchen voll beleuchtet.

In der Nacht vom 26. auf 27. passiert Venus das Aphel ihrer Bahn. Dabei trennen sie 109 Millionen Kilometer (= 0,729 AE) von der Sonne. Ihre größte östliche Elongation wird Venus am 6. Juni 2015 erreichen.

Mars verabschiedet sich allmählich vom Abendhimmel. Die nun sehr früh einsetzende Dunkelheit, sein rascher Lauf nach Osten und die langsam ansteigenden Deklinationen beschert ihm jedoch noch über das Jahresende hinaus eine gut zweistündige Sichtbarkeitsdauer in den ersten Abendstunden. Durch die zunehmenden Deklinationen – Mars verlässt am 4. den Schützen und wechselt in den Steinbock – verspäten sich seine Untergänge leicht. Am 1. geht der rote Planet um 19^h46^m unter und am 15. um 19^h52^m. Zu Silvester erfolgt der Untergang des nur mehr $1\overset{m}{,}1$ hellen Mars um 20^h00^m.

Der Durchmesser des Marsscheibchens sinkt knapp unter 5″. Am 24. besucht der Mond auf seiner monatlichen Tour durch den Tierkreis den roten Planeten. Gegen 19^h kann man die schmale Sichel des zunehmenden Mondes nahe Mars sehen (siehe Abb. 12.1 auf Seite 252).

Mars eilt am 12. durch das Perihel seiner Bahn. Ihn trennen zu diesem Termin 206,6 Millionen Kilometer (= 1,381 AE) von der Sonne.

Jupiter wird am 9. im Sternbild Löwe stationär und setzt zu seiner Oppositionsschleife an. Nach dem 9. wandert er langsam rückläufig durch den Löwen und entfernt sich von Regulus (siehe Abb. 1.11 auf Seite 44).

Die Jupiterhelligkeit steigt auf $-2\overset{m}{,}4$ an. Der Riesenplanet nähert sich seiner Oppositionsstellung, die er aber erst am 6. Februar 2015 erreichen wird.

Während des Monats verfrühen sich die Jupiteraufgänge um zwei Stunden. Am 1. geht der Riesenplanet um 22^h01^m auf, am 15. um 21^h06^m und am 31. bereits um 19^h59^m. Jeweils eine Viertelstunde nach seinem Aufgang sollte man den Riesenplaneten tief am Nordosthimmel als hellen Lichtpunkt erspähen können.

Fernrohrbeobachter registrieren das langsame Anwachsen des ovalen Planetenscheibchens. Zu Jahresende weist das Planetenscheibchen einen scheinbaren Äquatordurchmesser von $43\overset{\prime\prime}{,}4$ und einen Poldurchmesser von $40\overset{\prime\prime}{,}6$ auf. Besonders reizvoll ist es auch, im guten Fernglas oder kleinen Teleskop das Wechselspiel der vier hellen Jupitermonde zu verfolgen (siehe jeweils Monatsgrafik: „Stellungen der Jupitermonde"). Zu Silvester trennen Jupiter 680 Millionen Kilometer (= 4,55 AE) von der Erde. Seine Sonnendistanz beträgt am Jahresende 796 Millionen Kilometer (= 5,32 AE).

Saturn, rechtläufig in der Waage, stand Mitte des Vormonats in Konjunktion mit der Sonne. Im zweiten Dezemberdrittel macht sich der Ringplanet am Morgenhimmel bemerkbar. Am 10. geht der $0\overset{m}{,}6$ helle Ringplanet um 6^h18^m auf. Etwa zwanzig Minuten später sollte man Saturn unter guten Sichtbedingungen knapp über dem Südosthorizont erkennen. Etwa eine dreiviertel Stunde später verblasst er in der heller werdenden Morgendämmerung. Der Ringplanet verfrüht sein Erscheinen am Morgenhimmel bis Monatsende deutlich. Sein Aufgang erfolgt am 20. um 5^h45^m und am 31. schon um 5^h08^m.

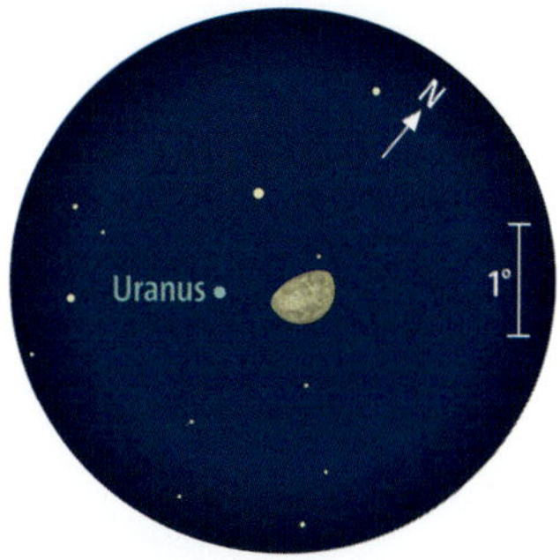

12.2 Mond bei Uranus:
Der zunehmende Mond passiert Uranus in den Fischen am 2. Dezember. Fernglasanblick gegen 1^h MEZ bei 5° Gesichtsfelddurchmesser.

Uranus bremst seine rückläufige Wanderung durch die Fische stark ab und wird am 22. stationär. Damit beendet der grünliche Planet seine Oppositionsperiode. Anschließend ist er wieder rechtläufig, was aber bis Jahresende kaum zu registrieren ist (siehe auch Abb. 10.6 auf Seite 221).

Uranus kann in der ersten Nachthälfte beobachtet werden. Aus der zweiten Nachthälfte zieht sich der sonnenferne Planet ganz zurück. Die Untergänge des $5\overset{m}{,}8$ hellen, grünlichen Planeten erfolgen am 1. um 2^h53^m, am 15. um 1^h57^m und zu Silvester bereits um 0^h55^m. Jeweils etwa eine Stunde vor Untergang wird Uranus unbeobachtbar.

Der zunehmende Mond macht am 2. Uranus seine Aufwartung (siehe Abb. 12.2 oben).

Neptun kann noch wegen der jetzt früh hereinbrechenden Dunkelheit am Abendhimmel

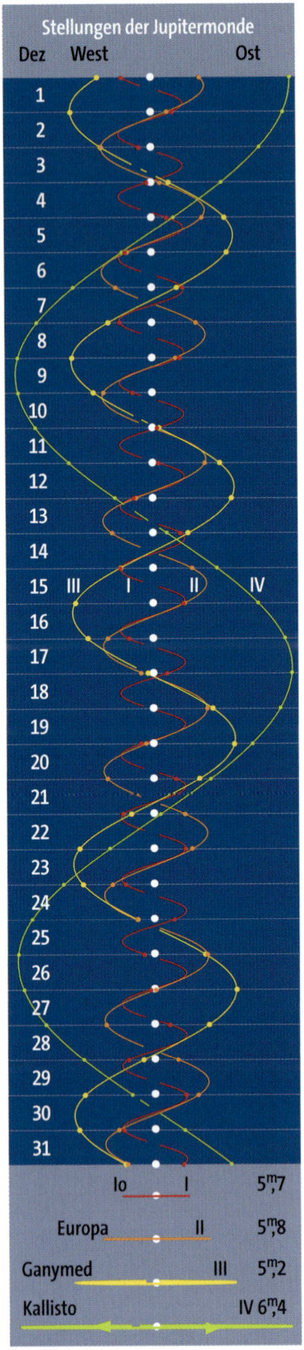

aufgespürt werden. Er wandert wieder rechtläufig durch das Sternbild Wassermann und nähert sich dabei abermals σ Aquarii (siehe Abb. 8.6 auf Seite 182). Am 1. geht der bläuliche Planet um 18^h06^m durch den Meridian und um 23^h18^m unter. Am 31. kulminiert der mit $7{,}^m9$ recht lichtschwache Neptun

Jupitermonde

Tag	MEZ h	m	Vorgang	
1.	6	08	I	VA
	23	57	II	SA
2.	2	23	II	DA
	2	50	II	SE
	3	27	I	SA
	4	37	I	DA
	5	16	II	DE
	5	43	I	SE
	6	53	I	DE
3.	0	36	I	VA
	4	07	I	BE
	23	05	I	DA
4.	0	01	II	BE
	0	11	I	SE
	1	21	I	DE
	22	20	IV	SA
	22	35	I	BE
5.	3	06	IV	SE
7.	2	29	III	SA
	6	04	III	SE
	7	08	III	DA
9.	2	33	II	SA
	4	51	II	DA
	5	20	I	SA
	5	25	II	SE
	6	27	I	DA
10.	2	30	I	VA
	5	57	I	BE
	23	48	I	SA
11.	0	38	III	BE
	0	54	I	DA
	2	04	I	SE
	2	27	II	BE
	3	10	I	DE
12.	0	24	I	BE
	21	37	I	DE
13.	5	49	IV	VA
14.	6	26	III	SA
16.	5	09	II	SA
	7	12	I	SA
	7	18	II	DA
17.	4	24	I	VA
	23	55	II	VA

Tag	MEZ h	m	Vorgang	
18.	0	00	III	VE
	0	36	III	BA
	1	41	I	SA
	2	42	I	DA
	3	57	I	SE
	4	16	III	BE
	4	50	II	BE
	4	59	I	DE
	22	52	I	VA
19.	2	13	I	BE
	21	09	I	DA
	21	20	II	SE
	22	26	I	SE
	23	25	II	DE
	23	25	I	DE
21.	21	04	IV	SE
22.	1	34	IV	DA
	6	17	IV	DE
24.	6	18	I	VA
25.	0	20	III	VA
	2	28	II	VA
	3	34	I	SA
	4	00	III	VE
	4	11	III	BA
	4	29	I	DA
	5	50	I	SE
	6	46	I	DE
	7	11	II	BE
26.	0	46	I	VA
	4	01	I	BE
	21	03	II	SA
	22	02	I	SA
	22	54	II	DA
	22	56	I	DA
	23	56	II	SE
27.	0	19	I	SE
	1	12	I	DE
	1	48	II	DE
	22	27	I	BE
28.	21	30	III	DE
29.	23	49	IV	VA
30.	4	42	IV	VE

schon um 16^h10^m. Sein Untergang erfolgt zu Silvester um 21^h23^m.

Pluto im Sternbild Schütze steht kurz vor seiner Konjunktion mit der Sonne. Sie tritt am 3. Januar 2015 ein. Zur Konjunktion trennen Pluto 5052 Millionen Kilometer (= 33,77 AE) von der Erde. Seine Sonnendistanz beträgt inzwischen 4905 Mio. Kilometer (= 32,79 AE), dies entspricht einer Lichtlaufzeit von vier Stunden und 33 Minuten.

Planetoiden

Juno (3) wird am 14. um 22^h stationär und ist anschließend im Sternbild Hydra rückläufig. In Opposition zur Sonne kommt sie dann in der Nacht vom 29. auf 30. Januar 2015.

Hebe (6) stand Mitte des Vormonats in Opposition zur Sonne. Am 29. wird sie im Sternbild Eridanus zum zweiten Mal in Rektaszension stationär. Schon am 2. passiert sie ε Eridani ($3\overset{m}{,}7$) etwa $1\overset{\circ}{,}3$ nordöstlich (siehe Abb. 11.7 auf Seite 242).

Ihre Helligkeit geht von $8\overset{m}{,}2$ bis Jahresende auf $8\overset{m}{,}9$ erheblich zurück. Am 1. kulminiert Hebe um 23^h14^m, am 15. um 22^h10^m und am letzten Tag des Jahres schon um 21^h04^m.

Periodische Sternschnuppenströme

Vom 4. bis 17. Dezember macht sich der ekliptikale Strom der **Geminiden** bemerkbar. Ihr Ausstrahlungspunkt liegt in den Zwillingen, rund 1° südwestlich von Kastor. Das Maximum tritt in den Morgenstunden des 13. Dezember ein, wo stündlich bis zu 120 Meteore, mitunter auch sehr helle Objekte, über den Himmel huschen. Die Geschwindigkeiten liegen um 35 Kilometer pro Sekunde. Die günstigste Beobachtungszeit ist zwischen 21^h und 6^h morgens.

Vom 17. bis 26. Dezember tauchen die **Ursiden** auf, deren Radiant im Sternbild Kleiner Bär zu finden ist. Ihr scharfes Maximum erreichen die Ursiden-Meteore in der Nacht vom 22. auf 23. Dezember gegen Mitternacht. Da der Radiant zirkumpolar ist, können die Ursiden die ganze Nacht beobachtet werden. Der Ursprung der Ursiden wird auf den Kometen 8P/Tuttle (früher: 1858 I) zurückgeführt. Die Sternschnuppen haben mittlere Geschwindigkeiten von 35 Kilometer pro Sekunde. In den letzten Jahren wurden rund zehn bis zwanzig, manchmal auch mehr Objekte pro Stunde im Maximum registriert. Die Voraussagen von 40 bis 80 Meteoren stündlich sind nicht eingetreten.

Wenig ergiebig ist der Strom mit dem Namen **Coma-Bereniciden**, dessen Radiant im Haar der Berenike liegt und die um die Jahreswende auftreten – etwa von Mitte Dezember bis Mitte Januar. Es handelt sich um sehr schnelle Objekte (um 65 Kilometer pro Sekunde). Das Maximum liegt um den 16. Dezember, wobei lediglich fünf bis zehn Meteore pro Stunde zu erwarten sind.

Der Fixsternhimmel

Alle Herbstbilder sind inzwischen in die westliche Himmelshälfte gerückt, außer Perseus, der gerade den Meridian durchschreitet. Atair im Adler ist bereits untergegangen, womit das Sommerdreieck aufgelöst ist. Deneb ist noch im Westen und Wega tief im Nordwesten zu erblicken. Allerdings, Deneb ist in unseren Breiten ohnehin zirkumpolar und Wega fast.

In Richtung Südwesten erkennt man noch relativ hochstehend das Pegasusquadrat. Seine Südwestecke deutet nach unten, das Sternenviereck steht schräg zum Horizont. Vom Pegasus zieht sich die Sternenkette der Andromeda zum Zenit. Südlich der Andromeda liegt das kleine, aber einprägsame Sternbild Dreieck (lat.: Triangulum).

Der Widder hat eben seinen Meridiandurchgang hinter sich. Den Raum im Südwesten nehmen jetzt die Fische ein. Tief im

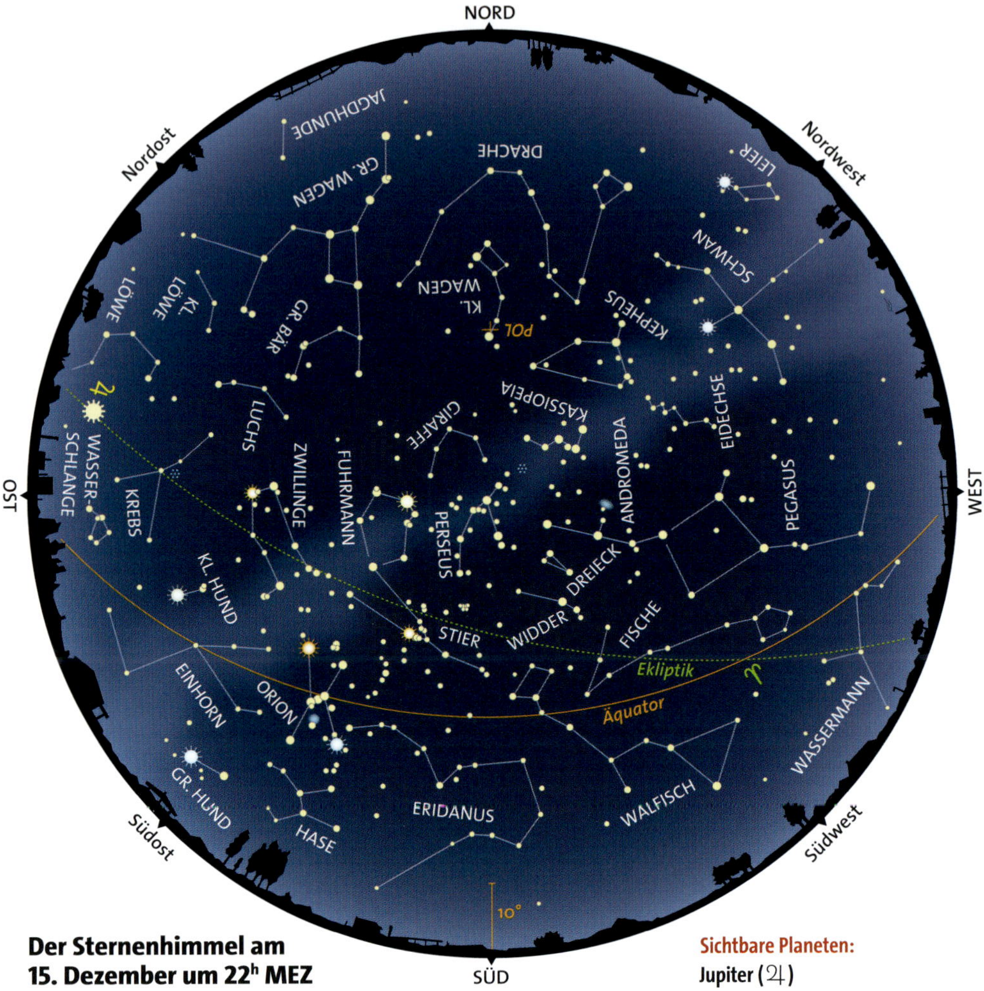

Der Sternenhimmel am 15. Dezember um 22ʰ MEZ

Sichtbare Planeten:
Jupiter (♃)

Die Sternkarte ist auch gültig für:

	MEZ	MESZ
15. 9.	4^h	5^h
1.10.	3	4
15.10.	2	3
1.11.	1	
15.11.	0	
1.12.	**23**	
15.12.	**22**	
31.12.	**21**	
15. 1.	20	
31. 1.	19	

Südwesten steht das ausgedehnte Sternbild des Walfisches. Fomalhaut, der helle Stern im Südlichen Fisch, ist bereits unter dem Horizont verschwunden.

Der lange Fluss Eridanus

Tief im Süden schlängelt sich der Fluss Eridanus um den Meridian. In unseren Breiten sehen wir nur einen Teil vom Sternbild Eridanus. Der Fluss der Unterwelt zieht sich von Rigel im Orion in Windungen nach Südwesten. Der helle Hauptstern des Eridanus, Achernar oder α Eridani, bleibt in unseren Breiten stets unter dem Horizont. Der arabische Name Achernar bedeutet soviel wie „Stern am Flussende". Achernar gehört mit $0^m\!,5$ zu den zehn hellsten Fixsternen des irdischen Firmaments. Achernar ist eine heiße, bläuliche, leuchtkräftige Sonne in 143 Lichtjahren Entfernung (Spektraltyp B3 V). Allerdings kann man Achernar nur südlich von etwa 30° Nord geografischer Breite sehen.

Im Gegensatz zum wenig attraktiven Südwest- und Südhimmel – in unseren Städten erscheint er wegen der Lichtverschmutzung völlig sternleer – funkelt der Ost- und Südosthimmel nur so von hellen Sternen. Alle bedeutenden Wintersternbilder sind zur Standardbeobachtungszeit (22^h MEZ zur Monatsmitte) bereits über dem Horizont. Das komplette Wintersechseck mit Kapella, Pollux, Prokyon, Sirius, Rigel und Aldebaran ist nun sichtbar. Die Figur des Orion im Südosten ist kaum zu übersehen. Knapp über dem Südosthorizont funkelt Sirius, der hellste Stern im Großen Hund und mit $-1{,}^m5$ der hellste Stern am irdischen Himmel überhaupt. Die meisten anderen Sterne des Großen Hundes hingegen sind noch nicht aufgegangen.

Hoch im Osten, fast im Zenit, steht der Fuhrmann mit der hellen Kapella. Das Sternbild Fuhrmann ist leicht zu erkennen, gehört doch sein Hauptstern, die gelblich strahlende Kapella, mit $0{,}^m1$ zu den sechs hellsten Sternen am irdischen Firmament. Außerdem ist Kapella der nördlichste Stern, der heller ist als erste Größe. Kapella ist in unseren Breiten das ganze Jahr über zu sehen. Ab 44° nördlicher Breite ist Kapella zirkumpolar. Sie ist bei uns der hellste Zirkumpolarstern.

Kapella steht an der Spitze eines Sternenfünfecks, das den Fuhrmann darstellen soll. Meist sieht man jedoch ein Sechseck aus Sternen, weil man unwillkürlich noch β Tauri (Al Nath), das nördliche Stierhorn, mit in dieses Polygon aufnimmt. Tatsächlich gehörte einst β Tauri zum Fuhrmann und trug im Sternatlas von Johannes Bayer die Bezeichnung γ Aurigae. Das Sternenpolygon des Fuhrmann liegt mitten in der sternreichen Gegend der winterlichen Milchstraße.

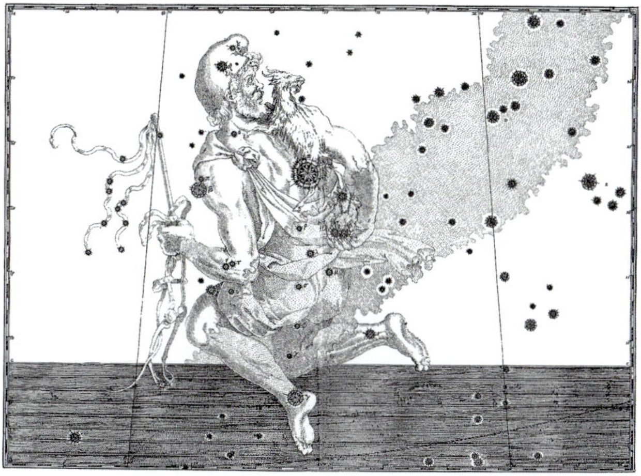

12.3 Der Fuhrmann: **Figürliche Darstellung des Sternbildes Fuhrmann in dem Sternatlas *Uranometria* von Johannes Bayer aus dem Jahr 1603.**

Viele Sagen über den Fuhrmann

Eine ganze Reihe von Sagen ranken sich um dieses Sternbild. Ein Wagenlenker, ein Zügelhalter, der Erbauer des Himmelswa-

Veränderliche Sterne im Dezember

Algol-Minima	1. 20^h11^m	4. 17^h00^m	16. 4^h17^m	19. 1^h06^m	21. 21^h55^m	24. 18^h45^m
β-Lyrae-Minima	3. 0^hN	9. 11^hH	15. 23^hN	22. 10^hH	28. 21^hN	
δ-Cephei-Maxima	1. 22^h	7. 7^h	12. 16^h	18. 1^h	23. 10^h	28. 18^h
Mira-Helligkeit	1. 9^m	10. 9^m	20. 9^m	31. 10^m		

12.4 Sternbild Fuhrmann: Skelettkarte des Sternbildes Fuhrmann. Der Stern γ Aurigae (ganz unten) zählt heute zum Sternbild Stier (β Tauri) und heißt mit Eigennamen Al Nath.

gens, aber auch ein Maultier oder eine Ziege wurden in dieser Sternenfigur gesehen.

Eine alte griechische Bezeichnung nennt dieses Bild Heniochos, der Zügelhalter. Sie bezieht sich auf folgende Sage: Der Sohn der Erdmutter Gaia und des Hephaistos, des Gottes des Feuers und der Schmiedekunst, wird von Pallas Athene aufgezogen, die ihm auch beibringt, wilde Rosse einzufangen und zu zähmen. Heniochos fertigt ein Wagengespann mit vier Pferden, das er selber lenkt. Aus Dankbarkeit für diese nützliche Tat wird er von Zeus unter die Sterne versetzt.

Einer anderen Version nach handelt es sich beim Fuhrmann um Phaëton, den unglücklichen Sohn des Sonnengottes Helios, der mit dem Sonnenwagen abstürzt. Die feurige Spur des schleudernden Sonnenwagens ist noch heute als Milchstraße unter den Sternen zu sehen.

Die Magellanschen Wolken – Begleiter unserer Milchstraße

Zu den schönsten und beeindrucktesten Himmelsobjekten zählen die beiden Magellanschen Wolken. Doch leider sind sie von Mitteleuropa aus nicht zu sehen, da sie tief am Südhimmel stehen. Sie sind zwei schimmernde Lichtwölkchen ein wenig abseits des Lichtbandes der südlichen Milchstraße. Das eine Lichtfleckchen hat eine Ausdehnung von rund 9°,2 mal 10°,7, das andere von 3°,4 mal 5°,3. Man spricht daher von der Großen und der Kleinen Magellanschen Wolke. In Sternkarten werden sie mit „LMC“ und „SMC“ bezeichnet. LMC steht dabei für Large Magellanic Cloud (engl., Große Magellansche Wolke) und SMC für Small Magellanic Cloud (engl., Kleine Magellansche Wolke). Die LMC befindet sich im Sternbild Dorado (Schwertfisch) bei −70° und die SMC im Sternbild Tucana (Tukan) bei −73° Deklination und damit nahe dem Himmelssüdpol. Auf die Nordhalbkugel übertragen sind die Magellanschen Wolken vom Pol etwa so weit entfernt wie Pherkad im Kleinen Wagen (γ UMi). Beide Wolken haben an der Himmelskugel 22° Abstand voneinander. Betrachtet man die Wolken am dunklen Nachthimmel ohne Störung durch irdische Lichtquellen, so gewinnt man den Eindruck, als seien sie abgesprengte Stücke der

Milchstraße. Tatsächlich sind die Magellanschen Wolken jedoch riesige Sternsysteme, nämlich Galaxien. Man zählt sie zu den Zwerggalaxien. Sie sind die uns nächsten extragalaktischen, also außerhalb unseres Milchstraßensystems liegenden Sternensysteme. Man nennt sie deshalb auch Begleiter der Milchstraße. LMC und SMC gehören zur sogenannten Lokalen Gruppe, einer Vereinigung von einigen Dutzend Galaxien, zu der auch die Andromedagalaxie (M 31) zählt, die allerdings über zehnmal so weit entfernt ist.

Orientierung für Seefahrer

Auf 34° südlicher Breite (z. B. Kapstadt) kulminiert die LMC in 54° Höhe und die SMC in 51° Höhe. Beide sind so weit südlich bereits zirkumpolar. Da die beiden Magellanschen Wolken nahe dem Himmelssüdpol stehen und vergleichsweise hell sind, haben die ersten Seefahrer, die in südliche Meeresgebiete vordrangen, sie zur Orientierung benutzt. Denn der Südpolarstern (σ Octantis) ist mit nur $5\overset{m}{,}4$ scheinbarer Helligkeit so lichtschwach, dass er nur in sehr dunkler und klarer Nacht von scharfäugigen Kapitänen gesehen werden kann. Die ersten Weltumsegler, die im ausgehenden Mittelalter auf der Suche nach dem Seeweg nach Indien das Kap der Guten Hoffnung umschifften, berichteten von den beiden Lichtwölkchen tief am südlichen Firmament.

12.5 Die Große und die Kleine Magellansche Wolke in der Nachbarschaft der Milchstraße. (Foto: Stefan Seip)

Der Portugiese Fernão de Magalhães (Ferdinand Magellan, 1480–1521) und seine Mannschaft sahen bei ihrer Weltumsegelung 1519 wohl als erste Europäer diese beiden südlichen Nebelfleckchen. Magellan selbst hat allerdings darüber keine schriftlichen Aufzeichnungen hinterlassen, obgleich er sicher diese Lichtwölkchen gesehen haben muss. Allerdings hat einer seiner Offiziere, der Italiener Antonio Pigafetta, als Augenzeuge notiert: „Viele kleine Sterne zu einem Haufen zusammengedrängt rufen die Erscheinung dieser beiden Nebelwolken hervor." Ein erstaunlicher Bericht fast hundert Jahre vor Erfindung des Fernrohrs! Pigafetta muss Augen wie ein Luchs gehabt haben. Die Benennung von LMC und SMC nach dem Seefahrer Magellan erfolgt allerdings erst Jahrzehnte nach seiner Weltumsegelung.

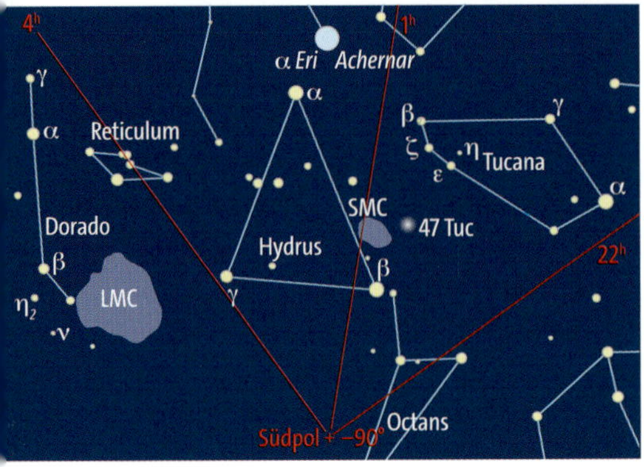

12.6 Sternkarte mit den Positionen der beiden Magellanschen Wolken (LMC und SMC).

Lange vor Magellan bekannt

Doch schon vor den Europäern waren die beiden Milchstraßenbegleiter entdeckt worden. So berichtet der persische Astronom Abd al-Rahman al Sufi (903–986) im zehnten Jahrhundert von den beiden nebelhaften Sternwolken. Die LMC nannte Al Sufi „Al Bakr", was soviel wie „der weiße Ochse" bedeutet. Die Aborigines in Australien kannten die Magellanschen Wolken ebenfalls. Bei ihnen waren dies „die zwei großen Männer", die von Zeit zu Zeit vom Himmel steigen, um nachts schlafende Menschen zu erwürgen.

Auch wenn man von Zwerggalaxien spricht: Die Magellanschen Wolken setzen sich aus Milliarden von Sternen zusammen. So hat die LMC rund 25 Milliarden Sonnenmassen und die SMC etwa vier Milliarden. Die LMC ist etwa ein Viertel so hell wie unsere gesamte Milchstraße. Die Leuchtkraft der SMC entspricht der von vier Prozent der Galaxis. Der lineare Durchmesser der LMC liegt bei 32 000 Lichtjahren, der der SMC immerhin bei 13 000 Lichtjahren. Beide Wolken sind voneinander 80 000 Lichtjahre entfernt.

Die Entfernung der Magellanschen Wolken misst nach neueren Untersuchungen 163 000 Lichtjahre (LMC) beziehungsweise knapp 200 000 Lichtjahre (SMC). Sie sind damit weniger als ein Zehntel so weit weg wie die Andromedagalaxie (M 31). Wegen ihrer relativen Nähe können in ihnen viele Objekttypen beobachtet werden, die auch unsere Milchstraße beherbergt. So wurden in der Großen Magellanschen Wolke 415 Emissionsnebel, 900 Sternhaufen und 95 Planetarische Nebel registriert. Der hellste Emissionsnebel ist der berühmte Tarantelnebel, auch als 30 Doradus oder NGC 2070 bezeichnet. Der Tarantelnebel ist ein wahrhaft gigantisches Sternentstehungsnest. Seine Leuchtkraft ist rund 5000-mal größer als die des Orionnebels (M 42), der allerdings mit 1500 Lichtjahren Entfernung gewissermaßen vor unserer Haustür liegt. Wegen der vielen interessanten interstellaren Objekte nennen die Astronomen die Große Magellansche Wolke gerne „Schatzkästchen". Große, helle H-II-Gebiete, beleuchtet von blauen Überriesensternen, sowie zahlreiche OB-Assoziationen bevölkern diese Zwerggalaxien.

Kugelhaufen in der Nähe

Nahe der Kleinen Magellanschen Wolke finden sich zwei prominente Kugelhaufen. Nur 2,°5 westlich liegt 47 Tucanae (NGC 104) und 2,°5 nördlich stößt man auf NGC 362, der deutlich kleiner erscheint. Die scheinbare Nachbarschaft zur SMC bezieht sich auf ihre Position an der Himmelskugel. Räumlich betrachtet sind beide Kugelhaufen uns viel näher als die SMC. 47 Tucanae ist rund 15 000 Lichtjahre entfernt und NGC 362 etwa 30 000 Lichtjahre. Damit gehören beide noch zu unserer Milchstraße.

Klassifiziert wurden die Magellanschen Wolken als irreguläre Zwerggalaxien, was ihre Größe und Form betrifft. Inzwischen zeigt sich, dass die LMC eher als kleine Balkenspiralgalaxie anzusehen ist (Hubble-Typ: SBm). Sie ist zumindest eine der größten Zwerggalaxien in der Lokalen Milchstraßengruppe. Die zahlreichen jungen und leuchtkräftigen Sterne, die vielen offenen Sternhaufen, leuchtkräftigen Gasnebel und OB-Assoziationen und der Reichtum an interstellarer Materie lässt erkennen, dass diese Sternengesellschaften der Population I zuzuordnen sind.

Radioastronomisch wurde mit Hilfe der 21-cm-Linie des neutralen Wasserstoffs eine gemeinsa-

12.7 Die Große Magellansche Wolke (LMC) im Sternbild Dorado (Schwertfisch). (Foto: Stefan Seip)

me Hülle aus Wasserstoffgas entdeckt, die beide Wolken einschließt. Diese Wasserstoffbrücke zieht sich weit in das Weltall hinaus und wird als Magellan-Strom bezeichnet, der sich über mehr als die halbe Himmelskugel erstreckt (um 200°).

Beide Wolken bewegen sich mit etwa 55 km/s aufeinander zu. Auch die Radialgeschwindigkeiten konnten gemessen werden. Die Große Magellansche Wolke nähert sich mit 100 Kilometer pro Sekunde unserem Sonnensystem, die Kleine mit 60 km/s. Zieht man die Komponente der galaktischen Rotation unserer Sonne ab, so hat die SMC nur eine Radialgeschwindigkeit –30 km/s relativ zum galaktischen Zentrum, die LMC nähert sich ihm kaum (RG ~ 0 km/s).

Doch keine echten Begleiter?

In den letzten Jahren ist es gelungen, mit Aufnahmen des HUBBLE-Weltraumteleskops auch die Eigenbewegungskomponenten zu messen und in Kombination mit den Radialgeschwindigkeiten die wahren Raumgeschwindigkeiten abzuleiten. Relativ zum Milchstraßenzentrum eilen die Wolken mit 350 km/s und 320 km/s durch den Weltraum. Die hohen Geschwindigkeiten überraschten die Astronomen. Bis vor kurzem war man der Meinung, LMC und SMC würden unser Milchstraßensystem permanent umkreisen. Schon ihre bizarren Formen zeigen, welch enorme Gezeitenwirkung die Schwerkraft der Galaxis auf sie ausübt. Man schätzte ihre Umlaufdauer auf wenige hundert Millionen Jahre. Doch dem ist offensichtlich nicht so. LMC und SMC sind keine permanenten Satelliten, sondern eher die „großen galaktischen Reisenden“, wie sich ein Astronom ausdrückte. Vermutlich haben die beiden Wolken bisher noch keine einzige vollständige Umkreisung unserer Milchstraße vollführt. Durch die hohen Raumgeschwindigkeiten werden die beiden Zwerggalaxien sich in Zukunft weit von der Galaxis entfernen. Doch ganz entkommen können sie nicht. Nach etwa fünf Milliarden Jahren, wenn M 31 und die Galaxis zur Supergalaxie „Milkomeda“ verschmolzen

12.8 Die Kleine Magellansche Wolke (SMC) im Sternbild Tucana (Tukan). (Foto: Stefan Seip)

sein werden, werden LMC und SMC nach mehreren, immer enger werdenden Umkreisungen schließlich von Milkomeda einverleibt werden.

Nicht alle Astronomen sind von diesem Modell überzeugt. Manche vermuten, dass die Galaxis mehr Masse besitzt als bisher angenommen.

Kosmische Entfernungsbestimmung

Wie dem auch sei: Die Magellanschen Wolken sind ideale Forschungsobjekte für viele astrophysikalische Fragen. Denn alle Objekte in ihnen sind etwa gleich weit entfernt. So hat beispielsweise die berühmte Astronomin Henrietta Swan Leavitt (1868–1921) die Perioden-Leuchtkraft-Beziehung der veränderlichen Sterne vom Typ Delta Cepheï im Jahre 1912 entdeckt.

Leavitt untersuchte von 1899 bis 1906 am Harvard-Observatorium in Cambridge (USA) knapp tausend Delta-Cepheï-Sterne in der SMC. Dabei fiel ihr auf, dass die Lichtwechselperioden umso länger sind, je heller die Sterne leuchten. Da alle Sterne etwa gleich weit entfernt sind, müssen ihre scheinbaren Helligkeitsdifferenzen auch den Unterschieden in den wahren Leuchtkräften entsprechen.

Infolge dieser Perioden-Leuchtkraft-Beziehung sind die Cepheïden-Sterne echte Meilensteine im Universum. Mit ihrer Hilfe lassen sich vor allem im extragalaktischen Bereich die Entfernungen der Sternsysteme bestimmen. Allerdings musste man diese Relation erst im interstellaren Nahbereich eichen. Walter Baade (1893–1960) erkannte schließlich, dass es zwei verschiedene Typen von Cepheïden gibt: Die klassischen Delta-Cepheï-Sterne und diejenigen vom W-Virginis-Typ. Sie unterscheiden sich bei gleicher Lichtwechselperiode um etwa 1,5 Größenklassen. Deshalb musste man die extragalaktische Distanzskala in den 1950er Jahren um mehr als das Doppelte korrigieren.

Im Februar 1987 flammte in der Großen Magellanschen Wolke eine Supernova auf. 1987A war die bisher nächste Supernova, seit es moderne Beobachtungsverfahren und Großteleskope gibt.

Die Magellanschen Wolken in Zahlen

Bezeichnung	LMC	SMC
Katalog-Nr.	ESO 56–115	NGC 292
Lage im Sternbild	Dorado/Schwertfisch	Tucana/Tukan
Galaxientyp	SBm	Irr
Äquatoriale Koordinaten (2000.0)	5^h24^m / –69°48′	0^h53^m / –72°48′
Scheinbare Gesamthelligkeit	$0\overset{m}{,}9$	$2\overset{m}{,}7$
Helligkeit pro Quadratbogenminute	13^m	13^m
Scheinbare Ausdehnung im Visuellen	$9\overset{\circ}{,}2 \times 10\overset{\circ}{,}7$	$3\overset{\circ}{,}4 \times 5\overset{\circ}{,}3$
Entfernung		
in Parsec	50 000 pc	60 100 pc
in Lichtjahren	163 000 LJ	196 000 LJ
Maximaler linearer Durchmesser		
in Parsec	9800 pc	4000 pc
in Lichtjahren	32 000 LJ	13 000 LJ
Masse (Sonne = 1)	25×10^9	4×10^9
Leuchtkraft (Galaxis = 1)	0,25	0,04
Radialgeschwindigkeit		
relativ zur Sonne	–100 km/s	–60 km/s
relativ zum Zentrum der Galaxis (abzüglich galaktischer Rotation)	< 0,5 km/s	–30 km/s
Raumgeschwindigkeit	350 km/s	320 km/s

Impressum

Umschlaggestaltung von eStudio Calamar unter Verwendung einer Illustration von Ralf Schoofs/astrofoto Bildagentur.

Mit 58 Farb- und Schwarzweißfotos, 196 Illustrationen von Gerhard Weiland, sieben Illustrationen von Gunther Schulz sowie zwölf Planetenlauf- und zwölf Monatssternkarten von Wil Tirion.

Unser gesamtes lieferbares Programm und viele weitere Informationen zu unseren Büchern, Spielen, Experimentierkästen, DVDs, Autoren und Aktivitäten finden Sie unter **kosmos.de**

MIX
Papier aus verantwortungsvollen Quellen
FSC® C012425

Gedruckt auf chlorfrei gebleichtem Papier

ISSN: 1438-3306
ISBN: 978-3-440-13546-4
Redaktion: Sven Melchert
Produktion: Ralf Paucke, Siegfried Fischer
Printed in Germany/Imprimé en Allemagne

Anschrift des Herausgebers:
Prof. Dr. Hans-Ulrich Keller
Planetarium Stuttgart
Mittlerer Schlossgarten
D-70173 Stuttgart

Rüdiger Vaas
HAWKINGS KOSMOS EINFACH ERKLÄRT
224 Seiten
€/D 24,95

Die aufsehenerregenden Einsichten des Wissenschaftlers und seine verwegenen Theorien. Leicht verständlich erklärt mit anschaulichen Illustrationen.
Begleiten Sie ein KOSMOLOGISCHES AUSNAHMETALENT DURCH SEINE GEDANKENWELT – Seite für Seite.

Rüdiger Vaas
HAWKINGS NEUES UNIVERSUM
336 Seiten
€/D 17,95

Die rätselhafte Geburtsstunde unseres Universums und was vor dem Big Bang wirklich war: Ein Lehrbuch der Extraklasse über den Kopfstand der bisherigen Lehrmeinung.
Überschreiten Sie mit diesem Buch die GRENZEN MENSCHLICHER VORSTELLUNGSKRAFT!

Rüdiger Vaas
TUNNEL DURCH RAUM UND ZEIT
416 Seiten
€/D 9,99

Wenn Science Fiction Wirklichkeit wird: Fantastische Einsichten in die Welt der Physik.
Jetzt heißt es anschnallen für die UNGLAUBLICHEN REISEN DURCH RAUM UND ZEIT!

KOSMOS

DEN WEG ZU DEN STERNEN SUCHEN.

DER IDEALE EINSTIEG FÜR HOBBY-ASTRONOMEN!

Ian Ridpath
STARTER-SET ASTRONOMIE
Buch, Sternkarte, Poster in Geschenkbox
€/D 19,99

Das kosmische Komplettpaket bietet alles, was Astro-Einsteiger brauchen: Mit der nachtleuchtenden Sternkarte werden die Sternbilder erkundet, das großzügig gestaltete und hervorragend illustrierte Buch gibt einen Überblick über das Universum, und das Poster „Unser Sonnensystem" schmückt die Wand des neuen Astro-Aspiranten.

So wird der BLICK in den HIMMEL zum ERLEBNIS!

Hermann-Michael Hahn,
Gerhard Weiland
DREHBARE KOSMOS-STERNKARTE
€/D 14,99

Die drehbare Kosmos-Sternkarte macht die Orientierung am Sternenhimmel besonders leicht.
Sie ist für **EINSTEIGER** einfach zu bedienen und bietet auch **FORTGESCHRITTENEN** eine Vielzahl an Zusatzinformationen.

Werner E. Celnik, Hermann-Michael Hahn
ASTRONOMIE FÜR EINSTEIGER
192 Seiten
€/D 17,99

Tipps und Tricks von erfahrenen Sternfreunden zeichnen diesen beliebten Ratgeber aus.
Der **IDEALE BEGLEITER** für angehende Hobby-Astronomen

Bernd Koch, Stefan Korth
STARS AM NACHTHIMMEL
152 Seiten
€/D 16,99

Sternhaufen, Galaxien und leuchtende Gasnebel – für jedes Objekt gibt es eine speziell entwickelte Sternkarte, eine genaue „Wegbeschreibung" und ein wunderschönes Foto.
Mit dieser Anleitung finden Sie garantiert DIE SCHÖNSTEN OBJEKTE AM NACHTHIMMEL.

NEU!

Erich Karkoschka
ATLAS FÜR HIMMELSBEOBACHTER
160 Seiten
€/D 19,99

Ein kleines Buch mit großer Wirkung: Dieses Buch ist die Top-Empfehlung für Hobby-Astronomen. Mit der gelungenen Kombination von Übersichtskarten, vergrößerten Aufsuchkarten sowie Einzelbeschreibung aller Objekte.
Extra: Mit RINGBINDUNG und FEUCHTIGKEITSRESISTENTEN SEITEN

KOSMOS

Ken Taylor
KOSMISCHE KULTSTÄTTEN DER WELT
240 Seiten
€/D 29,99

Das Firmament in den AUGEN UNSERER VORFAHREN – SPEKTAKULÄRE AUFNAHMEN UND WISSENSCHAFTLICHE ENTDECKUNGEN!

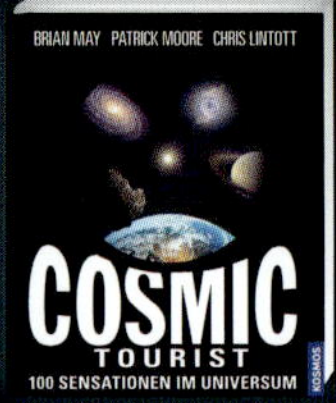

Brian May, Patrick Moore, Chris Lintott
COSMIC TOURIST
192 Seiten
€/D 29,99

Hier gibt's was auf die Augen: **EXPLODIERENDE STERNE, FREMDE PLANETEN, GLITZERNDE GALAXIEN**

Erich Karkoschka
DREHBARE WELT-STERNKARTE
€/D 17,95

Mit diesem Begleiter werden Sie zum **WELTALL-WELTENBUMMLER!**

H. A. Rey
ZWILLING, STIER UND GROSSER BÄR
180 Seiten
€/D 14,99

Ein **KLASSIKER** für **ASTRONOMIE-EINSTEIGER!**

Storm Dunlop, Wil Tirion
DER KOSMOS STERNFÜHRER
256 Seiten
€/D 19,99

Nur dieser Sternführer bietet **STERNBILDFOTOS** und **-ILLUSTRATIONEN** sowie eine **DREHBARE STERNKARTE** für unterwegs!

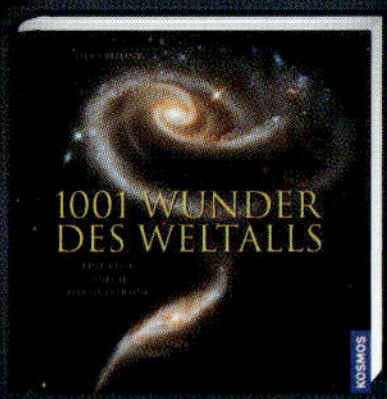

Piers Bizony
1001 WUNDER DES WELTALLS
400 Seiten
€/D 39,99

Erleben Sie **DAS GANZE UNIVERSUM** in einem Buch mit großartigen Bildern!

Stefan Seip
WAS SEHE ICH AM HIMMEL?
160 Seiten
€/D 12,95

Entdecken Sie **HIMMLISCHE AHA-ERLEBNISSE** für jeden Tag im praktischen Taschenformat für unterwegs!

IHR KLICK ZU DEN STERNEN:

Ein ganzes Universum weiterer Informationen und unser komplettes Angebot finden Sie auf:

kosmos-himmelsjahr.de
kosmos.de/astronomie

T.1 Die Größe der Planetenscheibchen im Jahre 2014. Man beachte den eingetragenen Maßstab in Bogensekunden. Anblick im umkehrenden Fernrohr (Norden unten, Osten rechts).

Planetensichtbarkeiten

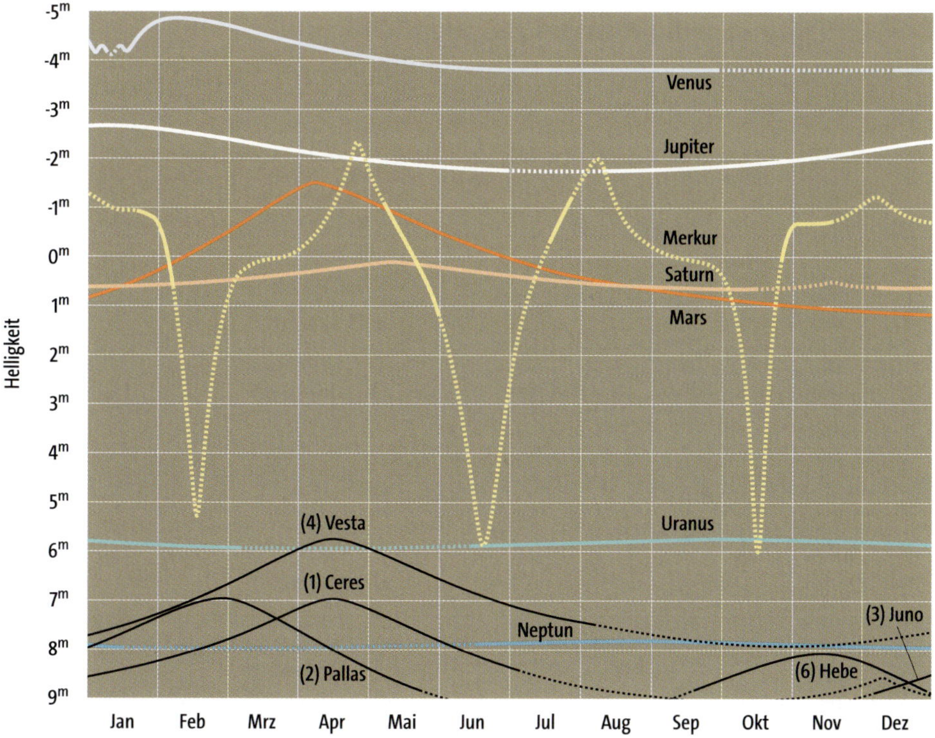

T.2 Die Helligkeiten der Planeten 2014.

T.3 Die Sichtbarkeiten der Planeten im Jahr 2014.

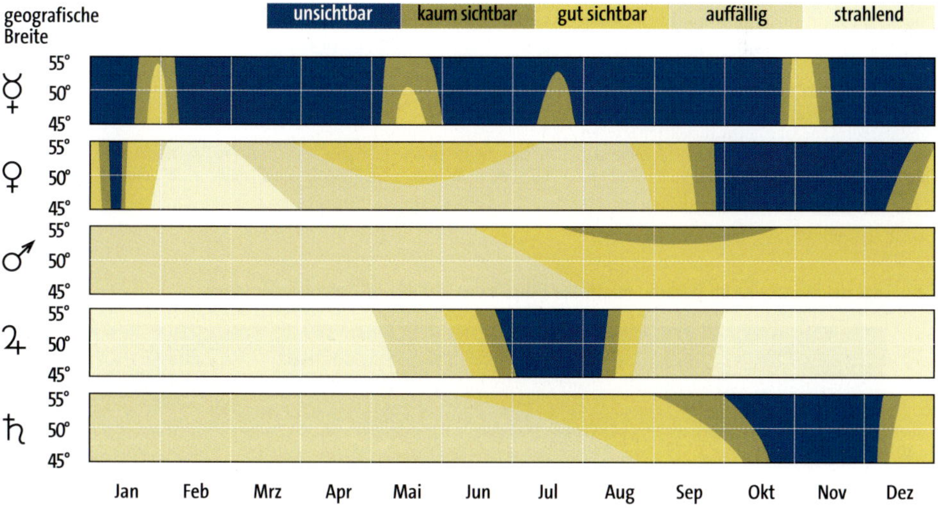

Ekliptikale Koordinaten des Mondes 2014

	JANUAR		FEBRUAR		MÄRZ		APRIL		MAI		JUNI	
Tag	Länge °	Breite °	Länge °	Breite °	Länge °	Breite °	Länge °	Breite °	Länge °	Breite °	Länge °	Breite °
2.	288,9	+4,8	342,4	+3,8	350,3	+3,2	40,3	−1,1	74,2	−3,8	118,9	−5,1
4.	319,3	+4,9	10,9	+1,8	18,9	+0,9	66,3	−3,3	98,8	−5,0	142,7	−4,6
6.	348,4	+3,7	37,5	−0,5	45,7	−1,5	91,0	−4,7	122,8	−5,2	166,6	−3,3
8.	15,6	+1,6	62,5	−2,6	70,9	−3,5	114,9	−5,3	146,6	−4,6	191,2	−1,4
10.	41,1	−0,6	86,5	−4,1	95,0	−4,7	138,7	−4,9	170,8	−3,2	217,2	+0,9
12.	65,6	−2,6	110,3	−4,9	118,7	−5,2	162,9	−3,8	196,1	−1,1	244,9	+3,1
14.	89,6	−4,1	134,1	−4,9	142,6	−4,7	188,0	−1,8	222,6	+1,3	274,1	+4,7
16.	113,4	−4,9	158,2	−4,0	167,0	−3,4	214,0	+0,5	250,6	+3,5	303,8	+5,0
18.	137,1	−4,8	182,7	−2,3	192,0	−1,5	241,1	+2,9	279,3	+4,9	333,1	+4,1
20.	161,1	−3,9	207,9	−0,2	217,8	+0,9	268,9	+4,6	308,2	+5,1	1,3	+2,1
22.	185,6	−2,3	234,1	+2,1	244,5	+3,1	297,2	+5,3	336,7	+4,1	28,1	−0,2
24.	211,0	−0,1	261,6	+4,0	272,1	+4,7	325,7	+4,7	4,3	+2,1	53,9	−2,4
26.	237,9	+2,2	290,6	+5,0	300,6	+5,2	354,0	+3,0	31,2	−0,3	79,0	−4,0
28.	266,7	+4,1	320,5	+4,8	329,7	+4,5	21,6	+0,6	57,2	−2,5	103,4	−4,9
30.	296,9	+5,0	–	–	358,7	+2,6	48,4	−1,8	82,5	−4,2	127,4	−4,9

	JULI		AUGUST		SEPTEMBER		OKTOBER		NOVEMBER		DEZEMBER	
Tag	Länge °	Breite °	Länge °	Breite °	Länge °	Breite °	Länge °	Breite °	Länge °	Breite °	Länge °	Breite °
2.	151,1	−4,1	195,9	−0,5	243,5	+3,6	280,9	+5,2	334,2	+3,7	13,0	+0,4
4.	174,9	−2,5	220,9	+1,7	270,8	+4,9	309,4	+5,0	2,8	+1,5	40,4	−2,0
6.	199,4	−0,5	247,6	+3,6	299,8	+5,1	338,8	+3,4	31,2	−1,1	67,3	−3,9
8.	225,3	+1,8	276,1	+4,9	329,9	+4,0	8,3	+1,0	58,8	−3,4	93,2	−4,9
10.	253,1	+3,8	306,2	+4,9	0,1	+1,7	37,0	−1,6	85,2	−4,8	118,1	−5,0
12.	282,6	+4,9	336,8	+3,5	29,0	−0,9	64,3	−3,8	110,3	−5,2	142,2	−4,1
14.	313,0	+4,7	6,4	+1,3	56,3	−3,1	90,0	−5,0	134,4	−4,7	165,9	−2,6
16.	342,9	+3,3	34,3	−1,2	81,9	−4,7	114,5	−5,3	158,1	−3,4	189,8	−0,6
18.	11,4	+1,1	60,5	−3,3	106,3	−5,2	138,4	−4,6	182,1	−1,5	214,6	+1,6
20.	38,2	−1,3	85,4	−4,6	130,1	−4,9	162,1	−3,2	206,9	+0,7	241,0	+3,5
22.	63,7	−3,3	109,5	−5,1	153,8	−3,7	186,3	−1,2	232,9	+2,9	268,9	+4,8
24.	88,3	−4,5	133,2	−4,7	177,8	−1,9	211,3	+1,1	260,2	+4,5	298,0	+4,9
26.	112,4	−5,0	156,9	−3,5	202,3	+0,3	237,2	+3,3	288,3	+5,1	327,3	+3,8
28.	136,2	−4,6	180,8	−1,7	227,5	+2,5	264,1	+4,8	316,7	+4,5	355,9	+1,7
30.	159,8	−3,4	205,2	+0,5	253,6	+4,3	291,7	+5,3	345,0	+2,8	23,6	−0,7

Koordinaten gelten für 1^h MEZ und sind geozentrische Werte.
Von Mitteleuropa aus steht der Mond etwa 0°,7 südlicher.
Abstand der Mondbahn relativ zu helleren Sternen 2014:

Stern:	Aldebaran	Al Nath	Alhena	Pollux	Regulus	Spica	Antares	Nunki
Mond:	1° nördl.	10° südl.	1° nördl.	12° südl.	6° südl.	2° nördl.	8° nördl.	8° nördl.

T.4 Lage der Mondbahn im Tierkreis relativ zur Ekliptik von 180° bis 360° ekliptikaler Länge.

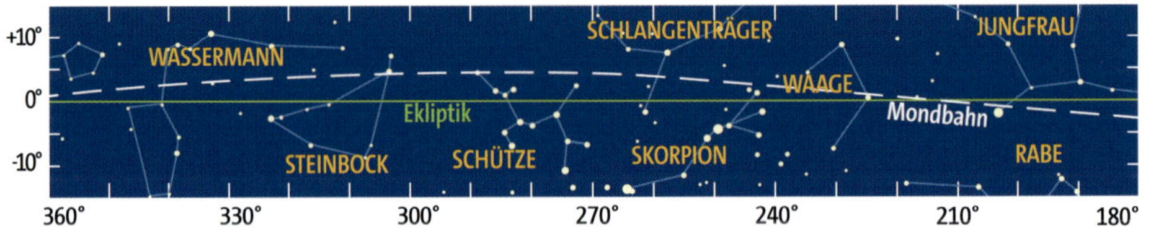

Ekliptikale Koordinaten der Sonne und der großen Planeten 2014

Datum		SONNE Länge °	MERKUR Länge °	MERKUR Breite °	VENUS Länge °	VENUS Breite °	MARS Länge °	MARS Breite °	JUPITER Länge °	JUPITER Breite °	SATURN Länge °	SATURN Breite °
Jan	1.	280,3	281,9	−1,9	296,7	+2,6	191,4	+2,2	105,9	+0,1	230,2	+2,2
	10.	289,5	296,6	−2,1	291,9	+4,9	195,3	+2,3	104,7	+0,1	230,9	+2,2
	20.	299,7	313,3	−1,7	286,2	+6,5	199,1	+2,4	103,4	+0,2	231,7	+2,2
	31.	310,8	329,2	+0,2	283,4	+7,0	202,7	+2,5	102,1	+0,2	232,3	+2,3
Feb	10.	321,0	332,3	+2,8	284,9	+6,4	205,1	+2,6	101,2	+0,2	232,7	+2,3
	20.	331,1	322,3	+3,5	289,7	+5,4	206,8	+2,7	100,6	+0,2	233,0	+2,3
	28.	339,1	318,0	+2,1	295,1	+4,5	207,3	+2,8	100,3	+0,2	233,1	+2,3
Mrz	10.	349,1	322,0	−0,1	303,3	+3,4	206,9	+2,9	100,3	+0,2	233,1	+2,4
	20.	359,1	332,3	−1,6	312,6	+2,2	205,2	+2,8	100,5	+0,3	232,9	+2,4
	31.	10,0	347,4	−2,4	323,7	+1,1	202,0	+2,7	101,2	+0,3	232,5	+2,4
Apr	10.	19,9	3,9	−2,3	334,2	+0,2	198,3	+2,4	102,1	+0,3	231,9	+2,5
	20.	29,7	22,9	−1,3	345,2	−0,6	194,5	+2,1	103,2	+0,3	231,3	+2,5
	30.	39,4	43,9	+0,3	356,4	−1,2	191,4	+1,6	104,6	+0,3	230,6	+2,5
Mai	10.	49,1	64,4	+1,9	7,7	−1,7	189,4	+1,2	106,2	+0,3	229,9	+2,5
	20.	58,7	80,4	+2,4	19,3	−1,9	188,8	+0,8	107,9	+0,3	229,1	+2,5
	31.	69,3	90,8	+1,2	32,1	−2,0	189,5	+0,4	110,0	+0,3	228,3	+2,5
Jun	10.	78,9	92,7	−1,2	43,8	−1,9	191,4	+0,1	112,0	+0,3	227,7	+2,4
	20.	88,4	88,4	−3,8	55,6	−1,7	194,2	−0,2	114,0	+0,4	227,2	+2,4
	30.	98,0	84,3	−4,6	67,5	−1,4	197,7	−0,5	116,2	+0,4	226,8	+2,4
Jul	10.	107,5	87,1	−3,4	79,5	−1,1	201,9	−0,7	118,4	+0,4	226,5	+2,3
	20.	117,0	98,1	−1,2	91,5	−0,6	206,7	−0,8	120,6	+0,4	226,4	+2,3
	31.	127,5	117,9	+1,0	104,8	−0,1	212,4	−1,0	123,0	+0,4	226,5	+2,2
Aug	10.	137,1	138,6	+1,8	117,0	+0,3	218,0	−1,1	125,2	+0,4	226,8	+2,2
	20.	146,7	157,8	+1,4	129,2	+0,7	223,9	−1,2	127,4	+0,4	227,2	+2,1
	31.	157,3	176,4	+0,2	142,7	+1,1	230,7	−1,3	129,7	+0,5	227,8	+2,1
Sep	10.	167,0	190,9	−1,2	155,1	+1,3	237,2	−1,4	131,8	+0,5	228,5	+2,1
	20.	176,8	203,0	−2,5	167,5	+1,4	243,9	−1,5	133,7	+0,5	229,3	+2,0
	30.	186,6	210,9	−3,5	180,0	+1,4	250,8	−1,5	135,5	+0,5	230,2	+2,0
Okt	10.	196,4	210,3	−3,2	192,5	+1,3	257,8	−1,5	137,2	+0,6	231,2	+2,0
	20.	206,3	199,6	−0,4	205,0	+1,1	265,1	−1,5	138,7	+0,6	232,3	+2,0
	31.	217,3	198,9	+2,0	218,7	+0,8	273,2	−1,5	140,1	+0,6	233,5	+1,9
Nov	10.	227,3	211,3	+2,0	231,3	+0,5	280,7	−1,5	141,1	+0,7	234,7	+1,9
	20.	237,4	227,0	+1,0	243,8	+0,1	288,3	−1,4	141,8	+0,7	235,9	+1,9
	30.	247,5	242,8	−0,2	256,4	−0,3	295,9	−1,4	142,3	+0,7	237,1	+1,9
Dez	10.	257,6	258,5	−1,2	268,9	−0,7	303,7	−1,3	142,4	+0,8	238,3	+1,9
	20.	267,8	274,3	−1,9	281,5	−1,0	311,5	−1,2	142,2	+0,8	239,4	+1,9
	31.	279,0	291,9	−2,2	295,3	−1,3	320,1	−1,1	141,6	+0,9	240,5	+1,9

Länge:	Jan 1.	Mrz 1.	Mai 1.	Jul 1.	Sep 1.	Nov 1.	Dez 31.	Breite
URANUS	8,°5	10,°5	13,°9	16,°1	15,°7	13,°4	12,°4	−0,°7 bis −0,°6
NEPTUN	333,0	335,0	337,0	337,3	335,9	334,7	335,1	−0,8 bis −0,7
PLUTO	281,1	282,9	283,3	282,2	280,9	281,2	282,9	+2,2 bis +2,7

T.4 Lage der Mondbahn im Tierkreis relativ zur Ekliptik von 0° bis 180° ekliptikaler Länge.

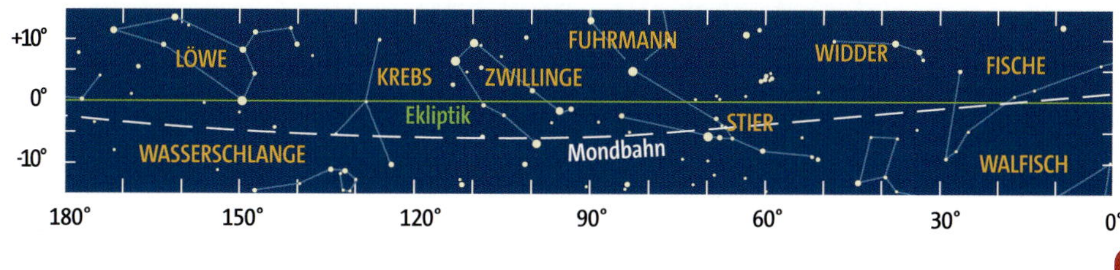

Ephemeriden der großen Planeten Januar – Juni 2014

Datum		Merkur Rektas. h m	Deklin. °	Kulmin. h m	Unterg. h m	Du. ″	bel. %	Venus Rektas. h m	Deklin. °	Kulmin. h m	Unterg. h m	Du. ″	bel. %
Jan	1.	18 52	−24,8	12 33	16 25	4,7	100	19 53	−18,3	13 28	18 00	60,1	4
	5.	19 21	−24,2	12 45	16 42	4,8	99	19 44	−17,6	13 04	17 39	62,0	2
	10.	19 56	−22,9	13 01	17 07	4,9	98	19 32	−16,9	12 31		63,2	0
	15.	20 32	−21,0	13 16	17 35	5,1	94	19 18	−16,3	11 59	Aufg.	62,6	1
	20.	21 05	−18,4	13 30	18 04	5,5	88	19 07	−16,0	11 28	6 45	60,4	3
	25.	21 36	−15,4	13 41	18 31	6,0	77	18 59	−15,8	11 01	6 17	57,1	7
	31.	22 05	−11,6	13 45	18 55	6,9	56	18 55	−15,8	10 34	5 50	52,4	12
Feb	5.	22 17	− 9,1	13 36	18 56	8,1	32	18 57	−16,0	10 16	5 33	48,3	17
	10.	22 13	− 8,0	13 10	18 34	9,4	11	19 02	−16,2	10 02	5 20	44,5	21
	15.	21 55	− 8,8	12 32	17 51	10,3	1	19 11	−16,5	9 51	5 10	41,0	26
	20.	21 34	−10,7	11 52		10,5	5	19 22	−16,6	9 43	5 02	37,8	30
	25.	21 21	−12,6	11 21	Aufg.	9,9	17	19 36	−16,7	9 37	4 57	35,0	33
	28.	21 19	−13,5	11 07	6 11	9,4	25	19 45	−16,7	9 35	4 54	33,4	36
Mrz	5.	21 24	−14,3	10 54	6 01	8,5	37	20 02	−16,5	9 32	4 50	31,1	39
	10.	21 38	−14,2	10 48	5 54	7,8	48	20 19	−16,1	9 30	4 46	29,1	42
	15.	21 57	−13,5	10 47	5 50	7,2	56	20 38	−15,6	9 29	4 42	27,2	45
	20.	22 19	−12,1	10 51	5 45	6,7	63	20 58	−14,9	9 29	4 38	25,6	48
	25.	22 45	−10,2	10 56	5 41	6,2	69	21 18	−14,0	9 29	4 34	24,2	51
	31.	23 18	− 7,1	11 06	5 35	5,8	76	21 43	−12,6	9 30	4 28	22,7	54
Apr	5.	23 47	− 4,1	11 16	5 30	5,6	81	22 03	−11,3	9 31	4 22	21,5	56
	10.	0 18	− 0,5	11 27	5 24	5,3	87	22 24	− 9,8	9 33	4 16	20,5	58
	15.	0 51	+ 3,4	11 41	5 19	5,2	92	22 45	− 8,2	9 34	4 09	19,6	60
	20.	1 27	+ 7,7	11 57		5,1	97	23 06	− 6,4	9 35	4 02	18,7	62
	25.	2 05	+12,1	12 16	Unterg.	5,1	100	23 27	− 4,5	9 37	3 54	18,0	64
	30.	2 45	+16,3	12 37	20 08	5,2	98	23 49	− 2,6	9 38	3 46	17,3	66
Mai	5.	3 27	+20,0	12 59	20 51	5,4	91	0 10	− 0,5	9 39	3 38	16,6	68
	10.	4 08	+22,9	13 20	21 29	5,8	78	0 31	+ 1,5	9 41	3 29	16,0	70
	15.	4 45	+24,6	13 37	21 57	6,4	63	0 52	+ 3,7	9 43	3 21	15,5	72
	20.	5 17	+25,4	13 49	22 13	7,2	50	1 14	+ 5,8	9 45	3 13	15,0	73
	25.	5 43	+25,4	13 54	22 17	8,1	37	1 36	+ 7,9	9 47	3 05	14,6	75
	31.	6 04	+24,7	13 50	22 06	9,3	25	2 02	+10,3	9 50	2 55	14,0	77
Jun	5.	6 12	+23,6	13 38	21 45	10,4	15	2 25	+12,3	9 53	2 48	13,7	78
	10.	6 12	+22,2	13 17	21 15	11,3	8	2 48	+14,1	9 56	2 41	13,3	80
	15.	6 05	+20,8	12 50	20 38	12,0	2	3 11	+15,9	9 59	2 36	13,0	81
	20.	5 53	+19,6	12 18		12,1	1	3 35	+17,5	10 04	2 31	12,7	83
	25.	5 42	+18,9	11 48	Aufg.	11,7	3	3 59	+18,9	10 08	2 27	12,4	84
	30.	5 36	+18,7	11 23	3 45	10,8	9	4 24	+20,1	10 13	2 25	12,1	85

Datum		Saturn Rektas. h m	Deklin. °	Kulmin. h m	Aufg. h m	Äqu. ″	Pol. ″	Ring gr. A. ″	kl. A. ″	Öffn. °	hel. Ö. °	Leucht.
Jan	1.	15 13	−15,7	8 51	4 06	15,9	14,4	36,0	13,5	22,1	20,8	1,10
	15.	15 18	−16,0	8 00	3 17	16,2	14,7	36,7	13,9	22,3	20,9	1,09
	31.	15 22	−16,2	7 01	2 19	16,6	15,0	37,6	14,4	22,5	21,1	1,08
Feb	15.	15 24	−16,3	6 05	1 23	17,0	15,4	38,5	14,8	22,6	21,2	1,08
	28.	15 25	−16,3	5 14	0 33	17,4	15,8	39,4	15,2	22,6	21,3	1,09
Mrz	15.	15 25	−16,2	4 15	23 29	17,8	16,1	40,4	15,5	22,5	21,5	1,11
	31.	15 23	−16,0	3 10	22 23	18,2	16,5	41,3	15,7	22,4	21,6	1,13
Apr	15.	15 20	−15,8	2 08	21 20	18,5	16,8	41,9	15,8	22,2	21,7	1,16
	30.	15 15	−15,5	1 05		18,6	16,9	42,3	15,8	21,9	21,9	1,22
Mai	15.	15 11	−15,2	0 01	Unterg.	18,7	16,9	42,4	15,6	21,6	22,0	1,28
	31.	15 06	−14,9	22 50	3 42	18,5	16,8	42,1	15,3	21,3	22,1	1,16
Jun	15.	15 03	−14,7	21 47	2 41	18,3	16,6	41,5	15,0	21,1	22,2	1,12
	30.	15 00	−14,6	20 46	1 40	18,0	16,3	40,8	14,6	21,0	22,4	1,10

Mars Rektas. h m	Deklin. °	Kulmin. h m	Aufg. h m	Du. ″	bel. %	Jupiter Rektas. h m	Deklin. °	Kulmin. h m	Aufg. h m	Äqu. ″	Pol. ″	Datum	
12 45	− 2,5	6 23	0 33	6,9	90	7 09	+22,6	0 48	16 41	46,8	43,8	1.	Jan
12 52	− 3,2	6 14	0 27	7,1	90	7 07	+22,7	0 30	16 23	46,8	43,8	5.	
13 00	− 3,9	6 02	0 18	7,4	90	7 04	+22,8	0 07		46,8	43,7	10.	
13 07	− 4,6	5 50	0 09	7,7	91	7 01	+22,9	23 40	Unterg.	46,6	43,6	15.	
13 14	− 5,3	5 37	23 58	8,0	91	6 58	+22,9	23 18	7 26	46,4	43,4	20.	
13 21	− 5,9	5 24	23 47	8,3	91	6 56	+23,0	22 56	7 04	46,1	43,1	25.	
13 28	− 6,5	5 07	23 33	8,8	91	6 53	+23,1	22 29	6 39	45,7	42,7	31.	
13 33	− 6,9	4 53	23 21	9,2	92	6 51	+23,1	22 07	6 17	45,2	42,3	5.	Feb
13 37	− 7,3	4 37	23 07	9,7	92	6 49	+23,2	21 46	5 56	44,7	41,8	10.	
13 41	− 7,6	4 21	22 52	10,1	93	6 47	+23,2	21 25	5 35	44,2	41,3	15.	
13 43	− 7,8	4 04	22 36	10,6	93	6 46	+23,2	21 04	5 14	43,6	40,7	20.	
13 45	− 7,9	3 46	22 18	11,2	94	6 45	+23,3	20 44	4 54	43,0	40,2	25.	
13 45	− 7,9	3 35	22 07	11,5	95	6 45	+23,3	20 32	4 42	42,6	39,8	28.	
13 45	− 7,8	3 15	21 46	12,0	96	6 45	+23,3	20 12	4 22	41,9	39,2	5.	Mrz
13 44	− 7,7	2 54	21 24	12,6	96	6 45	+23,3	19 52	4 03	41,3	38,6	10.	
13 41	− 7,4	2 32	21 00	13,2	97	6 45	+23,3	19 33	3 43	40,6	38,0	15.	
13 37	− 7,1	2 08	20 35	13,7	98	6 46	+23,3	19 14	3 24	40,0	37,4	20.	
13 33	− 6,7	1 44	20 08	14,2	99	6 47	+23,3	18 56	3 06	39,3	36,8	25.	
13 25	− 6,1	1 13	19 34	14,7	100	6 49	+23,2	18 34	2 44	38,6	36,1	31.	
13 18	− 5,5	0 46	19 05	15,0	100	6 51	+23,2	18 16	2 26	38,0	35,5	5.	Apr
13 11	− 4,9	0 19		15,1	100	6 53	+23,2	17 59	2 08	37,4	35,0	10.	
13 04	− 4,3	23 47	Unterg.	15,2	100	6 55	+23,1	17 41	1 50	36,9	34,5	15.	
12 57	− 3,8	23 21	5 10	15,1	99	6 58	+23,1	17 24	1 33	36,3	34,0	20.	
12 50	− 3,4	22 55	4 46	14,9	99	7 01	+23,0	17 07	1 16	35,8	33,5	25.	
12 45	− 3,0	22 29	4 22	14,6	98	7 04	+22,9	16 51	0 59	35,4	33,1	30.	
12 40	− 2,8	22 05	3 59	14,3	97	7 07	+22,9	16 35	0 42	34,9	32,6	5.	Mai
12 37	− 2,6	21 43	3 37	13,8	96	7 10	+22,8	16 18	0 25	34,5	32,2	10.	
12 34	− 2,6	21 21	3 15	13,4	95	7 14	+22,7	16 02	0 08	34,1	31,9	15.	
12 34	− 2,8	21 01	2 54	12,9	94	7 18	+22,6	15 46	23 48	33,7	31,5	20.	
12 34	− 3,0	20 42	2 33	12,4	93	7 22	+22,4	15 31	23 32	33,4	31,2	25.	
12 36	− 3,4	20 20	2 09	11,9	91	7 27	+22,3	15 12	23 12	33,0	30,9	31.	
12 38	− 3,9	20 03	1 50	11,4	91	7 31	+22,1	14 57	22 56	32,7	30,6	5.	Jun
12 42	− 4,5	19 47	1 31	11,0	90	7 35	+22,0	14 41	22 39	32,5	30,4	10.	
12 47	− 5,1	19 32	1 13	10,6	89	7 40	+21,8	14 26	22 23	32,2	30,2	15.	
12 52	− 5,8	19 18	0 56	10,2	89	7 44	+21,6	14 11	22 06	32,0	30,0	20.	
12 58	− 6,6	19 05	0 38	9,9	88	7 49	+21,5	13 56	21 50	31,9	29,8	25.	
13 05	− 7,4	18 52	0 21	9,5	88	7 53	+21,3	13 40	21 34	31,7	29,7	30.	

Uranus Rektas. h m	Deklin. °	Kulmin. h m	Unterg. h m	Du. ″	Neptun Rektas. h m	Deklin. °	Kulmin. h m	Unterg. h m	Du. ″	Pluto Rektas. h m	Deklin. °	Datum	
0 32	+ 2,7	18 08	0 28	3,5	22 20	−11,1	15 57	21 07	2,2	18 46	−20,3	1.	Jan
0 33	+ 2,8	17 14	23 30	3,5	22 22	−10,9	15 03	20 14	2,2	18 48	−20,2	15.	
0 35	+ 3,0	16 13	22 30	3,4	22 24	−10,8	14 03	19 14	2,2	18 51	−20,2	31.	
0 37	+ 3,3	15 16	21 35	3,4	22 26	−10,6	13 06	18 18	2,2	18 53	−20,2	15.	Feb
0 39	+ 3,5	14 27	20 47	3,4	22 28	−10,4	12 16		2,2	18 54	−20,2	28.	
0 42	+ 3,8	13 31	19 52	3,4	22 30	−10,2	11 20	Aufg.	2,2	18 55	−20,1	15.	Mrz
0 46	+ 4,2	12 31	18 55	3,4	22 32	−10,0	10 19	5 04	2,2	18 56	−20,1	31.	
0 49	+ 4,5	11 36		3,4	22 34	− 9,8	9 21	4 05	2,2	18 56	−20,1	15.	Apr
0 52	+ 4,9	10 40	Aufg.	3,4	22 35	− 9,7	8 24	3 07	2,2	18 56	−20,1	30.	
0 55	+ 5,1	9 43	3 16	3,4	22 36	− 9,6	7 26	2 09	2,3	18 55	−20,2	15.	Mai
0 57	+ 5,4	8 43	2 14	3,4	22 37	− 9,5	6 24	1 06	2,3	18 54	−20,2	31.	
0 59	+ 5,6	7 46	1 16	3,5	22 37	− 9,5	5 25	0 07	2,3	18 53	−20,2	15.	Jun
1 00	+ 5,7	6 48	0 18	3,5	22 36	− 9,6	4 25	23 04	2,3	18 51	−20,3	30.	

Ephemeriden der großen Planeten Juli – Dezember 2014

Datum		Merkur Rektas. h m	Deklin. °	Kulmin. h m	Aufg. h m	Du. ″	bel. %	Venus Rektas. h m	Deklin. °	Kulmin. h m	Aufg. h m	Du. ″	bel. %
Jul	1.	5 36	+18,8	11 19	3 40	10,5	11	4 29	+20,4	10 14	2 24	12,1	85
	5.	5 38	+19,2	11 06	3 24	9,6	18	4 49	+21,2	10 19	2 24	11,9	86
	10.	5 48	+20,1	10 57	3 10	8,5	30	5 15	+22,0	10 25	2 25	11,7	88
	15.	6 07	+21,1	10 57	3 03	7,5	43	5 40	+22,5	10 31	2 27	11,5	89
	20.	6 35	+22,0	11 06	3 06	6,6	59	6 07	+22,8	10 37	2 32	11,3	90
	25.	7 11	+22,4	11 23	3 20	5,9	75	6 33	+22,8	10 44	2 38	11,1	91
	31.	8 01	+21,6	11 50	3 52	5,4	92	7 04	+22,5	10 52	2 49	10,9	92
Aug	5.	8 44	+19,7	12 13	4 27	5,1	98	7 30	+21,9	10 58	2 59	10,8	93
	10.	9 26	+16,9	12 35		5,0	100	7 56	+21,1	11 04	3 11	10,6	94
	15.	10 05	+13,6	12 54	Unterg.	5,0	97	8 22	+20,0	11 10	3 23	10,5	95
	20.	10 40	+ 9,9	13 09	19 58	5,0	94	8 47	+18,6	11 16	3 37	10,4	95
	25.	11 12	+ 6,1	13 21	19 51	5,1	89	9 12	+17,1	11 21	3 51	10,3	96
	31.	11 47	+ 1,6	13 32	19 41	5,4	84	9 42	+14,9	11 27	4 09	10,2	97
Sep	5.	12 14	– 2,0	13 39	19 30	5,6	79	10 06	+13,0	11 31	4 24	10,1	97
	10.	12 38	– 5,4	13 44	19 19	5,9	74	10 30	+10,8	11 35	4 39	10,1	98
	15.	13 01	– 8,5	13 46	19 07	6,2	68	10 53	+ 8,6	11 39	4 54	10,0	98
	20.	13 21	–11,3	13 47	18 53	6,7	61	11 16	+ 6,2	11 42	5 09	9,9	99
	25.	13 38	–13,5	13 44	18 39	7,3	53	11 39	+ 3,8	11 45	5 24	9,9	99
	30.	13 50	–15,1	13 35	18 23	8,0	42	12 02	+ 1,3	11 49	5 39	9,9	99
Okt	5.	13 55	–15,6	13 19	18 04	8,8	28	12 25	– 1,2	11 52	5 55	9,8	100
	10.	13 48	–14,6	12 52		9,7	13	12 48	– 3,7	11 55	6 10	9,8	100
	15.	13 31	–11,8	12 15	Aufg.	10,1	1	13 11	– 6,2	11 58	6 25	9,8	100
	20.	13 12	– 8,1	11 36	6 13	9,7	3	13 34	– 8,6	12 02		9,8	100
	25.	13 03	– 5,5	11 09	5 33	8,6	21	13 58	–10,9	12 06	Unterg.	9,8	100
	31.	13 13	– 5,5	10 56	5 20	7,1	50	14 27	–13,6	12 11	17 06	9,8	100
Nov	5.	13 33	– 7,4	10 58	5 30	6,2	70	14 51	–15,7	12 16	17 00	9,8	100
	10.	14 00	–10,1	11 05	5 51	5,7	83	15 16	–17,6	12 21	16 55	9,8	100
	15.	14 29	–13,1	11 14	6 15	5,3	91	15 41	–19,3	12 27	16 51	9,9	100
	20.	14 59	–16,0	11 25	6 42	5,0	95	16 07	–20,8	12 33	16 49	9,9	99
	25.	15 31	–18,6	11 37	7 08	4,8	98	16 34	–22,1	12 40	16 48	9,9	99
	30.	16 03	–20,9	11 50	7 34	4,7	99	17 01	–23,0	12 47	16 49	10,0	99
Dez	5.	16 36	–22,7	12 03	7 59	4,6	100	17 28	–23,7	12 55	16 53	10,0	99
	10.	17 10	–24,1	12 17		4,6	100	17 55	–24,1	13 02	16 58	10,1	98
	15.	17 44	–25,0	12 32	Unterg.	4,7	99	18 23	–24,2	13 10	17 06	10,2	98
	20.	18 19	–25,3	12 47	16 36	4,8	98	18 50	–24,0	13 18	17 15	10,2	97
	25.	18 54	–25,0	13 03	16 54	4,9	96	19 18	–23,4	13 26	17 27	10,3	97
	31.	19 36	–23,8	13 21	17 21	5,2	92	19 50	–22,4	13 34	17 42	10,4	96

Datum		Saturn Rektas. h m	Deklin. °	Kulmin. h m	Unterg. h m	Äqu. ″	Pol. ″	Ring gr. A. ″	kl. A. ″	Öffn. °	hel. Ö. °	Leucht.
Jul	1.	15 00	–14,6	20 41	1 36	17,9	16,3	40,7	14,6	21,0	22,4	1,10
	15.	14 59	–14,6	19 45	0 40	17,6	15,9	39,9	14,3	21,0	22,5	1,09
	31.	14 59	–14,6	18 43	23 33	17,1	15,5	38,8	14,0	21,1	22,6	1,08
Aug	15.	15 00	–14,8	17 45	22 35	16,7	15,1	37,9	13,7	21,3	22,7	1,08
	31.	15 04	–15,1	16 46	21 33	16,3	14,7	36,9	13,5	21,5	22,8	1,10
Sep	15.	15 08	–15,5	15 51	20 37	15,9	14,4	36,1	13,5	21,9	23,0	1,12
	30.	15 13	–15,9	14 57	19 41	15,6	14,2	35,5	13,4	22,3	23,1	1,15
Okt	15.	15 19	–16,3	14 05	18 46	15,4	14,0	35,0	13,5	22,7	23,2	1,19
	31.	15 27	–16,8	13 09		15,3	13,9	34,6	13,6	23,1	23,3	1,24
Nov	15.	15 34	–17,2	12 17	Aufg.	15,2	13,8	34,5	13,8	23,5	23,4	1,48
	30.	15 41	–17,6	11 25	6 51	15,2	13,9	34,6	14,0	23,9	23,5	1,29
Dez	15.	15 48	–18,0	10 33	6 02	15,3	14,0	34,8	14,3	24,2	23,6	1,24
	31.	15 55	–18,4	9 37	5 08	15,5	14,1	35,2	14,6	24,5	23,7	1,21

Mars Rektas. h m	Deklin. °	Kulmin. h m	Unterg. h m	Du. ″	bel. %	Jupiter Rektas. h m	Deklin. °	Kulmin. h m	Unterg. h m	Äqu. ″	Pol. ″	Datum	
13 06	− 7,6	18 49	0 18	9,5	88	7 54	+21,2	13 37	21 31	31,7	29,6	1.	Jul
13 12	− 8,3	18 40	0 05	9,2	87	7 58	+21,1	13 25	21 17	31,6	29,6	5.	
13 20	− 9,2	18 28	23 45	8,9	87	8 02	+20,9	13 10	21 01	31,5	29,5	10.	
13 29	−10,1	18 17	23 30	8,7	87	8 07	+20,6	12 55	20 45	31,4	29,4	15.	
13 38	−11,1	18 06	23 14	8,4	87	8 12	+20,4	12 40		31,4	29,4	20.	
13 47	−12,1	17 56	22 59	8,2	87	8 16	+20,2	12 25	Aufg.	31,4	29,4	25.	
13 59	−13,3	17 45	22 42	7,9	87	8 22	+19,9	12 07	4 22	31,4	29,4	31.	
14 10	−14,3	17 36	22 27	7,7	87	8 26	+19,6	11 52	4 08	31,4	29,4	5.	Aug
14 21	−15,2	17 27	22 13	7,5	87	8 31	+19,4	11 37	3 55	31,5	29,5	10.	
14 32	−16,2	17 19	22 00	7,4	87	8 35	+19,1	11 22	3 41	31,6	29,5	15.	
14 44	−17,2	17 11	21 47	7,2	87	8 40	+18,8	11 06	3 28	31,7	29,6	20.	
14 56	−18,1	17 04	21 34	7,0	87	8 44	+18,6	10 51	3 14	31,8	29,8	25.	
15 12	−19,2	16 55	21 20	6,9	87	8 49	+18,3	10 33	2 57	32,0	30,0	31.	
15 25	−20,1	16 49	21 08	6,7	87	8 53	+18,0	10 17	2 43	32,2	30,1	5.	Sep
15 38	−20,9	16 43	20 57	6,6	88	8 58	+17,7	10 01	2 29	32,5	30,4	10.	
15 52	−21,7	16 37	20 47	6,5	88	9 02	+17,4	9 46	2 15	32,7	30,6	15.	
16 06	−22,4	16 31	20 37	6,3	88	9 05	+17,2	9 30	2 01	33,0	30,9	20.	
16 21	−23,0	16 26	20 28	6,2	88	9 09	+16,9	9 14	1 46	33,3	31,1	25.	
16 36	−23,5	16 21	20 20	6,1	89	9 13	+16,7	8 58	1 32	33,6	31,5	30.	
16 51	−24,0	16 17	20 13	6,0	89	9 16	+16,4	8 42	1 17	34,0	31,8	5.	Okt
17 07	−24,4	16 13	20 06	5,9	89	9 19	+16,2	8 25	1 01	34,4	32,2	10.	
17 22	−24,7	16 09	20 00	5,8	89	9 22	+16,0	8 08	0 46	34,8	32,5	15.	
17 38	−24,9	16 05	19 55	5,8	90	9 25	+15,8	7 52	0 30	35,2	33,0	20.	
17 54	−24,9	16 02	19 51	5,7	90	9 28	+15,6	7 35	0 14	35,7	33,4	25.	
18 14	−24,9	15 58	19 48	5,6	90	9 31	+15,4	7 14	23 52	36,3	33,9	31.	
18 30	−24,8	15 54	19 46	5,5	91	9 33	+15,2	6 56	23 35	36,8	34,4	5.	Nov
18 47	−24,5	15 51	19 45	5,4	91	9 35	+15,1	6 39	23 18	37,4	34,9	10.	
19 03	−24,1	15 48	19 44	5,3	91	9 36	+15,0	6 20	23 00	37,9	35,5	15.	
19 20	−23,6	15 45	19 44	5,3	92	9 38	+14,9	6 02	22 42	38,5	36,0	20.	
19 36	−23,0	15 41	19 45	5,2	92	9 39	+14,8	5 43	22 24	39,1	36,6	25.	
19 53	−22,3	15 38	19 46	5,1	92	9 40	+14,8	5 25	22 05	39,7	37,1	30.	
20 09	−21,5	15 35	19 48	5,1	93	9 40	+14,8	5 05	21 46	40,3	37,7	5.	Dez
20 25	−20,6	15 31	19 50	5,0	93	9 40	+14,8	4 46	21 26	40,9	38,3	10.	
20 41	−19,6	15 27	19 52	5,0	93	9 40	+14,8	4 26	21 06	41,5	38,8	15.	
20 57	−18,5	15 23	19 55	4,9	94	9 39	+14,9	4 06	20 45	42,1	39,4	20.	
21 13	−17,4	15 19	19 57	4,8	94	9 39	+15,0	3 45	20 24	42,7	39,9	25.	
21 31	−15,9	15 14	20 00	4,8	94	9 37	+15,1	3 20	19 59	43,3	40,5	31.	

Uranus Rektas. h m	Deklin. °	Kulmin. h m	Aufg. h m	Du. ″	Neptun Rektas. h m	Deklin. °	Kulmin. h m	Aufg. h m	Du. ″	Pluto Rektas. h m	Deklin. °	Datum	
1 00	+ 5,7	6 44	0 14	3,5	22 36	− 9,6	4 21	23 00	2,3	18 51	−20,3	1.	Jul
1 01	+ 5,8	5 50	23 15	3,5	22 36	− 9,7	3 26	22 05	2,3	18 50	−20,4	15.	
1 01	+ 5,8	4 47	22 13	3,6	22 34	− 9,8	2 21	21 01	2,3	18 48	−20,4	31.	
1 00	+ 5,7	3 47	21 13	3,6	22 33	− 9,9	1 21	20 02	2,4	18 47	−20,5	15.	Aug
0 59	+ 5,5	2 43	20 10	3,7	22 31	−10,1	0 17		2,4	18 46	−20,5	31.	
0 57	+ 5,3	1 42	19 10	3,7	22 30	−10,3	23 12	Unterg.	2,4	18 45	−20,6	15.	Sep
0 55	+ 5,1	0 41		3,7	22 28	−10,4	22 12	3 29	2,3	18 45	−20,6	30.	
0 53	+ 4,9	23 36	Unterg.	3,7	22 27	−10,5	21 12	2 28	2,3	18 46	−20,7	15.	Okt
0 50	+ 4,6	22 31	5 00	3,7	22 26	−10,6	20 08	1 24	2,3	18 47	−20,7	31.	
0 49	+ 4,5	21 30	3 58	3,7	22 26	−10,6	19 09	0 25	2,3	18 48	−20,7	15.	Nov
0 47	+ 4,3	20 30	2 57	3,6	22 26	−10,6	18 10	23 22	2,3	18 50	−20,7	30.	
0 47	+ 4,3	19 30	1 57	3,6	22 27	−10,5	17 12	22 24	2,3	18 52	−20,7	15.	Dez
0 47	+ 4,3	18 27	0 55	3,5	22 28	−10,4	16 10	21 23	2,2	18 54	−20,7	31.	

Ephemeriden hellerer Kleinplaneten 2014

Ceres (1)

Datum		Rektas.	Deklin.	Kulmin.
		h m	°	h m
Jan	1.	13 35	+1,3	7 14
	5.	13 40	+1,0	7 03
	10.	13 46	+0,7	6 49
	15.	13 51	+0,5	6 34
	20.	13 56	+0,3	6 19
	25.	14 00	+0,2	6 04
	31.	14 05	+0,1	5 45
Feb	**5.**	14 08	+0,1	5 29
	10.	14 11	+0,1	5 12
	15.	14 13	+0,2	4 54
	20.	14 15	+0,3	4 36
	25.	14 16	+0,5	4 17
	28.	14 16	+0,7	4 06
Mrz	**5.**	14 16	+0,9	3 46
	10.	14 15	+1,2	3 26
	15.	14 14	+1,5	3 05
	20.	14 11	+1,9	2 43
	25.	14 09	+2,2	2 20
	31.	14 05	+2,6	1 53
Apr	**5.**	14 01	+3,0	1 29
	10.	13 57	+3,3	1 06
	15.	13 52	+3,5	0 42
	20.	13 48	+3,7	0 18
	25.	13 44	+3,8	23 49
	30.	13 39	+3,9	23 25
Mai	**5.**	13 35	+3,9	23 02
	10.	13 32	+3,8	22 38
	15.	13 29	+3,6	22 16
	20.	13 26	+3,3	21 54
	25.	13 24	+3,0	21 32
	31.	13 23	+2,6	21 07
Jun	**5.**	13 22	+2,1	20 47
	10.	13 22	+1,6	20 27
	15.	13 23	+1,0	20 08
	20.	13 24	+0,4	19 50
	25.	13 25	−0,2	19 32
	30.	13 27	−0,9	19 14
Jul	5.	13 30	−1,5	18 57
	10.	13 33	−2,3	18 41
	15.	13 37	−3,0	18 25

Vesta (4)

Datum		Rektas.	Deklin.	Kulmin.
		h m	°	h m
Jan	**1.**	13 16	−0,6	6 55
	5.	13 21	−0,9	6 44
	10.	13 28	−1,2	6 31
	15.	13 34	−1,5	6 17
	20.	13 39	−1,7	6 03
	25.	13 44	−1,9	5 48
	31.	13 50	−2,0	5 30
Feb	**5.**	13 54	−2,0	5 15
	10.	13 58	−2,0	4 58
	15.	14 01	−1,9	4 42
	20.	14 03	−1,7	4 24
	25.	14 04	−1,4	4 06
	28.	14 05	−1,3	3 55
Mrz	**5.**	14 06	−0,9	3 36
	10.	14 05	−0,5	3 16
	15.	14 04	−0,1	2 55
	20.	14 02	+0,4	2 34
	25.	14 00	+1,0	2 11
	31.	13 56	+1,6	1 44
Apr	**5.**	13 52	+2,1	1 20
	10.	13 47	+2,6	0 56
	15.	13 43	+3,0	0 32
	20.	13 38	+3,4	0 08
	25.	13 33	+3,7	23 39
	30.	13 29	+3,9	23 15
Mai	**5.**	13 25	+4,0	22 51
	10.	13 22	+4,0	22 28
	15.	13 19	+3,9	22 06
	20.	13 17	+3,7	21 44
	25.	13 15	+3,4	21 23
	31.	13 14	+2,9	20 59
Jun	**5.**	13 15	+2,4	20 40
	10.	13 16	+1,9	20 21
	15.	13 17	+1,3	20 03
	20.	13 19	+0,6	19 46
	25.	13 22	−0,1	19 29
	30.	13 26	−0,9	19 13
Jul	**5.**	13 30	−1,7	18 57
	10.	13 34	−2,5	18 42
	15.	13 39	−3,4	18 27

Pallas (2)

Datum		Rektas.	Deklin.	Kulmin.
		h m	°	h m
Jan	1.	10 08	−22,3	3 47
	5.	10 09	−22,3	3 32
	10.	10 09	−22,1	3 12
	15.	10 08	−21,8	2 52
	20.	10 07	−21,2	2 31
	25.	10 05	−20,4	2 09
	31.	10 02	−19,2	1 43
Feb	**5.**	9 59	−17,9	1 20
	10.	9 55	−16,4	0 57
	15.	9 52	−14,7	0 34
	20.	9 48	−12,8	0 10
	25.	9 45	−10,7	23 43
	28.	9 43	− 9,5	23 29
Mrz	**5.**	9 40	− 7,3	23 07
	10.	9 38	− 5,0	22 45
	15.	9 36	− 2,9	22 24
	20.	9 35	− 0,7	22 03
	25.	9 35	+ 1,3	21 43
	31.	9 35	+ 3,5	21 20
Apr	**5.**	9 36	+ 5,3	21 02
	10.	9 38	+ 6,8	20 44
	15.	9 41	+ 8,2	20 27
	20.	9 44	+ 9,4	20 11
	25.	9 48	+10,5	19 55
	30.	9 52	+11,4	19 40
Mai	5.	9 57	+12,2	19 25
	10.	10 02	+12,9	19 11
	15.	10 08	+13,4	18 57
	20.	10 14	+13,9	18 43
	25.	10 20	+14,2	18 30
	31.	10 28	+14,5	18 14

Victoria (12)

Datum		Rektas.	Deklin.	Kulmin.
		h m	°	h m
Aug	5.	23 02	+11,3	2 30
	10.	23 00	+11,5	2 08
	15.	22 58	+11,5	1 46
	20.	22 55	+11,4	1 23
	25.	22 52	+11,1	1 00
	31.	22 47	+10,6	0 32

Victoria (12)

Datum		Rektas.	Deklin.	Kulmin.
		h m	°	h m
Sep	5.	22 43	+10,0	0 09
	10.	22 39	+ 9,3	23 41
	15.	22 36	+ 8,5	23 18
	20.	22 33	+ 7,7	22 55
	25.	22 31	+ 6,8	22 33
	30.	22 29	+ 5,9	22 12

Hebe (6)

Datum		Rektas.	Deklin.	Kulmin.
		h m	°	h m
Okt	5.	4 09	−3,9	3 36
	10.	4 10	−4,7	3 17
	15.	4 10	−5,5	2 57
	20.	4 09	−6,3	2 36
	25.	4 06	−7,1	2 14
	31.	4 03	−7,8	1 47
Nov	5.	3 59	−8,3	1 24
	10.	3 55	−8,7	1 00
	15.	3 51	−8,9	0 36
	20.	3 46	−9,0	0 12
	25.	3 41	−8,8	23 43
	30.	3 37	−8,5	23 19
Dez	5.	3 33	−8,1	22 55
	10.	3 30	−7,5	22 32
	15.	3 27	−6,8	22 10

In den **halbfett** gedruckten Tagesintervallen sind die Kleinplaneten einfacher aufzufinden.
Spaltenüberschriften: Rektaszension und Deklination für 1^h MEZ. Kulmination = Meridiandurchgang: MEZ für 10° östliche Länge.
Aufgang oder Untergang: MEZ für 10° östliche Länge und 50° nördliche Breite. Scheinbarer Durchmesser für 1^h MEZ,
Äqu.: Äquatordurchmesser, Pol: Poldurchmesser. Beleuchteter Teil des Planetenscheibchens für 1^h MEZ.
Saturnring: große und kleine Ringachse, Öffnung, heliozentrische Öffnung, Leuchtkraft relativ zur Leuchtkraft der Saturnkugel.

Zentralmeridiane Mars und Jupiter 2014 (1^h MEZ = 2^h MESZ)

Mars

Dat.	Jan	Feb	Mrz	Apr	Mai	Jun	Jul
1.	249°	315°	56°	140°	238°	317°	34°
2.	240	306	47	132	229	307	24
3.	230	297	38	123	220	298	15
4.	221	287	29	114	211	289	5
5.	211	278	20	105	202	279	355
6.	201	269	11	97	193	270	346
7.	192	259	2	88	185	261	336
8.	182	250	353	79	176	251	327
9.	173	241	344	70	167	242	317
10.	163	231	335	62	158	233	307
11.	154	222	326	53	149	223	298
12.	144	213	317	44	140	214	288
13.	135	204	308	36	131	204	279
14.	125	194	299	27	122	195	269
15.	116	185	290	18	113	186	259
16.	106	176	281	10	103	176	250
17.	97	167	273	1	94	167	240
18.	87	157	264	352	85	157	231
19.	78	148	255	343	76	148	221
20.	68	139	246	335	67	138	211
21.	59	130	237	326	58	129	202
22.	50	120	228	317	49	119	192
23.	40	111	219	308	40	110	182
24.	31	102	211	300	31	100	173
25.	21	93	202	291	21	91	163
26.	12	84	193	282	12	81	153
27.	2	75	184	273	3	72	144
28.	353	66	175	264	354	62	134
29.	344		167	256	344	53	124
30.	334		158	247	335	43	115
31.	325		149		326		105
D	22	19	19	22	25	25	23

Jupiter System I

Dat.	Jan	Feb	Mrz	Apr	Mai	Okt	Nov	Dez
1.	60°	279°	20°	231°	282°	289°	142°	199°
2.	218	76	178	29	80	87	299	357
3.	16	234	335	187	238	244	97	155
4.	174	32	133	344	35	42	255	313
5.	332	190	291	142	193	200	53	111
6.	130	348	89	300	351	358	211	269
7.	289	146	247	98	148	156	9	67
8.	87	304	45	255	306	313	167	224
9.	245	102	202	53	104	111	325	22
10.	43	260	0	211	261	269	122	180
11.	201	58	158	9	59	67	280	338
12.	359	216	316	166	217	225	78	136
13.	157	14	114	324	14	23	236	294
14.	315	172	271	122	172	180	34	92
15.	113	330	69	279	330	338	192	250
16.	271	127	227	77	127	136	350	48
17.	69	285	25	235	285	294	148	206
18.	227	83	183	32	83	92	306	4
19.	25	241	340	190	240	249	104	162
20.	183	39	138	348	38	47	261	320
21.	341	197	296	146	196	205	59	118
22.	139	355	94	303	353	3	217	276
23.	297	153	252	101	151	161	15	74
24.	95	311	49	259	309	319	173	232
25.	253	108	207	56	106	117	331	30
26.	51	266	5	214	264	274	129	188
27.	209	64	163	12	62	72	287	346
28.	7	222	320	169	219	230	85	144
29.	165		118	327	17	28	243	302
30.	323		276	125	175	186	41	100
31.	121		74		332	344		258
D	1.6	1.6	1.6	1.5	1.4	0.2	−0.1	−0.2

Jupiter System II

Dat.	Jan	Feb	Mrz	Apr	Mai	Okt	Nov	Dez
1.	261°	242°	130°	105°	287°	206°	182°	11°
2.	51	33	280	255	77	357	333	161
3.	202	183	70	45	227	147	123	311
4.	352	333	221	195	17	297	273	102
5.	142	124	11	345	167	87	63	252
6.	293	274	161	136	317	237	214	42
7.	83	64	311	286	108	27	4	193
8.	234	215	101	76	258	178	154	343
9.	24	5	252	226	48	328	304	133
10.	174	155	42	16	198	118	95	284
11.	325	305	192	166	348	268	245	74
12.	115	96	342	316	138	58	35	224
13.	265	246	132	106	288	208	185	15
14.	56	36	283	256	78	359	336	165
15.	206	187	73	46	228	149	126	316
16.	357	337	223	196	18	299	276	106
17.	147	127	13	346	168	89	67	256
18.	297	277	163	137	318	239	217	47
19.	88	68	313	287	108	30	7	197
20.	238	218	103	77	258	180	157	347
21.	29	8	254	227	48	330	308	138
22.	179	158	44	17	198	120	98	288
23.	329	309	194	167	348	270	248	78
24.	120	99	344	317	138	61	39	229
25.	270	249	134	107	288	211	189	19
26.	60	39	284	257	78	1	339	170
27.	211	190	74	47	228	151	130	320
28.	1	340	225	197	18	302	280	110
29.	151		15	347	168	92	70	261
30.	302		165	137	318	242	220	51
31.	92		315		108	32		202

D = Neigung der Planetenachse zur Erde

Korrektur für MEZ	0^h	1^h	2^h	3^h	4^h	5^h	6^h	7^h	17^h	18^h	19^h	20^h	21^h	22^h	23^h	24^h	Änderung
Mars	−15°	0	+15°	+29°	+ 44°	+ 58°	+ 73°	+ 88°	−126°	−111°	−97°	−82°	−68°	−53°	−38°	− 24°	+14°,6/Stunde
Jupiter System I	−37	0	+37	+73	+110	+146	+183	+219	−135	− 98	−62	−25	+12	+48	+85	+121	+36°,6/Stunde
Jupiter System II	−36	0	+36	+73	+109	+145	+181	+218	−140	−104	−67	−31	+ 5	+41	+78	+114	+36°,3/Stunde

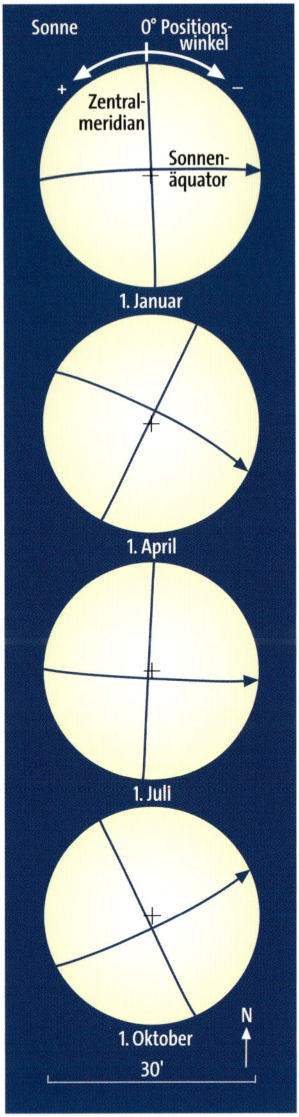

T.5 Lage des Zentralmeridians und des Äquators der Sonne im Verlauf des Jahres relativ zum Beobachter auf der Erde.

Ephemeride der Sonnenscheibe 2014 (1^h MEZ)

Datum		Entferng. AE	Du. ′	Z.M. °	B_0 °	P °	Sternzeit h m
Jan	1.	0,983	32,5	189,5	−3,0	+ 2,2	6 42
	10.	0,983	32,5	70,9	−4,0	− 2,2	7 18
	20.	0,984	32,5	299,3	−5,0	− 6,8	7 57
	31.	0,985	32,5	154,4	−5,9	−11,6	8 41
Feb	10.	0,987	32,4	22,8	−6,6	−15,5	9 20
	20.	0,989	32,4	251,1	−7,0	−18,9	9 59
	28.	0,991	32,3	145,7	−7,2	−21,2	10 31
Mrz	10.	0,993	32,2	14,0	−7,2	−23,5	11 10
	20.	0,996	32,1	242,2	−7,0	−25,1	11 50
	31.	0,999	32,0	97,1	−6,6	−26,1	12 33
Apr	10.	1,002	31,9	325,2	−6,0	−26,3	13 13
	20.	1,005	31,8	193,1	−5,2	−25,7	13 52
	30.	1,007	31,8	61,0	−4,3	−24,4	14 31
Mai	10.	1,010	31,7	288,8	−3,2	−22,4	15 11
	20.	1,012	31,6	156,6	−2,1	−19,6	15 50
	31.	1,014	31,6	11,0	−0,8	−15,9	16 34
Jun	10.	1,015	31,5	238,7	+0,4	−12,1	17 13
	20.	1,016	31,5	106,3	+1,6	− 7,8	17 52
	30.	1,017	31,5	333,9	+2,7	− 3,3	18 32
Jul	10.	1,017	31,5	201,6	+3,8	+ 1,2	19 11
	20.	1,016	31,5	69,3	+4,8	+ 5,7	19 51
	31.	1,015	31,5	283,7	+5,7	+10,3	20 34
Aug	10.	1,014	31,6	151,5	+6,3	+14,1	21 14
	20.	1,012	31,6	19,3	+6,8	+17,5	21 53
	31.	1,010	31,7	234,0	+7,2	+20,7	22 36
Sep	10.	1,007	31,8	101,9	+7,2	+23,1	23 16
	20.	1,004	31,8	329,9	+7,1	+24,8	23 55
	30.	1,002	31,9	197,9	+6,8	+25,9	0 35
Okt	10.	0,999	32,0	65,9	+6,2	+26,3	1 14
	20.	0,996	32,1	294,0	+5,5	+26,0	1 53
	31.	0,993	32,2	149,0	+4,5	+24,7	2 37
Nov	10.	0,990	32,3	17,1	+3,4	+22,8	3 16
	20.	0,988	32,4	245,3	+2,3	+20,1	3 56
	30.	0,986	32,4	113,5	+1,0	+16,6	4 35
Dez	10.	0,985	32,5	341,7	−0,2	+12,6	5 15
	20.	0,984	32,5	209,9	−1,5	+ 8,1	5 54
	31.	0,983	32,5	65,1	−2,8	+ 2,8	6 37

Z.M. Zentralmeridian (Abnahme 13°,2/Tag), B_0 Neigung der Sonnenachse zur Erde, P Positionswinkel des Sonnen-Nordpols, Sternzeit Greenwich

Beginn der synodischen Sonnenrotation nach Carrington 2014

Rot. Nr.	Datum	MEZ h m	Rot. Nr.	Datum	MEZ h m
2146	Jan 15.	10 16	2153	Jul 25.	6 38
2147	Feb 11.	18 28	2154	Aug 21.	12 05
2148	Mrz 11.	2 26	2155	Sep 17.	18 14
2149	Apr 7.	9 38	2156	Okt 15.	0 58
2150	Mai 4.	15 46	2157	Nov 11.	8 09
2151	Mai 31.	20 59	2158	Dez 8.	15 40
2152	Jun 28.	1 45			

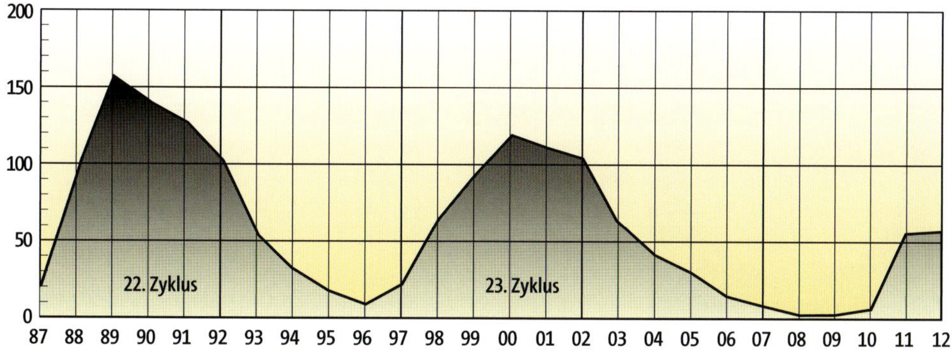

T.6 Jahresmittel der Sonnenfleckenrelativzahlen von 1987 bis 2012.

T.7 Monatsmittel der Sonnenfleckenrelativzahlen von Januar 2007 bis März 2013.

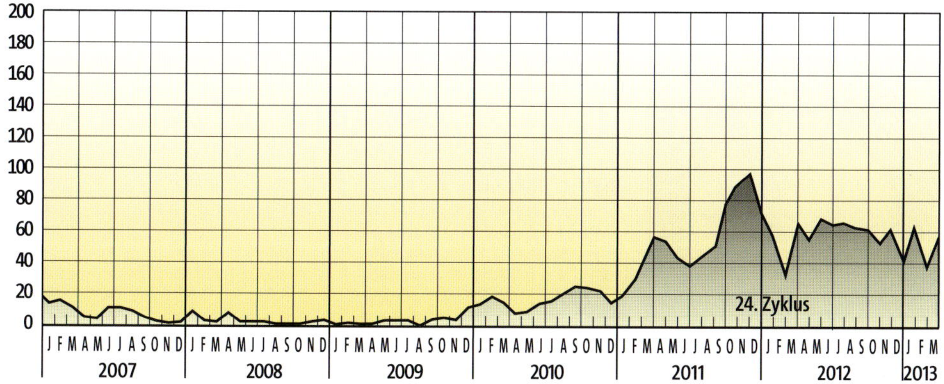

T.8 Stellung und relative Lage der zunehmenden Mondsichel zum Westhorizont jeweils am ersten Sichtbarkeitsabend nach Neumond eine halbe Stunde nach Sonnenuntergang im Jahre 2014.

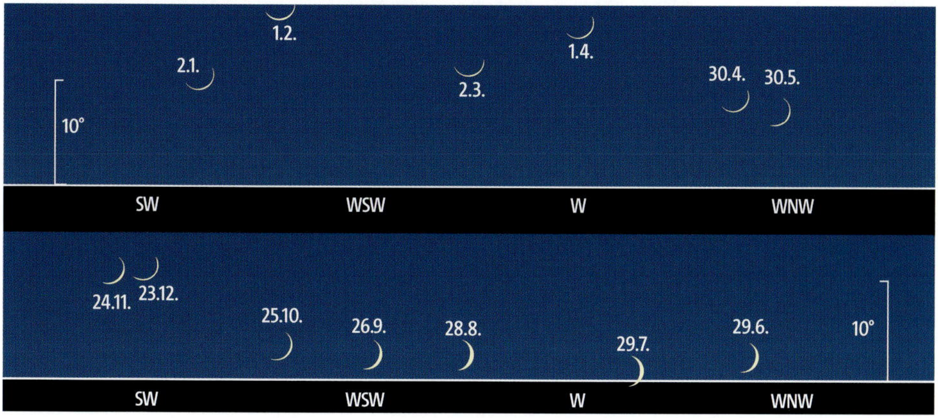

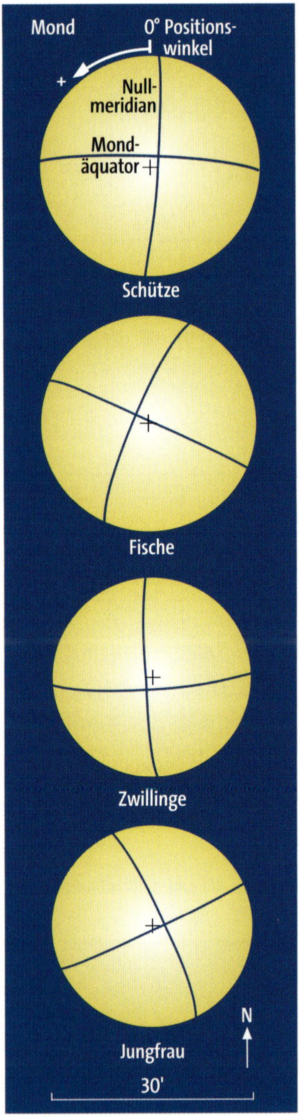

T.9 Lage des Nullmeridians und des Mondäquators relativ zum Beobachter auf der Erde in Abhängigkeit von der Position des Mondes im Tierkreis (siehe auch monatliche Rubrik „Der Mondlauf").

Sternbedeckungen durch den Mond 2014

Datum		MEZ h	m	Stern	Hell. m	bel. %	E/A	P °
Jan	5.	18	40	SAO 146402	6,6:	24	E	90
	6.	20	45	25 Psc	6,3:	35	E	20
	7.	22	20	60 Psc	6,0	47	E	25
Feb	7.	19	45	HR 1201	6,0	59	E	75
	8.	0	10	HR 1237	6,3	61	E	115
	8.	21	10	HR 1517	6,0	69	E	30
	9.	17	35	**119 Tau**	4,4	77	E	135
	9.	18	35	120 Tau	5,7	77	E	160
	11.	21	25	**λ Gem**	3,6:	91	E	165
	13.	21	45	60 Cnc	5,4	99	E	125
Mrz	4.	21	15	HR 534	5,9:	15	E	10
	6.	22	10	HR 1110	6,2:	33	E	75
	7.	18	25	**δ^3 Tau**	4,3:	42	E	80
	7.	23	05	HR 1442	6,2:	43	E	75
	9.	20	05	HR 2184	6,3	62	E	135
	9.	22	35	HR 2214	5,9:	62	E	165
	9.	23	00	SAO 95456	6,8:	62	E	50
	13.	22	15	ω Leo	5,5:	92	E	170
	25.	5	40	ϱ^1 Sgr	3,9:	37	E	85
Apr	3.	20	10	HR 1280	5,9:	17	E	70
	3.	22	15	HR 1295	6,1	18	E	95
	6.	19	00	26 Gem	5,2	44	E	70
	7.	19	55	**68 Gem**	5,2:	54	E	100
	7.	20	10	56 Gem	6,6	54	E	150
	9.	18	35	κ Cnc	5,2:	72	E	115
Mai	2.	19	40	119 Tau	4,4	12	E	25
	2.	20	15	120 Tau	5,7	13	E	30
	4.	20	55	SAO 96712	6,9:	28	E	160
	4.	21	35	**λ Gem**	3,6:	29	E	30
Jun	3.	22	50	ω Leo	5,5:	32	E	120
	15.	2	35	ϱ^1 Sgr	3,9:	95	A	280
Jul	7.	22	00	5 Lib	6,3:	74	E	160
Aug	5.	20	10	HR 6053	6,3:	69	E	80
	8.	22	15	**ϱ^1 Sgr**	3,9:	94	E	60
Sep	11.	22	50	o Psc	4,3	89	A	245
	16.	1	00	115 Tau	5,4:	50	A	280
	18.	4	30	λ Gem	3,6:	30	E	75
	18.	5	45	**λ Gem**	3,6:	30	A	300
Okt	1.	18	35	HR 6933	5,7	49	E	15
	1.	19	15	U Sgr	6,7	49	E	130
	5.	18	15	HD 212320	5,9	90	E	90
	25.	17	20	**Saturn**	0,6	3	E	130
Nov	5.	18	05	o Psc	4,3	98	E	65
	12.	6	25	68 Gem	5,2:	72	A	275
	25.	16	55	SAO 162001	6,6:	12	E	130
	25.	18	35	HR 7164	6,4:	12	E	135
Dez	2.	18	25	HR 426	6,2:	84	E	65
	9.	8	05	λ Gem	3,6:	92	A	320
	11.	8	45	Acubens	4,3:	79	A	340
	25.	19	50	HR 8273	6,1	18	E	95
	26.	17	35	HR 8581	6,1:	27	E	40
	27.	19	20	11 Psc	6,4	38	E	60
	27.	22	00	14 Psc	7,7	39	E	55
	29.	18	25	88 Psc	6,0	60	E	15

Hell. = Helligkeit („:" = Doppelstern), E/A = Eintritt/Austritt, bel. = beleuchteter Teil der Mondscheibe, P = Positionswinkel
halbfett: Ereignis bereits im Fernglas sichtbar

Sternbedeckungen

Datum		MEZ	Hamburg	Hannover	Berlin	Dresden	Leipzig	Düsseldorf	Frankfurt	Nürnberg	Stuttgart	München	Zürich	Wien
		h	m	m	m	m	m	m	m	m	m	m	m	m
Jan	5.	18	37,1	37,8	41,7	43,7	41,9	35,2	38,6	42,5	40,7	44,9	41,6	51,0
	6.	20	51,6	49,0	50,5	48,7	48,5	45,9	45,3	45,9	44,3	45,1	42,8	47,7
	7.	22	26,0	23,3	25,2	23,3	23,0	20,0	19,7	20,4	18,9	19,9	17,7	22,3
Feb	7.	19	45,8	44,8	50,4	50,5	48,5	39,5	41,9	45,8	42,4	46,6	41,1	54,9
	8.	0	03,6	06,0	06,3	09,4	08,6	07,9	10,8	12,7	14,1	15,8	17,6	15,6
	8.	20/21	–	15,5	25,4	16,0	14,6	03,9	03,3	05,9	00,8	03,9	56,7	12,9
	9.	17	30,5	30,0	35,1	36,3	34,0	26,0	28,8	33,3	30,8	36,2	31,6	46,7
	9.	18	31,0	34,6	41,9	–	–	33,4	–	–	–	–	–	–
	11.	21	16,5	19,6	23,8	30,0	27,2	21,1	30,6	40,2	–	–	–	–
	13.	21	42,9	42,5	47,2	48,0	46,1	38,9	41,4	45,0	42,8	46,5	42,9	53,3
Mrz	4.	21	–	–	–	–	–	–	18,1	17,0	13,5	13,4	10,6	16,6
	6.	22	04,4	05,5	06,8	08,3	07,5	05,3	07,3	09,0	09,1	10,7	10,5	12,0
	7.	18	23,9	23,1	28,8	29,3	27,2	18,0	20,9	25,0	21,8	26,2	20,9	34,4
	7.	23	00,3	01,5	02,7	04,4	03,6	01,4	03,5	05,2	05,3	06,9	06,8	08,1
	9.	19/20	57,3	59,0	03,9	07,3	04,8	56,7	02,0	07,3	06,3	11,6	09,8	17,9
	9.	22	27,0	32,0	31,6	37,8	36,7	–	–	–	–	–	–	53,1
	9.	22/23	00,6	59,6	05,2	05,0	03,1	54,9	57,7	01,1	58,7	02,1	58,3	08,2
	13.	22	04,1	06,9	09,5	13,7	11,7	08,3	13,4	17,1	19,8	23,3	–	24,4
	25.	5	39,5	38,0	42,8	42,1	40,4	33,2	34,4	37,0	33,9	36,7	31,7	43,8
Apr	3.	20	07,4	08,3	10,4	11,9	10,9	07,4	09,8	12,0	11,6	13,7	12,8	16,0
	3.	22	12,1	13,8	13,0	14,9	14,8	15,8	17,2	17,7	19,0	19,4	21,3	17,9
	6.	18/19	01,2	00,0	06,6	06,7	04,3	54,0	57,1	01,5	57,9	02,5	56,7	11,3
	7.	19/20	52,9	53,5	58,9	00,8	58,5	49,8	53,8	58,4	56,2	00,8	56,9	08,1
	7.	19/20	59,9	02,6	05,8	10,1	08,0	02,9	08,2	12,5	13,4	17,5	18,9	20,7
	9.	18	33,0	32,4	37,5	38,0	36,0	28,3	30,8	34,4	32,0	35,7	31,6	43,0
Mai	2.	19	–	–	–	–	–	40,6	40,0	43,2	37,5	40,4	34,8	–
	2.	20	–	19,0	–	23,2	20,9	11,7	13,1	15,4	13,0	15,2	12,1	20,2
	4.	20/21	42,3	45,9	45,5	49,9	49,1	50,2	53,9	55,7	59,0	00,5	05,9	58,4
	4.	21	–	–	–	–	–	–	36,3	–	33,2	36,9	30,6	–
Jun	3.	22	43,5	45,7	45,3	48,0	47,6	47,9	50,1	51,2	52,7	53,7	55,5	52,8
	15.	2	31,0	31,1	36,5	37,7	35,5	26,9	30,1	34,3	31,4	35,6	30,7	43,3
Jul	7.	21/22	50,7	52,7	56,5	00,1	57,9	51,7	56,3	00,7	00,2	04,8	03,3	10,4
Aug	5.	20	–	–	09,9	10,8	08,6	–	–	06,8	03,7	07,8	02,6	15,8
	8.	22	13,6	12,6	17,3	17,1	15,4	07,9	09,6	12,6	09,5	12,6	07,5	19,6
Sep	11.	22	54,3	52,1	54,5	52,2	51,9	48,6	47,6	47,8	45,6	45,8	42,7	48,8
	16.	0/1	04,5	03,0	04,8	03,0	02,8	00,5	59,8	59,8	58,3	58,3	56,2	00,3
	18.	4	37,5	34,6	38,3	35,6	34,8	29,7	28,9	29,9	26,9	28,1	23,8	33,5
	18.	5	42,4	42,5	47,6	48,5	46,5	38,5	41,1	44,7	41,8	45,3	40,4	53,1
Okt	1.	18	–	40,0	42,2	39,6	39,0	34,2	33,0	34,2	30,8	32,6	27,4	38,1
	1.	19	08,9	09,8	15,8	18,6	15,8	06,0	10,7	16,2	13,6	19,5	14,6	29,5
	5.	18	16,3	14,4	17,6	16,0	15,2	10,6	10,5	11,6	09,1	10,4	06,8	15,1
	25.	17	12,1	14,2	17,1	20,5	18,7	13,7	17,8	21,6	21,2	25,0	23,7	29,3
Nov	5.	17/18	10,3	08,1	09,2	06,7	06,8	05,6	03,9	03,2	01,7	01,1	59,2	02,6
	12.	6	18,8	20,0	24,4	26,8	24,7	17,0	20,9	25,1	23,0	27,3	23,1	33,9
	25.	16/17	48,6	50,0	55,6	59,1	56,2	–	–	57,8	55,6	01,8	–	11,9
	25.	18	26,8	29,2	33,3	38,0	35,3	28,1	33,5	39,1	38,3	45,0	42,1	–
Dez	2.	18	29,0	26,7	30,2	28,3	27,4	22,3	21,9	23,1	20,2	21,5	17,2	27,0
	9.	7/8	57,4	00,3	59,0	02,4	02,1	03,6	05,8	06,8	08,7	09,5	11,9	07,9
	11.	8	33,8	37,6	36,0	40,6	40,1	41,6	44,6	46,1	48,3	49,8	52,2	48,4
	25.	19	45,5	46,9	48,8	51,1	50,0	46,5	49,4	52,0	51,8	54,6	53,6	57,4
	26.	17	37,1	35,9	39,0	38,4	37,3	32,3	32,9	34,8	32,4	34,4	30,5	39,6
	27.	19	18,8	18,5	22,1	22,7	21,2	15,3	17,2	20,1	17,9	21,0	17,3	26,6
	27.	21/22	56,5	56,7	57,8	58,4	57,9	55,8	56,9	58,2	57,7	59,0	58,1	00,6
	29.	18	37,0	32,5	34,3	30,4	30,4	27,8	24,9	24,5	21,4	21,6	17,2	26,2

Unter jeder Stadt sind die Minuten und Zehntelminuten der Sternbedeckungszeit angegeben.

Sternzeit um 20^h MEZ = 21^h MESZ auf 10° östlicher Länge

Tag	Jan	Feb	Mrz	Apr	Mai	Jun	Jul	Aug	Sep	Okt	Nov	Dez
	h m	h m	h m	h m	h m	h m	h m	h m	h m	h m	h m	h m
1.	2 25	4 28	6 18	8 20	10 19	12 21	14 19	16 21	18 23	20 22	22 24	0 22
2.	2 29	4 32	6 22	8 24	10 22	12 25	14 23	16 25	18 27	20 26	22 28	0 26
3.	2 33	4 36	6 26	8 28	10 26	12 29	14 27	16 29	18 31	20 30	22 32	0 30
4.	2 37	4 39	6 30	8 32	10 30	12 33	14 31	16 33	18 35	20 34	22 36	0 34
5.	2 41	4 43	6 34	8 36	10 34	12 36	14 35	16 37	18 39	20 37	22 40	0 38
6.	2 45	4 47	6 38	8 40	10 38	12 40	14 39	16 41	18 43	20 41	22 44	0 42
7.	2 49	4 51	6 42	8 44	10 42	12 44	14 43	16 45	18 47	20 45	22 48	0 46
8.	2 53	4 55	6 46	8 48	10 46	12 48	14 47	16 49	18 51	20 49	22 52	0 50
9.	2 57	4 59	6 50	8 52	10 50	12 52	14 51	16 53	18 55	20 53	22 55	0 54
10.	3 01	5 03	6 53	8 56	10 54	12 56	14 54	16 57	18 59	20 57	22 59	0 58
11.	3 05	5 07	6 57	9 00	10 58	13 00	14 58	17 01	19 03	21 01	23 03	1 02
12.	3 09	5 11	7 01	9 04	11 02	13 04	15 02	17 05	19 07	21 05	23 07	1 06
13.	3 13	5 15	7 05	9 08	11 06	13 08	15 06	17 09	19 11	21 09	23 11	1 10
14.	3 17	5 19	7 09	9 11	11 10	13 12	15 10	17 12	19 15	21 13	23 15	1 13
15.	3 21	5 23	7 13	9 15	11 14	13 16	15 14	17 16	19 19	21 17	23 19	1 17
16.	3 25	5 27	7 17	9 19	11 18	13 20	15 18	17 20	19 23	21 21	23 23	1 21
17.	3 28	5 31	7 21	9 23	11 22	13 24	15 22	17 24	19 27	21 25	23 27	1 25
18.	3 32	5 35	7 25	9 27	11 26	13 28	15 26	17 28	19 30	21 29	23 31	1 29
19.	3 36	5 39	7 29	9 31	11 29	13 32	15 30	17 32	19 34	21 33	23 35	1 33
20.	3 40	5 43	7 33	9 35	11 33	13 36	15 34	17 36	19 38	21 37	23 39	1 37
21.	3 44	5 46	7 37	9 39	11 37	13 40	15 38	17 40	19 42	21 41	23 43	1 41
22.	3 48	5 50	7 41	9 43	11 41	13 44	15 42	17 44	19 46	21 45	23 47	1 45
23.	3 52	5 54	7 45	9 47	11 45	13 47	15 46	17 48	19 50	21 48	23 51	1 49
24.	3 56	5 58	7 49	9 51	11 49	13 51	15 50	17 52	19 54	21 52	23 55	1 53
25.	4 00	6 02	7 53	9 55	11 53	13 55	15 54	17 56	19 58	21 56	23 59	1 57
26.	4 04	6 06	7 57	9 59	11 57	13 59	15 58	18 00	20 02	22 00	0 03	2 01
27.	4 08	6 10	8 01	10 03	12 01	14 03	16 02	18 04	20 06	22 04	0 06	2 05
28.	4 12	6 14	8 04	10 07	12 05	14 07	16 05	18 08	20 10	22 08	0 10	2 09
29.	4 16	–	8 08	10 11	12 09	14 11	16 09	18 12	20 14	22 12	0 14	2 13
30.	4 20	–	8 12	10 15	12 13	14 15	16 13	18 16	20 18	22 16	0 18	2 17
31.	4 24	–	8 16	–	12 17	–	16 17	18 20	–	22 20	–	2 20

Korrektur für andere östliche geografische Längen

Länge	4°	5°	6°	7°	8°	9°	11°	12°	13°	14°	15°	16°
Korr.	-24^m	-20^m	-16^m	-12^m	-8^m	-4^m	$+4^m$	$+8^m$	$+12^m$	$+16^m$	$+20^m$	$+24^m$

Korrektur für andere Uhrzeiten derselben Nacht (Datumswechsel um Mitternacht)

MEZ	18^h	19^h	21^h	22^h	23^h	0^h	1^h	2^h	3^h	4^h	5^h	6^h
MESZ	19^h	20^h	22^h	23^h	0^h	1^h	2^h	3^h	4^h	5^h	6^h	7^h
Korr.	-2^h00^m	-1^h00^m	$+1^h00^m$	$+2^h00^m$	$+3^h00^m$	$+4^h01^m$	$+5^h01^m$	$+6^h01^m$	$+7^h01^m$	$+8^h01^m$	$+9^h01^m$	$+10^h02^m$

Erläuterungen siehe auch Seite 20 unter „Sternzeit".
Die obige Tabelle gibt für jeden Tag des Jahres die Sternzeit um 20^h MEZ (= 21^h Sommerzeit) am Meridian 10° östlicher Länge an. Für den Ortsmeridian des Beobachters ist eine Korrektur entsprechend der geografischen Längendifferenz zu 10° östlicher Länge anzubringen. Pro Längengrad beträgt diese Korrektur vier Minuten. Für Orte westlich des Meridians ist die Korrektur abzuziehen, für Orte östlich hingegen zu addieren. Auf der rechten Seite findet man in der Tabelle „Geografische Koordinaten größerer Städte" in der letzten Spalte die Zeitkorrektur vermerkt. Wer zu einer anderen Zeit als 20^h beobachtet, muss noch die Zeitkorrektur gemäß der obigen Tabelle anbringen. Beispiel: Wieviel Uhr Sternzeit ist es am 25. März um 23^h in München? Aus der Tabelle entnimmt man: Sternzeit am 25. März um 20^h = 7^h53^m. Dies gilt für 10° östlicher Länge. Die Zeitkorrektur für München beträgt laut Tabelle rechts sechs Minuten. Da München östlich vom 10°-Meridian liegt, sind diese sechs Minuten zu addieren, und man erhält 7^h59^m (Achtung: Das Vorzeichen in der Spalte Zeitkorrektur der rechten Tabelle gilt für die Korrektur der Kulminationszeiten! Für die Sternzeitberechnung kehren sich die Vorzeichen um!). Am 25. März ist es also um 20^h MEZ 7^h59^m Sternzeit. Für 23^h MEZ ist gemäß obiger Tabelle die Korrektur von 3^h00^m anzubringen; um 23^h MEZ ist es also am 25. März in München 10^h59^m Sternzeit.

Geografische Koordinaten größerer Städte mit Zeitkorrektur

Stadt	östl. Länge	nördl. Breite	Zeitkorrektur gegen 10° östl. Länge
Aachen	6°,1	50°,8	$+16^{m}$
Amsterdam	4,9	52,4	+20
Antwerpen	4,4	51,2	+22
Augsburg	10,9	48,4	− 4
Baden-Baden	8,2	48,8	+ 7
Basel	7,6	47,6	+ 9
Berlin	13,4	52,5	−14
Bern	7,4	46,9	+10
Bielefeld	8,5	52,0	+ 6
Bochum	7,2	51,5	+11
Bonn	7,1	50,7	+12
Bozen	11,3	46,5	− 5
Braunschweig	10,5	52,3	− 2
Bregenz	9,8	47,5	+ 1
Bremen	8,8	53,1	+ 5
Brünn	16,6	49,2	−26
Brüssel	4,3	50,8	+23
Chemnitz	12,9	50,8	−12
Coburg	11,0	50,3	− 4
Darmstadt	8,7	49,9	+ 5
Dortmund	7,5	51,5	+10
Dresden	13,7	51,1	−15
Düsseldorf	6,8	51,2	+13
Duisburg	6,8	51,4	+13
Eisenach	10,3	51,0	− 1
Emden	7,2	53,4	+11
Erfurt	11,0	51,0	− 4
Essen	7,0	51,5	+12
Frankfurt (Main)	8,7	50,1	+ 5
Frankfurt (Oder)	14,6	52,3	−18
Freiburg (Breisgau)	7,9	48,0	+ 9
Genf	6,2	46,2	+15
Görlitz	15,0	51,2	−20
Graz	15,5	47,1	−22
Halle	12,0	51,5	− 8
Hamburg	10,0	53,6	0
Hannover	9,7	52,4	+ 1
Heidelberg	8,7	49,4	+ 5
Heilbronn	9,2	49,1	+ 3
Innsbruck	11,4	47,3	− 6
Kaiserslautern	7,8	49,4	+ 9
Karlsruhe	8,4	49,0	+ 6
Kassel	9,5	51,3	+ 2
Kiel	10°,1	54°,3	$-\ 1^{m}$
Klagenfurt	14,3	46,6	−17
Koblenz	7,6	50,4	+10
Köln	7,0	50,9	+12
Konstanz	9,2	47,7	+ 3
Krefeld	6,6	51,3	+14
Leipzig	12,4	51,3	−10
Linz (Donau)	14,3	48,3	−17
Ludwigshafen (Rh.)	8,4	49,5	+ 6
Lübeck	10,7	53,9	− 3
Lüttich	5,5	50,6	+18
Luxemburg	6,1	49,6	+15
Magdeburg	11,6	52,1	− 7
Mailand	9,2	45,5	+ 3
Mainz	8,3	50,0	+ 7
Mannheim	8,5	49,5	+ 6
Mönchengladbach	6,4	51,2	+14
München	11,6	48,1	− 6
Münster	7,6	52,0	+10
Nürnberg	11,1	49,5	− 4
Osnabrück	8,0	52,3	+ 8
Potsdam	13,1	52,4	−12
Prag	14,4	50,1	−18
Regensburg	12,1	49,0	− 8
Reutlingen	9,2	48,5	+ 3
Rostock	12,1	54,1	− 8
Rotterdam	4,5	51,9	+22
Saarbrücken	7,0	49,2	+12
Salzburg	13,1	47,8	−12
Schwerin	11,4	53,6	− 6
Stralsund	13,1	54,3	−12
Straßburg	7,7	48,6	+ 9
Stuttgart	9,2	48,8	+ 3
Trier	6,6	49,8	+13
Tübingen	9,1	48,5	+ 4
Ulm	10,0	48,4	0
Wien	16,4	48,2	−25
Wiesbaden	8,2	50,1	+ 7
Wilhelmshaven	8,1	53,5	+ 8
Worms	8,4	49,6	+ 7
Würzburg	9,9	49,8	0
Wuppertal	7,1	51,3	+11
Zürich	8,6	47,4	+ 6

Erläuterungen siehe auch Seite 20.
Die Tabelle enthält die geografischen Koordinaten einiger größerer Städte in Mitteleuropa. In der vierten Spalte ist der Zeitunterschied der Ortszeit zum Meridian 10° östlicher Länge in Minuten angegeben. Um diesen Betrag kulminieren die Gestirne in der jeweiligen Stadt früher (negativer Wert) oder später (positiver Wert). Beispiel: Für Stuttgart findet man $+3^{m}$, für München -6^{m}. In Stuttgart gehen die Gestirne jeweils drei Minuten später durch den Meridian als im Himmelsjahr angegeben, in München dagegen um sechs Minuten früher.
Die Auf- und Untergangszeiten sind außer von der geografischen Länge auch noch von der geografischen Breite abhängig. Um sie für einen bestimmten Ort zu korrigieren, benutze man das Nomogramm auf Seite 292.

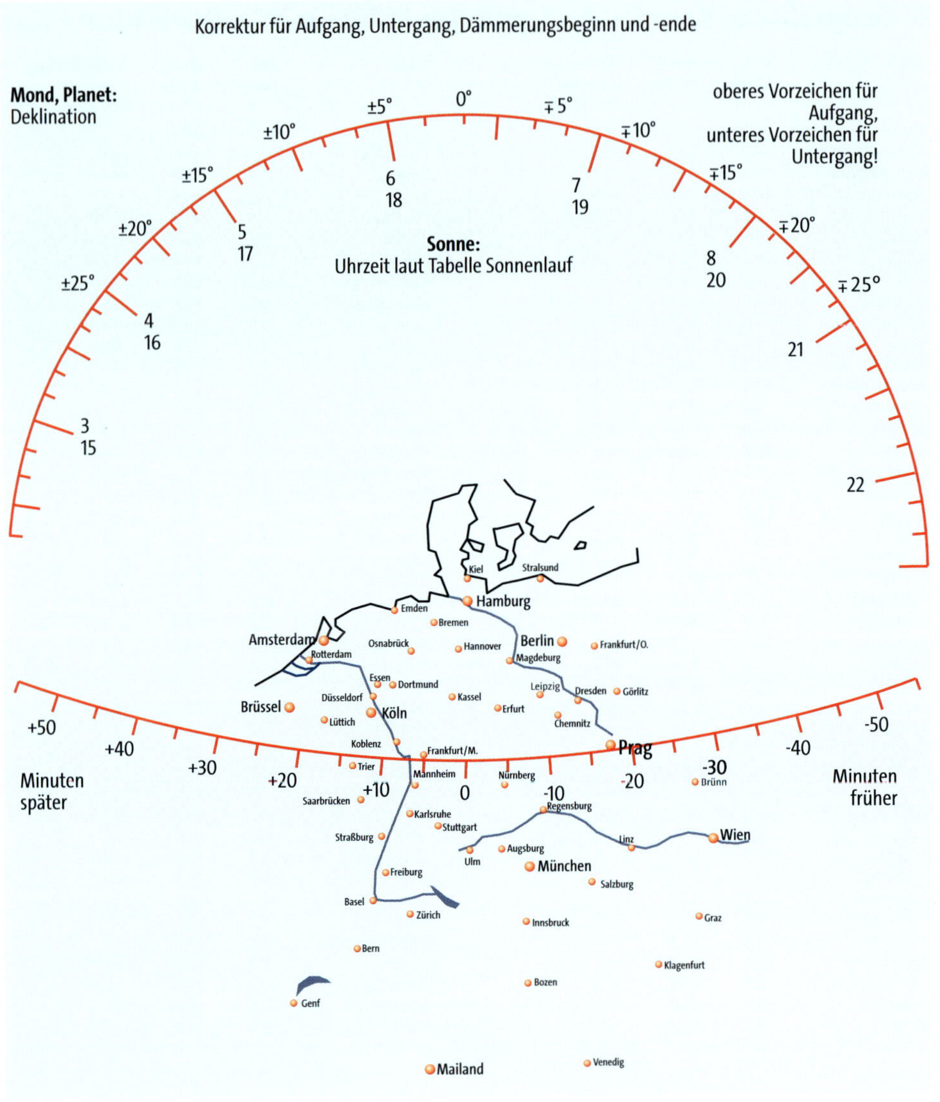

T.10 Nomogramm zur Bestimmung der Auf- und Untergangszeiten (Erläuterungen siehe Seite 20).

Korrektur für Auf- und Untergangszeiten

Sonne: Datum:			Jan. 21.	Febr. 8.	Febr. 23.	März 8.	März 20.	April 2.	April 16.	Mai 1.	Mai 20.	Juni 21.
		Dez. 22.	Nov. 22.	Nov. 3.	Okt. 19.	Okt. 6.	Sept. 23.	Sept. 10.	Aug. 27.	Aug. 12.	Juli 24.	
Mond, Planet:												
Deklination		−25°	−20°	−15°	−10°	− 5°	0°	+ 5°	+10°	+15°	+20°	+25°
Hamburg	Aufgang	+21^m	+15^m	+10^m	+ 6^m	+ 3^m	+ 1^m	− 4^m	− 7^m	−11^m	−16^m	−22^m
	Unterg.	−21	−15	−10	− 6	− 3	+ 1	+ 4	+ 7	+11	+16	+22
Hannover	Aufgang	+14	+11	+ 8	+ 5	+ 3	+ 1	− 1	− 4	− 6	− 9	−13
	Unterg.	−12	− 9	− 6	− 3	− 1	+ 1	+ 3	+ 6	+ 8	+11	+15
Berlin	Aufgang	+ 1	− 3	− 6	− 9	−12	−14	−16	−19	−21	−25	−29
	Unterg.	−28	−24	−21	−18	−16	−14	−11	− 9	− 6	− 3	+ 1
Dresden	Aufgang	− 9	−11	−12	−13	−14	−15	−16	−17	−18	−19	−21
	Unterg.	−20	−19	−18	−17	−16	−15	−14	−13	−12	−11	− 9
Leipzig	Aufgang	− 2	− 4	− 6	− 7	− 8	−10	−11	−12	−13	−15	−17
	Unterg.	−17	−15	−13	−12	−11	−10	− 8	− 7	− 6	− 4	− 2
Düsseldorf	Aufgang	+19	+18	+16	+15	+14	+13	+12	+11	+10	+ 8	+ 6
	Unterg.	+ 7	+ 8	+10	+11	+12	+13	+14	+15	+16	+18	+20
Frankfurt	Aufgang	+ 6	+ 6	+ 6	+ 5	+ 5	+ 5	+ 5	+ 5	+ 5	+ 5	+ 4
	Unterg.	+ 4	+ 5	+ 5	+ 5	+ 5	+ 5	+ 5	+ 5	+ 6	+ 6	+ 6
Nürnberg	Aufgang	− 6	− 6	− 5	− 5	− 4	− 4	− 3	− 3	− 2	− 2	− 1
	Unterg.	− 1	− 2	− 2	− 3	− 3	− 4	− 4	− 5	− 5	− 6	− 6
Stuttgart	Aufgang	− 3	− 1	0	+ 1	+ 2	+ 3	+ 4	+ 5	+ 6	+ 7	+ 9
	Unterg.	+ 9	+ 7	+ 6	+ 5	+ 4	+ 3	+ 2	+ 1	0	− 1	− 3
München	Aufgang	−15	−13	−11	− 9	− 8	− 6	− 5	− 3	− 1	+ 1	+ 3
	Unterg.	+ 3	0	− 2	− 3	− 5	− 6	− 8	− 9	−11	−13	−16
Zürich	Aufgang	− 7	− 3	0	+ 2	+ 4	+ 6	+ 8	+11	+13	+16	+20
	Unterg.	+19	+15	+12	+10	+ 8	+ 6	+ 4	+ 1	− 1	−4	− 8
Wien	Aufgang	−34	−32	−30	−28	−27	−25	−24	−22	−21	−19	−16
	Unterg.	−17	−19	−21	−22	−24	−25	−27	−28	−30	−32	−35
Halber Tagbogen												
53° nördl. Breite		3^h32^m	4^h09^m	4^h41^m	5^h10^m	5^h37^m	6^h04^m	6^h31^m	6^h58^m	7^h28^m	8^h00^m	8^h38^m
50° nördl. Breite		3 50	4 21	4 50	5 15	5 40	6 04	6 28	6 52	7 19	7 47	8 20
47° nördl. Breite		4 04	4 32	4 57	5 20	5 42	6 03	6 25	6 47	7 11	7 36	8 04

\+ positiv: Korrektur addieren, Auf- oder Untergang findet später statt
− negativ: Korrektur subtrahieren, Auf- oder Untergang findet früher statt

Beispiel: Auf- und Untergang der Sonne am 20. März in Stuttgart.
Laut Tabelle „Sonnenlauf" auf Seite 82 lauten die Werte 6^h23^m und 18^h33^m für 50° Nord und 10° Ost.
Korrektur +3 und +3. Also geht die Sonne in Stuttgart um 6^h26^m auf und um 18^h36^m unter.
Für Daten und Deklinationen, die nicht in obiger Tabelle aufgeführt sind, nimmt man den nächstliegenden Wert, ohne einen großen Fehler zu begehen.

2015

Januar					
Mo		5○	12	19	26
Di		6	13☾	20●	27☽
Mi		7	14	21	28
Do	1	8	15	22	29
Fr	2	9	16	23	30
Sa	3	10	17	24	31
So	4	11	18	25	

Februar					
Mo		2	9	16	23
Di		3	10	17	24
Mi		4○	11	18	25☽
Do		5	12☾	19●	26
Fr		6	13	20	27
Sa		7	14	21	28
So	1	8	15	22	

März						
Mo		2	9	16	23	30
Di		3	10	17	24	31
Mi		4	11	18	25	
Do		5○	12	19	26	
Fr		6	13☾	20●	27☽	
Sa		7	14	21	28	
So	1	8	15	22	29	

April					
Mo		6	13	20	27
Di		7	14	21	28
Mi	1	8	15	22	29
Do	2	9	16	23	30
Fr	3	10	17	24	
Sa	4○	11	18●	25	
So	5	12☾	19	26☽	

Mai					
Mo		4○	11☾	18●	25☽
Di		5	12	19	26
Mi		6	13	20	27
Do		7	14	21	28
Fr	1	8	15	22	29
Sa	2	9	16	23	30
So	3	10	17	24	31

Juni					
Mo	1	8	15	22	29
Di	2○	9☾	16●	23	30
Mi	3	10	17	24☽	
Do	4	11	18	25	
Fr	5	12	19	26	
Sa	6	13	20	27	
So	7	14	21	28	

Juli					
Mo		6	13	20	27
Di		7	14	21	28
Mi	1	8☾	15	22	29
Do	2○	9	16●	23	30
Fr	3	10	17	24☽	31○
Sa	4	11	18	25	
So	5	12	19	26	

August						
Mo		3	10	17	24	31
Di		4	11	18	25	
Mi		5	12	19	26	
Do		6	13	20	27	
Fr		7☾	14●	21	28	
Sa	1	8	15	22☽	29○	
So	2	9	16	23	30	

September					
Mo		7	14	21☽	28○
Di	1	8	15	22	29
Mi	2	9	16	23	30
Do	3	10	17	24	
Fr	4	11	18	25	
Sa	5☾	12	19	26	
So	6	13●	20	27	

Oktober					
Mo		5	12	19	26
Di		6	13●	20☽	27○
Mi		7	14	21	28
Do	1	8	15	22	29
Fr	2	9	16	23	30
Sa	3	10	17	24	31
So	4☾	11	18	25	

November						
Mo		2	9	16	23	30
Di		3☾	10	17	24	
Mi		4	11●	18	25○	
Do		5	12	19☽	26	
Fr		6	13	20	27	
Sa		7	14	21	28	
So	1	8	15	22	29	

Dezember					
Mo		7	14	21	28
Di	1	8	15	22	29
Mi	2	9	16	23	30
Do	3☾	10	17	24	31
Fr	4	11●	18☽	25○	
Sa	5	12	19	26	
So	6	13	20	27	

Feiertage:

Aschermittwoch:	18. Februar	Pfingstsonntag:	24. Mai	Totensonntag:	22. Nov.
Ostersonntag:	5. April	Fronleichnam:	4. Juni	1. Advent:	29. Nov.
Chr. Himmelfahrt:	14. Mai	Buß- und Bettag:	18. Nov.		

Das Jahr 2015 ist ein **Gemeinjahr** zu 365 Tagen.

Beginn der Jahreszeiten:

Frühling: 20. März 23^h45^m | Herbst: 23. Sept. 9^h21^m | Erde in Sonnennähe: 4. Jan. 8^h

Sommer: 21. Juni 17^h38^m | Winter: 22. Dez. 5^h48^m | Erde in Sonnenferne: 6. Juli 21^h

Finsternisse:

20. März: *Totale Sonnenfinsternis*
4. April: Totale Mondfinsternis
13. September: Partielle Sonnenfinsternis
28. September: **Totale Mondfinsternis**

Planeten:

Innere Planeten

Merkur: Größte östliche Elongation: *14. Jan.* (19°) **7. Mai** (21°) 4. Sept. (27°) **29. Dez** (20°)
Größte westliche Elongation: 24. Feb. (27°) 24. Juni (22°) **16. Okt.** (18°)

Venus: Größte östliche Elongation: 6. Juni (45°) Größte westliche Elongation: 26. Okt. (46°)
Untere Konjunktion: 15. August

Äußere Planeten	Opposition	(Mio. km)	im Sternbild	Konjunktion
Mars:	–	–	–	14. Juni
Jupiter:	6. Februar	650	Krebs	26. August
Saturn:	23. Mai	1341	Waage	30. November
Uranus:	12. Oktober	2840	Fische	6. April
Neptun:	1. September	4331	Wassermann	26. Februar
Pluto:	6. Juli	4770	Schütze	3. Januar

Kalendarium 2016

2016

Januar

Mo		4	11	18	25
Di		5	12	19	26
Mi		6	13	20	27
Do		7	14	21	28
Fr	1	8	15	22	29
Sa	2☾	9	16	23	30
So	3	10●	17☽	24○	31

Februar

Mo	1☾	8●	15☽	22○	29
Di	2	9	16	23	
Mi	3	10	17	24	
Do	4	11	18	25	
Fr	5	12	19	26	
Sa	6	13	20	27	
So	7	14	21	28	

März

Mo		7	14	21	28
Di	1	8	15☽	22	29
Mi	2☾	9●	16	23○	30
Do	3	10	17	24	31☾
Fr	4	11	18	25	
Sa	5	12	19	26	
So	6	13	20	27	

April

Mo		4	11	18	25
Di		5	12	19	26
Mi		6	13	20	27
Do		7●	14☽	21	28
Fr	1	8	15	22○	29
Sa	2	9	16	23	30☾
So	3	10	17	24	

Mai

Mo		2	9	16	23	30
Di		3	10	17	24	31
Mi		4	11	18	25	
Do		5	12	19	26	
Fr		6●	13☽	20	27	
Sa		7	14	21○	28	
So	1	8	15	22	29☾	

Juni

Mo		6	13	20○	27☾
Di		7	14	21	28
Mi	1	8	15	22	29
Do	2	9	16	23	30
Fr	3	10	17	24	
Sa	4	11	18	25	
So	5●	12☽	19	26	

Juli

Mo		4●	11	18	25
Di		5	12☽	19○	26
Mi		6	13	20	27☾
Do		7	14	21	28
Fr	1	8	15	22	29
Sa	2	9	16	23	30
So	3	10	17	24	31

August

Mo	1	8	15	22	29
Di	2●	9	16	23	30
Mi	3	10☽	17	24	31
Do	4	11	18○	25☾	
Fr	5	12	19	26	
Sa	6	13	20	27	
So	7	14	21	28	

September

Mo		5	12	19	26
Di		6	13	20	27
Mi		7	14	21	28
Do	1●	8	15	22	29
Fr	2	9☽	16○	23☾	30
Sa	3	10	17	24	
So	4	11	18	25	

Oktober

Mo		3	10	17	24	31
Di		4	11	18	25	
Mi		5	12	19	26	
Do		6	13	20	27	
Fr		7	14	21	28	
Sa	1●	8	15	22☾	29	
So	2	9☽	16○	23	30●	

November

Mo		7☽	14○	21☾	28
Di	1	8	15	22	29●
Mi	2	9	16	23	30
Do	3	10	17	24	
Fr	4	11	18	25	
Sa	5	12	19	26	
So	6	13	20	27	

Dezember

Mo		5	12	19	26
Di		6	13	20	27
Mi		7☽	14○	21☾	28
Do	1	8	15	22	29●
Fr	2	9	16	23	30
Sa	3	10	17	24	31
So	4	11	18	25	

Feiertage:

Aschermittwoch:	10. Februar	Pfingstsonntag:	15. Mai	Totensonntag:	20. November
Ostersonntag:	27. März	Fronleichnam:	26. Mai	1. Advent:	27. November
Chr. Himmelfahrt:	5. Mai	Buß- und Bettag:	16. November		

Das Jahr 2016 ist ein **Schaltjahr** zu 366 Tagen.

Beginn der Jahreszeiten:

Frühling: 20. März 5^h30^m
Sommer: 20. Juni 23^h34^m
Herbst: 22. September 15^h21^m
Winter: 21. Dezember 11^h44^m
Erde in Sonnennähe: 3. Januar 0^h
Erde in Sonnenferne: 4. Juli 17^h

Finsternisse:

9. März:	Totale Sonnenfinsternis
23. März:	Halbschattenfinsternis des Mondes
18. August:	Halbschattenfinsternis des Mondes
1. September:	Ringförmige Sonnenfinsternis
16. September:	*Halbschattenfinsternis des Mondes*

Planeten:

Innere Planeten

Merkur:	Größte östliche Elongation:	**18. Apr.**	(20°)	16. Aug.	(27°)	11. Dez.	(21°)
	Größte westliche Elongation:	*7. Feb.*	(26°)	5. Juni	(24°)	**28. Sep.**	(18°)
Venus:	Obere Konjunktion:	6. Juni					
	Größte östliche Elongation:	12. Januar 20**17**	(47°)				

Äußere Planeten	Opposition	(Mio. km)	im Sternbild	Konjunktion
Mars:	22. Mai	76,2	Skorpion	–
Jupiter:	8. März	664	Löwe	26. September
Saturn:	3. Juni	1349	Schlangenträger	10. Dezember
Uranus:	15. Oktober	2835	Fische	9. April
Neptun:	2. September	4330	Wassermann	28. Februar
Pluto:	7. Juli	4804	Schütze	6. Januar

Astronomische Institute, Planetarien und Sternwarten

Aschersleben
Planetarium Aschersleben
Im Tierpark
Auf der Alten Burg 40
06449 Aschersleben
Tel.: (0 34 73) 25 92
www.sternfreunde-aschersleben.de

Augsburg
s-Planetarium
Im Thäle 3
86152 Augsburg
Tel.: (08 21) 3 24 67 62

Bamberg
Dr.-Remeis-Sternwarte Bamberg
Astronomisches Institut der Universität Erlangen-Nürnberg
Sternwartstraße 7
96049 Bamberg
Tel.: (09 51) 9 52 22 0
www.sternwarte.uni-erlangen.de

Basel
Astronomisches Institut der Univ. Basel
Venusstraße 7
CH-4102 Binningen
Tel.: ++41 (0 61) 20 55 4 54
www.astro.unibas.ch

Berlin
Zentrum für Astron. und Astrophysik
Technische Universität Berlin
Hardenbergstraße 36
10623 Berlin
Tel.: (0 30) 31 42 37 34
www-astro.physik.TU-Berlin.de

Archenhold-Sternwarte
Alt-Treptow 1
12435 Berlin-Treptow
Tel.: (0 30) 5 34 80 80
www.astw.de

Wilhelm-Foerster-Sternwarte und Planetarium
Munsterdamm 90
12169 Berlin
Tel.: (0 30) 7 90 09 30
www.planetarium-berlin.de

Zeiss-Großplanetarium Berlin
Prenzlauer Allee 80
10405 Berlin
Tel.: (0 30) 4 21 84 50
www.astw.de

Bern
Astrodrom
Universität Bern
Muesmattstr. 29
CH-3012 Bern
Tel.: ++41 (3) 16 31 86 52
E-Mail: schweng@sis.unibe.ch

Bochum
Astronomisches Institut der Ruhr-Universität
Universitätsstr. 150/NA7
44780 Bochum
Tel.: (02 34) 32 2 34 54
www.astro.ruhr-uni-bochum.de

Planetarium und Sternwarte
Castroper Straße 67
44777 Bochum
Tel.: (02 34) 32 2 34 54
www.planetarium-bochum.de

Bonn
Argelander Institut
Auf dem Hügel 71
53121 Bonn
Tel. Sternwarte: (02 28) 73 36 55, 56
Tel. Radioastronomie: (02 28) 73 36 57, 58
Tel. Astrophysik: (02 28) 73 36 71, 76
www.astro.uni-bonn.de

Radioobservatorium Effelsberg
53902 Bad Münstereifel
Tel.: (0 22 57) 30 11 01

Observatorium Hoher List
54550 Daun/Eifel
Tel.: (0 65 92) 21 50

Max-Planck-Institut für Radioastronomie
Auf dem Hügel 69
53121 Bonn
Tel.: (02 28) 52 50
www.mpifr-bonn.mpg.de

Bremen
Sternwarte der Olbers-Gesellschaft
Olbers-Planetarium der Hochschule
Werderstr. 73
28199 Bremen
Tel.: (04 21) 70 68 82
http://olbers.hs-bremerhaven.de/

Bremerhaven
Planetarium Bremerhaven
Bussestr. 24
27570 Bremerhaven
Tel. (0471) 77755

Cottbus
Raumflugplanetarium Juri Gagarin
Lindenplatz 21
03044 Cottbus
Tel.: (03 55) 71 31 09
www.planetarium-cottbus.de

Freiburg im Breisgau
Kiepenheuer-Institut für Sonnenphysik
Schöneckstraße 6
79104 Freiburg
Tel.: (07 61) 31 98 0
www.kis.uni-freiburg.de

Planetarium Freiburg
Bismarckallee 7g
79098 Freiburg
Tel.: (07 61) 3 89 06 30
www.planetarium-freiburg.de

Garching siehe **München**

Göttingen
Institut für Astrophysik; Georg-August-Universität Göttingen
Friedrich-Hund-Platz 1
37077 Göttingen
Tel.: (05 51) 39 50 42 / 39 50 53
www.astro.physik.uni-goettingen.de

Graz
Sektion Astrophysik des Instituts für Geophysik, Astrophysik und Meteorologie der Universität Graz
Universitätsplatz 5
A-8010 Graz
Tel.: ++43 (0) 316 380 52 70
www.kfunigraz.ac.at/igam

Halle
Raumflugplanetarium
Peißnitzinsel 4 a
06108 Halle
Tel.: (03 45) 8 06 03 17
www.planetarium-halle.de

Hamburg
Hamburger Sternwarte
Gojenbergsweg 112
21029 Hamburg
Tel.: (0 40) 4 28 91-41 42
www.hs.uni-hamburg.de

Planetarium
Hindenburgstraße 1b
22303 Hamburg
Tel.: (0 40) 4 28 86 52 52
www.planetarium-hamburg.de

Hannover
Astronomische Station am Institut für Erdmessung der Universität
Schneiderberg 50
30167 Hannover
Tel.: (05 11) 7 62 24 75

Heidelberg
Astronomisches Rechen-Institut
Mönchhofstraße 12–14
69120 Heidelberg
Tel.: (0 62 21) 40 50
www.ari.uni-heidelberg.de

Institut für Theoretische Astrophysik
Albert-Überle-Str. 2
69120 Heidelberg
Tel.: (0 62 21) 54 48 37
www.ita.uni-heidelberg.de

Max-Planck-Institut für Astronomie
Königstuhl 17
69117 Heidelberg
Tel.: (0 62 21) 52 80
www.mpia.de

Landessternwarte Königstuhl 12
69117 Heidelberg
Tel.: (0 62 21) 50 90
www.lsw.uni-heidelberg.de

Innsbruck
Institut für Astro- und Teilchenphysik
Technikerstraße 25
A-6020 Innsbruck
Tel.: ++43 (0) 512 5 07 60 31
http://astro.uibk.ac.at/

Jena
Universitäts-Sternwarte
Schillergäßchen 2
07745 Jena
Tel.: (0 36 41) 94 75 01
www.astro.uni-jena.de

Planetarium
Am Planetarium 5
07743 Jena
Tel: (036 41) 94 75 01
www.planetarium-jena.de

Kassel
Planetarium im Museum für Astronomie und Technikgeschichte
Orangerie
An der Karlsaue 20 c
34121 Kassel
www.astronomie-kassel.de

Kiel
Institut für Theoretische Physik und Astrophysik
Leibnizstr. 15
24118 Kiel
www.astrophysik.uni-kiel.de

Kieler Planetarium e. V.
Fachhochschule Kiel
Sokratesplatz 6
24149 Kiel
Tel: (04 31) 2 10 17 41
www.Kieler-planetarium.de

Klagenfurt
Raumflugplanetarium
Villacher Straße 239
A-9020 Klagenfurt
Sternwarte Kreuzbergl
Tel.: ++43 (04 63) 2 17 00
www.planetarium-klagenfurt.at

Laupheim
Volkssternwarte und Planetarium
Milchstraße 1
88471 Laupheim
Tel.: (0 73 92) 9 10 59
www.planetarium-laupheim.de

Locarno
Istituto Ricerche Solari Locarno (IRSOL)
via Patocchi
CH-6605 Locarno-Monti
Tel.: ++41 9 17 43 42 26
www.irsol.ch

Luzern
Planetarium im Verkehrshaus der Schweiz
Lidostraße 5
CH-6006 Luzern
Tel.: ++41 (0 41) 3 70 44 44
www.verkehrshaus.ch

Mannheim
Planetarium
Wilhelm-Varnholt-Allee 1
68165 Mannheim
Tel.: (06 21) 41 56 92
www.planetarium-mannheim.de

München
Europäische Südsternwarte (ESO)
Karl-Schwarzschild-Straße 2
85748 Garching
Tel.: (0 89) 32 00 62 76
www.eso.org

München (Forts.)
Institut für Astronomie und Astrophysik der Universität München
Scheinerstraße 1
81679 München
Tel.: (0 89) 21 80 60 01
www.usm.uni-muenchen.de

Max-Planck-Institut für Astrophysik
Karl-Schwarzschild-Str. 1
85741 Garching
Tel.: (0 89) 3 00 00 0
www.mpa-garching.mpg.de

Max-Planck-Institut für extraterrestrische Physik
Giessenbachstraße 1
85748 Garching
Tel.: (0 89) 3 00 00 0
www.mpe.mpg.de

Planetarium und Bayerische Volkssternwarte
Rosenheimer Str. 145h
81671 München
Tel.: (0 89) 40 62 39
www.sternwarte-muenchen.de

Planetarium Deutsches Museum
Museumsinsel 1
80538 München
www.deutsches-museum.de

Münster
Planetarium im Westfälischen Landesmuseum für Naturkunde
Sentruper Straße 285
48161 Münster
Tel.: (02 51) 5 91 05
www.lwl-planetarium-muenster.de

Nürnberg
Nicolaus-Copernicus-Planetarium
Am Plärrer 41
90429 Nürnberg
Tel.: (09 11) 9 29 65 53
www.planetarium-nuernberg.de

Osnabrück
Museum am Schölerberg/Planetarium
Klaus-Strick-Weg 10
49082 Osnabrück
Tel.: (05 41) 5 60 03 26
www.planetarium-osnabrueck.de

Astronomische Institute, Planetarien und Sternwarten

Potsdam
Leibniz-Institut für Astrophysik
Sternwarte Babelsberg
An der Sternwarte 16
14482 Potsdam
Tel.: (03 31) 7 49 90
www.aip.de

Leibniz-Institut für Astrophysik
Sonnenobservatorium Einsteinturm
Telegrafenberg A22
14473 Potsdam
Tel.: (03 31) 2 88 23 04 / 23 03

Observatorium für Solare Radio-astronomie Tremsdorf
14552 Tremsdorf
Tel.: (03 31) 7 49 92 92

URANIA-Planetarium
und „Bruno H. Bürgel-Gedenkstätte"
Gutenbergstr. 71/72
14467 Potsdam
Tel.: (03 31) 7 49 90
www.urania-potsdam.de

Recklinghausen
Westf. Volkssternwarte/Planetarium
Stadtgarten 6
45657 Recklinghausen
Tel: (023 61) 9 2 31 34
www.sternwarte-recklinghausen.de

Schneeberg
Sternwarte und Planetarium
Heinrich-Heine-Straße
08289 Schneeberg
Tel.: (0 37 72) 2 24 39
www.planetarium-schneeberg.de

Schwaz
Zeiss-Planetarium Schwaz
Alte Landstr. 15
A-6130 Schwaz/Tirol
Tel.: ++43 (0 52 42) 7 21 29
www.planetarium-schwaz.at

Siegen
Sternwarte der Universität
Adolf-Reichwein-Straße
57068 Siegen
Tel.: (02 71) 7 40 46 13
www.uni-siegen.de/fb7/didaktik/sternwarte

Sonneberg
Sternwarte Sonneberg
Sternwartestraße 32
96515 Sonneberg
Tel.: (0 36 75) 8 12 10
www.stw.tu-ilmenau.de

Stuttgart
Carl-Zeiss-Planetarium mit
Sternwarte Welzheim
Mittlerer Schlossgarten
70173 Stuttgart
Tel.: (07 11) 1 62 92 15
www.planetarium-stuttgart.de

Sternwarte Welzheim
www.sternwarte-welzheim.de

Tautenburg
Thüringer Landessternwarte Tautenburg
Karl-Schwarzschild-Observatorium
Sternwarte 5
07778 Tautenburg
Tel.: (03 64 27) 86 30
www.tls-tautenburg.de

Tübingen
Institut für Astronomie und Astrophysik
Abteilung Astronomie
Sand 1
72076 Tübingen
Tel.: (0 70 71) 29 7 24 86
www.astro.uni-tuebingen.de

Abt. Theoretische Astrophysik
Auf der Morgenstelle 10
72076 Tübingen
Tel.: (0 70 71) 29 7 40 07
www.tat.physik.uni-tuebingen.de

Welzheim
Siehe Planetarium **Stuttgart**

Wernigerode
Harzplanetarium
Sekundarschule „Maxim Gorki"
Walther-Rathenau-Straße 11
38855 Wernigerode
Tel.: (0 39 43) 3 22 77
www.harzplanetarium.bildung-lsa.de

Wien
Astronomisches Büro und Freiluft-planetarium Sterngarten Georgenberg
Hasenwartgasse 32
A-1230 Wien
www.astronomisches-buero-wien.or.at

Wien (Forts.)
Institut für Astronomie der Universität
Wien, Universitäts-Sternwarte
Türkenschanzstraße 17
A-1180 Wien
Tel.: ++43 (0) 14 27 75 18 01
www.astro.univie.ac.at

Kuffner-Sternwarte
Johann Staud-Straße 10
A-1160 Wien
Tel.: ++43 (0) 19 14 81 30
www.kuffner.ac.at

URANIA-Sternwarte
Uraniastraße 1
A-1010 Wien
Tel.: ++43 (0) 17 12 61 91
www.urania-sternwarte.at

Planetarium
Oswald Thomas-Platz 1
A-1020 Wien
Tel.: ++43 (0) 1 7 29 54 94
www.planetarium-wien.at

Wolfsburg
Planetarium
Uhlandweg 2
38440 Wolfsburg
Tel.: (0 53 61) 2 19 39
www.planetarium-wolfsburg.de

Würzburg
Institut für Theoretische
Physik und Astrophysik
Am Hubland
97074 Würzburg
Tel: (09 31) 8 88 50 31
www.astro.uni-wuerzburg.de

Zürich
Institut für Astronomie
ETH-Zentrum
CH-8092 Zürich
Tel.: ++41 (0) 44 6 33 76 08
www.astro.phys.ethz.ch

URANIA-Sternwarte Zürich AG
Uraniastraße 9
CH-8001 Zürich
Tel.: ++41 (0) 44 2 11 65 23
www.urania-sternwarte.ch

Amateurastronomische Vereinigungen und Privatsternwarten

Aalen
Astronomische AG Aalen e. V.
Sonnenbergstr. 23
73447 Oberkochen
www.sternwarte-aalen.de

Aichwald
Schurwaldsternwarte e.V.
Im Lutzen 21
73773 Aichwald
www.schurwaldsternwarte.de

Albstadt
Sternwarte und Planetarium
Hartmannstraße 140
72458 Albstadt-Ebingen
www.sternwarte-zollern-alb.de

Alzey
Interessengemeinschaft der Hobby-astronomen Alzey u. Umland e.V.
Theodor-Heuss-Ring 34
55232 Alzey

Arnstadt-Espenfeld
Privatsternwarte Arnstadt-Espenfeld
Espenfeld Nr. 39 a
99338 Arnstadt-Espenfeld

Bad Driburg
Sternwarte der F.-W.-Weber-Realschule
Elsterweg 13
33014 Bad Driburg

Bad Dürkheim
Astronomischer Arbeitskreis
Pfalzmuseum für Naturkunde
Hermann-Schäfer-Str. 17
67098 Bad Dürkheim

Bad Mergentheim
Astronomische Vereinigung
Weikersheim e. V.
Bregenzer Str. 9
97980 Bad Mergentheim
www.sternwarte-weikersheim.de

Bad Zwesten
Sternwarte der Hardtwaldklinik I
Hardtstr. 31
34596 Bad Zwesten

Baindt s. **Waldburg-Weingarten**

Basel
Astronomischer Verein
Venusstraße 7
CH-4102 Binningen

Bautzen
Sternwarte Bautzen
Schulsternwarte und Planetarium
Czornebohstraße 82 (Naturpark)
02625 Bautzen

Beelitz
Sternfreunde Beelitz e. V.
Jahnstr. 9
14547 Beelitz
www.sternwarte-beelitz.de

Bentheim
Astronomischer Verein der
Grafschaft Bentheim e. V.
Jahnstr. 3,
49828 Neuenhaus

Berg
Christian-Jutz-Volkssternwarte Berg e.V.
Lindenallee
82335 Berg-Aufkirchen
www.sternwarte-berg.de

Bittenfeld
Privatsternwarte Bittenfeld
Ofengasse 8
71336 Waiblingen
www.allbert.de

Bochum
Institut für Umwelt- und
Zukunftsforschung e. V.
Blankensteiner Str. 200 a
44797 Bochum
www.sternwarte-bochum.de

Bonn
Volkssternwarte Bonn e. V.
Poppelsdorfer Allee 47
53115 Bonn

Bozen
Amateurastronomen „Max Valier“
Neustifterweg 5
I-39100 Bozen
www.maxvalier.org

Braunschweig
Sternfreunde Braunschw.-Hondelage e. V.
Ackerweg 1 B
38108 Braunschweig
www.sternwarte-braunschweig.de

Bremerhaven
Bremerhavener Sternfreunde e. V.
Buschkämpen 29
27576 Bremerhaven
www.bremerhavener-sternfreunde.de

Brittheim
Sternwarte Zollern-Alb
Am Wasserturm 4
72348 Rosenfeld
www.sternwarte-zollern-alb.de

Buchloe
Astronomische Gesellschaft Buchloe e. V.
Alois-Reiner-Str. 15b
86807 Buchloe
www.astronomie-buchloe.de

Bülach
Schul- und Volkssternwarte Bülach
Rotzibüch bei Eschenmosen
CH-8180 Bülach

Buxtehude
Astronomie-AG der VHS Buxtehude
Braunschweiger Str. 4
21614 Buxtehude
www.buxastro.de

Casablanca
Sahara Sky
Dunes de Tinfou
45900 Zagora Marokko
www. saharasky.com

Donzdorf
Sternfreunde Donzdorf
Messelberg-Sternwarte
73072 Donzdorf
www.sternwarte-donzdorf.de

Dortmund
Sternwarte im Westfalenpark
Astronomischer Verein Dortmund e. V.
Hörder Bahnhofstr. 9
44263 Dortmund
www.sternwarte-dortmund.de

Drebach
Volkssternwarte und Zeiss-Planetarium
Straße der Jugend 14
09430 Drebach
www.sternwarte-drebach.de
www.planetarium-drebach.de

Duisburg
Rudolf-Römer-Sternwarte
Rheinhausen e. V.
Schwarzenberger Str. 147 (im KFR)
47226 Duisburg

Durmersheim
Sternfreunde Durmersheim e. V.
Im Eck 1/19
76448 Durmersheim

Amateurastronomische Vereinigungen und Privatsternwarten

Erkrath
Sternwarte Neanderhöhe Hochdahl und Planetarium
Sedentaler Str. 105
40699 Erkrath

Eschwege
Vereinigte Amateur-Astronomen Eschwege VAAE 1975 e. V.
Hauptstraße 36
36205 Sontra-Ulfen
http://home.arcor.de/vaae/

Essen
Walter-Hohmann-Sternwarte Essen e. V.
Wallneyer Str. 159
45133 Essen
www.sternwarte-essen.de

Frankfurt/Main
Volkssternwarte des Phys. Vereins
Robert-Mayer-Straße 2–4
60054 Frankfurt/Main
www.physikalischer-verein.de

Astro-AG der Liebigschule Frankfurt a. M.
Kollwitzstr. 3
60488 Frankfurt/Main
www.astro.junetz.de

Freiburg
Sternfreunde Freiburg e. V.
Rosenstr. 1a
79108 Freiburg
www.sternfreunde-breisgau.de

Fulda
Hans-Nüchter-Sternwarte
Freiherr-von-Stein-Schule
Domänenweg 2
36037 Fulda
www.hans-nuechter-sternwarte.de

Planetarium im Vonderau-Museum
Jesuitenplatz 2
36037 Fulda
www.museum-fulda.de

Fuldatal
Volkssternwarte Rothwesten
Brüder-Grimm-Str. 24
34233 Fuldatal

Germering
Sternwarte des Max-Born-Gymnasiums
Johann-Sebastian-Bach-Str. 8
82110 Germering

Gilching
Volkssternwarte Gilching in der VHS
Landsberger Str. 17a
82205 Gilching
www.astrogilde.de

Gmunden
Eisner-Sternwarte
Kalvarienberg
A-4810 Gmunden
www.eisner-sternwarte.at

Goch
Volkssternwarte Goch/Kleve e. V.
Berliner Str. 69
47574 Goch-Nierswalde
www.volkssternwarte-goch-kleve.de

Görlitz
Scultetus-Sternwarte und Planetarium
An der Sternwarte 1
02827 Görlitz
www.goerlitzer-sternfreunde.de

Gondelsheim
Kraichgau-Sternwarte Gondelsheim e. V.
Lilienstraße 25
76669 Bad Schönborn
www.mhm-ka.de

Göttingen
Amateurastronomische Vereinigung Göttingen e. V.
Schlesierring 8
37085 Göttingen
www.avgoe.de

Förderkreis Planetarium Göttingen e. V.
Nordhäuser Weg 18
37085 Göttingen
www.planetarium-goettingen.de

Hagen
Volkssternwarte
Eugen-Richter-Turm
58135 Hagen
www.sternwarte-hagen.de

Halle
Astronomische Station Kanena e. V.
Schkeuditzer Str. 4 B
06116 Halle-Kanena
www.sternwarte-halle.de

Gesellschaft für astron. Bildung e. V.
Peißnitzinsel 4a
06108 Halle
www.astroverein-halle.de

Hamburg
Gesellschaft für volkstümliche Astronomie e. V.
Eiffestraße 426
20537 Hamburg
www.gva-hamburg.de

Hechingen
Privatsternwarte in Hechingen
Friedrich-Wolf-Weg 23
72379 Hechingen
sternwarte_aurora@rdoelling.de

Heilbronn
Robert-Mayer-Volks- und Schulsternwarte
Bismarckstraße 10
74072 Heilbronn
www.sternwarte.org

Heppenheim
Starkenburg-Sternwarte
Kleine Bach 3
64646 Heppenheim
www.starkenburg-sternwarte.de

Heringsdorf
Volkssternwarte „Manfred von Ardenne"
Strandpromenade
17424 Heringsdorf
www.sternwarte-usedom.de

Herzberg
Planetarium und Volkssternwarte
Lugstr. 3
04916 Herzberg
www.herzberger-sternfreunde-eV.de

Hofheim
Volkssternwarte im Volksbildungswerk Hofheim-Marxheim
Ahornstr. 11
65719 Hofheim
www.sternwarte-hofheim.de

Ilsede
Privatsternwarte
Alter Weg 4 B
31241 Ilsede
http://Astro-Stammtisch.Korn-Deele.de

Ingolstadt
Sternwarte Ingolstadt AAI e. V.
Lilienthalstr. 137
85077 Manching
www.aai-Ingolstadt.de

Karlsruhe
Astronomische Vereinigung
Karlsruhe e.V.
Wilhelm-Leuschner-Str. 18
76189 Karlsruhe
www.avka.de

Kelheim
Sternfreunde Kelheim e. V.
Eschenstr. 5
93326 Abensberg
www.sternfreunde-kelheim.de

Kiel
GvA Gruppe Kiel
Hofbrook 64
24119 Kronshagen
www.gva-kiel.de

Volkssternwarte Kronshagen
Suchsdorfer Weg 33
24119 Kronshagen

Köln
Planetarium
Blücherstr. 15 17
50733 Köln
www.koelner-planetarium.de

Volkssternwarte Köln
Nikolausstr. 55
50937 Köln
www.volkssternwarte-koeln.de

Königsleiten
Sternwarte und Planetarium
Königsleiten 29
A-5742 Wald im Pinzgau
www.sternwarte-koenigsleiten.com

Krefeld
Vereinigung Krefelder Sternfreunde e. V.
Yorckstr. 42
47800 Krefeld
www.vks-krefeld.de

Kreuzlingen
Sternwarte Kreuzlingen
Breitenrainstraße 21
CH-8280 Kreuzlingen

Leonberg
Sternwarte Höfingen
Theodor-Heuss-Str. 6/1
71229 Leonberg
www.sternwarte-hoefingen.de

Linz
Johannes Kepler
Sternwarte Linz
Sternwarteweg 5
A-4020 Linz

Lübeck
Sternwarte Lübeck
Am Ährenfeld 2
23564 Lübeck
www.sternwarte-luebeck.de

Luxembourg
Astronomes Amateurs du Luxembourg
16 B, Rue Emile Mayrisch
L 3522 Dudelange
www.aal.lu

Luzern
Astronomische Gesellschaft Luzern
6000 Luzern
luzern.astronomie.ch

Marburg
Volkssternwarte Marburg e. V.
Dresdener Str. 18 (Schulzentrum)
35274 Kirchhain
www.volkssternwarte-marburg.de

Merseburg
Sternfreunde Planetarium
Merseburg e.V.
Teichstr. 2
06217 Merseburg
www.planetarium-merseburg.de

Moers
Moerser Astronom. Organisation e. V.
Drinhausstr. 2
47447 Moers
www.sternwarte-moers.de

Monschau
Eifelastronomen e. V.
Görgesstr. 42
52156 Monschau
www.eifelastronomen.de

Münster
Sternfreunde Münster e. V.
Sentruper Straße 285
48161 Münster
www.sternfreunde-muenster.de

Neumarkt i.d. OPf.
Bayerische Volkssternwarte Neumarkt
Am Höhenberg 31
92318 Neumarkt i.d. OPf.
www.sternwarte-neumarkt.de

Neumünster
VHS-Sternwarte Neumünster
Hahnknüll 58
24537 Neumünster
www.sternwarte-nms.de

Neustadt/Weinstraße s. Bad Dürkheim

Nordenham
Planetarium
Bahnhofstraße 52
26954 Nordenham
www.sternfreunde.nordenham.de

Norderney
Astronomischer Arbeitskreis Norderney
„Wilhelm Dorenbusch Sternwarte“
Birkenweg 22
26548 Norderney
www.sternwarte-norderney.de

Norderstedt
Volkssternwarte Norderstedt e. V.
Am Wittmoor 52
24558 Henstedt-Ulzburg

Nürnberg
Regiomontanus-Sternwarte
Nürnberger Astronomische
Arbeitsgemeinschaft e. V.
Regiomontanusweg 1
90491 Nürnberg
www.naa.net

Nürtingen
Neckar-Alb-Sternwarte
Am Lerchenberg
Astronomische Vereinigung
Nürtingen e. V.
Birkenweg 7
72622 Nürtingen
www.sternwarte-nuertingen.de

Oberwallis
Astronomische Gesellschaft Oberwallis
Ebnetstr. 12
CH-3982 Bitsch

Oldenburg
Oldenburger Sternfreunde e.V.
Herbartstr. 15
26122 Oldenburg

Osnabrück
Astronomische Arbeitsgemeinschaft /
Naturwissenschaftlicher Verein
Museum am Schölerberg
Am Schölerberg 8

Amateurastronomische Vereinigungen und Privatsternwarten

Osnabrück (Forts.)
49082 Osnabrück
www.naturwissenschaftlicher-verein-os.de

Ottobeuren
Allgäuer Volkssternw. Ottobeuren e. V.
Bgm.-Hasel-Str. 17
87724 Ottobeuren
www.avso.de

Paderborn
Volkssternwarte Paderborn e. V.
Im Schlosspark 13
33104 Paderborn
www.vspb.de

Papenburg
Astronomischer Verein der Volkssternwarte Papenburg e. V.
Wilhelm-Leuschner-Str. 48
26871 Papenburg

Papenburger Sternwarte e. V.
Bethlehem rechts 51b
26871 Papenburg
www.sternwarte-papenburg.de

Passau
Volkssternwarte
Veste Oberhaus 125
94034 Passau
www.Sternwarte-Passau.de

Prince Albert, South Africa
Starfriends of Prince Albert for Celestial Enjoyment
Astro Tours
Klipstr. 17
6930 Prince Albert
South Africa
www.astrotours.co.za

Radebeul
Sternwarte und Planetarium „Adolph Diesterweg"
Auf dem Ebenbergen 10a
01445 Radebeul
www.sternwarte-radebeul.de

Regensburg
Verein der Freunde der Volkssternwarte Regensburg
Ägidienplatz 2
93047 Regensburg
www.sternwarte-regensburg.de

Riesa
Sternwarte Riesa e. V.
Greizer Str. 2
01587 Riesa
SternwarteRiesa@web.de

Rodewisch
Schulsternwarte und Planetarium „Sigmund Jähn"
Rützengrüner Str. 41 a
08228 Rodewisch (Vogtland)
www.sternwarte-rodewisch.de

Rostock
Astronomische Station „Tycho Brahe"
Astronomischer Verein Rostock e. V.
Nelkenweg 6
18057 Rostock
www.sternwarte-rostock.de

Rümlang
Sternwarte Rotgrueb Rümlang
Obermattenstr. 9
CH-8153 Rümlang
http://ruemlang.astronomie.ch

Saar
Verein der Amateurastronomen des Saarlandes e. V. (VAS)
Sternwarte Peterberg
66625 Nohfelden-Eiweiler
www.sternwarte-peterberg.de

Saarlouis
Verein der Astronomiefreunde Cassiopeia Saarlouis e. V.
Großstr. 37
66740 Saarlouis
www.cassiopeia-saarlouis.de

Salzburg
Arbeitsgruppe für Astronomie am Museum Haus der Natur
Tischlerstr. 8
A-5101 Bergheim/Salzburg

Salzburger Volkssternwarte
Auer von Welsbach-Str. 22
84489 Burghausen
www.hausdernatur.at/astronomie

Schaffhausen
Sternwarte Schaffhausen
Weiherweg 1
CH-8200 Schaffhausen
www.sternwarte-sh.ch

Schkeuditz
Astronomisches Zentrum
An der Bergbreite
04435 Schkeuditz

Schwanden ob Sigriswil
Sternwarte Planetarium SIRIUS
CH-3657 Schwanden/Sigriswil
www.sternwarte-planetarium.ch

Seewalchen
Astronomischer Arbeitskreis Salzkammergut + Sternwarte Gahberg
Sachsenstraße 2
A-4863 Seewalchen
www.astronomie.at

Senftenberg
Planetarium
An der Ingenieurschule
01968 Senftenberg
www.planetarium-senftenberg.de

Singen
Volkssternwarte Singen e. V.
Zeppelin-Realschule
Rielasingerstr. 37
78224 Singen

Sohland
Volks- und Schulsternwarte „Bruno H. Bürgel" Sohland e.V.
Zöllnerweg 12
02689 Sohland
www.sternwarte-sohland.de

Solingen
Walter-Horn-Ges. e. V. Sternwarte
Sternstraße 5
42719 Solingen
www.sternwarte-solingen.de

Steißlingen
Sternwarte Steißlingen
Im Städtle 19
78256 Steißlingen

Stuttgart
Schwäbische Sternwarte
Zur Uhlandshöhe 41
70188 Stuttgart
www.sternwarte.de

Suhl
Volks- und Schulsternwarte
Auf dem Hoheloh 1
98527 Suhl
www.suhler-sternfreunde.de

Tirschenreuth
Gerhard Franz Volkssternwarte
Marienstraße 49
95643 Tirschenreuth
www.sternwarte-tirschenreuth.de

Tornesch
Regionale Volks- und Schulsternwarte
Tornesch e. V.
Klaus Groth-Str. 11
25436 Tornesch
www.astronomie-tornesch.de

Trebur
Michael Adrian Observatorium
Fichtenstr. 7
65468 Trebur
www.tlt-trebur.de

Trier
Verein Sternwarte Trier e. V.
Bornewasserstr. 21
54294 Trier
www.sternwarte-trier.de

Tübingen
Astronom. Vereinigung Tübingen e. V.
Waldhäuser Straße 64
72076 Tübingen
www.sternwarte-tuebingen.de

Überlingen
Sternwarte Überlingen e.V.
Ob. St. Leonhardstraße 45
88662 Überlingen
www.sternwarte-ueberlingen.de

Uitikon
Stiftung Sternwarte Uitikon
Zürcherstr. 59
CH-8142 Uitikon
inderbitzin.a@bluewin.ch

Villingen
Werner Antritter Sternwarte
Hoptbühl-Gymnasium
Stationenweg 2
78048 VS-Villingen

Waghäusel
Astronomiefreunde Waghäusel e. V.
Kettelerstr. 19
68753 Waghäusel
www.afw2000.de.vu

Waldburg
Astronom. AK Waldburg-Weingarten e. V.
Gartenstraße 31
88255 Baindt
www.sternwarte-waldburg.de

Weikersheim siehe **Bad Mergentheim**

Weil der Stadt
Johannes-Kepler-Sternwarte
Max-Caspar-Str. 47
71263 Weil der Stadt
www.kepler-sternwarte.de

Wertheim
Johann-Kern-Sternwarte Wertheim e.V.
Am Galgengraben
97877 Wertheim-Reicholzheim

Wien
Astronomischer Jugendclub
Richard Wagner-Platz 2/8
A-1160 Wien

Wiesbaden
Astronomische Gesellschaft Urania e. V.
Volkssternwarte
Bierstadter Str. 47
65189 Wiesbaden

Winterthur
Sternwarte Eschenberg
der AG Winterthur
Breitenstraße 2
CH-8542 Wiesendangen

Winzer
Volkssternwarte Bayerischer Wald e. V.
Am Vogelsang 1
94577 Winzer

Zeilarn
Sternfreunde Pfarrkirchen-Zeilarn
Johanniskirchen (Sternwarte)
Mahlgassinger Weg 52c
84347 Pfarrkirchen
www.cosmopan.de

Zollern-Alb siehe **Brittheim**

Zweibrücken
Sternwarte des Naturwissensch. Vereins
FH Campus
Amerikastr. 1
66482 Zweibrücken
www.nawi-zw.de

Überregionale astronomische Amateur-Vereinigungen

Arbeitskreis Meteore e. V.
Mehlbeerenweg 5
14469 Potsdam

Bundesdeutsche Arbeitsgemeinschaft für Veränderliche Sterne e. V. (BAV)
Munsterdamm 90
12169 Berlin
www.bav-astro.de

Österreichischer Astronomischer Verein
Baumgartenstraße 23/4
A-1140 Wien

Schweizerische Astronomische Gesellschaft (SAG)
Mittlere Gstücktstrasse 14d
CH-8180 Bülach
http://sas.astronomie.ch/

Vereinigung der Sternfreunde e. V. (VdS)
Geschäftsstelle
Lehrstr. 4
64646 Heppenheim
www.sternfreunde.de

Das Verzeichnis erhebt keinen Anspruch auf Vollständigkeit. Weitere Vereinigungen nimmt der Herausgeber gerne auf. Entsprechende Hinweise sende man bitte an:

PLANETARIUM STUTTGART
Mittlerer Schlossgarten
70173 Stuttgart

Sky-Watcher®
Be amazed.
Die professionelle Montierung für DSLR und andere Digitalkameras, um 360° Panoramabilder zu erstellen.
- fertigen Sie professionelle Aufnahmen und Videosequenzen mit Ihrem hochwertigen Photoequipment an
- erstellen Sie automatische Aufnahmesequenzen mit bis zu 6 automatisch anfahrbaren Fixpunkten
- 360° Panorama-Aufnahmen im Vollformat möglich
- ideal für die Erstellung professioneller Zeitrafferaufnahmen geeignet
- ebenfalls für die Sonnenbeobachtung/ -fotografie einsetzbar
- computergesteuerte Montierung für die Himmelsüberwachung
DAY & NIGHT SERIE
AZ-EQ6GT
www.optical-vision.de
- auch für Teleskope mit größerem Tubusdurchmesser verwendbar
- trägt zwei optische Tuben gleichzeitig
- Montierungsgewicht: 15 kg
- trägt Teleskoptuben bis zu 20 kg
OVL
Optical Vision Ltd. - UK
Vertretungsbüro & Warenlager
Duracher Str. 11
D - 87437 Kempten
Tel: +49 (0)831-697 28 82 - 10
Fax: +49 (0)831-697 28 82 - 20
eMail: info@optical-vision.de
www.optical-vision.de